"十二五"国家科技支撑计划项目 2012BAJ09B05 研究成果

中国传统建筑的
绿色技术与人文理念

中国城市科学研究会
绿色建筑与节能专业委员会绿色人文学组　　　　组织编写

西安交通大学　西安建筑科技大学　长安大学
住房和城乡建设部科技发展促进中心
中国建筑标准设计研究院有限公司　　　　编　　著

中国建筑工业出版社

图书在版编目（CIP）数据

中国传统建筑的绿色技术与人文理念/中国城市科学研究会绿色建筑与节能专业委员会绿色人文学组　组织编写. —北京：中国建筑工业出版社，2016.4

ISBN 978-7-112-19252-6

Ⅰ.①中…　Ⅱ.①中…　Ⅲ.①民居－生态建筑－研究－中国　Ⅳ.①TU241.5

中国版本图书馆CIP数据核字(2016)第059074号

责任编辑：兰丽婷　石枫华
书籍设计：京点制版
责任校对：陈晶晶　张　颖

中国传统建筑的绿色技术与人文理念
中国城市科学研究会
绿色建筑与节能专业委员会绿色人文学组　　　　　　组织编写

西安交通大学　西安建筑科技大学　长安大学
住房和城乡建设部科技发展促进中心
中国建筑标准设计研究院有限公司　　　　　　　编　著

*

中国建筑工业出版社出版、发行（北京海淀三里河路9号）
各地新华书店、建筑书店经销
北京京点图文设计有限公司制版
北京君升印刷有限公司印刷

*

开本：787×1092毫米　1/16　印张：34¼　字数：769千字
2017年1月第一版　2018年1月第二次印刷
定价：**98.00**元
ISBN 978-7-112-19252-6
　　　　（28429）

编委会名单

主　编：周若祁　赵安启

副主编：虞春隆　李仙娥　刘启波　陈　静

编　委：宋　凌　李本强　贺　静　李宏军

　　　　马欣伯　李小鸽　酒　淼　朱　滨

前　言

发展绿色建筑是人类实现可持续发展战略的重要举措，是大力推进生态文明建设的重要内容，是切实转变城乡建设模式和建筑业发展方式的迫切需要。

我国的传统建筑，除了宫殿、署衙、高官富商的奢华建筑之外，绝大多数建筑是"准绿色"的，或者说是"浅绿色"的；特别是传统民居基本上是"原生态"的绿色建筑。传统民居最适应当地的自然生态环境与社会环境，具有造价低廉、施工简便、节地、节材、节能、节水和保护生态环境等多方面的优点，它们是我国各族人民数千年建筑实践积淀的生态智慧，是构建我国现代绿色建筑人文理念和技术体系的民族"基因"；只有继承和发展这些宝贵的"基因"，我们才有可能构建出具有中国特色的绿色建筑文化体系和技术体系。正是基于这种认识，在住房和城乡建设部科技司、绿色建筑人文学组、住房和城乡建设部科技发展中心和中国建筑标准设计研究院的大力倡导和支持下，我们项目组承担了"十二五"国家科技支撑计划项目"绿色建筑规划集成技术应用效能评价"中的子课题——"中国传统建筑绿色技术与人文理念研究"。

我们项目组是由西安交通大学、西安建筑科技大学、长安大学的教授、副教授、讲师和研究生组成的；虞春隆、李仙娥任项目负责人。项目组先后对我国的西北地区、西南地区、东南地区、川渝滇地区及东北、新疆等地区的传统聚落和民居进行了5次较大规模的调研考察：

其一，2012年7月10日～2012年7月18日，周若祁教授、虞春隆副教授带领西安交通大学和长安大学联合考察组一行5人，对晋陕两省部分地市的传统民居进行了为期9天的调研考察。行程4200多公里。着重调研考察了中国北方不同气候类型、不同地形地貌条件下的传统民居所采用的绿色技术，对村落进行了深入的访谈，对重点院落进行了详细的测绘，并拍摄了大量的照片。

其二，2012年4月～5月、2012年8月、2014年8月，周若祁教授、虞春隆副教授率领西安交通大学调研组分3次对黄河中游下游韩城至洛阳段、黄河中上游地区陕西、山西、内蒙古、甘肃、宁夏等5省部分地市的代表性传统聚落和民居进行走访、测绘、拍照考察。

其三，2013年7月14日～7月30日，西安交通大学、西安建筑科技大学、长安大学联合考察组一行19人，分东南和西南两个线路，长途跋涉10000多公里，对川、湘、黔、桂、赣、闽、浙、皖等8省部分地市的传统民居进行了为期17天绿色建筑要素调研、考察。其中西南线由刘璇带队，周若祁教授、李仙娥教授为指导教师，一行9人，调研考察了4个省，共14个历史文化名村（镇）；东南线由王朕带队，赵安启教授、虞春隆副教授、李小鸽副研究馆员为指导教师，一行 10 人，考察了 5 个省，共计 14 个历史文化名村（镇）。

本次调研主要考察了中国南方不同气候类型、不同地形地貌条件下的传统民居所采用的传统绿色技术，对重点村落进行了深入的访谈，对重点院落进行了详细的测绘，并拍摄了大量的照片。

其四，2013 年 9 月 20 日～28 日，西安建筑科技大学考察组由周郏保带队，赵安启教授、李仙娥教授、李小鸽副研究馆员为指导教师，一行 7 人，对陕北地区的窑洞等传统民居进行了为期 8 天的调研考察。

其五，2014 年 8 月 25～9 月 4 日，西安交通大学、西安建筑科技大学、长安大学联合考察组一行 8 人由尚贝带队，陈静副教授、刘启波副教授、李小鸽副研究馆员为指导教师，对川、渝、滇地区传统聚落进行了 10 天补充考察，主要考察四川、重庆、云南不同地貌区、气候区的典型聚落。侧重于对聚落整体进行考察，采集了大量的数据，拍摄了许多照片。其中川、渝地区考察了 6 个历史文化名村（镇）；云南主要考察了 6 个历史文化名村（镇）。此外，周若祁教授、虞春隆副教授和研究生还赴东北、新疆等地考察传统民居。通过上述调研考察，我们掌握了大量的一手资料，增加了丰富的感性认识，为项目研究奠定了良好的基础。

在较广泛的田野考察的基础上，我们项目组又查阅了《考工记》、《园冶》、《营造法式》、《四库全书》、《古今图书集成》、《诸子集成》、《二十四史》等历史文献和我国学者关于中国建筑史、中国民居的一系列研究成果，经过反复研讨，编著出《中国传统建筑的绿色技术与人文理念》一书。

本书的具体内容为："绪论"部分主要探讨了"中国传统建筑"、"绿色建筑技术"、"绿色建筑人文理念"等基本概念，讨论了研究中国传统建筑绿色技术与人文理念的意义，为本书的后续研究和论述做了逻辑铺垫。第一章"中国传统建筑绿色人文理念"，着重梳理了中国传统建筑所体现的八大绿色人文理念，即"天人合一"的建筑自然观；崇尚"节俭"的建筑道德观；诗意"乐居"的建筑审美观；"因地制宜"的建筑规划与设计思想；"取之有度，用之有节"的建筑资源持续利用思想；注重"形胜"、"武备"和防灾的建筑安全思想；风水中的环境选择意识、人居环境保护意识等。第二章"中国古代聚落演化的基本轨迹"，侧重探讨了史前时期、夏商周三代和封建社会聚落演化的轨迹，分析了封建社会的自耕农聚落、庄园聚落、"坞壁"式聚落、"皇庄"、"王庄"、"官庄"和手工业、商业聚落演变的主要原因。第三章"中国传统民居适应地形（地貌）的绿色营建经验"，以地貌单元为依据，从聚落选址、村落空间形态以及民居营建三个层面对传统聚落适应地形（地貌）的绿色经验进行探讨，并对其中的绿色理念及技术措施进行了总结与提炼。第四章"中国传统民居适应气候的绿色营建经验"，从中国的气候特征入手，探讨了气候区划与人居环境的关系，绘制了民居类型适应气候分区图；并以此为基础，分别对北方与南方地区传统民居适应气候的绿色营建经验进行了初步总结，基本概括了传统的通风降温、遮阳隔热、防水防潮、防寒保温、防灾减灾等技术与经验。第五章"中国传统建筑应用地方材料的经验"，侧重研究中国民居中地方材料的各种典型运用及营建技术，主要分析了中国民居木结构建筑技术、夯土建筑技术、窑洞的营建技术、石材的营建技术以及生物性资源材料的应用技术与经验。

参加本项目调研考察、收集资料、整理资料和研究工作的人员有：西安交通大学教师周若祁、虞春隆；研究生程海达、张楠、陈骁；西安建筑科技大学的教师赵安启、陈静、李仙娥、李小鸽、周郴保、刘念、韩文莉、岳鸿、李转珍，研究生王朕、张文竹、钱雅坤、张佳茜、赵雨亭、张博、陈煜君、王雁舒；长安大学教师刘启波，研究生尚贝、杨雪、刘璇、李美辰、叶安福、龚艳贵、李嘉仪、高源。

参加本书编著工作的人员如下：

绪论：赵安启；第一章：赵安启、李仙娥、李小鸽；第二章：周若祁、虞春隆、赵安启；第三章：陈静、刘启波、王朕、张文竹、张佳茜、钱亚坤；第四章：刘启波、陈静、尚贝、杨雪、刘璇；第五章：周若祁、虞春隆、程海达、张楠、陈骁。周若祁、赵安启、虞春隆负责本书的统稿工作。周若祁、虞春隆为本项目研究和本书编写做了大量的组织工作。

本项目研究得到了住房和城乡建设部科技司、绿色建筑人文学组、住房和城乡建设部科技发展中心和中国建筑标准设计研究院的领导及专家的大力支持和多方面的指导，在此表示衷心的感谢！我们参考了许多学者的研究成果，特别是各省民居的研究成果，在此表示诚挚的感谢！

由于中国传统建筑历史悠久，分布范围十分广泛，传统建筑的绿色技术地域性强，内容丰富而复杂；而传统建筑的绿色人文理念散见于中国浩瀚的历史文献之中，对其进行梳理和总结的难度较大；加之我们项目组的研究水平有限，本书疏漏之处和错误在所难免，敬请专家及读者批评指正。

目 录

绪　论

绿色建筑亦称"可持续发展建筑"、"生态建筑"、"环境友好型建筑"。2005年中华人民共和国建设部、科技部颁布的《绿色建筑技术导则》将绿色建筑定义为："绿色建筑是指在建筑的全寿命周期内，最大限度地节约资源（节能、节地、节水、节材）、保护环境和减少污染，为人们提供健康、适用和高效的使用空间，与自然和谐共生的建筑。"绿色建筑是国际建筑界应对全球环境危机和全球气候变化的战略性选择，是贯彻落实1992年世界环境和发展大会提出的"可持续发展"战略的重要举措。发展绿色建筑在我国具有特殊意义，它是深入贯彻落实科学发展观的重要举措；是大力推进生态文明建设的重要内容；是切实转变城乡建设模式和建筑业发展方式的迫切需要；发展绿色建筑对提高资源利用效率、破解能源、资源瓶颈约束，积极应对全球气候变化，建设资源节约型、环境友好型社会，改善和提高人民生活质量具有重大的意义和作用。

我国自20世纪90年代以来，开始重视探索绿色建筑，绿色建筑理念逐步为人们所重视；21世纪初我国开始进入绿色建筑示范阶段，启动了一批因地制宜的示范项目，强制推行建筑节能标准；"十一五"以来，我国绿色建筑工作取得明显成效，2006年颁布了国家《绿色建筑评价标准》（GB/T 50378），2013年1月，国家发改委、住房和城乡建设部出台了《绿色建筑行动方案》，标志着我国绿色建筑开始跨入"从示范向快速发展过渡期"。

全面推进绿色建筑行动，促进绿色建筑快速、科学、健康发展，应当处理好绿色建筑与传统建筑的关系问题。从一定意义上讲，绿色建筑是一种"后现代"，或"后工业社会"的建筑。作为后现代建筑的绿色建筑是对现代建筑的辩证否定和对传统建筑的否定之否定。按照辩证法的观点，否定之否定阶段"仿佛是向旧东西的回复"，"在更高阶段上重复低级阶段的某些特征、特性等等"。[1]依据否定之否定这一客观规律，我们有理由推论：绿色建筑将在更高层次上重复传统建筑的某些特征，是对传统建筑的一定程度上的"回复"。从这种意义上讲，绿色建筑离不开传统建筑，它应当在更高阶段上复活传统建筑的某些特征、特性，应当从传统建筑中寻找克服现代建筑弊病的生态智慧。

如果我们从实证研究的角度，认真对传统建筑进行一番"形而下"的实际考察和分析就不难发现，中国的传统建筑（除宫殿、高官富商的奢华建筑之外）的绝大部分建筑基本上是"准绿色"的，或"浅绿色"的。它们虽然是处于"低级阶段"的正在不断消失的准绿色或浅绿色建筑，但其中蕴含着丰富的绿色人文理念和传统的绿色技术，我们应认真加以梳理和总结，继承这一份珍贵的历史遗产，作为发展现代绿色建筑的历史"基因"。只有将我国的绿色建筑体系建立在我国传统建筑绿色要素的基础之上，才有可能创造出适合中国自然环境、社会环境和文化习俗的具有中华民族风格和时代特点的绿色建筑。

一、中国传统建筑的绿色技术与人文理念的含义

（一）中国传统建筑的含义

传统建筑是与近现代建筑相比较而言的。我国的传统建筑主要是指 1840 年鸦片战争之前的古代建筑。由于我国的近代化是在西方列强炮舰侵略政策的威逼下发生的一种屈辱的、扭曲的"后发外生型"的社会转型，发展不仅缓慢，而且很不平衡，直到 20世纪 30 年代，我国除长江三角洲、珠江三角洲、环渤海地区和沿长江流域的城市之外，其他地区和广大的乡村仍然未迈入近代化的进程。我国近代化的不平衡性和差异性，决定了我国的城市和建筑都没有取得全方位的转型，明显地呈现出新旧两大建筑体系并存的局面 [2]。因此，我国传统建筑一直在相当大的一部分城市和广大农村延续。中华人民共和国成立以后，我国城市才开始了大规模的建筑现代化转型；而广大农村的民居现代化转型则更晚，大致发生在 20 世纪 80 年代、90 年代，不少地区至今还有传统村落、民居的遗存。

中国传统建筑是人类发展史上历史最悠久、风格最统一、特点最显著的建筑体系之一。著名建筑学家梁思成先生曾指出："历史上每一个民族都产生了自己的建筑，随着这文化而兴盛衰亡。在世界上现存的文化中，除了我们邻邦印度的文化可算是约略同时诞生的弟兄外，中华民族文化是最古老、最长寿的。我们的建筑也同样是最古老、最长寿的体系。在历史上，其他与中华民族约略同时，或先或后形成的文化，如埃及、巴比伦以及稍后一点的古波斯、古希腊，及更晚的古罗马，都已成为历史陈迹，而我们的中华文化血脉相承，蓬勃滋长发展，四千余年，一气呵成。"[3] 梁思成先生对中国传统建筑的特点及传统建筑与传统文化的关系的精辟论述，说明了中国传统建筑的悠久与优秀，也深刻说明了研究中国传统建筑及其所包含的优秀文化的重要性。

（二）绿色建筑技术的含义

技术是人类运用客观规律有目的适应和改造生存环境的知识、物质手段和技能的总和。技术有广义与狭义之分。广义的技术是指人类为满足某一特定的需要而采用的手段体系，它是技术方法和物质手段的综合体。狭义的技术是指物质生产领域的技术，它是人类满足其物质需要而采取的生产手段体系，包括生产工具（机器）、生产方法、生产流程等。

技术是构成生产力的关键要素。在现代社会，科学技术已成为"第一生产力"，是推动经济社会发展的首要动力。但技术是一把"双刃剑"，它既具有正面效益，又有负面效应。20 世纪中叶以来面对工业技术引起的人的异化问题和环境危机问题，人们不得不反思工业技术体系。正是在这种时代背景下，绿色技术应运而生。

绿色技术是人类对工业技术（有人称之为"黑色技术"、"灰色技术"）造成地球生

态环境负面影响反思的结果，是人类技术体系生态转向的产物。21 世纪以来，人们普遍接受了绿色技术的概念，国内外学者对绿色技术进行了多角度、多层次的研究，提出了许多不同的观点。王伯鲁、王筱平先生认为，"绿色技术是对生态系统不产生消极影响或者消极影响处于生态系统容量之内的技术。"[4] 这个定义是从技术的生态环境效应的角度界定的，并考虑到生态系统具有一定的吸收和抵消外界影响的自动恢复平衡状态的能力，将"消极影响处于生态系统容量之内"作为判断绿色技术的底线标准。王忠学、陈凡先生则认为：所谓绿色技术是指遵循生态原理和生态经济规律，节约资源和能源，避免、消除或减轻生态环境污染和破坏，生态负效应最小的"无公害化"或"少公害化"的技术、工艺和产品的总称。[5] 这个定义是从系统论的角度界定的，它既注重技术的环境效应，又强调了遵循生态原则和生态经济规律的重要性。尽管学术界对绿色技术的界定见仁见智，有较大的差异，但人们也形成了一些共识，即绿色技术在本质上是支撑可持续发展的技术，是环境友好型技术。对自然生态环境不产生或少产生负面效应，有益于维持、恢复生态系统平衡是绿色技术的基本内涵。节约、高效、健康、环保是判断绿色技术的价值标准。总而言之，绿色技术就是以天人和谐、可持续发展为宗旨，以节约、高效、健康、环保为标准的对生态系统和人体健康不产生或少产生负面效应的技术体系。

绿色建筑技术是人类绿色技术体系的重要组成部分，是在建筑全寿命周期内所运用的生态知识和所采用的符合自然生态良性循环规律、最大限度地节约资源、保护环境和减少污染的一系列适宜技术的总称。在本质上，绿色建筑技术是可持续发展的、与大自然和谐共生的新型的建筑技术体系。绿色建筑技术是一个复杂的技术体系，其内容十分丰富，如将可再生自然能源（太阳能、地热、土壤蓄能、生物质能等）直接转化为建筑与生活用能技术；建筑节能技术（新型建筑围护结构节能构造技术、新型多功能建筑节能材料等）；物理环境控制技术（立体绿化技术、"健康"的建筑材料体系）；绿色智能设计技术；绿色建材生产技术；绿色施工技术；数字化物业管理技术以及废弃建筑垃圾和生活垃圾循环利用技术等等，都属于绿色建筑技术的范畴。

从技术观的层面看，绿色建筑技术与现代建筑技术之间有三个方面的重大区别：其一，二者的技术思维方式不同。现代建筑技术思维延用一种主体与客体、人与自然二元对立的无机世界观，坚持人是自然界的主宰的人类中心主义的立场，强调人对自然的征服与统治；而绿色建筑技术思维从有机自然观出发，强调人与自然的有机统一，坚持人是地球生态大家庭中的普通成员的立场，主张尊重自然、顺应自然、保护自然和人与自然和谐共生。其二，二者的价值取向不同。现代建筑技术体系信奉"工具理性"，往往只考虑工程上是否合理、经济上是否可以实现利益最大化，很少考虑或忽视技术行为对环境的负面影响，它在本质上是"反自然"的，不可持续的；而绿色建筑技术观重新审视人与自然的关系，尊重自然的内在价值，强调技术的生态效益、社会效益和经济效益的有机统一，它在本质上是可持续的和"环境友好"的。其三，二者的科学基础不同。现代建筑技术建立在物理学、化学的基础之上的，而缺乏生态学的基础。"这好像一个两条腿的凳子：在物理学和化学上发现是好的，但是由于第三条腿被丢掉而成为有缺陷的了，这丢掉的第三条腿就是环境中的生态学。"[6]而绿色建筑技术则建立在生态科学的基础之上，是生态理性的物化和具体化。生态科学的发展使人们认识到生态环境的脆弱性，知道了维护和恢复自然生态的基本方法和原理，扩展了人类对"技术—自然"系统的把握能力，使生态学介入和干预技术发展成为可能[7]。

从具体技术层面看，绿色建筑技术与现代建筑技术相比较，在四个方面有质的不同：在能源结构上，它以可再生的、清洁的自然能源作为建筑与生活用能的主要来源；在能耗过程中，强调多级"链式"使用方法；在规划设计中，注重减少能源的消耗并发掘和创造被动式、循环式的措施和手段利用自然资源；在建筑物理环境控制方法上，多采用有利于创造"健康建筑"物理环境的技术手段[8]。

（三）绿色人文理念的含义

"理念"原系古希腊哲学家柏拉图提出的一个唯心主义哲学概念。柏拉图所说的"理念"实际上是指反映同类事物所共有的一般性质的概念。20世纪80年代以来，我国开始广泛使用"理念"一词。人们所说的"理念"实际上就是泛指人们对某类事物的看法、观念、思想。它不是社会个体暂时的转瞬即逝的看法或观点，而是人们经过长期的理性思考及实践积淀所形成的比较成熟的观点和信念，并经过交流、传播成为一定社会群体普遍认同的观念、思想。用社会学家的话说，它是社会群体生活经验的"历史集合"；一种"集体表象"，即从纯粹个人的、特殊的表象中经过反复的思考、抽象固定下来的集体意识。其中价值观念是各种"理念"的核心内容。

"人文"是指与"自然"相区别的社会文化现象；人文理念也就是社会文化理念。"人文"的含义不是固定不变的，而是有一个不断演化的过程。在西方，"人文"有两种含义，一是指人文科学，或人文学科；二是指人文主义思潮（humanism）。西方人文主义思潮大体有两种形态：一是欧洲文艺复兴时期的人文主义；二是现代西方的人文主义思潮。现代西方的人文主义发端于19世纪下半叶，20世纪50～60年代成为风靡欧美的重要哲学思潮。它主要包括唯意志论、生命哲学、现象学、存在主义、精神分析学、法兰克福学派等哲学流派。它们的观点各异，但也有一些共同点：（1）批判主客体二元对立的主体性形而上学，反对将主体（人）看作客体（自然界）的主宰，倡导万物一体、人与自然合一的境界；（2）反对理性操纵和决定一切，反对将人作为理性的工具，主张将现实的活生生的人作为一切问题的出发点，具有非理性主义的特点[9]；（3）反对科学技术和人的异化现象，关注对人的现实生存处境的研究。如法兰克福学派认为，科学旨在追求能使人支配和统治自然的一种知识形式，即技术。"技术就是权力"，技术这种权力，不仅表现为人对自然的统治，更体现为人对人的统治[10]。20世纪后半叶，西方出现了科学文化与人文文化相互融合的趋势，学术界呼吁一种新的科学文化和新的人文文化。我们认为，21世纪的人文理念应当是一种新的人文科学理念，即一种坚持"以人为本"，将科学精神、人文精神和生态文明精神融为一体的观念体系。这种新的人文理念应当具有以下特点：（1）坚持以人为本，即以当代人类和未来人类可持续发展为本，以人类的长远利益为本；以强烈的环境危机意识、生存忧患意识来认识和处理人类所面临的各种重大问题。（2）重新思考人与自然的关系，摒弃人类中心主义观点，尊重自然、尊重生态规律，追求人与自然和谐共生，用生态文明精神重塑人文精神。（3）摒弃那种将事实与价值、人文与科学绝对对立起来的思想观念，将科学精神与人文精神有机地结合起来。建设一种"不排除科学，相反将最大限度地开发科学"[11]的新的人文精神。

绿色建筑人文理念是一个复杂的观念体系，它应包括绿色建筑自然观、绿色建筑价值观、绿色建筑伦理观、绿色建筑审美观、绿色建筑法学观、绿色建筑经济观、绿色建筑技术观等等。其中价值观是绿色建筑人文理念的核心内容。绿色建筑价值观是人们的一般价值观念在绿色建筑领域中的具体体现，它主要包括人们关于绿色建筑的价值理想、价值目标、价值标准和价值实现途径等价值问题的基本看法和观点[12]。中国城市科学研究会绿色建筑与节能专业委员会"绿色人文学组"从我国绿色建筑业发展的实践需要出发，带着"问题"意识，聚焦绿色建筑价值观，经过反复研讨，将绿色建筑人文理念概括为："天人和谐、持续发展、安全健康、经济适用、地域适应、节约高效、以人为本、诗意安居"等32个字。认为，"天人和谐、持续发展"应当成为绿色建筑的价值理想和价值目标；"安全健康、经济适用"既是一般建筑的基本要求，也应当作为对绿色建筑的底线要求；"地域适用、节约高效"应是绿色建筑的基本价值评价标准；"以人为本、诗意安居"应成为绿色建筑的根本出发点和审美憧憬[13]。

二、绿色建筑技术与人文理念的辩证关系

如果说绿色建筑技术是建设绿色建筑的基础，那么，绿色建筑人文理念则是绿色建筑的灵魂。

中国科学院院士杨叔子先生在《时代发展趋势：科学人文交融》一文中指出：人文文化是"为人之本、文明之基"；科学文化是"立世之基，文明之源"。没有科学的人文，是残缺的人文，人文中有科学的基础与珍璞；社会科学更是如此。没有人文的科学，是残缺的科学，科学中有人文的内涵与精神；工程技术更是如此。科学和人文的交融必将成为时代发展的趋势。科学与人文之间是一种同源、共生、互通，互异、互补、同求的关系，也就是说，科学和人文源于实践，生于人脑，成于反映，在于加工，凝于升华，根于经验；异于功能，别于形态，起于知识，通于思维，补于方法，交于原则；融于精神，升于境界，完美创新，止于至善。两者交融，可和而创新[14]。绿色建筑人文理念属于"人文"的范畴；绿色建筑技术则属于科学技术的范畴。它们二者之间辩证关系也是一种同源、共生、互通，互异、互补、同求的关系。

首先，二者都是在缓解全球环境危机，实现人类可持续发展的时代需要下应运而生的。"天人和谐"、"可持续发展"不仅是绿色建筑人文理念的核心内容，也是绿色建筑技术所追求的最高价值理想和价值目标。

其次，二者都以生态科学为基础。生态科学是绿色建筑人文理念和绿色建筑技术的

最重要的科学前提，离开了对生态规律的认识、尊重和应用，既不可能产生绿色建筑人文理念，也不可能产生绿色建筑技术体系。

再次，二者既是互异的，也是互补的。绿色建筑人文理念侧重于绿色建筑的精神构建；而绿色建筑技术则侧重于对绿色建筑的手段和方法的发明。绿色建筑人文理念是观念形态的东西；而绿色建筑技术则是以机械设备、工具、建材等物质形态及工程规范而存在。但二者也是互补的，不可分割的。一方面，绿色建筑人文理念对绿色建筑技术的发明、选择、应用、管理具有导向作用、规范作用和精神激励作用；美国学者保罗·来文森指出："我们自始至终将会看到，每一种技术都是思想的物质体现，因此一切技术都是人的理念的外化。"[15] 从技术观的视觉看，现代建筑技术是"工具理性"、"经济理性"的外化形式；绿色建筑技术则是"人文理性"和"生态理性"的外化形式。另一方面，绿色建筑技术是实现绿色建筑理念的基础。毛泽东曾指出："我们的任务是过河，但是没有桥或没有船就不能过。不解决桥或船的问题，过河就是一句空话。"[16] 绿色建筑技术就是联系绿色建筑人文理念与绿色建筑物、绿色村镇、绿色低碳城市之间的"桥"或"船"，是绿色建筑业的"第一生产力"，离开了绿色建筑技术的支撑，绿色建筑人文理念就是一句空话。借用杨叔子先生的话说，没有绿色建筑科学与技术的支撑，绿色建筑人文理念"是残缺的人文"；反之，没有绿色建筑人文理念的指导和渗透，绿色建筑技术将是"残缺的"技术。我国绿色建筑实践需要绿色建筑人文理念和技术互相融合，协同进步。

三、研究传统建筑的绿色技术和人文理念的意义

20世纪中叶以来，面对日益严峻的全球性环境危机、资源能源短缺、气候变化、人口爆炸等问题，西方一些学者开始了"东方转向"，即一些西方学者开始重视包括中国在内的东方文化传统，认同东方传统中的有机世界观和天人和谐的生态智慧。如英国著名的历史学家汤因比（A.Toynbee）曾指出，西方的传统文化担当不起拯救自然的使命，而中国古代敬畏自然的传统文化，才有可能担当得起拯救地球的使命。德国汉学家卜松山教授指出："在环境危机和生态平衡受到严重破坏的情况下，强调儒家的'天人合一'，或许可以避免人类在危险的道路上越走越远……中国传统的儒家思想强调'天人合一'，强调人际关系和谐，似乎可以弥补西方思想的局限，对于人类应付后现代社会的挑战，也许具有超民族界限的价值和现代意义。"[17] 美国著名的生态哲学家、环境伦理学家霍尔姆斯·罗尔斯顿（Holmes Rolston）指出："我们发现西方科学与东方经典文化似乎幸运地互补。主张环境保护的生物学家要像道教徒那样保护自然的节奏。如果西方科学家从他们的科学发现中重视了这些循环，那么道教徒从他们的宗教哲学中早就这样做了。"[18] 中国的不少学者对中国古代环境文化中的积极成分也给予充分的肯定。如季羡林先生认为，在人与自然的关系上，西方文化的指导思想是征服自然和以暴力索取，而东方的指导思想则是与自然万物浑然一体，和平地利用万物。在西方文化主宰下，人类生存的环境已经岌岌可危，而解救的办法就是彻底改弦更张，以东方的综合模式济西方分析模式

之穷，用天人合一的思想指导人们改善与自然界的关系。[19]

我国传统建筑作为中华民族传统文化的重要组成部分，积淀了丰富的绿色要素。在绿色人文理念方面，积淀了"天人合一"、"道法自然"的建筑自然观；"仁民爱物"、"仁及草木"、"慈心于物"、崇尚节俭等环境伦理及建筑伦理观；"仁者乐山，智者乐水"，"原天地之美"，"不加雕琢"，"宛若天成"等建筑审美观；"以人为本"，经济适用，"天时、地气、材美、工巧，合而为良"等建筑价值观；"象天法地"、"文茵武备"等城市、聚落规划观；"因天材，就地利"、"逸其人，因其地，全其天"等建筑规划和营造观；"取之有度，用之有节"的资源持续利用观等。

在绿色建筑技术方面，中华民族创造了取材方便、适应性强、防震性能好、施工速度快、便于修缮和搬迁、旧木料可以再利用的木构架技术体系；施工简便、防寒保温性能好、成本低廉、旧墙土可以做肥料的土墙夯筑技术；节地、省材、节能、冬暖夏凉的窑洞技术；便于自然通风、采光、适应夏季酷热潮湿气候的干阑式建筑技术；便于防御、节地、节材的客家土楼建筑技术；就地取材的草房、竹楼、石板房建造技术；美化环境的山水园林、景观营造技术等等，不胜枚举。认真挖掘、梳理、总结这些珍贵的绿色人文理念和技术要素，对于发展绿色建筑具有重要的理论和实践意义。

其一，研究传统建筑绿色人文理念是发展绿色建筑文化的客观需要。

2014 年 9 月 25 日，习近平总书记在纪念孔子诞辰 2565 周年国际学术研讨会暨国际儒学联合会第五届会员大会开幕会上的讲话中指出："任何一个国家、一个民族都是在承先启后、继往开来中走到今天的，世界是在人类各种文明交流交融中成为今天这个样子的。""不忘历史才能开辟未来，善于继承才能善于创新。优秀传统文化是一个国家、一个民族传承和发展的根本，如果丢掉了，就割断了精神命脉。我们要善于把弘扬优秀传统文化和发展现实文化有机统一起来，紧密结合起来，在继承中发展，在发展中继承。"这一讲话精神对于我们正确认识和把握绿色建筑与传统建筑、绿色建筑文化与传统建筑文化的关系具有重要的指导意义。"不忘历史才能开辟未来，善于继承才能善于创新"这一论断告诉人们，忘记了中国传统建筑的历史，就难以开辟绿色建筑的未来；只有善于继承中国传统建筑的优秀文化和行之有效的营建技术，才能善于创新绿色建筑文化和技术体系。

如何看待我国的传统建筑文化是近十几年来建筑界关注的热点问题之一。2002 年，吴良镛教授撰写文章，对近年来我国"建筑市场中地域文化的失落"，"欧陆风"建筑的到处兴起和"城市'大建设'高潮中对传统文化的'大破坏'"等现象深表忧虑，他提出："难道中国建筑文化传统真的成为'弱势文化'，处在'危险的边缘'？在燎原的全球文化下，就如此一蹶不振。面对中国如此蓬勃的建筑形势，除了吸取西方所长外，就如此碌碌无为？"等时代的疑问。在他看来中国出现建筑文化危机的原因"可以归结为对传统建筑文化价值的近似乎无知与糟蹋，以及对西方建筑文化的盲目崇拜，而实质上是全球化与地域文化激烈碰撞的反映。"是由于"我们对中国建筑文化缺乏应有的自信"。他呼吁："我们在全球化进程中，学习吸取先进的科学技术，创造全球优秀文化的同时，对本土文化要有一种文化自觉的意识，文化自尊的态度，文化自强的精神。"要"开拓性地、创造性地研究中国建筑文化遗产"。[20] 齐康教授也主张，在外来强势建筑文化的冲击下，"要加快建立自主的建筑文化价值体系"；"继承吸取祖先创造的建筑文化的精粹，积累发展力量，创造发展的条件，奠定发展的基础。"[21]

传统建筑的绿色人文理念不仅是中华民族传统建筑文化的重要组成部分，而且是其中的珍品，是历久弥新的精神财富，可以成为我们构建现代绿色建筑文化和生态文明的深厚基础和重要的支撑。从这个意义上讲，开拓性地、创造性地挖掘、研究传统建筑文化中的绿色人文遗产是当前构建绿色建筑文化的基础性工作和文化寻根工作。如何看待中国传统建筑文化和其中的绿色人文理念，这不是一个无关紧要的学术问题，而是关系到在全球化浪潮中，我们有没有"一种文化自觉的意识，文化自尊的态度、文化自强的精神"的重要问题。从理论视阈看，它关系到我们能否创造出有自己民族特色的绿色建筑文化体系，进而关系到中国建筑师在绿色建筑文化领域是否有话语权的问题；从实践视阈看，它关系到我国绿色建筑的未来走向问题。一种理念就是一面旗帜，一种理念就是一种精神支柱。中国绿色建筑实践活动需要具有中国风格、中国气派的绿色建筑文化和人文理念。

其二，研究传统建筑的绿色技术要素是建立现代绿色建筑技术体系的迫切需要。

在绿色建筑技术路线方面，"高技派"认为，绿色建筑技术就是现代高新技术在建筑领域的应用，强调高新技术的重要性。而多数建筑工作者认为，我国是发展中大国，应当采用一种"适宜技术"路线。发展绿色建筑需要采用某些高新技术，如地球信息技术、计算机辅助设计技术、太阳能、风能利用技术、智能系统与产品、绿色材料技术等；但决不能一味选择高、精、尖技术，而应当从我国自然资源相对稀缺、劳动力相对丰富和熟练工人不足等实际出发，建立"适宜技术"体系。

"适宜技术"理论是20世纪60年代由西方学者提出来的。"适宜技术"理论强调发展中国家从发达国家引进技术要与本国的要素禀赋相一致。这一理论引起了我国学者的关注，林毅夫、张鹏飞先生明确指出"发展中国家最适宜的技术一定不是发达国家最先进的技术"；"它们所采用的技术大部分应该是成熟的技术，而不应该是发达国家的最先进技术。""相反，如果发展中国家不顾自己的比较优势而一味选择高、精、尖的技术，不但不能发挥自己的后发优势，反而不可能实现快速的经济增长。"[22] 尽管人们对"适宜技术"的界定差异较大，但也有一些共识：其一，"适宜技术"是符合本国要素禀赋特点的技术；其二，"适宜技术"是发达国家成熟的技术，而一定不是最先进的技术；其三，引进"适宜技术"可以以更加低廉的成本来实现本国的技术升级；其四，发展"适宜技术"需要"本地化的做中学"，即本地化的技术创新。[23]

建立我国绿色建筑"适宜技术"体系，除了需要积极引进那些适应我国地理环境和社会环境的绿色建筑技术之外，还迫切需要梳理我国传统建筑体系中的绿色技术要素群，并以这些要素群为母体，吸收、消化发达国家成熟的绿色建筑技术，做到中西结合、土洋结合，才有可能建立最适宜于我国特点的绿色建筑技术体系。绿色"适宜技术"体系的建立过程，是一个中西绿色技术要素的重组过程和技术结构更新的集成创新过程。通过这样的集成创新，一方面有利于解决西方绿色建筑技术"不服水土"的不适宜问题；另一方面可以赋予我国传统绿色建筑技术以新的生命力，使其再生、复活，从而在现代绿色建筑实践中发挥应有的作用。另外，这也是降低绿色建筑的技术成本、经济成本和环境负荷的重要路径。正是从这个角度讲，我们认为研究传统建筑的绿色技术要素是建立现代绿色建筑技术体系的迫切需要。

其三，研究传统建筑的绿色技术和人文理念对建设生态文明也有重要意义，从人类文明发展阶段而言，生态文明是继渔猎文明、农业文化、工业文明之后兴起的一种新型文明，一种更高阶段的文明。它是对工业文明的反思、重组和超越的结果，是人类未来文明发展的方向。人类当下处在由工业文明向生态文明的过渡阶段，从这个过渡阶段社会文明的结构而言，生态文明是与物质文明、精神文明、政治文明并列的文明形式，是协调人与自然关系的文明。生态文明用生态系统概念替代了人类中心主义，否定工业文明以来形成的物质享乐主义和对自然的掠夺。[24] 它对物质文明、精神文明和政治文明建设具有重要的重塑和导向作用，引导它们实现生态化转向。

中国共产党第十八次全国代表大会报告高度重视生态文明建设，强调建设生态文明，是关系人民福祉、关乎民族未来的长远大计。面对资源约束趋紧、环境污染严重、生态系统退化的严峻形势，必须树立尊重自然、顺应自然、保护自然的生态文明理念，把生态文明建设放在突出地位，融入经济建设、政治建设、文化建设、社会建设各方面和全过程，努力建设美丽中国，实现中华民族永续发展。中国共产党十八届三中全会通过的《中共中央关于全面深化改革若干重大问题的决定》又进一步提出，建设生态文明，必须建立系统完整的生态文明制度体系，实行最严格的源头保护制度、损害赔偿制度、责任追究制度，完善环境治理和生态修复制度，用制度保护生态环境。这一深化改革蓝图的实现，将为我国生态文明建设提供完整的制度保障。

建设生态文明需要全国各族人民共同参与，需要各个行业共同努力。现代建筑工业是大量耗费资源、能源和污染环境、破坏生态环境的最主要的行业之一，在生态文明建设中承担的任务艰巨、责任重大。绿色建筑是生态文明不可或缺的重要组成部分。大力促进绿色建筑发展，开展绿色建筑行动，以绿色、循环、低碳理念指导城乡建设，严格执行建筑节能强制性标准，扎实推进既有建筑节能改造，集约节约利用资源，提高建筑的安全性、舒适性和健康性，对转变城乡建设模式，破解能源资源瓶颈约束，改善群众生产生活条件，培育节能环保、新能源等战略性新兴产业，具有十分重要的意义和作用。[25]

研究传统建筑的绿色技术和人文理念，对推动生态文明建设具有重要意义。

第一，中国传统建筑所体现的一些朴素的绿色人文理念可以直接成为生态文明理念的重要内容。如"因地制宜"，"因天材，就地利"，"取之有度，用之有节"，"逸其人，因其地，全其天"等人文理念具有永恒的生命力，它们对其他绿色经济行业的发展同样具有重要的启迪作用和指导作用，可以直接作为我国生态文明理念的重要内容。

第二，中国传统建筑所体现的"天人合一"、"道法自然"的自然观，通过改造可以成为我国生态文明建设的民族哲学"基因"。"天人合一"的"合理内核"是主张敬畏天地、尊重自然，人与自然和谐。"道法自然"的核心是主张遵循自然规律，反对违背自然规律的所谓"有为"，无为而治。中国这种传统的自然观既反对人主宰自然、奴役自然，又反对忽视人的主体地位；既强调"人为贵"、"尽人之性"，又主张"仁及草木"、"尽物之性"，是一种天人兼顾、天人和谐的自然观。这一朴素的人与自然关系的辩证思想，与当代人们普遍认同的人与自然和谐共生的思想不谋而合，比西方的"人类中心主义"和"非人类中心主义"更具有合理性和普遍接受性。因此，对这种自然观加以生态化改造和转化，可以成为建设生态文明的重要哲学基础。

第三，传统建筑的绿色技术和人文理念除了理论意义外，对生态文明建设实践也具有重要的借鉴意义。如唐代文学家杜甫倡导的"筑场怜蚁穴"和宋代周敦颐倡导的"窗前草不除去"，深感草木"与自家意思一般"等关爱生命的思想；古人反对"暴殄天物"，以建筑节俭为美德的思想和造园家崇尚"不假雕琢，浑然天成"的朴素美、自然美的思想等，对我们今天建设绿色家园和其他生态文明实践活动仍然具有现实的借鉴意义。

在我们分析传统建筑的绿色技术和人文理念的现代价值的同时，我们必须看到它的历史局限性。首先，它是农业文明时代的产物，是一种朴素的经验总结和积淀，既缺乏现代生态科学的支撑，又未形成完整统一的理论体系；并且儒家、道家、墨家、法家、阴阳家及道教、佛教对天人关系的看法并不一致，甚至是互相对立的，需要进行具体的分析和整合。其次，它们是奴隶社会和封建社会的产物，有些建筑人文理念、观点是为君主专制和宗法等级制度服务的。如"象天法地"的城市规划理念，虽然是"天人合一"思想在城市规划方面的具体体现，含有敬畏天地、效法自然、顺应自然的成分，但其本质上是在玩天、地、人、神的四方游戏，目的在于用都城布局的形式来体现"君权神授"的神学思想，给都城披上神秘的外衣，为维护统治者的权威服务。再次，中国传统建筑文化中也包含着不少糟粕，如春秋战国时期，中国就出现了"高台榭，美宫室""以明得意"的建筑奢靡思潮；秦始皇大兴土木，奢侈无度，浪费资源，对生态环境造成了巨大破坏。"蜀山兀，阿房出"正是对秦始皇修建阿房宫，造成四川环境破坏的写照。汉代萧何提出的"非壮丽无以重威"的宫殿设计思想，试图通过建设恢宏壮丽的宫殿，营造一种庄严的气氛，并产生强大的震慑效果，来显示和增加皇帝的权威。用我们现代的绿色建筑评价标准来判断，这些思想显然是一种反绿色的思想。总之，我们对传统建筑文化既不能全盘肯定，也不能全盘否定，对其中的绿色要素也不能无批判地兼收并蓄，过分拔高，应当以实事求是的科学态度，进行具体分析，去其糟粕，取其精华，为绿色建筑的健康发展服务。

第一章 中国传统建筑的绿色人文理念

中国传统建筑蕴涵着丰富的绿色人文理念，概括起来，它们主要是："天人合一"的建筑自然观、崇尚"节俭"的建筑道德观、诗意"乐居"的建筑审美观、"因地制宜"的建筑规划与设计思想、"取之有度，用之有节"的建筑资源持续利用思想、注重"形胜"、"武备"和防灾的建筑安全思想、风水中的环境选择意识和人居环境保护意识等 8 个方面的人文理念，深入探讨这些绿色人文理念有益于我国构建具有中华民族风格和气派的绿色建筑文化。

第一节 "天人合一"的建筑自然观

自然观是人们对自然界的总看法和根本观点。它包括人们对自然界的本原、结构、发展规律和人与自然之间关系等方面的基本观点。天人关系，即人与自然的关系是人类的一切物质生产活动共同面对基本的问题，正确认识和处理人与自然之间的关系乃是人类建筑活动的基本前提。因此，人类建筑活动往往会自觉地，或不自觉地受到自然观的影响。我国传统建筑也不例外，它深受我国古代自然观的影响，可以说我国古代自然观是中国传统建筑文化的哲学基础，也是中国传统建筑绿色人文理念的根本内容。

我国古代占主导地位的自然观是"天人合一"。著名的国学大师钱穆在临终前写的《中国文化对人类未来可有的贡献》一文中强调：中国文化过去最伟大的贡献，在于对"天"、"人"关系的研究。中国人喜欢把"天"与"人"配合着讲，我曾说"天人合一"论，是中国文化对人类最大的贡献 [26]。我们赞成钱穆先生的观点，认为，"天人合一"、"道法自然"也是中国文化对人类绿色建筑人文理念的最大贡献。

一、"天人合一"思想发展的轨迹与合理"内核"

（一）"天人合一"思想发展的轨迹

"天人合一"思想渊源于夏、商、周三代的天命神权思想，形成于春秋战国时期，成熟于宋明时期。

夏、商、周三代，由于生产力低下，人们对自然的认识水平不高，把"天"看作是至高无上的主宰一切的"皇天"、"上帝"，"国之大事惟祀与戎"，天命神学占统治地位。西周时期，统治者对天命神学思想增加了些许理性色彩，提出了"皇天无亲，惟德是辅" [27] 的观点，将"天"道德化，将天命民意化，为春秋战国时期"天人合一"思想的形成奠定了基础。

春秋末期，孔子一方面仍然主张"天命"论，提出"畏天命"的思想；另一方面，他又将"天"理解为自然之天，认为"天命"是可以认识的，从而为"天人合一"思想的形成奠定了思想基础。战国时期，孟子继承并发挥了孔子的"仁学"思想，为"天道"与"人道"合一提供了认识论基础。在孟子看来，人生来就有"恻隐之心"、"羞恶之心"、"辞让之心"和"是非之心"；而这"四心"则是天所赋予人的仁、义、礼、智道德的"四端"；因此，如果人充分发挥其"四心"，在思维和行为上达到善的境界，就可以认识其所固有的善性；认识了善性，也就认识了天道。在这里，孟子通过赋予人的"心"、"性"和"天"以道德属性，从而推论出"性"与"天"合一，即人性与天道合一的思想。

战国时期成书的儒家经典《易传》和《中庸》则较明确地提出了"天人合一"思想。清代学者胡煦就认为："《周易》，天人合一之书也。"[28]《易传》中的天人合一思想主要体现在两个方面：一是提出了"与天地和其德"的命题。《易传·文言》："夫大人者，与天地合其德，与日月合其明，与四时合其序，与鬼神合其吉凶，先天而天弗违，后天而奉天时。天且弗违，而况于人乎？况于鬼神乎？"在《易传》的作者看来，"天地之大德曰生"，"日新之谓盛德"[29]，其意思是说，天地具有孕育万物、创造生命和使世界日新月异的伟大功德，人应当效法天地这种"大德"。这是《易传》对"天人合一论"的新贡献，在后世产生了深远的影响。二是提出了"天人协调说"。《易传》的作者提出："财（裁）天地之道，辅相天地之宜"[30]；"范围天地之化而不过，曲成万物而不遗"[31]的思想。《易传》的作者明确提出天、地、人"三才"的概念和天道、地道、人道的概念，肯定人的能动作用；认为人的能动作用就在于"裁成"与"辅相"，即依据对天地之道的认识制定顺应天地运行规律的"施为之方"，如制定历法以明"四时之行"，划分春夏秋冬以便人民有秩序地耕作，这就是"裁成"之功；以天地之道为法则，"使民用天时，因地利，辅助化育之功，成其丰美之利"[32]。这就是所谓"辅相天地之宜"。所谓"范围天地之化而不过，曲成万物而不遗"也是肯定人的能动作用，意思是说，人可以通过实践活动限制自然力发生作用的范围，抑制其对人有害的东西，也可以协助万物发展而充分发挥天地造化万物的伟大作用。张岱年先生认为，这是一种既要改造自然，使其符合人类的愿望，又要遵循自然规律，不破坏生态平衡的比较全面的观点[33]。

传说为子思撰写的《中庸》一书，也是较明确地提出了"天人合一"思想。其最主要的观点有二：其一，提出了人道与天道合一的思想。《中庸》的作者以"诚"这个道德范畴为中介，把天道与人道双方联系在一起。"诚者天之道也；诚之者人之道也"[34]。其二，提出了"赞天地之化育"、"与天地参"的思想。在《中庸》的作者看来，人一旦达到了"至诚"的境界就能尽人、物之性，就可以"赞天地之化育"、"与天地参"。他说："唯天下之至诚，为能尽其性；能尽其性，则能尽人之性；能尽人之性，则能尽物之性；能尽物之性，则可以赞天地之化育；可以赞天地之化育，则可以与天地参也。"[35]宋明理学家解释说："诚者，非自成己而已也，所以成物也。成己，仁也；成物，智也；性之德也，合内外之道也，故时措之宜也"[36]也就是说，"诚"不仅仅指道德上成就自己，而且包含着"成物"的含义。"至诚"是指圣人的全德状态，即穷尽天下之理，达到完全与天地生化万物的大德同一的最高境界。而达到这一境界的根本途径就是"为能尽其性"，即充分发挥自己生来具有的善性和能动性，在认识上达到明白一切道理，在行为上达到处理一切事情都非常恰当。做到"能尽其性"意义重大，可以使人"赞天地之化育"，"与天地参"。"赞"，即"助"。"赞天地之化育"就是人"代天理物"，干天干不了的事情，协助天地化育万物，达到"致中和"的目的。《中庸》的这一思想，蕴含着朴素的绿色人文观：其一，人具有道德属性，因而有资格成为自然界的管理者；其二，人的价值和责任在于能"赞天地之化育"，既"尽人之性"，又"尽物之性"，天人兼顾，成己成物，使人和物都能自然地生存，实现各自的天性；其三，"致中和，天地位焉，万物育焉。"[37] 就是，在处理天人关系中，反对走极端，应走"中道"，兼顾天人，实现天、地、人之间的和谐。这是《中庸》的作者提出，并被宋明理学家阐发的颇具现代价值的思想。[38] 汉代，董仲舒明确地提出了"天人之际，合二为一"[39]、"以类合之，天人一也"[40] 的观点，这是整个儒家天人合一思想发展过程中承上启下的一环。但他的哲学思想的中心是"天人感应"论，认为天是"万物之祖"、"百神之君"，把天塑造为主宰自然界的至高无上的神，而人不过是天的副本，"人副天数"；并将天道、天意与人事相比附，认为"王承天意"，"王道之三纲，可求于天"，[41] 其目的在于给君主专制和封建纲常披上神秘的外衣，论证其神圣性和绝对性。

儒家的天人合一论，到了宋明时期趋于成熟，其内容更加丰富和系统。张载是中国历史上正式提出了"天人合一"的命题。他说："儒者则因明致诚，因诚致明，故天人合一"，[42] 在张载看来，"天人合一"的根本前提在于"气"是世界的本原，人与万物都是气聚散变化的产物。天、地与人好比一个大家庭，"乾称父，坤称母；予兹藐焉，乃混然中处。"[43] "乾"（天）是父；"坤"（地）是母；而人乃是乾坤的孩子，"混然中处"。因此，在他看来，"天地之塞，吾其体；天地之帅，吾其性。民，吾同胞；物，吾与也。"[44] 在这里，张载提出了"民胞物与"的著名观点，他把"民"看作自己的同胞，把"物"当作自己的朋友；这是"天人合一"的最高境界。

程颐、程颢、朱熹等理学家也主张天人合一论，提出了"天人无间"（程颢语）、"万物一体"（程颐语）、"天即人，人即天"（朱熹语）等观点。二程把天人合一论推向极致，提出"天人本无二，不必言合"[45]。也就是说，天与人本来就是统一的，不必去讨论二者的"合一"问题。

程朱理学的天人合一论的哲学基础是"理本论"，认为"理"是宇宙的本原，"天下只有一理"，"万物皆只是一个天理"[46]。他们所推崇的"理"，又称"天理"，大致有两层含义：一是指自然界运行的本然状态和法则。"莫之为而为，莫之致而致，便是天理。"[47] 二是指封建伦理纲常。"天理只是仁义礼智之总名，仁义礼智便是天理之件数。"[48] 他们正是从天人一理，天人一道出发，推论出了天与人合一的结论。朱熹说："天人本只一理，若理会得此意，则天何尝大，人何尝小也。""天即人，人即天，人之始生，得于天也，既生此人，则天又在人矣。"[49] 他从本体论和发生论的角度同时论证了人和自然界的统一。

程朱理学发展儒家的天人合一论的目的在于将封建纲常提升到本体论的高度，从而宣扬"存天理，灭人欲"的思想，为维护君主专制制度服务。

陆象山、王阳明与客观唯心主义理学家不同，从主观唯心主义的"心本论"出发，认为"心"是构成宇宙的本原，断言宇宙"便是吾心，吾心即是宇宙。"[50]在"心"与"理"的关系上提出"心即理"；在"心"与"天"的关系上提出"心即天"，把"以天地万物为一体"作为圣人追求的理想境界。

总之，宋明时期，无论是张载的"气"学派、二程、朱熹的"理"学派，还是陆象山、王阳明的"心"学派，各自的出发点不同，思维路线不同，但他们都以天人关系为其哲学研究的基本问题，以"天人合一"为其根本观点。至此"天人合一"自然观已发展成为一种占主导地位的内容丰富的完整系统。这种自然观在我国历史上对人们的思想文化和各种实践活动都产生过深远的影响。

（二）"天人合一"论的合理"内核"

通过上述对"天人合一"论演变轨迹的粗线条的考察，可以看出，"天人合一"论大致包括三重含义：一是人与神合一；二是"天德"与"人伦"合一；三是人与自然合一。[51]天人合一论的内涵是复杂的，它既包含着一些神学成分和为封建君主专制制度、道德体系提供理论基础的价值取向，也包含着许多合理的"内核"。概括起来，天人合一论的合理"内核"主要表现在以下两个方面：

第一，"天人合一"论的思维方式是整体的思维方式、有机的思维方式。西方"人类中心主义"是一种二元对立的思维方式，主张人主宰自然，奴役自然，掠夺自然，由此造成了人与自然之间的尖锐矛盾和全球性环境危机；而"天人合一"论则是一种整体的思维方式，它从宇宙结构的视角，将"天"、"地"、"人""三才"都看作是宇宙中不可缺少的有机组成部分；从宇宙生成的角度，把天地万物看作相互联系、相互影响的生生不息的生命链条和休戚与共的大家庭。这种思维方式显然与"人类中心主义"的思维方式有重大区别，这种思维方式有益于帮助现代人跳出人与自然二元对立的思维定式，克服"人类中心主义"的偏颇和错误立场。

第二，"天人合一"论既不是"人类中心主义"，也不是"非人类中心主义"，而是主张人与自然协调与和谐。一方面，儒学思想家提出了"与天地合其德，与日月合其明，与四时合其序"（《易传》），"民胞物与"（张载），"天人无间"（程颢），"天人一体"（朱熹），"以天地万物为一体"（王阳明）等观点，主张敬畏自然、尊重自然，顺应自然；另一方面，儒学思想家提出"人为贵"（孔子），"财（裁）天地之道，辅相天地之宜"（《易传》），"赞天地之化育"，"与天地参"（《中庸》），"为天地立心"（张载）等观点。"天人合一"论在强调人与自然统一的同时，并没有忽视人与自然物之间的差别和人的价值、人的利益。更为可贵的是，在处理人与自然关系的策略上，它主张走"中道"，"顺天应人"，"成己成物"，天人兼顾，"物我兼照"。这一策略可以帮助人类克服要么只讲维护人类的利益，要么只讲保护自然生态平衡的偏颇观念，能帮助人类在合理地利用自然资源的同时，又友善地对待自然环境，走可持续发展之路。

二、"道法自然"自然观的内涵

如果说"天人合一"主要是儒家的自然观，那么，"道法自然"、"无为而治"则是以老庄为代表的道家的自然观。道家的自然观，以"道"为核心概念，以"道"生化万物的宇宙生成论为逻辑前提，以"道法自然"和"无为而治"为处理人与自然关系的根本原则，以"道通为一"的万物平等观和尊重一切生命的存在权利为重要内容的思想体系。[52]与儒家自然观相比较，道家自然观可以说是一种"深绿色"的自然观。

"道"本论是道家自然观的理论基础。老子认为，"道"，"先天地生"，"可以为天地之母"，"似万物之宗"，它是天地万物的总根源和生成变化的总规律。他从"道"这个基本概念出发，创立了道生万物的宇宙生化论。《老子》四十二章："道生一，一生二，二生三，三生万物，万物负阴而抱阳，冲气以为和。"《老子》十六章："夫物芸芸，各复归其根。"意思是说，道是一种混沌未分的整体，也就是"一"，这个"道"（或称之为"一"）在运行的过程中，自我分化为阴阳二气，阴阳二气相交互作用生成"三"，即天、地、人。万物虽万形，但莫不负阴而抱阳，在"负"、"抱"之中，阴阳协调、适均，就是"和"。而纷繁复杂的万物发育变化的结果，最终都要回归它的本根，即"道"。老子所建构的这种从"道"→"万物"→"道"，循环往复，以至无穷的宇宙生化模式，否定了传统的天命观，大大降低了"上帝"和鬼神的地位，道"象帝之先"，"以道莅天下，其鬼不神"[53]。为人们客观地认识自然界、认识人与自然的关系提供了新视角。

庄子发展了老子的宇宙生化论思想，明确提出"道"本论思想。《庄子·大宗师》:道"自本自根，未有天地，自古以固存；神鬼神帝，生天生地"。所谓"自本自根"，意思是说，道是整个宇宙的终极原因，在道之外没有别的根据。"本根"就是我们现代所说的"本原"。显然，庄子是把"道"作为宇宙的本原。

西汉初年，《淮南子》的作者发展了老庄的思想，提出了"阴阳和合而万物生"的观点。《淮南子·天文训》中："道始于一，一而不生，故分而为阴阳，阴阳合和而万物生"。

在天人关系方面，道家提出了"四大"说、"与天为一"说、"道法自然"说和"无为而治"说等思想。

"四大"说是老子提出来的。《老子》二十五章："域中有四大，而人居其一焉"，"道大，天大，地大，人亦大"。在这"四大"思想中，人既不渺小，也不特别伟大，是"四大"因素之一；但人之"大"具有从属地位，从属于"道"之"大"和天地之"大"。所以说"人亦大"。显然，老子虽然肯定了人的相对独立性，但没有赋予人以主宰者、优越者的地位；没有将人与自然的关系看作主宰与被主宰的关系，而是强调人对自然的从属关系。

"与天为一"、"与天为徒"说是庄子明确提出来的。《庄子·达生》:"夫形全精复，与天为一。"庄子把"与天为一"看作是保全人的形体，使精神不散于外的根本条件。《庄子·大宗师》又说："其一与天为徒，其不一与人为徒，天与人不相胜也，是之谓真人。"根据古人的诠释，"与天为徒"含有"依乎天理"、"与天合"、"得天之道"等内涵，用现代的话说，就是遵循自然规律，按照自然法则办事。

　　"道法自然"、"无为而治"说是道家自然观的核心内容。《老子》第二十五章："人法地，地法天，天法道，道法自然。"根据古人的诠释，"法"就是"法则"，就是"无所违"，它含有"遵循"、"遵从"、"不违背"、仿效之意。"自然"有两重含义：一是指"不知所以然"的自发的、客观的、无意识的趋势，即自然而然；二是指"道"的根本性质，道的本然状态。"天然耳……以天言之，所以明其自然"[54]也就是说，"自然"不是指现代人所说的自然界，而是形容"道"的本然状态、特点。"道法自然"的主要含义是："道"具有生化天地万物，但又不违背、不干涉万物自发地生长发育的属性。人要"法地"、"法天"、"法道"，就是要求人顺任万物自然而然的发展，尊重、顺应自然规律和发展趋势。

　　"道法自然"的命题与"无为而治"的命题密切相关，在道家著作中"自然"与"无为"往往连用，"无为"就是顺其自然不加人为干涉。只有"无为"万物才能自我发展和自我完善。"道常无为，而无不为。侯王若能守之，万物将自化。"[55]《老子》对"无为而治"有不少论述，如《老子》三十四章："大道汜兮，其可左右。万物恃之以生而不辞，功成而不有。爱养万物而不为主，（常无欲）可名于小；万物归焉而不为主，可名为大。是以圣人终不为大，故能成其大。"《老子》五十一章："道生之，德畜之，物形之，势成之。……生而不有，为而不恃，长而不宰，是谓玄德。"《老子》六十四章："以辅万物之自然而不敢为"；《老子》八章："圣人处无为之事，行不言之教，万物作焉而弗辞，生而弗有，为而弗恃，功成而弗居……"其中"爱养万物而不为主"，"万物归焉而不为主"，"生而不有，为而不恃，长而不宰"，"以辅万物之自然而不敢为"，"善利万物而不争"等都是对"道"的"无为"特征的描述，中心意思是说，"道"生养万物、辅助万物、有益于万物自然发展，而不以万物的主人身份去占有、把持、主宰万物，这就是自然无为。"无为而治"作为人对待自然的一种态度和原则，并非无所事事，什么事也不做，而是"为无为"、"不敢为"、不妄为，即以"无为"的态度去为，尊重和顺应自然规律，不干预万物的自然发展，不任意妄为。老子认为，只有如此，才能达到"为无为，则无不治"，"无为，而无不为"的理想效果。

　　庄子继承并发展了老子"无为而治"的思想，他的贡献主要有三点：其一，"无为而治"就是"原天地之美，而达万物之理"。[56]"天地之美"，即阴阳变化之美、自然之美；"万物之理"，即"道"，道就是万物之理；"原美"、"达理"就是遵循道的法则，顺任万物自然发展，而不恣意妄为。其二，"无为而治"就是"无以人灭天，无以故灭命"。《庄子·秋水》："何谓天？何谓人？北海若曰：'牛马四足，是谓天；络马首，穿牛鼻，是谓人。'故曰无以人灭天，无以故灭命"。意思是说，牛马有四只蹄子是天然生成的，这叫作"天"，给马头戴络子、给牛穿鼻子是人的行为，这叫作"人为"。如果不遵循牛马自我生存法则，而以人的意愿而任意妄为，就毁灭了自然法则。在这里，庄子强调，要谨慎持守自然物的天性和自我发展的规律，把人的行为控制在一定的限度内。其三，"无为而治"就是要尊重万物的自然天性，不能破坏自然天性。庄子讲了一个著名的寓言："南海之帝为倏，北海之帝为忽，中央之帝为浑沌。倏与忽时相遇于浑沌之地，浑沌待之甚善。倏与忽谋报浑沌之德，曰：'人皆有七窍，以视、听、食、息，此独无有。'尝试凿之，日凿一窍，七日而浑沌死。"[57] 庄子以丰富的想象力塑造了三尊神，倏（南海之帝）、忽（北海之帝）和浑沌（中央之帝），倏和忽在中央地区相遇，受到浑沌非常周到的招待；浑沌的形象与众不同，形体未分，没有像人一样的耳、目、鼻、口等七窍；倏与忽为了报答浑沌的款待，谋划为浑沌凿窍。一天凿一窍，到第七天，浑沌死了。庄子用这个寓言告诉人们违背事物的天性行事，不可为，"为者败之"。

道家的"道法自然"、"无为而治"的思想具有重要的生态意义：其一，它反对人类自命为自然界的主人，去主宰自然、统治自然，倡导自然主义；其二，它主张尊重万物的自然天性，遵循自然规律，像"道"一样去"爱养万物"、"善利万物"、"以辅万物之自然"；其三，它主张"见素抱朴，少私寡欲"；"去甚、去奢、去泰"，[58] 知足、知止，坚持"慈"、"俭"、"不敢为天下先"。这些深邃思想具有重要的现代意义，它有利于帮助现代人克服人类中心主义的影响，提高尊重生态规律的自觉性和提倡适度消费，对把对环境的破坏降低到最低程度等都有一定的启迪作用。[59]

三、"象天法地"城市规划理念

中国古代的统治者大都信奉"天人合一"的自然观，他们往往把"天人合一"作为都城规划的指导思想。

潘谷西教授主编的《中国建筑史》认为，中国古代的"天人合一"的自然观在三个方面影响了中国建筑的发展：第一，它影响了从远古的祭坛、已失考的明堂，直到明清两代的坛庙建筑及地方社坛、神祠等建筑，这些建筑是古人创造的与天及与从属于天的下一个等级的若干神灵对话的场所，它们构成了中国建筑体系的神圣核心和最具象征意义的部分。第二，州郡依其在国中的位置寻求天上星宿为其对应物，名曰星野。……此外城市，尤其是都城以及宫殿、陵寝的布局和规划设计与命名都力图体现天人合一的追求。第三，通过进一步的关于自然环境的具体认知及其他更低层次的事物中的序的把握，使天人合一观念逐级转化为建筑中的关系。[60] 潘谷西教授的这些概括颇为全面。在这三个方面蕴涵着一个核心建筑人文理念——"象天法地"。"象天法地"是中国古代追求"天人合一"、"道法自然"价值取向的最重要的城市规划和建筑设计理念。

（一）"象天法地"城市规划理念的肇始

"象天法地"渊源于《周易》。《周易·系辞下》："古者包牺氏之王天下，仰则观象于天，俯则观法于地，观鸟兽之文与地之宜，近取诸身，远取诸物，于是始作八卦"。"象天法地"正是"仰则观象于天，俯则观法于地"这两句话的浓缩语。

"象天法地"作为建筑人文理念缘起于春秋时期。据《吴越春秋》记载，伍子胥为了帮助吴王阖闾"兴霸成王"，"乃使相土尝水，象天法地，造筑大城，周回四十七里，陆门八以象天八风，水门八以法地八聪。筑小城，周十里，陆门三，不开东南者，欲以绝越明也。立闾门者，以象天门，通阊阖风也。立蛇门者，以象地户也。"[61] "天之八风"，即八方之风；"地之八聪"，即八卦；"阊门"，即传说中的天门；"阊阖风"，即西风、秋风；"地户"，即地之出入口，与天门相对，西北为天门，东南为地户。伍子胥所规划的阖闾城（在今苏州）模拟当时人们心目中的天与地及其自然现象，其追求"天人合一"的意境十分明显。据《吴越春秋》记载，范蠡所规划的越国国都会稽城（在今浙江绍兴市一带）也是以"象天法地"为指导思想。"范蠡乃观天文，拟法于紫宫。筑小城，周千一百二十一步，一圆三方。西北立龙飞翼之楼，以象天门；东南伏漏石宝，以象地户；陵门四达，以象八风"。[62] 这些历史记载说明，春秋时期，采用"象天法地"的规划手法来表达"天人合一"的建筑意念已成为吴越两国的共同现象。

（二）"象天法地"城市规划理念的发展

如果说"象天法地"城市规划理念肇始于春秋时期，那么，从秦汉到隋唐则是其被广泛应用和发展的时期。

"象天法地"是秦都咸阳和西汉首都长安城规划的基本思想之一。据司马迁记载，秦始皇"作信宫渭南，已，更命信宫为极庙，象天极。"（唐）司马贞在《史记索隐》中解释说："为宫庙，象天极，故曰极庙。"也就是说，秦始皇之所以要将信宫更名为"极庙"，目的在于象征"天极"星，即天地常居的"中宫"。司马迁又记载说："始皇以为咸阳人多，先王之宫廷小，……乃营作朝宫渭南上林苑中，先作前殿阿房……周驰为阁道，自殿下直抵南山，表南山之巅以为阙。为复道，自阿房渡渭，属之咸阳，以象天极阁道绝汉抵营室也。"[63] 这里涉及"天极"、"阁道"、"汉"、"营室"等古代天文学概念。"天极"，即天极星，古人将其中最明亮的一颗星称之为帝星，认为是"太一常居"之处。"阁道"，即飞阁之道，属于北斗的辅星，有六星。"汉"，亦称"天汉"、"天河"，即银河。"营室"，古星名，古人心目中的"天子的离宫别馆"。天上的星象格局是：天极星→阁道星→银河→营室星；而地上咸阳的建筑布局则是：从咸阳宫→复道→渭河→阿房宫。"天人合一"的自然观在这里被表现得淋漓尽致。

《三辅黄图》也记载了秦都咸阳"象天法地"的布局手法，"始皇穷极奢侈，筑咸阳宫，因北陵营建，端门四达，以则紫宫，象帝居。引渭水灌都，以象天汉，横桥南渡，以法牵牛。"[64] 这里所说的"紫宫"，亦称"紫微垣"，是中国古代的星区名。古人参照五行，将天上的星区分为东、南、西、北、中五宫。"紫宫"，即"中宫"，位于北极周围，包括在黄河流域一带地区（地理纬度约36°）常见不没的天区部分。[65] 司马迁在《史记·天官书》中，将"紫宫"描绘为一个天国的宫城，在这里不仅有最尊贵的天神"太一常居"的"太一"星，而且有"旁三星三公，或曰子属。后句四星，末大星正妃，余三星后宫之属，环之匡卫十二星，藩臣。"[66] 也就说，在天帝"太一"的周围，旁有三公、太子；后有正妃、后宫，左右还有"环之匡卫"机构。"紫微宫"是天上最尊贵的天帝的宫室，咸阳宫则是人间"履至尊而制六合"的秦始皇的主要宫殿。在"天人合一"思想的影响下，天上的星象布局成了秦都咸阳城规划的根据，秦都咸阳城则从天上的星象找到了神圣的理由。秦代统治者之所以热衷于这种城市规划方式，在于他们深知"假威鬼神，以欺远方"[67]。在当时，"假鬼神"具有其他方式不可替代的作用。[68]

西汉长安城的布局也深受"象天法地"思想的影响。班固在《西都赋》中写道：长安城"其宫室也，体象乎天地，经纬乎阴阳，据坤灵之正位，仿太紫之圆方。树中天之华阙，丰冠山之朱堂"；昆明池"左牵牛而右织女，似云汉之无涯"[69]。据唐代李贤的解释，"体象乎天地"就是"圆象天，方象地"；"经纬乎阴阳，据坤灵之正位"就是以南北为经，东西为纬；"仿太紫之圆方"，是指"明堂之制，内有太室象紫宫，南出明堂象太微"，"太微方，而紫宫圆"[70]。张衡在《西京赋》中也说：长安城"正紫宫于未央，表峣阙于闾阖"；"麒麟朱鸟，龙兴含章，譬众星之环极"[71]。"未央宫"是西汉最重要的宫殿，它象征天上的紫微宫；"峣阙"是未央宫南端的门阙，"闾阖"则是紫微宫的门名，未央宫的峣阙与紫微宫的闾阖门相对应。又据《史记索隐·高祖本纪》记载："东阙名苍龙，北阙名玄武，无西、南二阙"。《三辅黄图·右长乐宫》："苍龙、白虎、朱雀、玄武，天之四灵，一正四方，王者制宫阙殿阁取法焉。"汉长安将东阙命名为"苍龙"，北阙命名为"玄武"，就是在效法"天之四灵"。《三辅黄图·汉长安故城》称：长安"城南为南斗形，北为北斗形，之今人呼京城为斗城是也。"

汉长安城之所以如此"象天法地"，规划都城，与当时的天文学有很大关系。司马迁在《史记·天官书》中勾勒出一个以中宫（紫宫）为中心，东宫苍龙、西宫咸池、南宫朱鸟、北宫玄武，二十八宿环卫四方的天文星象图，汉长安城的形状、空间布局及未央宫、明堂等建筑的设计与命名都在极力象征这种天文星象图景。

"象天法地"同样也是隋唐长安城的规划、设计的重要指导思想，但与秦汉都城的总体布局模拟天上的星宿布局不同，隋唐长安城的总体布局热衷于体现《周易》中的"乾卦"的意境。（唐）李庾在《西都赋》中描述隋唐长安城说："拥乾体，正坤仪，平两曜，据北辰，斥咸阳而会龙首，左社稷而右宗庙"。"拥乾体"，"拥"，即抱持；"乾体"，即乾卦。这里所说的"拥乾体"就是指著名建筑师宇文恺是以乾卦为依据来规划隋都大兴城的。《隋书·宇文恺传》："宇文恺，字安乐，……及迁都，上以恺有巧思，诏领营新都副监。高颎虽总大纲，凡所规划，皆出于恺。"据《雍录》记载："隋宇文恺之营隋都也，曰：'朱雀大街南北尽郭，有六条高坡，象乾之六爻，故于九二置宫室，以当帝王之居；九三置百司，以应君子之数；九五贵位不欲常人居之，故置元都观、大兴善寺以镇之。'"[72]这一记载说明，体象"乾卦"卦意是隋唐长安城主要的规划思想。"乾卦"是《周易》的第一卦，象征天，在古人眼里是大吉大利之卦，历来为帝王所尊崇。龙首原上有六条高坡，比附乾卦的六爻的爻辞之意，第一条和第六条高坡对应乾卦第一爻和第六爻，都是不大吉利之地，因此，在其上修筑外郭城的南北城墙；第二条坡对应第二爻，乃"见龙在田"之地，相当吉利，"故于九二置宫室，以当帝王之居"。第三条坡对应第三爻，有"君子终日乾乾，夕惕如厉，无咎"之意，因此在此高坡"置百司，以应君子之数"。第五条坡，乃"飞龙在天"之地，是"九五"之尊的地位，"不欲常人居之，故置元都观、大兴善寺以镇之。"从龙首原南麓到少陵原的地势东南高西北低，并且龙首原有六条余脉东西横贯，这给城市规划带来了困难，但宇文恺却机敏地附会乾卦之六爻，既巧妙地利用了自然地形，又从《周易》中找到了理论根据。[73]这种规划手法不仅增强了城市的层次感，扩大了城市的立体空间，而且给长安城蒙上了神秘的面纱，匠心独具，起到了化不利因素为有利因素的功效。

据《长安志》引《隋三礼图》的记载，长安城内街道、里坊布置的意图是，以在宫城、皇城东西侧各三排布置的南北十三坊象征一年十二个月和闰月，以在皇城之南东西并列的四排坊象征一年中的四季，以在这四排中南北各划分的九坊象征《周礼》王城九逵之制。[74] 长安城的北门称为"玄武门"，南门称为"朱雀门"，是在效法所谓苍龙、白虎、朱雀、玄武"天之四灵"之说。

不仅隋唐长安城的规划追求"天人合一"的意境，而且主要宫殿设计也是如此。如唐长安最重要的宫殿建筑群——太极宫（隋大兴宫）的南北中轴线上，从南到北依次为：承天门、嘉德门、太极门、太极殿、朱明门、两仪门、两仪殿、甘露门、甘露殿……玄武门。这个规划布局至少包含三层文化内涵：一是"承天门"、"嘉德门"体现君权神授和"以德配天"的思想。二是从"太极门"到"甘露殿"的布局，附会《易》有太极，是生两仪，两仪生四象"[75] 之意，体现了儒家的宇宙生化论。而"甘露门、甘露殿"当取阴阳和合之意。三是"太极殿"象征天上的"北辰"。北辰是天上的枢纽，处于众星环拱的尊贵地位。太极殿被赋予这样的象征意义，是为了提高它的神圣性和至尊地位。再如唐代李华在《含元殿赋》中说：含元殿是依据《易》乾坤之说，曰含弘光大，曰元亨利贞，括万象以为尊，特巍巍乎上京。"[76]

"象天法地"的设计理念也被广泛地应用于礼制建筑之中。其中以明堂设计最为突出。"明堂"是古代皇帝祭祀上帝、五帝及配祀列祖列宗的殿堂，是最重要的礼制建筑。唐高宗总章二年（669 年）以诏令的形式颁布的明堂设计方案规定：明堂"院每面三百六十步，当中置堂，处二仪之中，定三才之本，构兹一宇，临此万方。""每面三百六十步"象征"乾之策二百一十有六，坤之策一百四十有四，总成三百六十，故方三百六十步。"[77] "天之策"即阳数九的 24 倍；"坤之策"乃阴数六的 24 倍。二者之和为 360。"二仪"，即阴阳；"三才"，即天、地、人。明堂"基，八面，象八方。""基，每面三阶，周回十二阶，每阶为二十五级"象征"天有三阶"、"地有十二辰"和"从凡至圣有二十五等"等古代观念。这种设计内含着"上拟霄汉之仪，下则地辰之数"意蕴。"基之上为一堂，其宇上圆"。"基之上为一堂"象征着《道德经》："天得一以清，地得一以宁，侯王得一为天下贞"及"道生一、一生二、二生三，三生万物"之义及"天子以四海为家，故置一堂以象元气，并取四海为家之义"。"其宇上圆"象征着"璧圆以象天"之义 [78]。可以说，明堂的每一根柱子、每一根大梁、每一根椽都有文化含义。"八柱承天，故置八柱。""飞檐椽七百二十九"，"法周天之至数。"[79]

（三）"象天法地"理念的成熟

明清时期，在营建南京宫城和北京紫禁城的过程中，将"象天法地"发展到极致，达到了最高水平。

明南京都城的宫城内，"外朝"有三大宫殿：奉天殿、华盖殿、谨身殿。"奉天"隐含着"奉天时"、"奉天命"而统治天下之意。明代王世贞解释说："太祖高皇帝登极之后，名其大朝门曰'奉天门'，殿曰'奉天殿'……俱以'奉天'冠之，明人主不敢以一人肆于民上，无所往而不奉天也。"[80] "华盖",星名,属紫微垣,今仙女后座。《晋书·天文志》载:"大帝上九星曰华盖,所以覆蔽大帝之座也。"因而,华盖殿布置在奉天殿之后,就是根据星辰位置而定的。[81] "华盖",象征明太祖统一天下是应帝星之瑞。"谨身"是说皇帝加强自身修养。南京明宫城后宫依此为乾清宫、省躬殿和坤宁宫。乾清、坤宁二宫,象征帝、后犹如天地。乾清宫之左右立"日精门"、"月华门",象征日月陪衬于帝、后之左右。[82]明代北京紫禁城是仿照南京宫城而建的。明代国子监祭酒李时勉在《北京赋》中描述了北京紫禁城"外朝"三大殿"象天法地"的情况,他写道:"夫宫室之制,则损益乎黄帝合宫之宜,式遵乎太祖贻谋之良居,居高以临下,背阴而面阳。奉天凌霄以磊砢,谨身镇极而峥嵘,华盖穹崇以造天俨,特处乎中央,上仿象夫天体之圆,下效法乎坤德之方。"[83]意思是说,明初北京城紫禁城宫殿建筑是黄帝以来逐步形成的宫室制度改革与发展的结果,遵循了朱元璋都城建设思想的遗训。"外朝"三大殿都具有居高临下、背阴而面阳的特点。奉天殿,有"凌霄"之势,非常高大雄伟;谨身殿,呈现出"镇极而峥嵘"的形象,也相当壮丽;而华盖殿的顶部若"华盖",穹窿高崇以模仿天的庄严,上为圆形,仿"天体之圆",下为方形,"效法乎坤德之方"。

明代宫城位于北京皇城中轴线上的中心位置,犹如天上的皇天大帝居住于天的中央紫微垣一样,故将宫城称为紫禁城。古人认为天有九重、天有九门,于是明代营建北京宫城时,将正阳门、大明门、承天门、端门、午门、奉天门、乾清门、宣武门、北安门比之天之九重、九门。古代天文有"三垣"之说,于是将北京宫城比拟"三垣"。首先以皇帝处理政务之处和帝后及眷属的居之区的"内廷"(亦称"后寝")比拟紫微垣。内廷由乾清宫、坤宁宫、交泰殿三大宫和紧靠乾清宫东西两侧的东六宫、西六宫、乾东五所、乾西五所等组成。乾清宫象天,坤宁宫象地,东西六宫象十二星辰,乾东、西五所象众星,形成群星拱卫的格局[84]。乾清宫、坤宁宫、交泰殿和乾清宫左右东西六宫,总计是十五宫,合于紫微垣十五星之数。[85]而东西六宫与其后的乾东西五所又合于天干地支之数。其次,以外朝象征太微垣,三大殿象征太微"明堂三星",三大殿下之三层台基象征太微下的"三台星"。以太微垣南藩二星间端门、东藩二星间东华门、左执法之东的左掖门、右执法之西的右掖门,分别命名紫禁城的端门、东华门和左右掖门。承天门、奉天门之命名均系于天,进午门后在奉天门前有内金水河和内金水桥,将其比作银汉。又三大殿以奉天殿为首,中轴线从殿内宝座中心穿过,以比帝星。华盖殿亦源于星名。此外,以宫城之北为天市垣,故紫禁城神武门外设后市。明朝每月逢四开市,听商贸易,称"内市"[86]。紫禁城还处在以四象为代表的二十八宿的围合之中。通过上述这些"象天法地"的规划设计,使紫禁城宛若天宫。

除了古代都城热衷于"象天法地"之外,也有一些古代城市规划也体现了这一理念。如古代长沙城选址与天上星座相合;温州城将七座山模拟北斗星;泉州城形似鲤鱼,号称鲤鱼城等。

通过上述简要的历史回顾,我们可以看出,从春秋时期开始,一直到明清时期,"象天法地"是历代都城规划及宫殿、礼制建筑设计的基本思想之一。形成这一传统的原因是多方面的，其中最主要的原因是：

第一，从政治需要看，都城规划采用"象天法地"的手法，是统治者鼓吹"君权神授"，宣扬皇权至上的需要。

"夫象者，出意者也"[87]也就是说，立象是为了表出其意，离开了"意"，"象"就失去了存在的价值。那么，古代都城规划"轨范乾坤，模拟天地"[88]要表征的"意"是什么呢？从根本上讲，他们所要表征的"意"就是"王者，天之元子"和"王者之兴，受命于天"之意。也就说，他们企图用模拟天上星宿结构手法，表达他们之所能成为天下共主，临御万方的合理性和神圣性。这种建筑规划与设计手法与帝王在诏书的开头总要说"奉天承运，皇帝诏曰"玩的是同一种把戏。在商代，"盘庚患其民不从令，故假鬼神以惧之"[89]；历代统治者都继承了盘庚的衣钵，都城建筑"象天法地"的目的就是为了假借所谓皇天上帝至高无上的权威来恐吓老百姓，控制老百姓，以维护他们的专制统治。

第二，从建筑艺术特点看，建筑是一种重要的空间艺术、造型艺术，它可通过艺术形象来表现某种思想意识，具有较强的象征功能，这是"象天法地"的内在根据。

德国古典哲学家黑格尔认为，建筑作为艺术作品，具有重要的象征功能。他曾指出：仅仅满足物质功能的原始建筑本身不是艺术，但到了建筑追求艺术形象和美时，它就成为一种象征艺术。"建筑物，它要向旁人揭示出一个普遍的意义，除掉要表现这种较高的意义之外别无目的，所以它毕竟是一种暗示，一个普遍意义的重要思想的象征（符号），一种独立自足的象征。尽管对于精神来说，它还只是一种无声的语言"。[90]在这里，黑格尔认为，当建筑成为一种独立的艺术作品，它可以作为一种暗示、一种象征（符号），来表现"一个普遍意义的重要思想"。建筑艺术既可以用鲜明的艺术形象表达某种文化理念，又可以综合采用绘画、雕塑、园艺绿化、匾额、楹联、文学、书法等多种艺术形式表达某种思想，这是古人热衷于"象天法地"的内在根据。

第三，中国古代天文学的特点也为建筑"象天法地"提供了便利条件。

《晋书·天文志》记载，"张衡云：文曜丽乎天，其动者有七：日、月、五星是也。日者，阳精之宗；月者，阴精之宗；五星，五行之精。众星列布，体生于地，精成于天，列居错峙，各有所属，在野象物，在朝象官，在人象事。"[91]张衡是东汉时期伟大的天文学家，他的观点具有一定的代表性。他主张的天文学是"天人合一"的天文学，认为宇宙是由气构成的，清气上升为天，浊气下降为地。众星"体生于地，精成于天"。如太阳是阳气之精，月亮是阴气之精，木火土金水五星是五行之精，它们的本体就是地上的阴、阳二气和五行。因此，在对天上星空进行分区和对星体或星组命名时，就采取了"在野象物，在朝象官，在人象事"的比拟的手法，这样形成的天文星象图式就与地上的事物形成了一种同形同构的对应关系。司马迁在《史记·天官书》中正是这样做的。他用社会组织结构、人事制度、尊卑观念等解释星宿之间的关系，用人间的建筑物命名天上的星宿。在天上不仅描绘出一个以"中宫"为中心，周围有"东宫"、"南宫"、"西宫"、"北宫"环绕拱卫的宏观都市构架，而且还用帝廷、后宫、离宫、明堂、清庙、天市、天牢、天厕、阁道、轨道、天仓、井以及天阙、南门、端门、掖门等名称来命名天上的星宿。这俨然就是古人心目中的一座等级森严、秩序井然的理想城市。

中国古代天文学体系是将人间社会及其建筑反射到"天上"而建构起来的，这就为古代建筑学家运用天文知识，"象天法地"，模拟天上星宿结构规划都城建筑布局提供了便利。

"象天法地"作为古代一种城市规划和建筑设计的人文理念，从它的本来意义上讲充斥着"天人感应"、"君权神授"的神秘色彩和皇权至上的封建专制思想；但它也有一些合理的成分：其一，它是中国古代"天人合一"和"道法自然"自然观在建筑领域中的具体体现；表现出敬畏天地、尊重自然法则、追求天人协调的建筑价值取向；其二，它思维深邃，眼界开阔，仰观天文，俯察地理，注重运用天文知识和地理知识，将城市和建筑置于自然环境大尺度的空间中加以考量，这与现代一些建筑师忽视自然环境，孤立地搞城市规划或建筑设计的现象相比较，要高明得多。其三，它是古代建筑师在天、地、人、神四方游戏中所采用的重要艺术手法，可以赋予城市、建筑以丰富的文化内涵，可以使城市、建筑有许多美妙的传说，许多动人的故事，可以在为人们营造物质环境的同时，营造出浓郁的精神家园。正是由于"象天法地"具有上述三个方面的合理内核，所以，我们将它作为具有绿色要素的建筑人文理念。

第二节　崇尚"节俭"的建筑道德观

在中国古代，"节俭"与"奢侈"这两种对立的思想和社会风尚对传统建筑产生过巨大的影响。坚持建筑"节俭"观的历史人物，把建筑看作是生活和生产的必需品，主张居室简朴，反对宫室奢华，并把"节用爱民"和"节用爱物"作为重要的道德原则；而奉行建筑"奢侈"观的历史人物则相反，他们把建筑看作奢侈品，以雄伟壮丽、富丽堂皇的建筑为荣，往往穷奢极欲，大兴土木，对森林和自然环境造成了严重破坏，也给老百姓增加了沉重的负担，带来了巨大的灾难。尽管中国古代不乏建筑奢侈的思想与行为，但从中国建筑史发展的总体看，建筑节俭思想占主导地位，或者说它是主流思想。总结和继承这份历史遗产，对于我们今天发展绿色建筑具有重要的现实意义。

一、"戒奢"、"尚俭"的传统美德

据《尚书·商书》记载，商朝政治家伊尹最早提出"俭德"的概念，伊尹告诫商王太甲说"慎乃俭德，惟怀永图"[92]，即应当以节俭为道德，思考长远之计。从那时起，中国古人一直把"节俭"当作社会的基本道德。周"文王之政，在位皆节俭"[93]，老子将"俭"视为为人处世的"三宝"之一，"我有三宝，持而保之，一曰慈，二曰俭，三曰不敢为天下先"[94]。老子所说的"俭"就是节俭、节约，针对当时统治者的奢侈浪费和荒淫无度的生活，老子主张人类应当限制和减少欲望，过一种知足、寡欲的节俭生活。鲁国大夫御孙认为："俭，德之共也；侈，恶之大也。"[95]他把节俭看作一种社会公德，

把奢侈浪费看作是一种很大的罪恶。孔子以"饭疏食饮水，曲肱而枕"为乐，颜回以"一箪食，一瓢饮，在陋巷"为乐。这种孔颜之乐，实际上就是以朴素、节俭的生活方式为乐。汉代韩婴阐述了必须节俭的根本原因在于："夫土地之生不益，山泽之出有尽。怀不富之心求不益之物，挟百倍之欲而求有尽之财，是桀纣之所以其失位也。"[96]意思是说，土地出产的粮食不会不断地增加，山泽蕴藏的财富是有限的。怀着贪婪之心去追求不会增加之物，带着无限的欲望去追求有限之财，这就是夏桀和殷纣亡国失位的原因。在距今两千多年前，韩婴能以资源有限论作为倡导节俭，反对奢侈的理论依据，难能可贵。宋代学者林之奇认为"俭生于贫，侈生于富"，人们富裕了，很容易奢侈；而且"自俭而奢易，由奢而俭难"。所以，社会越富裕越应提倡节俭。

古人不仅倡导节俭的传统美德，而且对节俭的重大意义和奢侈的巨大危害有十分深刻的论述。《国语·周语》记载，周定王八年（公元前 599 年）康公说："侈则不恤匮，匮而不恤，忧必及之，若是则必广其身。且夫人臣而侈，国家弗堪，亡之道也。"[97]他认为，当政者奢侈，穷困的老百姓就得不到体恤，必然给自身带来忧患。大臣奢侈国家就不堪重负，必然走向灭亡之路。墨子在《墨子·辞过》中就明确指出："俭节则昌，淫佚则亡。"即勤俭节约，国家就昌盛，奢侈浪费，国家就灭亡。统治者奢侈挥霍，就会侵害百姓的生存权，造成"其使民劳，其藉敛厚，民财不足，冻饿死者不可胜数也"[98]的严重后果。因此，必须尚俭、节用。《管子·八观》指出："国侈则用费，用费则民贫，民贫则奸智生，奸智生则邪巧作。故奸邪之所生，生于匮不足；匮不足之所生，生于侈；侈之所生，生于毋度。故曰：审度量，节衣服，俭财用，禁侈泰，为国之急也。不通于若计者，不可使用国。"[99]他既分析了奢侈的社会危害，又提出了防范的措施，很有见地。（南唐）谭峭在《化书》提出"一人知俭，则一家富；王者知俭，则天下富。"[100]并认为节俭与奢侈直接影响人们的心理状态，他说："奢者富不足，俭者贫有余；奢者心常贫，俭者心常富。"[101]这就是说，奢侈浪费的人虽然富有，但必然造成财富不足，在精神上也往往是贫穷的；相反，勤俭节约的人虽然财富不多，但可以做到总是有余财，在精神上也总是富有的。明朝汪铉指出："风俗莫善于俭约，莫不善于奢侈。居官者奢侈则必贪，为士者奢侈则必淫，富者以奢侈而遂贫，贫者以奢侈而为盗，故风俗之弊惟奢侈为甚。"[102]他认为俭约是最好的风尚，奢侈是最有害的习俗。奢侈可以使官吏"必贪"、士大夫"必淫"、富人"遂贫"、穷人"为盗"，对社会的危害最大。[103]

唐代虞世南撰写了《俭德》一文，对古代有关节俭的主要观点和典型事例进行了整理、概括："克俭于家，德俭而度；俭以足用，以俭率下；饰德以俭，儒行清约；用文景之俭，慕古人之风；奉养有节，爱民节财；敦本息华，弗殖货利；奇怪弗视，珠玉弗服，不持珠玉；藏金于山，抵璧于谷；木器无文，器服疏素，用陶者器；茅茨不剪，采椽不斫；堂阶三尺，土阶三尺，尧白屋，禹卑宫，括柱茅茨，柱弗藻；地无黝丹，垣无白垩……身衣弋绨，足履草舄，浣濯故衣，衣不曳地，衣无文绣。"[104]这段话勾勒出了唐以前崇尚节俭的历史，特别是描述了尧舜禹时期建筑节俭概况，对于我们大力发展绿色建筑有一定的启迪作用。

二、居室简朴，反对宫室奢华的风尚

中国古代有不少帝王违背传统的节俭美德，穷奢极欲，志尚奢丽，横征暴敛，大兴土木，既对环境造成了严重破坏，又使老百姓陷入"日不暇给，人无聊生"[105]的灾难之中。中国历史上最早的建筑奢侈者当首推夏桀和殷纣王。《淮南子》云："桀为璇宫瑶台，象箸玉杯也。"[106]殷纣王横征暴敛，"益收狗马奇物，充仞宫室。益广沙丘苑台"[107]。"南距朝歌，北据邯郸及沙丘，皆为离宫别馆"[108]。战国时期，建筑奢华之风盛行，"有国者益淫侈，不能尚德"[109]，"厚葬以明孝，高宫室大苑囿以明得意"[110]。晋灵公"侈，厚敛以彫墙"；晋平公"厚赋为台池而不恤政"[111]。秦始皇是中国古代最大的建筑侈靡家。他自以为"功过五帝，地广三王"[112]，骄纵放恣，好大喜功，不恤民力，"作宫室以章得意"。郭沫若先生曾指出："秦始皇，他的政治作风可以说是位最伟大的侈靡家。请看他的阿房宫，筑骊山陵，筑长城，筑直道吧，动辄就动员几十万的人役来兴建大规模的工事。"当时"皇室侈靡于上，富商大贾侈靡于下。地主阶级也不示弱，大事兼并，田连阡陌，使贫者'无立锥之地'。这样的结果，促进了阶级斗争的尖锐化，并招来秦朝的迅速灭亡。"[113]汉高祖八年（公元前199年），萧何不仅负责营建了未央宫、东阙、北阙等过度雄伟壮丽的宫阙，而且提出了"天子以四海为家，非壮丽无以重威"[114]的宫殿设计思想，他认为只有雄伟壮丽的宫殿，才能与"以四海为家"、君临天下的天子的地位相称，而且恢宏壮丽的宫殿可以造成一种庄严的气氛，产生强大的震慑效果，从而显示和增强皇帝的威严。"非壮丽无以重威"概括了中国古代宫殿建筑设计的基本思想，对汉以后的封建王朝宫殿建筑产生过深远的影响。汉武帝"志尚奢丽"，扩建长乐宫、未央宫和上林苑，新建规模庞大的建章宫，开凿昆明池……，与秦始皇相比并不逊色。因此，司马贞在《史记索隐·孝武本纪》中说：汉武帝"疲耗中土，事彼边兵。日不暇给，人无聊生。俯观嬴政，几与齐衡。"[115]隋炀帝也是一个追求建筑奢华的典型代表之一。他"恃其富强，不虞后患。驱天下以从欲，罄万物以自奉。采域中之子女，求远方之奇异。宫宇是饰，台榭是崇，徭役无时。"[116]这是造成隋朝灭亡的重要原因。

在"非壮丽无以重威"思想指导下的古代宫殿建筑绝大多数都是相当奢华的，但它们在中国传统建筑体系中所占的数量毕竟很小，并不代表传统建筑文化的主流；而绝大多数传统建筑，尤其是民居都是比较简朴的，节俭的，因此，我们可以说，主张居室简朴，反对宫室奢华才是中国传统建筑的主流理念。

在中国历史上有众多的开明帝王、贤相良臣和一些士大夫非常重视建筑节俭问题。如传说中的尧、舜、禹，汉文帝、北周武帝、唐太宗、明太祖等帝王比较重视建筑节俭；春秋战国时期的墨子，西汉的东方朔，晋朝的潘岳，唐代的魏征、张元素、白居易、杜牧、刘禹锡，元代的谢应芳等仁人志士或大力倡导建筑节俭，或与建筑奢侈之风进行顽强的斗争，他们的建筑思想代表了中国传统建筑的主流意识。

在传说的五帝时代，由于生产力很不发达，部落首领的居室简陋，生活朴素。传说尧舜"堂高三尺，土阶三等，茅茨不剪，采椽不斫"[117]；"尧白屋，禹卑宫，括柱茅茨，柱弗藻；地无黝丹，垣无白垩"[118]。他们在建筑方面的简朴行为，受到后世的一致推崇，

被作为中国古代宫殿建筑节俭的楷模。

墨子是中国古代极力主张宫室节俭的第一位思想家。《墨子·辞过》："子墨子曰：'古之民，未知宫室时，就陵阜而居，穴而处，下润湿伤民，故圣王作为宫室。为宫室之法曰：室高足以辟润湿，边足以圉风寒，上足以待雪霜雨露，宫墙之高，足以别男女之礼，谨此则止。凡费财劳力，不加利者，不为也。是故圣王作宫室，便于生，不以为观乐也。'"在这里，墨子回顾了早期的建筑历史，认为在远古时代，先民未学会营建房屋的方法之时，或野处，或穴居，因潮湿问题伤害人的身体健康，所以古代圣王开始建造房屋。他们建造房屋的基本原则是：地基之高足以防止潮湿，外墙足以抵御风寒，内墙足以分隔男女、合于礼节，屋顶足以遮蔽雨露雪霜，这就足够了；凡是过度耗费财力和劳民而不会带来好处的事情，就不做。建造房屋的根本目的在于满足生存的需要，而不是为了美观与享受。墨子对当时君主们盛行的建筑奢侈之风进行了尖锐的批判，他说："当今之主，其为宫室，则与此异矣，必厚敛于百姓，暴夺民衣食之财，以为宫室。台榭曲直之望，青黄刻镂之饰。为宫室若此，故左右皆法象之。是以其财不足以待凶饥、赈孤寡，故国贫而民难治也。君实欲天下治，而恶其乱也，当为宫室不可不节。"[119]他认为当时的君主，背离了先王建筑节俭的传统，增加老百姓的徭役赋税，强夺老百姓赖以生存的财物，用以修建色彩艳丽、雕刻精美的台榭和宫殿。君主带头，大臣效仿，这样会造成国家财力匮乏，无力对付饥荒、救济孤寡，从而导致国家贫困、老百姓难以管理的严重后果。因此，如果君主们真心实意地希望天下大治，就必须对他们的建筑行为进行节制。

汉文帝是古代崇尚建筑节俭的帝王的典型代表，他"即位二十三年，宫室苑囿狗马服御无所增益，有不便，辄弛以利民。尝欲作露台，召匠计之，值百金。上曰：'百金中民十家之产，吾奉先帝宫室，常恐羞之，何以台？'"[120]由于修建露台，要耗费相当于十家中等家庭的资产，因而汉文帝取消了修建露台的计划。

司马迁在《史记》中如实记载了汉武帝时期建筑奢侈的状况，"宗室有土，公卿大夫以下争于奢侈，室庐车服僭于上，无限度。物盛而衰，故其变也"。[121]值得注意的是"物盛而衰，故其变也"这句话，司马迁的意思是说，一旦社会经济繁荣，就会出现奢侈之风，而奢侈之风盛行则预示着社会由兴盛走向衰落。历代统治者几乎都跳不出先节俭后奢侈的历史轨迹。东方朔也曾上《谏起上林苑疏》，劝谏汉武帝不要扩大上林苑的范围。他指出：将上林苑扩大到阿城（阿房宫）以南，盩厔（周至）以东，宜春（在今西安市曲江池偏南）以西的广大地区有三不可："绝陂池水泽之利而取民膏腴之地，上乏国家之用，下夺农桑之业，弃成功，就败事，损耗五谷，是其不可一也。且盛荆棘之林而长养麋鹿，广狐兔之苑，大虎狼之墟，又坏人冢墓，发人室庐，令幼弱怀土而思，耆老泣涕而悲，是其不可二也。斥而营之，垣而囿之，骑驰东西，车骛南北，又有深沟大渠，夫一日之乐不足以危无堤之舆，是其不可三也。故务苑囿之大，不恤农时，非所以强国富人也。"他劝汉武帝吸取"殷作九市之宫而诸侯畔，灵王起章华之台而楚民散，秦兴阿房之殿而天下乱"[122]的历史教训，不要扩建上林苑。可见在汉武帝时期建筑奢侈之风盛行之时，仍然有主张建筑节俭的士大夫。

曹魏时期的高官长孙道生坚持廉约，"身为三司而衣不华饰，食不兼味，一熊皮鄣泥数十年不易，时人比之晏婴第宅，卑陋出镇"[123]。

西晋著名文学家潘岳曾作《狭室赋》，以表达他居"狭室"而不怨，"匪广厦之足荣"的建筑价值取向。他写道："历甲第以游观，旋陋巷而言归。伊余馆之褊狭，良穷敝而极微。阁寥庨以互掩，门崎岖而外扉。室侧户以攒楹，檐接柜而交棽。当祝融之御节，炽朱明之隆暑，沸体愍其如铄，珠汗挥其如雨。若乃重阴晦冥，天威震曜，汉潦沸腾，丛溜奔激，曰灶为之沉溺，器用为之浮漂。彼处贫而不怨，嗟民生之攸难。匪广厦之足荣，有切身之近患，青阳萌而畏暑，白藏兆而惧寒，独味道而不闷，喟然向其时叹！"[124]，"伊余馆之褊狭，良穷敝而极微。"潘岳居住的房屋极为狭小，极为破旧。"阁寥庨以互掩，门崎岖而外扉。"侧门凄清地互掩着，正门高低不平，外面为柴扉。室内空间低矮狭小，侧室还积攒着柱子一类的杂物。当盛夏之时，人感到极为难受，身体好像要沸腾熔化了一样，"珠汗挥其如雨"。当天降暴雨，汉江和潦河及众多的小溪流洪水暴涨之时，就会出现"曰灶为之沉溺，器用为之浮漂"的现象。作者居住在这样简陋的且有水患之虞的"狭室"之中，不仅无怨无悔，反而心怀老百姓的疾苦，认为居住"广厦"不值得引以为荣，而应当思考追求豪华的"广厦""有切身之近患"。在作者看来，只有居住在简陋的"狭室"中，才能"独味道而不闷，喟然向其时叹！"即唯独如此，才能体味出人生之道而不烦闷，对建筑奢侈之风发出时代的哀叹！我们现代人，如果阅读潘岳的《狭室赋》，应当对作者心怀百姓，甘居"狭室"，鄙视"广厦"的精神境界而肃然起敬。他所提倡的精神，应当被绿色建筑所借鉴。

北魏太武帝拓跋焘崇尚节俭，曾斥责萧何提出的"天子以四海为家，非壮丽无以重威"的建筑思想，他说："古人有言：'在德不在险。'屈丐蒸土筑城而朕灭之，岂在城也？今天下未平，须民力土功之事，朕所不为，萧何之对非雅言也。"[125]北周武帝宇文邕建德六年（577年）夏五月己丑下诏说："上栋下宇，土阶茅屋，犹恐居之者逸，作之者劳。讵可广厦、高堂，肆其嗜欲？"[126]并下令拆除了一批奢华的宫殿建筑。

唐朝，特别是唐朝前期是比较重视坚持建筑节俭的，这是对隋朝灭亡的历史教训反思的结果。李世民"初平洛阳，凡隋氏宫室之宏侈者皆令毁之"。但到贞观四年（630年）他又要修缮洛阳宫殿，张元素上书劝谏，他总结出"阿房成，秦人散；章华就，楚众离；乾阳毕功，隋人解体"的历史教训，认为李世民要修缮洛阳宫是"役疮痍之民，袭亡隋之弊"[127]。唐太宗从善如流，停止了修缮洛阳宫殿的工程。魏征在《论时政疏》中也认为"宫宇是饰，台榭是崇，徭役无时"是隋朝短命而亡的重要原因，劝告唐太宗汲取历史教训，居安思危，"惧危亡于峻宇，思安处于卑宫"[128]。正是在这些有识大臣的极力劝谏之下，唐太宗比较注意建筑节俭问题。唐敬宗宝历年间（825～827年）"大起宫室，广声色"，所以杜牧作《阿房宫赋》进行讽谏。杜牧描述了阿房宫的穷奢极欲，追求建筑奢华的情况："六王毕，四海一，蜀山兀，阿房出。覆压三百余里，隔离天日。骊山北构而西折，直走咸阳。二川溶溶，流入宫墙。五步一楼，十步一阁；廊腰缦回，檐牙高啄；

各抱地势，钩心斗角。盘盘焉，囷囷焉，蜂房水涡，蠚立不知几千万落。长桥卧波，未云何龙？复道行空，不霁何虹？高低冥迷，不知东西。……"他也揭露了阿房宫浪费大量的建筑材料的情况："秦爱纷奢，人亦念其家。奈何取之尽锱铢，用之如泥沙？使负栋之柱，多于南亩之农夫；架梁之椽，多于机上之女工；钉头磷磷，多于在庾之粟粒；瓦缝参差，多于周身之帛缕；直栏横槛，多于九土之城郭"。《阿房宫赋》得出了三个方面的重要结论：其一，"蜀山兀，阿房出。"揭露了修建阿房宫，造成了森林和环境的巨大破坏。其二，"一人之心，千万人之心。"即皇帝奢侈，必然要影响千万人的奢侈之心，上行下效，危害巨大。其三，"族秦者秦也，非天下也。"秦始皇奢侈浪费，大兴土木，是造成秦王朝自我灭亡的重要原因。他并告诫唐敬宗和世人，要汲取秦二世而亡的教训，不要重蹈"后人哀之而不鉴之，亦使后人而复哀后人"的覆辙[129]。

唐代主张建筑节俭的知识分子较多，除了张元素、魏徵、杜牧之外，白居易、刘禹锡、柳宗元、张说等文学家、思想家都一致倡导居室简朴，反对建筑奢华。白居易在《自题小园》一诗中，表达了自己"不斗门馆华，不斗林园大"，"不羡大池台"的淡泊心态和"池乃为鱼凿，林乃为禽栽"[130]关爱生命的建筑情怀。

刘禹锡在《陋室铭》中写道："山不在高，有仙则名。水不在深，有龙则灵。斯是陋室，惟吾德馨。苔痕上阶绿，草色入帘青。谈笑有鸿儒，往来无白丁。可以调素琴，阅金经。无丝竹之乱耳，无案牍之劳形。南阳诸葛庐，西蜀子云亭。孔子云：何陋之有？"[131] "斯是陋室，惟吾德馨"表达了作者身居陋室而不以为其陋，追求丰富的精神生活的崇高境界。

柳宗元在《凌助教蓬屋题诗序》中盛赞当时的教官凌士燮"儒有蓬户，瓮牖而自立者"，"栋宇简易仅除风雨"是"所谓求仁而得斯"[132]的高尚行为。

张说在《虚室赋》中，不仅赞美"明月窗前，古树檐边，无北堂之樽酒，绝南邻之管弦"的"虚室"，而且指出了追求"玉帐琼宫"、"朱门金穴"必然导致人的异化。他写道："巧智首乱，礼乐增矫，名起异端，利成贪兆。役二见之交战，驱五神而杂扰，形何费而不衰？性何烦而不夭？每竭源而追末，必志多而获少；玉帐琼宫，图奢务丰，朱门金穴，恃满矜隆，荣与辱而俱盛。事随忧而不穷，陷营为之桎梏，留健羡之樊笼。"[133]意思是说，追求富丽堂皇的建筑，乃是"巧智"、"矫名"（虚假之名）和为"利"三种心理因素综合作用的结果。而"巧智"是破坏礼乐制度的首要因素，追求虚假的名声必然引起异端行为，求利是贪婪的征兆。追求这些东西，会引起人的严重异化：其一"役二见之交战，驱五神而杂扰，形何费而不衰，性何烦而不夭。""役二"是指人的两种最基本的需要——"全身"、"远害"；"五神"是指人的肝、心、脾、肺、肾。奢侈的建筑追求与人的"全身"和"远害"这两种最基本的需求相矛盾，会驱使人劳心费神，影响人的身心健康。没有哪一种劳心费神不使人的本性衰退，没有哪一种烦恼不使人夭折。其二，奢侈的建筑追求是一种"每竭源而追末，必志多而获少"，即舍本求末、得不偿失的愚蠢行为。其三，"事随忧而不穷，陷营为之桎梏，留健羡之樊笼。"即使建成了"玉帐琼宫"、"朱门金穴"，但会给人带来无穷的忧患，使人陷入自己营造的桎梏，留下的羡慕（"健羡"）不过是人的樊笼。这种观点颇为深邃，应当引起那些热衷于建筑高消费的人们的深思。

宋太祖赵匡胤严厉斥责将木料"以大截小、长截短"的浪费行为，注意节约建筑材料。"太祖时以寝殿损须大木换易，三司奏闻恐他木不堪，乞以模枋一条截用。上批曰：'截你爷头，截你娘头！另寻进来。'于是止。"[134]。司马光曾质疑萧何"非壮丽无以重威"的建筑思想，他说："是必非萧何之言。审或有之，何恶得为贤相哉！天下方未定，为之上者，拊循煦妪之不暇，安可重为烦费以壮宫室哉？古之王者，明其德刑而天下服，未闻宫室可以重威也。创业垂统之君，致其恭俭以训子孙，子孙犹淫靡而不可禁，况示之以骄侈乎！孝武卒宫室，靡弊天下，恶在其无以加也。是皆庸人之所及，而谓萧相国肯为此言乎？"[135]。据《宋史》记载，南宋嘉泰（1201 ～ 1204 年）初，宋宁宗赵扩"以风俗侈靡，诏官民营建室屋，一遵制度，务从简朴"。[136] 宋代李诫编撰的《营造法式》不仅推崇墨子的建筑思想，而且十分重视节约建筑材料，李诫明确规定："凡大材植，……务在就材充用，勿将可以充长大用者，截割为细小名件。"意思是说，使用大件木料，务必充分发挥它的功能，不能将可以作长的大的建筑构件的木料，截割为细小建筑构件。"凡用木植内，如有余材可以别用或作版者，其外多璺裂，须审视名件之长广量度，就璺解割。或可以带璺用者，即那（留）余材于心内，就其厚别用或作版，勿令失材。"[137]前一条规定是针对大而长的建筑材料而言的，要求务必充分发挥大件材料的作用，不能把大件截为小件。后者是针对边角料而言的，提出如果其外多璺裂（裂纹）者，就应当"就璺裂解割"，别作他用；如果可以带璺用者，就要根据其厚度，或者另作他用，或者做成板材，不能浪费材料。

元代，谢应芳撰写《斗室记》，以明其建筑节俭之志。当时"世禄之家，第有甲乙，驯致习俗之侈，而堂高数仞，墙屋锦绣者比比矣。若夫屈身矮屋之士，往往以力所不足不能有为其志，未尝不潸然也。"而作者却一反建筑奢华的世俗，"筑室采邑，凤山屏其前，淞水襟带其左右，屋裁三楹，高不过寻丈，而延袤深广如之㢈曰'斗室'。""然则斗室之俭，本乎天性，非矫饰一时，以要虚誉而为之也。"[138]他明确告诉世人，"斗室之俭"体现的是人的天性和"不淫于富贵"的精神境界。

元代陈基撰写的《雪斋记》，记述了顾进道崇尚"朴"、"质"、"素"、"白"的建筑价值观，高度赞扬了顾进道"不以华侈尚之"的美德。顾进道在他的居室东侧修筑了一个书斋，叫作"雪斋"。他解释为什么将此书斋命名为"雪斋"时说："宗棨不斫，尚朴也；丹腰不施，尚质也；覆而为宇，环而为堵，疏而为牖，密而为奥，皆饰以垩者，尚素也；入我斋者，晃然如积雪之朗于目焉，因以为名者，尚白也。"意思是说，书斋的梁、柱都用原木，未进行加工，崇尚的是"朴"；不施油漆、颜料，崇尚的是"质"；把书斋都刷成白色，崇尚的是"素"。进入他的书斋，会使人产生"晃然如积雪之朗于目"的感觉，所以取名为"雪斋"，崇尚的是"白"。陈基认为，顾进道乃是"吴巨族"，但他修建的书斋却"不以华侈尚之"，所追求的"不过曰朴、曰质、曰素、曰白而已"，体现了不与世俗"同流合污"，追求"清风洁操"之志。[139]

明太祖朱元璋开国之初主张宫殿节俭朴素，见雕琢奇丽者命去之。谓中书省臣曰："千古之上茅茨而圣，雕峻而亡。吾节俭是宝，民力其可殚乎！"（《古今图书集成·考工典·宫殿部汇考六》第四十四册，一～二页）明宣宗朱瞻基在北京万岁山（清代改称景山）上勒石刻写《广寒殿记》，目的在于警戒子孙牢记宋、金、元不戒建筑奢侈的历史教训，要求他们"儆峻宇雕墙"。他写道："此宋之艮岳也，宋之不振以是，金不戒而徙于兹，元又不戒而加侈焉。睹其处，思其人，《夏书》所为儆峻宇雕墙者也。……汝将来有国家天下之任，政务余闲或一登此，则近而思吾之言，远而不忘圣贤之明训，国家生民无穷之福矣。"[140]

明末清初戏剧家李渔反对建筑奢靡，他在《闲情偶寄》中说过，"土木之事，最忌奢靡"，认为富人润屋，贫士结庐，砌筑家舍，完全可以就地取材，变俗为雅，点石成金。[141]

在中国古代，除了一些开明的帝王和多数士大夫倡导并践行建筑节俭之外，绝大多数老百姓才是践行建筑节俭的主体。这是因为：其一，由于古代生产力不发达和统治者往往横征暴敛等原因，导致老百姓生活贫困，甚至衣不遮体，食不果腹，因此他们营造住房只能因陋就简，没有经济实力去追求奢华建筑；其二，统治者对老百姓的住房有严格的限制，只允许修建面积小、结构简单的住宅；其三，勤劳节俭、艰苦朴素是普通民众的集体无意识，他们才是建筑节俭的真正主体。

古代文献关于老百姓崇尚简朴，住房因陋就简的记载很多。"西北小民多茅屋，将寒则采茅绞索系之"。[142]东北女真人"其俗依山谷而居，联木为栅，屋高数尺，无瓦，覆以木版或桦皮，或以草绸缪之，墙垣篱壁，率皆以木门，皆东向，环屋为土床，炽火其下而寝食起居其上，谓之炕，以取其暖。"[143]湖南湖北古代民居多为茅草房。据宋代范成大记载，鄂西归州（今湖北秭归）"满目皆茅茨，惟州宅虽有盖瓦"[144]。据宋代文学家陆游在《入蜀记》中记载，公安"民居多茅竹，然茅屋尤精致可爱"；巴东县"自令廨而下皆茅茨，了无片瓦"[145]。《方舆要览·襄阳府祠庙考（府志）》："其俗朴陋，其人劲悍决裂，兼秦楚之俗。屋室多编竹葺茅以代陶瓦。"[146]《峡俗丛谈》："彝陵之民质直而好义……民俗俭陋，贩夫所售不过鲻鱼腐鲍民所嗜而已。故欧阳公为叙状其朴陋云：灶稟匽井无异位，一堂之间，上父子而下畜豕，岂鄙俚之遗，至宋季犹未改与？其覆屋皆用茅竹，而俗信鬼神，相传曰作瓦屋者不利"[147]。"深广之民，结栅以居，上设茅屋，下豢牛豕。栅上编竹为栈，不施椅桌床榻，唯有一牛皮为裀席，寝食于斯。"[148]

上述枚举的历史资料，可以看出，古代民居，相当简朴，它们才是建筑节俭精神的物化形式（图1-1）。20世纪80～90年代以来，由于我国社会经济发生了巨大变化，多数传统民居正在消失，但其所代表的节俭精神不仅不应消失，而且应当成为我们发展绿色建筑的重要精神支柱之一。

综上所述，自传说中的五帝时代开始，到明清时期，虽有不少穷奢极欲、大兴土木的帝王，但开明帝王和多数知识分子颇为重视建筑节俭问题，特别是潘岳、白居易、刘禹锡、柳宗元、谢应芳等人崇尚"俭德"，身体力行，居"陋室"、"斗室"而不怨，表现出崇高的精神境界，张说还看到了追求奢华建筑会导致人的异化的问题。特别是我国普通百姓的传统民居数千年来一直坚持建筑节俭，为我们今天发展绿色建筑提供了珍贵的精神财富。

图 1-1（a） 贵州省花溪区镇山村民居
（图片来源：叶安福 摄）

图 1-1（b） 陕西柞水县传统民居
（图片来源：刘建强 摄）

图 1-1（c） 四川汶川羌族罗卜寨民居
（图片来源：http://travel.cnwest.com/content/
2008-05/15/content_1240384_2.htm）

图 1-1（d） 云南元江哈尼族的"蘑菇房"
（图片来源：http://travel.cnwest.com/content/
2008-05/15/content_1240384_2.htm）

三、限制建筑奢华普遍化的制度安排

从一定意义上讲，中国古代的建筑礼制制度是防止建筑奢侈普遍化的一种制度安排。

"礼"，泛指中国奴隶社会和封建社会等级制的社会规范、道德规范和礼节礼仪。孔子推崇周礼："周监于二代，郁郁乎文哉！吾从周。"[149] 主张"克己复礼"。荀子认为："礼者，人道之极也"，"礼上事天，下事地，尊先祖而隆君师，是礼之三本也。"[150] "礼者，法之大分，类之纲纪也[151]。荀子认为，制定礼制制度主要目的在于"养"，即有节制地满足人的物质和精神的欲求，增加财富。"使欲必不穷乎物，物必不屈于欲，两者相持而长。"[152] 荀子认为，实现这一目的的根本办法就是"别"。"曷谓别？曰贵贱有等，长幼有差，贫富轻重皆有称者也。"[153] 也就说，推行消费等级制度是达到节制欲望，增加财富的根本办法。从荀子的论述中，我们可以看出，古代礼制制度的根本目的是维护统治阶级的特权和等级秩序，但也有节制人的欲望，限制过度消费的诉求。我们学术界以往只看到了礼制制度有维护宗法等级秩序的腐朽的一面，而较少重视其抑制过度消费的一面。可以说，抑制过度建筑消费是礼制制度中的合理成分，应当给予肯定。

传统建筑受礼制制度的影响很大，无论是帝王的宫殿，还是老百姓的住房，都深深

地打上了礼制制度的烙印。建筑礼制制度对城邑、宫室的空间布局、建筑的形制、规模、高低、装饰及其颜色都做了严格的规定。如大约成书于春秋战国时期的《考工记》记载了周礼对各类城邑的礼制规定："王宫门阿之制五雉，宫隅之制七雉，城隅之制九雉。经涂九轨，环涂七轨，野涂五轨。门阿之制，以为都城之制。宫隅之制，以为诸侯之城制。环涂以为诸侯经涂，野涂以为都经涂。"周礼将城市分为"王宫"、"都"和"诸侯城"三个等级，规定：王宫门屋脊的建制高五雉（一雉，高一丈），宫墙四角（浮思）建制高七雉，城墙四角（浮思）高九雉。（城内）南北大道宽九轨，环城大道宽七轨，郊外大道宽五轨。用王宫门阿建制（的高度），作为（公和王子弟）大都之城四角（浮思）高度的标准。用王都环城大道的宽度，作为诸侯都城中南北大道宽度的标准；用王城郊外大道的宽度，作为（公和王子弟）大都城中南北大道宽度的标准。[154] 在这里，"礼"是"以多为贵"、"以大为贵"，"以高为贵"[155]的价值标准和"自上而下，降杀以两"[156]的标准来规定不同等级的城邑的高度和道路的宽窄的。违背这些规定，被视作"僭越"，是大逆不道的行为，要受到严厉的惩罚。这种建筑礼制制度在客观上，限制了大"都"和"诸侯城"的任意扩张。

除了对城市的礼制规定外，周礼对各类建筑也有规定。《礼记·礼器》："天子之堂九尺，诸侯七尺，大夫五尺，士三尺。"东汉郑玄解释说："一尺为一阶，大夫五尺，五等阶；诸侯七尺，七等阶；天子九尺，九等阶。"[157]这是对上自天子、下至士的建筑台阶高度的规定。

周礼对各类人的房屋柱子的颜色也有规定："礼：楹，天子丹，诸侯黝垩，大夫苍，士黈（黈，黄色也）"[158]。意思是，天子宫殿的前柱可漆成红色，诸侯的柱子粉刷为淡黑色，大夫的为青色，士人的为黄色。而老百姓的柱子则不能用彩色，称之为"白屋"。

春秋早期，西周的建筑礼制制度仍然有一定的影响。据《春秋左传·隐公》记载：祭仲说："先王之制，大都不过三国之一，中五之一，小九之一。今京不度，非制也"。但到了春秋末期，"礼崩乐坏"，各诸侯国都出现了大量的建筑僭越现象，孔子依据"大夫毋百雉之城"的礼制规定，曾发起了"堕三都"[159]的反建筑僭越的斗争[160]。

战国时期，西周礼制制度衰微，于是兴起了高台榭，美宫室，以明得意的建筑奢侈之风，但到了汉武帝"罢黜百家，独尊儒术"以后，封建社会的各种礼制制度又被逐渐建立起来，并日益完善，特别是唐代以后，更加重视建筑礼制制度，对建筑的规制更为严格。

据《稽古定制》记载：唐代规定："凡王公以下屋舍，不得施重栱藻井。三品以上堂舍，不得过五间九架，厅厦两头，门屋不得过三间五架。五品以上堂舍，不得过五间七架，厅厦两头，门屋不得过三间两架，仍通作乌门。六品七品以下堂舍，不得过三间五架，门屋不得过一间两架。非常参官不得造轴心舍，及不得施悬鱼、瓦兽、乳梁装饰。……王公以下及庶人第宅，皆不得造楼阁临人家。庶人所造房舍，不得过三间四架，不得辄施装饰。"

宋代规定："凡屋舍非邸、殿、楼、阁临街市之处，毋得为四铺作及八斗。非品官毋得起门屋。非宫、室、寺、观毋得彩画栋宇及朱、黔漆梁、柱、窗、牖、雕镂柱础。"[161]

据《明会典》记载，明代规定："凡官员盖造房屋，并不许歇山、转角、重檐、重拱、绘画藻井。其楼房不系重檐之例，听从自便。公侯，前厅七间或五间，两厦九架，造中堂七间九架。后堂七间七架，门屋三间五架。门用金漆及兽面，摆锡环。家庙三间五架，俱用黑板瓦盖，屋脊用花样瓦兽。梁栋、斗栱、檐桷用彩色绘饰。窗枋柱用金漆或黑油饰。其余廊厅，库厨、从屋等房，从宜盖造，俱不得过五间七架。一品二品，厅堂五间九架，屋脊许用瓦兽。梁栋、斗拱、檐桷用青碧绘饰。门屋三间五架，门用绿油及兽面，摆锡环。三品至五品，厅堂五间七架，屋脊用瓦兽。梁栋、檐桷用青碧绘饰。正门三间三架，门用黑油，摆锡环。六品至九品，厅堂三间七架，梁栋止用土黄刷饰。正门一间三架。黑门铁环。……庶民所居房舍不过三间五架，不许用斗栱及彩色妆饰。"[162]

清代对官民房舍的规定与明代相近，"一品二品，厅房七间九架，屋脊许用花样兽吻。梁栋、斗栱、檐桷用彩色绘饰。正门三间五架，门用绿油及兽面铜环。三品至五品，厅房五间七架，许用兽吻。梁栋、斗栱、檐桷青碧绘饰。正门三间三架，门用黑油兽面，摆锡环。六品至九品，厅屋三间七架，梁栋只用土黄刷饰。正门一间三架。门用黑油铁环。庶民所居堂舍不过三间五架，不用斗栱、彩色、雕饰。"[163]

封建王朝对建筑违制行为的惩处是十分严厉的。如明嘉靖二十九年（1550年），"以伊王府多设门楼三层，新筑重城，侵占官民房屋街道，奏准勘实，于典制有违，俱行拆毁。"[164] 又如，《大清律例》明确规定："凡官民房舍车服器物之类，各有等第，若违式僭用，有官者杖一百，罢职不叙用；无官者笞五十，罪座家长，工匠并笞五十。"[165]

从上述历史资料可以看出，历代统治者所制定的建筑礼制制度，都为帝王、亲王、郡王和高级官员制定了颇为奢华的建筑规制，维护了统治者的特权；而对下级官员和老百姓的房舍则作了严格的限制。这种限制在客观上有益于防止建筑奢侈之风在民间蔓延。从各地遗存的明代村落和民居看，明代民居一般都比较朴素、低矮，高官巨贾的住宅都严格遵守了朝廷的规制，过度奢华的住宅并不多见，确实起到了"示民以俭，使不得纵欲败度"[166]的作用。

古代的建筑礼制制度，尽管是一种不平等的等级制度，带有封建专制主义的色彩，但我们还是可以从中得到某些启示：其一，发展绿色建筑，就必须制定和完善各级政府办公用房标准，遏制地方政府投入巨资建设楼堂馆所的奢侈之风，同时要制定和完善公平合理的居民住房标准，节制所有人的住房欲望。特别是在我国经济经过30多年的持续高速增长，已成为世界第二大经济体和政府财政收入日益增多、人民逐渐富裕的社会条件下，更需要健全政府办公用房和居民住房标准。其二，发展绿色建筑，必须建立健全遏制建筑奢侈浪费之风的法律政策，以法律制度来治理建筑奢侈浪费问题。任何人都没有权利营建和消费过度奢华的别墅和面积过大的住宅，建筑消费必须公平、公正、人人平等。市场经济没有抑制建筑奢侈的功能，存在着"市场失灵"的问题。古人用礼制制度来防止建筑奢侈的普遍化，我们应当向古人学习，用法制来保障建筑节约与节俭，遏制建筑奢侈之风蔓延。如果没有健全的抑制建筑奢侈之风的法律规制和严格的执法，仅仅靠提倡"四节"、"一环保"是难以真正建成绿色建筑体系的。

第三节　诗意"乐居"的建筑审美观

自古以来，人居环境和建筑一直是人们重要的审美对象，几乎人的一切生活活动都离不开建筑，几乎每一个人都要对建筑进行美学审视。[167]对于绿色建筑而言，也不例外。绿色建筑在满足人们的物质生活需要的同时，也应当满足人们的审美需要。只有满足了人们的审美需要，绿色建筑才能成为人们寄托生命情感的精神家园。

德国19世纪浪漫派诗人荷尔德林在诗中写道：人"诗意地栖居于大地上"。这一审美理想后来被德国20世纪著名哲学家海德格尔加以哲学阐释，成为在世界上有重要影响的生态美学命题——"诗意栖居"，被广泛地运用于哲学、建筑、文学、艺术等领域。令中华民族的子孙自豪的是，中国古代早就形成了与"诗意栖居"相类似的诗意"乐居"的建筑审美观，探索这一宝贵的民族美学资源，对于我们发展诗意的绿色建筑是十分有益的。

一、诗意"乐居"的含义

在人居环境方面，中国古人提出了三个层次的理想追求：一是"安居"，二是"乐居"，三是诗意"乐居"，即"诗情画意"地生活和居住。如果说"安居"是古人对人居环境和生活的基本要求，那么，"乐居"则是古人对人居环境及其生活的更高追求。"安居"是"乐居"的基础，而"乐居"则是对"安居"的提升与超越，它把人们对居住和生活的要求提升到了审美的高度。而达到诗意"乐居"，则是"乐居"的最高理想。

春秋战国时期老子提出了"安其居"[168]的命题，"安居"一词就来源于此。大约在唐代一些文人明确提出"乐其居"，即"乐居"的概念，如唐代李贽把"安其室家，然后使之乐其居"作为提升屯田戍边士兵战斗力的重要措施。唐代李筌认为古人"以道存生，以德安形，人乐其居"[169]。在这里，他把"乐其居"看作美好生活的重要标志。"乐者，乐也。""乐"，有喜悦、快乐、爱好等含义。简单地说，"乐居"，就是喜悦地、快乐地居住和生活，换一句话说，能获得精神愉悦的居住和生活，就是"乐居"。诗意"乐居"，即在"诗情画意"的人居环境中快乐地居住和生活，它是"乐居"的最高境界。诗意"乐居"的审美追求是在魏晋南北时期钟情山水的山水诗、田园诗、山水画的审美情趣的影响下逐渐发展起来的。"诗情画意"原本是魏晋南北朝士大夫知识分子对山水诗、山水画的审美要求，后来逐渐转化为古人对人居环境和生活的审美追求，如明代李日华在题画诗中写道："诗情画意两无俦，叹息于今不易求。翠竹苔生凉石雨，丹枫寒落水村秋。"[170]在这里，他一方面叹息在明代"诗情画意"的人居环境"不易求"；另一方面又表达了对柢陀老人的山水画对诗情画意意境的向往。再如元代马臻在题画杂诗中写道："山吐白云云吐山，屋木淡静天机闲。洪荒古意画图在，安得著我茅三间。……晓晴江浦生秋水，林麓青黄差可喜。诗情画意欲相高，一抹沙堤三十里。"[171]在这里诗人既描述了山水画"诗情画意欲相高"的意境，同时表达了热切希望在这样的环境中能得到"茅三间"的建筑欲求。从这首诗可以看到，"诗情画意"既是古人山水画的审美意境，也是古人对人居环境的理想追求。

在中国古代，实现诗意"乐居"的建筑类型大致有："园林"、"宅园"、"园宅"等。其中"宅园"和"园宅"是实现诗意"乐居"的最主要的建筑形式。这两种建筑的共同特点是既有"宅"，又有"园"。"宅园"，是古人对住宅型园林的称谓。如唐代著名诗人、工部侍郎贺知章的"宅园"就是一座典型的住宅型园林。"贺知章宅园内有亭曰幽襟，曰逸兴，曰醒心，曰迎棹，皆江纲建。"[172]"园宅"，则是古人对园林型住宅的称谓，也可以称之为私家园林。如清代杭世骏在《三国志补注·魏书》中记载说："魏中散大夫嵇康园宅今悉为田墟，而父老犹谓嵇公竹林地，以时有遗竹也。"这里所说的"嵇康园宅"，可能就是园林型住宅，其内有大片竹林。"宅园"以住宅为主，兼有园林；而"园宅"则以园林为主，兼有住宅。"宅园"与"园宅"在建筑功能的侧重点上虽有所区别，但它们都是住宅园林化和园林生活化的产物，它们追求诗意"乐居"的审美追求则是一致的。

在中国古代，不仅历代帝王、皇亲国戚、功臣名将、名人雅士、富户巨贾往往热衷于营建各类园林或宅园、园宅，而且不少经济条件并不富裕的老百姓也喜欢在庭院，或天井中布置盆景，来表达对生活美的追求，如明代黄勉在《吴风录》中称："今吴中富家竞以湖石筑峙奇峰阴洞，虽闾阎下户，亦饰以小小盆岛为玩。""闾阎下户"是指比较贫穷的平民，他们无力修建"宅园"或"园宅"，但也通过"饰以小小盆岛"寄托审美情感。这说明追求诗意"乐居"具有一定的普遍性。

古代的诗意"乐居"的传统也影响到现代，如中国现代著名文学家林语堂在《来台二十四快事》中写道："宅中有园，园中有屋，屋中有院，院中有树，树上见天，天中有月，不亦快哉。"他的审美感受在我国现代知识分子中有一定的代表性。

二、诗意"乐居"的美学基础

中国古代诗意"乐居"的最主要的美学基础就是崇尚自然之美，体悟"独与天地精神往来"之趣的审美观念。李泽厚先生认为中国文化是儒道互补，无论是儒家，还是道家都肯定自然的价值，热爱自然、亲近自然，崇尚自然美。

（一）儒家"智者乐水，仁者乐山"的伦理化自然审美思想

在人与自然和人与人这两大关系问题上，儒家更重视人与人的关系，侧重于对人道的研究和探索，提出了一套以"仁"为核心、以"内圣外王"为目标的伦理道德型的理论体系。与儒家这一特点相联系，在美学方面，它把"美"与"善"联系起来，提出了"尽善尽美"的美学观。《论语·八佾》："子谓韶尽美矣，又尽善矣。谓武尽美矣，未尽善也。""韶"，是指传说中的五帝之一虞舜时期的乐舞之名。因为舜以圣德而受尧的禅让，所以孔子认为"韶"乐达到了尽善尽美的境界。"武"，即周武王的乐舞名。因周武王是通过征伐取得天下的，所以孔子以为"武"乐虽然达到尽美，但没有达到尽善。宋代朱

熹解释说:"盖有这德,然后做得这乐出来,若无这德,却如何做得这乐出来,故于韶之乐,便见得舜之德是如此。"[173] 由此可见,从孔子到朱熹,儒家美学的特点就是以"善"为"美",认为道德之善是艺术之美的基础。

在自然审美方面,儒家从"尽善尽美"的美学观出发,提出了"比德"自然的审美思想。春秋末期,孔子首先提出了"智者乐水,仁者乐山"的审美思想。《论语·雍也》:"智者乐水,仁者乐山。智者动,仁者静。知者乐,仁者寿。"汉代学者刘向曾对孔子的思想作了较为详细的分析,他说:"夫智者何以乐水也? 曰:泉源溃溃,不释昼夜,其似力者;循理而行,不遗小间,其似持平者;动而之下,其似有礼者;赴千仞之壑而不疑,其似勇者;障防而清,其似知命者;不清以入,鲜洁而出,其似善化者;众人取平,品类以正,万物得之则生,失之则死,其似有德者;淑淑渊渊,深不可测,其似圣者;通润天地之间,国家以成,是智所以乐水也。"[174] 显然,在孔子及刘向的眼里,水之美更为重要的,不在其本身具有的自然形式,而在于那奔流不息、进取不止的品性中所显示出来的"似力者"、"持平者"、"有礼者"、"似勇者"、"知命者"、"善化者"、"有德者"等象征意义。由此可见,孔子及其刘向是把与人的理想品格相契合的"水"的自然属性,作为水的美学价值。他又说:"夫仁者何以乐山也? 曰:……万民之所观仰,草木生焉,众物立焉,飞禽萃焉,走兽休焉,宝藏殖焉,奇夫息焉,育群物而不倦焉,四方并取而不限焉,出云风,通气于天地之间,国家以成,是仁者所以乐山也。"[175] 意思是说,山之美不在其形式,而是因为其蕴藏丰富、生养万物,是飞禽走兽的栖息之地,具备了仁者博大的胸怀与安稳的品质才显得令人敬重。实际上是在将水人格化的同时,也将山人格化,高度赞赏山的高大壮美和孕育动植物的生命美学价值。

在孔子"比德"山水的审美方式的影响下,中国古代文人雅士将审美对象从山水扩大到花草树木乃至鸟兽。最为典型的是,古人将"松"、"竹"、"梅"称为"岁寒三友",将"梅"、"兰"、"竹"、"菊"誉为"花中四君子"。宋代周敦颐又提出"爱莲说"。于是"松"、"柏"、"竹"、"梅"、"兰"、"菊"、"莲"便成了中国古代普遍偏爱的审美对象。

1. 关于松柏

孔子将松柏比喻为君子,曾发出:"岁寒,然后知松柏之后凋也"[176] 的感叹;晋代左九嫔在《松柏赋》中歌颂松柏"禀天然之贞劲,经严冬而不零。虽凝霜而挺干,近青春而秀荣。若君子之顺时,又似乎真人之抗贞。"[178] 在他眼里,松柏具有"君子"和"真人"的品格。唐代上官逊在《松柏有心赋》中赞美松柏有"冒雪凌云"、"岁寒不变"[177] 的君子情操。明代姚绶崇尚松树"挺岁寒而不移,干云霄而不屈"的精神。《三松记》:"挺岁寒而不移,干云霄而不屈。其色苍苍,不晨改而夕变。其声肃肃,不侈荡而泛滥。"[179]

2. 关于竹

古人对竹子更是情有独钟。东晋著名书法家王羲之之子王子猷把竹子看作人生活中不可缺少的朋友,对竹子发出"何可一日无此君"的感慨。《世说新语》:"王子猷尝暂寄人空宅住,便令种竹。或问:'暂住何烦尔?'王啸咏良久,直指竹曰:'何可一日无此君!'"[180] 宋代苏东坡在诗中写道:"宁可食无肉,不可居无竹。无肉令人瘦,无竹令人俗。

人瘦尚可肥，人俗不可医。"[181]古人之所以有"何可一日无此君"、"不可居无竹"的审美感受，其主要原因在于他们认为竹子具有类似于人的美德，可以借竹以养性。如唐代白居易在《养竹记》中写道："竹似贤何哉？竹本固，固以树德；君子见其本则思善，建不拔者。竹性直，直以立身；君子见其性则思中，立不倚者。竹心空，空以体道；君子见其心则思应，用虚受者。竹节贞，贞以立志；君子见其节则思砥砺，名行夷险一致者。夫如是，故君子，人多树之为庭实焉。"[182]在白居易看来，竹具有"本固"、"性直"、"心空"、"节贞"等特征，君子通过观赏竹子可以"思善"、"思中"、"思应"、"思砥砺"，从而借竹以养性、立志。当然，竹子也有"观美"的价值。通过观赏竹子、竹林，可以"令人神爽"、精神舒适。如明代王世贞（号弇州山人）曾写道："先骑曹子献云：'何可一日无此君'。吾家小祇园，竹万个，中有轩三楹，不施丹垩，纯碧而已。零雨微飔，朝暾夜月，峭蒨青葱，映带眉睫间，令人神爽。"[183]

明代陈週《倚竹歌》："修竹兮青青，中虚兮外直。素节兮真姿，寒暑兮一色。泠泠兮朝夕，余舍之兮焉适？"[184]古人在玩赏竹子的过程中还可体悟出"人与竹彼此相忘，不知我友于竹，竹之友于我也"[185]的"物我一体"的感受。

3. 关于梅

宋代著名文学家陆游赞美梅花"无意苦争春，一任群芳妒"的孤芳自赏，不改变情操的精神。陆游《卜算子》梅花："驿外断桥边，寂寞开无主。已是黄昏独自愁，更著风和雨。无意苦争春，一任群芳妒，零落成泥碾作尘，只有香如故。"[186]著名理学家朱熹则崇尚梅花"厉岁寒而方华"的不屈精神。朱熹《梅花赋》："夫何嘉卉而信奇兮，厉岁寒而方华。洁清娇而不淫兮，专精皎其无瑕。既笑兰蕙而易诛兮，复异乎松柏之不华。屏山谷以自娱兮，命冰雪而为家。"[187]明代刘基则颂扬梅花特立独行、正直高洁的"君子之象，君子之宜"。[188]

4. 关于菊

"采菊东篱下，悠然见南山"，早在晋代，菊花就与追求与天地上下同流的隐逸名士陶渊明结下了审美之缘。明朝贾如鲁在《爱菊论》中认为菊的审美价值在于："桃李茂于春矣，菊不与之而争艳；朱锦映日，葵榴畅于夏矣，菊不与之而竞芳，惟恬淡以自居，镇静以俟时而已矣。及夫金风转，天地肃，万物萧然而群芳尽落也，彼乃挺然而独秀，泰然而自若。正直浑厚之气、清逸冲穆之光自昭彰而不容掩。"也就是说，菊花的美学价值主要在于：它具有春天不与桃李争艳、夏天不与葵榴竞芳的"恬淡以自居"的品德和秋天万物萧然之时却"挺然而独秀，泰然而自若"的"傲风霜耐岁寒"的节操。这样的审美评价是与儒家以善为美的审美方式密不可分。"人之爱菊非以其可爱之容，实以其可爱之德，不爱之以目而爱之以心，不观之以物而观之以理，此菊之所以为菊也，此吾之所为爱菊也。"[189]

5. 关于莲花

宋代周敦颐在《爱莲说》中认为，菊花是花中的"隐逸者"，牡丹是花中的"富贵者"，而莲花乃为花中的"君子者"。莲花具有"出淤泥而不染，濯清涟而不妖"的君子品格。

明代王象晋在《群芳谱》中赞美荷花"独此华实齐生，百节疏通，万窍玲珑，亭亭物表，出淤泥而不染，花中之君子"。[190]

6. 关于兰花

据历史文献记载，在春秋战国时期，中国人就喜欢兰花，屈原咏其秀质；《易传》则比德于"同心"。《易传·系辞上》："同心之言，其臭如兰"。因此唐代乔彝在《幽兰赋》中说：兰"比同心于先哲，冠美名于前古。"唐代仲子陵在《幽兰赋》中写道："兰惟国香，生彼幽荒。贞正内积，芬华外扬。和气所资，不择地而长。精英自得，不因人而芳。……卑以自牧，和而不同，扬翘布叶，舒翠错红。宵承结露，晓泛光风。"他在强调兰花是"国香"的同时，欣赏兰花具有"和气"团结精神和"不因人而芳"、"和而不同"孤芳自得的独立精神。唐代颜师古也歌颂兰花"惟奇卉之灵德，禀国香于自然。洒嘉言而擅美，拟贞操以称贤。"[191]

7. 关于草

古人也写下了不少咏草的诗词，如白居易的流传千古的名句："离离原上草，一岁一枯荣。野火烧不尽，春风吹又生。"赞美野草顽强的生命力。再如唐代诗人陈陶在《草木言》一诗中，以拟人的手法，既歌颂了草木"山河既分丽，齐首树青阳"的绿化、美化大地的巨大价值，又赞美了草木"所愧雨露恩，愿效幽微芳"的感恩精神和奉献精神，还代表达了草木"常忧刀斧劫，窃慕仁寿乡"[192]，即忧虑遭人砍伐，希冀能得到人的道德关怀而自由生存的殷切愿望。

中国古代文人雅士不仅有"岁寒三友"、"花中四君子"之说，而且还有"十友十二客"之说，如宋代曾端伯题花："荼蘼韵友，茉莉雅友，瑞香殊友，荷花静友，岩桂仙友，海棠名友，菊花佳友，芍药艳友，梅花清友，栀子禅友。"这就是"十友"之说。宋代张敏叔则称："牡丹为贵客，梅为清客，菊为寿客，瑞香为佳客，丁香为素客，兰为幽客，莲为静客，荼蘼为雅客，桂为仙客，蔷薇为野客，茉莉为远客，芍药为近客，合称十二客。"[193]

文人雅士借花木寄情言志的美学传统对中国古代的山水诗画和建筑审美产生了深远的影响。中国古代园林布局、建筑装饰常常赋予花草树木以美学寓意。如梧桐在传说中能够引来凤凰，常被栽种于庭院之中；松树象征延年益寿，在厅堂中往往挂松鹤图；石榴象征多子多福、芙蓉谐音"富荣"、牡丹象征"富贵"，在砖木石雕的图案中往往有它们的倩影。中国古典园林的许多建筑、景观常以周围种植的花木命名，例如拙政园中部的水中三岛，中间岛上有"雪香云蔚亭"，周围种植梅花，以赏春景；西有"荷风四面亭"，荷花满地，以赏夏景；东有"待霜亭"，傍栽橘树十几株，取唐韦应物诗："洞庭湖待满林霜"句，是观赏秋景的好地方。[194]

（二）道家崇尚"天地之大美"的生态审美思想

与儒家不同，道家更重视对自然之天和天道的研究与探索，创立了以"道"为最高范畴的自然哲学思想体系。在美学领域，与儒家强调美对善的关系不同，道家强调美对真的关系，创立了一种崇尚自然，"疾伪贵真"、"法天贵真"的美学观。[195]

春秋末期，老子首创了"疾伪贵真"、"法天贵真"的美学观。《老子》二章："天下皆知美之为美，斯恶已；天下皆知善之为善，斯不善已。"古人对老子这两句话见仁见智，进行了多种解释。其中宋代刘农师解释说："美至于无美者，天下之真美；善至于无善者，天下之真善。真美离斯天下皆知美之为美，真善散斯天下皆知善之为善。……将以使人冥于真善，混于真美，复归于朴，而与天地为徒，与造化为友者矣。"[196] 他的意思是说"无美"、"无善"才是老子所追求的"真美"与"真善"。这里所说的"无美"是指"无为"之美，"自在的"美；"无善"，即"无为"之善，"自在的"善。在老子看来，在"大道废，有仁义；智慧出，有大伪"的时代，远离了"真美"，才出现了世俗的"美"；"真善"散失了，才有世俗的"善"。世俗社会所认为的"美"与"善"不过是一种"人为"的"假美"和"伪善"；因此，老子希冀人们"冥于真善，混于真美，复归于朴，而与天地为徒，与造化为友者矣"，即与真善相契合，与真美浑然一体，情感回归于朴（"朴"，即一种"未雕未琢"的"无名"的原初的天然的真美），达到与天地万物为徒，与道为友的境界。老子的这种"疾伪贵真"的美学观乃是他的"道法自然"哲学思想在美学领域的体现。

《老子》八十章："信言不美，美言不信。"这两句话也体现了老子"疾伪贵真"的美学观。曹魏时期的王弼认为，"信言不美"其"实在质也"；而"美言不信"其"本在朴也"。真实、质朴乃是老子的根本的审美价值标准。南朝著名文艺理论家刘勰在《文心雕龙·情采》中评价说："老子疾伪，故称美言不信，而五千精妙则非弃美矣。"

与老子相比较，庄子对道家的自然美学思想的理论贡献更大。庄子对道家的自然美、生态美学思想主要贡献在于：

其一，首次提出了"天地之大美"的自然美学命题。

《庄子·知北游》："天地有大美而不言，四时有明法而不议，万物有成理而不说。圣人者，原天地之美而达万物之理，是故至人无为，大圣不作，观于天地之谓也。"庄子所说"天地之大美"，实际上就是指弥满六合、充盈天地之间的自然之美，泛指大自然之美。它包括"天覆"、"地载"化育生命的造化之美、阴阳四时运行的秩序之美，万物成长的变化之美。这些自然之美归根到底，就是"道"之美。或者说，"天地之大美"体现的正是以"自然无为"为特征的"道"的本质属性。

道家所说的"天地之大美"在本质上就是"朴素"。《老子》十九章中有"见素抱朴"之说；《庄子·天道》有"朴素而天下莫能与之争美"之说。"朴素"的原意是指无文采、未经加工的材料，引申为不加修饰做作、质朴、本色的东西。古人认为"朴者，器之本"；"素者，色之本"。"配天者，唯朴素也。"[197] "朴素"之美就是未经人工修饰的天然之美、本真之美，因此，庄子认为"朴素而天下莫能与之争美"。

其二，梦想回归"至德之世"的生态和谐之美，赞美"天籁"之音和"濠梁之乐"。

庄子不仅提出了"天地之大美"的命题，而且高度赞赏"至德之世"生态和谐之美。他说："至德之世，其行填填，其视颠颠。当是时也，山无蹊隧，泽无舟梁。万物群生连属其乡，禽兽成群，草木遂长。是故禽兽可系羁而游，鸟鹊之巢可攀缘而阋。夫至德之世，同与禽兽居，族与万物并，恶乎知君子小人哉！同乎无知，其德不离；同乎无欲，是谓素朴。素朴而民性得矣。"[198]庄子所说的"至德之世",实际是指前文明时代,即原始社会。他认为在远古的"至德之世",山上无路,河上无桥,湖里无船,各种生命存在物互相依赖,聚集在同一个地方,鸟兽自由繁衍,草木茂盛生长,因此,鸟兽不惧怕人,与人友好相处。"至德之世"的根本特征就是万物平等、不分物我的"同一"。人与禽兽同居,与万物同族,哪里会有什么君子与小人的区别!"同一"就是不区别物我的"无知",就是不役使万物的"无欲"。"无欲"就叫作"素朴","素朴"才是人的本性。从这里不难看出,庄子所崇尚的"至德之世",就是人无知、无欲,保持着"素朴"的本性,自然环境未遭受任何破坏,人与鸟兽和谐共生的生态和谐世界。庄子认为,要恢复这种人与万物和谐共生的理想世界,就必须"与天和",从而超越"人乐"而达到"天乐"。所谓"与天和",就是要以"道"为大本大宗,自然无为;"与人和",就是"均调天下";"与人和者,谓之人乐;与天和者,谓之天乐。"[199]天乐适,而人乐足矣。

庄子除了崇尚生态和谐之美外,还曾用浪漫的笔调描述"其广数千里"的鲲鱼和"背若泰山,翼若垂天之云"[200],能扶摇直上九万里的大鹏的壮美,并对"天籁"之音和"濠梁"之乐情有独钟。"籁"的本意是指竹箫,也指从孔穴中发出的声音。所谓"天籁",是指大风吹起,大地上、岩石中、山林里的各种孔穴像竹箫一样,吹出美妙无比的天然交响曲。天籁的特点是"夫吹万不同,而使其自己也",即各种孔穴发出声音的长短、高低各不相同,各具特色,但它们"前者唱于,而随者唱喁;冷风小和,飘风大和"[201],即一种自然而然地发出的天然之音,协调之音。因此,庄子认为,与"人籁"、"地赖"相比较,"天籁"最为美妙。

所谓"濠梁之乐",是指通过在濠梁观赏鲦鱼"出游从容"的"鱼之乐",而所获得的精神满足。《庄子·秋水》:"庄子与惠子游于濠梁之上。庄子曰:'鲦鱼出游从容,是鱼乐也。'惠子曰:'子非鱼,安知鱼之乐?'庄子曰:'子非我,安知我不知鱼之乐?庄子曰:'请循其本。子曰'汝安知鱼乐'云者,既已知吾知之而问我,我知之濠上也。'"在这里,庄子通过鱼我之辩,表达了对"鱼乐"自由境界的向往。

庄子崇尚的"天籁"之音、"濠梁之乐"等审美思想对后世的山水画构图和建筑设计意境都产生过重要影响。如宋代范致明所建的"鲦亭"就取意"濠梁之乐";欧阳修曾为此撰写了《游鲦亭记》。明代刘基在《题仲山和尚群鱼图》中写道:"濠梁之乐谁能写,袁蚁死后无画者。上人安知身非鱼,援毫貌出态更殊。"[202]。可见仲山和尚所画的群鱼图其取意就是"濠梁之乐"。再如,明代罗钦顺在他的金陵官舍内建有"天籁亭";清代在承德避暑山庄建有"天籁书屋"。

其三,摒弃人为之"残美"、"自美",倡导"既雕既琢,复归于朴"的艺术美。

庄子认为"至人无为,大圣不作",反对"人为"之美。在他看来,人工之美不过是一种"残美"、"自美"。《庄子·马蹄》:"纯朴不残,孰为牺尊!白玉不毁,孰为珪璋!……夫残朴以为器,工匠之罪也!毁道德以为仁义,圣人之过也。"庄子认为,与伯乐"善治马"却违背了马的"真性",使"马之死者有二三"一样,"牺尊"、"珪璋"等工艺品都不过是损伤了未加工的树木和白玉的原本状态的产物,它们都违背了自然物的本真之性,只能是一种"残美"，因此，庄子指出"残朴以为器，工匠之罪也！"

人工之美不仅是一种"残美"，而且是一种"自美"。所谓"自美"，就是指以个体主观审美标准为依据所判断的美。《庄子·山木》："阳子之宋，宿于逆旅。逆旅人有妾二人，其一人美，其一人恶，恶者贵而美者贱。阳子问曰其故，逆旅小子对曰：'其美者自美，吾不知其美也；其恶者自恶，吾不知其恶也。'阳子曰：'弟子记之。行贤而去自贤之行，安往而不爱哉！'"在这里，庄子借逆旅小子之口提出了"其美者自美"、"其恶者自恶"的命题，说明世俗社会的审美评价都是以自己的审美感受和审美情趣为标准，因而世俗的审美评价是主观的、多元的和相对的。庄子借阳子之口，主张"去自贤之行"，即抛弃主观的相对的审美标准，与道为一，去体验"天地之大美"。

庄子在否定人工之美的同时，借卫国大夫北宫奢之口，提出了"既雕既琢，复归于朴"的艺术美学原则。《庄子·山木》："北宫奢为卫灵公赋敛以为钟，为坛乎郭门之外，三月而成上下之县。王子庆忌见而问焉，曰：'子何术之设？'奢曰：'一之间，无敢设也。其奢闻之，既雕既琢，复归于朴'"。古人对"既雕既琢，复归于朴"有不同的解释：有的认为其意思是"去圭角，而归于自然"；有的则认为其精神实质是要求艺术创作要"始于有为"而"终于无为"；也有人认为其实质是要求"去华务实"。宋代王雱的解释较为详细，他说："夫道一而不变，变而复归于真也。生物而任其自生，成物而任其自成也。不加不损而与物无迁也，无为无用而莫知其终也，此皆至道之妙体，而得之足以全生矣。"[203]综合上述古人的诠释，"既雕既琢，复归于朴"的艺术原则，就是倡导人们在艺术创造的过程中，虽然既要雕刻，又要琢磨，但必须遵循自然无为的"天道"，以无为的态度去为，要顺应被加工的原材料性质和形态，既不任意增加，也不任意损害，最终达到"虽为人作，宛若天成"的理想境界。

道家的自然美学思想是古人诗意"乐居"建筑美学的主要理论来源。

（三）魏晋南北朝时期钟情山水的审美情趣

自公元220年曹丕称帝，到公元589年杨坚灭陈，建立隋王朝，这段约370年的历史时期，史称魏晋南北朝。在这一时期，王朝更迭频繁，先后出现过33个王朝，割据政权林立，战乱不断。这种长时间的社会动荡，使封建士大夫普遍感到悲观失望，从而导致了社会思想观念发生了重大变化。一方面，自汉武帝以来处于独尊地位的儒学陷入严重的危机，在知识分子中，"不慕仲尼而慕庄周"，弃儒经而尚老庄成为一种社会学术风尚，于是玄学思潮应运而生。另一方面，许多名士追求旷达，寄情山水，推动了山水诗、田园诗、山水画的勃兴。魏晋玄学在"自然"与"名教"之辩中，建立了崇尚"自然"的哲学思想；而山水诗、田园诗、山水画的勃兴，则极大地丰富了人们对大自然的审美意识。可以说，在魏晋南北朝这两种文化思潮的交互作用促进了中国古人对自然美的思想自觉，从而也为诗意"乐居"的建筑美学增加了深厚的文化基础。

魏晋南北朝时期崇尚自然的美学思想十分丰富，其主要表现在以下几个方面：

其一，崇尚自然的玄学思想。

魏晋玄学家大致可分为以何晏、王弼为代表的"贵无"派，以嵇康、阮籍为代表的"异端"派，以裴颜、向秀、郭象为代表的"贵有"派。尽管他们在"自然"与"名教"的关系问题上的观点各不相同，但他们有一个共同特点：好老庄，崇尚自然。如著名的玄学家王弼认为"万物以自然为性"，主张"顺自然而行"，"因物自然"[204]。阮籍认为："天地生于自然，万物生于天地。自然者无外，故天地名焉。"[205] 显然，他把"自然"看作是整个宇宙的本体。嵇康提出"越名教而任自然"，主张人应当摆脱封建伦理道德的束缚，而放任人的自然性情。郭象也认为"万物必以自然为宗"，"知天人之所为，皆自然也。"[206] 从上述玄学家观点可以看出，魏晋时期，中国哲学关注的重点发生了重大转向，即从注重人伦道德转向崇尚"自然"。

其二，钟情自然，酷爱山水的审美情趣。

魏晋南北朝的名士大都具有钟情自然，酷爱山水的审美情趣。阮籍"或登临山水，经日忘归。"[207] 嵇康"尝采药，游山泽，会其得意，忽焉忘返。"[208] 陶渊明"少年适俗韵，性本爱丘山"，把"守拙归园田"，"复得反自然"[209] 作为他的人生志趣。王子猷酷爱竹子，深感"何可一日无此君"。谢灵运曾出任"永嘉太守，郡有名山水，灵运所爱好"，在会稽"修营别业，傍山带江，尽幽居之美。"[210] 顾长康将山川之美概括为："千岩竞秀，万壑争流，草木朦胧其上，若云兴霞蔚。"[211] 南朝宋著名的山水画家宗炳"好山水"，"眷恋庐衡，契阔荆巫，不知老之将至，愧不能凝气怡身"[212]。他认为"山水以形媚道"，人通过对山水和山水画的欣赏，可以获得"怡身"、"畅神"的审美乐趣。仅从上述枚举的几个典型人物及其美学观点，我们有理由说，魏晋南北朝时期，中国文人雅士已经达到了对大自然的审美自觉。

魏晋以来的山水诗、山水画、山水游记等对中国古代造园艺术产生了重大影响。如明末著名造园艺术家计成认为园林景观设计应当"仿古人笔意"，"桃李成蹊，楼台如画"，"深意画图"，充满诗情画意；使人在园林中得到"兴适清偏，怡情丘壑。顿开尘外想，拟入画中行"[213] 的审美享受。因此，计成主张学习古代山水画来构思园林景观，把山水画作为规划园林的灵感源泉。在他看来，学习"片图小李"，即唐代李昭道的小幅山水画，可以启发构思园林中由山水和建筑构成的人文景观；学习"半壁大痴"，即元代黄公望的山水画，可以启发园林中山水自然构思。在《园冶·选石》中，计成主张"小仿云林，大宗子久"，即小山应模仿元代倪瓒的萧疏简率的笔意，大山应师法黄公望的画。

其三，"濠濮间想"的园林审美境界。

南朝梁简文帝将庄子"濠梁之乐"发展为"濠濮间想"的园林审美思想。《世说新语》："简文入华林园，顾谓左右曰：会心处不必在远，翳然林水便自有濠濮间想也，觉鸟兽禽鱼自来亲人。"[214] "濠"、"濮"是两条河流之名。"濠"，即濠水，在今安徽凤阳县东北。"濮"，即濮水，源出河南封丘县，流入山东境内。"濠濮间想"是对《庄子·秋水》中两个故事的审美情趣进行综合概括的产物。一是庄子与惠子在濠梁上观鱼的故事；二是庄子在濮水钓鱼的故事。后一个故事的大意是：楚王派遣两位大夫请庄子入朝为官，庄子表示"吾亦宁曳尾于涂中"，而不愿做"死为留骨而贵"的神龟。表达了庄子不愿出仕，追求生命自由的价值取向。简文帝提出的"濠濮间想"表达了会心于林水的审美情趣。"濠濮间想"

的审美追求对后世的园林设计曾产生了深远的影响，如计成在《园冶》中提出的"看竹溪湾，观鱼濠上"，"借濠濮之上，入想观鱼"[215]等景观意境，显然是受庄子"濠梁之乐"和简文帝"濠濮间想"审美思想的影响。再如清代承德避暑山庄内就有一处景观取意"濠濮间想"，康熙皇帝曾写下了《濠濮间想》序："清流素练，绿岫长林，好鸟枝头，游鱼波际，无非天适，会心处，在南华秋水矣。"

正是在道家、魏晋玄学家以自然（"道"）为宇宙本原的哲学思想和魏晋南北朝的山水诗、山水画审美情趣的影响下，诗意"乐居"便逐渐成为中国古代建筑的审美理想。

三、诗意"乐居"的园林设计思想

（一）"师法自然"的艺术美学思想

在"天人合一"、"道法自然"的哲学思想和儒家比德山水、道家崇尚自然之大美等美学思想的影响下，中国古代从春秋战国时期开始就逐渐形成了独特的艺术设计美学思想——"师法自然"。

师法自然的艺术设计思想的形成有一个漫长的过程。老子首先提出"大巧若拙"[216]的艺术命题；继而庄子又提出"既雕既琢，复归于朴"[217]的命题，从而奠定了师法自然，崇尚自然的艺术美学理论基础。

到了唐代，"师法自然"已成文人雅士普遍认同的艺术美学原则。唐人司空图在《二十四诗品》中提出"妙造自然"的命题；唐人张璪认为绘画之要诀"外师造化，中得心源"[218]。唐人张怀瓘把"斤斧无迹"，"宛与理会，曲若天成"作为评价书法的根本标准。他说："书亦须圆转，顺其天理，若辄成棱角是乃病也，岂曰力哉！夫良工理材斤斧无迹，才子序事潜刃其间，书能入流含于和气，宛与理会，曲若天成。刻角挥峰，就利除害。"[219]他所说的"良工理材斤斧无迹"，意思是说，没有人工雕琢的痕迹乃是建筑装饰艺术的最高境界。

宋代人石曼卿把"浑然天成"作为评价诗词的最主要的审美标准，他说："自昔论诗者尝谓：写情非难，状物最难。过于体仿或失之俗；略于比喻又失之泛，必浑然天成，他物不足以当之，斯为美耳。"[220]

元代人刘埙把"妙出自然，不由作为"看作是写出独步天古的好文章的成功经验。他说："经文所以不可及者，以其妙出自然，不由作为也。太史公文字多自然，班氏多作为，韩有自然处，而作为亦多；柳则纯乎作为，欧、曾俱出自然，东坡亦出自然，……故虽古作者俱不免作为。渊明所以独步天古者，以其浑然天成，无斧凿痕也。"[221]元朝一峰道人则把"不假雕琢，浑然天成"作为他绘画的主要心得。元代陶宗仪认为"自然"是评价画品的最高价值标准，"自然者为上品之上"。他说："夫失于自然而后神，失于神而后妙，失于妙而后精。精之为病也而成谨细。自然者为上品之上，神者为上品之中，妙者为上品之下，精者为中品之上，谨而细者为中品之中。余今立此五等以包六法，以贯众妙。"[222]

明人王履提出："吾师心，心师目，目师华山"[223]的观点。

从上述唐、宋、元、明时期的文人所提出的"妙造自然","妙出自然","外师造化","目师华山","宛与理会，曲若天成","浑然天成，无斧凿痕","不假雕琢，浑然天成"等论断可以看出，崇尚自然、师法自然已成为当时绘画艺术界和书法艺术界的集体意识和文化心态。尤其唐人司空图提出"妙造自然"，张璪提出"外师造化，中得心源"和宋人石曼卿提出"必浑然天成"等论断，表明中国古代艺术的审美情趣已从模仿、比喻、赞美自然山水的阶段提升到从全体上、从精神上把握自然、审美自然的高级阶段。他们追求的不再是原始的自然山水，而是一种"妙造自然"，即一种通过人文与自然的"无痕"结合的艺术创造，达到天人合一、物我一体、心物相感的美的境界。

（二）"虽由人作，宛自天开"的园林设计思想

唐代以来，中国艺术美学的发展和成熟，自然会促进建筑美学的进步。明代造园艺术家计成提出了"虽由人作，宛自天开"的命题，集中体现了崇尚自然美的建筑审美观念。

明朝末年，造园艺术家计成撰写了中国历史上第一部系统地阐述造园思想与技艺的著作——《园冶》，明确提出了"虽由人作，宛自天开"的建筑审美命题。这一命题既是对前人的艺术审美思想的概括，也是对中国古代造园经验的精辟总结。它反映出中国古代造园家崇尚自然、师法自然的造园理念，在中国古代建筑美学思想发展史上占有重要的地位。

"虽为人作，宛自天开"这一命题，包含两层含义：其一，肯定园林是"人工造作"的山水环境，"全叼人力"，它不仅离不开建筑工匠的"雕镂之巧"和"排架之精"，更离不开"能主"，即园林规划师的"宛若画意"的巧妙设计。其二，自然之美、"天然之趣"才是"真美"，才是最高境界的美；因此，设计和营造的园林景观应当以自然之美为宗，实现"人化"山水与自然山水的同构与对话，使园林景观如同天然生成的一般。只有如此，园林才能真正成为"妙造自然"，从而实现人们诗意"乐居"的价值理想。

计成不仅提出"虽为人作，宛自天开"的园林审美价值理想，而且从各个方面详细地论述了实现这一价值理想的基本原则和技巧：

其一，"胸有丘壑"，要树立崇尚真山真水的造园意境。在计成看来，要营造"宛自天开"的园林，就应当做到："山林意味深求，花木情缘易逗。有真为假，做假成真。"[224]。也就说，营造人工山水园林，必须深求自然山林的意味，使一草一木都要让人触景生情。如果以崇尚真山真水的意境来构思和营造园林中的假山和水体，那么，人工堆叠的假山，人工挖掘的溪流、塘池就会犹如真山真水一般，"似得天然之趣"。

其二，必须坚持"体宜因借"的原则。"体宜因借"是计成在《园冶》中提出的造园的两个基本原则。《园冶·兴造论》："园林巧于因借，精在体宜……'因'者：随基势之高下，体态之端正，碍木删桠，泉流石注，互相借资；宜亭斯亭，宜榭斯榭，不妨偏径，顿置婉转，斯谓'精而和宜'。'借'者：园虽别内外，得景则无拘远近，晴峦耸秀，绀宇凌空，极目所至，俗则屏之，嘉则收之，不分町疃，尽为烟景，斯所谓'巧而得体'者也。体宜因借，匪得其人，兼之惜费，则前工并弃。"[225]计成所说的"因借"原则，包括"因"与"借"两方面的内容。所谓"因"包括"尊重"自然、喜好自然、"顺应"

自然和充分"利用"自然等含义；对于造园而言，"因"主要是指要因地造园，巧妙地利用园林所在地地势的高低，地貌的特征，泉水溪流、树木、山石等自然因素进行规划布局。"借"，即"借景"，主要是说，园林规划虽有园内与园外的区别，但在取景方面则不要拘泥于近景与远景。凡是目力所及之处，遇到不雅的场景就屏蔽、遮挡起来，遇到美好的景色就收入园林之中。无论是晴山耸立，古寺凌空，还是田野、村庄都应纳为园林中可观赏到的烟云风景[226]。所谓"体宜"，即"得体合宜"。曹汛先生对这句话的诠释是："'体'指的是章法、规矩、体式、格局；'宜'指的是灵活机动，因地制宜。'得体合宜'就是既要遵循一定的章法、体式，又要灵活地因地制宜。如果过分追求'得体'而忽略了'合宜'，便是'拘'，即死板拘谨；如果过分追求'合宜'而忽略了'得体'，便是'率'，即率野胡来。'得体合宜，未可拘率'，就是要恰到好处，既不可拘泥呆滞，又不可邃率胡来。"[227]"巧于因借，精在体宜"是计成对中国古代造园经验的总结和升华。

其三，要坚持"节用"的原则。计成明确指出造园"当要节用"，反对铺张浪费；但也反对过分"惜费"，即在该投资的地方，不能吝啬，要有经费保障。在计成看来，"要节用"，关键在于要选择适当的建园基址。他指出："园地惟山林最佳，有高有凹，有曲有深，有峻而悬，有平而坦，自成天然之趣，不烦人事之工。"[228]意思是说，"山林"是建造园林的最佳基址，山林地区的地形地貌具备营造山水园林的许多天然要素，"自成天然之趣，不烦人事之工"，不需要繁杂的工程，可以节约大量的人力、物力、财力。计成还总结了不少节约建筑材料的方法，他告诉人们，"石非草木，采后复生"，石材是不可再生的建筑材料，一定要珍惜。选材应"近无图远"，即应当就地取材、就近取材。"如路径盘蹊，长砌多般乱石"，即如果是路线长而盘旋曲折的小径，多用乱石砌筑。庭院可"选鹅子铺成蜀锦"。尤其应当注意变废为宝，废瓦、破砖也有大用。"废瓦片也有行时，当湖石削铺，波纹汹涌；破方砖可留大用，绕梅花磨斗，冰裂纷纭。"意思是说：废瓦片也有可用的时候，环绕湖石可用废瓦片铺成波浪纹，使湖石宛如挺立于汹涌的波涛之中；破砖也可留作大用，在梅花树的周围可用磨制的破砖拼接成冰裂纹地面，梅花似乎绽放在冰天雪地之中。[229]

其四，必须保护园林的草木飞鸟和生态环境。计成告诫人们，造园时"休犯山林罪过"，不能破坏山林植被；要爱惜花草飞鸟，注意保护原有古木大树及其杂树。他说："芳草应怜，扫径护兰芽，分香幽室；卷帘邀燕子，闲剪轻风。"[230]这里所倡导的"怜芳草"、"护兰芽"、"邀燕子"，充分体现了古人"德被鸟兽"、"仁及草木"的传统生态道德情操。

计成强调在造园的过程中，必须注意保护原有的大树，遇到"多年树木，碍筑檐垣，让一步可立根，斫数桠不妨封顶，斯谓雕栋飞楹易，荫槐挺玉难。"[231]意思是说，如果遇到多年生长的老树妨碍构筑屋檐和墙垣，不妨把房屋的位置退让一步，以便保留树木，需要的话修剪几支树丫，便不会妨碍建造屋檐了。他强调雕梁飞楹容易搭建，而古槐修竹则难以形成[232]。他还主张"摘景全留杂树"，即规划园林景观要注意保留所有的杂树，这样可以增加景观色彩的丰富性。

计成的造园思想包含着丰富的崇尚自然美和节约建材、废弃物再利用、爱惜草木飞鸟、保护古树等生态理念，对于我们发展绿色建筑有重要的借鉴价值。

（三）"一卷代山，一勺代水"的微型园林设计营造思想

明代以来，我国人口剧增，耕地与建筑用地的矛盾日益突出。面对建筑用地越来越短缺的现实，为了满足人们诗意"乐居"的需要，造园家便提出了"一卷代山、一勺代水"的微型园林设计营造思想。

"一卷代山、一勺代水"是清代造园家李渔明确提出来的。李渔"性嗜花竹"，酷爱园林，甚至宁愿忍饥挨冻，也不改追求山水园林的雅兴乐趣。据李渔自己说，他"性嗜花竹，而购之无资，则必令妻孥忍饥数日，或耐寒一冬，省口体之奉以娱耳目。"李渔晚年穷困潦倒，还在杭州云居山东麓竭力为自己修建"颓屋数椽"的"层园"。他在《上都门故人述旧状书》中写道："虽有数椽之屋，修葺未终，遽尔释手。日在风雨之下，夜居盗贼之间；寐无堪宿之床，坐无可凭之几。甚至税釜以炊，借婉而食。嗟乎伤哉！李子之穷，逐至此乎！"由此可见李渔痴情山水、醉心丘壑这一审美追求的强烈，可以说，园林已成为他生命的重要组成部分。

李渔在《闲情偶寄·居室部》中写道："幽斋磊石，原非得已，不能现身岩下与木石居，故以一卷代山，一勺代水，所谓无聊之极思也。"[233]他这段话的大意是说，在幽静的住宅内垒石造园，是一件不得已的事情，但为了解决人们"不能现身岩下与木石居"的遗憾，可以用一圈石头象征大山，用小水渠、小水池象征江海湖泊的手法营造宅园，不失为一种"极思"。

"一卷代山，一勺代水"，是李渔对中国古代造园思想和他自己营造私家园林的经验总结。

宇宙是无限与有限的辩证统一的思想是"一卷代山，一勺代水"造园园思想的哲学基础。中国古人认为宇宙大而无外、小而无内，是有限与无限的辩证统一；无限寓于有限之中，在有限中蕴含着无限。因此，在古人看来，"一撮土，则物之广厚举在是矣"；"一卷石，则山之广大举在是矣"；"一勺水，则水之不测举在是矣"。"由是言之，藏至大于至小，而小所以为大也"；"藏至厚于至薄，而薄所以为至厚也"；"藏至高于至卑，而至卑所以为高也"；"藏至深于至浅，而至浅所以为至深也"。[234]正是由于有限与无限、至大与至小、至高与至低、至厚与至薄是一种辩证统一的关系，无限"藏于"有限之中，至大"藏于"至小之中，"芥子纳须弥"，因此，在营造宅园或微型私家园林及其盆景时，可以依照"以小喻大"、"以少总多"的思路，以"一卷代山，一勺代水"方式营造出具有自然山水之美的象征性意境。

在中国古代，"以小喻大"、"以少总多"的审美方式和"一卷代山，一勺代水"的设计营造方式为许多造园家和名人雅士所推崇。如唐代诗人白居易在《草堂记》中说，他"从幼迨老，若白屋，若朱门，凡所止，虽一日，二日，辄覆篑土为台，聚拳石为山，环斗水为池，其喜山水病痴如此。"[235]"辄覆篑土为台，聚拳石为山，环斗水为池"乃是白居易满足他痴情山水精神需要最简便的方式。明代计成在《园冶》中有："片山多致，寸石生情"和"多方胜景，咫尺山林"之说，他十分重视"片山"、"寸石"、"咫尺山林"

等小景观的象征意义。明代江南四大才子之一文徵明的曾孙文震亨也曾指出："石令人古，水令人远，园林水石最不可无。要须廻环峭拔，安插得宜。一峰则太华千寻，一勺则江湖万里。"并认为造园不能奢侈和过分雕饰，否则，就会变成人的"桎梏樊槛"。"若徒侈土木，尚丹垩，真同桎梏樊槛而已。"[236] 晚清诗人、画家汤贻汾也曾指出："善悟者观庭中一树，便可想见千林，对盆里一拳，亦可即度知五岳。"[237] 在汤贻汾看来，高明的建筑审美，应当以心来"悟"，充分发挥自己的审美想象力，从庭院中的一棵树，便可想象到"千林"之美，从盆景中一块拳石，也可以感受到五岳的博大与雄浑。这种审美方式就是"以小喻大"，"以少总多"的方式，通过这种方式可以达到"情貌无遗"[238] 的审美效果（图 1-2）。

图 1-2（a）　苏州留园冠云峰
（图片来源：李小鸽　摄）

图 1-2（b）　苏州拙政园水景
（图片来源：李小鸽　摄）

图 1-2（c）　南京瞻园水景
（图片来源：李小鸽　摄）

"一卷代山，一勺代水"的微型园林设计营造思想的形成具有重要的意义，一方面，它有益于解决人地矛盾尖锐化时代人们追求诗意"乐居"与建筑用地短缺的矛盾。大约自唐代以后，随着生产力的发展，农业、手工业的发达，人们想往诗意"乐居"的愿望越来越强烈，营建私家园林也逐渐成为一种社会风尚，但由于中国人口的不断增加，特别是明代以后，中国的人口迅速增加，使人地矛盾越来越尖锐，农业用地与建筑用地的矛盾也日益凸显出来，人们往往只能在极其有限的狭小空间建房造园，从这个角度上讲，"一卷代山，一勺代水"的营造思想恰恰适应了人地矛盾尖锐化时代人们追求诗意"乐居"的需要。另一方面，它适应了社会中下层人群，尤其是经济较贫困的文人雅士追求诗意"乐居"的审美需要。从这种意义上讲，它带有一定的人民性。另外，"以小喻大"、"以少总多"的审美方式和"一卷代山，一勺代水"的设计营造思想对现代绿色建筑具有较大的借鉴价值。绿色建筑是在人口爆炸、资源短缺、污染严重，生态破坏和城市化程度越来越高、城市建筑用地日益稀缺的时代背景下兴起的，因此，采用"以小喻大"、"以少总多"的审美方式和"一卷代山，一勺代水"的设计思想来营造园林式住宅，不失为一种明智的选择。

第四节 "因地制宜"的建筑规划与设计思想

"因地制宜"是中国传统建筑最主要的特征，也是最具绿色意义的建筑人文理念。深入研究这一理念，对发展绿色建筑具有十分重要的现实意义。

一、"因地制宜"理念的形成及内涵

"因地制宜"这一成语出自汉代赵煜所著《吴越春秋·阖闾内传》。吴王阖闾问伍子胥说："夫筑城郭，立仓库，因地制宜，岂有天气之数以威邻国者乎？"[239]这一记载说明，在春秋时期，吴王阖闾已将"因地制宜"作为城市建设的指导原则。"因"，有依据，根据、随顺等含义；"地"，指各地具体情况；"制"，即制定；"宜"，指适宜的办法、措施。因地制宜主要含义是，根据各地的具体情况，制定适宜的办法。[240]《管子·乘马》："凡立国都，非于大山之下，必于广川之上。高毋近旱而水用足，下毋近水而沟防省。因天材，就地利，故城郭不必中规矩，道路不必中准绳。"这是中国古人对因地制宜的建筑原则所作的较早、较全面的论述。《管子》的作者在这里论述了三大因地制宜的原则：其一，"高毋近旱而水用足，下毋近水而沟防省"的城市选址原则。意思是说，如果在大山之下的地区选址，高必因丘陵，但要远离干旱，保证城市有充足的用水；如果在广川之上的地区选址，下必因川泽，但不能太靠近河流，这样既有利于预防水灾，同时又可以省却挖掘沟渠和修筑堤防工程。在这里，《管子》的作者将"毋近旱"、"水用足"、"毋近水"和"沟防省"等自然条件作为城市选址综合考虑的主要因素。其二，"因天材，就地利"的城市规划和设计原则。意思是说，城市规划和设计，必须就地取材，充分利用当地的地势地貌和自然资源的有利条件。其三，"城郭不必中规矩，道路不必

中准绳"的灵活规划原则。意思是说，规划城墙、道路时，必须根据当地具体的地形地貌，灵活设计，城郭当圆则圆，当方则方；道路当直则直，当曲则曲，不必追求固定的模式。

《礼记·王制》："凡居民材必因天地寒暖燥湿，广谷大川异制，民生其间者异俗，刚柔轻重迟速异齐，五味异和，器械异制，衣服异宜。修其教不易其俗，齐其政不易其宜。"唐代著名学者孔颖达解释说："此一节，论中国与四夷居处，言语、衣服、饮食不同之事。……'凡居民材必因天地寒暖燥湿'者，'材'谓气性；'材艺'言五方之人其能各殊；五者居处各顺其性气、材艺，使堪其地气。故卢植云：'能寒者使居寒，能署者使居署'，即其义也。'不易其俗'者，'俗'谓民之风俗；'宜'谓土地、器物所宜；'教'谓礼仪教化；'政'谓政令施为；言修此教化之时，当随其风俗，故云不易其俗。'齐其政'者，谓齐其政令之事，当逐物之所宜，故云不易其宜。"[241]根据孔颖达的解释，《礼记·王制》中的这一段话，可以说，这是专门论述"五方之民"（即中原汉族和东西南北的少数民族）筑城邑、建聚落的策略问题的文字。大意是说，筑邑、造屋，解决五方之民的居住问题，应当了解"民材"；"民材"包括五方之民各自的性情需要和自发形成的营造"材艺"；五方之民的城邑、房屋应当顺应他们各自的性情需要和特殊的营造技艺，使建筑适应当地的"地气"，即"天地寒暖燥湿"的气候条件。由于"广谷"与"大川"的地形地貌及自然条件不同，使生活在其间的人们的风俗习惯、语言、饮食嗜好、工具和服饰各不相同，但他们都有适合于他们各自的地理环境的所安之居、所和之味、所利之器、所宜之服。因此，在对他们进行礼仪教化时，要尊重他们各自的风俗习惯，不能强迫他们改变风俗；在推行政令刑罚之时，要保护各地自然环境的有利因素，不应加以改变。这段文字的核心在于强调社会教化和政策法令应当因地制宜。解决各地的民居问题，应尊重当地气候条件和当地人的性情需要、营造技艺、风俗习惯和文化传统。因为，各地人的性情需要、建造技艺、风俗习惯和文化传统虽各不相同，但它们是最适合于当地的气候条件和地理环境的东西，是最适宜的东西。《礼记·王制》的作者，为古代因地制宜的建筑原则增加了新的内容。

唐代柳宗元曾提出"逸其人，因其地，全其天"[242]的建筑思想。"逸"，即安闲、逸乐。"逸其人"意思是说，建造房屋、营造园林景观的目的在于使人舒适、逸乐。"因其地"，即因地制宜。"全其天"，含有"为天地留生意，为万物保生机"[243]之意。也就是说，"全其天"就是要维护自然界生生不息的生命力和创造力，保护一切动植物的生存与发展的条件。柳宗元的建筑思想颇为完整，他将"逸其人"，即使人舒适、逸乐作为建筑的根本目的，将"因其地"，即因地制宜作为建筑的根本方法；将"全其天"，即尊重自然生态规律，保护生态环境作为建筑的最高理想。在这里，柳宗元将因地制宜思想发展到了新的水平。

从上述历史资料看，因地制宜原则包含着丰富的内容：其一，"必因天地寒暖燥湿"，即建筑活动必须适应当地的气候条件；其二，"因天材，就地利"，即就地取材，充分利用当地地形地貌和自然资源；其三，"不易其俗"，即尊重各地的风俗习惯和文化传统；其四，"全其天"，即尊重各地生态规律，保护各地的生态环境；其五，"逸其人"，即以节约人力、物力、财力，实现人们安居、舒适、逸乐的目的。

"因地制宜"原则具有多方面的文化意义和生态价值：第一，因地制宜是"天人合一"自然观的具体体现。因地制宜，意味着对特定地域自然环境的尊重、顺应和融入，意味着对地域自然条件的合理利用与改造，是对中国古代"天人合一"自然观的具体体现。第二，因地制宜是传统建筑理念的精华，集中反映了传统建筑一切从实际出发的唯物主义立场和具体问题具体分析的辩证方法。第三，因地制宜是建筑节地、节材、节能、节水和节省人力、物力的重要途径。第四，因地制宜是古代各地区人民创造建筑风格各异的地域建筑的基本智慧。

二、"因地制宜"在传统民居建设中的具体体现

在中国古代，"民"是相对于"君"和"官"而言的，是指普通老百姓。"民居"则是相对于"皇宫"、"官署"、官邸而言的，主要是指普通老百姓的住宅，也包括富商、硕儒的住宅以及小官吏和达官富商回归故里营建的私人住宅。其中普通老百姓的住宅及其聚落是古代民居的主体，其数量最多，在传统民居中所占的比例最大。可以说古代老百姓的传统住宅是因陋就简、朴素节俭、经济适用、因地制宜的典型代表。

传统民居"因地制宜"主要表现在：因气候制宜，因地形地貌制宜，因当地建筑材料制宜，因社会的生活方式、文化诉求和经济状况制宜。

（一）因气候制宜

气候一词，大致在宋明时期被普遍使用，宋代学者有的认为气候以"温凉燥湿"[244]为特征。朱熹说："以气候言之，为温凉燥湿"。有的则认为气候以"寒暖燥湿风"为特征，黄伦说，"在天为气，则寒暖燥湿风是也。"[245]他们基本揭示了影响地域气候的主要因素——温度、湿度、风向、风速。

气候是影响建筑的最主要的因素之一，可以说，建筑就是适应气候的产物，它的产生和发展与气候密不可分。中国古代历来把顺应气候条件，避免不良气候对人的危害作为建筑活动的首要任务。《墨子·辞过》："子墨子曰：'……为宫室之法曰：室高足以辟润湿，边足以圉风寒，上足以待雪霜雨露，宫墙之高，足以别男女之礼，谨此则止。'"《易·系辞》："上古穴居而野处，后世圣人易之以宫室，上栋下宇，以待风雨，盖取诸大壮。"[246]（汉）贾谊《新语·道基第一》卷上："天下之民野居穴处，未有室屋，则与鸟同域，于是黄帝乃伐木构材，筑作宫室，上栋下宇，以避风雨，民知室居"。《白虎通》："黄帝作宫室以避寒暑，此宫室之始也。"[247]古人的上述论述所提到的"润湿"、"风寒"、"雪霜雨露"、"风雨"、"寒暑"等都是气候现象。古人对建筑的这些论述说明，建筑的根本功能就是避风雨、防寒署、去潮湿。

《礼记·王制》明确提出："凡居民材必因天地寒暖燥湿"。[248]《礼记》编定于汉代，说明中国至迟在汉代已经明确提出了建筑必须结合气候的思想。

　　唐代学者房千里在《庐陵所居竹屋记》中指出："凡天地之气,煦妪乎春,曦彤乎夏,凄乎秋,而冽乎冬。""天地之气不能易者也",因此,建造房屋必须考虑"天地之气,人之百骸与其心形之内外、居室之寒燠,反是果为灾,且妖且病,且乱且穷也。"[249]他的意思说,气候特征就是春季春风和煦,温暖,养育万物;夏天有红彤彤的烈日,炎热;秋季凄凉;而冬季寒冷。气候是不能改变的自然现象,因此建造房屋必须顺应气候;同时要满足人的身体需要和内心的精神需要,解决好居室的防寒、防暑、取暖、纳凉问题。如果违背了这些基本的需求,就会使人不能正常生活,导致灾害、疾病、社会混乱和经济贫穷等问题。由此看来,我国先贤在唐代已经对气候与建筑的关系有较深刻的认识。

　　法国启蒙思想家孟德斯鸠认为"气候的影响是一切影响中最强有力的影响"[250]。不管人们是否认识到它的威力,它作为一种不依人的意志为转移的客观存在,影响着人类包括建筑活动在内的一切生活和生产活动。正是由于这个原因,中华民族在上下五千年的建筑实践中自发地或自觉地重视气候问题;把避免气候对人的危害作为建筑活动需要解决的首要问题,通过数千年"摸着石头过河"的"试错"实践,逐渐积累了适应各地气候条件的建筑技巧,从而创造了适应不同气候条件的风格各异的民居形式。我国北方地区冬季寒冷,而南方地区夏季炎热、潮湿,纳阳、防寒、保暖是北方地区建造民居要考虑的首要问题,而遮阳、纳凉、通风、除湿则是南方地区建造民居要考虑的主要任务。我国南北迥异的气候条件是造成我国北方的先民在原始社会选择了"穴居"、"半穴居"住宅,而南方先民则选择了"巢居",并最早创造了干阑式建筑的重要原因。考古工作者发现,距今6000～5000年左右的西安半坡遗址、临潼姜寨遗址的房屋一般为半地穴式房屋(图1-3);而浙江省余姚河姆渡文化遗址的房屋则为"干阑式"房屋(图1-4)。这些考古发现既证明气候条件对新石器时代先民居住方式的影响,又证明了当时北方先民和南方先民已经摸索出应对不同气候条件的建筑技术方法。

图1-3(a)　半坡遗址房屋基址
(图片来源:http://blog.sina.com.cn/s/blog_6f319ed
8010125hj.html)

图1-3(b)　半坡遗址半地穴式房屋复原图
(图片来源:http://www.ziyouwang.com/trip/archive/
index?id=511)

　　我国各地民居都表现出适应气候的丰富经验和智慧。据王军教授研究,西北地区

图 1-4　河姆渡遗址干阑式房屋复原图
（图片来源：http://i.mtime.com/film24/photo/507416/）

乡土建筑外围护结构的特点是外墙厚而重，建筑多采用厚重的生土墙（厚 50 ~ 100 厘米）作承重和围护结构，将生土（夯土、土坯砖等）、草泥、砖石等材料组合起来，成为一种白天吸热、晚上放热的"热接收器"（图 1-5），使住房较好地达到"冬暖夏凉"的效果。西北民居的屋顶呈现从北至南，从西向东，屋顶厚度越来越小的特点。自关中向北（窑洞）屋顶依次增厚，向南则屋顶稍薄，没有覆土；自兰州向西则屋顶形式逐渐变为平屋顶；自银川向南则逐渐由平屋顶变为坡顶，出现屋顶坡度形式的递增现象。"无瓦平屋顶"主要分布在敦煌绵延至武威的河西走廊大部地区、农牧交错带中的北部区域及陕北定边、神木北部等地区。这是由于这一地域的年降水量在 300 毫米左右，多干旱少雨且蒸发量大，加之连续降雨时间短促且强度不大，因此屋顶处理基本不考虑降水因素影响，多为略为倾斜的无瓦平顶形式。[251]

图 1-5（a）　青海民居
（图片来源：http://blog.sina.com.cn/s/blog_50c9493a
01008ls5.html）

图 1-5（b）　甘肃民居
（图片来源 http://blog.sina.com.cn/s/blog_711649cb
0100r78s.html）

图 1-5（c）　陕北窑洞
（张红军摄影）

图 1-6　北京四合院民居
（图片来源：中国文物网）

北京地区属北温带半湿润的大陆性季风气候区，其气候特点是四季分明，地气高爽。春季短促，干旱多风沙；夏季酷热，降雨集中；秋季气爽，光照充足；冬季寒冷漫长，干燥多风。在这种气候条件及其他自然、社会条件的综合作用下，使北京民居形成以院落为中心的合院式建筑特征。其中"四合院"是北京民居的基本原型。"四合院"是由东、西、南、北四个方向的单体建筑，以院为中心围合而成的合院式建筑（图1-6）。中小型四合院是北京民居建筑的主体，多为一至二进四合院。官宦、富商、名流则营建四进、五进或"多进"、"多路"组合大院。[252] 合院式建筑的院落有利于采光通风、多纳阳光、防避风沙；墙体、屋顶都比较厚重，防寒、保温、防雨性能良好。

山西气候基本上属于温带寒冷干旱、半干旱地区，晋东南、晋南则为温带温冷、温和、半干旱地区。冬季较长，寒冷干燥；春季气候多变，风沙较多；夏季高温多雨。受此气候影响，山西民居常以火炕取暖。晋西、晋北地区民居主要是四合院或联排式院落，墙体厚重，便于防风寒；雨水少，屋顶一般为缓坡或平顶。晋南地区民居多为一至两进或由多个院落组成的群体院落，屋顶多为硬山坡顶，起隔热及排水作用。晋东南民居主要采用独院式四合院，建筑一般为2~3层阁楼式。阁楼式建筑很好地适应了当地雨多、潮湿的气候特征[253]（图1-7）。

图1-7（a）　山西民居
（图片来源：http://bbs.paipai.com/forum.php?mod=viewthread&tid=479407）

图1-7（b）　山西碛口李家山民居
（图片来源：http://ww.agri.com.cn/photo/14/12487.htm）

东北地区气候的基本特征是，冬季寒冷而漫长，夏季温暖、潮湿而短促。所以防寒、纳阳便成为东北地区民居要考虑的最重要的问题之一。无论是汉族，还是满族、朝鲜族等少数民族的传统民居，大部分为合院式固定民居。特殊的自然环境决定着东北民居的存在形式。大部分在形态上属于横长方形，具有良好的地域气候适应性。在平面布局上，为了接受更多的阳光和避免北方袭来的寒风，故将房屋长的一面向南，大部分门窗设于南面。东北女真族及其后裔满族的居住形式具有极强的地域气候的适应性。女真族最早称"肃慎"、南北朝时称"勿吉"，隋唐时称"靺鞨"，五代时改称"女真"。肃慎人、勿吉人、靺鞨人基本为"穴居"。女真族在形成时期，仍然沿袭先世的"穴居"习俗。随着女真社会生产力的提高，以及受中原建筑的影响，住宅有了很大的进步，逐渐转向在地面建房，广泛使用火炕取暖。满族是由女真人的一支——建州女真发展而来的。满族民居的主要特征是"口袋房"、"万字炕"、"烟囱立在地面上"。"口袋房"多为矩形,这种形状在寒冷的东北地区非常实用。正房一般是3～5间,坐北朝南便于采光,均在东端南边开门,形如口袋,俗称"口袋房",便于聚暖。"万字炕"是满族室内布局的最大特点,即环室三面筑火炕,南北炕与西炕相通,俗称"万字炕"。满族烟囱多置于山墙侧面,烟囱自地面向上直立,高于屋檐数尺,下粗上细呈阶梯状。一方面由于当地多风,所以烟囱高大,另一方面,这种烟囱排烟效果非常好,且有利于防火[254](图1-8)。

图1-8(*a*) 东北的地窨子　　　　图1-8(*b*) 吉林省抚松县漫江镇"锦江木屋村"

(图片来源:http://www.shjnet.cn/wh/whda/201211/t20121114_118585.html)

据《太平寰宇记》记载,宋代的昌州(今四川大足)川人已筛选出适应当地气候的干阑式建筑。昌州"其俗,有夏风,有獠风,悉住丛菁,悬虚构屋,号阁阑"[255]。意思是说,居住在昌州的川人既有汉人的风俗,又有獠人(巴人的一支)的风俗,都居住着用丛菁(即水草)覆盖的草房,草房结构为"悬虚构屋",称为"阁阑"。《太平寰宇记·渝州》还记载说:"今渝之山谷中,有狼揉乡,俗构屋高树,谓之阁阑"[256]。这里所说的"悬虚构屋"的"阁阑"和"构屋高树"的"阁阑",实际上就是继承远古先民"构木为巢"的传统而营造的"干阑式"建筑。干阑式建筑是川人在宋代及其以前所筛选出来的最适宜四川的炎热潮湿气候条件的民居形式。

四川民居适应气候表现在多方面:在城镇聚落形态上,最突出最普遍的适应气候的方式是廊坊式、凉厅式街坊制度;在民居类型上,主要以山地重台庭院加多天井为基本特色;在建筑空间处理上,开敞和半开敞空间发达,变化尤其丰富自由;在结构上,遮阳、隔热、防晒、防雨、防潮等各种做法实用便利,经济合理,又顺其自然。在遮阳防晒隔热策略上,尽量使建筑通透,开敞空间大。通过采用小天井、窄长夹巷天井或多重天井,加强"抽气"功能[257](图1-9)。

云南是一个多民族的山区边疆省份,地理环境十分复杂,气候条件差异很大;全省可分为7个气候区,寒、温、热三带共存。气候的多样性在很大程度上决定了民居类型的多样性:德坎县干冷地区的民居多为碉房;元谋、峨山等县干热地区民居多为"土掌房";中甸、宁蒗等县高寒地区多为井干式民居;景洪、勐腊、瑞丽等县温热地区多为干阑式民居;昆明、建水、大理等中暖平坝地区多为汉化型民居。这些不同类型的民居都较好地适应了当地的气候和其他自然条件[258](图1-10)。

图 1-9（a）　重庆江津中山　　　　　图 1-9（b）　四川石柱土家族自治县西沱古镇凉厅式建筑
　　　　　古镇凉厅式建筑

（图片来源：http://www.yibanglv.com/ShowImage.aspx?sid=4522）

图 1-10　云南泸西城子村彝族"土掌房"群落
（图片来源：http://jingdian.517best.com/jingdian_15005.html）

　　两湖地区（湖南、湖北）雨水丰沛，四季中春秋短，冬夏长，尤其是夏季时间长而酷热，并且雨热同季。因此通风和隔热是民居营建必须重点考虑解决的问题。从聚落整体看来，一般村落建筑多顺应地势和风向布局，密集而规整的街巷既是村落交通系统，同时也是村落通风的重要廊道。从民居形态看来,两湖地区多采用单元重复式合院的民居形态。这种民居形态在当地通过空间组织和一些结构措施就能较好地适应不同的地理、气候环境。从隔热手段看来，两湖地区一般民宅出檐较深远，且天井并不大，这使得院内较为阴凉。在湘鄂东部地区民居中普遍设置阁楼的做法，对于房屋隔热起重要作用[259]。在鄂、渝、湘、黔交会的山区，土家族的主要建筑形式是极具民族特色的半悬空的干阑式建筑——吊脚楼。它是结合当地山多岭陡、木多土少、潮湿多雨、夏热冬冷等生态特点而建造的具有典型生态适应性特征的传统山地建筑。[260]

江西为亚热带湿润气候，气候温和，雨量充沛，全省气候特点是:夏热、秋爽,冬阴，春寒。春夏两季，气候十分闷热，而且相对湿度很高，所以民居首要问题要解决好住宅内部的通风防潮。面对这种气候条件，除了赣南地区客家聚居地之外，江西大部分地区的大多数民居选择了"天井式"住宅模式。天井式住宅，以天井为中心组成一"进"的单元平面，继而发展为多"进"住宅。"天井"的物理功能主要是解决排水通风和日照采光问题。天井式住宅是江西人民长期实践和筛选的结果，不能不说是非常适宜江西的气候及其他自然环境条件而又经济合理的类型。[261]

浙江省位于亚热带中部，雨量充沛，空气湿度较大，季风显著，夏季闷热且易受潮，因此，日照、通风、防漏、防潮成为建筑设计中的主要问题。面对这样的气候条件，早在新石器时代，余姚河姆渡的先民在中国历史上较早创造了"干阑式"房屋，浙江的后人继承发展了河姆渡人的手法，创造出各种各样的构件和空间处理手法，逐渐使干阑式、穿斗架成为浙江民居的特色。"干阑式"住宅的特点是"悬虚构屋"，即底层架空，前后墙上开窗，屋前设檐廊，非常有利于防潮防湿，有利于通风散热。[262]

广东属于热带、亚热带季风海洋性气候，气候炎热潮湿，雨量充沛，湿、热、风（台风）是广东气候的主要特点。因此，总的来说，通风防热是本地民居在自然条件下所要解决的主要矛盾。它反映在建筑上就要求总体布局和个体平面做到开敞，室内空间处理做到通透。同时，尽量利用天井、水面等室外环境布置庭院绿化，以达到通风降温的目的。广州近郊出土的汉墓明器，可以反映出当时广东民居的形式、结构及其构造特征。早期有干阑式建筑，栏下养牲畜，二楼住人。它的平面形式有三合院、四合院，还有复杂的曲尺形、日字形和碉堡形等。此外，从明器中还可以看出穿斗式结构，这种结构方式是与气候、地理等条件有关的。[263]在漫长的历史岁月里，广东人民在建筑通风、遮阳、隔热、环境降温、防潮、防台风等方面积累了宝贵的经验，为热带、亚热带地区发展绿色建筑积淀了宝贵的技术"基因"。

广西处于亚热带，气候炎热、雨量充沛、水源丰富、土地湿润、植被茂密。广西民居结构形式有干阑式、半干阑式和砖木地居式三种。壮族、侗族、苗族、瑶族等少数民族，一般居住在山区，多以干阑式、半干阑式（亦称半边楼）民居为主。这种底层架空通透的民居，防潮、通风性能良好，是具有高度的灵活性、适应性、经济性和合理性的民居形式（图 1-11）。[264]

图 1-11（a）　广西龙胜县龙脊寨民居
（图片来源：叶安福 摄）

图 1-11（b）　广西灵川县长岗岭村民居
（图片来源：叶安福 摄）

福建属于亚热带海洋性季风气候，冬季较温暖，较少出现严寒和破坏性低温。夏季较凉爽，除一些内陆山间盆地外，很少出现酷暑。在这种夏长冬短、没有严寒的气候条件下，福建民居主要是按夏季气候条件设计的。为了组织通风，室内外空间多互相连通，门窗洞口开得较大，并且大多数厅堂及堂屋的屏风隔扇多是可拆卸的，为了克服夏天湿度大带来的闷热，采取了避免太阳直晒和加强通风这两个办法。房屋进深大，出檐深，广设外廊，使阳光不能直射室内，取得阴凉的室内效果。另外在房间的前后左右都设有小天井和"冷巷"，加速空气对流，使房间阴凉。再从建筑群体布局上看，由于街巷狭窄，建筑密度大，太阳不能直射，也达到了遮阳防晒的效果。为了抵抗台风侵袭，沿海地区民居在迎风面多建单层，屋面下不做出檐而为硬山压顶，屋面为四坡屋顶，瓦上用石头压牢或用筒瓦压顶，屋顶周边用蛎壳粘住。在建筑布局上迎合海风吹来方向，以对风进行疏导，并取得良好的通风效果。[265]

从上述枚举的部分省、市、自治区的民居应对当地气候条件的状况来看，我们完全可以得出结论：气候是影响民居的最主要的自然因素之一，中国传统民居是适应气候条件的智慧结晶。

（二）因材致用

建筑材料是营建一切建筑的物质基础。《考工记》中将"材美"作为营造良好建筑的四大基本条件之一。宋代学者易袚提出建筑"必以天时、地利、材美为本。"[266]宋代著名建筑理论家李诫则提出建筑"皆以材为祖"的思想，他说："凡构屋之制，皆以材为祖，材有八等，度屋之大小，因而用之。"[267]"祖"具有"初"、"开始"的含义。唐代学者孔颖达解释说："祖者，始也，己所从始也。"所谓构屋"以材为祖"，就是说，建筑材料是一切建筑的初始条件、先决条件；离开了建筑材料，营造建筑物就无从谈起。

《管子》的作者在春秋战国时期提出了"因天材，就地利"的建筑基本原则，这是对我国先秦时期建筑经验的高度概括。"天材"，即天然生成的材料；所谓"因天材"，就是就地取材，依靠当地的天然建筑材料来营建聚落和建筑物。

就地取材，是中国传统建筑自古以来自发形成的优秀传统。从考古发现的资料来看，中华民族在新石器时代所营建的城邑和半地穴式地面建筑都具有就地取材的特征。如陕西省榆林市神木县的"石峁遗址"的外城墙、内城墙完全是用当地的石头砌筑而成的。
（图 1-12）

图 1-12（a） 陕西省神木县石峁遗址古城墙
（图片来源：李小鸽 摄）

图 1-12（b） 陕西省神木县石峁遗址古城门
（图片来源：李小鸽 摄）

  古代历史文献中有不少关于就地取材，营造土屋、石屋、木屋、草房、竹楼的记载。
如唐代樊绰在《蛮书》中描述了生活在今云南大理一带的少数民族就地取石，修建城邑
街巷、道路的情况。"太和城北去阳苴咩城（今大理）十五里，巷陌皆垒石为之，高丈余，
连延数里不断。"[268] 唐代房千里在《庐陵所居竹室记》中详细记载了他是如何就地取材，
修建"竹室"的。"其环堵所栖率用竹以结其四角，植者为柱，楣撑者为榱桷，破者为嚻，
削者为障，曰者为枢，篾者为缠，络而笼土者为级，横而格空者为梁。"[269] 宋代周去非在《岭
外代答》一书中描述了广西就地取材的情况："广西诸郡，富家大室，覆之以瓦，不施栈
板，唯敷瓦于椽间。仰视见瓦，徒取其不藏鼠，日光穿漏不以为厌也。小民垒土墼为墙，
而架宇其上，全不施柱，或以竹仰覆为瓦，或但织竹笆两重，任其漏滴。"[270] 明代曹学
佺在《蜀中广记》中记载说："威茂，古冉駹，……叠石为巢以居，如浮图数重门内以梯
上下，货藏于上，人居其中，畜圈于下，高二三丈者谓之鸡笼，十余丈者谓之碉，亦有
板屋、土屋者……自汶川以东，皆有屋宇，不立碉巢，豹岭以西皆织毛毯盖屋，如穹
庐。"[271]
他反映了四川茂县一带羌族人民就地取材，营建碉房和帐篷的情况。明代林大春在《梧
州镇城改造瓦房碑》中记载了古代梧州人民就地取材，因陋就简，修建住房的情况："梧
州为东南重镇……其俗尚简朴，无高堂华室之观。盖自官府、学宫之外，户率多竹庐以
蔽风雨。……梧之民，乃往往折竹为椽，编竹为上栋下宇，匪竹莫须。"[272] 在明嘉
靖（1522年～1567年）以前，梧州老百姓一直居住竹庐，"折竹为椽，编竹为上栋下
宇，匪竹莫须"；明嘉靖年间，地方官发现竹庐易发生火灾，大力倡导住房改造，修建瓦
房。清代方式济在《龙沙纪略》中记载了黑龙江鄂伦春人及其他少数民族如何就地取材
的状况。他写道："鄂伦春，地宜桦，冠履器具庐帐舟渡皆以桦皮为之。"艾浑地区"屋
无堂，室廒三楹，西南北土床相连，曰万字炕，虚东为燃薪地，西为尊，南次之，皆宾
位也。""拉核墙，'核'犹言骨也，木为骨，而拉泥以成，故名。立木如柱，五尺为间，

层施横木，相去尺许，以碱草络泥挂而排之，岁加涂焉，厚尺许者，坚甚于甓，一曰挂泥壁。""草屋，茅厚尺许，三岁再葺之，官署亦然，煖于瓦也。"[273] 清代沈日霖在《粤西琐记》中描述了粤西民居竹屋就地取材的情况："不瓦而盖，盖以竹；不砖而墙，墙以竹；不板而门，门以竹；其余若梁、若椽、若窗牖、若承壁，莫非竹者。衙署上房，亦竹屋。"[274] 清代黄叔璥在《台海使槎录》中较详细地记载了台湾少数民族就地取材，营造住宅的情况。他写道：台湾大武郡民众"填土为基，高可五六尺，编竹为壁，上覆以茅。茅簷深邃垂地，过土基方丈，雨旸不得侵。"阿里山地区，"筑屋浓密，架木为梁，凿松石片为墙（松石内山所出，凿之成片），上以石片代瓦，亦用以铺地，远望如生成石室。比屋相连如内地街衢。"[275] 台湾凤山地区，"屋名朗，筑土为基，架竹为梁，葺茅为盖，编竹为墙，织蓬为门，每筑一室，众番鸠工协成，无工师匠氏之费，无斧斤锯凿之烦，用刀一柄可成众室。"[276]

上述这些历史记载可知，"因天材"是我国古代营建民居自发遵循的最基本的原则。

古代民居，特别是普通老百姓的民居，之所以自发地遵循就地取材的原则，主要原因是：其一，生产力低下，经济落后，加之封建社会的"大吏恣肆，小吏贪残"[277]，"小民安得不困"！宋代陈起在《农桑》诗中写道："编茅为屋荻为帘，老小团栾苦乐兼。乐岁输丁犹未了，饥岁家口更堪添。"[278] 意思是说，农民的住宅是用茅草覆盖的，门窗的帘子是用荻草编织而成的；一家老少都很瘦瘠，生活有苦也有乐，丰收之年忧虑徭役还未结束，灾荒之年家庭增加小孩也难以负担。这样贫困的老百姓根本没有经济能力采购异地的优质建筑材料，只能因陋就简，就地取材。再如宋代的宥州、韦州"皆土屋，惟有命者得以瓦覆之。"[279] 在清代，陕北榆林地区百姓十分贫困，康熙皇帝在《平定朔漠方略》中也认为，榆林的边民"生聚之计甚属艰难"，"秦省沿边地方……见所在兵民筑土屋以为居，耕沙碛以为业，生聚之计甚属艰难。"[280] 因此，他们只能就地取材，"筑土屋以为居"。其二，就地取材，是最节约、最经济的营造策略。首先，就地取材，农民可以在自己的土地上挖土，或在自己的山地上开石、砍树、伐竹，或在自己村镇附近的河滩、溪边挖沙和捡拾河卵石，大部分建筑材料自己生产，自己使用，可以节省大量的建材购置费用；其次，就地取材、就近取材，可以节省运输建筑材料的人力和费用。再次，采用本地的建材和世世代代传承下来的乡土技术，简单、方便、实用，主要依靠自己的家人就可以完成住宅建设工作。如在黄土高原，靠自己的家人就可以挖出靠崖窑洞或下沉式窑洞。再如，清朝台湾凤山地区民众修建房屋，除了需要乡亲们的帮助外，不需要聘请工匠，也不需要采用复杂的技术，全家人就可造屋。"无工师匠氏之费，无斧斤锯凿之烦，用刀一柄可成众室。"[281]

我国的传统民居几乎都是就地取材的产物，即使达官富商、文化名流遗留下来的住宅，其大部分建材也是就地取材的，只有少数名贵木料和加工精良的石材是从异地采购而来的。如四川省各种建筑材料丰富，各族人民营建民居历来坚持就地取材。据李先奎先生研究，四川山区石材来源十分丰富，并且多属砂岩和页岩，硬度不高，开凿较为容易，川人多呼为"泡砂石"。因此，开山采石，就地取材，便成为建房、修路的必然之举。川西高原的藏族、羌族多采用石材砌墙；邛崃、乐山、宜宾一带的砂页岩色呈紫红，用紫红色鲜艳深沉的页岩石块砌筑石墙堡坎、台基等，十分自然生动，成为地方一大特色。硬度稍大的青石分布也极广泛，多制成片材，以青石板铺筑地面。至于河砂、鹅卵石等材料更是遍地皆是，用之不尽。四川森林密布，木材资源从来都十分丰富，不仅自用，而且大量外销，自古由之。四川木材资源不仅量大，而且种类繁多，高大巨木，质量上乘，各种松、杉、柏、杨、槐以及香樟、楠木等贵重木材都是可供选择的建筑用材。尤其如楠木这样的高级用材，不仅材质细密，花纹美观，而且香气清新，材料坚硬。据说，用楠木所建的房屋，不生虫，不结蛛网，且利于人身心健康，历代都是皇家贡木。此外，遍布全川各地的竹林资源十分可观，除生长于山林间外，广大乡间房前屋后都有成片的种植。竹子不仅是各种生活用品和工具、家具制作的轻便耐用材料，也是用途广泛的建筑用材。有一种所谓"捆绑式结构"的房屋几乎全部是用竹材建成的。在民居中，除了大量采用小青瓦屋面外，还有不少乡村的草顶农房采用稻草或芭茅草扎结作为屋顶覆盖材料。这些地方材料也是随处即有，来源甚广。成都平原盛产水稻，稻草取之不竭。所盖的稻草屋顶工整且十分考究，既美观简朴，经久耐用，而且居住舒适，冬暖夏凉。另外，四川各地都有桐树、漆树生长，盛产桐油和土漆，是建筑油漆装饰广泛使用的材料。可以说，四川传统民居建筑所需的砖、瓦、灰、砂、土、石及各种木材、竹材等无一不是取材于本土。[282]

浙江中部的缙云一带石材丰富，这里的石头是中生代白垩纪火山喷发的灰烬沉积而成的，距今有七八千年的历史了，初开采时较软，开采后经风吹日晒而坚硬耐冻，色彩多样，因此，这一带流行完全用石块砌筑墙体，其做法是先将石头切割成不同规格的条石、块石，一幢建筑所有的墙都用它来砌。浙中还有不少卵石、乱石砌筑的住宅，有些地方甚至整个村子看不到一片砖墙、泥墙住宅。缙云雁岭乡岩下村被称为石头村，浙南乐清市的黄坛硐村也是石头村。[283]

江西有得天独厚的林产木材，因而江西民居的木构架用材都十分讲究，做工严谨精细。另外，江西盛产适合建筑装修和雕刻的名贵树种，如樟、檫、楮、楠、枫、银杏树等，所以江西民居的木雕大都非常精美巧夺天工。在民居中除大量使用唾手可得的木石材料外，有些地方还有许多特有地方材料巧妙应用的经验。如弋阳、余江、上饶一带采用红石（红沙石）垒屋砌墙。星子县所产青石因易于分层解理，群众不但用其砌墙、铺地和制作石基，甚至把它分割成薄片板瓦用来铺盖屋面而别具一格。在江西也有不少农村居民就近使用河滩卵石和生土筑墙，既方便更经济。[284]

不仅四川、浙江、江西民居都具有就地取材的特征，而且其他省、市、自治区的民居同样如此。如新疆吐鲁番的土拱民居、东北长白山的木屋、鄂伦春族的"斜仁柱"、陕西佳县木头峪的石砌窑洞、陕西柞水县的土墙石板房、山西吕梁山的石头房、贵州花溪区镇山村民居的石板房、云南石林彝族石头房、云南傣族的竹楼、云南佤族的"木掌楼"、福建与广东的"海蛎房"、山东荣成的"海草房"等都具有一定的代表性。（图1-13）

图 1-13（*a*）　新疆吐鲁番土拱民居
（图片来源：http://blog.sina.com.cn/s/blog_
67366d250100o514.html）

图 1-13（*b*）　东北长白山的木屋
（图片来源：http://blog.sina.com.cn/s/blog_
67366d250100o514.html）

图 1-13（*c*）　鄂伦春人的"斜仁柱"
（图片来源：360图片）

图 1-13（*d*）　陕西省佳县木头峪石墙民居
（图片来源：李小鸽 摄）

图 1-13（*e*）　陕西柞水县的土墙石板房
（图片来源：刘建强 摄）

图 1-13（*f*）　山西吕梁山区的石砌窑洞
（图片来源：http://dp.pconline.com.cn/dphoto/list_
2386645.html）

图 1-13（g） 贵州花溪区镇山村的石板路　　　　　图 1-13（h） 贵州花溪区
（图片来源：周若祁 摄）　　　　　　　　　　　镇山村民居的石板墙
　　　　　　　　　　　　　　　　　　　　　　　　（图片来源：周若祁 摄）

图 1-13（i） 贵州花溪区镇山村民居的石板屋　　　图 1-3（j） 云南大理古城民居的乱石墙
（图片来源：周若祁 摄）　　　　　　　　　　　　（图片来源：李小鸽 摄）

图 1-13（k） 云南佤族"木掌楼"　　　　　　　　图 1-13（l） 福建泉州的海蛎墙
（图片来源：360 图片）　　　　　　　　　　　　（图片来源：泉州网）

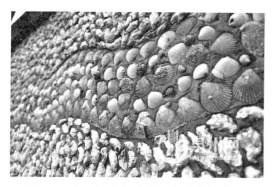

图 1-13（m） 厦门小嶝岛上的海蛎墙
（图片来源：http://www.yododo.com/info/013
DA0AA2B51302DFF8080813D9E6D81）

图 1-13（n） 珠海苏兆征故居的海蛎墙
（图片来源：http://www.yododo.com/info/013
DA0AA2B51302DFF8080813D9E6D81）

就地取材具有重要的生态价值，其一，就地取材可以最大限度地节约建材的运输费用及运输能源；其二，就地取材可以使人类的建筑活动对区域生态环境的负面影响最小。一方面，木、竹、草等都是可再生建筑材料，只要人们按照中国古人所倡导的"取之以时"、"取之有度，用之有节"的原则，对它们进行合理地开发和利用，就不会破坏地域的自然生态平衡；另一方面，就地所取的建材有的可以被再利用，有的可以再回归自然，对生态系统不会产生太大的负面影响，如果对传统建筑的废弃物处理得当还将有益于生态体系的繁荣。20 世纪 70 ～ 80 年代以前，我国农村具有变废为宝的传统，旧房上拆下来的砖、瓦、石材一般都被再利用；旧房废弃的墙土被当作上好的农家肥料；废弃的木材、竹材及草被用来做饭、取暖，其灰烬也被用作农家肥料，几乎没有建筑废弃物，只是在城市才把建筑废弃物当作垃圾扔掉，出现污

图 1-13（o） 山东荣成的海草房
（图片来源：http://sd.sina.com.cn/travel/
destination/2013-03-31/08158384.html）

染环境的现象。其三，就地取材的建筑物，往往与当地自然环境的色调十分协调，颇具地方特色。如我国北方的土屋、窑洞、山区的石头村和石板房；东北林区的木房、木楞房、南方的竹屋、竹楼都与当地的自然环境融为一体，犹如自然生长出来的一样。宋代诗人吴履斋在《茅草屋》诗中写道："编茅为屋竹为椽，屋上青山屋下泉。半掩柴门人不见，老牛将犊傍篱眠。"[285] 这间茅草房"屋上青山屋下泉"，形成了一种人、建筑、家畜与环境十分和谐的格局。清代黄叔璥曾感叹说，台湾阿里山的石屋，"远望如生成石室"。

（三）因地形地貌制宜

对于建筑活动而言，《管子》的作者倡导的"就地利"，就是充分利用当地的土质、

地形、地貌等地理条件。依山形就地势是中国传统建筑的历史传统。据宋代学者研究，商汤在"亳"所建的都邑就是"依山而居"[286]。秦代都城咸阳巧妙地利用了咸阳塬的地势。考古工作者发现，秦代的宫殿区主要集中在咸阳塬上即所谓的"北阪"、"北陵"一带。咸阳塬的地势北高南低，由北原向渭河逐渐低下，最北部是为阶梯状陡起的形势，宫殿遗址就分布在北部阶地一带[287]，形成了错落有致、居高临下之势。古代历史文献有不少关于民居"依山而居"、"环山而居"、"临水而居"、"傍水而居"、"环溪而居"、"夹溪而居"的记载。如明代吴宽在《家藏集》中记载，洞庭湖兴福寺附近，"民环山而居，善植果木，世擅其利，而屋宇间巷联络映带，忽不知其为山林也。"[288] 再如《清职贡图》记载，松潘地区"番民多依山而居，以耕牧为业。"[289]。

在我国各地都有不少巧妙利用地形地貌的典型村落和民居类型。如黄土高原地区的窑洞就是利用地形地貌的成功典型。黄土高原位于黄河中游的广大地区，"东起太行山西至乌鞘岭，秦岭以北直抵古长城所分布的黄土，发育情况在世界上最为典型。它地跨甘肃、陕西、山西、河南等省，构成极为广阔的黄土高原，面积为63万平方公里。这里是黄土层最发育的地区，地质均匀，连续延展分布，构成完整统一的地表覆盖层，垂直结构良好。大部分土层厚度在50~300米，其中山西省境内、陕西关中地区、河南豫西地区，黄土厚度在50~100米。"[290] 黄河中游地区的黄土地层构造均匀，抗压与抗剪强度较高，是挖掘黄土窑洞的理想层位。

考古作者在宁夏菜园遗址发掘了4000年前的窑洞，它是迄今所知的最早的窑洞。可能自那时开始，窑洞逐渐发展到甘肃、山西、陕西、河南和宁夏的广大地区。据中国建筑学会调研，在20世纪80年代甘肃东部、陕北和渭北、山西全省、河南郑州以西、伏牛山以北的黄河两岸等地区均有窑洞分布。其中甘肃庆阳地区的窑洞占当地各种类型房屋建筑总数的83.4%，崇信县农村高达93%；渭北旱原上的乾县一些乡村70%~80%的农户居住下沉式窑洞，陕北米脂县农村80%~90%的农户以窑洞为家；山西阳曲、娄烦等地有80%以上人口住窑洞，平陆县农村有76%以上的人口住窑洞，临汾的一些村落居住窑洞高达98%；河南巩义县有50%的农户住窑洞，灵宝各类窑洞占住房总数的40%，陕县农房中窑洞占总数的40%，洛阳地区的一些县约有50%~80%的农户住窑洞[291]。这些窑洞具有：建造简单方便，经济实用，冬暖夏凉，节约土地，节约能源，有利于保护生态环境等多方面的特点，是典型的原生态"绿色建筑"。

在各类窑洞民居中，靠崖式窑洞和下沉式窑洞对黄土高坡地形地貌利用得最为巧妙。靠崖式窑洞，亦称靠山式窑洞。此类窑洞依山靠崖、随坡就势，利用山崖、选择适当的黄土地质层横向开挖洞穴，是一种"有空间而不占地面"的"妙居沟壑"的建筑形式（图1-14）。

下沉式窑洞，亦称地下窑洞、地坑式窑洞、"天井院"。这是在黄土塬区，没有山坡、沟壁可利用的条件下，农民巧妙地利用黄土特性（壁立稳定性），就地挖一个方形或长方形地坑，然后在四壁上横向开挖窑洞，形成地下四合院（图1-15）。挖出的土方既可铺垫场地，又可造坯垒墙，土尽其用，是一种不占耕地、投资较少、效益较高、充分节约建筑材料的建筑类型[292]。

图 1-14（a）　陕北路遥故居靠崖式窑洞
（图片来源：李小鸽 摄）

图 1-14（b）　陕北米脂县姜氏庄园窑洞四合院
（图片来源：李小鸽 摄）

图 1-14（c）　碛口李家山窑洞民居
（图片来源：http://www.wangjing.cn/www/forum/forum.php?mod=viewthread&tid=926495）

图 1-15（a）　甘肃省庆阳市庆城县驿马镇儒林村窑洞
（图片来源：人民网）

图 1-15（b）　河南陕县庙上村地坑式窑洞
（图片来源：人民网）

除黄土高原窑洞巧妙利用地形地貌之外，我国各省的山地、丘陵地区的民居在利用地形地貌方面的智慧也十分突出。如浙江省山区聚落在依山就势方面呈现出三种形式：爬坡式、错层式和附岩式。所谓"爬坡式"，就是建筑一坡一坡地爬上去，层层叠叠，构出一道别致的风景。"错层式"，即为了尽量适应地面坡度的变化，在同一建筑内部做成不同标高的地面，形成错层。这类建筑，不仅减少了土方量，也取得了高低错落的景观效果。"附岩式"，即在断崖或地势高差较大的地段建房，常将房屋附在崖壁上修建，一般也将崖壁组织到建筑中去，省去一面墙，起到省工省料效果，更多的做法是将房屋和崖壁脱开，形成一个吸壁式准天井，起采光作用。有的将崖壁上的渗水集中起来，作为家庭用水。[293]

四川山地、丘陵民居在利用地形方面采取的主要办法是：在坡地较大甚至陡峭的地段，多采用筑台和吊脚等手法来解决建筑基地面积不足的问题；遇到山地、坡地，则或靠山，或附崖，或爬山，或抱山；在遇到山崖巨石陡坎阻挡时，布置房屋不求规整，不求紧迫，而是因势赋形，随宜而治，宜方则方，宜曲则曲，宜进则进，宜退则退，不过分改造地形原状，对环境条件采取灵活变通的处理。其中渝东南石柱县西沱古镇和川南合江县的福宝镇是依山就势的典型代表。西沱镇又名"西界沱"，古代为"巴州之西界"，因其位于长江南岸回水沱而得名。古镇最大特色在于它以一条宽约 5 米的青石阶梯道为主街道，从长江边沿山脊蜿蜒而上，至山顶独门嘴长约 5 里（2.5 千米）许，共计有 113 个梯段，1124 级台阶，上下落差 160 余米，与江面垂直。街道两侧保存着明清遗留下来的层层叠叠的土家民居吊脚楼。当地人称古镇为"坡坡街"。因从江中远眺，长长的石阶密集绵延而上，到达云遮雾罩的山顶，蔚为壮观，其状世所罕见，因而被人们誉为"云梯街"、"通天街"或"万里长江第一街"（图 1-16）。

福宝镇位于长江支流蒲江畔的一个小山峦明月山上，此镇的布局方式是"包山临溪沿河"，巧于因借，宜弯则弯，宜直则直，宜高则高，宜低则低，完全顺山势之自然，场包山，山托场，山是一座场，场是一座山，错落有致，生动别致（图 1-17）。[294]

图 1-16　石柱土家族自治县西沱古镇
（图片来源：http://blog.sina.com.cn/u/2594249012）

图 1-17　四川合江福宝古镇
（图片来源：http://blog.sina.com.cn/u/2594249012）

陕南山区的民居多以夯土建筑为主，也有用土坯或石头筑墙的；为了不占耕地，陕南山区民居大都多随山就势，建于高山之下，或山坡之上，呈现出朴实和原生态的风貌（图1-18）。

图1-18（a）　陕西丹凤县石洞沟小山村
（图片来源：赵安启　摄）

图1-18（b）　陕西柞水县农舍
（图片来源：徐欣　摄）

云南山地面积占总面积的94%，少数民族在利用山地地形方面积累了丰富的经验。云南怒江傈僳族在陡坡上创造了"千脚落地"式居住空间形式，即以数十或数百根长短不同的木桩来调整地形坡度，先取得一个架空平台，然后再于其上构筑所需要的生活居住空间。德钦藏族的"土库房"民居，则采取退一层台阶的方式，来取得对坡地空间的充分利用。在缓坡地带，云南红河彝族、哈尼族的平顶"土掌房"民居，常做退半层或一层的处理；贡山怒族则巧取平座，利用低矮的平座来调节地形高差，于平座之上再垒井干式民居。西双版纳爱尼人的"拥熬"采用半地面半架空的设置来组织其生活空间。[295]

广西高山环绕，丘陵绵延，山丘陵面积占总面积的70%。其中桂北、桂西北、桂东地区以山地丘陵为主，为保留少量平坦的耕地，人们多利用坡地建房。在较为偏僻的高山地区，群山绵延，层峦叠嶂，少有平地，先民就在高山山窝平台或高坡上建立聚落，并将山坡开辟成层层梯田，引水灌溉田地。[296]

"吊脚楼"是苗、侗、壮、布依、土家族等少数民族所创造的巧妙利用山坡、岩坎地形的独特民居类型。"吊脚楼"的最基本的特点是一部分楼体为木柱支撑，一部分楼体则搁置在地面上或崖体上。吊脚楼有很多优点，一方面，它对山地自然条件的适应能力最强，可以最大限度地利用地形，节约土地，增加建筑空间；尤其在沿江、河、溪流两岸陡崖峭壁上建造房屋时，吊脚楼是最佳选择。另一方面，它具有一般干阑式建筑共同的特点，既便于通风防潮，又能防毒蛇、野兽，楼板下还可饲养牲畜或堆放杂物。它是"就地利"的杰作[297]（图1-19）。

（四）因经济、文化制宜

明代郑元勋在为计成所撰写的《园冶》题词中写道："园有异宜……异宜奈何？简文之贵也，则华林；季伦之富也，则金谷；仲子之贫也，则止于陵片畦；此人之异宜，贵贱

图1-19（a） 湖南湘西州凤凰古城吊脚楼
（图片来源：张科宇 摄）

图1-19（b） 侗族吊脚楼
（图片来源：http://news.haofz.com/2011/4/46381-1.shtml）

贫富，勿容倒置者也。""异宜"是指在不同条件下，营造园林的法则和办法也就不同。他举了一些典型事例来论述"园有异宜"：南朝梁简文帝萧纲以帝王之贵，建造了富丽的华林园；西晋石崇以敌国之富，构筑了奢华的金谷园；战国的陈仲子贫困潦倒，只能在于陵拥有一小片菜圃；这是因为人有"异宜"，人的地位和经济状况不同，相应的园林的规模和风格也随之各异，这是决不能随意颠倒的[298]。郑元勋将"因人制宜"作为因地制宜的极其重要的内容，是很有见地的。园林、住宅历来被认为是体现建筑主人的社会地位和财富的显性标志，是人的身份和财富的象征，因此，"因人制宜"便成为古代建筑设计和建筑营造活动必须考虑的基本问题。一方面，中国历代封建王朝都推行建筑等级制度，对不同社会地位的人的住宅标准有严格的法律规定，这些规定是不许僭越的。另一方面，同一社会等级的人，其经济状况也有很大的差异，这是造成古代民居贫富差异的根本原因。如宋代周去非在《岭外代答》一书中就描述了广西民居的贫富悬殊的情况："广西诸郡，富家大室，覆之以瓦……小民垒土墼为墙，而架宇其上，全不施柱，或以竹仰覆为瓦，或但织竹笆两重，任其漏滴。"[299]富家建"大室"，房顶上用瓦覆盖，是因为其经济富裕；而贫困的"小民"则不仅没有用瓦覆盖屋顶，任其漏滴，而且完全不用柱子承重，这主要是因为他们经济拮据，生活困难，只能如此因陋就简。这一历史记载，揭示了老百姓家庭的经济状况直接左右着住宅规模的大小和建筑材料的选用及其建筑装饰的朴素或奢华。

古人提出的"因人制宜"、"因经济制宜"等思想对我们今天有一定的借鉴价值。在现代，人们的政治地位是平等的，但不同地区的经济发展水平却有较大的差距；不同的社会个体的经济收入也有较大的差异，因此，设计和建造绿色建筑必须"因经济制宜"。建筑师们应当防止绿色建筑"贵族化"，从普通老百姓的经济状况出发，注重设计普通老百姓有能力购买的绿色建筑。这不是一般的技术问题，而是关系着绝大多数人民群众能否共享绿色建筑发展成果的重大的社会问题。

古代民居不仅深受人们经济状况的制约，而且也受风俗习惯和文化观念的左右。因此，"因文化制宜"，便成为古代民居自发遵循的又一原则。古代民居主要受宗法礼制制度、风水观念、宗教信仰、风俗习惯等文化因素的影响。

"礼"，是对中国奴隶社会和封建社会的政治制度、道德规范、礼节礼仪的总称。它以宗法等级制度为核心，以贵贱有等、长幼有序、夫妇有别为基本精神，对"君臣朝廷尊卑贵贱之序，下及黎庶车舆文服宫室嫁娶丧祭之分"都作了详细的规定，从而对中国古代建筑产生了深刻的影响，使古代对古代的城市规划、村落布局和民居形制都带有浓厚的礼制色彩。

《考工记·匠人》所规定的王城规划制度就是礼制制度在城市规划上的具体体现。"匠人营国，方九里，旁三门。国中九经九纬，经涂九轨。左祖右社，面朝后市，市朝一夫……"[300]。其中"左祖右社"体现了"尊天法祖"的观念，"面朝后市"体现了"重义轻利"的思想。据贺业钜先生研究，自东汉的洛阳至清代的北京城的国都规划基本上都是继承《匠人》王城规划传统的产物。[301] "尊天法祖"思想表现在《礼记》中也有具体的规定："君子营宫室，宗庙为先，厩库为次，居室为后。"中国古代许多村镇都建有一座或几座宗祠，体现着"左祖右社"、"尊天法祖"、"宗庙为先"的礼制思想。

大约到宋代，"礼制"制度及其儒家伦理思被转化为"家礼"成为古人居家生活的行为规范。如朱熹制定的《家礼》规定："君子将营宫室，先立祠堂于正寝之东，为四龛以奉先世神主。"《司马氏居家杂仪》则规定："凡为家长，必谨守礼法……凡为宫室，必辨内外，深宫固门。内外不共井，不共浴，不共厕。男治外事，女治内事。男子昼无故不处私室，妇女无故不窥中门，有故出中门必蔽其面。"[302] 这些家庭礼法直接影响着古代的村落和住宅的规划、设计和建设。如安徽宏村始建于清咸丰五年（1855年）的宅园"承志堂"，其命名体现了缅怀祖宗、慎终追远与继承祖德之意。此宅院的前厅为祭奠祖宗、敬神和会客议事之处，体现着"尊天敬祖"和"宾客有礼"的观念；第二进厅堂为长辈居住之处，体现着"长幼有序"、"事亲敬长"的观念；楼上阁楼居住女眷或未出阁的小姐，体现的是"男女有别"的观念；而佣人则住在廊间或偏房，体现着"尊卑有等"、"贵贱有别"的观念[303]。在安徽黟县始建于北宋皇佑元年（1049年）的西递村，在其景盛时期，曾修建了34座祠堂。现存3座祠堂。其中现存的规模最大的祠堂，始建于明万历二十八年（1600年），取名"敬爱堂"，有启示后人敬老爱幼之意。"敬爱堂"的后厅悬挂朱熹所书的斗大的"孝"字，昭示后代一定要孝敬长辈。其宗族敬祖观念之浓厚可见一斑。

古代民居形态受生产方式、生活方式和风俗习惯的影响很大。如《海州民俗志》记载，海州（今江苏省连云港地区）古代民居的风俗是："平行几家建房，必须在一条线上，俗叫一条脊，又叫一条龙，又必须同样高低。若有错前的，叫孤雁出头，屋主会丧偶。若错后叫错牙，小两口会不安。若高低不同的，叫高的压了低的气。左边的房子可以高于右边的房子，绝不允许右边的房子高于左边的房子。俗规是：左青龙、右白虎，宁叫青龙高，不让白虎抬了头。"[304] 这说明地区风俗对民居建设有较大的约束作用。

风俗习惯对民居风格的影响在一些移民地区表现得十分明显。如川北地区与陕西秦巴山区地形条件相似，尤其是与汉中盆地历史上交往联系密切。秦人多次入川，故有"蜀地存秦俗"之说。据清道光《保宁府志》记载：今阆中古城"城南纯带巴音，城北杂以秦语。"正是由于川北地区陕西移民较多，使这一地区的民居带有川陕交融的特色。再如清朝初年出现过"湖广填四川"的移民潮，广东、福建、江西的客家人迁徙到四川，他们定居地区的民居具有客家民居聚族而居、重视防卫功能等特点。在四川涪陵地区客家移民就建设不少封闭严密、高大厚实的土楼。[305]

中国古代民居受佛教、道教的影响较大。佛教起源于公元前6世纪的古印度。大约在公元1世纪两汉交替时期逐渐从印度通过西域传入中国内地。到隋唐时期，佛教在中国进入了全盛阶段，佛教思想也逐渐深入民间各种活动之中，除了城乡广建庙宇之外，大户人家往往在住宅内设有佛堂，早晚礼敬，中等人家往往在厅堂设有佛龛。民居中专设佛堂的以信仰藏传佛教的藏居最为突出，在一般藏族碉楼房中，往往在第三层设佛堂，亦称经堂。

道教是中国土生土长的宗教，形成于东汉顺帝年间（126～144年），至隋唐宋元时期颇为兴盛，尤其在唐代曾一度成为国教。道教思想对道观建筑的影响巨大，对民居也有一定的影响，其影响主要表现在镇魅符箓措施、数字安排及装饰题材等方面。如歙县棠樾村保艾堂有房108间、天井院36个等。36象征"三十六天罡星"，108象征"一百零八个北斗"众星。在民居砖木石雕的装饰题材中，采用八仙过海、暗八仙、蟠桃会、和合二仙、南极仙翁等道教题材者更是不胜枚举。[306]

原始宗教对汉族和少数民族均有一定影响，如汉族农村普遍建有土地庙，沿河村镇往往建有龙王庙，有些山区则建有火神庙、马王庙、牛王庙。羌族信仰天神、地神、山神、树神等；傣族、佤族、拉祜族、哈尼族等亦信仰树神。这些信仰对村寨的宗教建筑及其对村寨周边森林保护都有较大影响。

第五节　"取之有度，用之有节"的建筑材料持续利用思想

我国古代首先提出了"取之以时"的理念，后来进一步形成了"取之有度，用之有节"的理念，它们是我国古代自然资源开发、利用的基本原则，也是传统建筑的建材持续利用的重要人文理念。"取之以时"是指人们获取自然资源必须遵循四季变化的法则和动植物生长发育的规律。"取之有度、用之有节"则是指人们获取和利用自然资源必须有一定的限度，要有所节制，禁止破坏性、毁灭性地开发和利用。这两个基本原则既体现了古人"道法自然"、"顺天时"的自然观念和"仁及草木"、"成己成物"的伦理思想，又体现了古人"地力"有限、资源有限和资源持续利用的思想。

一、"取之以时"观念的形成与内涵

传说"取之以时"的观念大约萌芽于大禹时期，《逸周书·大聚解》中记载："旦闻禹之禁，春三月山林不登斧，以成草木之长。夏三月川泽不入网罟，以成鱼鳖之长，且以并农力执成男女之功夫。然则有生而不失其宜，万物不失其性，人不失其事，天不失

其时，以成万财。万财既成，放此为人，此谓正德。"[307] 其大意是说，周公旦听说夏禹曾发布过禁令，禁令中规定，在春季不能上山砍伐树木，是为了让树木能够自然生长。在夏天不可以下河捕鱼鳖，是为了保证鱼鳖正常生长。"禹之禁"的目的在于"有生而不失其宜，万物不失其性，人不失其事，天不失其时，以成万财"，既要尊重生命存在物的生长规律和自然本性，又要兼顾人的生产和生活，遵循气候变化的节律，创造各种财富。这可能是我国古代自然资源可持续利用思想的萌芽。

西周时期，将"取之以时"的原则发展为"四时之禁"的礼制制度。《礼记·月令》、《吕氏春秋》、《淮南子》等历史文献都记载了"四时之禁"的内容。其中《礼记·月令》对"四时之禁"的记述最为详细，一年的 12 个月分别都有各自的禁令要求和侧重点，为当时的人们提供了明确的行为规范，并为后世所沿用。其中与建筑材料有关的记述有："孟春之月……命祀山林川泽，牺牲毋用牝，禁止伐木，……毋置城郭。"[308] "孟春之月"，即农历的正月，阳气上升，东风解冻，鸟兽从冬眠中苏醒，草木开始萌芽，到处孕育着新的生机。因此要求人们要祭祀山林和河流湖泊，祭祀活动不允许用雌性的鸟兽为祭品，以便保护鸟兽的正常繁衍。禁止砍伐树木，不要修筑城池。重点保护幼小的鸟兽和树木。"孟夏四月"，"是月也，继长增高，毋有坏堕，毋起土功，毋发大众，毋伐大树。"[309] 其中的大意是，孟夏，即农历的四月，正是草木生长的旺盛季节，不要影响草木的生长，不要大兴土木工程，不要砍伐大树。"季夏六月"，"是月也，树木方盛，乃命虞人入山行木，毋有斩伐，不可以兴土功……"[310] 其大意是，季夏，即农历六月，是草木正在茂盛生长之时，应命令官府的山林管理官——"虞"进入山林巡逻检查，禁止人们上山砍树，而且不可以修筑宫室、城池……。"季秋九月"，"是月也，草木黄落，乃伐薪为炭，蛰虫咸俯在内，皆墐其户。"[311] 其中的大意是，季秋，即农历的九月，草木开始枯黄落叶，可以砍柴、烧木炭，作取暖之用。《礼记·月令》中关于养护树木的规定，可能是世界上较早的森林保护制度。

"取之以时"是"四时之禁"的指导思想，而"四时之禁"则是推行"取之有时"的礼制制度保障。"取之以时"包含着多方面的内涵：其一，它体现了古人自然资源持续利用的经验和追求。如孟子认为："斧斤以时入山林，材木不可胜用也"[312] 也就是说，坚持不到草木零落之时，不砍伐山林这一原则，可以使树木茂畅，充分生长发育，达到木材用之不竭的理想效果。其二，它体现了《周易》中"与四时合其序"，遵循四季变化的节律的思想。荀子认为人的活动只有遵循四季变化的节律，才能使老百姓"有余食"、"有余用"、"有余材"。他说："春耕夏耘秋收冬藏不失时，故五谷不绝，而百姓有余食也；污池渊沼川泽，谨其时禁，故鱼鳖优多而百姓有余用也；斩伐养长不失其时，故林不童，而百姓有余材也。"[313] 其三，它体现了古人对待自然物的基本原则。荀子认为对待自然物的原则就是"不夭其生，不绝其长"，他说："草木荣华滋硕之时，则斧斤不入山林，不夭其生，不绝其长也。"[314] 汉代郑玄说："交万物有道，谓顺其性，取之以时，不暴夭也。"[315] 宋代学者王昭禹也说："先王之于物，交之以道，用之以礼，育之以仁，使得遂其生，尽其性，而无妖夭之伤，鱼鳖龟蜃虽微物，然岂以其微而轻取之哉！故必以时。"[316]

可见，在古人的心目中，"遂其生，尽其性"，"不夭其生，不绝其长"，即尊重一切生物的生命和天性，让它们自然成长、发育与繁衍，这就是古人对待自然物的道德原则。

二、"取之有度，用之有节"理念的形成与内涵

"取之有度，用之有节"是中国古代最典型的资源持续开发、利用的人文理念。班固和荀悦都认为西周时期就形成了"育养以时，而用之有节"的资源开发利用制度。班固在《汉书·货殖传第六十一》中记载说："昔先王之制……育之以时，而用之有节，草木未落，斧斤不入于山林……"。荀悦在《汉纪·孝文一》中也记载说："先王之制……蓄养以时，而用之有节。草木未落，斤斧不入于山林。……"。

到了唐代，"取之有度，用之有节"理念更加成熟，思想家陆贽和文学家白居易明确提出了"资源有限论"和"财富有限论"，为"取之有度，用之有节"的资源开发利用原则奠定了坚实的理论基础。陆贽说："地力之生物有大数，人力之成物有大限。取之有度、用之有节，则常足；取之无度、用之无节，则常不足。生物之丰败由天，用物之多少由人，是以先王立程，量入为出，虽遇灾难，下无困穷。理化既衰，则乃反是，……桀用天下而不足，汤用七十里而有余。是乃用之盈虚在于节与不节耳。不节则虽盈必竭；能节则虽虚必盈。"[317] 在这里陆贽阐述了三层意思：第一，"地力之生物有大数，人力之成物有大限"，即土地的生产能力是有限的，人的生产能力也是有限的。这里所说的"地力"是战国时期所提出的一个概念，指土地的生产能力。用我们今天的话说，"地力"就是土地生产干物质的承载力，陆贽把"地力"有限作为考虑资源开发利用问题和消费问题的前提，与当代生态经济学的观点相当吻合。第二，"取之有度，用之有节"。这是对有限资源开发和有限财富利用的基本原则。第三，"用之盈虚在于节与不节耳。不节则虽盈必竭；能节则虽虚必盈。"即节制、限制资源开发和节约、节省物质财富是满足人的基本需要和资源持续利用的根本途径。[318]

唐代著名文学家白居易认为"天地之利有限"与"人之欲无穷"之间存在着尖锐的矛盾，而解决这一矛盾的根本办法就是建立和固守节俭的消费制度。他说："问天地之利有限也，人之欲无穷也，以有限奉无穷则必地财耗于僭奢，人力屈于嗜欲。故不足者为奸、为盗，有余者为骄、为淫。今欲使食力相充，财欲相称，贵贱别而礼让作，贫富均而廉耻行，作为何方可至于此？对：臣闻天有时，地有利，人有欲，能以三者与天下共者仁也，圣也。仁圣之本在乎制度而已，……若不节之以数、用之有伦，则必地力屈于僭奢，人财消于嗜欲，而贫困冻馁奸邪盗贼尽生此矣。圣王知其然，故天下奢则示之以俭，天下俭则示之以礼。俾乎贵贱区别、贫富适宜、上下无羡耗之差，财力无消屈之弊，而富安温馆、廉耻礼让尽生于此矣。然则制度者，出于君而加于臣、行于人而化于天下也。是以君人者莫不唯欲是防、唯度是守。守之不固则外物攻之，故居处不守其度，则峻宇崇台攻之；饮食不守其度，则殊滋异味攻之；衣服不守其度，则奇文诡制攻之……夫然则安得不内固其守，甚于城池焉！"[319] 在这里，白居易明确提出"地之生财者有常力"，即土地的生产力有限的思想，认为如果"以有限奉无穷则必地财耗于僭奢，人力屈于嗜欲"，

将造成资源耗竭和人为"嗜欲"而不顾一切的严重后果,甚至会出现"不足者为奸、为盗;有余者为骄、为淫"的严重社会问题。要解决有限的"天地之利"与"无穷"的人欲之间突出的矛盾,就必须建立一套"贫富均"和"节之以数、用之有伦"的资源分配制度和消费制度,并强调坚守这些制度比修建城池更为重要。

宋代朱熹认为"取之有时,用之有节"体现了人类的"爱物"精神,他说:"物谓禽兽草木;爱谓取之有时,用之有节。"[320] 明代薛瑄把是否坚持这一原则看作是区别君子与小人的标准,他说:"君子取之有道,用之有节;小人取之不以道,用之不以节。"[321]

从上述古人的这些论述看,"取之有度、用之有节"体现了多方面的思想:其一,自然资源有限和社会财富有限的思想;其二,资源持续利用思想;其三,"仁及草木"、"节用爱物"思想;其四,重视建立和坚守资源开发利用制度和节俭消费制度的思想。

可以说,"取之有度、用之有节"的理念乃是中国古代人民开发利用自然资源的智慧结晶。在古代,它为传统建筑妥善处理节约建筑材料和满足人的居住需要之间的矛盾提供了基本原则,在现代,它为我们发展绿色建筑提供了重要的思想资料。

第六节　注重"形胜"、"武备"和防灾的建筑安全意识

"安全"是人类一切活动的基本前提。"安全"自然成为对一切建筑的基本要求,也是对绿色建筑的底线要求。《绿色建筑技术导则》明确规定:绿色建筑的"场地环境应安全可靠,远离污染源,并对自然灾害有充分的抵御能力"。在我国古代环境污染问题并不突出,而长期令古人忧患的问题则是战争、匪患等社会灾难和火灾、水灾、风灾、地震等自然灾害;在解决这些问题的建筑实践中,中国古代形成了较系统的建筑安全观。中国古代建筑安全观大致包括两方面的内容:一是城市和聚落的防卫意识;二是建筑的防灾减灾意识。城市和聚落的防卫意识又包括三个层次的理念:其一,都城选址思想——"形胜"理念,这是一种维护都城军事安全的战略理念,其选址的核心标准是:都城周围必须有可以依靠的天然险阻(高山、大河、关隘等)作为安全屏障,以便在较大的区域内构建坚固的防御体系,从战略上确保都城的安全。其二,城市规划的"武备"理念,这可以说是维护城市军事安全的工程意识,主要包括如何巧妙地利用当地的地形地貌构建城市外围防御体系的意识和构建城市本身的城防体系(构筑坚固的城垣、城门、挖掘护城河及构筑其他防御设施)的意识。其三,村镇、聚落的防匪防盗意识。古代许多村镇、聚落的规划设计都具有很强的防匪防盗意识。在抗灾减灾思想方面,主要包括防火意识、防洪意识、防风意识和防震抗震意识等。中国传统建筑积淀的这些建筑安全思想为绿色建筑解决安全问题提供了丰富的历史经验和思想资料。

一、都城选址的"形胜"思想

中国古人历来有强烈的忧患意识。春秋时期,孔子提出:"是故君子安而不忘危,存而不忘亡,治而不忘乱,是以身安而国家可保也。"的思想[322]。孔子还留下了"人无远虑,

必有近忧"的名言。明代郝敬解释说："居安而不思危，危即生于安；处治而不虑乱，乱即伏于治。故曰虑不远，忧必近。"[323]战国时期，孟子提出"生于忧患，而死于安乐"[324]的思想，认为人保护生命安全源于有忧患意识，而死亡则源于沉溺在安乐享受之中。南宋学者辅汉卿解释说："忧患则知警戒，知警戒则心体流行而不息，是生道也。安乐则怠肆去，怠肆则心死矣。心死则身亦随之。"[325]他把具有忧患意识，看作是人生存的基本原则。这种忧患意识首先表现在太平年代不能忘记战争的威胁，不能忽视"武备"的重要性。战国时期的《司马法》曰："国虽大，好战必亡；天下虽安，忘战必危。"[326]宋代李樗、黄櫄说："武备不可一日驰，天下虽安，忘战必危。故虽至于已安、已治，而武备犹不可不设。"[327]这种忧患意识深深地影响了古代都城选址和城镇及村落的规划。

中国古代城市从产生之日起，就具有强烈的防卫功能。据《吴越春秋》记载，传说中的原始部落首领鲧"筑城以卫君，造郭以守民"[328]，这一记载说明部落首领鲧修筑城市的目的在于"卫君"与"守民"，防卫是其筑城的根本指导思想。我国现代考古发现的古城遗址以实物的形式证明，从城市出现的时代开始，就具有防卫功能。考古工作者在湖南澧县城头山发现了距今约5200～5300年前的古城遗址——"城头山遗址"，这是我国迄今发现的最早的城邑遗址（图1-20a）。古城略呈圆形，占地面积约18万平方米。遗址内有居住遗址、制陶遗址、稻田遗址，有道路、墓葬区等。城墙一期为大块原生土垒砌而成，三期为锤筑而成。考古还发现了城门垛子和护城河，护城河宽35米[329]。这些考古资料表明，距今6000年前的城头山古城已经具有较强的防卫功能。考古工作者在陕西神木县高家堡铜川沟南山梁上发掘一座新石器时代晚期的石城遗址——"石峁遗址"，这是我国迄今发现的最早、最大的石城遗址。该遗址距今约4000年，面积约90万平方米；石头城由"皇城台"、内城、外城组成。2012年考古工作者重点发掘了外城的东门，发现这里不仅有石砌城墙，还有外瓮城、内瓮城、南北两座墩台、"马面"、角台和门塾。"马面"位于石城外城东门之北的城墙上，"马面"向东伸出城墙之外，为包石夯土结构，主要起防卫作用。"角台"位于石峁遗址外城东城墙与南城墙相交的拐角处，也是包石夯土结构；"角台"具有瞭望、预警和防卫功能（图1-20b）。石峁石砌城墙、"马面"、"角台"等的发掘，以实物证明了在4000年前的新石器晚期我国北方城邑已经有了坚固的城防体系，也说明当时城邑建设已经有了强烈的防卫意识。

图1-20（a） 湖南澧县城头山古城遗址
（图片来源：http://cd.voc.com.cn/zt/thj/）

图1-20（b） 神木石峁古城东门遗址
（图片来源：http://cd.voc.com.cn/zt/thj/）

防卫意识，表现在古代都城选址方面，就是"形胜"思想。换一句话说，"形胜"思想是古代城市防卫意识的在都城选址中的具体体现。

"形胜"思想萌芽于西周时期。《周礼·夏官》明确把"若有山川，则因之"作为城邑建设的重要原则。《易传》："天险不可升也，地险山川丘陵也。王公设险以守其国，险之时用大矣哉！"[330]《易传》的作者在这里强调的是以山川丘陵为天然屏障，设险防御的重要性。战国时期，诸侯争霸，战争频繁，军事防御问题更为突出，因此人们更重视山川形势。魏武侯把"山河之固"看作是"魏国之宝"[331]，商鞅则把控制黄河天险作为重要的战略目标，他认为一旦秦国控制了黄河，"秦据河山之固，东向以制诸侯"，就可以成就"帝王之业"[332]。荀子则提出了"形胜"的概念。他说秦国"其固塞险，形势便，山林川谷美，天材之利多，是形胜也。"[333]荀子说的"形胜"首先是指"其固塞险，形势便"，即山川形势优越，有可以凭借的天然险阻作为屏障；其次是土地肥沃、物产丰富，有良好的生产和生活条件。唐代司马贞将"地形险固"作为"形胜"的最重要的内涵，他解释"形胜"说："地形险固，故能胜人也。"[334]在冷兵器时代，自然天险难以逾越，具有良好的防御功能，可以成为城市安全的重要保障，因此，受到古人的高度重视。

战国时期形成的"形胜"思想对后世影响巨大，成为中国古代都城选址的基本思想。"形胜"是西汉建都关中的基本选址思想。据司马迁记载，刘邦最初欲建都洛阳，而齐人娄敬（刘邦赐其姓刘氏，亦称刘敬）劝刘邦建都关中。他向刘邦献策说，洛阳周围没有天然险阻作为屏障，是"有德则易以王，无德则易以亡"之地，而"秦地被山带河，四塞以为固，卒然有急，百万之众可具也。因秦之故，资甚美，膏腴之地，此所谓天府者也。陛下入关而都之，山东虽乱，秦之故地可全而有也"。建都关中，就犹如"搤天下之亢而拊其背也"[335]。张良赞同娄敬的观点，认为洛阳"不过数百里，田地薄，四面受敌。此非用武之国也。夫关中左殽函，右陇蜀，沃野千里，南有巴蜀之饶，北有胡苑之利，阻三面而守，独以一面东制诸侯。诸侯安定，河渭漕挽天下，西给京师；诸侯有变，顺流而下，足以委输。此所谓金城千里，天府之国也，刘敬说是也"[336]。于是刘邦改变了初衷，"西都关中"。

"形胜"也是唐代定都关中的重要指导思想。唐太宗贞观四年（630年）计划在洛阳建东都，张元素上书劝谏说："昔汉高祖纳娄敬之说，自洛阳迁长安，岂非洛阳之地不及关中之形胜耶！"[337]他认为洛阳的地理形势不如长安，反对建都洛阳。李世民采纳了张元素的主张。唐代宗之时，"以吐蕃侵寇，欲定都东洛。"著名将领郭子仪上奏章力谏，反对迁都洛阳。他说"臣闻雍州之地古称天府，右控陇蜀，左扼殽函，前有终南、太华之险，后有清渭浊河之固，神明之奥，王者所都。地方数千里，带甲十余万，兵强士勇，雄视八方。有利则出攻，无利则入守，此用武之国，非诸夏所同。秦汉因之，卒成帝业。其后或处于而泰，去之而亡。前史所书不唯一姓，及隋氏末季，炀帝南迁，河洛丘废，兵戈乱起，高祖唱义，亦先入关，惟能剪灭奸雄，底定区宇。以至于太宗、高宗之盛，中宗、玄宗之明，多在秦川，鲜居东洛……（洛阳）土地狭厄，才数百里，东有成皋，南有二室，险不足恃，适为战场。陛下奈何弃久安之势，从至危之策，忽社稷之计，生天下之心。臣虽至愚，窃为陛下不取。"[338] 其大意是说，关中的地理形势非常优越，秦汉定都关中，成就了帝业，后来建都关中的王朝都比较平安；离开关中的王朝就容易灭亡。唐高祖反隋，率先攻占关中，建都长安，这是他"剪灭奸雄"、统一全国的重要条件；从唐太宗到唐玄宗国势强盛的重要原因在于他们"多在秦川,鲜居东洛"。而洛阳土地狭小，天然屏障不理想，因此迁都洛阳之策不可取。从张元素、郭子仪的主张看，追求地理"形胜"是唐长安城选址的基本思想。

唐以后，历代政治家、思想家普遍认同"形胜"思想，如南宋大臣李纲说："天下形势关中为上，襄阳次之，建康（南京）又次之"[339]。明清两代之所以定都北京一个重要原因在于北京"形胜甲天下"。明代李贤在《明一统志》中说："古幽州之地，左环沧海，右拥太行，北枕居庸。南襟河济，形胜甲天下，诚所谓天府之国也。"明代桂文襄认为北京"形胜天下，宸山带海，有金汤之固。"[340]

"形胜"城市选址思想至少有两点内容值得我们借鉴：其一，它注重对城市发展环境的综合考察，既重视城市赖以发展的空间因素、经济因素；又重视自然环境、自然资源、生产生活条件和交通运输等诸多因素，采取的是一种整体把握的思维方式，具有一定的科学理性和实践理性的色彩。其二，它是对城市安全的一种战略思维，特别重视城市周围高山大河的军事防御功能，把城市的安全提高到城市发展战略的高度，具有明显的忧患意识。我们在建设低碳城市、生态城市的实践中，应当借鉴整体把握的思维方式，全面考虑与协调自然环境因素、经济因素和社会因素，从而达到事半功倍的效果。"天下虽安，忘战必危"。当今世界，战争威胁依然存在，建设绿色城市也应当有忧患意识，注意城市的军事安全问题。

二、城市规划的"武备"思想

中国古代，一些大臣主张"文事武备相资为用"，"文事武备不可偏废"。在城市、村镇的选址、规划、设计方面也主张"武备文荫"相得益彰。明代张士佩在《芝川镇城门楼记》中就提出了"武备文荫"的设计概念，文中写道："是城也，当初筑时，一堪舆者登麓而眺，惊曰:'芝川城塞韩谷口，犹骊龙口衔珠，珠将生辉，人文后必萃映。'迩岁科第源源，果付堪舆者之言，人未尝不叹。是城武备而文荫也。"这里所说的"文荫"是指，人们在建设自己的人居环境之时，往往赋予城市空间特别的文化意义。在这些文化意义的指导下，对天、地、人、神等人居环境要素进行系统的安排，试图建立一种理想的立体生命图式，充分表达人们对生命意义和人生价值的感悟。[341] "武备"有狭义和广义之别，狭义的"武备"是对构建城池等防御体系而言的。广义的"武备"既包括城市本身的安全防御体系，又包括利用城市周围的山川河流、关隘构筑外围防御体系。"文荫"体现的是城市规划、设计的文化意识，而"武备"体现的是城市安全意识、防卫意识。吴良镛先生认为"文荫武备"思想是一个十分重要的中国人居环境的规划设计理念。[342]

中国古代大多数城市的选址、规划设计都有一定的"武备"防卫意识，一些具有重要战略地位的城市的防卫意识更为强烈。如晋陕黄河沿岸的一些历史城市战略地位十分重要，它们并接黄河天险，据山设防，固若金汤。其中，潼关与山海关并称"天下第一关"，葭州有"铁葭州"之称，吴堡被誉为"铜吴堡"。[343]

潼关是由河南进入关中的咽喉要道，古人描述说："潼关乃黄河冲激，华山之东西两山夹立，窄狭仅容单车，一夫可守。"[344]就是说，潼关地势险要，有"一夫当关，万夫莫开"之势，因此成为古代军事防御的战略要地。据康熙版《潼关卫志》记载，古潼关城充分利用周围的地形地貌，"依山势，周一十一里七十二步，高五丈，南倍之；其北下临黄河，巨涛环带；东南则跨麒麟山，西南跨象、凤二山，嵯峨耸峻，天然形势之雄。"并且在东南的禁沟一带连筑十二墩台，号称"十二连城"，"以防秦岭诸谷"[345]，从而使潼关古城形成了严密的防御体系（图1-21）。

位于陕西佳县的葭州古城，是由军事防御的塞堡发展而成的，它始建于北宋元丰五年（1082年），后经元、明、清扩建，逐渐建成了完整防御体系。葭州古城海拔882米，地拔180米，制高点908.9米，处于黄河与葭芦河交汇处，三面环水，东临黄河，南、西方向被葭芦河环绕。黄河东西600米，两岸峭壁，垂直高差100米，河两岸没有滩阶地。在这种环境中，葭州城依山就势，居高临下，雄视黄河两岸（图1-22）。《佳县志》赞曰："山城左带黄河天险，右襟芦水环绕，山腰罗城回抱于前，北廓炮台梁枕藉于后，整个城池，坚如磐石，固若金汤，素有'铁葭州'之称。"[346]潼关古城和葭州古城是中国古代注重城市防卫，注重"武备"的典型代表。

图1-21　潼关城池平面图
（图片来源：王树声.黄河晋陕沿岸历史城市人居
环境营造研究[M]）

图1-22　黄河古堡—葭州城图
（图片来源：王树声.黄河晋陕沿岸历史城市人居
环境营造研究[M]）

三、村镇、聚落规划设计的防盗意识

不仅中国古代的城市规划设计有强烈的"武备"意识，而且村镇、聚落的规划设计也有防匪、防盗意识。

考古发现，我国氏族社会的聚落遗址周围往往有一道甚至几道壕沟。例如西安半坡遗址居住区的周围有一条深宽各5～6米的壕沟，临潼姜寨仰韶文化聚落周围的壕沟也

图1-23　河南淮阳出土的陶院落
（图片来源：李樱樱.汉代两京出土陶楼建筑研究 [D]）

十分明确。壕沟是一道多功能的综合防护体，其兼有防御野兽、洪水、潮湿和部落间战争以及防御野火侵害的功能 [347]。氏族聚落周围遗存的壕沟，证明早在母系氏族社会，中国的先民就萌发了防卫意识。进入阶级社会以后，聚落的防卫意识越来越强烈，如1981年河南淮阳墓葬出土的陶院落就反映了西汉时期的地主庄园的设计具有较强的防卫意识。这座陶院落为三进四合院，四周有围墙。二道门上有门楼，门楼西侧是对称的四层庑殿顶角楼，角楼四壁均设有瞭望孔，具有明显的瞭望、预警、防御的功能 [348]（图1-23）。

东汉学者崔寔在《四民月令》中写道：农历三月，"农事尚闲……缮修门户，警设守备，以御春饥草窃之寇。" [349] 这既说明东汉时期阶级矛盾尖锐，又说明聚落普遍具有防御设施。宜昌前坪东汉墓葬出土了一件陶谯楼明器，其为上下两层，底层为城门，上层为谯楼，有栏杆、窗棂，谯楼顶部设有3个眺望亭，在栏杆两侧及3个眺望亭的窗口各立一个哨兵 [350]。这种明器反映了东汉时期聚落建筑有严密的防御设施。

西汉末年，北方地区开始出现了"坞堡"建筑。《说文解字》："隖（坞），小障也。一曰庳城也。"《资治通鉴》胡三省注曰："城之小者曰'坞'。天下兵争，聚众筑坞以自守。" [351] 可见这是一种具有防御功能的城堡式聚落形式。西晋末年战乱不断，坞堡壁垒遍布北方地区，在十六国时期坞堡建筑达到它的高峰，成为战乱时代一种特殊的聚居方式。史书中有"关中堡壁三千余所" [352] 和"冀州郡县堡壁百余" [353] 这类记载，反映了当时的坞堡式聚落比较普遍。 [354]

我们从保护较好的一些古代村镇聚落可以看出，无论是北方还是南方无论汉族还是少数民族的许多村镇都具有强烈的防卫意识。

陕西韩城党家村的"泌阳堡"就是一例。党家村不仅在村内修建了便于防御的巷道、哨位、望楼，而且在离村不远处还修建了安全性能更高的"泌阳堡"防御堡垒（图1-24）。"泌阳堡"修建于清咸丰年间（1851 ~ 1861年），位于党家村北部高原凸出如三角形的岛状台地之上，东西宽约150米，南北长约200米，只有北面一侧与平原相连，其他两边均为断崖绝壁。清代党家村人充分利用了这样的地形建造防御城堡，环塞保护墙的3/4利用了天然绝壁，实际工程量小，可节约大量的劳动力和建筑材料，建堡塞费用低廉。塞墙实体用夯土筑城，外用城砖包砌，保障了塞墙的强度和安全。塞墙周边设置有数十门铁制的"开花炮"、"劈山炮"等兵器，并配有弓箭、滚木檑石等古代兵器。塞墙上及出入口上方设有多处哨位，常有人值勤。塞门坚固厚重，在夜间或有敌情时关闭。塞内不仅有避难的住房，还有水井、涝池和公用的磨坊等基本生活设施，是一座比较坚固的防御战争、匪患的避难城堡。 [355]

图 1-24（*a*）　韩城党家村泌阳堡　　　　　　图 1-24（*b*）　韩城党家村泌阳堡
　　（图片来源：高松 摄）　　　　　　　　　　　（图片来源：韩城旅游网）

　　西晋永嘉年间、唐代安史之乱时期和北宋"靖康"之乱等战乱时期，北方汉人曾出现过三次大规模的南迁移民，其中一部分移民抵达粤、闽、赣三地交界处，与原住民互相融合，后来逐渐演变为赣南与闽粤"客家"民系。"客家"族群不仅保留了个性鲜明的风俗习惯，还在其聚居地区形成了非常独特的居住模式，如福建闽西地区的"土楼"和"五凤楼"、广东梅州的围垅屋和江西赣南的围屋（又称"土围"、"土围子"、"水围"）等[356]。这类聚落带有强烈的防御色彩。这种建筑形式的形成有多方面的原因，一方面，由于迁入的客家人与当地原住民往往会发生复杂的矛盾，甚至械斗，客家人为了自保，往往要修建具有防御功能的村落；另一方面，这些地区山多地险，土地贫瘠，兵祸匪患严重，因此，客家人不得不聚族而居，并将聚落防御作为生存与发展的第一需要。"防御第一"便成为这类聚落最主要的建筑思想之一。如江西龙南县杨村燕翼围以其古拙森严、固若金汤而闻名，堪称赣南围屋的杰出代表之一（图 1-25）。它始建于清顺治七年（1650 年），呈略方的矩形平面，围 14.3 米，墙厚 1.45 米，长 41.5 米，宽 31.8 米，外墙为石块、青砖和土坯砖砌筑而成，厚实坚固、笔直矗立，如千仞陡壁。墙面不开窗户，每层几乎所有房间都有漏斗形的射击口，东南西北四座炮阁交相呼应，可形成无射击死角的火力网。整个围子只有一个出入口，大门为外包铁木门、闸门、便门三道门，结构严密坚固。外门上方门楣还带有防火攻的漏水眼。围子的外观给人以凛然不可侵犯的威严感。[357]

图 1-25（*a*）　燕翼围　　　　　　　　　　　图 1-25（*b*）　燕翼围
（图片来源：http://www.gov.cn/jrzg/2008-06/23/　　（图片来源：http://www.gov.cn/jrzg/2008-06/23/
　　content_1024737.htm）　　　　　　　　　　　content_1024737.htm）

福建"土楼"是客家人创造的生土建筑的艺术杰作。土楼有方形、圆形、八角形、椭圆形等形式，风格独特、规模宏大、结构精巧，具有防匪、防风、防震、防火、防潮等多种建筑功能，其中防卫功能十分突出。福建土楼的墙脚通常用大卵石或块石砌至最高洪水位以上，并且在施工中，工匠有意将卵石的大头朝内小头朝外，这样砌筑的墙脚在压上厚重的夯土墙之后，能有效防止盗匪从外面撬开大卵石，挖地道进楼的行为，从而使墙角不仅有防水的功能，而且具有坚实的防御功能。[358] 土楼的外墙厚1～2米，一二层不开窗，最高处设有瞭望台，以便观察敌情和狙击进攻之敌。整座土楼只有一个出入口——大门，为防火攻，门上设有漏水、漏沙装置，一旦大门关闭，土楼就成为坚不可摧的堡垒。（图1-26）

图1-26　福建永定县初溪村集庆楼
（图片来源：李小鸽 摄）

在四川的山区丘陵，修筑城堡式山寨十分普遍，如綦江县丰盛乡，就有铁瓦寨、天成寨、豹子寨、一碗水寨等16个古山寨，至今寨墙尚存。四川山寨历史悠久，据《四川通志》记载，三国时期就有"纳溪县保子寨"，这可能是源于汉代的"坞堡"。四川最典型规模最大的寨堡当属宋代合川钓鱼城，巴蜀军民在此抗元达36年。钓鱼城位于嘉陵江南岸钓鱼山上，它是由山寨扩建而成的一座城堡（图1-27）。据文献记载："城内建民房、街道、帅府、阅兵场、指挥台、仓库、泉井、州县署衙等，使钓鱼城内房舍相连，机关相通，军民相济，水裕粮足。"[359] 钓鱼城峭壁千寻，古城门、城墙雄伟坚固，嘉陵江、涪江、渠江三面环绕，是一座典型的军事重镇。

图1-27（a）四川钓鱼古城
（图片来源：http://blog.sina.com.cn/s/blog_4122ea840100wfk6.html）

图1-27（b）四川钓鱼古城
（图片来源：http://www.cq.xinhuanet.com/2013-05/28/c_115931083.htm）

图1-27（c）四川钓鱼古城
（图片来源：http://www.cq.xinhuanet.com/2013-05/28/c_115931083.htm）

在四川岷江上游、大渡河流域地区建造具有防御功能的碉楼、碉房的历史悠久。大约在汉代，该地区的少数民族就开始建造碉楼。《后汉书·西南夷传》卷一百一十六：汶山郡的羌、氐民族"冉駹夷者，五帝所开，元鼎六年（公元前111年）

以为汶山郡……众皆依山居止，累石为室，高者至十余丈，为邛笼。"这里所说的"邛笼"就是后世所说的碉楼。唐代这一带为"东女国"，亦称女儿国。据《旧唐书》记载："东女国，西羌之别种……俗以女为王，……其所居皆起重屋，王至九层，国人至六层。"[360] 这里所记载的"重屋"就是碉楼。清代，这一地区是嘉绒藏族和羌族的聚居地，碉楼林立，仅刮耳崖一地就有碉楼三百余座。"碉锐立，高于中土之塔，建造甚巧"。这里的山寨，碉高寨厚，环以平房，易守难攻。乾隆十二年（1747年）和四十一年（1776年），乾隆曾两次派兵平息这里部族之间的战争，但都付出了沉重的代价。大学士何桂在《御定平定两金川方略》中说，"每攻一碉，必须用数百砲"，"每攻一碉一卡，大者官兵阵亡带伤不下数百人，小者亦不下百数十人"，何桂感叹道："攻一碉，难于克一城"[361]。可见其十分坚固，防御功能强大。至今在阿坝藏族羌族自治州的金川、汶川、茂县、理县、松潘、黑水及甘孜藏族自治州的丹巴县的藏族、羌族民居大都为寨堡式聚落，每个寨子几乎都有十分高大巍峨的石碉楼，形态各异，坚固雄伟，成为奇观[362]（图1-28）。

图1-28（a）　四川马尔康县松岗镇土司官寨

（图片来源：http://mx.abzta.gov.cn/rdzx/system/
2011/06/10/000127084.html）

图1-28（b）　四川茂县黑虎寨碉楼

（图片来源：http://mx.abzta.gov.cn/rdzx/system/
2011/06/10/000127084.html）

图1-28（c）　四川丹巴县藏族碉楼群

（图片来源：http://www.microfotos.com/?p=home_imgv2&picid=425560）

图1-28（d）　甘孜碉楼

（图片来源：郭显 摄）

明末清初时期，湖北蕲黄（蕲州、黄州地区）山寨林立。计有大小山寨三百余座，皆建寨城、寨堡，其中最有名者四十八，号为"蕲黄四十八寨"，主要分布于罗田、黄冈、麻城、黄梅等地[363]（图1-29）。

图1-29（a） 策山寨遗迹
（图片来源：http://www.jxcn.cn/589/2007-12-26/
30087@359456.htm）

图1-29（b） 寄龙寨遗迹
（图片来源：http://www.jxcn.cn/589/2007-12-26/
30087@359456.htm）

四、城市、村镇规划设计的防灾意识

防患于未然是《周易》的一个重要思想。"圣人贵未然之防，是谓《易》之大纲"[364]。在古人看来，"夫救灾有事之后，不如防灾于无事之先。"[365] 正是在这种防患于未然思想的指导下，中国古代城市、村镇、聚落的规划设计十分重视预防火灾、水灾、风灾、地震等自然灾害。

（一）预防水灾意识

中华民族是勇于与洪水斗争的民族。传说尧舜时期，洪水泛滥，"汤汤洪水，滔天浩浩"。禹吸取了其父鲧治水失败的教训，领导先民"开州，通九道，陂九泽，度九山"，经过十三年艰苦努力，终于取得了胜利，成为千古称颂的治水英雄。大约在那个时代，先民就有了预防和治理洪水的意识。到了春秋时期，先民已经积累了丰富的预防水灾的经验。如管子认为天下有五害：水、旱、风雾雹霜、厉（疾病）、虫，而"五害之属水最为大"。他还提出了一些预防水灾的具体措施：其一，城市选址"下毋近水，而沟防省"[366]。意思是说。城镇应当沿河流而建，但不要太靠近河流，这样既可以预防水灾，又可以省却挖掘沟渠和修筑堤防的工程。其二，官府要建立防洪机构，"置水官"和"都匠水工"，"令之行水道城郭堤川沟池官府寺舍及州中当缮治者"[367]。其三，"地高则沟之，下则堤之"；在城市之"内为落渠之泻，因大川而注焉"[368]。也就说，地势高就挖掘排洪渠，地势低就修筑防洪堤坝。在城市之内要修建有一定落差的排水渠道，依靠大川大河把洪水注入大海。

汉代，都城长安的城址地势较高，不仅利于防洪，也利于排涝。长安城大道之旁都有排水沟洫。在勘查发掘工作中经常出现五角形或圆形的陶质排水管道。在高庙北城墙下部发现圆形陶管道，一个五角水道在中，两旁各有一圆水道。在西安门路面底下还发掘出砖券涵道。城内宫殿遗址外还有渗水井。这些排水管道、涵道、沟洫等，与壕池、明渠这些排水干渠，组成了一个完善的城市排水、排洪、泄洪系统[369]。汉代以后的城市一般都修建有较完备的防洪体系，其主要由障水、排水、交通、调蓄四个系统组成。障水系统的主要功用是防御外部洪水侵入城内。它由城墙、护城的堤防、海塘、门闸等组成。排水系统的主要功用是把城内潴水排出城外。它由城壕、城内河渠、排水沟管、涵洞等组成。交通系统的主要功用是保证汛期交通顺畅，使防洪抢险、人物迁移顺利进行。它由城内外桥、路组成。调蓄系统的主要功用是调蓄城内洪水，以避免雨潦之灾。它由城市水系的河渠湖池组成[370]。这些防洪体系在保护城市安全方面曾发挥过重要的作用。

（二）预防火灾意识

中国古代大部分地区建造和居住的是木构架建筑，木构架建筑的最大缺陷是易发生火灾，这一特点决定了中国传统建筑非常重视防火。据历史文献记载，春秋时期，鲁昭公十五年（公元前527年）五月壬午日，宋、卫、陈、郑在同一天发生火灾，宋国先发生火灾，采取了以下措施："火所未至，彻小屋，涂大屋，陈畚挶，具绠缶，备水器，量轻重，蓄水潦，积土涂，巡丈城，缮守备，表火道，……"[371]。大意是说，宋国在消除火灾的过程中采用了：拆除小屋，在大屋墙上涂泥，陈设装土的畚挶，备办汲水器、盛水器，在潦池蓄水，在路边积土，派兵巡视、丈量城墙，修缮防火设备，做出火道的标识等灭火和防火的措施。

东汉时期，成都的地方长官廉范曾改革防火制度，严令百姓储水，以防火灾。"成都民物丰盛，邑宇逼侧，旧制禁民夜作，以防火灾。（廉）范乃毁先令，但严使储水而已，百姓为便。"[372]唐代杜佑任岭南节度使，"佑为开大衢，疏析廛闬，以息火灾。"[373]他把拓宽城市道路、加大民居和街巷之间的距离，作为防火的重要措施，为古代城市防火积累了经验。

北宋，都城汴梁有较严密的消防制度与消防设施。据《东京梦华录》记载：汴梁的"每坊巷三百步，许有军巡铺屋一所，兵五人，夜间巡警及领公事。又于高处砖砌望火楼，楼上有人卓望下，有官屋数间，屯驻军兵百余人及有救火家事……"[374]广南的地方官员为防火，令民间置防火大桶。"开宝初，广南刘镃令民家置贮水桶，号曰防火大桶。"[375]据《宋史·善俊列传》记载："俊知鄂州，适南市火，俊急视事，驰竹木，发粟振民，开古沟，创火巷，以绝后患。"[376]"火巷"是南宋时期城市防火的一种创造，所谓"火巷"，就是在相邻建筑之间设置一条小路，建筑用硬山（后用封火山墙）封闭临街面，并且不对火巷开门窗洞（明代以后有开门现象）。这种布局能在建筑间距较小的情况下，具有较理想的防火效果。大大节约了城市用地[377]。宋代袁采在《袁氏世范》中强调，"宅之四围虽无溪流，当为池井，虑有火烛无水救应。……茅屋须常防火，大风须常防火，积油物、积石灰须常防火，此类甚多，切须询究。"[378]《袁氏世范》中的这些规定，说明在宋代防火已成为一些家族日常生活十分重视的问题。

（三）预防地震意识

我国是世界上地震多发国家之一，有许多地震纪录，数千年来，我国先民在与地震灾害的斗争中，创造了世界上最早的地震仪，观察记载了大量的地震前震现象，累积了许多防震、抗震的经验和知识[379]。在房屋抗震方面，我国劳动人民创造的木构架建筑具有很好的抗震性能。"墙倒屋不塌"正是对传统木构架建筑抗震性能良好的形象表述。建筑结构专家曾依照宋代《营造法式》中的规定方法建造了木构实体模型，并进行了模拟地震振动台试验；试验结果表明中国古代"抬梁式"木构架地震反应较小，结构具有良好的减振消能效果。通过控制结构高宽比，可以保证房屋总体稳定；榫卯结构具有很强的弹性，可以起到很好的隔震作用；房柱在基础水平石面上的摩擦滑移和斗拱间摩擦滑移具有良好的隔震消能作用[380]。一些地震频繁地区，更重视建筑抗震问题。如在古代台湾淡水有的城墙是用竹子和木头等材料建成。用竹木建城，不但就地取材，经济方便，更重要的是竹木性质柔韧、质轻、耐震性能高，是很好的抗震建筑材料。再如云南在古代常采用荆条、木筋草等材料编墙，抗震性能良好。

大地震之后，房屋有的倒塌，有的遭遇到破坏，而且余震不断，生命财产继续受到威胁。在这种情形之下，我国先民也创造了许多抗震办法，主要是：多以木板、席、茅草等物搭棚造屋或趋避空旷地方，以减免伤亡和损失。明世宗嘉靖三十五年（1556年）一月二十三日，陕西华县发生8级大地震，这一次大震的生还者秦可大在《地震记》一书中提出了大震应变措施。他说："……因计居民之家，当勉置合厢楼板，内竖壮木床榻，萃然闻变，不可疾出，伏而待定，纵有覆巢，可冀完卵；力不办者，预择空隙之处，当趋避可也。"他所提出的地震突然发生，来不及跑出屋外，就躲在坚实的家具或"壮木床榻"之下，以免砸伤压毙的办法，在今日防震抗震中，仍然是一种重要的措施。[381]

明代徐光启在《农政全书》中不仅详细地论述了仓库建筑防震的技术要求，而且提出了"一费永省"的建筑经济思想。他说："仓屋根基须掘地实筑，有石者，石为根脚；无石者，用熟透大砖磨边对缝，务极严匝，厚须三尺，丁横俱用交砖，做成一家，以防地震。屋须宽，宽则积不蒸；须高，高则气得泄。仰覆瓦须用白矾水浸，虽连阴弥月亦不渗漏。梁栋椽柱务极粗大，应费十金者，费十五、二十金。一时无处构利，于苟完数年，即便实贴之倍费。故善事者，一劳永逸，一费永省，究竟较多寡，一费之所省为多也。"[382]"善事者，一劳永逸，一费永省，究竟较多寡，一费之所省为多也。"这一观点很有见的，他告诉人们，对建筑费用问题的考量，不能只看眼前，要立足长远；为了建造防震性能好、质量高的建筑物，不妨多投入一些费用，这样可以获得"一费永省"的理想效果。他告诉人们，保障建筑安全是最长远的节省与节约。

注重防火、防洪、防盗是历史文化名村的共同特点，如安徽省黄山市徽州区呈坎村十分重视防洪、防火、防盗。该村始建于东汉三国时期，南宋时被朱熹誉为"江南第一村"。该村整体规划布局呈二圳、三街、九十九巷，宛如迷宫，具有很强的防盗、防火功能。"二圳"是指呈坎村大小两条水圳，大水圳引潀川河水，小水圳引村北柿坑水沿后街而流；

它们穿街过户，不仅为村民提供了用水之便，而且还具有消防、排水、泄洪、灌溉等功能。"三街"是指呈南北向的纵贯全村的三条交通要道。"九十九巷"是指呈东西向的长巷与短巷，它们自然穿插在长街之间，将古村切割成一个个大小不等的地块，形成一个个大小不等的防火分区；巷道两边都是高墙，高墙用青砖砌筑，窗户很少、很小，具有很强的防火、防盗功能。村内十字路口往往建有更楼，目前还幸存3座，旧时每个更楼上都有铜锣和水抢、水龙、水篓等消防器材，一有火情或发现盗贼，更楼便鸣锣报警，一个更楼锣响，全村更楼一起锣响，可以在短时间内，组织全体村民齐心协力救火或缉拿盗贼[383]。呈坎的建筑物也很重视防火，如燕翼堂在建造之初，便设计了"自动灭火"装置，即在木板上面铺一层厚厚的干细沙，再在干细沙上面铺一层小方石砖。如果家中发生火灾，火势向上蔓延，木板首先被烧掉，于是干细沙全部落下进行灭火，然后小方石砖也会落下，进一步灭火。有的村民使用了铁皮门防火。（图1-30）

图1-30（a）呈坎村水圳　　　　图1-30（b）呈坎村街巷　　　　图1-30（c）呈坎村防火门
（图片来源：李小鸽 摄）　　　（图片来源：李小鸽 摄）　　　（图片来源：李小鸽 摄）

位于安徽黟县的古宏村，被列入世界历史文化遗产，始建于南宋绍兴年间（1131～1162年），宏村人经过200多年的不懈努力，创造了堪称"中国一绝"的人工水系。宏村的水系由水圳、月沼和南湖组成。"水圳"是宏村人的先祖在宏村的上首浥溪河上拦河建石坝，再用石块砌成引水渠而成，水圳全长1260余米，其中大圳700余米，小圳500余米，九曲十弯，利用宏村的自然落差，将浥溪河水输送到家家户户门前；因宏村平面为牛形，俗称"牛肠"。"月沼"位于宏村中央，此处原有一天然泉水，冬夏泉涌不竭，明代被挖凿成深数丈的半月形池塘，面积1200平方米，用于储蓄由水圳引来的溪水，为村民提供防火和生活用水，俗称"牛胃"。"南湖"位于宏村南首，俗称"牛肚"，建于明万历丁未年（1607年）。宏村人仿西湖平湖秋月式样，将村南百亩稻田凿深数丈，周围四旁砌石立岸而成。"水圳"引水穿街过巷，经"月沼"注入南湖，南湖再将所蓄的水输入农田，并最后再注入西溪河道。宏村的人工水系，既成功地解决了生活用水、防火等问题，又极大地美化了环境，改善了小气候，创造了人间奇迹[384]（图1-31）。

图 1-31（*a*） 宏村水圳
（图片来源：李小鸽 摄）

图 1-31（*b*） 宏村月沼
（图片来源：李小鸽 摄）

图 1-31（*c*） 宏村南湖
（图片来源：李小鸽 摄）

第七节　风水中的环境选择意识

　　风水活动历史悠久，它萌发于汉代，初步形成于魏晋南北朝时期，隋唐时期逐步走向成熟；宋代风水理论被一些理学家所改造，出现了风水儒学化的趋势；明清时期，风水理论，特别是阴宅（坟墓）风水受到一些学者的批判，但各种建筑活动，上至都市、宫殿、坛庙、陵墓、苑囿，下至山村、民宅、坟茔的选址、规划、设计和营建，绝大部分都受风水理论的影响。"五四运动"时期，随着西方科学与民主思想的传播，风水受到学术界的尖锐批判；20 世纪 80 年代以后，风水又受到学术界的重视，并在一些地区的农村流行。因此，研究传统建筑中的绿色人文理念，风水是一个无法避开的问题。剔除风水理论中的迷信糟粕，挖掘其合理的人居环境选择意识，对绿色建筑发展或许会有所裨益。

一、风水的含义及其演化的轨迹

（一）风水的含义

风水，亦称堪舆、卜宅、相宅、图宅、青乌、青囊、形法、地理、阴阳等，是中国术数文化的一个重要分支。用风水这个词来概括堪舆之术，始于东晋。托名郭璞所著的《葬书》首次提出了风水的概念："葬者，乘生气也。……气乘风则散，界水则止。古人聚之使不散，行之使有止，故谓之风水。"[385] 郭璞开宗名义说，死者应葬在有生气的地方，这是坟墓选址的价值目标。郭璞认为，生气随着风就会四散，遇到水就会停止。"风"与"水"是影响"生气"的关键因素。古人使生气"聚之"（聚集）、"有止"（静止）而不飘散的方法，就叫作风水。他指出："风水之法，得水为上，藏风次之。""得水"、"藏风"是风水术的基本原则。换一句话说，既"藏风"又"得水"之处就是风水宝地。

元代赵汸在《风水选择序》中，直截了当地指出："风水，选择术数也。""要之，风水之说必求山水之相向，以生地中之气。……术士贵地中之生气，若乃年月日之择，又贵乎五行之生克，……风水以气为主，是以多坐虚而向实。"又说"善于风水者，宁脱脉而就气，不脱气而就脉，其巧于选择者，亦专力于五行之生克制化，而神煞之纷纭舛错，驾御使为我用。""是阴阳之统领乎百家也，予为阴阳定论矣。"[386] 在赵汸看来，风水就是一种巧于选择的术数。它以推崇"地中之生气"为主，核心在于追求山水相向，有生气的环境。风水术士热衷于用"五行生克"判断吉凶和选择年月日时，因此，赵汸将风水归属为"阴阳"术。

现代学者对风水也进行了深入的研究和界定，潘谷西教授认为，"风水的核心内容是人们对居住环境进行选择和处理的一种学问，其范围包含住宅、宫室、寺庙、陵墓、村落、城市诸方面。"[387]

王育武博士则认为，风水有狭义与广义两种理解，狭义的风水是指晋代以后，以地理气说指导择居及墓葬的理论与实践。广义的风水则包括中国营建历史上趋吉避凶，追求天人感应和祖灵福荫的营造理论的各种流派。风水甚至已经超越了营建本身而成为一种人事吉凶的思维模式。[388]

在中国古代，"堪舆"是风水主要的别称。堪舆一词，最早出现在西汉初年成书的《淮南子·天文训》中，"堪舆徐行，雄以音知雌"。这里所说的"堪舆"实际上是指北斗星群，是对北斗星群的神化。司马迁在《史记·日者列传》中记载了汉武帝时期的"堪舆家"；把"堪舆家"作为"卜筮者流"中的一个派别。在东汉、三国时期，学者对"堪舆"

提出了不同的解释：东汉许慎认为："堪，天道；舆，地道。"[389] 三国时期张晏则认为："堪舆，天地总名也。"在许慎和张晏看来，堪舆就是"天地"或天地之道的别称。三国时魏人孟康认为："堪舆，神名，造《图宅书》者。"[390] 在孟康看来，堪舆有两种含义：一是指神名；即主宰天上东西南北四方的七宿：青龙、白虎、朱雀、玄武星群；二是指撰写《图宅书》，宣扬"图宅术"的人。东晋出现风水概念之后，"堪舆"便成为风水的别称，换一句说说，风水是"堪舆"的代名词。

（二）风水的历史渊源与演化的轨迹

《释名》："宅，择也，择吉处而营之也。"营建住宅必然要选择"吉处"。风水师认为，他们的风水活动就渊源于中国先民的建筑选址活动。传说华夏民族的人文始祖"黄帝始划野分州……有青乌子能相地理，帝问之以制经"[391]。轩辕黄帝时代，是否有青乌子其人，并不重要，重要的是中国先民在轩辕黄帝时代已开始进行建筑选址，并积累了一定的选址经验。古人的这一传说很可能是符合历史事实的。轩辕黄帝时代相当于新石器时代的晚期；考古发现，比轩辕黄帝时代更早的仰韶文化遗址的原始村落，多选择河流两岸的台地作为基址，这里地势高亢，水土肥美，有利于耕牧与交通，适宜于定居生活[392]。晚于母系氏族社会的黄帝时代（父系氏族社会、龙山文化时期），完全有可能已积累了聚落选址的一些经验。

后世风水师除了推崇所谓黄帝时代的青乌子"能相地理"之外，也十分推崇周人的先祖公刘在豳的相地活动和周公旦在洛邑的"卜居"活动，并作为风水选址的历史依据。《诗经·大雅·公刘》描述了周人先祖公刘在豳（今陕西旬邑、彬县一带）进行聚落选址的情形，"笃公刘，逝彼百泉，瞻彼溥原，乃陟南岗，乃觏于京。""笃公刘，既溥既长，既景乃冈。相其阴阳，观其流泉……度其隰原……度其夕阳，豳居允荒。"其大意是说，公刘迁徙到豳时，首先对豳一带的山川地形、土质水源进行了全面的考察，选择出理想的居住环境；然后，丈量土地，确定聚落基址范围；并测量日影，确定了建筑朝向。公刘的"相其阴阳，观其流泉"的相地活动受到后世风水师的推崇。明代姚舜牧曾指出："公刘迁豳时，相其阴阳，观其流泉，度其隰原……公刘之相视，视山川也，大王之相视，视生物也，知此理地不难识矣。今堪舆家大约不出此两端。"在他看来，公刘带领周人迁徙到豳相地时所考察的是"山川"，而周太王古公亶父从豳迁徙到岐山时相地所考察的是"生物"，了解了山川和生物植被这两个方面的情况，就把握了当地地理环境。因此，他得出结论："今堪舆家大约不出此两端"[393]。据司马迁记载，周成王时，"使召公复营洛邑，如武王之意。周公复卜申视，卒营筑，至丰，居九鼎焉，曰：'此天下之中，四方入贡道里均。'"[394] 他又记载说："成王七年二月乙未……使太保召公先之洛相土。其三月，周公往营成周洛邑，卜居焉，曰吉，遂国之。"[395] 由于周公旦是西周礼乐制度的主要制定者，深受包括孔子在内的儒家思想家的崇敬，因此，周公在营建洛邑"王城"时的"复卜申视"活动和营建"成周城"时的"卜居"活动便成为后世风水师所效法的典范；周公提出的"择中"思想和"攻位于洛汭"，即把成周城营建在洛河的弯曲之处的经验，也成为风水选址的重要原则。

以上所述的黄帝时代的青乌子"相地理"、公刘在豳"相其阴阳，观其流泉"的相地活动和周公旦在洛邑的"卜居"活动乃是风水师津津乐道的主要历史渊源。值得指出的是，周人先祖的"相地理"活动只不过是聚落选址活动而已，与风水毫无关系；而周公旦在洛邑的"卜居"则可以看作是风水较早的历史渊源。

人们普遍认为风水起源于汉代，经历了长期的演化过程。明代王祎概述了风水演化的大致轨迹，他说："堪舆家之说，原于古阴阳家者流。古人建都邑、立家室，固未有不择地者；而择地以葬，其术则本于晋郭璞所著《葬书》二十篇，多后人增以谬妄之说。蔡元定尝去其十二而存其八；后世言地理之术者，此其祖矣。自近世大儒考亭朱子以及蔡氏莫不尊信其术，以谓夺神功回天命，致力于人力所不及，莫此为验，是故有不可废者矣。后世之为其术者，分为二宗：一曰宗庙之法，始于闽中，其源甚远，至宋王伋乃大行；其为说主于星卦，阳山阳向，阴山阴向，不相乖错，纯取八卦、五星以定生克之理。其学浙中传之，而今用之者甚鲜；一曰江西之法，肇于赣人杨筠松，曾文迪及赖大有、谢世南辈尤精其学。其为说，主于形势；原其所起，即其所止以定位向，专指龙、穴、砂、水之相配，而他拘忌在所不论。其学盛行于今，大江以南无不遵之者。二宗之说，虽不能相同，然皆本于郭氏者也，业其术者，参其异而会其同，斯得之矣。是后世言地学者皆以璞为鼻祖，故书虽依托，终不得而废欤。"[396]

清代徐乾学对风水发展的概况也有论述，他说："秦罢封建而宗法不行，族葬之礼遂废，去圣久远，邪说如猬毛而起，淫巫瞽史，得簧鼓其间。汉武帝时聚会占验，即有所为堪舆家，班固《艺文志·五行家》有《堪舆金匮》十四卷，又形法家有《宫宅地形》二十卷。《葬书》盖萌芽于此。而张平子《冢赋》述上下冈陇之状略如今《葬书》寻龙捉脉之为者。至东晋而郭璞专攻其术，世遂依托为青囊之书，转相荧惑，其毒遂横流于天下。唐太宗命吕才著论以深辟之，竟不能止。……司马文正为谏官，奏乞禁天下葬书，而张无垢律葬巫以左道乱政，假鬼神时日卜筮以疑众之辟，盖痛心疾首。……程朱大儒亦以为地不可不择，程子以土色光润，草木茂盛为吉地之验，而又言五患当避。朱子云须形势拱揖环抱，无空阙处乃可用，此亦仁人孝子用心之极臻。但一邑之中，一分之地，求形势拱揖环抱而五患永绝者，不可多得。"[397]

上述二人的论述不尽相同，各有侧重，参考这两人的观点，我们可以大致概括出风水演化的基本轨迹。风水"原于古阴阳家者流"，它与先秦的阴阳五行生克思想及其占卜吉凶之术有密切的关系，这是自古至今人们的一致看法，因此，民间一直将风水师称之为阴阳先生。据《史记》记载，秦代就出现了风水的概念——"地脉"。秦始皇驾崩后，秦二世与赵高矫诏逼迫蒙恬自杀。"蒙恬喟然叹息曰：'何罪于天，无过而死乎？'良久徐曰：'恬罪固当死矣。起临洮属之辽东，城堑万余里，此其中不能不绝地脉哉？此乃恬之罪也！'"[398]这里所说的"地脉"，就是后世风水重视的"龙脉"，说明秦代已有风水的某些概念。

堪舆术萌发于汉代。《史记·日者列传》记载："孝武帝时，聚会占家问之，某日可取妇乎？五行家曰可，堪舆家曰不可，建除家曰不吉，丛辰家曰大凶，历家曰小凶，天人家曰小吉，太一家曰大吉。辩讼不决，以状闻。制曰：'避诸死忌，以五行为主。'"[399]
从这段记载不难看出，"堪舆家"是当时七种占卜家中的一派。《汉书·艺文志》记载，汉代有"《堪舆金匮》十四卷"和"《宫宅地形》二十卷"。《史记》和《汉书》的记载说明汉代堪舆活动已经兴起，堪舆理论已具雏形，但当时"官有其书，而不行之民间。"[400]东汉时期张衡写有《冢赋》，被后人视为汉代风水之作。元代赵汸曾评价说："予尝读张平子《冢赋》，见其自述上下冈陇之状，大略如今葬书寻龙捉脉为之者，岂东汉之末，其说已行于士大夫之间。"[401]

东晋时期（托名）郭璞撰写了《葬书》二十卷，首次提出风水的概念。《葬书》的问世和风水概念的提出，标志着风水理论的形成。宋代晁公武指出："郭璞撰世传《葬书》之学，皆云无出郭璞之右者，今盛行皆《璞书》也[402]"。因此，古人普遍认为郭璞是风水的鼻祖，《葬书》是风水理论的最重要的经典之一。

唐代，唐太宗"以阴阳书近代以来渐致讹伪、穿凿，既其拘忌亦多，遂命才（吕才）与学者十余人共加刊正，削其浅俗，存其可用者"[403]，重新编撰风水书。但旧风水书"竟不能止"，收效不大。唐朝末年，杨筠松在江西赣州创立了"江西之法"。"唐之时，杨翁筠松与仆都监，俱以能阴阳隶司天监。黄巢之乱，翁窃秘书中禁术，与仆自长安奔赣州宁都怀德乡，遂定居焉。以其术传里人廖三"[404]。杨筠松的弟子曾文迪与再传弟子赖大有、谢世南等尤精其学。自此风水理论的两大流派，即"理法宗"与"形势宗"的理论趋于成熟。"理法宗"，亦称"理法"、"宗庙之法"等，始于闽中，后传入浙江，到宋代大行。这一派"其为说主于星卦"，多言阴阳五行生克与吉凶祸福之拘忌，屡遭士大夫的批评。"形势宗"，亦称"形法"、"江西之法"等，汉代《宫宅地形》二十卷，可能是这一派的早期著作。明代王袆认为这一派"肇于赣人杨筠松"。"其为说，主于形势"，注重对山川形势的评价和选择，"而他拘泥在所不论"。此派风水影响十分广泛，在明代"大江以南无不遵之者"。"形势宗"是风水主流，其实践理性的成分更丰富，在科学、美学方面，也有更大的价值。[405]

宋代，著名理学家程颐、朱熹、蔡元定等"莫不尊信其术"，并对传统风水理论进行了理学化的改造。尤其蔡元定"旁涉术数，而尤究心于地理"，将郭璞《葬书》"去其十二而存其八"，并著有相地书——《发微论》一卷。《四库全书总目》作者认为《发微论》"书大旨主于地道，一刚一柔，以明动静，观聚散，审向背，观雌雄，辨强弱，分顺逆，识生死，察微著，究分合，别浮沉，定浅深，正饶减，详趋避，知裁成。""盖术家惟论其数，元定则推究以儒理，故其说能不悖于道。……皆能抉摘精奥，非方技之士支离诞谩之比也。"[406]在宋代，《葬书》虽然受到司马光、张九成等著名学者的尖锐批判，但由于程朱理学大家的认同和改造，使风水"横流于天下"。唐宋时期风水理论已经成熟。以后几个朝代的风水师，主要是继承、整理、增补、解释风水理论，没有大的发展。

元、明、清三代，风水盛行。元代，刘秉忠撰有《玉尺经》四卷，他精于阴阳术数，受到元世祖忽必烈的赏识，"尝相地，建上都（亦称上京、滦京，位于今内蒙古五一牧场境内）于龙冈，又建大都城（位于今北京市），其规制皆秉忠所定。"[407]

明清两代风水在城乡大行，风水师热衷于著书立说，其中影响较大的有：明开国功臣刘基撰写的《地理漫兴》，明徐善继、徐善述撰写的《地理人子须知》三十五卷；清代姚延鉴撰写的《阳宅集成》、王庸弼撰写的《地理五诀》等。

二、风水的文化基础

从文化层面上讲，风水是中国古代鬼神观念、术数传统、哲学思想及天文知识、地理知识、建筑实践经验等多种文化元素杂糅在一起的产物，其内容神秘而复杂。概括起来，风水体系大致包括三个方面的文化元素：一是古代的术数神秘文化，这是风水的环境吉凶观念赖以形成的文化根基；二是古代哲学思想，这是风水解释其环境吉凶观的理论基础；三是古代天文、地理知识及建筑经验，这是风水体系中的合理成分。

（一）风水的巫术根基

自古至今，人们将风水定性为术数的一个分支，它与古代巫术神秘文化结下了不解之缘。所谓"术数"，亦称"数术"。"术"指方法；"数"指气数命运。数术是指以种种方术观察自然现象或社会现象，来推测国家或个人气数和命运的活动。《汉书·艺文志》列了六种数术：天文、历谱、五行、蓍龟、杂占、形法。古代所谓"神仙黄白之术"、"阴阳之术"、"卜筮"、六壬、"奇门遁甲"、"风角"、"占星"、"占日"、命相、炼丹、拆字、解谶、风水等都属于术数的范畴。

术数的演化有一个漫长的过程。术数大约产生于中国文明时代前夜，即史书上所说的"五帝"时代，原始宗教开始向"人为宗教"转变，形成了"皇天"、"上帝"等神学观念。"天以主宰言，则谓之帝"；"帝""主宰之尊称，故天曰上帝。"[408] "天"、"皇天"成了至高无上主宰一切的神——"帝"、"上帝"。

夏商周三代，又形成了占统治地位的"天命"宗教意识，承"天命"或顺"天命"成了统治者论证其发动战争、迁都、统治社会的一切行为的合法性的神学依据。在敬天、畏天、畏天命的神学观念的束缚下，古人每遇到什么难以决断的事情时，都要请示上天，祈求天的"受命"，从而为其重大决策的合法性和权威性寻找神学依据。请示上天、祈求"受命"的方式就是仰观天象的"占星"和俯察地理的卜筮、问卦，等等。这些活动及其方法这就是所谓的"术数"。

古人的卜筮活动涉及的范围十分广泛，在建筑领域的卜筮活动称为"卜居"或"卜宅"。晋刘昫认为，有文字记载的"卜宅"最早出现在殷周之际，他写道："迨于殷周之际，乃有卜宅文，故《诗》称：'相其阴阳'；《书》云：'卜惟洛宅'。此则卜宅吉凶其来尚矣。"[409] 实际上，早在商代就有"卜宅"活动。在河南安阳殷墟中出土的甲骨文中，有不少关于卜问建筑事宜的内容，如"乙卯卜，争贞，王作邑？帝若，我从，兹唐"；"贞：王作邑，帝若？八月"。前者以卜问营建新邑的地点为内容；而后者则以卜问动土兴建城邑的时间为内容。后世的风水就是在商、周时期卜宅传统习俗的基础上逐渐发展起来的，所以，人们把风水定性为一种术数。

风水的巫术性质主要表现在以下几个方面：

其一，它承袭了战国以来的神仙方术神秘文化和汉代谶纬迷信的传统。一方面，它将阴阳五行生克之说不适当地推广到建筑选址、空间布局、方位朝向、动土时日等方面，用所谓"二十四路"来测度凶吉祸福，以八卦的方位判断朝向的吉凶，宣扬人的"祸福皆系于葬"等迷信观念。另一方面，它深受谶纬迷信的影响。谶纬作为一种思潮，兴起于西汉末年，盛行于东汉时期。"谶者，诡为隐语预决吉凶。""纬者，经之支流，衍及旁义。"[410]"谶"就是用诡秘的隐语预决凶吉祸福、治乱兴衰的一种宗教预言。"纬"是对"经"而言的，是由儒生用天人感应、阴阳灾异的学说对儒家经典进行穿凿、附会、演绎而成的神秘说教，是儒学与巫术、神学结合的产物。风水的不少内容就渊源于谶纬迷信。清代李塨指出："九宫法，盖皆汉世谶纬术数之学也。今相宅经有一白二黑三碧四绿五黄六白七赤八白九紫诸说，皆本诸此。"[411]

其二，风水采用的镇煞、避邪的手法掺入了大量的禁忌、厌禳、命卦、星象的内容，也是其巫术性质的明显体现。从门口的神兽、悬照的八卦镜、倒镜、门神、脊饰上的鳌鱼鸱吻，到镇宅符咒、泰山石敢当、桃剑木符等等手法，都与巫术有某种联系。[412]

其三，风水的巫术性质还体现在营建仪式上。如在东南闽粤的营建仪式中，梓匠要斩杀雄鸡，取血点梁。其中雄鸡象征九天玄女赐下神物，据说雄鸡有驱邪避凶的功力。点梁的过程大致是：梓匠手执宝镜，朱笔沾雄鸡血，上梯点梁头、梁中、梁尾，再落梯。每一步骤都有颂辞佳句。上梁前须请神下凡，落梁后要送神归宫，所请神灵包括鲁国太师、九天玄女娘娘、荷叶先生、杨救世（杨均松）先生、本山分金二星宿、本山山神、本地土地、本宫诸神、本家土地、本家香火、井灶神君等。[413]

综上所述，风水确为一种术数，具有浓厚的迷信色彩，这是自古以来学术界的定论。因此，我们研究风水问题，不应当否认风水的术数性质，而应当在肯定其术数性质的基础上，客观地分析其糟粕与精华，从而对其进行辩证的"扬弃"，这才是科学的态度。

（二）风水的哲学基础

除了巫术是风水的文化基础之外，风水深受中国传统哲学思想的影响，尤其"天人合一"、"气"、"天人感应"、"阴阳"、"五行"、"八卦"等哲学思想是风水的哲学基础。

1."天人合一"

"天人合一"是中国古代占主导地位的自然观，它对古代的各种学术思想、社会活动都产生了深刻的影响，风水活动也不例外。

据《史记》记载，汉代的堪舆家、卜筮者流注重"辩天地之道，日月之运，阴阳吉凶之本"；在卜筮的过程中"必法天地，象四时，顺于仁义"[414]。由此可以看出"天人合一"自然观对早期风水的影响。《宅经》曰："合天道，自然吉昌之象也。"[415]在这里，《宅经》的作者将"天道"与建筑之道合一，认为只要符合天道，住宅就自然吉祥昌盛。《葬书》的作者写道："乾父之精，坤母之血，二气感合，则精化为骨，血化为肉，复藉神气资乎其间，遂生而为人。"他完全将天地拟人化，认为天是人类之父，地是人类之母，人类乃是乾父与坤母"二气感合"的产物，是天地的子孙。又说："天有一星，地有一穴，在天成象，在地成形。"[416]天上有"一星"，地上就有"一穴"，"星象"与"地穴"互相对应。

"天人合一"思想对风水影响之深，由此可见一斑。

唐代杨筠松所撰写的《撼龙经》是专门讲山地的气脉形势的风水经典之一，他将山形分为九种，分别用天上的九星（即贪狼、巨门、禄村、文曲、廉贞、武曲、破军、左辅、右弼）来命名山形，并认为"吉星吉兮凶星凶"，也就是说，穴位上方若对应的是吉星，就是吉祥之处；若对应的是凶星，就是凶险之地。这是古代星占术在选择墓地时的具体运用，完全是奇谈怪论，但在这些怪论的背后也隐藏着"天人合一"思想。

2. 气学说

元代赵汸在《风水选择序》中指出"风水以气为主"，"善于风水者，宁脱脉而就气，不脱气而就脉。"从"风水以气为主"，可知古代关于"气"的哲学思想是风水的主要理论依据之一。

在中国古代，"气"是一个含义十分广泛的概念：概括起来"气"主要有6个方面的含义：其一是指物理之气，即空气、云气、雾气等一切非液体、非固体的存在。其二是指生理之气，即气血、血气之类。其三是指心理之气，如勇气、大气、丧气之类。其四是指伦理之气、精神之气，即气度、正气、浩然之气之类。其五是指一种审美之气，如文气、气韵之类。其六是指哲学范畴的气。张岱年先生曾指出："我们应区别常识的气概念与哲学的气概念。哲学的气概念是从常识的气概念引申提炼而成的，含义有深浅的不同。常识的气概念指空气、气息（呼吸之气）、烟气、蒸汽等等，即一切非液体、非固体的存在。哲学的气概念含义则更为深广，液体、固体也属于气的范畴。中国哲学强调气的运动性，用现代的名词来说，可以说气具有'质'、'能'统一的内容，既是物质存在，又具有功能的意义，'质'和'能'是相即不离的。"[417]

在中国古代，作为哲学范畴的"气"，有两种含义：一是指世界的本原——"精气"、"元气"，这是"气一元论"哲学家的观点；二是指生成万物的要素——阴阳二气，这是古代多数哲学家的普遍看法。

气的学说有一个漫长的演化过程。学术界普遍认为西周末年伯阳甫（父）首次提出"气"概念，他认为"天地之气，不失其序，若过其序，民乱之也。"[418]并用阴阳二气失序来解释周幽王时期发生的大地震，预言"周将亡矣"。春秋战国时期，老子将"气"纳入他的哲学体系，提出："道生一，一生二，二生三，三生万物。万物负阴而抱阳，冲气以为和"（《老子》四十二章。）的宇宙生化论。风水选址的"负阴抱阳"原则，正渊源于此。稷下学派的宋钘、尹文提出了"精气"说，第一次把"精气"作为世界万物的本原，他们说："凡物之精，此则为生。下生五谷，上为列星；流于天地之间，谓之鬼神，藏于胸中，谓之圣人；是故民气。"[419]这是中国气一元论的理论源头。东汉著名的哲学家王充创立了"元气"一元论的哲学体系，他说："元气未分，浑沌为一"，"及其分离，清者为天，浊者为地"[420]又说："万物之生，皆禀元气"[421]。在他看来，元气就是一种浑沌未分的无形的原始物质，天地、万物都产生于元气，最终又复归于元气。人与气的关系犹如水与冰的关系。人的生死，犹如水凝为冰，冰释为水的自然过程。

唐代柳宗元、刘禹锡否定了造物主的存在，提出"元气自动"说，进一步发展了王充的元气一元论。北宋时期，张载创立了关学，提出了"气化论"思想，建立了比较完整、比较深刻的气一元哲学体系。张载提出了"太虚即气"命题，即"太虚"并非决绝对的"无"，而是气的本然状态。他突破了以往的元气论者的局限性，解决了"气"与"虚空"的关子，将"气"作为世界上一切有形和无形的东西的共同本原，世界万物都是"气化"的产物。

程朱理学以"理"为世界万物的本原，强调"有是理，后生是气"，但也将"气"作为"天地氤氲，万物化醇"的基本元素。

明代哲学家王廷相反对程朱理学的"理本论"，进一步深化了张载的气一元论思想体系，认为"天地未生，只有元气。"[422]"有形亦是气，无形亦是气，道寓其中矣。有形，生气也；无形，元气也。""气有聚散，无息灭。"[423]

明清之际的王夫子，肯定了张载"太虚即气"的观点，认为宇宙是由气构成的的物质实体，提出："阴阳二气充满太虚，此外更无他物，亦无间隙。天之象、地之形，皆其所范围也。"[424]"天人之蕴，一气而已。"[425]更为可贵的是，他认为气具有变化日新的辩证性质，从而把中国古代气一元论发展到朴素唯物论和朴素辩证相结合的历史高度。

风水理论将"气"分为"吉气"、"凶气"、"生气"、"死气"等等，并依此判断"阳宅"和"阴宅"基址的吉凶祸福。"生气"，即"吉气"。郭璞《葬书》把"乘生气"作为坟茔选址的第一要义，"葬者，乘生气也。"[426]古人对"生气"有多种解释：宋代理学大师程颐认为"造化者，自是生气"[427]。宋代卫湜的观点与程颐相近，他认为"生气"就是天地造化万物之气。"生气者，天地也，天地之大德曰生，故曰生气。"[428]明代彭大翼认为"生气者，乃地中之气也。"[429]清代胡煦则认为，"生气者，阳气也。""生气者，勃勃欲发，日易月新，而不可阻遏者也。"[430]概括上述各种解释，在古人的心目中，"生气"大致有两种含义，一是指具有造化万物功能的天地之气；二是指隐藏在地中的阳气。其中第二种解释符合郭璞《葬书》对生气的规定。"五行之气行乎地中，发而生乎万物。"[431]也就是说，生气就是在地中运行的五行（水、火、金、木、土）之气，它们具有生化万物的功能。虽然古人对"生气"的解释不同，但都一致认为，生气是"能生者"，具有"生乎万物"的功能，是万物得以生成发育的基本元素。因此，风水把"藏风聚气"，即避风、聚集生气的地方看作是风水宝地。由此可以看出，风水深受中国古代"气化论"哲学思想的影响，并将这一哲学思想神秘化，使其成为风水的论证工具。

3. 阴阳五行说

"阴阳"和"五行"是中国哲学的两个基本范畴，"阴阳"与"五行"合流而形成的"阴阳五行"学说则是中国古代十分重要的哲学思想。它对中国古代哲学和天文学、农学、医学等科学的发展都产生过深远的影响。

阴阳五行说是风水理论的支柱之一。元代赵汸在《风水选择序》中将风水界定为"阴阳"术，认为风水"专力于五行之生克制化，贵乎五行之生克"[432]。《四库全书总目》指出：风水宗庙之法，"其为说，主于星卦，……纯取八卦、五星以定生克之理。"[433]由此可见，阴阳五行对风水的支撑作用。

宋代学者戴侗曾诠释阴阳古字义，他说："易（阳），明为阳；会（阴），暗为阴。天地之道阴阳而已矣。阳从日；阴从云，因象以著义。"[434] 意思是说，"阴阳"的古字是象形字，"阴"指云蔽日而暗这一自然现象，"阳"则是指太阳普照而明这一自然现象。从哲学上讲，阴阳则是指天地之道。大约到西周末年，阴阳是指两种互相对立的气或气的两种形态。

从迄今所见文字记载看，西周末年，人们所说的"阳"就是指阳气；"阴"就是指"阴气"。伯阳甫（父）用阴阳二气来解释地震的原因就是证明。战国时期阴阳概念进一步被用来称谓两种基本的矛盾势力或属性。凡动的、热的、在上的、向外的、明亮的、亢进的、强壮的为阳；凡静的、寒的、在下的、向内的、晦暗的、减退的、虚弱的为阴。并认识到阴阳的相互作用是万物产生和发展的根本动力[435]。《易传》的作者对阴阳概念作了重要的发挥，提出"一阴一阳之谓道"，把阴阳的对立统一看作是宇宙间一切事物发展的根本规律。

"五行"是指水、火、木、金、土五种物质。《尚书·洪范》记载："五行，一曰水，二曰火，三曰木，四曰金，五曰土。"殷周之际，一些思想家把这五种物质看作是构成万物的基本元素，并依此说明世界的起源。春秋时期产生了五行相胜说，《孙子兵法·虚实》："五行无常胜"，认为五行之间的相胜关系是可以变化的。战国时期盛行"推天道，以明人事"的思维方式，"阴阳"说与"五行"说开始合流，出现了阴阳家及阴阳五行学说。战国时期阴阳家的代表人物为齐国人邹衍（亦称驺衍）。《史记·封禅书》记载说："驺衍以阴阳主运，显于诸侯，而燕齐海上之方士传其术"。所谓"以阴阳主运"是指邹衍将阴阳五行神秘化，将原始的"五行"说成是天地的"五德"，并用"五德转移"来解释社会历史的盛衰兴亡和王朝的更替。这一思想被称为"五德终始说"。"五德"，即土德、木德、金德、火德、水德；他按五行相胜的次序，即木胜土、金胜木、火胜金、水胜火的次序来诠释王朝的更替过程，这实际上是阴阳家提出的一种新的"君权神授"说，深得诸侯们的青睐。他的神秘的阴阳五行思想成为战国乃至秦汉时期神仙方术的主要理论渊源。

西汉时期，董仲舒"始推阴阳，为儒者宗。"[436] 他既提出了"阳尊阴卑"说，又继邹衍之后，系统地提出了五行相生相克说。董仲舒认为："诸在上者皆为其下阳，诸在下者各为其上阴"，"天数右阳不右阴"，"贵阳而贱阴"[437]。他尊阳抑阴的目的在于为帝王统治天下提供理论根据。他说："阳者，君父也；故人主南面，以阳为位也。"[438] 关于五行之间的关系，董仲舒提出"比相生而间相胜"的思想。从战国至西汉，五行的排序已发生了变化，当时通行的五行顺序是：木、火、土、金、水。董仲舒所谓"比相生"，即"木生火，火生土、土生金、金生水、水生木"；所谓"间相胜"，即"金胜木，中隔水；水胜火，中隔木；木胜土，中隔火；火胜金，中隔土；土胜水，中隔金"。他将阴阳五行神学化，把阴阳五行说成是有意志有情感的"天"用以主理五方、四时的辅助力量，他说："木居东方而主春气，火居南方而主夏气，金居西方而主秋气，水居北方而主冬气"。"土居中央，为天之润。土者，天之股肱也，其德茂美……土者，五行主也。"[439]董仲舒认为，五行分别代表东、南、西、北、中五方和春、夏、秋、冬四季，其中土乃是天的股肱、五行之主，最为尊贵。

北宋时期，宋明理学的开创者周敦颐将阴阳五行纳入他的太极化生万物的宇宙模式论之中，他说："无极而太极。太极动而生阳，动极而静，静而生阴，静极复动。一动一静，互为其根。分阴分阳，两仪立焉。阳变阴合而生水、火、木、金、土，五气顺布，四时行焉。……无极之真，二五之精，妙合而凝。乾道成男，坤道成女，二气交感，化生万物。万物生生而变化无穷焉。"在这里，周敦颐构建了一种由"无极"（太极）→"阴阳"→"五行"→"万物"的宇宙生化模式论。阴阳、五行不再是宇宙的本原，而是"无极"（太极）化生万物的基本动力和基本元素。北宋张载将阴阳归结为天之气，还阴阳二气的物质本性，"阴阳者，天地之气也"[440]。明清之际，王夫子也对阴阳作了唯物主义的解释，他指出："阴阳者气之二体。"[441]

阴阳说和五行说中的合理成分曾对我国古代的天文、历法和医学产生过重大的影响，如《黄帝内经》曾用阴阳学说来探索疾病的根源。《黄帝内经·素问·阴阳应象大论》记载："阴阳者，天地之道也，万物之纲纪，变化之父母，生杀之本始，神明之府也。治病必求于本。故积阳为天，积阴为地。阴静阳躁，阳生阴长，阳杀阴藏。阳化气，阴成形。"这显然是把阴阳看作天地万物变化的根本规律和治病的根本依据。但由于原始的阴阳五行说先后被邹衍和董仲舒等人神秘化、神学化，因此便成为术数、迷信的渊薮。近代，梁启超曾指出："阴阳五行说，为二千年来迷信之本营。直至近日，在社会上犹有莫大势力。"[442]

4."天人感应"说

"天人感应"是风水重要的理论基础之一。如"遗体受荫"是《葬书》的根本思想，其理论基础就是"天人感应"说。《葬书·内篇》曰："气感而应，鬼福及人。是以铜山西崩，灵钟东应；木华于春，栗芽于室。骨以荫所生之法也。"[443]意思是说，父母与子孙本同一气，互相感召，如受鬼福。这与西蜀的铜山崩塌，引起汉未央宫的铜钟自鸣、春天树木开花、家藏的栗发芽相似，以此自然法则推断，父母的遗骨会荫庇他们所生的子孙。这显然是以"天人感应"为其理论根据。

郭璞的"感应"论，渊源于汉代董仲舒的"天人感应"说。董仲舒的"天人感应"说的主要内容是：天和人相类相通，天能干预人事，人的行为也能感应上天。董仲舒将自然之"天"塑造成超自然的有意志、有目的的至上神——"百神之大君"，认为"天亦有喜怒之气，哀乐之心，与人相符，以类合之，天人一也"。认为人的行为会从"天"得到反应，特别是"受命于天"的"天子"的行为好坏，"天"更会直接降下"符瑞"以资奖励，或降下灾异进行"谴告"。他说："观天人相与之际，甚可畏也！国家将有失道之败，而天乃出灾害以谴告之；不知自省，又出怪异以警惧之；尚不知变，而伤败乃至。以此见天心仁爱人君而欲止其乱也，自非大亡道之世者，天尽欲扶持而全安之。"[444]董仲舒提出这一套说教的目的在于"屈民而伸君，屈君而伸天"，即一方面用

"主宰之天"恐吓老百姓服从帝王的统治，另一方面，也用"主宰之天"恐吓帝王不要胡作非为。"天人感应"论在本质上是一种神学目的论。

5."八卦"说

八卦,亦称经卦,《周易》中的八种基本图形。八卦是由阴阳派生而来的。《周易·系辞》曰："易有太极，是生两仪，两仪生四象，四象生八卦，八卦定吉凶。"八卦有两个基本的符号:阳爻"—"和阴爻"－－"。每一个单卦由三爻组成，据说代表天、地、人"三才"。八卦的名称是:乾、坤、震、巽、坎、离、艮、兑，它们分别象征天、地、雷、风、水、火、山、泽等自然现象。两个单挂相配形成六十四个复卦，每个复卦由六爻组成，据说代表"三才"（天、地、人）和"三道"（天道、地道、人道）。在风水中，八卦主要用作表示方位的符号。风水中的八卦有"先天八卦"与"后天八卦"之说。宋儒认为"先天八卦"为伏羲氏所画，先天八卦方位为:乾南，坤北，离东，坎西，兑东南，震东北，巽西南，艮西北。"后天八卦"是指"文王八卦"，后天八卦方位为:震东，兑西，离南，坎北，乾西北，坤西南，艮东北，巽东南。风水既有用先天八卦表示方位的，也有用后天八卦表示方位的，但以后者居多。风水用八卦表示方位无可厚非，但用八卦判断住宅之吉凶则是荒唐的迷信。

6."四象"说

"四象"，亦称"四兽"，即青龙，白虎、朱雀、玄武。"四象"意识大约产生于仰韶文化时期。1987年，考古工作者在河南濮阳西水坡遗址编号为M45的一座墓葬中，发现了"龙虎蚌塑"图案。李学勤说:"特别奇怪的是，在墓主骨骼两旁，有用蚌壳排列成的图形。东方是龙，西方是虎，形态都颇生动，其头均向北，足均向外。""龙形在东，虎形在西，便和青龙、白虎的方位完全相合"[445]。濮阳西水坡"龙虎墓"的发掘，证明距今约六千五百年前中华大地上产生了包括龙在内的四象观[446]。在汉代，"四象"是一个天文学的概念，是指天上东南西北七宿。《史记·天官书》中就有"东宫苍龙"、"南宫朱鸟"、"西宫咸池"、"北宫玄武"之说。宋代魏了翁指出:"天星有龙、虎、鸟、龟之形也。四方皆有七宿，各成一形，东方成龙形，西方成虎形，皆南首北尾。南方成鸟形，北方成龟形，皆西首而东尾。以南方之宿象鸟，谓之朱鸟七宿也。"[447]

风水师将古代天文学中的"四象"说纳入风水理论体系之中，把"四象"神秘化为镇守四方的神兽，将"左青龙，右白虎、前朱雀、后玄武"作为选址的理想模式。如《葬书·外篇》曰:"夫葬以左青龙，右白虎、前朱雀、后玄武。"这里所谓的"四兽"实际上是指四种山形。郭璞认为墓穴周围的四兽"玄武垂头"、"朱雀翔舞"、"青龙蜿蜒"、"白虎驯俯"就是风水宝地。这种"四象"观点乃是"天人合一"哲学思想和"象天法地"的传统规划理念在风水中的具体体现。

三、古人对风水的批判

在中古代,尊信风水术者有之,反对风水术者也大有人在。元代赵汸在《风水选择序》中指出:"今之君子多拒而不信，或视为末节而不为"。这反映了中国古代多数有识之士对风水的基本态度。

在西汉时期，司马迁说："尝观阴阳之术，大祥而众忌讳，使人拘而多所畏；然其序四时之大顺，不可失也。"[448] 意思是说，包括堪舆在内的"阴阳之术"注重吉凶的预兆，忌讳的事物太多，使人对很多自然现象产生畏惧心理，拘束了人们的行为；但它主张顺应四季的秩序去行事，却是不可丢失的。司马迁既肯定了其顺应四季气候变化的合理主张，又指出了其所包含的迷信成分使人忌讳太多，妨碍了人们的正常活动。东汉时期，著名的唯物主义哲学家王充，曾专门撰写了《诘术篇》，对当时盛行的"五音相宅法"进行了批驳。"五音相宅法"是一种建立在古代音韵学和五行生克理论基础上的相宅术，它将住宅主人姓氏的发音分为五类：宫、商、角、徵、羽，再将"五音"与"五行"和"五方"相对应：商→金（北方）、徵→火（南方）、角→木（东方）、宫→土（中央）、羽→水（北方）[449]。并用五行生克推断住宅方位的吉凶。王充指出：古代姓氏主要有三种来源：有的以所从事的职业为姓氏，如陶氏、田氏；有的以所担任的官职为姓氏，如上官氏、司马氏；有的以王、父的字为姓氏，如孟氏、仲氏。姓氏的来源与人说话发音没有关系。将人的姓氏发音与五行生克扯在一起，是无稽之谈，如匈奴人有名无姓，那有什么祸福可言！"居匈奴之俗，有名无姓，字无与相调谐，自以寿命终，祸福何在？"[450]

唐代，太常博士吕才奉唐太宗之命与十余名学者刊正阴阳之书，他撰写了《叙宅经》、《叙禄命》、《叙葬书》等文章，对阴阳算命术、五音相宅和五音相墓进行了较系统的批判。他指出："至近代师巫更加五姓之说，……验于经典，本无斯说，诸阴阳书，亦无此语，直是野俗口传，竟无所出之处。"他认为在历史典籍之中和诸多阴阳书籍中都没有五音相宅之说，这简直就是一种口头传承的野俗，是没有历史根据的东西。针对阴阳算命术，他引用汉代贾谊讥讽司马季主的话说："夫卜筮者，高人禄命以悦人心，矫言祸福以尽人财"，指出其完全是一种骗取他人钱财的勾当。针对五音相墓之术，他指出："官爵弘之在人，不由安葬所致"，"安葬吉凶不可信用"。在他看来"野俗无知，皆信《葬书》。巫者诈其吉凶，愚人因而侥幸，使擗踊之际，择葬地而希官品，荼毒之秋，选葬时以规财禄。"[451] 意思是说，野俗无知之人都信奉《葬书》，风水巫师用墓地吉凶欺诈人们，愚蠢的人依靠择藏地之法企图侥幸，在极度悲哀之际，选择墓地是希望子孙得到官品；在极其悲苦之时，还要选择下葬的时间，目的在于规划子孙升官发财。吕才对风水的批判可谓入木三分。

宋代，著名学者司马光在元丰七年（1084年）特意撰写了《葬论》一文，告诫子孙"《葬书》不足信"，他说："葬者，藏也。孝子不忍其亲之暴露，故敛而藏之。……今之《葬书》乃相山川冈畔之形势，考岁月日时之支干，以为子孙贵贱贫富寿夭贤愚皆系焉，非此地、非此时不可葬也。举世惑而信之，于是丧亲者往往久而不葬……至有终身累世而不葬，遂弃失尸柩不知其处者，呜呼，可不令人深叹愍哉！……吾尝疾阴阳家立邪言以惑众，为世患于丧家尤甚，顷为谏官尝奏乞禁天下《葬书》，当时执政莫以为意，今著兹论庶俾后之子孙"[452]。从此文可看出，司马光对阴宅风水之说痛心疾首，强烈要求查禁天下《葬书》。南宋张无垢（即张九成）斥责："葬巫以左道乱政，假鬼神时日卜筮以疑众"。[453]

元代赵汸认为风水"术士又多浅见薄识之人"，风水著作"其书真伪纯驳未之辨，是以淫巫瞽史徧天下，而仓卒急遽，竟不暇于择焉，而托之其贻害于先，流祸于后也。"[454]

明代，罗虞臣在《辩惑论》中写道："或问风水之说何如？曰邪术惑世以愚民也。今缙绅之士尚崇信而不变何也？其贪鄙固于求利之为尔。"[455]他认为风水之说乃是惑世愚民的邪术，缙绅之士之所以相信风水，原因在于他们有牢固的"贪鄙"心理和"求利"的欲望。明代项乔在《风水辩》中批驳郭璞"荫应"之说，"若朽骨已在倾覆之数，虽天地生生之大德，不能复生之矣。不能复生而谓其能乘生气以反荫生人，有是理乎！""谓其死后反能荫应之乎，是生不如死，人不如鬼，率天下而崇鬼逆也，不亦左乎！"意思是说，死人的朽骨不能复生，其怎么能乘生气反而去荫佑活着的生人，哪有这样的道理！风水说人死后反而能影响子孙的凶吉祸福，其实质是说，活人不如死人，人不如鬼，这是在号召天下人去崇拜鬼，这不就是旁门左道吗！项乔还指出，二程和朱熹赞成风水"此特贤者之过，偶之失马。"[456]

在明代也有批判阴宅风水而肯定阳宅风水者，持有这种褒贬相参观点的代表人物是明代著名改革家张居正。一方面，张居正运用唯物主义形神观的观点批判阴宅风水的祸福荫应说，他指出"夫人死，枯木朽珠耳。虽不化，奚益？战死之人，脂膏草野，肉饱乌鸢，而其子孙亦有富贵显赫者，安在其能贻子孙之祸乎？且体魄无知，亦无安与不安也。"意思是说，人死亡后，犹如枯木朽珠，没有感知功能，无所谓体魄安与不安的问题。战死疆场的人，脂肪肥了野草，血肉饱了老鹰，而他们的子孙也不乏富贵显赫之人，怎么能说这些未被安葬的战死之人遗祸其子孙呢？另一方面，他又肯定阳宅风水的必要性。他说："或谓：'古者建都立邑，皆必据形势，相水泉。故曰：我卜涧水东，瀍水西，惟洛食。今民间作一室，犹必求向背之利，纳阴阳之和，何独阴宅可无择乎？'此又不然也。夫建邑筑室，为生人计耳。故必据形势，相水泉，择向背，纳休和，而后生人蒙利。"[457]

古代批判风水理论大致有四种情形：其一，批判者大多对阴宅风水持否定态度，批判的矛头主要指向风水的"祸福荫应"说和子孙贪求升官发财而采用风水术的功利价值思想，强调孝道，体现了儒家的伦理思想。其二，对阳宅风水批判者较少，王充等人主要批判"五音相宅"术。张居正等人对建邑立室时选择建筑基地"据形势，相水泉，择向背"等风水传统持肯定态度。其三，对风水中的形势宗的批评较少，而对理气宗的批判较多。其四，批判风水的理论依据庞杂，如有的通过枚举历史事例进行表层批判，有的用唯物主义的"形神观"理论加以批判，有的用儒家伦理加以批判，也有用命定论批判的，如司马光用"人之贵贱贫富寿夭系于天"去批判风水祸福荫应说，其理论依据本身是错误的，并不能从根本上动摇风水理论。我们今天的理论任务在于：既要继承古代学者的批判精神，又要运用辩证唯物主义和历史唯物主义的立场、观点和方法，从根本上扬弃风水理论；既要旗帜鲜明地批判风水中的迷信邪说，又要理直气壮地梳理出风水理论体系中的合理成分，从而为我们今天发展绿色建筑提供文化资源。

四、风水中的人居环境选择意识

从文化性质方面看，风水是一种阴阳术数，这是两千多年来中国学术界的一个共识。毫无疑问，风水理论带有明显的迷信色彩，许多风水活动不过是"矫言祸福以尽人财"的骗人勾当，这是任何人难以否认的客观事实；但仅仅宣布风水是迷信，是不足以使其消除的，"必须从它的本来意义上扬弃它，就是说，要批判地消灭它的形式，但要救出通过这个形式获得的新内容。"[458] 那么，在风水迷信的"形式"中究竟蕴含着哪些合理的成分呢？我们认为，风水乃是中国古人在天、地、人、神四方游戏中所形成的一套建筑游戏规则，在其迷信形式背后包含着高度重视人居环境、注重人居环境选择和丰富的人居环境选择经验等合理的"内核"。

（一）重视人居环境对人生存与发展的影响

《宅经》："宅以形势为身体，以泉水为血脉，以土地为皮肉，以草木为毛发，以舍屋为衣裳，以门户为冠带，若得如斯，是事俨雅，乃为上吉。"[459] 这里所说的地理"形势"、"泉水"、"土地"、"草木"属于人居外部环境的因素，而"舍屋"、"门户"则属于人居内部环境的因素。《宅经》的作者将房屋周围的地理形势比喻人的身体，泉水比喻为人的血脉，土地比喻人的皮肉，草木比喻人的毛发，建筑物比喻为人的衣裳，门户比喻为人的帽子和头巾，形象地说明了人居环境对人生存与发展的极端重要性。古人将人居环境对人的影响高度浓缩为四个字——"钟灵毓秀"。如明代宋登春提出了"钟灵毓秀，实圣贤发迹之所"[460] 的观点；文徵明有"钟灵毓秀，神仙居"[461] 诗句。用通俗的说法，"钟灵毓秀"就是"人杰地灵"，意思是说，美好的自然环境能养育出优秀的人物。这个观念影响了中国几千年，至今"人杰地灵"还是人们赞美家乡的惯用词句。沈福煦先生认为，风水在深层次上就是"钟灵毓秀"，它高度重视生态环境对人的无意识的影响，这是风水的主要优点之一。但有所见，必有所蔽，它的缺陷恰恰也在这里，它过分强调人居自然环境对人的命运的决定性影响，走向了地理环境宿命论。

（二）注重对人居环境的选择

元代赵汸认为"风水，选择术数也"，他的论断十分恰当，既指出了风水的"术数"形式，又揭示了在风水"术数"迷信形式之中所包含的合理"内核"，就是对人居环境的重视与选择。风水的环境选择意识主要表现在"觅龙"、"察砂"、"观水"、"点穴"、"取向"等基址选择环节，这五个实践环节也被称为"地理五诀"。

1. 觅龙

"觅龙"，亦称"寻龙捉脉"，就是寻找、考察山脉的走向和起伏变化的形态。山脉往往是由若干条山岭和山谷组成的山体，构成山脉主体的山岭称为主脉，从主脉延伸出去的山岭称为支脉。因山脉在形态上与中国古人心目中的"龙"相似，所以风水将山比喻为"龙"，将山脉比喻为"龙脉"。《管氏地理指蒙》曰："指山为龙兮，象形势之腾伏"；"借龙之全体，以喻山之形真"。风水通过将山形象地比喻为"龙"，不仅使自然山脉具有神秘色彩，而且极大地提升了自然山脉在人们心目中的地位。风水认为"两水之中必有山，两山之中必有水，山水相夹是机源。"[462] 因此，"觅龙"的过程也就是对大尺度空间范围内山川形势的考察和选择。

风水"觅龙"喜好来龙深远、奔腾远赴的山脉，这有一定的科学道理。一方面，龙长，水源亦长，即山系发达，水系也就发达，发达的山系和发达的水源可以形成大小不等的平原或盆地，从而为城市、村镇提供良好的自然条件。《疑龙经》："龙与水一般远，共祖同宗来作伴"。因此，"寻龙千里远迢递，其次五百三百里。先就舆图看水源，两水夹来皆有气。水源自有长短，长作军（郡）州，短作县，枝上节节是乡村。"另一方面，山系越大，山脉越长，形成的时间越长，其地质构造越稳定。宋代廖禹在《金精廖公秘授地学心法正传》中说："山系高耸宏大，由其根基盘踞，支持于下者厚重也。根脚之大，必有老硬石骨作体，非石不能胜其大。低小之山，必根枝（基）迫窄，土肉居多。"[463] "有老硬石骨作体"的地方，地质坚固，显然是理想的建筑基址。

2. 察砂

"察砂"，就是对基址周围诸小山的考察与选择。如果说"觅龙"是对大尺度空间山川形势的考察与选择，那么，"察砂"则是对小尺度空间山川形势的考察与选择。换一句话说，"觅龙"是对建筑大环境的选择，"察砂"则是对建筑小环境的选择。

"砂"，泛指城市、村镇、住宅、坟墓周围的体量较小的群山，它们与基址后面所倚的来龙（亦称主山、镇山）是主从关系。《青囊海角经》记载："龙为君道，砂为臣道；君必位乎上，臣必伏乎下；垂头俯伏，行行无乖戾之心；布秀呈奇，列列有呈祥之象；远则为城为郭，近则为案为几；八风以之而卫，水口以之而关。"[464] 意思是说，"龙"与"砂"的关系，犹如君与臣的关系，按儒家伦理的要求，"龙"位于基址的上方，"砂"俯伏在基址的下方；按景观审美的要求，砂的山体形态应当"布秀呈奇"，"呈祥之象"。远处的砂山犹如围护基址的城与郭，近处的砂山犹如基址的"案"与"几"。诸砂山的主要功能是阻挡八方来风，而关锁水口则是水口砂的作用。

风水理论将基址前、后、左、右之山分别命名为朱雀、玄武、青龙、白虎，这就是所谓的"四神砂"。《地理人子须知》引《曲礼》注说："朱雀、玄武、青龙、白虎，四方宿名也。然则地理以前山朱雀，后山为玄武，左山为青龙，右山为白虎，亦假借四方之宿以别四方之山，非谓山之形皆欲如其物也。"风水之所以热衷于将前、后、左、右之山命名为朱雀、玄武、青龙、白虎，并非要求这些山形分别与四神兽相像，而是为了假借天上的四方星宿之名，来区别四方之山，从而体现"天人合一"的环境意象罢了。

此外，风水理论还对基址前的诸山进行了细分，把它们分为"案山"和"朝山"，"案山"是指"近而小"的山；"朝山"是指"远而大"的山。《葬书》曰："朝在面前，为近案，如有朝迎情性"。风水对砂山的审美要求是：端庄秀丽，环抱有情。

3. 观水

"观水"，就是对某地的水泉、河流的形态及水质的考察与选择。古人认为"水"为"五行"之首，"水乃有生之最先也"，就是说，水是滋养有生命的动植物的首要因素。

风水理论则将水看作"地之血脉",郭璞在《葬书·内篇》中提出:"风水之法,得水为上,藏风次之。"《疑龙经》曰:"明堂惜水如惜血,穴里避风如避贼"。风水理论认为水具有"聚气"、"设险"、"舟楫之利"、"滋养灌溉"之功;"水主财",是财源的象征;但水也有有害的一面,"水妄行则伤人","水无所止则为害",因此风水在选址时,十分重视"观水"。

观水包括两个方面的内容:一是尝水辨味,考察水质,认为水质清明、味道甘甜为吉,水质浑浊、味道苦涩为凶。二是考察水势、水形之强弱、曲直。风水认为山以动为佳,水以静为美,即所谓"左水为美,要祥四喜,一喜环弯,二喜归聚,三喜明净,四喜平和"[465]。《疑龙经》曰:"局内必定朝水缓,萦纡环抱入怀来,不似背变风荡散"。要求基址范围内的水流平缓,曲折环绕有情。

4. 点穴

"点穴",就是确定阳宅或阴宅基址的范围及其核心点。在风水理论中,"穴"有两层含义,一是指某一基址的核心点,类似于中医学中人体的"穴位"。宋代著名理学家朱熹曾指出:"盖地理之法,譬如针灸,自有一定之穴,不可毫厘有差。"[466]唐代杨筠松在《疑龙经》中说:"大凡立穴在人心,心眼分明巧处寻,重重包裹莲花瓣,正穴却在莲花心。"在这里,杨筠松将"穴"比喻为"莲花心",显然是指基址的核心点。"穴"的第二层含义是指某一基址的范围、规模,亦称为"区穴"、"堂局"、"明堂"等。作为基址范围的"区穴"有大中小三种"聚居":"大聚为都会,中聚为大郡,小聚为乡村,阳宅及富贵阴地。"[467]风水认为,阳宅的区穴"喜地势宽平,局面阔达,前不破碎,枕山襟水,或左山右水"[468]。

5. 取向

"取向",一般是指确定建筑基址垂直相对的方向。古代的宫殿、官署衙门均取正南方向,儒、佛、道的寺庙道观一般也取南向;普通民居多选取向南方向或偏南方向。风水实践中的建筑取向往往与"命理"、"五行生克"等巫术相联系,充斥着荒唐的迷信说法。

从上述对风水实践的五大环节的简要介绍,我们不难看出,所谓"觅龙"实际上是对建筑基址所处的山川大势的宏观勘察与选择;而"察砂"、"观水"、"点穴"等环节则是对建筑基址周围的具体地形地貌、水文地质、自然景观、小气候、生态植被的周详考察和选择。

(三)风水理想模式包含着丰富的人居环境选择知识和智慧

古人对理想风水模式有不同的论述。东晋郭璞所著的《葬书》对风水基址环境理想模式的描述是:"盖真龙发迹,迢迢百里,或数十里,结为一穴。及至穴前,则峰峦丛拥,众水环绕,叠嶂层层,献奇于后,龙脉抱卫,砂水翕聚。形穴既就,则山水之灵秀,造化之精英,凝结融会于其中矣。"又说:"凡结穴之处,负阴抱阳,前亲后倚,此总相对,穴之大情也。"

宋代朱熹对风水理想模式的描述是:"众山拱揖,水泉环绕,藏风聚气之地"。[469]

明代王君荣在《阳宅十书·宅外形第一》则提出:"凡宅左有流水,谓之青龙;右有长道,谓之白虎；前有汗池，谓之朱雀；后有丘陵，谓之玄武；为最贵地。"

综合郭璞、朱熹和王君荣的观点，我们可以将古代所追求的理想风水模式归结为：首先，在基址的宏观自然环境方面，希冀"来龙"山系蜿蜒宏大，气势磅礴，地质稳定。其次，在基址的微观自然环境方面，希冀"峰峦蟊拥，众水环绕，叠嶂层层，献奇于后，龙脉抱卫，砂水翕聚"；"负阴抱阳"，山水灵秀；或以理学家的要求，在来龙山，即主山的左右前后有"众山拱揖"的臣服之态、"水泉环绕"之情和"藏风聚气"之功。再次，在具体的基址选择和建筑规划设计方面，主张以"山水环抱"、"负阴抱阳"、"背山面水"、"坐北向南"等为基本原则，以"左青龙，右白虎、前朱雀、后玄武"为基本模式。即使平原地带也要求遵循这一基本风水模式，但需要变通，可将左边的流水当作青龙，右边的道路当作白虎，前面涝池当作朱雀，在建筑意象上体现所谓"四神砂"护卫的环境模式（图1-32）。

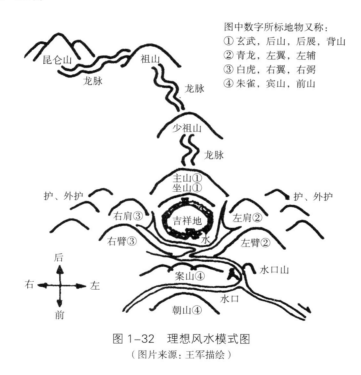

图1-32 理想风水模式图
（图片来源：王军描绘）

概括起来，风水理想模式中的人居环境选择知识和智慧主要有以下几点：

第一，思维高远，注重建筑与自然环境融合。风水的选址不仅重视远在千里或数百里之外的山川形势，而且高度关注住宅周围的具体的人居自然环境。体现了古人"不谋万世者，不足以谋一时；不谋全局者，不足以谋一域"的立足于全局、立足于从长远的高远的思维方式。

第二，强烈的建筑安全意识。按照风水的理想格局，基址后方是以主山为屏障，山势向左右延伸到青龙、白虎，成左右肩臂怀抱之势，遂将后方及左右方围合；基址前方有案山遮挡，连同左右余脉，亦将前方封闭，而水流的缺口，则有水口山把守，这就形成了第一道封闭圈。如果在这道封闭圈外，主山后还有少祖山及祖山，青龙、白虎山之侧有护山，案山之外有朝山，就形成了第二道封闭圈[470]。可以说，风水追求的是一种群山环抱、叠嶂层层、多重围合的封闭型、要塞型空间格局。这种多重封闭的自然环境十分有利于防卫，表现出强烈的建筑安全意识，能在心理上能给人们一种安全感。

第三，一些风水原则符合科学知识。"负阴抱阳"、"背山面水"、"坐北向南"等是风水的基本原则，这些原则是对中国古代建筑选址和规划经验的总结，具有不少科学的内涵。在风水看来，山为阴，水为阳，"负阴抱阳"也就是"背山面水"。背山可以屏挡冬季北来的寒流；面水可以迎来夏日南来凉风；"坐北向南"可以争取良好日照；近水可以获得方便的水运交通及生活、灌溉用水，而且适于水中养殖；缓坡可以避免淹涝之灾；植被可以保持水土，调节小气候；果林或经济林可取得经济效益和部分燃料能源。[471]

（四）风水人居环境选择中的审美意识

风水的基址环境理想模式不仅要求要有良好的自然生态，也要求要有良好的自然景观和人文景观，追求诗意"乐居"。风水选择人居环境的审美意识主要表现在：

第一，在基址外围景观审美方面，风水的审美追求是：山脉奔腾远赴，重峦叠嶂，"后有托的有送的，旁有护的有缠的，托多缠多，龙神大贵"[472]这种外围山脉可以为城市、村镇形成多层次的立体轮廓线，增加风景的深度和距离感。

第二，在基址周围山水的审美方面，风水总的审美追求是："山水周围秀且丽"，"山回水抱"应有情。具体的审美追求是："玄武垂头"、"朱雀翔舞"、"青龙蜿蜒"、"白虎驯俯"。既要求山水秀丽美观，又希冀山水对主山有一种臣服，对人有亲善之情。特别值得一提的是，风水为了追求山水有情的环境，发明了"喝形"、"唱形"之法，即通过拟人、比喻、象征、隐喻等手法，赋予自然山水以人文色彩和人情味，使自在的山水转化为自为的山水。如风水将群山之间的关系拟人化，用太祖山、太宗山、少祖山、少宗山、父母山来命名，群山俨然成了一个充满亲情的大家庭；把山脉用中国人崇拜的"龙"来形容，根据山脉的脊线飞跃、盘伏、跌宕之势，将不同的山脉命名为"回龙"、"山洋龙"、"生龙"、"飞龙"、"卧龙"、"隐龙"、"颔群龙"等等；在对村镇、建筑周围的小山进行"喝形"、"唱形"过程中，用青龙、白虎、狮、象、凤凰、麒麟等吉祥的动物对地形地貌予以美妙的比喻和形容，从而使自然山水生动化、戏剧化，这是风水礼赞自然的特有的方法。这种对自然环境的礼赞方法，可以使当地的居民对周围自然山水产生强烈的亲切感和珍爱之情，并得到吉祥如意的心理满足。

第三，"趋全补缺，增高益下"——弥补自然景观缺陷的意识。

当自然景观有缺陷时，风水主张"趋全补缺，增高益下"，采用人工修景、造景的办法，使村镇周围的景观更完整、更美观。如建造文昌阁、魁星楼、风水塔、风水桥，牌楼、观音庙、龙王庙、土地庙等，使当地的景观达到八景或十景；改变溪水、河流的局部走向，使溪水、河流既能满足村民生活和生产的用水需要，又蜿蜒曲折，生动有情；或挖掘半月形水池、椭圆形水池，既可以储蓄雨水，供村民洗衣、牲畜饮水、防火之用，又富于曲线美；培育风水林，保护村头的古树，有些村落还在水口营造水口园林，使村镇入口处和周围山丘郁郁葱葱、鸟语花香。

总之，在风水巫术迷信外壳之中，确实包含着一套高超的人居环境选择、设计技巧和智慧。它所追求的理想模式，实际上是一种山环水抱、和谐有情、藏风聚气、气候适宜、郁草茂林、生机勃勃、便于防卫、宜于生存、景观优美、诗意"乐居"的理想人居环境。这些合理的因素是风水能够长期延续的根本原因。反过来说，风水何以能从两千多年前传承到今天？如果风水仅仅是一种迷信，没有上述合理成分，早就被中国人民唾弃了！因此我们应当客观地肯定其合理成分，并作为我们发展绿色建筑的文化资源。

第八节　人居环境保护意识和实践

在中国古代，"环境"一词大约出现在唐代。"环境"主要有三种含义：一是指周围的地方、地区。如《新唐书·王凝列传》："时江南环境为盗区"；再如明人陶安所著的《陶学士集·偶述》有"粤兹古黄国，麟史昔见书，开郡领三邑，环境千里余"。其二，是指环绕所辖的区域。如《元史·余阙传》："环境筑堡塞，选精甲外捍，而耕稼于中。"其三，是指周围的自然境况、社会境况。如宋人周必大在《文忠集·回福州帅贾侍郎选启》的回信中写道：福州"海山环境，古称富盛之乡"，这里是指自然境况。我们现代所说的"环境"是指人们生活在其中的自然环境和社会环境。

人居环境是吴良镛先生提出的一个新概念，他在《人居环境科学导论》中说："人居环境，顾名思义，是人类聚居生活的地方，是与人类生存活动密切相关的地表空间，它是人类在大自然中赖以生存的基地，是人类利用自然、改造自然的主要场所。"[473]中国古人没有提出，也不可能提出人居环境的概念，但却逐渐形成了敬畏生命、"泛爱一切"的保护生物多样性的思想；制定了保护森林、鸟兽的政策、法律；形成了植树造林、绿化环境、注重城市环境卫生等思想观念，积累了丰富的环境保护的实践经验。挖掘这些观念和实践经验，对于我们发展绿色建筑有重要的价值。

一、敬畏生命、"泛爱一切"的保护生物多样性的思想

在"天人合一"论和"道法自然"哲学思想的影响下，中国古代逐渐形成了以敬畏生命、"仁及草木"、"泛爱一切"为主要内容的保护生物多样性的思想观念。

生物多样性是指地球上的生物所有形式、层次和联合体中生命的多样化。简单地说，生物多样性是生物和它们组成的系统的总体多样性和变异性。生物多样性包括三个层次：基因多样性、物种多样性和生态系统多样性。

生物多样性是地球生命经过几十亿年发展进化的结果，是人类赖以生存和持续发展的物质基础。可以说，保护生物多样性就等于保护了人类生存和社会发展的基石，保护了人类文化多样性的基础，就是保护人类自身[474]。在商、周两代，保护生物多样性，主

要体现在"德及禽兽"和"仁及草木"两个方面。《吕氏春秋》讲了一个商汤"网开三面"保护鸟兽的故事。故事的大意是：有一次，商汤在野外看见祝（可能是掌管祭祀的官员）在张网捕鸟。此人在东西南北四面都布了网，并祷告所有的鸟都飞入网中。商汤见此情景，说道：你这是要把天下的鸟都一网打尽呀！除了夏桀那样的暴君，谁还会这样做？于是立即命令撤去三面的网，只留下一面的网。这个故事说明"汤之德及禽兽矣。"[475]《诗经》歌颂了西周时期保护草木的美德。《诗经·大雅·行苇》："敦彼行苇，牛羊勿践履，方苞方体，维叶泥泥。"大意是说，道路旁的芦苇茂密生长，它们开始长苞吐茎，叶儿柔嫩、茂盛之时，要禁牧，牛羊莫要践踩。后世学者根据《行苇》诗一致认为西周时期形成了"仁及草木"的风尚。商汤"德及禽兽"、西周"仁及草木"可以说开了中国最早的保护生物多样性的先河。

春秋战国时期，逐步形成了"天人合一"、"道法自然"的自然观；与其相一致，孔孟将"仁爱"关怀扩大到动物、植物。孔子主张"泛爱众"，使"仁者爱人"思想具有一定的普遍性。孟子继承了孔子的思想，第一次明确提出了"仁民爱物"思想。他说："君子之于物也，爱之而弗仁；于民也，仁之而弗亲。亲亲而仁民，仁民而爱物。"[476]西方到了20世纪20～30年代才把道德关怀扩大到生命存在物，而孔孟在两千多年前就将"仁爱"关怀扩大到了生"物"的层面，确实是难能可贵的。战国时期著名的名家代表人物惠施则超越了孔孟，明确提出了"泛爱万物"的思想。《庄子·天下篇》："泛爱万物，天地一体，惠施以此为大，观于天下而晓辩者。"

大约成书于战国时期的《易传》提出了"天地之大德曰生"的命题，把化育万物、创造生命看作是自然界最伟大的功德和最根本的天道，为古人敬畏生命、保护生物多样性提供了哲学依据。此后保护生物多样性的思想得到进一步的升华。唐代著名学者孔颖达提出"泛爱一切"的命题，韩愈倡导"博爱"，发展了儒家的"泛爱"思想。

宋代，周敦颐提出"窗前草不除"；程颐提出"万物生意最可观"的观点；特别是张载一反儒家有差别的爱的传统思想，认同墨家的"兼爱"思想，提出了"民胞物与"的思想，把儒家"泛爱"思想提升到新的高度。

明代心学家王阳明则把"仁爱"扩大到"瓦石"。他说："大人者，以天地万物为一体者也，其视天下犹一家，中国犹一人焉……见鸟兽之哀鸣，而必有不忍之心焉，是其仁之于鸟兽而为一体也；鸟兽犹有知觉者也，见草木之摧折而必有悯恤之心焉，是其仁之于草木而为一体也；草木犹有生意也，见瓦石之毁坏而必有顾惜之心焉，是其仁与瓦石而为一体也。"[477]这是中国古代"泛爱"伦理思想的又一进步。

特别需要重视的是，佛教传入中国，为中国古代保护生物多样性的伦理思想注入了强因子，极大地推动了古代敬畏生命意识的发展。佛教从一切众生皆有"佛性"和众生平等观念出发，主张用慈悲之心对待众生、普度众生；把"杀生"放在佛教戒律的首位，倡导放生和素食主义。受佛教的影响，道教从天、地、人"三统共生"世界观出发，主张万物平等，倡导"慈心于物"、"慈爱一切"，明确宣布杀生和破坏环境就是犯罪，倡导"戒杀生"，在早期道教的《老君说一百八十戒》中有20多条戒律与保护生物、保护环境有关。

　　佛教、道教保护生物和环境的思想对古代文人雅士的影响很大，如唐代诗人杜甫在《暂住白帝复还东屯》一诗中写道："筑场怜穴蚁，拾穗许村童。"宋代文学家苏轼在《次韵定慧长老见寄八首》诗中写道："钩帘归乳燕，穴纸出痴蝇。为鼠常留饭，怜蛾不点灯。"[478]从杜甫和苏轼的这两首诗可以看出，敬畏生命、尊重生命、保护生命的思想在唐宋时期的文人雅士中影响很大。

二、保护环境的法律法令

　　中国古代不仅提出了保护动物、植物的朴素观念和生态伦理思想，而且将这些观念落实到礼制制度和法律制度的层面，建立了环境管理和保护机构，制定了不少保护环境的法律、政策，在当时发挥了积极的作用。

　　传说在大禹时期，就颁布过环境保护的禁令——"禹之禁"。据《逸周书·大聚解》记载其主要内容是："春三月山林不登斧，以成草木之长。夏三月川泽不入网罟，以成鱼鳖之长。"[479]大禹的禁令规定，在春季不能上山砍伐树木，是为了让树木能够自然生长；在夏天不可以下河捉鱼鳖，是为了保证鱼鳖生长。"禹之禁"是否是大禹时期的禁令，现在已无从考证，但在西周以前已经存在，则是可以肯定的。西周初年，十分珍视"禹之禁"，将其"冶而铭之金版，藏府而朔之"。周文王继承了"禹之禁"的精神，在讨伐崇侯时颁布了《伐崇令》，规定"毋杀人，毋坏室，毋填井，毋伐树木，毋动六畜。有不如令者，死无赦。"[480]周文王在战争期间尚且下令不许滥杀无辜，不许毁坏老百姓的房屋，不许填井，不许乱砍树木，不许宰杀牲畜，如果违犯禁令，就会被处死。西周时期还根据一年四季气候变化的节律和鸟兽、草木生长的规律，制定了"四时之禁"的礼制制度。它遵循"春生夏长秋收冬藏"的农业生产规律，以"安萌芽、养幼小、存诸孤"和"以时禁发"为基本原则，详细地规定了人们开展伐木、起土功、建城郭、修仓库、修筑池塘、田猎、捕鱼、染布、修筑河堤、伐薪柴、烧炭、保护庄稼等活动的季节和月份，严禁"竭泽而渔"、"焚林而猎"。其中"安萌芽、养幼小、存诸孤"具有明显的保护生物多样性的因素。"四时之禁"的礼制制度对中国古代环境保护产生过深远的影响，如清代雍正皇帝在发布植树谕旨中，仍然强调"严禁非时之斧斤，牛羊之践踏"[481]。说明直到清代"四时之禁"仍然有一定的影响。

　　秦代在《田律》中，明确规定了保护环境的法律条文。"春二月，毋敢伐材木山林及雍（壅）堤水。不夏月，毋敢夜草为灰、取生荔、麛（卵）鷇；毋毒鱼鳖、置罔（网）；到七月而纵之。唯不幸死而伐绾（棺）享（椁）者，是不用时。邑之（近）皂及它禁苑者，麛时毋敢将犬以之田。百姓犬入禁苑中而不追兽及捕兽者，勿敢杀；其追兽及捕兽者，杀之。河（呵）禁所杀犬，皆完入公；其他禁苑杀者，食其肉而入皮。"[482]其大意是：春天二月，不准到山里去砍伐树木，不准堵塞水道。不到夏季，不准烧草作肥料，不准采集刚刚发芽的植物，或猎取幼兽，或拣取鸟卵，或捕杀小鸟，不准毒杀鱼鳖，不准设置捕捉鸟兽的陷阱和网罟。到七月，这些禁令才会解除。只有因死亡而需要做棺材时，才不受季节的限制。凡是居民聚落靠近养牛马、兽类养殖场或其他禁苑的，在幼兽刚生下来的时节，居民不得带猎犬前去打猎。百姓的猎犬进入禁苑，如未追捕、伤害苑中的野兽时，不得随便处死猎犬；如果猎犬追捕和伤害了苑中的野兽，则要处死猎犬。在设有警戒线的地区打死的猎犬，其尸体应该完整地上交官府；如果是在其他禁苑被打死的，允许猎犬的主人将狗肉吃掉，只将狗皮上交即可。这些法律条文继承了"四时之禁"的精神，它将草木、鸟兽、鱼鳖、家畜养殖场、皇家园林都列入保护的范围。这些规定是中国迄今发现最早的环境保护的法律条文，具有重要的历史意义。

西汉时期,在元始五年（公元5年）颁布了《四时月令五十条》。该法令规定:孟春（一月）禁止伐木，不能破坏鸟巢和鸟卵，勿杀幼虫、怀孕的母兽、幼兽、飞鸟和刚出壳的幼鸟，同时要做好死尸及兽骸的掩埋工作。而且在"禁止伐木"条令后特别注明:"谓小大之木皆不得伐也"，即无论树木大小，都不得砍伐。仲春（二月）不能破坏川泽，不能放干池塘，竭泽而渔，不能焚烧山林。"毋焚山林"后注有:"谓烧山林田猎伤害禽兽也"，意思是焚烧山林会伤害野生动物。另外，在季春（三月），则要修缮堤防沟渠，以备春汛将至，并且不能设网或用毒药捕猎。孟夏（四月）勿砍伐树林，不要进行土木工程。仲夏（五月）不能烧草木灰。季夏（六月）要派人到山上巡视，察看是否有人伐木。而且，每个季度地方政府必须逐级向上汇报这些法规的执行情况[483]。汉代还制定了中国最早的水法——《汉水令》，规定了灌溉渠用水的先后顺序，即下游先灌溉，上游后灌溉。这一法律规定，有利于避免上游灌溉无节制，导致水源浪费问题的发生。1995年，考古工作者在尼雅Ⅰ号墓地发现了汉代少数民族国家——"精绝国"（建都"尼雅"古城，位于今新疆民丰县境内）制定的保护森林的法律条文，规定:"砍他人之树，非法；将活树连根砍断，罚马一匹；将活树树枝砍断，罚母牛一头。"保护森林是古精绝国人民治沙实践经验的总结。这部法律被我国法学界称为世界第一部森林法。

隋、唐、宋、元、明、清各个封建王朝都曾制定和实施过一些保护水源、河堤、树木、鸟兽鱼虫、牛马等法律法令。尤其唐代颁布的保护环境的法律法令比任何朝代都多。如《唐律疏议》规定:"诸监决堤防者，杖一百（谓盗水以供私用，若为官检校，虽供官用，亦是）"[484]。即:凡是偷挖堤防进行偷水的人，无论公私原因，均按偷盗罪处理，处以一百棍的刑罚。唐高宗李治咸亨四年（674年）闰五月，禁止使用竹木编成的捕鱼工具"篊"捕鱼和筑栅栏尽捕禽兽。唐代宗李豫大历四年（769年）十一月禁止在首都长安及其郊县打猎；大历九年（774年）进一步规定"禁畿内渔猎采捕，自正月至五月晦，永为常式。"[485]正月二十四日诏:自今已后，每年正月九日及每月十斋日，并不得行刑，所在公私宜断屠钓。如意元年（692年）五月，禁天下屠杀。圣历三年（700年），断屠杀[486]。"十斋日"是指每月的初一、初八、十四、十五、十八、二十三、二十四、二十八、二十九、三十等10日为斋日。全年12个月，"每月十斋日"，共计110多天，按照唐高祖武德二年（619年）所下的"断屠钓"令的规定，每年近1/3的时间禁止屠宰动物、行刑和打猎、钓鱼。"如意"和"圣历"都是武则天时期的年号，自如意元年（692年）到圣历三年（700年）的8年时间里，武则天两次下令全国禁止屠杀。第一次要求全国在五月份"禁屠"，第二次则更为严厉,要求全年"断屠杀"。

全年"断屠杀"的诏令过于极端，与渔民、牧民的生计及人们肉食需要之间存在着明显的矛盾，不可能长期实施。唐肃宗至德二年（757 年）下诏"三长斋月，并十斋日，并宜断屠钓，永为常式"[487]。"三长斋月"是指正月、五月、九月。"三长斋月"加上每月的"十斋日"，一年有近 200 天的时间禁止"屠钓"。唐代保护鸟兽鱼虫的力度之大，在世界环境保护史上是不多见的。

元代、明代特别重视保护牛马，元世祖忽必烈至元年间（1264 ～ 1294 年）三次重申严禁屠宰牛马；三次下诏令禁止春三月、秋七月捕猎，禁止禽兽孕孳之时畋猎。《大明律》规定："凡私宰自己马牛者，杖一百"[488]；"若故杀他人马牛者，杖七十，徒一年半"；"若盗马牛而杀者，杖一百，徒三年。"[489]

清代比较重视通过法律禁止滥伐树木。如《大清律例》明确规定："近边分守武职并府州县官员禁约，该管军民人等，不许擅自入山，将应禁林木砍伐贩卖，若砍伐已得者，问发云贵两广烟瘴稍轻地方充军；未得者，杖一百，徒三年；若前项官员有犯俱革职，计赃重者，俱照监守盗律治罪；其经过关隘河道，守把官军知情纵放者，依知罪人不捕律治罪，分守武职并府州县官交部分别议处。"[490]"盛京各处，山场商人领票砍伐木植，如有夹带偷砍果松者，按照株数多寡定罪；砍至数十根者，笞五十；百根者，杖六十；每百根加一等罪，止杖一百，徒三年，所砍木植变价入官。"[491] 其大体意思是，靠近边塞地区，无论官民，均不得擅自砍伐林木，如果普通民众已经砍伐了树木的，则会被发配充军，如果只是砍了树，还没有得到这些木材的，就会受到责打一百棍和"徒三年"的处罚；如果是官员，擅自砍伐林木，不仅会被革职，而且会被处以监守自盗罪；对于故意放纵他人盗伐林木的，就会以渎职罪论处；在"盛京"（今沈阳，清早期都城），山场商人必须领取砍伐许可证，如果偷砍了果树、松树，也要受到严肃处理。

中国封建社会各个朝代制定和实施的上述法律法令，对于保护动植物自然资源、保护生物多样性和人居环境起到了较大的作用。

三、重视植树造林的意识与实践

为了保护环境、维护生态平衡和改善民生，中国先民很早就开始重视植树造林，可以说植树造林是中华民族数千年来养成的优良传统。据《史记·五帝本纪》记载，中华民族的人文始祖轩辕黄帝"时播百谷草木，淳化鸟兽虫蛾"。那个时代可能已经开始种植树木、花草。《周礼·地官·司徒下》中有"不树者无椁，不蚕者不帛"的规定。不种树的人死后不许有"椁"，即棺外的套棺，这是西周对不种树的人的惩罚。在《诗经·鄘风·定之方中》中有"定之方中，作于楚丘。……树之榛栗，椅桐梓漆，爰伐琴瑟"诗句，说明春秋时期，在营建城邑宫室时十分重视种植各种树木。春秋时期的著名政务家、思想家管仲则把植树造林提升到治理国家的重要国策的高度，他说："一年之计，莫如树谷；十年之计，莫如树木；终身之计，莫如树人。"[492] 秦始皇焚书坑儒之时，"所不去者，医药、卜筮、种树之书"[493]。说明秦代重视植树问题。

秦代以后的多数封建王朝都比较注意鼓励官民种树载桑，如汉文帝"诏书数下，岁劝民种树"[494]。《魏书·食货志》："一人给田二十亩，种桑五十。"北魏孝文帝时不仅鼓励植树，而且连品种数量都有具体的规定，"男夫一人，给田二十亩，课莳余，种桑五十树，枣五株，榆三根……限三年种毕，不毕，夺其不毕之地。"[495]隋代也重视植树造林。《隋书·食货志》："每丁给永业二十亩，为桑田，其中种桑五十株。"公元819年，唐代文学家白居易调任忠州刺史时，动员大批百姓到城郊荒山栽种树木，并且亲自管理，以确保树木的成活。唐代文学家柳宗元在任柳州刺史期间，积极倡导植树造林，为绿化柳州做出了重要贡献。"柳州柳刺史，种柳柳江边，谈笑为故事，推移成昔年，垂阴当覆地，耸干会参天。"[496]这首诗就是柳宗元对他当年"种柳柳江边"的追忆。柳宗元还总结和介绍了唐代种树高手郭橐驼的经验："植木之性，其木欲舒，其培欲平，其土欲固，其筑欲密。"[497]这些经验至今仍有借鉴价值。

"宋太祖建隆二年……命课民种树，每县定民籍为五等，第一等种杂树百，每等减二十为差，桑枣半之……太平兴国二年又禁伐。"[498]元代的《大元通制条格》以法律的形式规定："官民栽植榆、柳、槐树，令本处正官提点本地分人护长成对。""每丁周岁须要刨栽桑责贰拾株，或附宅栽种地桑贰拾株，早供蚁蚕食用。其地不宜栽桑枣，各随地土所宜栽种榆柳等树，亦及贰拾株。若欲栽种杂果者，每丁衮种壹拾株。皆以生成为定数。自愿多栽者听。"[499]元朝不仅明确规定了每丁每年必须栽种桑树，或榆树、柳树、槐树，或果树的珠数，而且实行地方正官负责制，督促检查，保证所栽种的树木必须成活。这样的规定具体、严格，有利于发展丝绸业和绿化环境。

在明朝，朱元璋为了发展经济，"令天下百姓务要多栽桑枣，每一里种二亩……每一户初年二百株，次年四百株，三年六百株，栽种过月造册回奏。"[500]明成祖为了鼓励人们种树，曾经下令免除种树老百姓的徭役，"永乐二十三年令，天寿山种树人户，免杂泛差役。"[501]这项政策能够较好地调动老百姓的种树积极性。

在清朝，康熙、雍正皇帝十分重视种树，曾专门委派监种官，监督种树，康熙三十三年（1694年）实行"植树，旧例委官监种，限以三年，限内干枯者，监种官自行补足，限外者，由部核给钱粮补种"的机制[502]，雍正二年（1724年）专门下谕旨劝民广植树木，他说："舍旁田畔以及荒山不可耕种之处，度量土宜，种植树木。桑柘可以饲蚕，栗可以佐食，柚、桐可以资用，即榛、楛杂木亦足以供炊爨。其令有司督率指画，课令种植。乃严禁非时之斧斤，牛羊之践踏，奸徒之盗窃，亦为民利不小。"[503]雍正对种植树木的民生价值、经济价值的论述较为全面，他所颁布的谕旨对于绿化环境、保护林木有积极的作用。

在中国古代，历代的普通老百姓才是种树载桑、保护树木、森林和生态环境的主体力量。如唐代诗人陆龟蒙在诗中写道："四邻多是老农家，百树维桑半顷麻。"[504]反映了唐代农民种树植桑的状况。老百姓之所以热心于植树造林，就在于他们不仅对植树造林的意义有深切的体会，而且往往以乡规民约的形式有效地保护了树木、森林和人居环境；这是中国能在明代以前保持生态环境整体良好和能够源源不断地为木构架建筑体系的长期发展提供可持续利用的建筑材料的根本原因。

中国老百姓早就认识到植树种草至少有三大功能：

其一，涵养水源的功能。如立于清乾隆四十六年（1781 年）的楚雄市紫溪山《鹿城西紫溪封山护持龙泉碑》写道："大龙箐水所从出，属在田亩，无不有资于灌溉。是所需者在水，而所以保水之兴旺而不竭者，则在林木之荫翳。树木之茂盛，然后龙脉旺相，泉水汪洋。近因砍伐不时，挖掘罔恤，以致树木残伤，龙水细涸矣。"这里所说的"大龙"指大山；"箐"泛指竹林、树木。认为农田依赖灌溉，灌溉需要水。而大山上的竹林、树林是地表水的来源，树木茂盛是"保持水之兴旺而不竭者"和"泉水汪洋"的根本条件；反之，乱砍滥伐树木，乱挖草药，破坏植被则是造成山水减少甚至枯竭的主要原因。这块石碑的作者深刻论述了森林植被涵养水源的功能，说明早在 200 多年前云南楚雄地区的老百姓对植树造林重要性的认识已经达到很高的水平。

其二，防止水土流失的功能。如云南省保山市《永昌知府陈廷焴＜种树碑记＞》中写道："先是山多材木，根盘土固，得以为谷为岸，籍资捍卫；今则斧斤之余，山之本濯濯然矣。而石工渔利，穿五丁之技于山根，堤溃沙崩所由致也。""山多材木，根盘土固"显然是在论述森林植被具有防止水土流失的功能，而乱砍树木和无序开采石材是导致"堤溃沙崩"的根本原因。

其三，美化环境的功能。如现存于云南省鹤庆县城郊乡柳绿河村，清光绪三十二年（1906 年）所立的《大水渼护林石碑》写道："从来公山之木尝美，尝若彼濯濯也。因世道猖狂，将松树尽皆烧毁，兼之砍伐殆尽，视之者莫不磋叹矣！"故而立碑将山上的林木加以保护起来[505]。

正是由于老百姓对植树造林的环境意义和经济价值有深刻的认识，因此历来注重在房屋前后、村镇周围、坟地、路旁、河边、田间地头种植各种树木。在风水意识影响下，不少村庄都种植有"风水林"、"风水树"；不少村镇长期保护着有数百年或近千年树龄的标志性古树。如江西婺源理坑村周围树木茂密，郁郁葱葱；安徽宏村村口有两株高大的银杏树，树龄都有 400 多年，是宏村的重要标志；唐模村村口古树参天，其中一株银杏树有 1400 多年的树龄。这些古树见证着当地老百姓热心植树造林的历史传统（图 1-33）。

图 1-33（a）　江西婺源理坑村周围的树林
（图片来源：李小鸽 摄）

图 1-33（b）　安徽宏村村口的银杏古树
（图片来源：李小鸽 摄）

图1-33（c）安徽唐模村
村口的古银杏树
（图片来源：张科宇 摄）

图1-33（d）宜宾市长宁、江安两县交界处的万顷竹海
（图片来源：http://dp.pconline.com.cn/dphoto/list_3195308.html）

图1-33（e）陕西省丹凤县石洞沟小山村
四周树木茂盛
（图片来源：赵安启 摄）

为了防止乱伐树木、破坏生态环境，老百姓制定了不少乡规民约。如藏族先民早在吐蕃时代（约7～9世纪）就有了以佛教"十善法"为基础的民间规约，其中规定："要相信因果报应，杜绝杀生；严禁猎取禽兽，保护草场水源；禁止乱挖药材，乱伐树木"等等。青海木拉藏族部落内部规定："禁止采挖药材，凡挖药材者不论在自己的草场、田地，还是在别人的草场、田地，均要罚款藏洋30元。""不准砍伐树木作薪柴，也不准到其他部落区内樵采，违犯者均罚藏洋30元。"

西双版纳傣族祖代流传下来的傣文抄本《布双郎》，汉译为《祖训》。其中关于保护自然生态与资源的训条有："不要砍菩提树"，"不要改动田埂"，"不要砍龙树"，"不要砍树来挡路"等等。傣族民间历来祀奉勐神。各村寨均制定"勐规"，规定"龙山上的树木不能砍，寨子内其他地方的龙树也不能砍；寨子边的水沟、水井不能随意填埋"等等。

羌族有信仰天神、地神、山神、树神的民俗，每年都要举行"祭山会"，并盟誓要封山育林和禁猎、禁伐、禁樵采等。

苗族的民间规约称为"榔规"，或"榔约"。有的苗民聚居区，还将榔规、榔约进一步规范化为带有法律规条性质的"议榔词"，规定"定期封山和开山，保护树木生长"，"偷砍别人家的杉树，罚银三两"，"偷盗别人家的松树，罚银一两三"，"偷砍护寨树、风水树，罚银九两"等等。

侗族的乡约，称为"款约"。历代侗族社会的"款约"多涉及封山育林、保护林木、保护水源和水利设施及禁渔禁猎等等自然生态与资源保护方面的内容，并有相应的惩处条款。

居住在黔东南和桂北等地的水族，每年都要定期举行"封山议榔"活动，所议定的"封山榔规"，对保护山林资源起到了十分积极的作用。当地号称我国的杉木之乡，丰富的山林资源是历代水族群众集体保护的结果。

布依族的规约，称为"榔团盟约"。其中有"不准放火烧山"，"不准乱伐林木，违者罚银洋五元"；"不准在水井边洗衣、洗菜，违反者罚款银洋五元"等规定。

哈尼族是一个崇林拜树、农林兼营的山地民族，每年要举行祭拜神树的活动。哈尼族历来注重山水田林路的综合治理，保持了良好的农业生态环境，举世闻名的"哈尼梯田"堪称传统生态农业的一个典范，亦成为世界一绝。历代哈尼人根据森林的不同，将其分为6大功能林区，即寨神、勐神林区，公墓坟山林区，村寨防风防火林区，传统经济植物林区，传统用材林区，边境防火林区。其中，传统经济植物林区和传统用材林区可以适时封育，定期开放和开发；其他林区主要功能是祭祀、护寨和维护村寨环境等，一般不能进入进行伐木和樵采等，违反者将受到严惩。特别是寨神、勐神林区和公墓坟山林区更是神圣不可侵犯，人畜未经许可一律不准进入，更不准伐树和垦殖。在哈尼族群众聚居地，这两类林区是历代保存最为完好，至今仍处于原生状态的森林，几乎无人敢于犯禁。

布朗族村寨都有自己的"龙山"，龙山上的森林称为"龙林"，历代布朗人对森林树木怀有深深的崇拜和敬畏之情，"龙林"中的树木严禁砍伐和毁损，每年都要定期举行祭林拜树的仪式[506]。此外，仫佬族、阿昌族、拉祜族、独龙族、白族、京族等民族的规约也都有保护树木、环境的条款。这些乡规民约被称为"习惯法"，或"不成文法"，对推动民间植树造林、保护生态环境和防止乱砍滥伐树木、破坏环境曾发挥了重要作用。

四、绿化人居环境的意识与实践

在中国古代，绿化城乡人居环境主要体现在道路绿化、庭院绿化和城市绿化等方面。

（一）道路绿化

种植行道树、绿化道路的传统大约形成于西周。西周时期就有"列树以表道"的规定。秦始皇二十七年（公元前220年）修筑纵贯南北的驰道，"道广五十步，三丈而树……树以青松"[507]，首开了中国古代大规模种植行道树的先声。秦代以后，代代相沿，一直坚持种植行道树，绿化道路。晋朝文学家左思的《吴都赋》记载："驰道如砥，树以青槐，亘以绿水，玄荫眈眈，清流亹亹。"[508]吴都（今苏州）道路平直，路旁种植槐树，树荫浓郁，水绿河清。十六国时期，前秦皇帝"苻坚灭燕赵之后，自长安至于诸州，皆夹道树槐柳"[509]。南北朝时期，北周韦孝宽任雍州刺史，曾"令诸州夹道一里种一树，十里种三树，百里种五树。"[510]当时主要种植槐树，使行旅之人有乘凉休息之处。明代广西武平县令张策，曾下令在牛轭岭和金鸡岭"夹道树青松，经年而茂，往来者得随地休息。"[511]唐代十分重视在驿站周围和驿路两旁种植树木，如唐代的严秦在负责修建襄城驿站的过程中，既扩建了驿站前的池塘，又种植了许多竹子和树木。诗人元稹在《襄城驿》一诗中赞扬道："严秦修此驿，兼涨驿前池。已种千竿竹，又栽千树梨。"[512] 唐代的重要交通干线是"两京路"，即从长安到洛阳的驿路。开元二十八年（740 年）正月十三日"令两京道路并种果树"[513]。唐代地方官对两京路的行道树颇为珍视。贞元年间（785～805 年）唐中央度支使下了一个符牒，命"砍取两京道中槐树造车，更栽小树。"渭南县尉张造，在符牒上批道："近奉文牒，令伐官槐。若欲造车，岂无良木？恭维此树，其来久远。东西列植，南北成行，辉映秦中，光临关外。不惟用资行者，抑亦曾荫学徒。拔本塞源，虽有一时之利，深根固蒂，须存百代之规。"[514] 这段史料不仅说明唐代自长安至洛阳交通干道上的行道树栽种得很规整，其长势茂盛，为行旅之人和赶考的学子提供了方便；而且反映了当时社会上有浓厚的爱惜树木、绿化道路的风尚。张造作为一个低级官吏，敢于挺身而出，保护行道树，其精神可嘉。

清代也比较重视种植和保护行道树，如雍正时期，"京师至江南道路往来行旅繁多"，为保障道路畅通，绿化道路，雍正皇帝于雍正七年（1729 年）"特遣大臣官员前往督率地方官，修理平治，不惜帑金，成功迅速。又令道旁种树，以为行人憩息之所。比时河东总督董率河南官，种树茂密较胜他省，经过之人皆共见之。"雍正十一年（1733 年）他又下谕旨，要求地方官员及时修复损毁的道路，"应补柳株之处，按时补种，并令禁曰兵民不得任意戕伐，倘有不遵将官弁题参议处，兵民从重治罪。"[515] 清朝陕甘总督左宗棠在督办新疆军务时，主持修筑了东起潼关，西至乌鲁木齐的新疆大道，并沿途种植了数百万株杨树、柳树。"新栽杨柳三千里，引得春风度玉门"的诗句便是对左宗棠这一善举的称颂。

（二）庭院绿化

庭院绿化是人居环境绿化的重要内容，它直接影响着人们的日常生活。因此，古人十分重视庭院绿化和美化。如南朝著名道教思想家、医学家陶弘景"特爱松风，庭院皆植松，每闻其响，欣然为乐"[516]。再如唐代诗人高适在《寄宿田家》一诗中写道："田家老翁住东坡……山青每到识春时，门前种柳深成巷"[517]。他所描述的是一户农家庭院的绿化情况。唐代著名文学家白居易在《庭松》一诗中写道："堂下何所有？十松当我阶。乱立无行次，高下亦不齐。高者三丈长，下者十尺低，有如野生物，不知何人栽……朝昏在风月，燥湿无尘泥"[518]。在这里，白居易不仅描绘了栽在庭院中的十株松树的风姿，而且指出庭院种植松树，可以起到"朝昏在风月"的美化作用和"燥湿无尘泥"的改善小气候的作用。元代成延珪"奉母居市廛，植竹庭院间，颇有山林意趣"[519]。在庭院中植竹，一般是南方庭院绿化和美化的措施。明清时期，庭院绿化、美化更为普遍，江浙一带盛行在天井或后院修建花园，或修造微型宅园。

（三）城市绿化

中国古代城市绿化主要包括道路、街道绿化，园林，署衙、宅第绿化和寺观绿化等。中国古代城市绿化可追溯到春秋战国时期。据《韩非子·外储左》记载：子产治郑，"桃枣荫于街者，莫有援也。"当时在郑国的首都以桃树、枣树为绿化和美化城市的树种，街道上桃、枣成荫，社会风尚良好，没有人私自采摘果实。

五代时期，后周太祖郭威曾下诏，鼓励老百姓在街道两旁种树，"（后）周显德三年（公元 956 年）六月诏：京城内街道阔，五十步者，许两边人户各于五步内，取便种树，掘井，修盖凉棚。"[520]

唐代是我国封建社会发展的鼎盛时期，不仅首都长安是当时世界上最繁华的都市，而且也是当时世界上绿化较好的都市。

唐代有较完备的城市和环境管理机构与制度。唐沿袭隋朝的官制，在中央政府设立六部，即吏部、户部、礼部、兵部、刑部和工部。工部下设有虞部，"掌京城街巷种植、山泽、苑囿草木、薪炭供顿、田猎之事"等政令[521]。其许多职责与环境管理和保护有关。而"京城街巷种植"、绿化由都城的行政长官京兆尹管理，具体工作由左、右街使负责。唐文宗大和九年（835 年）八月，"勅诸街添补树，并委左右街使栽种，价直于京兆府取，乃限八月栽毕。"[522] 这一史料反映了唐代都城绿化的组织机构和管理机制等情况。

唐代制定了不少关于都城植树绿化的规定和政策。如广德元年（763 年）九月，唐代宗下勅令："城内诸街勿令诸使及百姓辄有种植"，即长安城官民不得私自在街道两旁随意种植树木。大历二年（767 年）五月，唐代宗又下勅令："植树栽植如闻，并滋茂……不得使有斫伐，至令死损"，要求对已栽种并成活繁茂的树木实行保护政策，不得乱砍滥伐。唐德宗贞元四年（788 年）二月，唐德宗下勅令："官街树缺，所司植榆以补之。京兆尹吴凑曰：'榆非九衢之玩，亟命易之以槐。'"[523] 宗贞元十二年（796 年）规定"京兆，每岁唯令植槐树成列"[524]，槐树成了长安的"市树"。除种植槐树外，一些街道、引水渠旁也种植柳树、杨树，呈现出"渠柳条长水面齐"和"垂杨十二街"的美景。另据《太平广记》记载："西京朝堂北头有大槐树……检校后，栽树行不正，欲去之。"[525] 这一记载说明，唐长安城中植树要求整齐划一、纵横成行，栽得不端正的树，要去除。[526]

唐长安城的官民较好地执行了政府的各种法规和政策，使长安城"青槐荫道植"、"花香泛御沟"、"绿杨红杏满城春"，城市绿化受到了许多文人雅士的高度赞赏和讴歌。白居易在《登乐游园望》诗中写道："独上乐游园……下视十二街，绿树间红尘"[527]。王维在《登楼歌》诗中写道："在下俯十二兮，通衢绿槐参差兮。"他在《早朝》诗中写道："皎洁明星高，苍茫远天曙。槐雾郁不开，城鸦鸣梢去。""柳暗百花明，春深五凤楼。"[528] 王勃在《春思赋》中描述长安城："垂柳复垂杨，草开驰马埒。花满斗鸡场……行行避叶，步步看花。"[529] 李颀在《送康洽入京进乐府歌》诗中写道："长安春物旧相宜，小苑葡萄花满枝，柳色偏浓九华殿，莺声醉杀五陵儿。"[530] 上述诗赋中的"绿树间红尘"、"通衢绿槐参差兮"、"槐雾郁不开"、"柳暗百花明"、"垂柳复垂杨"、"花满斗鸡场"、"行行避叶"、"步步看花"等都是在赞美唐长安城的绿化和美化。

长安不仅绿化很好，而且也是园林化城市。长安城既有"吞吐山川，体象天地"的皇家园林和众多的寺观园林、私家园林，而且还有向老百姓开放的曲江池游览胜地。整个长安城"园林树木无闲地"，环境优美，犹如一座大花园。

时至北宋，东京汴梁的排水沟内尽植莲、荷，近岸植桃、李、梨、杏等果树，一般街道种植柳、槐、椿等树木。与唐代不同的是，汴梁街巷植树比较自由，北宋张择端的《清明上河图》反映了这一特点。

中国的园林、寺观及山区村镇更是绿化的典型代表，每一座园林、寺观和多数山村都绿树成荫，生机勃勃（图1-34）。

图1-34（a） 杭州灵隐寺入口处古树遮天蔽日　　　　图1-34（b） 苏州留园的景观绿化
　　　　（图片来源：张科宇 摄）　　　　　　　　　　　　　（图片来源：张科宇 摄）

五、重视城市环境卫生的意识与实践

"卫生"一词源于《庄子》。《庄子·庚桑楚》曰："趎愿闻卫生之经而已矣。""趎"，人名，即南荣趎。古人解释说，"卫生"，"防卫其生，令和道也"，"药石之类同归于卫生"。在古代，卫生主要是指预防疾病、保护健康的方法措施和健康的生活方式。古人将医疗、养生都归于卫生的范围。现代所谓环境卫生主要是指改善和创造合乎生理需要的生产环境和生活条件。城市环境卫生是指城市空间环境的卫生。主要包括城市街巷、道路、公共场所、水域等区域的环境整洁，城市垃圾、粪便等生活废弃物处理和城市环境卫生设施的规划、建设等内容。[531]

中国古代城市环境卫生问题主要有三类：一是"侵街"、"侵河"问题，即因侵占街巷、河堤导致市容市貌混乱；二是污染问题，任意抛掷生产、生活垃圾，倾倒粪便、污水导致街道、水域及空气污染；三是乱砍滥伐城市树木，影响城市美观和小气候。针对这些问题，自商代开始各朝代不同程度地制定了保护城市环境卫生的法律政策。

（一）关于城市垃圾问题

古代主要采取洒扫街道、清理粪便、制定法律法令禁止乱弃垃圾等措施解决城市垃圾问题。

据《韩非子》记载，商代就制定了法律严厉禁止乱弃垃圾。《韩非子·内储说上》记载："殷之法，刑弃灰于街者。……殷之法，弃灰于公道者，断其手。""子贡以为重，问仲尼，仲尼曰：'知治之道也。……夫重罚者，人之所恶也，而无弃灰，人之所易也。使人行之所易，而离所恶，此治之道。'"这段记载说明，商代制定了严厉的法规，禁止"弃灰于街"和"弃灰于公道"的行为,并得到孔子的赞赏,认为商代统治者"知治之道也"。

秦代继承了商代的法律,禁止将垃圾抛弃在街道上。《盐铁论》注云:'卫鞅之法……弃灰于道者被刑。按韩非子殷之法刑弃灰于道者。'"[532]《汉书·五行志》记载:"秦连相坐之法,弃灰于道者黥。"

东汉时期,毕岚发明了最早的环卫工具——洒水车。《后汉书·张让传》:"作翻车渴乌,施于桥西,用洒南北郊路,以省百姓洒道之费。"洒道的翻车"渴乌"是汉代掖庭令毕岚制作成功的,它是世界上最早的洒水车。

汉代城市已经有了公共厕所——"都厕"。传说刘安上天,因起坐不恭,被"谪守都厕三年"[533]。《三国志·魏志·司马芝传》对"都厕"也有记载:"有盗官练置都厕上者"。"都厕"的普及为有效管理城市的粪便奠定了基础。

唐代制定了较严厉的管理城市垃圾的法律。《唐律疏议》载:"其穿垣出秽污者,杖六十;出水者,勿论。主司不禁与同罪。"意思是说,在墙上穿洞,倾倒污水、垃圾于街巷者打60棍,管理城市环境的官员不加禁止,与犯罪人同坐。在唐代出现了以清理垃圾、粪便为职业的人。《朝野金载》记载,"长安富民罗会,以剔粪为业。……会世副其业,家财巨万。"[534]《太平广记》载,"唐裴明礼,河东人,善于理生,收人间所弃物,积而鬻之,以此家产巨万。"[535]这两条史料说明,唐代已经在采用经济手段,推动市民将城市粪便及其他废弃物收集起来,运往农村贩卖。这样做的结果,既处理了城市垃圾、维护了城市环境卫生,又使粪便及其他废弃物贩运者获利颇丰,还满足了农村对肥料的需要。是一个一举多得的好措施。

北宋时期,随着城市的发展和手工业、商业的繁荣,城市环境卫生管理也有了进步。在中央督水监下设街道司,专门管理都城汴京(今开封)的环境卫生。"宣和三年诏……街道司,掌辖治道路人兵,若车驾行幸,则前期修治,有积水则疏导之。"[536]《宋刑统》:"穿垣出秽污者,杖六十。出水者勿论。主司不禁与同罚。"这一法律条文与唐代相同。

值得一提的是陈敷(另一说为陈雱)所著的《农书》总结了当时将生活废弃物转化为农家肥的经验,他写道:"凡扫除之土、燃烧之灰、箕扬之糠秕、断草、落叶,积而焚之,沃以粪汁,积之既久,不觉其多,凡欲插种,筛去瓦石,取其细者,和匀种子,疏把撮之;待其苗长,又撒以雍土。何患收成不倍厚也哉。"[537]《农书》总结的这些经验对于促进农村和城市垃圾再利用具有重要意义。到了明代,城市配置了专职清洁工。

清代南方的染织业发达,但污染问题也比较突出。清政府颁布了防止污染、保护河流水质的法令。据乾隆二年(1737年)所立的《苏州府永禁虎丘开设染坊污染河道碑》载,当时虎丘山前染坊遍布,污水注入河中,致"满河青红黑紫","各图居民,无不抱愤兴嗟",于是官府颁布禁令"勒石永禁虎丘开设染坊",所有"染作器物,迁移他处开张","如敢故违,定行提究"。这块碑文可说是我国第一个河流水质保护法令。[538]

(二)关于"侵街"问题

古代采取以法禁止和拆除违规建筑等措施治理"侵街"问题。如唐代推行"诸侵巷街阡陌者,杖七十;若种植垦食者,笞五十,各令复故"[539]的法律。《旧唐书·宣宗本纪》

记载："义成军节度使韦壤与怀真坊侵街造屋九间，已令毁拆"，即使高官显贵的违规建筑也被拆除，可见当时执法比较严格。再如，宋代对"侵街"问题也做出了不少规定。开宝九年（976年），因洛阳通利坊街道狭窄，行车不便，宋太祖下令"撤侵街民舍，益之"[540]。景祐元年（1034年）宋仁宗下诏："京旧城内侵街民舍在表柱外者，皆毁撤之。"[541] 除了这些临时法令外，《宋刑统》对侵街问题也有明确规定："诸侵巷街阡陌者，杖七十；若种植垦食者，笞五十。各令复故。……主司不禁与同罪。"[542] 各个封建王朝所制定和执行的保护城市环境卫生的各项法律、法规及政策，在历史上曾起过积极的作用。历史经验值得借鉴，我们今天要建设生态城市、低碳城市，保护城市的环境也必须走法制化的道路。

注 释

[1] 列宁. 列宁选集 [M] 第二卷. 北京：人民出版社，1960：608

[2] 潘谷西. 中国建筑史 [M]. 北京：中国建筑工业出版社，2009：321

[3] 梁思成. 我国伟大的建筑传统与遗产 [J]. 文化参考资料，1953，（10）

[4] 王伯鲁，王筱平. "绿色技术"概念析 [J]. 环境导报，1997（1）：29–30

[5] 王忠学，陈凡. 绿色技术系统观 [J]. 理论界，2004（2）：51

[6] （美）巴里. 康芒纳. 封闭圈 [M]. 侯文蕙，译. 兰州：甘肃科学技术出版社，1990：113

[7] 衡孝庆，魏星梅，邹成效. 绿色技术研究综述 [J]. 科技进步与对策，2010，（14）：154

[8] 周若祁，等. 绿色建筑体系与黄土高原基本聚居模式 [M]. 北京：中国建筑工业出版社，2007：64

[9] 杨寿堪. 现代人本主义的几个哲学问题 [J]. 社会科学辑刊，2001，（3）

[10] 田晓强. 再论反科学思潮 [J]. 江汉论坛，2005，（5）

[11] [美] 乔治·萨顿. 科学史与新人文主义 [M]. 陈恒六，等译. 北京：华夏出版社，1989：124–125

[12] 赵安启，周若祁. 绿色建筑的人文理念 [M]. 北京：中国建筑工业出版社，2010：8–11

[13] 赵安启，周若祁. 绿色建筑的人文理念 [M]. 北京：中国建筑工业出版社，2010：181–252

[14] 杨叔子. 时代发展趋势：科学人文交融 [J]. 广州职业教育论坛，2012，（6）：1–5

[15] （美）保罗·来文森. 思想无羁 [M]. 何道宽，译. 南京：南京大学出版社，2003

[16] 毛泽东. 毛泽东选集（第一卷）[M]. 北京：人民出版社，1991：139

[17] 卜松山. 儒家传统的历史命运和后现代意义 [M]. 载季羡林等编. 东西文化议论集 [M]（下册）. 北京：经济日报出版社，1997：396

[18] H. 罗尔斯顿. 科学伦理学与传统伦理学 [M]. 徐兰，译. 载邱仁宗主编. 国外自然科学哲学问题（1992~1993）[M]. 北京：中国社会科学出版社，1994：268

[19] 转引自：余正荣. 中国生态伦理传统的诠释与重建 [M]. 北京：人民出版社，2002：4

[20] 吴良镛. 论中国建筑文化的研究与创造 // 沈福煦，刘杰. 中国古代建筑环境生态观 [M]（总序一）. 武汉：湖北教育出版社，2002：1 ~ 4

[21] 沈福煦，刘杰. 中国古代建筑环境生态观 [M]（总序二）. 武汉：湖北教育出版社，2002：17

[22] 林毅夫，张鹏飞. 适宜技术、技术选择和发展中国家的经济增长 [J]. 经济学，2006，（4）：986–1006

[23] 赵安启，周若祁. 绿色建筑的人文理念 [M]. 北京：中国建筑工业出版社，2010：218

[24] 张建宇. 生态文明，文明的整合与超越 [J]. 人民日报，2007 年 10 月 29 日

[25] 发展改革委、住房城乡建设部. 绿色建筑行动方案 [N]. 中国网 www.china.com.cn，2013–01–08

[26] 钱穆. 中国文化对人类的未来可有的贡献 [J]. 中国文化，1991，（1）

[27] 《尚书·周书·蔡仲之命》

[28] （清）胡煦.《周易函书别集·易解辨异》卷四

[29] 《周易·系辞上》

[30] 《周易·泰卦·象》

[31] 《周易·系辞上》

[32] （宋）程颐.《伊川易传·周易上经》卷一

[33] 转引自：方克立."天人合一"与中国古代的生态智慧 [J]. 社会科学战线，2003，（4）：209

[34] 《礼记·中庸》

[35] 《礼记·中庸》

[36] （宋）钱时.《融堂四书管见·中庸》卷十三

[37] 《礼记·中庸》

[38] 赵安启，胡柱志. 中国古代环境文化概论 [M]·北京：中国环境科学出版社，2008：28

[39] （汉）董仲舒.《春秋繁露·深察名号》卷十

[40] （汉）董仲舒.《春秋繁露·阴阳义》卷十二

[41] （汉）董仲舒.《春秋繁露·基义》卷十二

[42] （宋）张载.《张子全书》卷三。

[43] （宋）张载.《张子全书·西铭》卷一

[44] （宋）张载.《张子全书·西铭》卷一

[45] （宋）朱熹编.《二程遗书》卷六

[46] （宋）朱熹编.《二程遗书》卷二

[47] （宋）朱熹编.《二程遗书》卷十八

[48] （清）李光地编.《朱子全书·性理五》卷四十六

[49] （宋）黎靖德编.《朱子语类·大学四·或问上》卷十七

[50] 陆象山：《象山集·杂说》卷二十二

[51] 柴文华."天人合一"与和谐社会 [J]. 学习与探索，2006，（1）

[52] 赵安启，胡柱志. 中国古代环境文化概论 [M]. 北京：中国环境科学出版社，2008：72

[53] 《老子》六十章

[54] 《庄子·齐物论》

[55] 《老子》三十七章

[56] 《庄子·知北游》

[57] （晋）郭象.《庄子注·应帝王》卷三

[58] 《老子》十九章

[59] 赵安启，胡柱志. 中国古代环境文化概论 [M]. 北京：中国环境科学出版社，2008，102

[60] 潘谷西. 中国建筑史 [M]（第五版）. 北京：中国建筑工业出版社，2004，214

[61] （汉）赵煜.《吴越春秋·阖闾内传》卷二

[62] （汉）赵煜.《吴越春秋·勾践归国外传》卷五

[63] 司马迁.《史记·秦始皇本纪》卷六

[64] 《三辅黄图·咸阳故城》卷一

[65] 中国天文学史整理小组. 中国天文学史 [M]. 北京：科学出版社，1981，46

[66] 《史记·天官书》卷二十七

[67] 《史记·秦始皇本纪》

[68] 赵安启，王宏涛. 史记与中国古代建筑文化 [M]. 西安：陕西人民教育出版社，2000，76

[69] 班固. 西都赋 [N]. 全汉赋 [M]. 北京：北京大学出版社，1993，313

[70] （宋）范晔著.（唐）李贤注.《后汉书·班彪列传》卷七十上

[71] 张衡. 西京赋 [N]. 全汉赋 [M]. 北京：北京大学出版社，1993，413

[72] （宋）程大昌.《雍录·龙首原六坡》卷三

[73] 韩保全. 气势恢宏、制度精严的隋唐长安城 [J]. 论唐代城市建设 [M]. 西安：陕西人民出版社，2005，52 ~ 49

[74] 傅熹年主编. 中国古代建筑史 [M] 第二卷. 北京：中国建筑工业出版社，2001：315，317

[75] 《周易·系辞上》

[76] 《陕西通志·艺文四》卷八十八

[77] 《旧唐书·礼仪志》卷二十二

[78] 《旧唐书·礼仪志》卷二十二

[79] 《旧唐书·礼仪志》卷二十二

[80] （清）纪昀等.《御选明臣奏议·应诏陈言疏》卷二十七

[81] 孟凡人. 明代宫廷建筑史 [M]. 北京：紫禁城出版社，2010，245

[82] 孟凡人. 明代宫廷建筑史 [M]. 北京：紫禁城出版社，2010，102

[83] （清）黄宗羲.《明文海·北京赋》卷二

[84] 潘谷西. 中国建筑史 [M]. 北京：中国建筑工业出版社，2004，114

[85] 傅崇兰，白晨曦，曹文明. 中国城市发展史 [M]. 社会科学文献出版社，2009，407

[86] 孟凡人. 明代宫廷建筑史 [M]. 北京：紫禁城出版社，2010，343–345

[87] （魏）王弼.《周易注·明象》卷十

[88] 《旧唐书·礼仪志》卷二十二

[89] （清）朱鹤龄.《尚书埤传·五迁》卷八

[90] 黑格尔. 美学 [M] 第三卷上. 朱光潜译. 北京：商务印书馆，1996

[91] 《晋书·天文志》卷十一

[92] 孔安国传，孔颖达疏.《尚书注疏·商书》卷七

[93] （宋）苏辙.《诗集传·召南》卷一

[94] 《老子》六十七章

[95] 《左传·庄公二十四年》

[96] （汉）韩婴：《韩诗外传》卷五

[97] 《国语·周语中》

[98] 《墨子·节用》

[99] 《管子·八观》

[100] （南唐）谭峭.《化书·悭号》卷六

[101] （南唐）谭峭.《化书·天牧》卷六

[102] （明）黄训.《名臣经济录·遵敕谕申明宪纲事》卷五十三

[103]　赵安启，胡柱志 . 中国古代环境文化概论 [M]. 北京：中国环境科学出版社，2008，128–129

[104]　（唐）虞世南 .《北堂书钞·俭德》卷八

[105]　（唐）司马贞 .《史记索隐·孝文本纪》卷二十九

[106]　（汉）戴德 .《大戴礼记》卷十一

[107]　《史记·殷本纪》

[108]　（宋）裴骃 .《世纪集解·殷本纪》

[109]　《史记·孟子荀卿列传》

[110]　《史记·苏秦列传》

[111]　《史记·晋世家》

[112]　《史记·秦始皇本纪》

[113]　郭沫若 . 奴隶时代 [M]. 北京：人民出版社，1954：186、188

[114]　《史记·高祖本纪》卷八

[115]　（唐）司马贞 .《史记索隐·孝武本纪》卷二十九

[116]　（后晋）刘昫 .《旧唐书·魏征列传》卷七十一

[117]　《史记·太史公自序》卷一百三十

[118]　（唐）虞世南 .《北堂书钞·俭德》卷八

[119]　《墨子·辞过》卷一

[120]　《史记·孝文本纪》卷十

[121]　《史记·孝文本纪》卷十

[122]　《古今图书集成·考工典·苑囿部艺文一》第五十四卷，〇一～〇二页

[123]　《魏书·长孙道生传》卷二十五

[124]　《古今图书集成·考工典·宫室总部艺文一》第三十七卷，〇六页

[125]　《古今图书集成·考工典·宫室总部总论》第三十六卷，二十～二十一页

[126]　《古今图书集成·考工典·宫殿部汇考》第四十卷，二十六页

[127]　《古今图书集成·考工典·宫室总部总论》第三十六卷，二十三页

[128]　《古今图书集成·考工典·宫室总部艺文一》第三十七卷，七～九页

[129]　（清）陈元龙 .《御定历代赋汇·阿房宫赋》卷一百八

[130]　《古今图书集成·考工典·园林部艺文三》第一百二十一卷，三一页

[131]　《古今图书集成·考工典·宫室总部艺文一》第三十七卷，一四页

[132]　《古今图书集成·考工典·宫室总部艺文一》第三十七卷，一三～一四页

[133]　（唐）张说 .《张燕公集·虚室赋》卷一

[134]　《古今图书集成·考工典·木工部杂录》第七卷，〇二页

[135]　《古今图书集成·考工典·宫室总部杂录》第三十八卷，〇四页

[136]　《宋史·舆服志》卷一百五十三

[137]　（宋）李诫撰，邹其昌点校 . 营造法式 [M]. 北京：人民出版社，2011，九十五～九十六页

[138]　（元）谢应芳 .《龟巢稿·斗室记》卷六

[139]　（元）陈基 .《夷白斋稿·雪斋记》卷二十三

[140]　（清）孙承泽 .《春明梦余录·名迹一》卷六十四

[141]　丁俊清，杨新平 . 浙江民居 [M]. 北京：建筑工业出版社，2009. 190

[142]　（宋）王质 .《诗总闻·豳风》卷八

[143]　（宋）徐梦莘 .《三朝北盟会编》卷三

[144]　（宋）范大成 .《吴船录》卷下

[145]　陆游 :《入蜀记》卷三

[146]　转引自 : 李国豪 . 建苑拾英第二辑（下）[M]. 上海：同济大学出版社，1997：375

[147]　转引自 : 李国豪 . 建苑拾英第二辑（下）[M]. 上海：同济大学出版社，1997：389

[148]　周去非 :《岭外代答·巢居》卷四

[149]　《论语·为政》

[150]　《荀子·礼论》

[151]　《荀子·劝学》

[152]　《荀子·礼论》。

[153]　《荀子·礼论》。

[154]　杨天宇 . 周礼译注 [M]. 上海：上海古籍出版社，2004：670–671

[155]　《礼记》. 上海：上海古籍出版社，1987：133–135

[156]　（明）王樵 .《尚书日记·商书》卷七

[157]　（宋）魏了翁 .《仪礼要义·燕礼二》卷十五

[158]　（宋）李诫 .《营造法式·总释上》卷一

[159]　《史记·孔子世家》

[160]　《史记·孔子世家》

[161]　《古今图书集成·考工典·宫室总部汇考》第七八三卷，六十二页

[162]　《明会典·礼部十六》卷五十九

[163]　《大清律例·服舍违式》卷十七

[164]　《古今图书集成·考工典·宫室总部汇考》第七八三卷，六十二页

[165]　《大清律例·服舍违式》卷十七

[166]　（明）黄训 .《名臣经济录·钦遵圣训严禁奢侈事（汪铉）》卷二十七

[167]　曹利华 . 建筑美学 [M]. 北京：科学普及出版社，1991：3

[168]　《老子》八十章

[169]　（唐）李筌 .《太白阴经》卷一

[170]　（明）李日华 .《六研斋笔记》卷四

[171]　（元）马臻 .《霞外集》卷八

[172]　《浙江通志》卷四十四

[173]　（宋）江黎靖编 .《朱子语类·八佾》卷二十五

[174]　（汉）刘向 .《说苑·杂言》卷十七

[175] （汉）刘向 .《说苑·杂言》卷十七

[176] 《论语·子罕》

[177] 《古今图书集成·草木典·松部艺文一》第一百九十八卷，○一页

[178] 《古今图书集成·草木典·松部艺文一》第一百九十八卷，一二～一三页

[179] 《古今图书集成·草木典·松部艺文二》第一百九十九卷，一六页

[180] （南朝宋）刘义庆 .《世说新语·任诞》卷下之上

[181] （宋）苏东坡 .《东坡全集·于潜僧绿筠轩》卷四

[182] （唐）白居易 .《白氏长庆集·修竹记》卷四十三

[183] （清）李光英 .《金石文考略》卷十四

[184] （清）朱彝尊编 .《明诗综·倚竹歌》卷十二

[185] （明）赵琦美 .《铁纲珊瑚·友竹轩记》卷十

[186] 《古今图书集成·草木典·梅部艺文六》第二百十一卷，○五～○六页

[187] 《古今图书集成·草木典·梅部艺文一》第二百六卷，○八页

[188] 《古今图书集成·草木典·梅部艺文二》第二百七卷，○一页

[189] 《古今图书集成·草木典·菊部艺文一》第九十卷，十五页～十七页

[190] 《古今图书集成·草木典·莲部汇考》第九十三卷，四十一页

[191] （明）彭大翼 .《山堂肆考》卷一百九十八

[192] 《古今图书集成·草木典·草木总部艺文二》第二卷，○一页

[193] （明）《三余赘笔·十友十二客》

[194] （明）计成著 . 李世葵，刘金鹏编著 .《园冶》[M]. 北京：中华书局 2011：71

[195] 赵明 . 道家思想与中国文化 [M]. 长春：吉林大学出版社，1986：96

[196] （明）焦竑 .《老子翼》卷一

[197] （宋）林希逸 .《庄子口义·外篇天道》卷五

[198] 《庄子·马蹄》

[199] 《庄子·天道》

[200] 《庄子·逍遥游》

[201] 《庄子·齐物论》

[202] （明）刘基 .《诚意伯文集·题仲山和尚群鱼图》卷四

[203] （宋）王雱 .《南华真经新传·山木》卷九

[204] （魏）王弼 .《老子道德经注·二十七章》

[205] （魏）阮籍 .《大庄论》

[206] （西晋）郭象 .《庄子注·大宗师》

[207] 《晋书·阮籍列传》

[208] 《晋书·嵇康列传》

[209] 《晋书·嵇康列传》

[210] 《宋书·谢灵运列传》

[211] （南朝宋）刘义庆 .《世说新语·言语》卷上之上

[212] （唐）张彦远 .《历代名画记》卷六

[213] （明）计成著 . 李世葵，刘金鹏编著 . 园冶 [M]. 北京：中华书局，2011：200

[214] （南朝宋）刘义庆 .《世说新语·言语》卷上之上

[215] （明）计成著 . 李世葵，刘金鹏编著 . 北京：中华书局，2011：67，200

[216] 《老子》四十五章

[217] 《庄子·山木》

[218] （唐）张彦运 .《历代名画记》卷十

[219] （宋）陈思 .《书苑菁华·唐张怀瓘评书药石论》卷十二

[220] （明）赵琦美 .《赵氏铁纲珊瑚》卷三

[221] （元）刘埙 .《隐居通议·经文妙处自然》卷十八

[222] （元）陶宗仪 .《辍耕录·叙画》卷十八

[223] （明）赵琦美 .《赵氏铁纲珊瑚·重为华山图序》卷十六

[224] （明）计成著 . 李世葵，刘金鹏编著 . 北京：中华书局，2011：145

[225] （明）计成著 . 李世葵，刘金鹏编著 . 北京：中华书局，2011：67，20

[226] （明）计成著 . 李世葵，刘金鹏编著 . 北京：中华书局，2011：67，21

[227] 转引自：侯幼彬 . 中国建筑美学 [M]. 北京：中国建筑工业出版，2009：212

[228] （明）计成著 . 李世葵，刘金鹏编著 . 北京：中华书局，2011：39

[229] （明）计成著 . 李世葵，刘金鹏编著 . 北京：中华书局，2011：144–146

[230] （明）计成著 . 李世葵，刘金鹏编著 . 北京：中华书局，2011：200

[231] （明）计成著 . 李世葵，刘金鹏编著 . 北京：中华书局，2011：37

[232] （明）计成著 . 李世葵，刘金鹏编著 . 北京：中华书局，2011：37–39

[233] （清）李渔 .《闲情偶寄·居室部》

[234] （宋）袁甫 .《蒙斋中庸讲义》卷四

[235] （唐）白居易 .《白氏长庆集·草堂记》卷四十三

[236] （明）文震亨 .《长物志》卷一

[237] （清）汤贻汾 .《画筌析览》

[238] （梁）刘勰 .《文心雕龙·物色》卷四十六

[239] （汉）赵煜 .《吴越春秋·阖闾内传》卷二

[240] 郝景江、张秀芳 . 新华成语词典 [M]. 长春：长春出版社，1993：690

[241] （汉）郑玄注，（唐）陆德明音义，孔颖达疏 .《礼记注疏·王制》卷十二

[242] （唐）柳宗元 .《柳河东集·永州新堂记》卷二十七

[243] （清）潘思矩 .《周易浅释》卷三

[244] （宋）朱鉴 .《文公易说·文言传》卷十五

[245] （宋）黄伦 .《尚书精义》卷五

[246] （汉）贾谊《新语·道基第一》卷上

[247]（宋）高承.《事物纪原·宫》卷八

[248]（汉）郑玄注.（唐）陆德明音义.孔颖达疏.《礼记注疏·王制》卷十二

[249]（宋）姚铉编:《唐文粹·记丁》卷七十四

[250]（法）孟德斯鸠.论法的精神（上册）[M].北京：商务印书馆，1961：311

[251] 王军.西北民居[M].北京：中国建筑工业出版社，2009：260-263

[252] 业祖润.北京民居[M].北京：中国建筑工业出版社，2009：23，95

[253] 王金平，徐强，韩卫成.山西民居[M].北京：中国建筑工业出版社，2009：27-28

[254] 周立军，等.东北民居[M].北京：中国建筑工业出版社，2009：16，20，131

[255]（宋）乐史.《太平寰宇记·泸州》卷八十八

[256]（宋）乐史.《太平寰宇记·渝州》卷一百三十六

[257] 李先逵.四川民居[M].北京：中国建筑工业出版社，2009：232，237

[258] 杨大禹，朱良文.云南民居[M].北京：中国建筑工业出版社，2009：20-23

[259] 李晓峰.两湖民居[M].北京：中国建筑工业出版社，2009：59-61

[260] 李晓峰.两湖民居[M].北京：中国建筑工业出版社，2009：170

[261] 黄浩.江西民居[M].北京：中国建筑工业出版社，2008：11，53

[262] 丁俊清，杨新平.浙江民居[M].北京：中国建筑工业出版社，2009：22，31-32

[263] 陆奇.广东民居[M].北京：中国建筑工业出版社，2008：21，10

[264] 雷翔.广西民居[M].北京：中国建筑工业出版社，2009：20，66-70

[265] 戴志坚.福建民居[M].北京：中国建筑工业出版社，2009：26-27

[266]（宋）易袚.《周官总义·冬官考工记》卷二十六

[267]（宋）《营造法式·大木作·制度》卷四

[268]（唐）樊绰.《蛮书》卷五

[269]（宋）姚铉.《唐文粹·记丁》卷七十四

[270]（宋）周去非.《岭外代答·屋室》卷四

[271]（明）曹学佺.《蜀中广记·风俗记》卷五十五

[272]（明末清初）黄宗羲.《明文海·碑五》卷七十一

[273]（清）方式济.《龙沙纪略·方隅》

[274]（清）沈日霖.《粤西琐记》

[275]（清）黄叔璥.《台海使槎录》卷六

[276]（清）黄叔璥.《台海使槎录》卷七

[277]《明史·邱橓列传》卷二百二十六

[278]（宋）陈起.《江湖小集·农桑》卷三十一

[279]《宋史·夏国列传》卷四百八十六

[280]《圣祖仁皇帝亲征平定朔漠方略》卷四十一

[281]（清）黄叔璥.《台海使槎录》卷七

[282] 李先奎.四川民居[M].北京：中国建筑工业出版社，2009：28

[283]　丁俊清，杨新平．浙江民居 [M]．北京：中国建筑工业出版社，2009：190–191

[284]　黄浩．江西民居 [M]．北京：中国建筑工业出版社，2008：27

[285]　（宋）陈景沂．《全芳备祖集·竹》卷十六

[286]　（宋）夏僎．《夏氏尚书详解·盘庚上》卷十三

[287]　中国百科全书·考古卷 [M]．中国大百科全书出版社，1993：574

[288]　中国百科全书·考古卷 [M]．中国大百科全书出版社，1993：574

[289]　（清）纪昀等．《清职贡图》卷六

[290]　侯继尧，任致远等．窑洞民居 [M]．北京：中国建筑工业出版社，1989：2–4

[291]　王军．西北民居 [M]．北京：中国建筑工业出版社，2009：50–52

[292]　左满堂等．河南民居 [M]．北京：中国建筑工业出版社，2012：151–152

[293]　丁俊清，杨新平．浙江民居 [M]．北京：中国建筑工业出版社，2009：75–76

[294]　李先奎．四川民居 [M]．北京：中国建筑工业出版社，2009：22，231，69–70

[295]　杨大禹，朱良文．云南民居 [M]．北京：中国建筑工业出版社，2009：52

[296]　雷翔．广西民居 [M]．北京：中国建筑工业出版社，2009：20–21

[297]　李先奎．四川民居 [M]．北京：中国建筑工业出版社，2009：172

[298]　（明）计成著．李世葵，刘金鹏编著．园冶 [M]．北京：中华书局，2011：8，12

[299]　（宋）周去非．《岭外代答》卷四

[300]　《周礼·冬官·考工记》

[301]　贺业钜．考工记营国制度研究 [M]．北京：中国建筑工业出版社，1985：18

[302]　《四库全书·家礼》卷一

[303]　汪双武．宏村 [M]．北京：中国文联出版社，2001：22

[304]　转引自：侯幼彬．中国建筑美学 [M]．北京：中国建筑工业出版社，2009：206

[305]　李先奎．四川民居 [M]．北京：中国建筑工业出版社，2009：180–181，212

[306]　孙大章．中国民居研究 [M]．北京：中国建筑工业出版社，2004：597–598

[307]　（晋）孔晁注．《逸周书·大聚解》卷四

[308]　（汉）郑元注．（唐）孔颖达疏．《礼记注疏·月令》卷十四

[309]　（汉）郑元注．（唐）孔颖达疏．《礼记注疏·月令》卷十五

[310]　（汉）郑元注．（唐）孔颖达疏．《礼记注疏·月令》卷十六

[311]　（汉）郑元注．（唐）孔颖达疏．《礼记注疏·月令》卷十六

[312]　《孟子·梁惠王》

[313]　《荀子·王制》

[314]　《荀子·王制》

[315]　（汉）郑玄笺．（唐）孔颖达疏．《毛诗注疏·桑扈四章》

[316]　无名氏．《周礼集说·天官冢宰》卷二

[317]　《古今图书集成·食货典·食货总部汇考二》第四卷，二十三～二十四页

[318]　赵安启，胡柱志．中国古代环境文化概论 [M]．北京：中国环境科学出版社，2008：142

[319]（唐）白居易.《均财禁兼策》,《古今图书集成·食货典·食货总部艺文一》第七卷,十五~十七页

[320]（宋）真德秀.《西山读书记》卷七

[321]（明）薛瑄.《读书录》卷四

[322]（汉）韩伯注.（唐）鲁德明音义,孔颖达疏.《周易注疏·系辞下》卷十二

[323]（清）阎若璩.《四书释地三三续》卷中

[324]《孟子·告子下》

[325]（宋）赵顺孙.《孟子纂疏·告子下》卷十二

[326]《史记·主父偃列传》

[327]（宋）李樗,黄櫄.《毛诗集解》卷四十

[328]（宋）李诚.《营造法式·总释上》卷一

[329] 何介钧.湖南省澧县南岳城头山新石器时代城址 [J],中国考古年鉴 [M].1998

[330]（魏）王弼注.（唐）孔颖达疏.《周易注疏·上经》卷五

[331]《史记·孙子吴起列传》

[332]《史记·商君列传》

[333]《荀子·强国》

[334]（唐）司马贞.《史记索隐·高祖本纪》

[335]《史记·刘敬叔孙通列传》

[336]《史记·留后世家》

[337]《古今图书集成·考工典·宫室总部总论》第三十六卷,二三页

[338]《旧唐书·郭子仪列传》卷一百二十

[339]（南宋）李纲.《梁谷集·议巡幸》卷五十八

[340]（清）孙承泽.《春明梦余录·形胜》卷二

[341] 王树声.黄河晋陕沿岸历史城市人居环境营造研究 [M].北京:中国建筑工业出版社,2009:71

[342] 王树声.黄河晋陕沿岸历史城市人居环境营造研究 [M].北京:中国建筑工业出版社,2009:9

[343] 王树声.黄河晋陕沿岸历史城市人居环境营造研究 [M].北京:中国建筑工业出版社,2009:54-56

[344]（元）汪克宽.《春秋胡传附录纂疏·僖公上》卷十一

[345] 转引自:王树声.黄河晋陕沿岸历史城市人居环境营造研究 [M].北京:中国建筑工业出版社,2009:37,145

[346] 转引自:王树声.黄河晋陕沿岸历史城市人居环境营造研究 [M].北京:中国建筑工业出版社,2009:37,31

[347] 肖大威.中国古代城市防火减灾措施研究 [J].灾害学,1995（4）:63

[348] 李樱樱.汉代两京出土陶楼建筑研究 [N].2010

[349] 黎虎.汉魏晋北朝中原大宅、坞堡与客家民居 [J].文史哲,2002（3）:129

[350] 刘自兵.对三峡地区汉魏时期墓葬所出土陶楼的认识 [J].湖北民族学院学报（哲学社会科学版）,2005（4）:10

[351] 司马光.资治通鉴 [M]卷 87.北京:中华书局,1956

[352]　晋书·苻坚载记下 [M]. 北京：中华书局，1974

[353]　天平御览 [M] 卷 335. 北京：中华书局，1960

[354]　黎虎. 汉魏晋北朝中原大宅、坞堡与客家民居 [J]. 文史哲，2002（3）：130

[355]　周若祁，张光. 韩城村寨与党家村民居 [M]. 西安：陕西科学技术出版社：272-275

[356]　黄浩. 江西民居 [M]. 北京：中国建筑工业出版社，2008：204

[357]　黄浩. 江西民居 [M]. 北京：中国建筑工业出版社，2008：210-214

[358]　黄汉民. 福建土楼——中国传统民居的瑰宝 [M]. 北京：生活. 读书. 新知三联书店，2009：218

[359]　李先奎. 四川民居 [M]. 北京：中国建筑工业出版社，2009：81

[360]　《旧唐书·西南蛮列传》卷一百九十七

[361]　（清）何桂. 《御定平定两金川方略》卷十三、十六、二十二

[362]　李先奎. 四川民居 [M]. 北京：中国建筑工业出版社，2009：308

[363]　李晓峰. 两湖民居 [M]. 北京：中国建筑工业出版社，2009：24

[364]　（明）林希元. 《易经存疑》卷六

[365]　（清）俞森. 《荒政丛书·屠隆荒政考》卷三

[366]　《管子·乘马》卷一

[367]　《管子·度地》卷十八

[368]　《管子·度地》卷十八

[369]　吴庆洲. 中国古代城市防洪研究 [M]. 北京：中国建筑工业出版社，1995：80

[370]　吴庆洲. 中国古城的防洪经验与借鉴 [J]·城市规划，2002（5）：78

[371]　（宋）洪咨夔. 《春秋说·昭公三》卷二十五

[372]　《后汉书·廉范传》卷六十一

[373]　《新唐书·杜佑列传》卷一百六十六

[374]　（宋）孟元老. 《东京梦华录·防火》卷三

[375]　《宋史·五行志》卷六十六

[376]　《宋史·善俊列传》卷二百四十七

[377]　肖大威. 中国古代城市防火减灾措施研究 [J]. 防灾学，1995（4）：65

[378]　（宋）袁采. 《袁氏世范·治家》卷下

[379]　刘昭民. 中国古代的地震测报和抗震 [J]. 科学月刊，1981（11）

[380]　张鹏程，赵鸿铁，薛建阳，高大峰. 中国古代大木作结构振动台试验研究 [J]. 世界地震工程，2002（4）：35-41

[381]　刘昭民. 中国古代的地震测报和抗震 [J]. 科学月刊，1981（11）

[382]　（明）徐光启. 《农政全书·荒政》卷四十五

[383]　马勇虎. 呈坎 [M]. 合肥：合肥工业大学出版社，2005：58-60

[384]　汪双武. 宏村 [M]. 北京：中国文联出版社，2009：8-14

[385]　（晋）郭璞. 《葬书·内篇》

[386]　（明）唐顺之. 《稗编·地理说》卷五十八

[387] 何晓昕.风水探源[M].南京：东南大学出版社，1990：1

[388] 王育武.中国风水文化源流[M].武汉：湖北教育出版社，2008：2

[389] （宋）王应麟.《汉志考》卷二

[390] （明）方以智.《通雅·天文》卷十二

[391] （宋）张君房.《云笈七籤·轩辕本纪》卷一百

[392] 潘谷西.中国建筑史[M].北京：中国建筑工业出版社，2004：17

[393] （明）姚舜牧.《重订诗经疑问·大雅》卷八

[394] 《史记·周本纪》

[395] 《史记·鲁周公世家》

[396] （明）王祎.《王忠文集·杂著》卷二十

[397] （清）徐乾学.《读礼通考·葬考一》卷八十二

[398] 《史记·蒙恬列传》

[399] 司马迁.史记·日者列传[M].北京：中华书局，1959：3215-3218

[400] （明）宋濂.《文宪集·葬书新注序》卷五

[401] （明）唐顺之.《稗编·葬书问答》卷五十八

[402] （明）唐顺之.《稗编·地理说》卷五十八

[403] 《旧唐书·吕才列传》卷七十九

[404] （明）宋濂.《文宪集·葬书新注序》卷五

[405] 王其亨.风水理论研究[M]天津：天津大学出版社，1992：23

[406] 《四库全书总目·子部·术数类二》卷一百九

[407] 《四库全书总目·玉尺经》卷一百十一

[408] （宋）戴侗.《六书故》卷一、卷二

[409] （后晋）刘昫.《旧唐书·李淳风列传》卷七十九

[410] 《四库全书总目·易纬坤灵图》卷六

[411] （清）李塨.《周易传注·系辞上传》卷五

[412] 王育武.中国风水文化源流[M].武汉：湖北教育出版社，2008：168

[413] 李乾朗，阎亚宁，徐裕健.台湾民居[M].北京：中国建筑工业出版社，2009：109

[414] 《史记·日者列传》

[415] 刘波，张文.四库全书术数大全相墓相宅术[M].海口：海南出版社，1993：11

[416] 刘波，张文.四库全书术数大全相墓相宅术[M].海口：海南出版社，1993：33，55

[417] 张岱年.中国古典哲学概念范畴要论[M].北京：中国社会科学出版社，1989：38

[418] 《史记·周本纪》

[419] 《管子·内业》

[420] （东汉）王充.《论衡·谈天篇》卷十一

[421] （东汉）王充.《论衡·论毒篇》卷二十三

[422] （明）王廷相.《慎言·雅述上》

[423] （明）王廷相：《慎言·道体》

[424] 王夫子.《张子正蒙注·太和》

[425] 王夫子.《读四书大全说》卷九

[426] （东晋）郭璞.《葬书·内篇》

[427] （宋）朱熹编.《二程遗书·入关语录》卷十五

[428] （宋）卫湜.《礼记集说》卷九十五

[429] （明）彭大翼.《山堂肆考·技艺》卷一百六十五

[430] （清）胡煦.《周易函书别集》卷十六

[431] （东晋）郭璞.《葬书·内篇》

[432] （明）唐顺之.《稗编·地理说》卷五十八

[433] 《四库全书总目·子部·术数类二》卷一百九

[434] （宋）戴侗.《六书故·天文上》卷二

[435] 冯契，等.哲学大词典·中国哲学史卷 [M].上海：上海辞书出版社，1985：294

[436] 《汉书·五行志》卷二十七上

[437] （汉）董仲舒.《春秋繁露·阳尊阴卑》卷十一

[438] （汉）董仲舒.《春秋繁露·天辨在人》卷十一

[439] （汉）董仲舒.《春秋繁露·五行之义》卷十一

[440] （宋）张载.《张子全书·语录》卷十二

[441] 王夫子.《张子正蒙注·太和篇》

[442] 梁启超.阴阳五行说之来历 [C].顾颉刚.古史辨 [M]第五卷.上海：上海古籍出版社，1982：349–362

[443] （东晋）郭璞.《葬书·内篇》

[444] 《汉书·董仲舒传》卷五十六

[445] 李学勤.走出疑古时代 [M].辽宁大学出版社，1997：143

[446] 王振福.中国美学史新著 [M].北京：北京大学出版社，2009：31–32

[447] （宋）魏了翁.《尚书要义·尧典》卷一

[448] （汉）司马迁.《史记·太史公自传》

[449] 刘沛林.风水 [M].上海：上海三联书店，1995：121

[450] （东汉）王充.《论衡·诘术篇》卷二十五

[451] 《旧唐书·吕才列传》卷七十九

[452] （宋）吕祖谦编.《宋文鉴·葬论（司马光）》卷九十六

[453] （清）徐乾学.《读礼通考·葬考一》卷八十二

[454] （元）赵汸.《从风水选择序》;（明）唐顺之.《稗编·地理说》卷五十八

[455] （明）唐顺之.《稗编·地理说》卷五十八

[456] （明）唐顺之.《稗编·地理说》卷五十八

[457] （明）张居正.《张太岳文集·葬地论》

[458] 马克思恩格斯选集（第四卷）[M].北京：人民出版社，1972：219

[459] 刘波，张文 . 相墓相宅术 [M]. 海口：海南出版社，1993：15

[460] （明）宋登春 .《宋布衣集》卷一

[461] （明）文徵明 .《文氏五家集》卷七

[462] （唐）杨筠松 .《疑龙经》

[463] 转引自：全实，程建军 . 风水与建筑 [M]. 北京：中国建材工业出版社，1999：316

[464] 转引自：全实，程建军 . 风水与建筑 [M]. 北京：中国建材工业出版社，1999：97

[465] 转引自：王其亨 . 风水理论研究 [M]. 天津：天津大学出版社，1992：36

[466] （宋）朱熹 .《晦庵集·山陵议状》卷十五

[467] 转引自：全实，程建军 . 风水与建筑 [M]. 北京：中国建材工业出版社，1999：101

[468] （清）林牧 .《阳宅会心集·阳宅总论》卷上，嘉庆十六年（1811 年）致和堂藏版

[469] （宋）朱熹 .《晦庵集·答胡伯量》卷六十三

[470] 王其亨 . 风水理论研究 [M]. 天津：天津大学出版社，1992：39

[471] 王其亨 . 风水理论研究 [M]. 天津：天津大学出版社，1992：39

[472] 黄妙应 .《博山篇·论龙》

[473] 吴良镛 . 人居环境科学导论 [M]. 北京：中国建筑工业出版社，2001：26

[474] 李延丽、戴劲松 . 生物多样性及其意义 [J] 中国网，新华社，2003-01-12

[475] 《吕氏春秋·异用》卷十

[476] 《孟子·尽心上》

[477] 转引自：（明）章黄 .《图书编》卷七十六

[478] （明）钱毂 .《吴都文粹续集·次韵定慧长老见寄八首》卷二十九

[479] （晋）孔晁注 .《逸周书·大聚解》卷四

[480] （汉）刘向 .《说苑》卷十五

[481] 《大清会典则例》卷三十五

[482] 《睡虎地秦墓竹简》整理小组 . 睡虎地秦墓竹简 [M]. 北京：文物出版社，1978

[483] 赵安启、胡柱志 . 中国古代环境文化概论 [M]. 北京：中国环境科学出版社，2008：172

[484] （唐）长孙无忌 .《唐律疏议》卷二十七

[485] 《旧唐书·代宗本纪》

[486] 《唐会要·禁屠钓》卷四十一

[487] 《唐会要·禁屠钓》卷四十一

[488] 《大明律·厩牧》卷十六

[489] 《大明律·刑律一》卷十八

[490] 《大清律例》卷九

[491] 《大清律例》卷二十四

[492] 《管子·权修》卷一

[493] 《史记·李斯列传》

[494] 《汉书·文帝本纪》

[495] 《魏书·食货志》卷一百一十

[496] （唐）柳宗元.《柳河东集·种柳戏题》卷四十二

[497] （唐）柳宗元.《柳河东集》卷十七

[498] （清）马端临.《文献通考》卷四

[499] 《大元通制条格·田令》第十六卷.北京：法律出版社，2001：192-194

[500] （明）徐溥.《明会要》卷一百六十三

[501] （明）徐溥.《明会要》卷二十二

[502] 《大清会典则例》卷一百三十七

[503] 《大清会典则例》卷三十五

[504] （唐）陆龟蒙.《甫里集·和夏初袭美见访题小斋韵》卷九

[505] 刘志伟.浅析历史时期云南乡规民约中的环境意识 [J].长江文明，2010（3）

[506] 古开弼.我国历代保护自然生态与资源的民间规约及其形成机制 [J].北京农业大学学报（社会科学版），2005（3）

[507] 《汉书·贾山传》卷五十一

[508] （梁）萧统.《文选·吴都赋》卷五

[509] （宋）无名氏.《锦繡万花谷·后集》卷二十五

[510] 《周书·韦孝宽列传》卷三十一

[511] 《广西通志》卷八十四

[512] （唐）元稹.《元氏长庆集·褒城驿》卷十四

[513] （宋）王溥.《唐会要·道路》卷八十六

[514] （唐）李肇.《唐国史补》卷上

[515] 《大清会典则例》卷一百三十五

[516] 《南史·陶弘景列传》卷七十六

[517] （唐）高适.《高常侍集·寄宿田家》卷八

[518] （唐）白居易.《白氏长庆集·庭松》卷十一

[519] 《四库全书总目录·居竹轩集》卷四

[520] （宋）王溥.《五代会要·街巷》卷二十六

[521] 《旧唐书·职官二》卷四十三

[522] （宋）王溥.《唐会要·街巷》卷八十六

[523] （宋）王溥.《唐会要·街巷》卷八十六

[524] （宋）王钦若，等.《册府元龟·帝王都·都邑二》卷十四

[525] （宋）李昉，等.《太平广记·高颎》卷一百六十三

[526] 侯晓燕.唐都长安城绿化 [D].2009：17

[527] （唐）白居易.《白氏长庆集·登乐游园望卷一》

[528] 《全唐诗·王维》卷一百二十五

[529] （宋）李昉，等.《文苑英华·春思赋》卷二十一

[530] （明）高棅.《唐诗品汇·李颀》卷三十

[531] 唐凤岗.城市管理基础教程 [M]. 石家庄：河北科学技术出版社，2009：316

[532] （明）董说.《七国考·秦刑法》卷十二

[533] （宋）周密.《齐东野语·都厕》卷十

[534] （唐）张鹭.《朝野佥载》卷二

[535] （宋）李昉.《太平广记·治生》卷二百四十三

[536] 《宋史·职官志》卷一百六五

[537] （宋）陈敷.《农书·粪田之宜篇》卷上

[538] 庄华峰，张华.中国古代环境卫生治理及其特点 [J]. 光明日报，2010：12-20

[539] （唐）长孙无忌.《唐律疏议》卷二十六

[540] （宋）李焘.《续资治通鉴长编》卷十七

[541] （宋）李焘.《续资治通鉴长编》卷一百一十五

[542] （宋）窦仪.《宋刑统·侵巷街阡陌》卷二十六

第二章 中国古代聚落演化的基本轨迹

20世纪中叶，当我们这一代建筑学人在专业入门阶段，即开始了现代建筑理论和技术的系统而漫长的学习，到21世纪，当我们自以为能追赶国际潮流，可以雄心勃勃实现城市的现代化时，忽然发现儿时少年的故里乡土已成模糊的记忆，挥不去的浓浓乡愁早已无处安放。我们在大规模的建设的同时摧毁了多少青山绿水、老城旧街。我们对乡土聚落了解多少，我们对民族的、传统的建筑了解多少，我们对古代聚落的成就又了解多少？扪心自问，不免汗颜，真的知之甚少。洋洋洒洒一本中国建筑史，对古代聚落的成就含糊其辞，对古代先民在认知、利用自然、营造家园所做的巨大贡献更是语焉不详，叙之寥寥。以至长期以来，我们对中国前三千年的建筑史的认识，都停留在"茅屋阶茨"的蛮荒印象。近日再读杨鸿勋先生三十年前发表的、中国仅有的史前聚落研究论文《仰韶文化居住建筑发展问题的探讨》，认识到几千年前古代先民已经掌握了聚落规划的基本原则，家屋营造的基本技术，选择、规划、营造家园环境的技术和方法。据考古研究，至少在1万年前，古人类就已认识到要选择向阳、通风、避寒的高地来作为永久的栖息地。而长期以来我们都忽视了这些原理、原则才是最原始的、古老的经验、科学。

今天，居住环境建设呈现出多元化、多层次的新发展。特别是环境的生态化、设施的现代化、社区的智能化使得人性化的需求越来越高，环境质量已成为现代中国人关注的热点。在居住环境设计和建设质量得到提高和发展的同时，也出现了以盲目抄袭外国建筑形式和环境处理手法为时尚的严重问题。

随着现代社会中大量人口的急剧集中，建设量飙升，人类居所及其环境的建造迅速成为专业化的大规模建造活动，越来越多的住宅、居住区和城镇的建设以标准化、高效率为特征，造就当下无数、大量形态单调雷同的"混凝土森林"。这种丧失个性、机械呆板，忽视人类生活与自然社会环境有机自然联系的人居环境形态，无论从建筑学、城市规划学，还是从社会文化的角度来说，都已经饱受诟病。

与此相反，在工业化引领的城市化运动之前，世界各地传统的居住聚落和住宅形态却异常丰富，这些聚落没有先进的现代化技术，没有现代高性能的材料，甚至大都没有经过建筑师或专业技术人员的设计和建造，通常被称为"乡土聚落"、"乡土建筑"、"传统民居"，已存在了成百上千年了，从更广义的角度说，乡土建筑和聚落建造的相关知识和技能是伴随着人类社会诞生之时就存在的。即使时至今日，世界上仍有大多数人依然居住在各类"乡土"聚落中。在全世界经历快速的现代化、工业化、城市化之后，国际社会对人居环境的认识发生了根本性的改变，这是我们应该进行深刻反思的时期。

城市规划理论家、历史学家刘易斯·芒福德高度评价了新石器时代人类对于自然生命及其演进所作的巨大贡献："他们不是单纯对自然生长的东西进行简单的取样和试验，而是进行有鉴别的拣选和培育，而且达到了如此高的水平。以致后世人类所种植的全部重要作物，所养殖的全部重要家畜，竟没有一种超出了新石器时代人类社区中的栽培和养殖范围"。

芒福德指出，新石器时代人类驯化野生动植物的各种活动形式，表明了两项重要的变化，"一是人类的居住形式延续化、永久化了；二是人类已能预见并控制某些规律，而以前这些规律是完全听任变动不定的自然力支配的。"

"不论村庄有什么其他功能，它首先是养育幼儿的一个集体性巢穴。"在村庄里有充足的时间照料幼儿，陪伴其玩耍。在此基础上，人类许多更高级的发展才成为可能。稳定的村庄形式较之一些人口群落结成的松散的、游动性的联合形式有一个很大的优点：它能为人类的繁衍、营养和防卫提供最大的方便条件。共同生活、共同分担对幼儿的照料，人口才得以逐渐扩大。

"村庄。连同周围的田畴园圃，构成了新的聚落：这是一种永久性的联合，由许多家庭和邻居组成，有家禽家畜，有宅房、仓廪（lin）和地窖，这一切都植根于列祖列宗的土壤之中；在这里，每一代都成为下一代继续生存的沃壤。日常活动都围绕着两大问题，食和性：一个是生命的继续，一个是生命的繁衍"。

刘易斯·芒福德认为，在人居环境建设的转型期，应当重新审视人类早期的聚落或原始的村庄，重新唤起我们对生存的意义以及我们自身生活目的性的思考：

城市的建筑构造和象征形式，很多都以原始形态早已出现在新石器时代的农业村庄中了，就"连城墙也可能是从古代村庄用以防御野兽侵袭的栅栏或土岗演变而来的。在这样一个围院范围内，儿童们可以安全地游戏，否则无法受到保护；夜里，家畜在这里也可避免虎狼侵扰。"

"村庄的秩序和稳定性，连同它母亲般的保护作用和安适感，以及它同各种自然力的统一性，后来都传给了城市：即使这些东西在城市的过度发展中整个儿消失了，它们也仍然会残存在寓所内或邻里之间。失去自己社区的认同和母爱，年轻人变得没有道德，甚至他们身上那种能使之充分人性化的能力都会消失，连同新石器时代人类的第一个天职——爱抚和养育生灵———一起丧失掉。我们如今称为道德的东西即发端于古代村民们的民德和爱护生灵的习俗……如今，直到这些村庄习俗在全世界范围内迅速消失之日，我们才看出，城市正是吸收了这些村庄习俗，它才形成了自身强大的活力和爱抚养育功能；正是在这样的基础上，人类的进一步发展才成为可能"。

芒福德的上述论述对我们探讨中国古代聚落演化的历史轨迹有重要的启迪作用。

第一节　中国史前时期聚落的产生与发展

"聚落"一词在汉代已经出现，《汉书·沟洫志》记载，战国时期，赵魏两国去河二十五里修筑河堤，由于河滩地肥美，"民耕田之，或久无害，稍筑室宅，遂成聚落"。

《隋书·令狐熙传》中有汴州"舣客停于郭外，星居者勒为聚落"的记载。宋代学者程大昌在《禹贡论》中写道："既已田之，又从而治屋庐，成聚落。"清代学者黄宗炎在《周易象辞·周易下经》卷十三中说："百家聚落，不成都市，仅择高广之地，日中相会，以有易无尔。"从这些历史资料看，中国古代所说的"聚落"是与城邑相对应的概念，主要是指乡村和城郊的村落。近代的"聚落"概念进一步扩大，泛指一切居民点，是对人类各种形式的聚居地的总称。聚落包括乡村聚落和城市聚落。城市聚落往往是由乡村聚落发展而成的。中国古代聚落呈现出"城乡连续"的特征，一方面，中国古代社会的经济是以城乡一体化的农业为主的经济，城市聚落由于手工业和商业很不发达，没有支撑城市独立生存的支柱产业，因此，它对农村有着较强的依赖性和寄生性；另一方面，中小城市聚落，甚至国都聚落的居民还是以农业生产为基本的生活方式。聚落由各种建筑物、构筑物、道路、水源地等物质要素组成，规模越大，物质要素构成越复杂。民居是构成聚落的最基本的要素，尤其是乡村聚落是由民居、道路、族群公共活动场所（祠堂、学校、寺观）、水源地及其防卫设施所组成的共同体。聚落的选址、形态、空间布局、秩序安排、装饰、色彩、标志性建筑及其"风水林"等是对传统民居建筑文化和建筑技术的集中反映；因此，研究我国传统民居中的绿色人文理念和绿色技术，就必须研究我国传统聚落的发展演化。

一、旧石器时代原始人的自然住居

原始建筑的出现，是人类顺应自然、改造自然的一个重要成就。原始人类最初像猿类一样，只能"穴居而野处"，在树上和自然岩洞之中栖身，距今约五十万年前的北京周口店中国猿人——北京人所居住的天然山洞，就是其中较早的一处。后来经过漫长岁月的摸索，原始人逐渐学会了使用粗制石斧采伐枝干，借助树木构筑一个简陋的窝棚；或在黄土断崖上用木棍、石器掏挖一个人工横穴，便创造了最原始的人为的居住形式——巢居和穴居。中国猿人大约是几十人结成一群，居住的洞穴在周口店附近的龙骨山东侧；在山西垣曲、广东韶关和湖北长阳曾经发现旧石器时代中期"古人"所居住的山洞，除了天然山洞外，河南安阳、开封和广东阳春等处还发现旧石器时代晚期洞穴遗址[1]。

我国古文献中，有不少关于上古巢居、穴居的追述，如韩非《韩非子·五蠹》："上古之世，人民少而禽兽众，人民不胜禽兽虫蛇，有圣人作，构木为巢以辟群害，而民悦之，使王天下，号之曰有巢氏。"

《墨子·辞过》："子墨子曰：古之民未知为宫室时，就陵阜而居，穴而处，下润湿伤民，故圣王作为宫室。"

《礼记·礼运》："昔者先王未有宫室，冬则居营窟，夏则居橧巢。"

《孟子·滕文公》："当尧之时，水逆行泛滥于中国，蛇龙居之，民无所定，下者为巢，上者为营窟。"汉代赵岐注释说："居卑下者于树上为巢，犹鸟之巢也。上者，高原之上也，凿岸而营度之，以为窟穴而处之。"

到目前为止，在中国发现的旧石器时代人类居住的自然洞窟，其选择条件和使用情况，可归纳为以下几个特征[2]：

（1）近水，生活用水及渔猎方便——大部分洞窟位于湖滨或河谷。

（2）洞口较高，避免水淹——洞口高出水面 10～100 米不等，多数在 20～60 米处。

（3）洞内较为干燥，以利生存——一般为钟乳石较少的喀斯特溶洞。

（4）洞口背寒风——极少有朝向东北或北方的。

（5）居住使用接近洞口的部分——生活遗迹多发现于洞口内一带。深入洞内，则过分潮湿而且空气稀薄，不利生存。处于新人阶段的"山顶洞人"的洞窟，前部为集体生活起居使用，内部低凹部分埋葬死者[3]。

二、新石器时代的原始聚落

经考古发现，我国各个地区，几乎都有史前建筑文化遗址的存在。其类型可分完整的原始聚落与零散的建筑遗址两种。其中最大的地区，是 20 世纪 50～60 年代所发掘的黄河流域的一些遗址（图 2-1）。1970 年代，在华东、华南、西南、东北、西北、新疆、西藏等地区，也有重要发现。

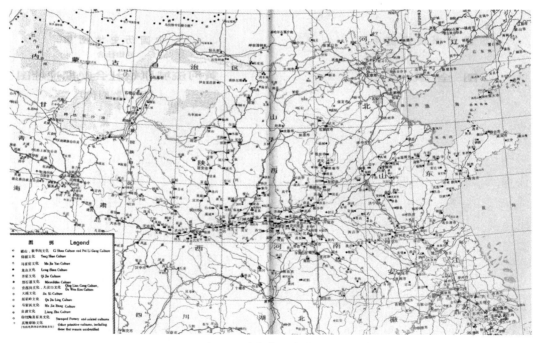

图 2-1　新石器时代黄河流域聚落分布遗址
（图片来源：中国历史地图集（光盘），中国地质出版社）

从已发掘的情况看，在黄河中游地区——关中、晋南、豫西一带，遗址相对丰富，说明其为中华先民重要的原始聚居地之一。

黄河中游建筑遗址，属仰韶文化与龙山文化系统。已经发掘的主要有：陕西西安半坡、临潼姜寨、宝鸡北首岭、华县泉护村、彬县下孟村、长安客省庄等；河南陕县庙底沟、洛阳孙旗屯及王湾、郑州林山砦及大河村、广武青台、镇平县赵湾、偃师汤泉沟及灰嘴、汤阴白营、安阳后岗等及山西东下冯及芮城东庄等处[4]。

根据对史前建筑遗址的发掘研究，特别是河姆渡、半坡等遗址提供的史前信息，我们可以对中国史前建筑、聚落作一番初步的探究[5]。

（一）巢居

长江流域水网地区是我国文化发展较早的地区之一。远在六千九百多年以前，长江下游滨海一带即发展了堪与黄河流域仰韶文化媲美的河姆渡文化。由于这一带河流、沼泽密布，地下水位很高，一般不可能采用挖洞的办法来解决居住问题。处于这样的地理条件下，人们主要凭借树木构筑窝棚，这就是所谓"巢居"。这种居住方式既可避免猛兽的侵害，也可以脱离潮湿的地面[6]，实质上它是远古猿人"住在树上"的直系发展。

巢居的建筑，主要取材于树木，因此在木结构技术方面，很早就取得了惊人的成就。

1. 从橧巢到干阑

先秦文献追述建筑的起源，认为是从"有巢氏"教人"构木为巢"开始的。这讲的是黄河流域的事，大约是根据古老的传说，在一定程度上反映着史实的一个侧面。从"有巢氏"的名称可知，巢居产生于氏族社会。在黄河流域的建筑发展中，巢居基本上被淘汰了，而适应黄土地带的穴居，成为主流。除部分具备黄土地带特点的高亢地区发展了穴居之外，广大低洼的水网地区则形成了巢居的体系。所以《孟子·滕文公》说："下者为巢，上者为营窟。"

巢居的原始形态，可推侧为在单株大树上架巢——在分枝开阔的杈间铺设枝干茎叶，构成居住面，其上用枝干相交构成避雨的棚架。它形似大的鸟巢，即古文献称作"巢"的原型。

从巢到干阑，经过了如下发展序列：独木巢（在一棵树上构巢）→多木巢（例如在相邻的四棵树上架屋）→干阑式建筑（由桩、柱构成架空基座的"宫"型建筑）（图2-2）。

图 2-2　原始巢居发展序列

（图片来源：杨鸿勋 .21 世纪的营窟与橧巢 . 生态建筑·生态城·山水城市 [J]）

2. 河姆渡文化的干阑式

发掘于 1973 年的浙江河姆渡遗址，据研究为母系氏族繁荣阶段的聚落，属新石器时代文化层，距今约为七千年。

河姆渡文化主要分布在浙江宁绍（宁波、绍兴的简称）平原的东部地区，这一地域均为全新世的海相沉积土，从河姆渡出土的五十余种动物化石，及植物遗存和苞粉分析所表明的植被情况，可推测，七千余年以前这里紧临山麓的一片由大小湖沼组成的草原灌木地带，气候比现在还要潮湿温暖，当时以水稻为主要作物的稻耕农业已相当发达，房屋建筑主要使用木材，其木结构技术已取得惊人的成就。目前已发掘到的遗址、遗存物及研究结果表明，这一带的木构建筑属南方的"干阑式"，一座干阑建筑的不完全长度达 2.5 米。能经营这样庞大的空间体量，说明在河姆渡文化以前木结构技术已有相当长的历史。

河姆渡遗址的干阑式长屋残迹显示，它的建筑形式是这样的：以桩木为基，上架设大梁、小梁（龙骨），以承托楼板，构成架空的建筑基座平面，上面再立柱、架梁、盖顶，构成了辉煌的大壮之形象。柱木一般直径 8 ~ 10 厘米，最大的圆柱在 20 厘米左右，最大方桩约 15 厘米 ×18 厘米，密排板桩一般厚约 3 ~ 5 厘米，最宽约 55 厘米。一般桩木打入地下 40 ~ 50 厘米，主要承重的大桩入地约 100 厘米。

地板比地面抬高 80 ~ 100 厘米，板厚约 5 ~ 10 厘米，长为 80 ~ 100 厘米，浮摆在小梁上，可以掀开，从室内投下垃圾。地板大梁跨度可能在 300 ~ 350 厘米之间，小梁跨度可能在 130 ~ 390 厘米之间；柱高约 263 厘米。初步推测，长屋通进深约 700 厘米；前檐可能有宽约 130 厘米的走廊，前沿设有直棂木栏杆。

遗址出土的一批木制工具，则是这个时期精湛高超的建筑技术水平的佐证，如斧、磅等工具已装上了木柄；木制工具有矛、傲、耗、浆、筒、碗等，用以狩猎、征战、农耕、划船和饮食等。"这里特别要提到木器中有一批带榫卯的小杆件，它们显然不能单独使用，当是某种多杆件复合器械的部件。"[7]

河姆渡发掘出来的建筑实例，提供了木构"干阑式"的古老形制。这里需要指出的是，在浙江其他一些地区有大量的"干阑式"建筑。如浙江吴兴钱山漾甲区，"这一层发现木桩很多……按东西向树立，长方形，东西长约 2.5 米，南北宽约 1.9 米，正中有一根长木，径 11 厘米，似乎起着'棋脊'的作用，上面盖有几层大幅的竹席"。乙区"木桩只有东边的一排尚完整，排列密集，正中也有一根长木，径 18 厘米。上面盖着大幅树皮、芦苇和竹席[8]"。

这种"干阑式"建筑，在我国古籍中记载颇多，即所谓"高栏"（《蛮书》卷十）、"葛栏"（《蛮书》卷四）、"阁栏"（《太平御览》卷八十八）、"栅居"（《太平御览》卷七百八十五）以及"巢居"（《岭外代答》卷四）是也。《魏书》卷一百零一"依树积木以居其上"及《旧唐书》卷一九七"人并楼居"之说，也是指的这种具有悠久历史的"干阑式"建筑。

（二）穴居

中国北方黄土地带源于穴居的建筑文化之发展，是中国建筑土木混合结构的主要渊源。

中华民族文化发源于黄河流域与长江流域，其中黄河中下游为上古文化的主要发祥地，其广阔而丰厚的黄土层为上古穴居的发展提供了有利条件。黄土质地细密，并含有一定石灰质，其土壤结构呈垂直节理，易于壁立，不易塌陷，适于横穴和竖穴的制作。在母系氏族公社进入农耕为主的时期，在生活上提出定居的要求之后，穴居这一形式在黄土地带逐渐得到迅速的发展。

穴居发展历程中有一个有趣的现象：建筑的萌芽不是从建筑材料的增加，而是从材料（黄土）的削减开始的[9]（图 2-3）。

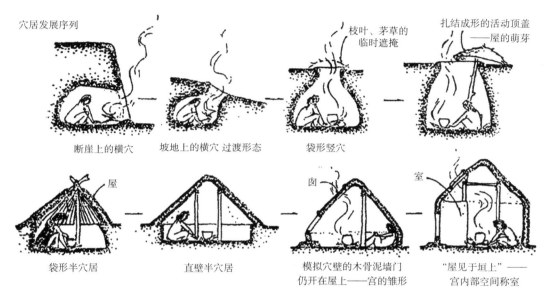

图 2-3　穴居发展序列示意图
（图片来源：杨鸿勋. 21 世纪的营窟与橧巢. 生态建筑·生态城·山水城市 [J]）

1. 从横穴到宫

人们基于居住自然窟、洞的经验，首先学会了掏挖横穴作为栖身之所。黄土地带的台地断崖，是制作横穴的理想地段。这种只有空间，穴口外没有更多的外观形式的横穴，是一种建筑的雏形。

横穴系保持黄土自然结构的土拱，比较牢固安全，并可满足遮荫避雨、防风御寒的初步要求。由于这一结构方式最为简易、经济，自从它出现以后，虽然向着竖穴、半穴居转化发展，但同时，横穴原型一直保留下来，并不断改进、延续到近代，成为黄土地带广大民间喜闻乐见的居住形式——窑洞。

这种穴居经过了如下发展序列：横穴→袋型竖穴（口部以枝干茎叶作临时性遮掩或具有粗编的活动顶盖）→半穴居（竖穴上部架设固定顶盖的所谓"夜穴"）→原始地面建筑（全系构筑的围护结构所形成的空间）[10]，围护结构分化为栅体与屋盖两大部件→分室建筑（建筑空间的分隔组织）。

2. 由半地上到地上——半坡遗址

半坡遗址，处于西安附近浐河中游长约 20 公里的一段河岸上，其集中的聚落群有

13 处之多，出土形制可辨的建筑遗址 46 座，其中部分有上下叠压关系。这些聚落包括居住区、制陶窑场、公共墓地。聚落面积一般在 3 万 ~ 5 万平方米，也有可达 10 万平方米的。

在半坡村浐河东岸台地上，曾出土一建筑遗址，总面积约为 5 万平方米。其布局是，临河高地为居住区，已发现密集排列的住宅四五十座，布局很有条理。住房建于河边，又选在高地上，是为了就近汲水之便，而登高则了防潮、防淹。在这一聚落中间地带，有一座近似方形的房屋遗址。平面约为 12.5 米 × 14 米，这在当时已是相当大的规模了[11]。

大房子可能是公共用房。在居住区的周围，有一条宽 5 ~ 6 米的深沟，这是为了防卫而挖掘的。在居住区内和沟外，发现有窖穴，可能是氏族的公共仓库。公共墓地建于居住区之北，窑场在居住区之东，都安排在深沟之外，可见当时的建造观念中，已将生活区与生产区、墓地分而建之了（图 2-4）。

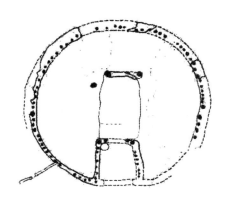

图 2-4　陕西半坡遗址平面复原想象图
（图片来源：左图：中国科学院自然科学史研究所 . 中国古代建筑技术史 [M]）

半坡遗址的房舍平面布局及所用材料、技术已达到相当的科学性与美学水平。其建筑平面有方形、回形两种。方形者浅穴为多见，内转角具有抹圆的趋势，面积一般在 20 平方米左右，巨大者也有 40 多平方米的，可见其宽敞。其建造方法，根据材料推测，可能先在黄土地上掘出 50 ~ 80 厘米的浅穴，浅穴四周密密地排列以木柱形成壁体，其上覆盖侧面为人字形的屋顶。住舍内部同时以四柱作为架构骨干，用以支撑屋面，屋顶可能为四角攒尖顶或在攒尖顶上部，利用内部立柱，复建采光和出烟的二面坡屋顶。其台基经过夯实，门口以斜阶通于室内。壁体和屋顶铺设草泥土或草，有"茅茨不剪"之形状。

圆形者一般不掘浅穴，直接建于地平面上，直径约在 4 ~ 6 米。周围有密柱排列，柱间以草等韧性材料编织成壁体，室内以立柱支撑屋宇，立柱 2 ~ 6 根不等，结合立柱分布及数量，其上建造两面坡式的小屋顶。其室内地面上，设火塘作弧形浅坑，有的位于门口，有的设在室之中央，供煮食与取暖之需。

从建筑材料与技术水平看，半坡建筑遗址的发展线索相当清晰，可分早、中、晚三个发展阶段。早期为半穴居，即室内地面低于室外地面，房屋的下半部空间，是由挖土形成的，上半部空间主要为木质材料构筑而成；中期已有半穴居从而使室内地面与室外地面处于同一水平线上，其全部围护、支撑结构，均系构筑而成；晚期已把原先一个室内大空间进行分室建造，即将建筑内部空间按功能需求进行分隔。

三、新石器时代中期、晚期的农耕聚落

（一）母系氏族社会的原始聚落

公元前 5000 年 ~ 公元前 3000 年这段时期，在考古学上称为"仰韶文化"时期，约当母系氏族公社的繁荣和蜕变阶段。这时，以农耕经济为主（农耕的主要作物为粟），但狩猎和采集仍占很大比重。从遍布于黄土地带，特别是关中、晋南和豫西这一地区的河谷台地上的聚落遗址可知，当时定居生活已相当稳定。

1. 对偶住所和家族住所

半坡建筑遗址都设有火塘，应属于居住类型，从生活遗迹来看，基本上是一个"对偶家庭"。从考古发现的对偶住房看，平面多为 3 ~ 5 米方圆，从生活遗迹来看，基本上是一栋居住一个"对偶家庭"。从家族住房看，多为一栋建筑内部分隔成几室，例如距今 4000 余年的大河村遗址及河南淅川长屋，这种空间组织，是共同生活的家族（小氏族）人口结构所要求的。一般各室都设火台（或火塘）作为主要的取暖、防潮设备，不一定都用于炊事（图 2-5）。

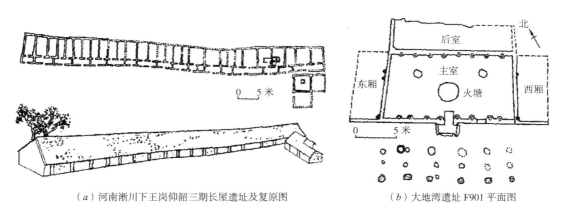

（a）河南淅川下王岗仰韶三期长屋遗址及复原图　　　　　（b）大地湾遗址 F901 平面图

图 2-5　家族住所和对偶住所

（图片来源：张宏彦.中国史前考古学导论 [M]）

早期对偶居住的半穴居，已具有空间组织的萌芽思想。门道上所设的雨篷可避免雨雪对内部空间的侵袭，同时弥补居寝暴露的缺陷，从而使内部空间较为隐蔽、安全。进一步，入口内用木骨泥墙所形成的小"门厅"，完善了门前这个缓冲空间，反映了空间组织观念的启蒙。这时，这个小"门厅"已具有暂存杂物的实用功能。实际上，这个独立空间正是"堂"的萌芽，它向纵深发展，即形成后世的"明间"，隔墙左右形成"次间"，是为"一明两暗"的形式；这一空间往横向发展，则分隔室内为前后两部，于是形成"前

堂后室"的格局，由此可以设想"一明两暗"和"前堂后室"是同源的[12]。

一栋建筑的内部，用木骨泥墙分隔成若干室，形成空间的内部分隔。就建筑经营来讲是早期门内小隔墙的进一步发挥。这种体量较大的建筑的出现，说明当时工程技术的提高。一栋多室的建筑，较同样面积的一栋一室的建筑减少了外围结构，不但节省材料、节省劳力，而且缩短了外墙，也提高了隔热、保暖的效率。建筑空间的分隔组织，是一个重大的发展，至此，原始建筑已告成熟。

2. 母系氏族社会的"大房子"

在母系氏族公社聚落里除了上述的一般住房之外，还建有空间体量较大的房屋，考古学上称之为"大房子"。"大房子"为一般住房所环绕，有的聚落遗址中发现一座（如半坡），有的发现数座（如姜寨）。在我国目前已知的遗址除上述西安附近的半坡、姜寨外，河南洛阳王湾、陕西华县泉护村、陕西西乡李家村等处，也发现有残缺较甚的"大房子"遗址。"大房子"成为公社最重要的建筑物。它的建造，需要动员全公社的人力、物力。它不仅建筑规模大，而且在工程质量上也是全公社最高的。

3. 母系氏族公社时期的工程技术发展

母系氏族公社时期以土、木为主要建筑材料的营造技术与做法，此时已经积累了原初的宝贵经验。

（1）承重木骨泥墙出现

初期袋型竖穴内部所形成的自然土拱，具有一定的遮荫避雨的功能，在大风、雨、雪的情况下，可采用树木枝叶、茅草之类做临时性遮掩或粗编的活动顶盖，进而创造了用枝干茎叶扎结成固定的顶盖，即"屋"的雏形。发展到仰韶文化时期，"屋"的构筑技术已有一定的发展，因此有条件把居住面提高，以减少潮湿，从而形成了半穴居。半穴居的内部空间（古称"中霤"），下部是挖掘出来的，上部是构筑起来的，就地取土形成，四壁内使用树木枝干和其他植物茎叶构成顶部围护结构。这种在竖穴之上构筑顶盖的居住形式，即所谓"屋"，具备了建筑学或"建筑艺术"的空间与体形两个方面，从结构学讲，半坡中的某些半穴居可以说是土木合构的中国古典建筑的始祖。

利用树木枝干做骨架，植物茎叶或敷泥土作面层，构成竖穴遮荫避雨、防风御寒的顶部围护结构，是一项重大发明。在结构学上，说明了人们已经开始掌握木杆件架设空间结构的技术，出现了柱和椽（斜梁）。支柱的概念可能即源于对树木的体验。初期采用原木支柱，并保留一个分叉用以支承周围椽木，交接点采用植物藤蔓或绳索扎结。晚期使用石凿、骨凿或角凿已可制作垂直相交的简易榫卯和复杂的多杆节点，辅助以扎结。进一步发展，中心柱偏离室中心，采用基本椽与柱悬臂交接，由椽头提供其余诸椽的顶部支点的方式，这正是大叉手屋架的启蒙。椽木不交于柱顶，解决了中心柱与中央火塘在位置上的矛盾，同时保证了火塘与屋盖的最大距离（火塘居空间最高处）。

当屋架发展到可以不依赖竖穴而独立构成足够的使用空间的程度时，居住面开始上升到地面。弯庐式屋以曲面扩大了内部空间，显示出独立构成居住空间的能力。外围结构进一步分化为直立与倾斜两部分，在仍旧保持足够空间的情况下，较之弯庐式构架缩短了构件，方便了施工，扩大了材料来源，为建筑的广阔发展开辟了新的途径。黄河流域起源于穴居的原始建筑发展至此，在外围结构上出现了构筑起来的承重直立部件——墙体，这种墙体沿袭屋盖的做法，是枝干纵横扎结成骨架，两面涂泥做成的。因此从结构学的观点来看，它仍是由骨架的立柱承重（值得注意的是，它孕育了木框架），加以填充围护的结构方式。承重木骨泥墙的出现，是地面建筑大发展的一个关键。直立的墙体，倾斜的屋盖，奠定了后世建筑的基本形体。这一转变，在建筑史上具有重大意义。

这种在墙上架屋的形体，要比在地面上架屋（半穴居）高大得多，即使到奴隶时代，仍视为先进的形式，以其高大而名之曰"宫"（"宫"是一个体形的概念，其内部空间称"室"）。

初期，屋盖与墙体的构造意匠相同，墙体与屋盖交接一线涂泥成棱。由于内部无联系梁——拉杆，故建筑体形略呈囷状。进而采用密排椽，合理地承受屋面荷载。墙体进一步发展，骨架立柱出现承重与围护的结构分工，明确地在承重支柱之间，扎起围护骨架填充苇束之类轻质材料，开始了向木框架体系的蜕变；至仰韶文化晚期，已形成较规整的柱网，轻质填充结构也进一步完善，奠定了中国古典建筑木框结构体系的基础。墙体的进一步发展，在半坡晚期及姜寨遗址，都出现了厚重的垛泥墙，只在应力集中部位内加支柱。这一结构方式，在奴隶制时代得到更大的发展，转化为由壁柱加固的版筑土墙。

（2）柱基结构初步形成

关于柱基做法，早期掘坑栽柱，原土回填，无特殊处理。半坡较晚的方形建筑，柱基多有所改进，柱坑回填采取质地细密的浅色泥土，其做法近似三合土，黄土中似掺有石灰质材料，加水混凝，干结后有较大强度，这种处理，对于柱脚的防潮和加固颇有改善，例见半坡的中心柱洞解剖。还有在柱坑回填土中掺加颗粒骨料的，例如半坡遗址上层所发现的两个晚期柱洞，回填"浅色土"并掺有红烧土渣、碎骨片、夹砂粗陶片等。其他遗址还发现柱坑用草筋泥回填，也掺有红烧土块和陶片之类。这种加入骨料的做法，可增加柱脚的固定性，对于扎结节点的原始木构来说，这是很必要的。

晚期柱基，有的在底部垫10厘米黏土层，柱脚侧部斜置两块扁砾石加固，周围回填土上部35厘米一段分六层夯实，解剖观察，夯层上隐见夯筑痕迹。分层夯筑较一次压实可以提高柱基的密实程度，这是一个很大的改进。晚期，基底也出现了加固处理，一般是垫一层黑褐色或红褐色黏土夯实；黏土中有的加垫陶片（也有垫完整陶器底的）或石片——这便是暗础的创始。庙底沟基址的中心柱已设置扁砾石柱础；洛阳王湾的木骨泥墙为连续平铺的砾石基础，下垫红烧土块，这反映了原始居民因支柱下沉而力图使基底坚硬的想法，客观上则符合加大地基承压面减小压应力的科学原理。至此，柱基的发展已达到相当科学的地步，为木结构进一步向高大发展创造了条件。

（3）木结构的防火与土结构的防潮问题受到重视

1）防火处理。泥土有很好的隔热防火性能，于木材表面涂以薄层泥浆，即可防止烤灼致燃。原始人类早在发明制陶术初期对此即有所发现。恩格斯说："可以证明，在许多地方，许是在一切地方，陶器的制造都是由于在编制或木制的容器上涂上黏土使之能够耐火而产生的。"用泥层防火这一知识，在仰韶文化的建筑中，作为木结构的防火措施，得到了应用。

原始建筑的屋盖内部早期暴露椽木，室内火塘的烟火极易引燃屋盖而造成火灾。仰韶文化时期的半穴居内部多数已采用了涂泥防火的措施。屋盖内部涂泥的做法，至少一直到汉代仍为民间建筑所沿用。涂泥不仅可以防火，且减少顶部脱落茅草茎叶之类，较为清洁。

仰韶文化中期、晚期，室内居住面有采用木板防潮的做法。为了防火，木板上仍作遨涂（泥中掺有黍橄，古文称"谨"），并烧烤成红色的硬面（如半坡遗址中即发现不止一层的红烧土硬面）。

2）防潮技术。半穴居的下部空间是就自然土地挖掘出来的，穴底和四壁都保持着黄土的自然结构。由于毛细现象，土壤水分不断上升到表面，尤其阴雨天，这种竖穴是相当潮湿的。长久居住，轻则患湿气疥癣，重则引起关节炎、风湿性心脏病，甚则转归为残废或死亡，是以《墨子》有"下润湿伤民"的追述。惨痛的生活经验，可能在穴居时代就迫使人们开始探求防潮的办法。早期半穴居，穴底（居住面）涂细泥面层，较为整洁，也略可隔断毛细现象。但更为有效的隔潮，还是依靠较厚的枝叶、茅草、皮毛之类的垫层。半坡所见，则大部分已改进为谨涂。涂层，穴底比穴壁稍厚，一般 1 ~ 4 厘米，厚者 5 ~ 10 厘米。稍厚的谨涂，较细泥的防潮效果有所提高。此时，重要的发明是谨涂后加以烧烤，盖即《诗·大雅·绵》所谓"陶复陶穴"的做法。仰韶文化的住房，其居住面、壁面甚至有的谨涂屋盖都经烧烤，表面呈坚硬光滑的青灰色或红褐色的低度陶质。泥土有隔热、防火的性能，陶化后可以防水，这是制陶术发明之初人们就已有了的知识，到仰韶文化时期，这一知识用于建筑是合乎逻辑的发展。

3）居住面的防潮。后期建筑有利用前期毁于火的房屋旧址，将遗留的烧烤残谨作为垫层的做法。如半坡遗址上后建的房屋，即以红烧土残渣垫底，上面平铺厚约 30 厘米的不规则红烧土块（平面向上，木痕一面向下）。半坡中期开始，出现用木材之类作为防潮层的做法，以直径近 1 厘米的芦苇作为防潮层，上敷 8 厘米谨涂。建于早期遗址堆积之上的建筑，采用宽约 15 厘米的木板铺满居住面，再作谨涂防火面层，并烧成红色硬面，涂烧烤数层，最厚处达 20 厘米。

仰韶文化晚期，豫西地区已出现"白灰面"的做法。安阳鲍家堂村的居住面，在黄土底层上垫有黑色木炭防潮层，上面涂有白色光滑坚硬的石灰质面层。这种"白灰面"不仅牢固、卫生、美观，而且也有一定的防潮作用，龙山文化的建筑中已推广使用，周代称之为"垩"，仍为高级建筑所广泛采用。

（4）排烟通风口——囱的建造

原始住房内部的火塘无烟道，形同掩火，尤其燃烧不充分的情况下，屋内烟熏无法容身。文献记载，古老传说中，半穴居顶部有开口的，半坡遗址也表明，当时住房的顶部开有排烟通风口。半坡早期排烟口可能设于椽柱交接处（古文所谓"中黄"）；进而改设在屋盖前坡上；再发展至晚期，则设于山墙尖上。

屋盖上的通风口，古文称"囱"。商周时代屋上的通风口，基本上还保持半坡的形式。囱与门形成对流，排烟效果良好。其制作是，屋面涂泥留空即成（囱口上部及左右抹出凸棱以挡屋面雨水），可任意调整大小，必要时甚至可以涂泥填掉，十分简便。囱内下落雨、雪有限，一般可忽略不计。大雨雪时，或作临时遮掩。这样，对于锥体或有横脊的四坡屋盖的原始住房来说，它已基本满足排烟通风兼顾防水的实用要求，这大约就是囱以后长期未曾改革的原因。囱防水问题的根本解决，取决于屋架的发展，两坡屋架的形式，使排烟囱口有条件设于垂直面——墙体上。也正是在此时，它发生了质变，成为"窗"的创始，即古文所谓"牖"的原形。

（5）装饰工程——建筑美的观念及其装饰意匠的萌生

仰韶文化的建筑是以木构为骨架，内外涂泥塑造而成的。黄土调水成泥，是一种天然的可塑性材料，对于已经掌握制陶技术的人们来说，这已是常识。建筑的各种处理，反映了当时是以制陶意匠进行建筑经营的。当时在彩陶艺术上所表明的审美能力和工艺水平，使我们深信这些用黏土塑造出来的建筑，在造型上也会有形、色的装饰处理。

塑形装饰已有实物可证，半坡建筑表面处理，一如陶器的制作，是采用光滑与粗糙质感对比的手法。一般外部谨涂较粗，残块曾见手指涂痕。晚期已有多种装饰塑痕的处理，其中有近似"大拉毛"而凸起圆润的纹褶饰面。姜寨遗址还发现用手指塑造和工具刻画成花纹图案的做法，这种塑形装饰应是用于门口的。在半坡房屋的囱缘上，有疏密、形状不同的坑点装饰，与陶器表面处理相同。这种重点处理，手法经济、效果显著，是六千年前杰出的创作。半坡建筑遗址出土有浮雕或回雕泥塑残块，似为动物形象，可能是建筑上的饰物，很值得注意。

仰韶文化遵循几何规律的方、回建筑，在制作上已有一定的准确程度。这反映了当时可能已发明制作出简易施工测量器具和放线方法（例如三根木杆制成的曲尺——矩，以及用绳索画直线或圜的放线方法）。[13]

4. 母系氏族公社聚落规划观念的启迪

我国聚落规划起源于母系氏族社会。在黄河流域，当母系氏族公社进入繁荣阶段，聚落已有相当的规模。例如洛阳王湾聚落遗址占地约 8000 平方米，宝鸡北首岭遗址占地约25000 平方米，西安半坡遗址占地约 50000 平方米；姜寨遗址占地约 20000 平方米。

聚落多选在河谷台地上，台地之间多有断崖沟坎的阻隔，交通不便，于是河谷常常成为聚落之间联系的主要通道。所以为了交通方便，聚落又多选在河道汇合处，亦即主要通道的交叉口一带。

（1）聚落选址满足近水与防水的条件

近水：定居的聚落，首先是邻近水源，以满足生活用水（饮用、洗涤等）和生产用水（耕地灌溉、制陶以及建筑工程等）的需求。近水地区植物繁茂，也便于渔猎和采集食物。故选址多在河流或沼泽附近。

防水：选择避免水淹的高地，高地的地下水位较低，以保证住房一定程度的干燥。

此外还要接近适于耕作的土地和适于制陶的泥土，这在黄土地带是随遇可求的，因此成为次要条件了。

（2）聚落的功能区划清晰而合理

聚落基地已有初步的功能区划。一般可分为居住区、制陶作业区和墓葬区三部分。居住、生产、墓葬用地的分区，反映了初步的规划观念。规划观念产生于生活实践，社会生活要求集聚定居的住房之间相互应邻近，自然形成一区。将死者集中埋在居住区以外的一个地方，在意识形态上反映了原始居民对"灵魂"——死后有知的信仰，因而使死后的人仍"聚居"在一处。实际上，与居住区隔离的墓葬区的划分（仅婴、幼儿童死后以"瓦棺"的方式葬在居住区内），是符合卫生条件的，这在合理地经营人类环境上是一个很大的进步。

在环境规划上，制陶自成一区，不但有利生产，而且可以避免泥水、烟污对居住区的污染，也是有利于生活的。这一时期的聚落布局，以保存较好的半坡遗址及姜寨遗址为代表。半坡聚落东西最宽处近200米，最长为300余米，居住区约占地30000平方米，北部1/5面积已经发掘，居住区周围设有壕堑。堑北为公墓区，堑东为制陶作业区，估计农耕用地在堑外附近[14]。据遗址考古可知，居住区有通向窑区、墓地、水源的通路，跨堑可能架有木桥。

姜寨聚落的总体布局分为居住区、窑场和墓地三部分。以广场为中心，由东、南、西、西北、北的五组建筑群环绕其周围，每组建筑群都是由若干对偶住房环绕一个"大房子"形成。这种布局同半坡早期遗址十分相似，但比半坡聚落更加复杂[15]。姜寨聚落中家畜圈设置在广场西边。居住区外有壕堑，窑区设在堑外河边（接近水源），墓葬区也在堑外。

（3）环状向心布局体现着公社原则

住房圈绕中心广场作环形或相向布置（限于地形等条件少有的例外）。公共性"大房子"位于广场边缘或中央，这几乎成为各个民族原始公社居住区的一种标准规划。在公有制的经济基础上，以血缘纽带联系起来的人们，过的是平等、民主、团结互助的集体生活。集体活动的场地，需要便利每个住房，使其距离都接近于活动场地，这一实用性需要便促成了环形布局。就意识形态而言，它正体现着团结向心的公社原则。

在中国建筑史上，现存实例，如宝鸡北首岭遗址，从已经挖掘的4000平方米遗迹来看，距墓葬区以南30米处的居住区发现40余座住房遗址，住房可分南北两组，相距约100米，两组住房相向布置，中部尚未发掘，据铲探可能是一个广场。

半坡遗址，从已发掘的居住区北部较完整的40余座住房和铲探材料来看，建筑群是环绕广场呈环形布置的。在通向东部窑区处留有较宽的通道，"大房子"设在广场中部偏西处，门在东侧朝向广场，从而形成建筑群的中心。北部已发掘部分约有27座"大房子"，建筑密度在12%左右（不计窖穴），建筑间距较近者为3～4.5米。

姜寨遗址大部分已经发掘，提供了一个相当完整的围绕中心广场的布局实例，如图2-6所示。

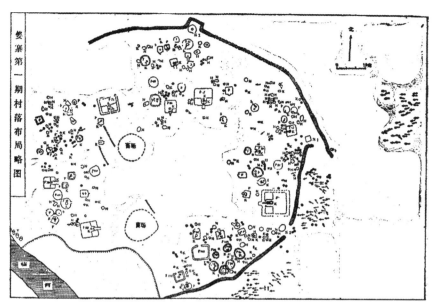

图 2-6　陕西姜寨村落遗址平面
（图片来源：严文明．仰韶文化研究 [M]）

（4）壕堑——最早的防御性设施

半坡、姜寨居住区外围都设有深 5 ~ 6 米、宽 6 ~ 8 米的壕堑拦护。这一防御性设施，兼作雨水的排放沟。堑壁较陡峭，相对堑底而言，它实际上是一座相当高的围墙。在发明夯筑技术之前，这是一种有效的防御设施。正如同源于穴居的建筑发展是从建筑材料的削减开始一样，筑城的历史也是从它的对立面发生的。与居住区关系密切的水源、耕地、陶窑以及公墓皆在堑外，居住区与外界交通设有桥梁。

（二）龙山文化晚期的聚落

龙山文化晚期，约公元前 3000 年 ~ 公元前 2000 年，为氏族公社的蜕变阶段。母系氏族公社晚期生产力不断增长、财产积蓄逐渐扩大，出现了小氏族（家族）。体力较强的男性占有生产部门的主要地位和小氏族内部财产的支配权。小氏族逐步解体，出现了父系的家庭，这反映在建筑上，也有了明显的变革。

1. 双联半穴居和圆屋组群

一夫一妻制的家庭改变了旧时"对偶家庭"的人口结构，房屋建筑需要满足夫妇及其子女的共同生活使用的需求。此时住房形式多为双联或三联的半穴居或两三栋单体组合的住房，布局上分为内室和外室，从生活轨迹来看，内室为卧室，外室为起居室，并在室内设置窖藏。

父系氏族后期临近奴隶制度确立的前夕，社会财富日益集中于少数部落酋长及其种族近缘的特权成员手中，形成了剥削与被剥削的两个阶级。因此房屋建筑一般为较为富裕的家庭住所，住房多为圆屋，比较规整，工程质量较好。其主要特点是，圆屋有两栋或三栋入口互相呼应，成组布置[16]（图 2-7）。

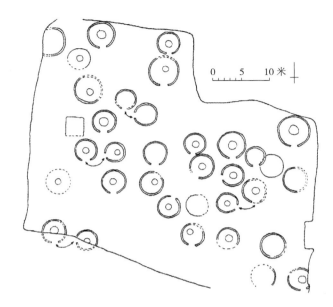

图 2-7　河南汤阴白营聚落遗址平面示意图
（图片来源：中国科学院自然科学史研究所 . 中国古代建筑技术史 [M]）

2. 建筑开始向两极分化

氏族首领的住所——他所占用并视为私有财产的"大房子"，在奴役和剥削的基础上，日益向高大、繁复和华美发展。这从与其相近的奴隶制初期夏后世氏室的规模，可以得到一个轮廓的设想。这一阶段的晚期，实际上已经成为剥削阶级宫殿雏形的"大房子"，大约已形成内部空间组织较为复杂的"前堂后室"的高大建筑。进一步发展，在奴隶制确立以后，它便转化为最高奴隶主——帝王的设防宫殿。

3. 夯筑技术与土壁、泥坯的发明

龙山文化晚期已经掌握了夯筑技术并开始使用泥土块砌筑墙体。在河南汤阴白营遗址，圆屋地面已采用夯筑的做法，夯土密实坚硬；山东龙山文化遗址的居住面层也采用了分层夯筑的做法。

河南永城龙山文化晚期（或夏）居住建筑遗址已见原始土壁或泥坯，用于圆屋内壁，陡砌。当时所用的砌块还是壁或坯的雏形，看来大约尚未采用模型制作，只是一块块地拍打而成或摊成大块泥片切割而成。近代民间建筑有切割潮湿地皮、晒干使用的做法，当时也可能采用这样的做法。它启示了壁或坯的发明，进而引起墙体结构的变革[17]。

四、史前时期聚落分布与结构演化轨迹

据考古资料，早在一万年之前，在黄河、长江、珠江、黑龙江等水系流域已经存在着人类活动的遗迹。至目前为止，北至黑龙江流域，南抵珠江流域，东起东海之滨，西到青海高原的辽阔版图内，都发现了旧石器时代的文化遗存。新石器时代的遗址则遍布各地，现已发现六七千处，发掘者在百处以上，主要分布在黄河流域、长江流域、华南、西南和

北方地区。早在旧石器时代中国南方与北方地区文化的发展就出现了明显的差异[18]。到新石器时代早期，在南方和北方地区分别形成了两支不同的文化传统。

因此，我们下面着重从黄河流域和长江流域考古发现来研究我国史前时期聚落演化的大致轨迹。张新斌先生根据考古资料，深入研究了黄河上游、中游、下游史前时期前期、中期、后期聚落遗址分布的状况，认为黄河流域史前聚落发端于史前旧石器时代中晚期，经过整个新石器时代。长江中下游史前聚落主要是新石器时代，在新石器时代早期农业产生以后，长江中下游地区就逐渐成为中国史前两种农业体系之——稻作农业发展的核心地区，是与黄河中下游同步发展的自成体系的中国新石器时代另一个最重要的文化区域[19]。其发展轨迹受到人文和自然两大因素的制约影响，不同区域发展轨迹不尽相同，但整个历史进程大致的轨迹是近似的。

（一）史前聚落数量与规模的演变

1. 早期聚落

新石器时代早期，聚落在数量和面积等方面都有了一定程度的发展。新石器时代早期文化广布于长江、黄河流域和东北地区，例如：黄河流域的老官台文化、裴李岗文化、磁山文化、后李文化、北辛文化，东北地区的兴隆洼文化，长江流域的彭头山文化、石门皂市下层文化。由于农业的发展，人口得到增加，聚落规模开始扩大，如河南新郑裴李岗遗址面积约 2 万平方米，而河南舞阳贾湖遗址面积也有 5 万平方米，这时的聚落不仅规模大，而且密度也在增加，陕西渭河流域发现的老官台文化遗址有 30 多处[20]。

黄河上游的早期聚落主要是大地湾一期文化聚落和师赵村一期文化聚落，主要分布在渭河中上游地区、泾河、西汉水上游和丹江上游地区。黄河中游早期聚落主要是以裴李岗文化、磁山文化及老官台文化为代表的聚落，主要分布在豫中地区、豫北冀南地区，豫西晋南地区和关中地区次之。黄河下游早期聚落主要是西河文化、后李文化和北辛文化聚落，主要分布在鲁中南地区，胶莱平原地区次之，胶东半岛地区少有发现。

在长江中下游的中心地区还没有见到新石器时代早期的遗址。长江中下游新石器时代早期人类的居住类型主要是穴居，还有一些零星的露天居住遗址。早期洞穴遗址主要有江西东北部和湖南南部的几处，广泛分布于岭南和武夷山脉的南北、东西两侧的山前盆地或谷地之中，露天遗址则只有在广西邕宁顶狮山的个别发现[21]。在岭北的长江中下游地区仅仅是几个石器集中分布的地点，并不是真正的居住聚落。

2. 中期聚落

黄河上游中期聚落主要是指大地湾二期文化聚落、仰韶文化庙底沟类型聚落和马家窑文化聚落，主要分布在甘、青、宁和陕西北部地区。黄河中游中期聚落主要分布在关中地区、豫西晋南地区，豫西地区、豫西冀南地区次之。与早期聚落相比较，中期聚落数量猛增。特级聚落（面积在 40 万平方米以上的聚落）、一级聚落（面积在 30 万～40 万平方米的聚落）明显增加，仅关中地区就发现特级聚落 32 处，一级聚落 39 处。黄河下游发现中期聚落 500 多处，主要分布在鲁中南地区、胶莱平原地区，鲁西南—鲁西北平原地区次之。其聚落数量和大型聚落规模、数量远不及黄河中游地区。

新石器时代中期在长江中下游地区是指新石器时代早期至晚期大溪文化、河姆渡文化、马家浜文化之间的时段。主要有南阳盆地的属于裴李岗文化的方城大张庄遗址[22]、杭州湾的萧山跨湖桥遗址[23]，其他区域还没有发现明确属于这一时期的遗存。洞穴居住已不再是长江中下游地区聚落形态的主流，常年定居的平原旷野村落广泛出现。

3. 晚期聚落

黄河上游的晚期聚落主要是指齐家文化聚落，规模在 800～30 万平方米，主要分布在甘肃、青海地区。黄河中游的晚期聚落主要分布在关中地区、豫西南地区，豫中地区、豫北冀南地区次之。与中期聚落相比较，特级聚落、一级聚落数量略有下降，四级（面积在 1 万～10 万平方米的聚落）、五级（面积在 1 万平方米以下的聚落）数量略有增加。黄河下游晚期聚落是指山东龙山文化聚落，主要分布在鲁中南地区、胶莱平原地区，鲁西南、鲁西北地区次之。与中期相比，聚落数量增加明显，但特级及一级聚落依旧不如中游地区，主要是中小型聚落。

新石器时代晚期是长江中下游地区文化最为繁荣和人口迅速增长的时期，最为突出的表现是流域内各个地区聚落的普遍繁荣。这一阶段在汉水中游、两湖、赣鄱、苏皖和江浙等几个平原及其周边地区普遍分布有相当数量的长期定居的聚落，各个地区居住着相当多的人口。如两湖地区的澧县境内分布有大溪遗址接近 40 处，汉水中游的陨县有至少 16 处仰韶文化的遗址聚落。聚落面积从数千平方米到一二十万平方米不等[24]。

史前聚落数量与规模变迁的趋势是：早期阶段黄河上游与下游聚落较少，中游聚落较多；长江上游较少，中下游居多。中期阶段，黄河上游和中游的聚落数量较多，下游较少；长江中下游居多。这一阶段黄河上游聚落规模较小；密度较小；而中游聚落密度最大，出现了大批规模上百万平方米的特大型聚落；黄河下游聚落规模一般不超过 50 万平方米。史前中期阶段，"形成了豫、晋、陕一个加大的金三角。在这个金三角中，庙底沟类型的仰韶文化遗址最多，而且以庙底沟类型为主体的大聚落群占了主导地位。"[25]这一阶段出现特大型聚落的一个重要原因在于，黄河中游部落（或部落联盟）实力强大，具有超强的向心力和凝聚力，而晚期阶段超大部落或部落联盟瓦解成中小型部落，出现了所谓万国时代，私有制与战争制约了聚落规模的扩大。晚期阶段，黄河上游聚落分布密度最小，中游关中平原、豫西晋南依旧是聚落密度最大的地区，而黄河下游聚落密度有大幅度增加，反映出晚期人口繁衍与迁徙的基本情况[26]；长江流域主要集中在两湖地区和江浙的环太湖地区，聚落点的数目有了成倍的增加，聚落数量的增加主要是人口的增加和聚落社群的居住形式开始发生分化。

（二）史前聚落选址的演变

史前聚落的选址也有一个漫长的演变的过程。大致经历了从山林逐步向山前坡地、山前丘陵、山前平原、河流两岸、大平原地区发展的轨迹。

1. 早期聚落选址

黄河上游多选择在黄土高原地带和山前坡地上建设聚落。黄河中游多选择在一些低矮的山丘上、黄土高原地带的一些峁和梁上、山前坡地上、河谷阶地上建设聚落。黄河下游中期聚落选址多为山前坡地、山谷阶地，少量选择在黄河两岸的黄土山丘上。

长江流域聚落多选择在山间小盆地、山间谷地。

2. 中期聚落选址

黄河上游中期聚落选址大多数为河谷阶地，其次是平原台地。据徐亚华研究，黄河上游谷地型聚落占 60%，山地型聚落占 13%，丘陵台地型聚落占 20%，平原台地型聚落占 7% [27]。黄河中游大量的中期聚落绝大多数选择河谷阶地和平原台地，说明先民进一步向河谷平原和河流二级阶地推进，聚落数量增加，规模扩大。黄河下游中期聚落也大多选址在于河谷阶地和平原阶地。

长江流域聚落在两湖及峡江地区主要分布在洞庭湖平原（有一部分被淹没于今日的洞庭湖湖底）和鄂西长江及清江两侧台地上的坡地。

3. 晚期聚落选址

黄河上游晚期聚落主要分布在黄河及其支流二级阶地上，部分聚落向一级阶地扩展。黄河中游晚期聚落选址以河谷二级阶地为主，山地、山冈台地选址数量有微量增加，似乎说明先民在向河谷平原和河流二级阶地后缘推进的同时，生存能力逐渐增强，又发散式地返回山地丘冈台地上居住。黄河下游晚期聚落依旧选择山地、丘冈台地、河谷阶地、平原台地等地理环境，但数量发生了较大变化。山地型、丘冈台地型聚落数量进一步减少，而河谷台地型、平原台地型聚落数量增多。

长江流域聚落分布在汉水中游、两湖、赣鄱、苏皖和江浙等几个平原及其周边地区。

从上述考古资料看，黄河流域史前聚落选址变迁的基本轨迹是：早期聚落多山地型、丘冈型，约占黄河流域聚落的 70%；中期聚落多河谷阶地型，约占黄河流域聚落的 80%；河谷阶地多位于河谷的二级、三级阶地上，利于用水，但又能避免水难；晚期聚落多河谷阶地型和平原台地型，河谷阶地型占黄河流域聚落的 60%，平原阶地型占 20%。河谷阶地型聚落由二级、三级阶地向一级阶地发展，更接近水源；随着人口的增加和生产力的提高，聚落向平原发展 [28]。

（三）史前聚落结构的演变

史前聚落社会结构可能为：由若干小家庭（每间房）组成一个家族（一排或一组房屋），再由若干家族组成一个氏族，整个氏族可能是以氏族为基础的生产生活共同体，人口在200 ~ 300 人。我国史前聚落大致经历了由规模较小的聚落发展到聚落群，再由聚落群发展为城市的演化过程。

1. 早期聚落结构

早期聚落规模小，分布相对分散，相互影响力很小，尚未形成有组织分层的聚落群。只是在关中渭水中上游地区与豫中嵩山地区分别形成了两个聚落相对密集区域，当时的聚落群居住面积和规模偏小，相反聚落外围的生产与活动空间普遍很大。

2. 中期聚落结构

到了史前中期阶段，聚落群的大量出现。黄河流域中期聚落在地理分布上形成了大量丘冈台地型、河谷阶地型聚落。在组织结构上，开始出现等级分化，形成了"一"字形（或称为线形）聚落群、圆形聚落群、双中心聚落群。所谓"一"字形（线形）聚落群，指在一定时期内，特定区域聚落沿河流两岸成线状分布，聚落间规模分化明显，有比较明显的中心聚落群。所谓圆形聚落群，是指在同一时期聚落相对集中分布在特定区域内，能够得到确认的中心聚落大致分布在聚落群的中心部位，而中小型聚落则分布在中心聚落的周围。所谓双中心聚落群结构指在同一时期聚落相对集中分布的特定区域内，能够得到确认的中心聚落为分布较近的两个大型聚落，而中小型聚落则不规则分布在中心聚落的周围。

黄河上游中期聚落主要形成了渭河上游聚落群和泾河上游聚落群。

黄河中游地区聚落群数量很多。据许顺湛研究，关中地区有44个聚落群；河南地区与山西南部有聚落群50处[29]。

黄河下游大汶口聚落共有500处，张学海将其归纳为若干聚落群，每个聚落群中的聚落按面积大小分为5个等级，一级聚落面积为30万平方米，相当于黄河中游地区的二级聚落；二级聚落为20万~29万平方米；三级聚落为10万~19万平方米；四级聚落为3万~9万平方米；五级聚落不足3万平方米[30]。

长江流域聚落群较为简单，其聚落规划形式大都是相同的，一般分为各自集中的建筑居住区和墓葬区，有的还有集中的垃圾区和手工作坊区。聚落的面积大多数在数千平方米左右，大一点的有3万平方米。

3. 晚期聚落结构

辐射形聚落群是黄河中游地区史前晚期最有特色的聚落群结构。其特色是：在同一时期聚落相对集中分布的特定区域内，能够得到确认的中心聚落与其他中小型聚落大致呈辐射线分布，中心聚落并非分布在聚落群的中心部位，而是偏于聚落群的一侧，基本居于聚落群辐射线顶端的有利地势上，中心聚落多属于丘岗台地形或者河谷阶梯形。中心聚落与周围的中、小型聚落的规模分化十分明显，显然这种聚落群不是一种向心式结构，而是发散式结构，整个聚落群是较分散的布局，防御力量较差。中小型聚落很可能是在中心聚落的武力威胁下而暂时凝聚起来的。这种聚落群结构可能是圆形聚落群发展壮大和分化，征服"一"字形（线形）聚落群的结果。这种聚落群发展速度最快，势力最为强大，最终影响、合并其他聚落群而率先进入文明社会。

史前晚期长江流域两湖地区和江浙地区聚落数量和面积有了大幅的增长，聚落中社群的基本单位以成排的房屋和大片的墓区为代表，大致有上百人的规模。到了后期，普通的社群单位是小一些的群体，多是一些由三五开间排放组成的"凹"字形院落。并且已经有了一些环壕聚落，其中的一些大型环壕聚落由于寨墙高耸，已经像是后来的城址。

归纳起来，我国史前时期聚落结构演化的大致轨迹是：史前早期的小规模聚落→中期仰韶文化时期的聚落组（由三四个邻近的聚落构成小型初级聚落群）、聚落群→龙山文化时期的特级聚落、一级聚落的扩张→城、邑。聚落群的发展，尤其是大型和中大型聚落群，其中心聚落和聚落分化的迅速发展，说明它们正经历着质变，正在快速向国家过渡。聚落群中的中心聚落逐渐发展为"都"，为数不多的中级聚落则发展为"邑"，绝大多数的小聚落则被分化为村落。从而形成"都"、"邑"、"聚"三级垂直管理体系。

这种分化的关键是"都"的出现，它标志着部落中心转变为国家都城。据《左传·庄公二十八年》记载："凡邑，有宗庙先君之主曰都，无者曰邑。"这可能记载的是商周时期的情形，当时的都与邑大概都是城。古国的都与邑与此不完全相同，都不仅有宫殿、宗庙，其规模也远远大于邑。

第二节　夏商周及春秋战国时期聚落的发展轨迹

一、夏代聚落发展的轨迹

中国进入文明社会，即阶级社会后，原始聚落分化为"都"、"邑"、"聚"三个等级。《史记·五帝本纪》记载，舜，号有虞氏，"一年而所居成聚，二年成邑，三年成都。尧乃赐绨衣与琴，为筑仓廪，予牛羊。"在西周时期，"邑"和"都"是两个社会组织（或行政）区划单位，最基层的单位为"井"，九夫为井；"邑"是基层的二级单位，四井为邑；而"都"则是比"县"高一级的单位，四县为都。但从古代对聚落等级划分的角度看，"聚"是指小于乡的聚落。《汉书音义》云："小于乡，曰聚。""邑"泛指一般城市，大者曰"都"，小者曰"邑"。元代学者吴莱在《渊颖集》卷七中说："小曰邑，大曰都。"古代将"城"与"邑"两个概念合用，形成"城邑"的概念，说明在古人心目中，"邑"就是"城"，"城"就是"邑"。"都"是指国都，或诸侯国的都城。传说中的五帝时代，就出现了大规模的聚落——"都"。《史记·五帝本纪》记载，颛顼"都帝丘"；帝喾"都亳"。

历史文献没有关于夏代的一般聚落的记载，无从探讨。但记载了夏代都城的一些情况。《吴越春秋》记载："鲧筑城以卫君，造郭以守民，此城郭之始也。"《博物志》："禹作城，强者攻，弱者守，敌者战，城郭自禹始也。"[31]

公元前21世纪，在黄河流域出现了中国第一个奴隶制国家政权——夏。夏王朝自夏禹至夏桀共历14世，17帝，存在时间约400年。夏代的统治中心地区在今豫西嵩山附近的颍河上游，伊洛河流域和河南黄河北岸的古济水流域以及晋西南地区。夏王朝先后在高密、阳城、阳翟、安邑、平阳、冀、斟鄩、夏邑、原、老邱、西河、河南等地建立过邑落。其中"斟鄩"可能是夏代重要的都邑。20世纪50年代末，考古工作者在河南偃师县二里头村发现了上古时期规模宏大、设施完备的一座都邑遗址，面积约3平方公里。发掘了两座宏伟的宫殿基址及作坊遗址、一般住宅、窖窟、墓葬等。考古工作者推测，这可能是夏代国都"斟鄩"。

二、商代聚落发展的轨迹

据历史文献记载，商王朝，自成汤建都于"亳"到盘庚迁殷，曾有过5次迁都，即"亳"→"隞"（亦称"嚣"）→"相"→"邢"（亦称"耿"）→"奄"→"殷"。考古工作者在河南偃师县尸乡沟一带发掘了一座较完整的早期商城遗址。它北依邙山，南临洛河，总面积约190万平方米。全城用夯土筑成，已发现城门7座。城内偏南部有3座小城（宫城）。其中一座面积最大，约5万平方米。考古工作者推测这可能是商汤之都——"西亳"。这座商城依山面水，大城括小城，最大的主体宫殿居中，北城墙只开一座门。这些现象表明，商代早期已经形成了"背山面水"的选址习惯和"择中立宫"的规划观念。

考古工作者在河南安阳西北郊洹河两岸发现并发掘了商代后期的国都——"殷"（图2-8）。殷墟东西长约6公里，南北宽约4公里，总面积约24平方公里。其中，洹河南岸的小屯村东北地为商代王宫区、宗庙区，其周围分布着手工业作坊、一般住宅和平民墓地；洹河北岸的侯家庄和武官村北地为王陵区。王宫区发现甲组宫殿15座，乙组宫殿21座。宫殿数量之多及其宏伟程度都是前所未有的，代表了商代城市聚落发展的最高水平。

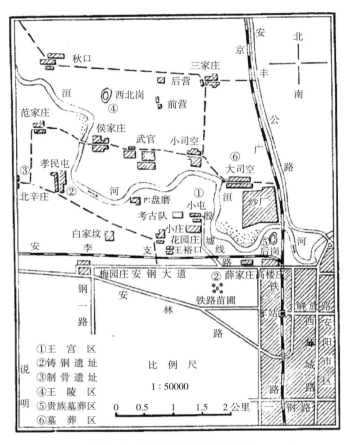

图 2-8　殷墟的位置及主要遗迹
（图片来源：河南省安阳市文化局，殷墟奴隶社会的一个缩影 [M]）

商代诸侯众多，商朝末年，"诸侯叛殷，会周者八百"，这些诸侯都建设了或大或小的城邑。考古工作者已经在湖北、江西、河北发现了不少商代城市聚落遗址。其中湖北黄陂区盘龙城遗址在长江中游一带有一定的代表性。盘龙城为商代中期的城市聚落遗址。它坐落在三面环水的半岛上，平面略呈方形。城垣为夯土筑成。城垣外有宽约14米，深约4米的城壕。在城南好过上架有桥。城内东北部高地上有大面积的夯土台基，台基上已发现3座坐北向南的宫殿基址。这些说明商代中期的城市有很强的安全防御意识、防水患意识和坐北向南的朝向意识。

三、西周聚落发展的轨迹

西周是我国奴隶社会发展的鼎盛时期（也有学者认为是我国封建社会的初始阶段），青铜冶铸技术已经相当成熟，还发明了锻铁制的工具和兵器；社会生产力有了较大提高，宗法制度颇为完善，这些促进了建筑技术的发展，为我国古代建筑的独特结构和艺术风格的形成奠定了基础。

据《史记》记载，周人的先祖先后建立了"邰"、"不窋"、"豳"、"岐邑"（周原）等聚落，自周文王至周平王东迁，先后建立了"丰镐"、"洛邑"等都城。

据《诗经·大雅·公刘》记载，周人的先祖公刘在建设"豳"（位于今陕西旬邑、彬县一带）的聚落时，曾"相其阴阳，观其流泉"，进行了聚落选址活动。《史记·周本纪》记载：周人先祖古公亶父因受戎、狄游牧部落的侵逼，"乃与私属遂去豳，渡漆、沮，逾梁山，止于岐下。……于是古公乃贬戎狄之俗，而营筑城郭室屋，而邑别居之。"考古工作者在今陕西岐山县凤雏村、扶风县召陈村发现了西周早期和中期的大型建筑群基址及其城垣建筑遗存。因对遗址未进行发掘，故岐邑的规模与结构尚不清楚。据陈全方先生考证岐邑的位置是以今岐山县京当乡贺家村为中心，西至岐阳堡，东至扶风县樊村、齐村，北至岐山山麓，南至康家、庄里等地。东西宽约 3 公里，南北长约 5 公里，总面积 15 平方公里[32]。据《诗经·大雅·绵》的记载，岐邑聚落建有皋门和应门。皋门是岐邑的郭门，应门是宫城的正门。城内建有宗庙、冢土（大社）和宫室等大型建筑群（图 2-9）。

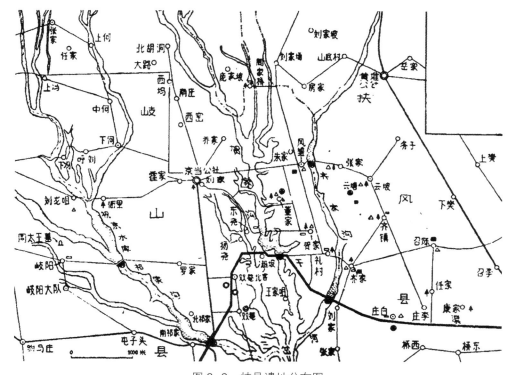

图 2-9　岐邑遗址分布图

（图片来源：陈全方. 早周都城岐邑初探 [J]）

丰镐是西周最主要的都城，自公元前 11 世纪武王灭殷，至公元前 770 年平王东迁，近 300 年一直是全国政治、经济和文化中心。"丰京"为周文王时所建；"镐京"为周武王时期所建。"丰京"位于今西安市长安区丰水中游两岸，总面积约 6 平方公里。"镐京"在丰水中游东岸，总面积约 4 平方公里[33]。据《诗经·大雅·灵台》和《长安志》的记载推测，丰镐可能建有规模宏大、布局完整的丰宫和宗庙、辟雍等礼制建筑和灵台、灵沼等园林建筑。

洛邑，包括"王城"和"成周"两座城邑。"成周"始建于周成王七年，是由召公负责"相土"，即勘察工作，由周公旦负责营建的。建设"成周"的目的是为了控制"殷顽民"，传说周公派八师兵力进驻成周，监视强迫迁移到此地的商朝贵族。"王城"始建于周武王灭商之后，周成王时有召公、周公负责扩建，它是西周时期的东都、东周时期的都城。据考古勘察，王城位于今河南洛阳涧河两岸、王城公园一带。王城北城墙保存完好，全长 2890 米，城墙外挖有城壕。估计郭城周长 15 公里，基本是南北长、东西宽的形状。王城遗址中部偏南有密集建筑群遗迹，可能是宫殿区。据历史文献记载，西周在建设洛邑的过程中，十分重视城市选址问题，还进行了"卜居"、"卜宅"、"卜食"活动，反映了西周时期人们在聚落选址时高度重视农业生产条件和笃信卜筮，有强烈的求吉避凶意识。

西周时期建立了较为完备的城邑建设的礼制制度。《周礼》(亦称《周官》)对"建都邑，立社稷宗庙，造宫室车服器械"等都有详细的规定。据大约成书于春秋战国时期的《考工记·匠人》篇记载，西周的王城规划制度是："匠人营国，方九里，旁三门，国中九经九纬，经涂九轨。左祖右社，面朝后市。市朝一夫。……王宫门阿之制五雉，宫隅之制七雉，城隅之制九雉。经涂九轨，环涂七轨，野涂五轨……"。这个王城规划制度反映了不少西周时期的都城建筑文化，宫城位于王城中央，象征王者至尊；"左祖右社"表达着敬天法祖思想；"面朝后市"体现着重义轻利思想；规划制度都用"九"、"七"、"五"之数，体现着奇偶阴阳和尊卑等级观念。

《考工记》记载的王城规划制度，一直受到后世帝王、官吏和建筑大师们的重视和推崇。汉代以后，不少朝代的都城为了仿效和附会古制，常将这种集多种观念于一身的王城制度作为都城规划的指导思想，并影响到一些地方城市的布局。如：隋唐长安、洛阳，元大都，明清北京，以及正定、保定、太原、苏州、酒泉、太谷等地方性城市的平面布局都程度不同地受到《考工记》的影响。

西周时期推行"井田制"，《孟子·滕文公上》记载说："死徙无出乡，乡田同井，出入相友，守望相助，疾病相扶持，则百姓亲睦。方里而井，井九百亩，其中为公田。八家皆私百亩，同养公田；公事毕，然后敢治私事，所以别野人也。"汉代学者赵岐注释说："稼公田八十亩，其余二十亩以为庐井宅园圃，家二亩半。"[34] 由此可以推测，西周在各地可能普遍建有面积为周制 20 亩，至少居住着 8 家人的小型的聚落。

四、春秋战国时期的聚落演化的轨迹

自公元前 770 年，周平王迁都洛邑至公元前 221 年秦始皇统一中国，史称春秋战国

或东周时期。这一时期是中国由奴隶社会向封建社会过渡阶段,各诸侯国兴起了城邑和聚落建设的高潮。当时不仅出现了齐都临淄、赵都邯郸、魏都大梁、楚都郢城、韩都宜阳、秦都雍城和咸阳等大都市,而且还出现即墨、安阳、薛、宛、洛阳、寿春、吴等规模较大的手工业城市和商业城市。在城市发展的同时,各诸侯国还兴建了许多规模较小的城堡式聚落。如秦大将白起曾一次就攻取魏国大小城邑 61 座(《史记·白起王翦列传》载,秦昭襄王十五年,"白起为大良造。攻魏,取城小大六十一"),魏国的城邑的数量肯定多于此数;赵国仅榆次一带就有 37 城(《史记·燕如公世家》:燕王喜七年,"秦拔赵榆次三十七城,秦置太原郡");齐国有城邑百余座(《史记·乐毅列传》:乐毅"下齐七十余城"。又据《战国策·齐策一》记载,齐威王时,"齐地方千里,百二十城")。韩国仅上党地区就"有城市邑十七"(《史记·赵世家》)。从上述这些零星的历史记载可以推知,当时诸侯国都热衷于修筑城邑,当然其中不少城邑只是规模较小的城堡,而不是严格意义上的城市。

值得注意的是,春秋战国时城市聚落发展出现了一些新的发展趋势:

其一,出现了地区性大都市。

在西周时期,地区经济不足以支持大型城市的生存与发展,城市规划礼制制度也不允许诸侯国建立大都市。春秋战国时期,由于生铁冶铸技术的发明,铁器的广泛使用,牛耕的发展,大型水利工程的兴修以及封建土地私有制逐步确立等因素,大大地推动了生产力的进步,使各诸侯国的农业、手工业和商业出现了前所未有的繁荣景象;加之诸侯国在兼并的过程中实现了人力、物力、财力的集中和西周城市规划礼制制度的瓦解等因素的影响下,"高宫室大苑囿以明得意"成为一种时尚,强大的诸侯国几乎都修建了规模宏大、布局完整的都城。如齐国首都临淄故城的总面积达 30 多平方公里。燕国的下都——武阳城面积达 32 平方公里。

其二,城市功能多样化,手工业、商业城市迅速崛起。

西周时期,城市主要是行政或军事堡垒,发挥着政治中心和军事中心的作用;而春秋战国时期,列国都城在发挥政治、军事中心作用的同时,越来越具有手工业、商业、文化中心的功能。它们差不多都建有规模较大的铸铜、铸铁、制陶、制骨等手工业作坊。郑韩古城内发现铸铜遗址面积达 10 万平方米,铸铁遗址为 4 万多平方米。吴国都城还建有专门用以养鱼、鸭、鸡的鱼城、鸭城、鸡城;齐国临淄修建了著名的稷下学宫。所有这些标志着城市性质的变化和功能的增加。

其三,聚落选址经验不断丰富。

各诸侯国都十分重视都城选址,他们往往基于政治、经济、军事、审美的需要,把都城选址与军事地理、经济地理及人文地理密切结合起来考虑。特别是《管子·乘马》对春秋时期城市选址经验加以理论总结,提出了"凡立国都,非于大山之下,必于广川之上。高毋近旱而水用足,下毋近水而沟防省"的思想。

其四,城市规划思想日益成熟。

《管子·乘马》提出:"因天材,就地利,故城郭不必中规矩,道路不必中准绳"的规划思想；吴王阖闾明确提出"因地制宜"的思想；伍子胥提出"象天法地"思想。他们大大地丰富了城市规划设计思想。

春秋战国时期，因铁制农具的广泛使用和牛耕的发展以及水利工程的修建，乡村聚落也有一定的发展。乡村聚落内的奴隶、平民仍然居住半穴居或横穴，即便是地面建筑，其质量亦十分低下，多为草顶、荆条编的门、土墙上挖的小窗。文献记载上常有"环堵之室"、"筚门"、"圭窦"、"蓬门瓮牖"等形容简易民居的词句。至于富裕人家的住宅，从文献上记载可知有门、塾、庭、堂、寝、墙、塾等建筑内容的表述，满足了父兄子弟异宫异室分居的要求。

在一些交通便利的地方，也出现了手工业聚落和商业聚落。如春秋末期，范蠡可能曾在今山东定陶县西北建立了一个商业聚落。《史记·越王勾践世家》记载，范蠡助越王勾践灭吴后，弃官经商，"止于陶，以为此天下之中，交易有无之路通，为生可以致富矣。……居无何，则致赀累巨万，天下称陶朱公。"依据《史记》的记载，可以推测，范蠡很可能在"陶"这个地方建设了满足商贸需要的聚落。

第三节　封建社会聚落演化的轨迹

一、秦汉至南北朝时期的聚落

这一时期为我国封建社会的前期。秦汉结束了诸侯割据的局面，创立和巩固了多民族统一的封建大帝国，封建土地制度的最终确立，中央集权专制制度的形成和多元文化的融合与统一，这些历史性变革都对此后我国古代两千多年的历史产生过巨大而深远的影响。

秦代曾推行过"堕坏城郭，决通川防，夷去险阻"的政策，拆除了各诸侯国都城的城郭和关塞堡垒，疏通了河道，在客观上有利于全国道路畅通和商业发展。秦代推行郡县制，据谭其骧先生考证，秦代郡数为46个；据《汉书·地理志》记载，秦置郡所辖近700个县。郡、县治所均需筑城建市，因此，郡县的数量也大致相当于当时的城市的数量[35]。秦代曾数次强迫富豪、贵族及"黔首"（平民）迁徙到边疆地区，客观上促进了边城及聚落的发展。

聚落的存在与演变历来受自然条件和社会条件的制约和影响，其中土地制度对聚落演变的影响最大，因为土地是农业社会最基本的自然资源。土地是农民的命脉，土地所有权的大小直接制约着农民的社会地位、经济状况和民居、聚落的建设情况。春秋以前实行的是土地国有制。西周推行"井田制"，当时不可能产生私人的聚落。春秋战国时期，鲁国于公元前594年实行"初税亩"，出现了土地私有制的萌芽。公元前350年，商鞅在秦国进行第二次变法时，正式废除井田制，确立土地私有制。秦代继续推行土地私有制，为乡村的私人聚落的发展提供了社会保障。

西汉是我国封建社会城市建设第一个高潮时期，修建了大量的郡城和县城。《汉书·地理志》记载，自汉高祖至汉平帝先后设立了"郡国一百三，县邑千三百一十四，道三十二，侯国二百四十一"，共计1700多个郡国和县，这大约是西汉城市的最低数字，因为一县之内或许不仅只有一城[36]。

汉代社会比较稳定，汉初推行与民休养生息政策，推动经济的繁荣；汉武帝时期，又"独尊儒术"，确立了儒学的国学地位，"堪舆"开始兴起，这些因素对当时的乡村聚落规划及其民居建设都产生了重要的影响。一般聚落和民居建筑有尊天敬祖，讲求尊卑有序的意识。北方一般小户人家多为"一堂二内"的平面制式，即前部为两间宽的敞厅，后部为两间套间，称内室，每间约一丈见方，整座建筑是田字形。规模大的宅院多由数幢房屋及周围廊庑组成多进庭院，另设仓、囷、灶房、下房等。南方的民居则较为自由，一字式、曲尺式、楼房式、高低房屋穿插，还有山墙设披檐等形制；院落多由房屋与院墙围合而成，现状不规则，面积亦较小。西汉末年，因农民起义的影响，地主豪强为结寨自保，多构筑坞堡以御敌，壁内设望楼以观敌情。从出土的坞堡望楼明器地域来看，全国南北皆有，说明坞壁聚落当时是很流行的一种聚落形态[37]。

汉文帝时期，大臣晁错建议"徙民实边"，并提出"实边"之处，"相其阴阳之和，尝其水泉之味，审其土地之宜，观其中木之饶，然后营邑立城……先筑室，家有一堂二内，门户之闭，置器物焉。民至有所居，作有所用，此民之轻去故乡而欢之新邑也。"《汉书·晁错传》（卷四十九）记载，汉武帝时期赵充国明确提出在西北边疆"屯田"的建议，汉武帝元鼎五年（公元前112年）开始在上郡朔方、西河河西"斥塞卒六十万人戍田之"。从而在黄河河套以至河西张掖、酒泉一带屯垦戍边地区发展了一批屯田聚落。刘沛林先生在《古村落和谐的人聚空间》一书中，将古代乡村聚落按其成因分为五种类型：原始定居型聚落、地区开发型聚落、民族迁徙型聚落、避世迁居型聚落、历时嵌入型聚落。因屯田所形成的聚落，当主要属于地区开发型聚落[38]。

不少学者认为，东汉时期出现新的土地占有形式——以"庄园"为主的土地占有形式，大地方、大商人、大官僚通过购买或者兼并的方式占有大片土地，有的多达数百顷。"庄园"经济的存在与发展，必然引起庄园聚落的兴起。东汉的庄园是以家族为单位，以一块或者几块大土地作为依托，聚集一定数量的徒附和奴隶，从事农、工、商等业，是经济上自给自足的聚落[39]。

三国时期，连年战争，人民涂炭，"白骨露于野，千里无鸡鸣，生民百遗一"，土地荒芜，于是各国纷纷推行"屯田制"，即政府把所有荒地一律收归国有，建立屯田区，分给流民耕种。如曹操曾接受枣祗的建议，招募百姓屯田许昌城下。今河南许昌鄢陵县南坞乡屯沟村则渊源于曹操时期的屯田。自曹魏之后，"屯田"成为历朝历代重要的巩固边防和发展经济的重要制度。其主要原因在于，一方面，在边疆地区需要持续不断为守边将士提供粮食，而边疆地区又有大量的未开发的土地；另一方面，自秦代开始，绝大多数封建王朝都是在农民起义沉重打击了旧的腐朽王朝的基础上建立起来的，同时也往往伴随着各种封建势力之间争夺新的统治权的战争，改朝换代期间的战乱及其引发的瘟疫，使人口锐减，土地荒芜，从而为新的王朝推行屯田政策提供了客观条件。此外，在一些王朝也发生过大规模的社会战乱，也造成了大量人口死亡和大片无主荒地的形成。在这样的情况下，为发展生产、安定社会，推行屯田制度就成为一种历史的必然。

三国时期，除了出现新的屯田聚落外，地主豪强则继续建造坞壁式（亦称坞堡式）聚落，以求自保。元代学者胡三省解释坞壁说："城之小者曰坞，天下兵争，聚众筑坞以自守，未有朝命，故自为坞主。"

两晋及南北朝时期，战争与和平兼而有之。西晋"永嘉丧乱"时期，中国出现第一次大规模的移民潮流，约90万中原难民逃亡江南地区，有大量的流民迁徙到南方，促进了南方的开发和经济发展，南方也出现了不少移民聚落。

兴起于东汉的庄园经济，到这一时期有了较大发展。一些世家大族乘社会混乱之际，大肆掠夺土地、侵占山泽，庇护大量人口，使庄园经济成为当时的主要经济形态，也使庄园聚落有了较大的发展 [40]。当时庄园聚落有三大特点，一是庄园大多为坞壁式聚落；二是庄园大多有"部曲"，即世家大族的私人武装；三是在士大夫崇尚自然山水风气的影响下，庄园聚落出现了园林化的趋势，在客观上促进了崇尚自然的建筑美学的发展。

二、隋唐时期的聚落

隋唐时期，特别是唐代，是我国封建社会的鼎盛时期。隋唐城市聚落在汉魏的基础上进一步完善了里坊制度，如长安城内共有108坊，大坊约56公顷，小坊约25公顷，比现代城市中的小区要大得多。各坊均为方正的矩形，小坊内东西开始横街一条，另有详细分隔的"曲巷"；大坊开中分的十字街，另有"曲巷"。坊四周有坊墙，对着横街或十字街设东西南北坊门，晨启夜闭，实行宵禁制度。大宅可以临街开门，小宅则只能在曲巷间 [41]。

隋唐时期沿袭北魏时期的"均田制"。"均田制"的主要内容是，朝廷将土地分为露田、麻田、桑田和宅田四种，露田、麻田的所有权为国家所有，不允许买卖；桑田和宅田作为祖业可以传给子孙，允许自由买卖。规定年满15岁的成丁男女分别分配40亩或20亩露田；未满11岁的未成年人或残疾人按成丁人口授田数额减半分配；奴婢按人数同样分配露田；30亩露田分配一头牛，每户最多限四头；男子受20亩桑田；种麻地区则分配麻田；三口人分配1亩宅基地，奴婢5口分配1亩地，用于建造房屋；地方官吏按官职高低授给数量不等的职分田 [42]。"均田制"的实行对于维护自耕农的生计、发展农业经济和社会稳定发挥过积极的作用，有利于乡村聚落和民居的发展。但随着均田制受到破坏，到了唐朝中后期土地兼并日益严重，大庄园又在各地纷纷出现。如唐玄宗在天宝十一年（752年）的诏书中写道："王公百官及富豪之家，比置庄田，恣行吞并，莫惧章程，借荒者有熟田，因之侵夺，置牧者唯山谷，不限多少，……致今百姓无处安置，乃别停客户，使其佃食" [43]。这里所提到的"庄田"，即庄园。这段话揭示了庄园乃是王公贵族、官吏和富豪不顾朝廷的政策、法律，恣意掠夺老百姓的土地，贪婪地霸占山谷的结果，也描述了庄园发展的结果导致老百姓"无处安置"，沦为"客户"，成为"佃食"者的严重后果。唐代的庄园一般规模较大，如洛阳附近的王泉庄，"周围十余里，台榭百余，四方奇花异草与松石，靡不置"[44]。

唐代诗人白居易在《朱陈村》一诗中描述了普通老百姓的聚落与生活状态："徐州古丰县，有村曰朱陈。去县百余里，桑麻青氛氲；机梭声札札，牛驴走纷纷。汝汲涧中水，男采山上薪。县远官事少，山深人俗淳。有财不行商，有丁不入军；家家守村业，白头不出门。……田中老与幼，相见何欣欣。一村唯二姓，世世为婚姻。亲疏居有族，少长游有群。……生者不远别，嫁娶先近邻。"

唐代十分重视屯田，在尚书省工部下设屯田郎中、屯田员外郎各一人专门负责屯田事务[45]。《唐六典》记载，唐代在西域屯田区设有"安息二十屯，疏勒七屯，焉耆七屯，北庭二十屯，伊吾一屯，天山一屯。"这一地带的许多聚落渊源于此。

三、宋元明清时期的聚落

北宋时期，经济得到进一步发展，工商业更加繁荣，文化方面推崇儒学，建筑方面编制了《营造法式》，这些因素对聚落和民居都产生了重要影响。

城市聚落最大变化是废除了里坊制度的宵禁制度，拆除了坊墙，商店可沿街设置，住宅入口亦可临街开设，所以在民居建筑方面也有很大的变化，是个重要转折时期[46]。

宋代知识分子重视在乡间置田，建造住宅，在他们看来："人生不可无田，有则仕官，出处自如，可以行志。不仕则仰事俯首，粗粗伏腊，不致丧失气节。"[47]他们将置办田地，修建住宅、聚落作为安身立命的物质基础；王安石这样的著名政治家、思想家尚有"求田问舍心"，其他人更是如此。他们一旦得志，走上仕途，便热衷于在家乡大搞建筑，客观上促进了乡村聚落的发展。

北宋景德元年（1004年）开始推行"官庄制"，官庄是由国家投资设置（提供房屋、农具、耕牛、种粮等主要生产和生活资料）、以"甲"为单位、统一管理的一种国有土地的经营方式，实行分田到户的包耕制。南宋时期，官庄分为两类：一类是差拨和选募正规禁军（包括拣汰军兵）屯田，可称之为"军营官庄"；另一类是招募普通民户屯田，可称之为"民营官庄"[48]。实行官庄制度，必然要兴建官庄聚落，虽然官庄聚落在乡村聚落中所占比例不大，但它不失为宋代一种新的聚落类型。

公元1127年，金人攻破了北宋都城汴京，掠走了宋徽宗和宋钦宗，史称"靖康之难"，为了躲避金人贵族的杀掠，出现了中国历史上第二次大规模移民。此次移民潮使南方的人口开始超过了北方，最终完成了我国人口重心、经济重心和文化中心自黄河流域向长江流域转移，人口与聚落区域分布也进入了南盛北衰的新阶段[49]。

宋代在理学思想的影响下，注重礼教，发扬孝道，鼓励家族同居同食；同时政府也明令禁止父母尚在的家庭子女分居，所以形成了宅院的扩大和聚落的扩大。再者封建礼教已经制度化，长幼有序、男女有别、主仆分处等规定在民居大宅中已经物化。大型四合院的平面分布及使用要求也定型了，这种形象一直持续到清代[50]。

元代首都民居聚落的显著变化是出现胡同规划方式。元大都（今北京）实际上使用6条南北大街及7条东西大街将全城划分为60个坊（无坊墙的方格），方格内皆为东西向的胡同。一般大街距离为 700 米左右，胡同距离为 70 米左右。元代的胡同规划方式彻底改变了唐代里坊制的居住区规划模式，宅居用地更加方整，对外交通更为方便，同时也提高了居住用地的利用率 [51]。

元世祖忽必烈在征战汉族地区时，"行营军士多占民田为牧场"，农业经济逆转，乡村聚落遭到了严重的破坏。后来元朝的统治者逐步认识到了发展农业经济的重要性，比较重视推广先进的农业技术。在至元年间（公元 1271～1294 年）由官府编辑、刊刻了《农桑辑要》一书，忽必烈并下诏，令"立大司农司，不治他事，专以劝农桑为务。行之五六年，功效大著。" [52] 如此重视在全国推广先进的农业科学技术，在我国封建社会是不多见的。元朝农业科技进步较大，王祯的《农书》和鲁明善撰写的《农桑衣食撮要》是对当时农业科技的总结与概括。农业技术的发展，对促进农业经济和乡村聚落、民居的恢复和发展起到了积极的作用。

明清时期，中国封建社会进入后期，各种封建制度日益成熟和固定化，社会相对稳定，人口迅速增加，城市和乡村聚落都有了较大的发展和变化。

土地制度的演变是乡村聚落变化的基础。明代土地分为两个等级：一是官田，二是民田。《明史·食货志》卷七十七记载："明土田之制，凡二等：曰官田，曰民田。初，官田皆宋、元时入官田地。厥后有还官田，没官田，断入官田，学田，皇庄，牧马草场，城壖苜蓿地，牲地，园陵坟地，公占隙地，诸王、公主、勋戚、大臣、内监、寺观赐乞庄田，百官职田，边臣养廉田，军、民、商屯田，通谓之官田。其余谓民田。"由此可以看到，明朝土地有官田、民田的区分，官田有皇室的皇庄及皇帝给予官僚的赐田、屯田、百官职田、边臣养廉田、还官田、没官田、断入官田、屯田及学田等，其余的都是"民田" [53]。

明初推行与民休养生息政策，鼓励老百姓开垦荒地。洪武初，朱元璋"令各处荒闲田地许诸人开垦，永为己业，俱免杂泛差科三年。"洪武三年（1370 年）又"令以北方府县近城荒地召人开垦，每户十五亩，给地二亩种菜，有余力者不限顷亩皆免三年租税。" [54] 明初垦荒数量达到 1.8 亿亩，大量的新垦土地自然造就了大量的自耕农民 [55]，也促进了由大量自耕农民组成的乡村聚落的发展。

明初，在自耕农发展的同时，通过皇帝钦赐、奏讨（即贵族指地乞请）、投献（地方大族富户向权贵奉献田地）和划拨百官职田（充官员俸禄）等形式将大量官田授予诸王、公主、勋戚、大臣、内监及各级官吏，使官僚地主经济有了一定程度的发展。与此相一致，出现了"皇庄"、"王庄"和田庄等聚落类型。"皇庄"是指宫中的庄田，起源于洪熙时（1425 年），建立了仁寿宫庄和清宁未央宫庄。成化元年（1465 年）宪宗籍没太监曹吉祥地亩，作为宫中庄田，更定名曰皇庄。其后皇庄日益扩大。弘治二年（1489 年），"畿内皇庄有五，共地一万二千八百余顷。明武宗即位，逾月即建皇庄七，其后增至三百余处"。 [56] 正德九年（1514），畿内皇庄共计占地三万七千五百九十五顷。皇庄主要是采用租佃方式经营的。皇庄地租全归皇室所有，专供皇室享用。明代"王庄"始于洪熙时（1425 年），明仁宗朱高炽对上表劝进的赵王朱高燧，钦赐田园八十顷有奇，首开了明代藩王就国钦赐庄田的先例。此后明代的亲王们通过建藩就国攫取了大量的土地，建立了规模宏大的王庄。如襄王瞻增就藩长沙府，明英宗、代宗共钦赐他四百九十六顷良田和两座山。再如明英宗之子德王的庄田多达大千五百二十余顷。据《明史·食货志》记载，明神宗万历年间，"福王分封括河南、山东、湖广田为王庄，至四万顷，群臣力争乃减其半。"

除皇帝的子孙——亲王、郡王霸占了大量的官田和民田之外，宦官也凭借权势和皇威，侵夺官民田土，疯狂扩张庄田。据《明史·食货志》记载，嘉靖皇帝时，"承天六庄二湖地八千三百余顷，领以中官。"这里所说的"中官"就是宦官。正德（1506～1521年）年间，太监刘瑾侵吞小民房屋坟墓及竹木厂地，占官草场多达几千顷；太监谷大用占夺民田亦达到一万余顷[57]。

明清时期，十分重视科举取士，上至宰辅，下至县令，绝大多官吏为进士出身，这些进士官员被称为"缙绅"。"缙绅"是明清两代文官体系的主体，是一个仅次于封建贵族的特权阶层，享有优厚的待遇和政治经济特权。多数缙绅们一旦得志，便热衷于"求田问舍"，乡村不少规模较大的聚落是由这些缙绅地主及其家族营建的。

明清时期把屯田制度发展到了新的高峰。明代的西北四大边防重镇（延绥、宁夏、甘肃、固原）是重要的军屯地区，兴起了一批堡寨式聚落。如在榆林按照"一里一小墩，五里一大墩，十里一寨，四十里一堡"的规定建立了许多堡寨式军事防卫与屯田聚落。明代继续推行军屯的同时，大力发展民屯，鼓励民众前往"地旷人稀"的地区开垦土地。此外，还出现了新的屯田形式——"商屯"，即官府向商人发放食盐的经营权，鼓励商人投资、经营屯田，为边防驻军提供粮食。

清代屯田和移民主要分布在四川、东北、台湾、口外（今内蒙古中部）、新疆、宁夏河套等地区，其中东北成为北方农民主要移民区，向南扩展到海南、台湾及青藏高原的东南地区。明清时期，南方手工业和商业有了较大发展，长江中下游地区、沿海地区乡村聚落大幅度增长，商业人口大增，从业而聚的商业城镇迅速兴起。如松江、苏杭、芜湖、铅山、景德镇发展为明中叶的五大手工业集聚地区；原来小小的渔村——上海，到乾隆、嘉庆时期，已发展为一大港口和商业城市。

清代是我国古代人口增长最快的时期，从康熙初年到咸丰初年的190年的时间里，一直保持增长势头，人口数达到四亿三千万。人口剧增推动乡村聚落全方位发展，乡村聚落的密度不断增加。

明清时期，宗族制度进一步发展，乡村聚落"聚族而居"的特点更加突出，如赣南地区的"聚族堡寨"和客家人的"土楼"就是明清时期聚族而居聚落的典型代表[58]。

在中国古代传统聚落长期的演变过程中，不仅积累了大量的聚落选址、规划经验，而且也形成了许多具有地域特色的民居营造技术。用我们现代的评价标准看，有不少传统建筑技术经验体现了"天人合一"、"尊天敬地"、"因地制宜"、"尚俭戒奢"、"泛爱一切"，保护和美化环境等传统精神，它们是中华民族积淀的朴素的、宝贵的绿色技术，总结这些营造技术对发展具有中国特色的绿色建筑体系具有重大的意义。

注 释

[1] 刘敦桢 . 中国古代建筑史 [M]. 北京：中国建筑工业出版社，1984：22

[2] 中国科学院自然科学史研究所 . 中国古代建筑技术史 [M]. 北京：科学出版社，1985：7–8

[3] 岳岩敏 . 中国早期建筑的发展与特征研究 [D]. 西安：西安建筑科技大学，2013：8

[4] 杨鸿勋 . 仰韶文化居住建筑发展问题的探讨 [J]. 考古学报，1975（1）：39–40

[5] 罗哲文，王振复 . 中国建筑文化大观 [M]. 北京：北京大学出版社，2001：14–26

[6] 中国科学院自然科学史研究所 . 中国古代建筑技术史 [M]. 北京：科学出版社，1985：9–11

[7] 文物编辑委员会 . 文物考古工作三十年（1949–1979）[M]. 北京：文物出版社，1979：219

[8] 浙江省文物管理委员会 . 吴兴钱山漾第一、二次发掘报告 [J]. 考古学报，1960，（2）

[9] 杨鸿勋 . 21 世纪的营窟与橧巢：生态建筑·生态城·山水城市 [J]. 建筑学报，2000，（9）：10–14

[10] 杨鸿勋 . 试论中国黄土地带节约能源的地下居民点——"现代地下、半地下城镇创作"研究提纲 [J]. 建筑学报，1981（5）：68

[11] 中国科学院考古研究所，陕西省西安半坡博物馆 . 西安半坡—原始氏族公社聚落遗址 [M]. 北京：文物出版社，1963

[12] 中国科学院自然科学史研究所 . 中国古代建筑技术史 [M]. 北京：科学出版社，1985：22–23

[13] 罗哲文，王振复 . 中国建筑文化大观 [M]. 北京：北京大学出版社，2001

[14] 潘谷西 . 中国建筑史 [M]. 北京：中国建筑工业出版社，2002：15–18

[15] 严文明 . 仰韶文化研究 [M]. 北京：文物出版社，1989：166

[16] 中国科学院自然科学史研究所 . 中国古代建筑技术史 [M]. 北京：科学出版社，1985：25

[17] 杨鸿勋 . 建筑考古学论文集 . 原始巢居与穴居 [M]. 北京：文物出版社，1987

[18] 王幼平 . 更新世环境与中国南方旧石器文化发展 [M]. 北京：北京大学出版社，1997

[19] 张弛 . 长江中下游地区史前聚落研究 [M]. 北京：文物出版社，2003，

[20] 张宏彦 . 中国史前考古学导论 [M]. 北京：高等教育出版社，2003：189–195

[21] 中国社会科学院考古研究所广西工作队 . 广西邕宁顶狮山遗址的发现 [J]. 考古，1998（11）

[22] 南阳地区文物队 . 河南方城县大张庄新石器时代遗址 [J]. 考古，1983：5

[23] 浙江省文物考古研究所 . 萧山跨湖桥新石器时代文物遗址 [M]. 北京：长征出版社，1997

[24] 张弛 . 长江中下游地区史前聚落研究 [M]. 北京：文物出版

[25] 许顺湛 . 五帝时代研究 [M]. 郑州：中州古籍出版社，2005：232

[26] 张新斌 . 黄河流域史前聚落与城址研究 [M]. 北京：科技出版社，2010：184–195

[27] 徐亚华 . 黄河上游史前聚落地理类型研究 [J]. 考古与文物，2000（1）：45–49

[28] 张新斌 . 黄河流域史前聚落与城址研究 [M]. 北京：科技出版社，2010：184–195

[29] 许顺湛 . 五帝时代研究 [M]. 郑州：中州古籍出版社，2005

[30] 张学海 . 张学海考古论集 [M]. 北京：学苑出版社，1999：73–89

[31] （宋）李诫 .《营造法式》卷一

[32] 陈全方 . 早周都城岐邑初探 [J]. 文物，1979（10）：44–49

[33]　保全 . 文物 [J]. 1979，10：68–70

[34]　（汉）赵岐 .《孟子注疏》卷五上

[35]　林剑鸣 . 秦汉社会文明 [M]. 西安：西北大学出版社，1985

[36]　林剑鸣 . 秦汉史 上 [M]. 上海：上海人民出版社，1989：590

[37]　孙大章 . 中国民居研究 [M]. 北京：中国建筑工业出版社，2004：27–28

[38]　刘沛林 . 古村落：和谐的人聚空间 [M]. 上海：上海三联出版社，1997

[39]　徐华 . 东汉庄园的兴起及其文化意蕴 [J]. 南都学坛（人文社会科学学刊）2002，（3）

[40]　余开亮 . 六朝园林美学 [M]. 重庆：重庆出版社，2007：45–48

[41]　孙大章 . 中国民居研究 [M]. 北京：中国建筑工业出版社，2004

[42]　盛邦和 . 中国土地权演化及地主租佃、小农自耕模式的形成 [J]. 中州学刊，2009（1）

[43]　（宋）王钦若等 .《册府元龟》卷四百九十五

[44]　（宋）王谠 .《唐语林》卷七

[45]　冯金忠 . 试论唐代河北屯田 [J]. 中国农史，2001，2（20）：16–22

[46]　孙大章 . 中国民居研究 [M]. 北京：中国建筑工业出版社，2004

[47]　（宋）周辉 .《青波杂志》卷十一

[48]　魏天安 . 宋代官庄制度考实 [J]. 河南大学学报（社会科学版），1997（4）

[49]　李贺楠 . 中国古代农村聚落区域分布与形态变迁规律性研究 [D]. 2004：60，74，126

[50]　孙大章 . 中国民居研究 [M]. 北京：中国建筑工业出版社，2004

[51]　孙大章 . 中国民居研究 [M]. 北京：中国建筑工业出版社，2004

[52]　《四库全书总目·农桑辑要》卷一百二

[53]　盛邦和 . 中国土地权演化及地主租佃、小农自耕模式的形成 [J]. 中州学刊，2009（1）

[54]　《明会典·户部四》卷十九

[55]　盛邦和 . 中国土地权演化及地主租佃、小农自耕模式的形成 [J]. 中州学刊，2009（1）

[56]　《明史·食货志》卷七十七

[57]　张海瀛 . 明代的庄田地主及其对土地买卖的影响 [J]. 晋阳学刊，1985（4）

[58]　李贺楠 . 中国古代农村聚落区域分布与形态变迁规律性研究 [D]. 2004

第三章　中国传统民居适应地形（地貌）的绿色营建经验

第一节　中国不同地貌区的民居类型及分布

中国传统民居是延续年代最久远、分布范围最广泛、数量最繁多的建筑类型。在历史的长河中，民居像植物一样扎根于大地，自然给予它生命的力量，文化赋予它民族的内涵；它体现了先民们营建的智慧与生活的活力。祖祖辈辈的历史传承使它成为地域符号的象征，是民族文化基因的表达。

一、中国自然地理区划

自然地理区划是表达地理现象与特征的区域分布规律的一种方法，划分方案有多种。例如：任美锷、杨纫章于 1961 年发表的中国自然地理区划方案，依据自然差异的主要矛盾，以及利用改造自然的不同方向，将全国分为 8 个自然区，即东北区、华北区、华中区、华南区、西南区、内蒙古区、西北区和青藏区。1983 年中国科学院《中国自然地理》编辑委员会编写的《中国自然地理·总论》中将全国分为东部季风区、西北干旱区和青藏高原区三大自然区。大自然区之下，再按温度、水分条件的组合及其在土壤、植被等方面的反映，分出 7 个自然地区和 33 个自然副区。在我国中学教材中的自然地理区划分为四大区：西北地区、北方地区、青藏地区、南方地区。它是对多种区划方案的综合、归纳与简化，具有广泛的普及性。本文以此分区作为研究的基础，将我国划分为南方地区与北方地区。

区划作为一种研究方法被广泛用于各个领域，在不同专业的视野下，区划的结果各不相同，具有区划叠合的特征。在针对以中国传统民居为对象的绿色技术与人文理念的研究中，我们更为关注中国传统民居与地形和气候的适应性研究，这种适应性源自传统民居的生态性与自然性，体现了传统民居的核心价值。因此，将自然地理区划分别与地貌区划图、建筑气候区划进行叠加，我们可以看出南方地区的地理区划与地貌分区中的Ⅱ区东南低、中山地区和Ⅳ西南中高山地区，与建筑气候分区中的Ⅲ、Ⅳ、Ⅴ均具有较高的吻合度，在民居研究中将其作为独立的地理单元，方便同时从地貌与气候两方面对民居的绿色属性归纳与总结。南方以外的区域我们统称为北方地区。

二、中国传统民居类型概述

中国区域辽阔，气候多样，地形各异，加之各地人文历史的独特性，从而造就了多种多样的民居类型。据史料记载，在秦、汉时，建筑平面形制已有较明确的规划原则和要求，晁错《论守边备塞疏》对此有所阐述："相其阴阳之和，尝其水泉之味，审其土地之宜，观其草木之饶。然后营邑立城，制里割宅，通田作之道，正阡陌之界。先为营室，家有一堂二内，门户之闭，民至有所居，作有所用，此民所以轻去故乡而劝之所（邑）也。"文中具体而生动地反映出秦汉时期边邑与村镇规划建设的情况和一般民宅"一堂二内"的基本形制。随着社会发展，又发展出多种民居形式，既有一列式、一横一顺等小型民居，也有三合院、四合院、天井院，或以合院为单位构成的大宅、围屋等。同时各民族创造出各具特色的民居系统，如石屋、蒙古包、阿以旺、干阑、碉房等民居，类型丰富多彩。

类型是传统民居研究的基础，早在20世纪上半叶，建筑学者们就开始在类型的基础上展开对民居的研究。1945年梁思成先生编著的《中国建筑史》（单行本）按分布地区将住宅地区分为4类，即华北及东北区、晋豫陕北之穴居区、江南区、云南区。1957年刘敦桢先生编著的《中国住宅概说》一书中将"明清住宅的类型"分为9类：①圆形住宅、②纵长方形住宅、③横长方形住宅、④曲尺形住宅、⑤三合院住宅、⑥四合院住宅、⑦三合院与四合院的混合、⑧环形住宅、⑨窑洞式住宅。1957年刘致平先生编著的《中国建筑类型及结构》一书中，按居住条件的不同，将民居分为6类：①穴居、②干阑、③宫室、④碉房、⑤蒙古包、⑥舟居。1994年汪之力先生主编的《中国传统民居建筑》一书中，以环境与建筑的空间关系为民居研究的核心，以地理气候及功能需要为基础，以民居空间布局为中心，结合建筑材料、规划、土地利用等方面进行综合考虑，将民居划分为22类：北方单座平房，北京四合院，东北大院及满族民居，西北回族、撒拉族及东北达斡尔族的套院，朝鲜族满屋炕民居，南方单座楼房，南方封闭式天井院，南方开敞式天井院，云南一颗印与白族三坊一照壁，南方山地民居，客家五凤楼及围垄，福建土楼，西北窑洞，维吾尔族密肋地铺民居，藏族方室，碉房与彝族土掌房，壮族侗族苗族干阑木楼，傣族干阑竹楼，井干民居，蒙古包，广东竹筒屋与茶阳多层高密度民居，广东侨乡炮楼与低层高密度民居，上海里弄民居。2003年陆元鼎先生主编的《中国民居建筑》一书，综合考虑各地区情况，按照民系的不同，将中国民居划分为中国汉族民居和中国少数民族民居两部分展开论述。其中，中国汉族民居又划分为4个片区：北方民居、南方民居、客家民居和港澳台民居，这4个片区又按照行政区划进行了细分。中国少数民族民居分为北方少数民族民居和南方少数民族民居两部分，这两部分又按照民系进行了细分。2004年孙大章先生主编的《中国民居研究》一书，民居按类、式、型三级进行分解研究，从空间组合上划分为6类：①庭院类、②单幢类、③集居类、④移居类、⑤密集类、⑥特殊类。其下又有分支，庭院类民居划分为合院式、厅井式、融合式；单幢类民居划分为干阑式、窑洞式、碉房式、井干式、木拱架式、下沉式；集居类分为土楼式、围屋式、行列式。2004年潘谷西主编的《中国建筑史》一书，结合了住宅常用的结构分类法、气候地理分类法、民系分类法，将住宅构筑类型分为9类：①木构抬梁，穿斗与混合式、②竹木构干阑式、③木构井干式、④砖墙承重式、⑤碉楼、⑥土楼、⑦窑洞、⑧阿以旺、⑨毡包。[1]

通过对既往民居分类方法的了解可以看出，研究角度、研究方法的不同导致分类的差异。总的说来，其分类方法大致有 5 种：第一种是平面法、第二种是外形分类法、第三种是结构分类法、第四种是气候地理分类法、第五种是民系分类法。[2] 本书旨在研究中国传统民居中折射出的绿色技术及人文理念，将传统民居在自然环境中的适应性作为核心价值进行探讨。因而在借鉴前人对民居分类研究的基础上，将民居类型划分为 14 种类型：合院类、天井院、围屋、碉房、干阑式、窑洞、井干、蒙古包、石屋、土屋 /土撑房、土楼、竹筒屋、明字屋、阿以旺。其中合院下有 3 种亚型：三合院、北京型四合院、晋陕型四合院；天井院有Ⅰ~Ⅴ型之分。

三、中国不同地貌区划下的传统民居类型分布

地形地貌在古代被称为"地理"，唐代孔颖达疏云："地有山川原隰，各有条理，故称地理。"它是聚落选址的前提。聚落作为人类聚居与生活的场所，它与自然地理环境之间构成了相互依存的关系。

（一）我国地形地貌与聚落

地形地貌是构成自然地理环境的基本要素之一，也是最为重要的要素。它是人类赖以生存的自然地域空间，是人类社会存在和发展的自然基础。地形按其形态可分为山地、高原、平原、丘陵和盆地五种类型（图 3-1）。在我国辽阔的大地上，有雄伟的高原、起伏的山岭、辽阔的平原、低缓的丘陵以及群山环抱的盆地。我国地形地势从西部的高原，到中部的盆地，再到东部的平原，西高东低，呈阶梯状逐级下降的地势十分明显。多种多样的地形孕育了多样化的聚落类型。

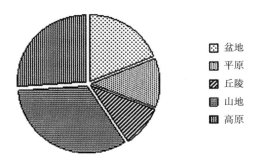

图例：
- 🔲 盆地
- 平原
- ▨ 丘陵
- 山地
- ⫿ 高原

图 3-1　我国陆地地形基本类型面积比例示意图

从我国的地形地貌来看，平原只有国土面积的 12%，各种沟、洼、坡地占 70% 以上，特别是西南地区山多地少，能够直接利用的平坦建房场地并不是很多，为保护耕地和水土，我国传统聚落都能够顺应山形水势进行建设，从而积累了丰富的适应地形地貌的营建经验。

（二）中国不同地貌区的民居类型分布

"宅，择也，择吉处而营之也"[3]，由此可见，地形地貌是民居中最为基本的要素。不仅如此，住宅与周边的外部环境共同构成了人居的整体生态环境。正如《黄帝宅经》所言："宅以形势为身体，以泉水为血脉，以土为皮肉，以草木为毛发"。一方面，古人

在择地而居方面经过长期经验的积累，逐渐形成了以"风水"术为代表的理论。尽管其中有着浓厚的迷信色彩，但是也有生态、气候方面的合理内涵，特别是在指导古代村落选址和布局方面，发挥了关键而积极的作用。例如中国传统聚落选址和营建过程中普遍采用的"负阴抱阳、背山面水"的格局，它被认为是典型的理想居住模式。这种滨水、背山、向阳的建筑场地一直是古代先民首选的"风水宝地"（图 3-2）。另一方面，在工艺技术不发达、控制环境能力受限制的情况下，古代的先民往往没有办法去主动掌握和改造四周的自然，只能去适应环境。中国的传统文化一向崇尚农业生产，平整的土地尽量留给农田，坡地沟坎则修建住宅，建筑基地的地形往往比较复杂，而且由于建造住房都由各家各户单独进行，没有能力对自然地形做出较大改变，一般是顺应山形水势，趋利避害地选择建造场地，因势利导地适应地形地貌，以营造良好室外微气候为目标。尽管住宅类型的成熟在很大程度上受到了社会与文化因素的影响，但是面对我国多样化的复杂的地形地貌特点，住宅在长期的历史发展中逐渐进行了适应的变形。

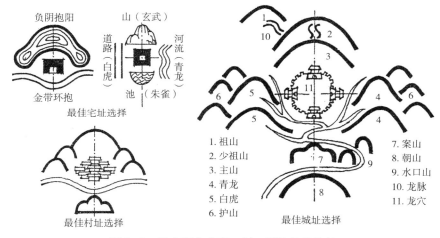

图 3-2　风水观念中宅、村、城的最佳选址
（图片来源：王其亨. 风水理论研究［M］）

根据地貌形态的空间规模差异，可以把地貌形态分为若干个不同的单元空间。它具有宏观与微观地貌单元的层级性。大陆与海洋是最大的地貌单元划分。在宏观层面我国有五大地貌分区，即 Ⅰ 东部低山平原区，Ⅱ 东南低、中山地，Ⅲ 北部高中山平原盆地，Ⅳ 西南中高山地，Ⅴ 青藏高原。五大区划的自然因素差异正是传统民居建筑地域特征形成的初始条件，建筑上的原始地域差异性随着各地地域文化的发展而强化，逐渐形成地域建筑各要素之间独特的联系方式、组织秩序和时空表现形式，从而组成了我国丰富多彩的传统民居建筑形态。

1. 三合院

三合院是由正房和左右厢房围合的院落式民居。刘致平先生在《中国居住建筑简史》中曾对三合院描述如下："普通自耕农或富农小地主等则常用三合院（南方叫三合头），即正房和左右厢房（南方叫耳房）拼成三合院。"

三合院民居在中国北方地区广有分布，在新疆、苏北地区也偶有三合院民居。

2. 四合院

刘致平先生在《中国居住建筑简史》中对四合院有精确的描述："四合院（又叫四合头），即是正房，左右厢房及下房。正房是主要房间，中明间（或叫堂屋）是供祖先及起居饮食会客的地方。堂屋左右间是卧室，左右厢房的用途则是看主人家的人口多少而定，或作寝处，或作灶房等。四合院的下房，在农村则是常作储藏农作，乃至牛栏等用，也有在厢房住佃户的。正房方向，在北方多向正南，在南方则不甚注重向正南。因为向正南有时光线反而不及耳房（厢房）。"

我们在考察了各地四合院民居形制差异的基础上，按照正房与厢房的组合关系将四合院民居划分为"京冀型四合院"、"晋陕型四合院"、"满族高台四合院"三类。

（1）京冀型四合院

京冀型四合院是北方地区院落式住宅的典型，以北京、华北地区形制完整、布局严谨的四合院为原型。平面布局以院为基本单位，有两进院、三进院，大宅则有四进院或五进院，除纵向组合外，横向还会增加平行的跨院，并设有花园。京冀型四合院主要分布在北京及其周围地区，如山西、河北、河南、东北等地，北方其他各省区偶有分布。

河南、山西等地有些四合院与标准的京冀型四合院形制相似，但不设耳房，可称为无耳房京冀型四合院。

（2）晋陕型四合院

晋陕型四合院是广泛分布在山西、陕西地区的一种四合院类型。其平面形式的特征是正房宽度与宅院等宽，左右厢房布置在正方和门房之间。晋陕型四合院有宽院和窄院之分，窄院多为正房三间、一明两暗；宽院多为正房五间、明三暗五，左右厢房各三间，一进或两进院落。

晋陕型四合院主要分布在山西、陕西及甘肃等西北地区，河南、山东也有分布。

（3）满族四合院

东北满族四合院平面形制还是属于京冀型四合院，但是具有鲜明的满族特点。比如：相对于京冀型四合院，它的院子要更开敞，更宽大。这主要是由于满族过去游牧民族的生活方式所决定。另外，满族四合院中表现着对高台的重视，并对其有详细的等级规定。这在《清实录》、《八旗通志》、《清会典》等史籍中有详细记载。只是原来随着清朝入关，进入平原，高台逐渐由高到低，这也正是满族汉化，心理习惯适应平原生活的一种体现，因此我们也把它单列为一类，以示满族与汉族四合院的差异。

3. 天井院

所谓天井院可以说是南方广泛分布的一种四合院形式，与北方四合院不同的是天井院的正房与厢房紧密相连（毗连）围合而成，南方的学者将这类民居命名为天井式民居，或天井式四合院（三合院）。

北方四合院的院落是日常生活的重要场所，而南方天井院中天井的功能主要是解决排水通风和日照采光问题，并不考虑户外活动的需要。户外活动的需求通过围绕天井的敞厅、敞廊解决。

通过对南方各地区众多的天井式合院案例的研究以及民居研究者的论述，按照正房（堂屋、厅房）与厢房的组合关系，将南方天井式合院细分为五类亚型：

（1）天井院Ⅰ型

"天井院Ⅰ型"以浙江"三间两厢（廊）"、"三间搭两厢"民居为原型，是中国南方天井院最基本的形式之一。其布局模式是在"一明两暗"式正房（三间、五间）的前面的两侧配以附属厢房或两廊，围合成的一个三合式天井。以此为基本单元纵向发展可组合成多进天井院。

天井院Ⅰ型广泛分布在南方绝大部分地区，包括湖南、湖北、江西、安徽、江苏、福建、云南、广东、四川、贵州、浙江等地区。

（2）天井院Ⅱ型

"天井院Ⅱ型"也是中国南方天井院最基本的形式之一。其布局模式是正房（三间、五间）居中，左右为纵向组合的排屋，正房和两侧排屋围合成一个三合院。天井院Ⅱ型主要分布在广西、滇西北、滇东北、粤中西、粤中、粤东、川东、川西、浙北、浙东、浙中等地区。

（3）天井院Ⅲ型

"天井Ⅲ型"以南方"四合五天井"宅院为原型，即为带漏角的天井院。漏角由护耳和护耳天井组成，护耳即为北方四合院中的耳房。正房、倒座两侧都带漏角。厢房三间或两间（云南一带将厢房称为"耳房"）。主天井加四个护耳天井通称五天井。

天井院Ⅲ型主要分布在滇南、滇西北、滇东北和川西地区。

（4）天井院Ⅳ型

"天井院Ⅳ型"是以广东"双堂屋"的形制为原型所归纳，其院落主体是由中轴线纵列布置堂屋，有双堂屋、三堂、四堂屋之分，上、下堂屋之间两侧无厢房是其突出特征。在此中轴线上的厅堂、天井主院两侧，根据需要可增建横屋（排屋）组成大型宅院。可以说此型的特征是以中轴线上的厅堂、天井、敞廊构成三位一体的内聚性空间。

天井型Ⅳ型主要分布在湘东北、鄂东南、赣中、粤东北客家、粤东和川西等地区。

（5）天井院Ⅴ型

"天井院Ⅴ型"以"一颗印"民居为原型。"一颗印"是昆明传统合院民居模式的一种典型平面，其正房有三间，两侧厢房（又称耳房）各两间，与正房相对设倒座，进深限定为八尺。这种固定的基本平面形式，外形紧凑封闭，方正如旧时官印，因此而得其名。

天井院Ⅴ型主要分布在云南昆明以及闽东福州、江南苏州、淮扬扬州、宁镇南京、川南、内蒙古、宁夏等地，但结合当地情况有所变化。

4. 围屋

围屋主要分布于涪陵、赣南、闽中、闽东和粤东的客家地区。围屋在福建称为"土堡围屋"，是由四周极其厚实的夯石生土砌筑的"城堡"环绕着中心合院式民居组合而成。它的渊源可以追溯到汉代的坞堡。严格地说，它既源自于客家土楼，又不同于客家土楼，是围廊式土楼和院落式民居的综合，两者之间的分工和融合达到了高度的统一。仔细分析起来，土堡围屋与土楼之间存在着平面布局、外观形式、结构形式上的差异。

赣南客家围屋是围屋的基本类型。现存赣南客家围屋绝大部分分布在江西南部，习惯称之为赣南围屋。赣南围屋多是四角设堡的方围，这是其区别于闽粤围楼的最典型形态。但也发现过少数圆围、环围和村围（村围是包围整个村庄的"寨堡"）。赣南方形围屋可归纳为三种基本类型：口字围、国字围和套围。

5. 土楼

土楼是位于闽南、闽西南山区的一种独特的建筑形式，以满足家族聚落群居和良好的防御功能需要来安排建筑的规模，采用夯土墙与穿斗式木构架共同承重的两层以上封闭式围合型大型民居建筑，学术界称之为"福建土楼"。

福建土楼可分为闽南土楼和客家土楼两大类型。闽南土楼分布于闽海人居住的漳州、泉州等地区，客家土楼分布于客家人居住的永定、南靖、平和、诏安等部分地区。两者在外观造型上有许多相似之处，最大的差别在于闽南土楼主要采用单元式平面布局，客家土楼主要采用通廊式平面布局。

6. 竹筒屋类

竹筒屋类是以广东潮汕的"竹竿厝"、"单佩剑"和广东广府的"竹筒屋"为基本型归纳的一种类型。此类民居的基本形态是竖一字形，面宽为单开间或双开间，呈纵列狭长的平面形状；辟有采光的小天井，小天井位置通常在一侧后部，也有在中部或前部的。"竹筒屋"、"竹竿厝"为单开间；"单佩剑"、"明子屋"为双开间。在广东广府某地明子屋中，在堂屋前也有通面宽的天井。类似不完整的天井院，没有严谨、对称的特性，但比较灵活，不失为在用地有限、面宽较小的情况下的一种紧凑的处理方式。

竹筒屋类主要分布在闽南地区、桂南、桂西南、粤（广府）、粤中西、粤中南等地区。

7. 干阑

干阑是一种很原始的建筑，人类很早就使用它。在中国从殷周以后，使用极为普遍，自汉代以后，北方使用就少见了。而在南方，直到明代仍使用很多。到了清代，南方滨水岸的地方、西南少数民族地区以及广东南部近海地区仍大量地使用着。

干阑民居是傣、壮、侗、苗、布依、景颇、佤瓦等十多个少数民族的住屋形式。主要分布在闽东福州、闽北、鄂西土家族、湘鄂西、鄂西南土家族、桂西、桂东北、桂西北、桂中、滇西南、滇南、滇西、滇西北、滇东、川东、黔东南、黔南、黔西南、黔西北、黔东北、海南省等地。

8. 井干（木楞房）

井干式民居（木楞房）是古老的民居形式。至今在东北、西南地区仍有使用。以"垒木为室"构成的"井干"式民居，其相互交错叠置的圆木壁体（也有半圆或木板状），既是房屋的围护结构，也是房屋的承重结构。

由于井干壁体具有良好的保温性能，且房屋建造需要的木材用量较多，因此，"井干"式民居建筑主要分布在云南滇西北地区的中甸、丽江、宁蒗、维西、兰坪、漾濞、洱源、贡山等气候比较寒冷但取材方便的林区。居住井干式民居的少数民族主要有纳西族、普米族、怒族、独龙族、藏族和部分彝族、白族、傈僳族。除此以外还有大兴安岭、小兴安岭及长白山林木地区、新疆等地区。

9. 窑洞

刘致平在《中国居住建筑简史》中对窑洞描述如下："穴居最早是竖穴，后来逐渐用横穴住人，竖穴作储藏用。清代在华北及西北黄土地区如河南、山西、陕西、甘肃等地，常使用穴居，即今所谓的窑洞。这些地方土质坚实、干燥，壁立不倒，不易崩塌，同时气候也较干燥，地下水位很低，有利于掏成洞穴。人们用简单的工具向上崖纵深地掏成横穴，称为'靠山窑'。较大的窑洞常是三数间并列，内部可以互相连通，或有上下三层、数层楼式的，远处望去犹如几层的大高楼，颇为雄壮美观。另一种是'平地窑'，即是先在地上垂直向下挖出所需院子大小的土坑——天井，然后向坑壁掏横穴，四个方向均可开穴。天井内设渗井排水，窑洞顶上的地面仍可耕种，行车走人，很节省土地。在西北有很多的三合院，四合院是凿在地下的，远处看来像一排排黑方块，很是整齐好看。西北水少天旱，天井很少积水，有少量雨水、生活污水均注入天井内的渗井中，渗井的直径约 1 米左右。从地面下到天井用土阶，天井内也可以养花植树。"

中国窑洞民居主要分布在甘肃、山西、陕西、河南和宁夏等五省区，河北省中西部和内蒙古中部也有少量分布。

10. 土屋

土屋，泛指以土为主要材料建造的房屋。土是最早被人们使用的建筑材料，一开始的挖洞穴居就是初期的土工工程，由穴居转到地面上建筑房屋，仍然把土作为建造的重要材料。宋梅尧臣《季父知并州》诗："土屋春风峭，氊裘牧骑狂。"《宋史·外国传六·拂菻》："其国地甚寒，土屋无瓦。"元袁桷《云州》诗："天阔云中郡，刚风起沉寥，氊房联涧曲，土屋覆山椒。"

广义地说，窑洞、阿以旺民居均可归入土屋类，由于窑洞、阿以旺民居已单独设类，土屋则指除"窑洞"、"阿以旺"之外，以夯土或土坯建造的民居统称。如云南"土掌房"、四川"冬居"、河南与陕西的土坯房，东北的"干打垒"等。

土屋在中国西北地区广有分布，在其他地区均有分布，但是已越来越少见了。

11. 石屋

石屋，泛指以石料为主要材料建造的民居。早在 5000 年前，我国就已用石材建造石砌祭坛和石砌围墙，但在以中国为主的东方建筑中，石材主要是作为部分地区使用较多的建筑材料和作为木构建筑及砖砌建筑的补充、衬托或加固。

我国一些盛产石料的地区（如福建、广东、广西、云南、四川、河北和河南等省），尤其是福建省，历代在开采花岗石建造各类石结构建筑中，积累了许多具有地方传统特色的石建筑加工工艺和砌筑施工技术。如贵州省黔中地区石屋民居具有悠久的历史，在长期实践中，石料不仅用作墙柱、基础等承重构件，而且也作为抗弯构件，用于门窗过梁、石板桥等方面。还有片石建造的屋面，条石、块石、片石砌筑的墙体，石材加工的门樘、门垛、窗台等，甚至于以石料制作的生活用具，如石磨、石臼、石缸、石槽、石炉等。黔中地区独特的石建筑堪称石屋民居的典型。此外，福建泉州地区、江西南部、湘西、陕北、川藏等地都有不少优秀石屋民居。平面大多为一正两厢三开间。正房前间堂屋，后间烤火杂用。两厢一般分前后二间，前间下部多利用山坡地形高差，作为牲畜空间，前间上部作卧室；两厢后间分别为卧室和厨房，厢房设阁楼作储藏谷物使用。

12. 蒙古包

蒙古包，蒙古族特有的居住形式。刘致平先生称其是蒙古、新疆等游牧民族不定居建筑最成功的作品。在先秦时代即有此种建筑，汉唐时也有喜用，取其冬季暖和。汉代称为"穹庐"，也有称其为毡帐、帐幕、毡包等。元时有图绘，在牛车上驾蒙古包各处行动的情形。《马可·波罗游记》也记载元时蒙古居民使用蒙古包的详细情况。《元史新编》谓大蒙古包"可容千人"，可见蒙古包是可以做得很大的。在清代蒙古族人仍是大量地使用蒙古包，不过已有定居式的蒙古包了。蒙古包的长处就是便于携带，可以随时安设与拆卸。

蒙古包主要分布在内蒙古、新疆伊犁哈萨克自治州、藏西南等地区。

13. 阿以旺

阿以旺是新疆南部维吾尔族住宅的一种常见的形式。阿以旺住宅多为土木结构，平屋顶，带外廊。阿以旺住宅有冬室、夏室之分，带有天窗的夏室在前，供起居、会客之用；在夏室的后部即冬室，做卧室用。阿以旺住宅内多有地炕，上铺草席、地毯、毛毡等物，席地坐卧，家具很少。多设壁龛及存储小屋一间，也兼做浴室用。外廊是生活、工作乃至夏季睡眠之处。夏室屋顶上的天窗是这种住宅最具特色的地方，天窗高出屋面约 40 ~ 80 厘米，通风采光全靠此天窗。阿以旺住宅为平顶，承重枋称为楞木，其间距约 1 米，楞木上常满雕花纹图案。阿以旺民居院内种花木，而尤以葡萄架最具地方特色。

阿以旺民居主要分布在新疆维吾尔自治区。

14. 碉房

碉房是青藏高原以及内蒙古部分地区常见的居住建筑形式。这是一种用乱石垒砌或土筑的房屋。它的起源甚古，可溯至秦汉，其实，西南边疆一带已有碉房。《后汉书》记载："冉駹夷者武帝所开，元鼎六年（公元前 111 年）以为汶山郡……皆依山居止，累石为室，高者至十余丈，为邛笼（按今彼土夷人呼为雕（碉）也）。"

最常见的碉房是带有小天井的，高二层，局部三层。底层养牲畜，二层、三层住人及建佛堂等。屋顶做平台，供晒谷物及夏季乘凉。外墙底层不开窗或只开小窗洞。这是因为当地风大及常有打冤家等行为，楼上局部开大窗，厕所常在楼上悬挑于外。碉房为墙体承重，密肋平顶，与喇嘛教建筑属同一体系。碉房的外观富于变化，一般由于乱石砌的外墙收分明显，底层颇为厚重朴实，而上层高低错落，木板壁及大窗与底层对比强烈。而且碉房都是因借地形而砌筑的，与山势地形极为协调，有一种雄厚坚固之美。

碉房主要分布在中国西南部的青藏高原、四川、贵州、内蒙古部分地区。

15. 朝鲜族温突房

温突房即是东北朝鲜族带火炕的民居。朝鲜族民居平面普遍有一字形，曲尺形等，主要构成要素是卧室、厨房和储藏间。室内外的主要出入口通常设在厨房方向；卧室满铺火炕，炕下设回环盘绕的烟道，炊烟的烟道通过火炕流至排烟口，将炊事余热作为采暖热源二次利用。

在本研究中，一字形、曲尺型住宅因其数量大、分布广泛，未列入类型研究的对象，而火炕是朝鲜民居一大特色，故称其为朝鲜族"温突房"（"温突"一词来源于日语，亦为朝鲜、韩国古汉语用法）。

第二节　北方传统民居适应地形（地貌）的绿色营建经验

北方地区占据了全国领土总面积的75%，具有多样化的地貌特征。它有干旱的荒漠、广袤的平原、辽阔的草原、雪域高原、黄土高原；它有世界的屋脊珠穆朗玛峰，有孕育着中华文明的黄河；它有逐水而居的游牧民族，也有日出而作、日落而息的农耕民族；它有长久以来一直占据着政治、经济与文化的统治地位的中原地区，也有多民族融合的边疆地区。在广袤的北方地区，传统民居的绿色营建经验带有强烈的中原文化色彩，同时具有多元化的特色。

一、北方地区的地貌与人居环境

（一）北方地区整体地貌概述

本书的北方地区是横断山脉以西，秦岭—淮河一线为北的区域。包括我国四大地理分区中的西北地区、北方地区与青藏地区。区域基本概况见表3-1。

北方地区区域基本概况　　　　　　　　　　　　　　　　表3-1

地理区划	行政区划	总面积占全国的比例	总人口占全国的比例	民族
西北地区	大兴安岭以西；长城、昆仑山—阿尔金山以北	新疆、内蒙古、宁夏和甘肃的北部	30%	4%	汉族、回族、维吾尔族、哈萨克族、蒙古族为主
北方地区	大兴安岭、青藏高原以东；内蒙古高原以南；秦岭—淮河以北；东临渤海和黄海	东北三省；黄河中下游各省全部或部分，甘肃与宁夏的东南部、江苏、安徽两省的北部	20%	40%	汉族、满族、朝鲜族、回族为主
青藏地区	昆仑山—阿尔金山—祁连山以南；喜马拉雅山以北；横断山脉以西	西藏、青海以及新疆、四川、云南、甘肃的部分地区	25%	1%	藏族、羌族为主
合计		75%	45%	

（二）北方地区地貌特点与人居环境

1. 地理分区中的西北地区地貌特点与人居环境

地理分区中的西北地区，地形以高原、盆地为主，主要包括二级阶地上的内蒙古高原、准噶尔盆地和塔里木盆地。其自然环境以干旱为主。其植被分布由东向西依次为森林草原、典型草原、荒漠草原、荒漠，该分布特点体现了地理环境由沿海向内陆的地域差异。西北地区面积约占全国的30%，而人口仅占全国的4%，具有地广人稀的特点。天然草场的分布主要集中于干旱地区的天山、阿尔泰山、祁连山等山脉的山麓和山坡地带，以及半干旱地区的贺兰山草原和锡林郭勒草原。它们是我国畜牧业的基地，草原游牧民族的栖息地，也是目前我国土地沙化严重的地区，人居生态环境呈现脆弱化的趋势。灌溉农业区主要集中在河套平原，它是黄河的冲积平原，地势平坦、水源充足、土地肥沃。早在2000多年前人们就利用黄河水开渠灌田，经营农牧，从而成为中国大西北开发最早的灌溉区，素有"塞上江南"之誉。它是西北地区的传统村落分布最为集中的地区，村落沿黄河两岸，呈带状分布。绿洲农业主要集中在河西走廊和高山山麓地区，是干旱荒漠地区农牧业经济较发达和村落集中的地方。绿洲农业与灌溉农业不同，它主要依靠地下水、泉水或者高山冰雪融水进行灌溉。绿洲农业区在河西走廊呈带状分布，多集中在石羊河、额济纳河、弱河、疏勒河流域；在新疆地区呈点状分布，主要分布在盆地边缘的山前平原和部分沿河地区。

2. 地理分区中的北方地区地貌特点与人居环境

地理分区中的北方地区，地形以平原和高原为主，平原主要分布在东部地区，如东北平原、三江平原、华北平原。平原地区土地开阔平坦，是以旱作农业为主的人口聚集区。其中东北地区人口相对稀疏；华北地区人口最为稠密，该区人口密度为全国水平密度的2倍；黄土高原沟壑纵横，水土流失严重。北方地区是华夏文明的摇篮，也是华夏民族政治、经济与文化的中心。它是中华民族历史最为悠久、人员最为集中的区域，其村落、城镇的分布是受中国传统文化影响最为深刻的地区，传统村落的分布更多地体现了中原农耕文化的特点。在顺天应命的年代，人们对田园的守望更多地依赖于对自然的选择与顺应。水系与运河往往成为决定传统村落分布的主要因素。流经黄土高原地区的主要河流有黄河及其支流渭河、泾河、洛河、延河、无定河、汾河及窟野河等。

3. 地理分区中的青藏地区地貌特点与人居环境

青藏地区因地势高耸而成为一个独特的地区，其平均海拔在4000米以上。地形以高原、盆地、山地为主。该地区因为高而寒冷，雪峰连绵，冰川广布。藏北高原地形波状起伏，由西北至东南方向依次为祁连山脉、巴颜喀拉山、唐古拉山脉、冈底斯山以及喜马拉雅山，高原东部是山高谷深的横断山区。青藏地区植被由东南向西北依次是山地森林、高山草甸、高山草原、高山荒漠。人口分布与此密切相关，山地森林区是人口较为密集的区域。人口与农业的分布相一致，主要集中在湟水谷地与雅鲁藏布江谷地；高山草原与高山草甸是我国主要的高原畜牧业区；高山荒漠人迹罕至。青藏地区也是我国大江大河的发源地（如长江、澜沧江、黄河），是我国重要的水源保护地，对全国生态安全具有重要的意义。

二、北方不同的地貌区典型聚落与选址经验

（一）华北平原聚落与选址经验

华北平原北抵燕山南麓，南达大别山北侧，西倚太行山—伏牛山，东临渤海和黄海，

跨越京、津、冀、鲁、豫、皖、苏7省市，面积30万平方千米，是我国的第二大平原。华北平原地势平坦，多在海拔50米以下，主要由黄河、淮河、海河与滦河冲积而成，是典型的冲积平原。华北平原交通便利，经济发达，自古即为中国政治、经济、文化中心（图3-3）。

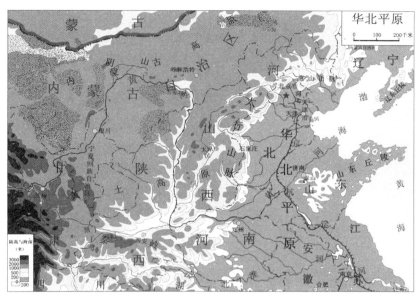

图3-3　华北平原区域地形图
（图片来源：依据《中国地形图》、《中国自然地理图集》绘制）

1. 华北平原聚落发展历史概况

华北平原是中国开发较早、人为活动影响较大的地区。早在距今一万年前的旧石器时代就有了人类活动的遗迹。七、八千年前，在黄河下游洪积冲积扇顶端就出现了颇为发达的原始农牧业生产，产生了以河北武安磁山遗址和河南新郑裴李岗遗址为代表的前仰韶期文化。那时的聚落多分布在河流沿岸的高地上，其农耕制度还处于比较原始的田莱制（田莱制就是在一块土地上耕作了一两年后，即将其抛荒，另外新辟耕地）。因此人们固定居住在一个地点的时间不长，民居都是半地穴式建筑，形态为圆形或椭圆形。仰韶文化是黄河中下游地区典型的新石器时代文化，那时居民已进入定居阶段，出现了地面房屋，社会经济以农业为主，同时也饲养家畜，兼营渔猎、采集。从黄淮海平原大量的考古遗迹看，当时的农业聚落主要分布在洪积冲积扇前缘。黄淮海平原东部地区有代表性的新石器时代文化为大汶口文化，其聚落以泰山周围山麓地带为中心，呈现向四周扩散分布的格局。[4]公元前2500年~公元前2000年,大汶口文化发展为典型的龙山文化。从迄今为止发现的200余处典型龙山文化遗址看，很多在大汶口文化堆积之上，并有逐渐由山麓地带向河流、平原中部发展的趋势。黄淮海平原西部的龙山文化，分布在冀南、豫北、豫东、鲁西及安徽淮北西北部等地，社会生产均以农业为主。[5]龙山文化时期随着凿井技术的发展，聚落选址逐渐摆脱了水源的限制，可以选择远离水源的地方。

从原始氏族社会进入到奴隶制社会，聚落形态结构随经济结构变化、社会阶级的产生而逐渐产生了分化。战国时期的燕赵之地以北长城为界划分出长城以北的游牧聚居区和南部以农耕为主的中原地区。华北平原作为中国古代中原的主体，农业的发展对聚落的分布影响重大。战国中期各国竞相变法，其中主要的内容就是奖励垦荒，发展农业。在变法政策的推动下垦辟了许多荒地，人迹稀少的河北平原中部得以开发，到战国末年出现了令卢、高唐、平原等地城邑市五十七。[6] 自战国中期开始铁制工具广泛用于农业，使水利工程得以实施。战国中期赵、魏、齐国在黄河下游两岸修筑了千里长堤，以疏浚河道，消弭水患，堤外平地因此而得到开发。据《汉书》卷二十九《沟洫志》记载：到西汉末年魏郡太守也将湖滩租给人民，以收赋税。民"起庐舍其中"，变成了农耕区。所以从战国中期至西汉末年，黄淮海平原上出现了许多新的聚落，其中不少已为某一区域的政治中心（县治）。[7] 其次是灌溉系统的发展。黄淮海平原上的"汝南、九江引淮；东海引巨定；泰山下引汶水，皆穿渠为溉田，各万余顷"[8]。元光年间，黄河下游两岸"人庶炽盛，缘堤垦殖"[9]。

华北平原作为中国古代中原的主体，一直处于中国历史舞台的中心部位，政治斗争与军事征战频繁激烈，是该区域人口数量变化的主要原因。在中国封建社会走向成熟的西汉，以及中国历史上封建时代的鼎盛时期唐代，华北平原由于地形平坦、气候湿润、靠近国都长安，而成为当时主要的农业生产区域，人口稠密，经济发达。据西汉后期平帝元始二年（公元 2 年）的官方统计，当时中国全国人口共有 5959 万，而华北平原就有近 3000 万，占中国人口总数的一半。[10] 历史的战乱是造成该地区人口锐减，大片农田荒芜，转变为次生的草地和灌木丛的首要原因。例如西晋末年永嘉之乱和十六国的长期战乱而引发的中国历史上第一次大规模的人口南迁，以及宋代靖康之乱引发的中国人口的第二次大规模南迁。元初人口减至北宋的 1/10，加之元代统治者受自身生产生活习惯影响，对农业生产极不重视，大面积的耕地变为牧场或沦为荒地。

随着古代经济中心的南移，中国出现了政治、军事与经济中心分离的空间地理格局。元代京杭大运河的全线贯通，使其成为真正意义上的南北交通要道，并通过漕运将华北平原的海河、黄河、淮河流域的生产区域串联起来，从而将国家的政治与经济中心也联系在了一起。运河的开通，极大地带动了沿岸城镇的兴起，为今天城镇空间的分布奠定了基础。

2. 华北平原的城镇选址经验

王智平在"不同地区村落系统的生态分布特征"的研究中 [11]，以河北省为例对不同地貌单元下的村落分布特点及规模进行了深入的研究。该研究对村落系统分布的经验总结，对于整个华北平原村落选址具有重要的参考价值。华北平原的城镇选址经验总结如下：

（1）自然资源与村落系统分布

自然资源是人类赖以生存的物质基础。在山区丘陵地区，海拔高度制约自然资源分布格局，影响村落分布。山区村落主要集聚在谷底、山脚和山麓边缘，分别占山区村落的 39.7%、28.3% 和 25.6%；少数村落坐落在山腰上，只有小片宜耕地，因受农田面积的限制，村落规模较小；山顶不宜居住，限制村落的分布；丘陵是山地与平原的过渡地带，土壤易受侵蚀，村落一般位于丘岗斜坡的下方，在斜坡上发展梯田，在丘岗顶部，土壤生产力较低，水资源短缺，制约农业生产和村落分布。村落主要分布在海拔250～450米区域，其中分布在海拔250～350米的村落占全县村落的37.0%，分布在海拔350～450米的村落占33.4%，分布在海拔小于250米的占7.2%。

山麓平原是本区域自然资源、社会经济条件的优越地带，水资源丰富，交通便利，垦殖历史早，农作产量高；村落分布广，分布均匀程度大，农村人口密度高。低平原粮作产量低，盐渍洼地影响村落分布的均匀性，呈"洼大村稀"的自然景观，村落集中在宜开垦、有淡水资源的地区。

坝上高原的村落与牧业生产相关，村落主要分布在宜牧地带。比较而言，农村人口密度、村落密度和村落规模为最低。

（2）水系与村落系统分布

水系主要通过河流分布和变迁影响村落分布，水利往往与河流并行分布，共同影响村落分布。在滹沱河两岸，村落呈线状集聚分布，村落规模相对较小。早先年代，众多村落分布于河流阶地上，随着水利系统建造的完善，村落逐渐搬迁到沟渠沿岸高处。

在河北平原冲积扇地区，水资源差异性会影响村落分布。村落首先出现在冲积扇的端部，尔后出现在扇中央与其他缺水部分。

河北平原水系易变动，长期以来，因洪水泛滥、河流改道，形成了多条古河道，此地带含有丰富的地下淡水，可以抵御干旱，同时地势较高，不怕洪涝威胁，土壤盐碱含量较低，为宜耕区，因而村落沿古河道呈带状集聚分布（图3-4）。

图 3-4　华北平原水系与村落系统分布图

（3）农田生产力与村落系统分布

坝上高原注重牧业生产，农作产量低，因此村落规模小，呈稀疏分布；太行山山麓平原、燕山山麓平原农田生产力高，粮作产量高，人口密度和村落分布密度大；山区丘陵土壤贫瘠，粮作产量低，垦殖率低，因此供养人口少；低平原区粮作产量低，垦殖率高，能支持高人口密度；滨海平原盐碱地多，垦殖率小，人口密度较低。

农村人口密度与村落规模、耕作半径呈极显著正相关，与人均耕地呈极显著负相关。村落规模小，耕作半径小，人均耕地多。

（4）社会经济条件与村落系统分布

交通对村落分布的影响表现为：交通线一般铺设在集镇或城市之间，众多村落沿交通线呈线性分布。

（二）东北平原聚落与选址经验

东北平原呈马蹄形，环以西、北、东三面的大、小兴安岭和长白山地之间，南北长1000多千米，东西宽约400千米，面积达35万平方千米，是中国最大的平原。东北平原可分为三个部分，东北部主要是由黑龙江、松花江和乌苏里江冲积而成的三江平原，南部主要是由辽河冲积而成的辽河平原，中部则为松花江和嫩江冲积而成的松嫩平原（图3-5）。

整个东北地区，因为其特殊的地理位置又被俗称为关东。位于山海关以东以北，包括辽宁、吉林、黑龙江三省和内蒙古自治区东部的三市一盟。山海关是明洪武十四年（1381年）设立的关口，它北倚燕山，南连渤海，是明代的军事防线，以御满洲军。东北是我国北方少数民族主要的聚居区。满族是东北人口最多的少数民族，人口约750万，占全国满族人口总数的85%；其次是朝鲜族，人口约190万，占全国朝鲜族人口的99%。朝鲜族主要生活在鸭绿江以北、图们江以北和黑龙江中部的平原地区；蒙古族主要安居于东北地区（图3-6）。

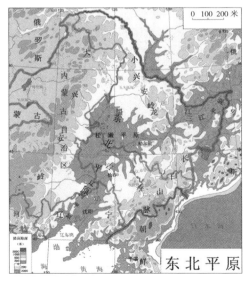

图3-5　东北平原区域地形图

（图片来源：依据《中国地形图》、《中国自然地理图集》绘制）

图3-6　东北平原少数民族分布

182

东北地区聚落的地理空间分布与自然资源分布和产业结构之间具有密切的关系。

1. 渔猎业

在东北渔猎是比农业历史更为悠久的经济形态。在长白山区和大、小兴安岭，在遥远的黑龙江两岸、乌苏里江流域等，都是渔猎民族的栖居之所，渔猎是他们谋生的主要手段。从事游牧渔猎生产的村落分布较稀疏，一般具有较大的活动性，根据季节性的生产生活需要而选择建造地点（图3-7）[12]。人类频繁的迁移与动物资

图 3-7　从事渔猎生产的村落
（图片来源：周巍．东北地区传统民居营造技术研究［D］）

源空间分布的不稳定性有关。其居住地都选择在沿江两岸背风向阳的高处，以便于捕鱼和接近猎场。冬季寒冷的西北风是必须加以防范的不利气候因素。这种以渔猎和采集经济为主导的村落的选址在很大程度上依赖于动物资源的分布和以气候为主的自然环境的变化。

当这些民族走出丛林，进入平原，或创建政权，渔猎便降为次要地位并逐渐演变为消遣娱乐活动。如女真人建的金朝、满族建立的清朝（后金），仍保持渔猎的传统，但已不是为谋生，而成为一种娱乐活动了。[13]

2. 畜牧业

畜牧经济在东北分布广泛，也很发达。从先秦时代的东胡，到秦汉时的乌桓，魏晋时的鲜卑，唐宋之际的契丹、室韦，直到宋初的蒙古族，畜牧都是他们经济生活的重要组成部分。这些民族主要生活在黑龙江大兴安岭南、北，吉林西部、西北部，延续至辽宁西部，紧邻今内蒙古东部的广阔草原地带。如《魏书》描绘乌桓人的生活："俗善骑射，随水草放牧，居无常处，以穹庐为室，皆向东。日弋猎禽兽，食肉饮酪，以毛毳为衣"。

3. 农业

农业始终是在古代东北地区占主导地位的经济形态，迄今已有六七千年的历史。在东北的南部、中部，北至呼伦贝尔地区，都比较早地出现了原始农业。其中，在沈阳发现的新乐遗址，更证明南部农业以及辽西地区的农牧业都超越了其他地区的发展水平。约在4000年前，农业取得了长足的进展，在辽河两岸最发达，处于领先地位。这一方面主要归因于气候适宜，有利于农作物的生长；另一方面，自燕秦以来，于此处设置辽东郡、辽西郡，成为汉族稳固的聚居地，经营农业成为他们的主要生产方式和谋生的唯一手段。自南向北，农业在全地区逐步发展起来，连游牧、渔猎民族也在不断地向农业经济转化。[14]

农业聚落的选址与农业种植方式密切相关，其分布主要是在河流两岸的冲积平原上。特别是水稻要求有充足的水源，不能离开河流太远。农业的发展改变了传统的渔猎与畜牧经济下的"无室庐，负迁山水坎地，梁木其上，覆以土，夏则出随水草以居，冬则入

处其中，迁徙不常"的生活模式。出现了"联以木栅，屋高数尺，无瓦，覆以木板，或以草绸缪之，垣墙笼篱壁，率皆以木，门皆东向"的类似农家小院的格局，以及"环屋为土床（炕），炽火其下，侵蚀起居其上谓之炕，以取其暖"的居住模式[15]。在居住由"穴居"转向地面建设的民居，居住地逐渐向平原迁移的同时，合院布局的民居逐渐走向完善与成熟。这充分体现了中原文化的影响。

（三）河西走廊戈壁绿洲聚落与选址经验

河西走廊东起乌鞘岭，西至古玉门关，南北介于南山（祁连山和阿尔金山）和北山（马鬃山、合黎山和龙首山）间。东西长约 1300 千米，南北宽约 100 ~ 200 千米，总面积约 27 万平方千米，海拔高度为 1000 ~ 1500 米。

河西走廊独特的地理位置决定了它在中国历史上占有重要的地位。东方来的汉族、党项族、满族，北方蒙古高原来的匈奴、鲜卑、突厥、回鹘、蒙古等族，南方青藏高原来的羌族、吐谷浑、吐蕃族等，西方来的昭武九姓和其他民族，以及从这里西去的塞种、乌孙、月氏等族，都汇聚于此。[16]它是一个多民族经济、文化、艺术和多种宗教的交汇与融合之地。

1. 河西走廊城镇发展历史概况

河西走廊地区冰雪融水形成了三大内陆冰川河流水系：石羊河、黑河（额济纳河和弱水）、疏勒河，大小支流共计 57 条。三大水系孕育了辽阔的草原、繁茂的森林以及众多的绿洲。良好的生态环境使得河西走廊早在 5000 多年前就出现了原始的居民点，如玉门的火烧沟遗址。在汉武帝开拓河西之前，春秋时期的羌族，战国时的月氏、乌孙，秦汉之际的匈奴相继在此都过着"逐水草迁徙，无城郭常居耕田之业"[17]的游牧生活。

汉武帝为"张中国之掖，断匈奴右臂"以通西域，确立了西汉王朝在河西走廊的统治地位。在此后的一百多年里（汉武帝至汉昭帝统治时期），随着屯垦戍边政策的推行，大规模移民屯田戍边，使得河套地区由一个古老的牧区转变成为一个绿洲农业区。随着武威、酒泉、张掖、敦煌四郡的设立，村镇分布基本形成了分别以"河西四郡"为核心的组团模式。丝绸之路将沿线城镇串联起来，成为政治、经济、文化、宗教交流的纽带。时至今日，城镇分布的基本格局始终未变。

纵观历史，河西走廊地区因其地理位置的重要性和农牧业生产条件的优越性，其城镇的发展成为民族间政治军事斗争的产物。城镇的发展依赖于强大的政治军事政策推动下的"屯田戍边"政策以及政局的稳定。政治统治和军事防御的需要是历代城镇发展的内在动力。在该地区汉族与少数民族统治权的交替，也使得该区域农业与牧业生产之间产生交替。这对城镇的发展产生了重要的影响。游牧的生产方式减缓城镇的发展，农耕生产利于城镇的产生。丝绸之路是对外交通联系的通道，构成了河西城镇空间布局的主轴线；此外，民族的融合，丝路经济的繁荣为河西走廊的城镇发展注入活力，赋予了更深层次的文化、经济与宗教的内涵。

2. 河西走廊的绿洲城镇选址经验

（1）城镇 - 绿洲 - 水资源的高度耦合

在河西走廊城镇聚落的选址与河流、绿洲密切相关。河西走廊绿洲主要分布在石羊河、黑河和疏勒河三大水系的下游地区，总面积仅占全区总面积的 4.12%。受地域地貌条件的限制，城镇分布大多稳定在河谷沿线，表现为顺着主干河流的支流呈葡萄状分布，在以河西四郡为核心的流域体系内，形成串珠状城镇分布特征。绿洲往往被流沙、盐碱地和戈壁分隔成大小不等的独立单元。这里不仅地势平坦，而且能为农业生产提供良好的灌溉条件，因此成为河西地区城镇分布密集的区域。绿洲的面积、质量与方位决定了城镇的规模。

（2）生态环境的脆弱化与河西城镇的变迁

河西走廊的城镇选址离不开水与绿洲，然而人们对绿洲农业的过度开发又造成了绿洲的沙漠化，引起城镇的废置与迁移。河流变迁、沙漠化等生态因素成为制约河西城镇发展的主要因素。

河西地区作为政治与军事要地，自汉代大规模屯兵建设以来，过度的放牧与垦荒是导致水土的流失的根本原因。水土流失在造成湖水面积缩小和分裂的过程中，原先的湖底逐渐变成陆地，在干旱气候和风力的作用下逐渐形成流动沙丘；河坝水渠的修筑，致使森林资源遭到破坏，失去了阻挡风沙的作用。大量的引水减少了河流的径流量，造成了土地盐碱化，河流的断流干涸、改道，进而加剧了沙漠化的进程。

河流的改道和土地的沙漠化是造成河西走廊城镇废置的主要原因。据不完全统计，汉代的郡县城绝大多数都已经废弃，唐代有近一半城址转移，多数都是由于沙漠化而致。

在绿洲沙漠化的迫使下，城镇不断地由河流下游向中游、上游地区迁移。在沙漠古城的统计中，我们可以看到它们大都处在河流的下游，如在汉代武威郡的 10 县中，有武威、宣威、休屠三县在石羊河绿洲上；在唐代武威郡的 5 县中，只有武威一县在石羊河绿洲上，并前后只存在了 27 年[18]（图 3-8）。

图 3-8　河西走廊水系沙漠绿洲与古城分布图

（四）新疆沙漠绿洲区聚落与选址经验

新疆地区呈现的是"三山夹两盆"的地貌特征。即高山与盆地相间，形成明显的地形单元。北为阿尔泰山，南为昆仑山，中部为天山山脉，把新疆分为南北两半，南部是塔里木盆地，北部是准噶尔盆地。南部塔里木盆地中部有我国最大的流动沙漠塔克拉玛干沙漠，以及我国最长的内陆河塔里木河。塔里木河流域是西北地区最主要的绿洲农业区。北部准噶尔盆地有我国第二大沙漠——古尔班通古特沙漠，沙漠区大部分为固定半固定沙丘，丘间洼地生长牧草。北部平原北至阿尔泰山南麓，南至沙漠北缘，风蚀作用明显，有大片风蚀洼地。新疆东部的吐鲁番盆地是我国海拔最低的地方（最低点海拔：-154 米）。

新疆地区气候干旱，降雨量少，境内多荒漠、戈壁，特殊的自然条件在很大程度上制约了人们的生产和生活方式。沙漠绿洲是该地区人居聚落相对集中的区域，它是干旱荒漠地区中有稳定而丰富的水源供给、具有一定空间规模和时间稳定性、适合于植物生长和人类居住并提供农牧业与工业生产条件的地理实体和社会经济实体组成的复合系统。

1. 沙漠绿洲城镇发展历史概况

新疆地区史称西域，据《汉书·西域传序》记载："西域以孝武时始通，本三十六国，其后稍分至五十余，皆在匈奴之西，乌孙之南。南北有大山。中央有河，东西六千余里，南北千余里。东则接汉，陜以玉门、阳关，西则限以葱岭"。该地区以天山为界分为南疆、北疆地区，其气候和沙丘性质各有不同。北疆地区因相对位置更靠近北部寒带气候区，不利于农作物的生长，两汉时该区域民族过着"非有城郭田宅之归居，如飞鸟走兽于广野，美草甘水则止，草尽水竭则移"[19]的游牧生活；南疆气温相对较高，农业发展历程较早，两汉以前这里的农业生产具有半耕半牧的农牧交替式特点。由于受到高山阻隔形成的流域和地域的相对封闭性的影响，形成了"一城一国"和多民族相对独立发展的格局，当时的"西域三十六国"是少数民族统治下的原始城镇的典型代表，它们是以绿洲或草原为单位的部落或民族在特定历史条件下以生产为单位的生存方式（图 3-9）。城镇分布主要集中在南疆塔里木盆地南北缘和北疆天山北麓气候、地形比较适宜的山前丘陵、平原地带，人口规模和国都城镇规模都不大，城郭分布稀疏，均有城墙。

随着西汉通西域以来，城镇分布与结构发生了很大的变化。

汉族农耕文明传入沿线地区，改变了沿线逐水草而居的生活方式，促进了农业生产的进一步发展。随着内地中央政权对西域影响的加强，出现了大规模的军屯、遣屯、民屯。据统计，西汉末年仅乌孙国（今伊犁河流域）人口就有 122 万（居民和军队）[20]。唐王朝在西域大规模屯田期间，仅军屯就多达 5 万人，开垦农田 50 万亩。清政府大力开展北疆屯田戍边，据《新疆图志·建置志》、《清史稿》等史籍记载，在乾隆二十年～四十八年间（1755 ～ 1783 年），北疆新建城镇 20 余座，近 270 个农牧业定居点，改变了自古以来新疆以天山为农牧界地的局面，农垦使北疆的绿洲很快得到拓宽，同时南疆绿洲也有较大发展。清末（1911 年），新疆有耕地 1055 万亩，总人口 216 万人[21]。

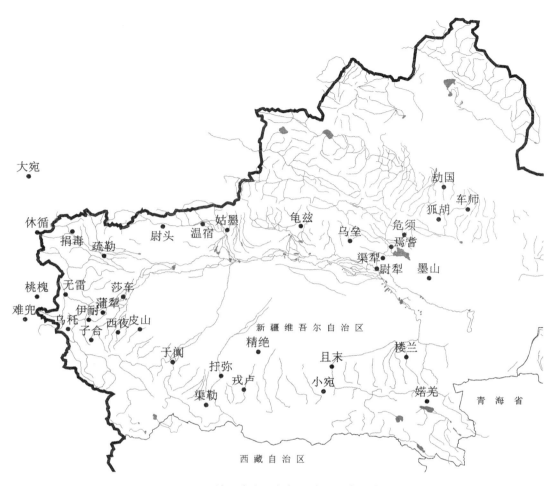

图 3-9　西域三十六国与新疆水系分布示意图

西域城镇体系的完善，凸显绿洲城市在保卫边疆上的重要战略意义。沙漠绿洲城镇的建设与中原王朝的治理措施表现出明显的同步性，"凡兴屯田，西域安，丝路通，城镇起；屯田废，西域乱，丝路绝，城镇衰"[22]。公元前 60 年，西汉朝廷在乌垒（今轮台县境内）设置西域都护府，在师车前部（今吐鲁番）设立戊己校尉，以及遍布各地的军事机构和行政机构，以加强西汉王朝对西域的统治。唐代为了巩固边疆、防御外敌、平息叛乱、开拓疆土，加强对西域的管理，先后设置了安西和北庭两大都护府，在天山南北设置众多行政管理中心和军事城镇、军事守捉等，并在西域推行与内地一致的州、县、乡、里管理体系，由此形成不同规模层次的城镇，这种管理体制对唐代西域的社会经济发展起了很大的推动作用。清朝平叛准噶尔叛乱统一新疆以后，城镇有了较大发展并渐趋稳定，也形成现今中国新疆维吾尔自治区城镇分布的框架体系和基本格局。1884 年，清政府正式在新疆建省，下设四道、六府、九厅、三州、二十三辖县的城镇结构，表现出明显的"自上而下"的特征。

2.沙漠绿洲城镇选址类型与经验

（1）流域群组型

在干旱荒漠地区的绿洲城镇，水是决定其存在与衰落的基本依据。沙漠沿线城镇选址表现出与绿洲空间分布高度一致性，及城镇衰落、发展与水资源的高度相关性，其选址具有"城镇 - 绿洲 - 水资源"的高度耦合性。

新疆地区绿洲的分布主要集中在天山南部环塔里木盆地和北部环准噶尔盆地，以及天山南北两麓的平原区域。来自昆仑山、阿尔金山、天山、阿尔泰山的高山冰雪融水所汇聚而成的河流水系，是绿洲赖以存在的基础。天山北部主要分布有源自阿尔泰山和天山的额尔齐斯河、伊犁河、玛纳斯河、开都河及其支流系统，地表水和地下水资源丰富，形成绿洲范围较大。天山南部、塔里木盆地以北主要分布着我国第一大内陆河塔里木河及其上源发源于喀喇昆仑山的阿克苏河、喀什噶尔河及源自天山南麓众多支流；沙漠以南主要分布有发源于阿尔金山的车尔臣河，发源于昆仑山的克里雅河、策勒河、尼雅河、和田河、安迪尔河、牙通古孜河、喀喇米兰河等众多河流支网。城镇分布稳定在流域绿洲沿线。

在南疆塔里木盆地的南缘，城镇分布以且末和、于阗河、喀喇玉龙河、喀喇昆仑河等水系及其支流（包括引水干渠）为主轴展开。沿塔克拉玛干沙漠呈环状分布。

古代的绿洲国家，多分布在水资源最充沛、森林植被最茂盛的河流下游的尾闾地区。然而许多古代的绿洲国家，如楼兰、海头、依循、且末、精绝等古城镇，现在却是茫茫的沙海，留下的只有城市的遗址和枯萎的胡杨和红柳，消失的是曾经的文明。河流的退缩、干涸导致了绿洲的消失，是致使沿线众多的文明成为沙漠中的废墟的重要原因。

绿洲荒漠化的进程随着人们对绿洲城镇开发的加剧而加剧，自然生态环境与人类开发建设的和谐，依然是我们可持续发展关注的核心问题。

（2）交通节点型

西域城镇体系的发展，依赖于交通体系的完善。在水土资源的制约下，城镇建设空间分布疏散，相距较远，这也导致了区域发展过程中对交通条件的高度依赖性，特别是丝绸之路。城镇功能的有效发挥在很大程度上受到道路交通条件和交通设施的限制，城镇的兴衰往往与交通条件密切相关。清朝以前，天山北部因民族政权分割和匈奴的把控，交通阻塞，沿线城镇的建设一直滞后于天山南部。但清朝以后，由于天山以北叛乱平息和中央政权的管理，天山北部城镇的建设逐渐好转。新中国成立以后，交通建设投资的带动，公路交通和铁路干线极大地改善了天山以北的交通技术条件，天山北麓城镇建设和发展明显超过了塔里木盆地南缘的早期城镇密集区。

古丝绸之路是带动沿线城镇发展的主轴，城镇发展沿交通线路呈带状分布。如今许多大中城市多由当时的驿站发展而来。交通促进政治、经济与文化的交流，从而也带动了城镇的发展，例如著名的佛教文化城镇（疏勒、于阗、龟兹、楼兰）等。

（3）散点型

散点型是指城镇的分布具有相对独立的特征，城镇之间缺乏大规模的联系。其选址往往受到特殊时代功能特征和地理环境因素的制约，呈现出不定性的特点，因制约因素的变化而变化。这类城镇主要有在原始自然条件下的村落选址；有因为政治势力控制，而在荒无人烟的区域设置的戍边城镇；也有因矿产资源的开发而形成的城镇。

（五）黄土高原沟壑区聚落与选址经验

黄土高原位于中纬度地区，大致范围位于我国大陆的中北部。东起太行山，与华北平原相邻；西迄乌鞘岭、日月山，同青藏高原连接；南以秦岭和伏牛山为界；北到长城一线，与鄂尔多斯高原的腾格里沙漠相连；东北一隅以外长城为界，并包括内蒙古自治区的和林格尔、准噶尔两旗与清水、丰镇两县的一部分地区。在行政疆域上跨青海、甘肃、宁夏、内蒙古、山西、陕西、河南及河北八个省（自治区），包含太原、阳泉、大同、西安、铜川、兰州、西宁七个省辖市和264个县（市、旗、镇、区），总面积51.7万平方千米，占全国总面积的5.3%。黄土高原农业耕地约1.8亿亩，占其总面积的25%（图3-10）。黄土高原是我国黄土分布最典型的地区，陇中、陇东、宁南、陕北、晋西是黄土堆积的核心地区，具有典型黄土地貌自然景观特征（图3-11）。

图3-10　黄土高原界线和境域图

（图片来源：周若祁. 绿色建筑体系与黄土高原基本聚居模式［M］）

图3-11　黄土高原地形地貌

（图片来源：周若祁. 绿色建筑体系与黄土高原基本聚居模式［M］）

1. 黄土高原沟壑区城镇发展历史概况

　　黄土高原自古以来就是我国的重要地区，是民族交融的区域。有信仰藏传佛教（喇嘛教）、伊斯兰教，居住在宁南、陇中、陇东和青海东部黄土高原的藏族、土族、回族等少数民族；也有深受儒家思想为核心的中原文化影响的汉族。黄土高原上既有适宜于农业发展的沃野千里的平原，更有适宜于畜牧业发展的地势高亢的山原丘陵，这就为农耕与游牧两种生产方式的并存、互补提供了有利条件。在夏商周三代，农耕部族与游牧部族杂居共处，亦农亦牧；春秋战国时期随着铁器农具的使用和农业生产力的提高，农耕生产范围不断扩大，从而出现了农耕与游牧生产的分界线。据史念海教授研究，当时农牧两种生产方式的分界大致为五台山南经太原西北，沿汾河谷至龙门黄河岸边，循关中北山南缘而西，止于陇山之下[21]。但这种分界线是不确定的，它往往随着游牧民族与汉族之间矛盾斗争形势的变化而变化。但在魏晋南北朝时期出现了以游牧为主的少数民族不断南迁的现象，据西晋江统说："关中之人，百余万口，率其少多，戎、狄居半。"匈奴、氐、羌、鲜卑等少数民族曾割占黄土高原，纷纷建立民族割据政权，频繁进行军事征伐和政治角逐，黄土高原仍处在汉族与游牧少数民族杂居，农牧互补的状态。隋、唐王朝与鲜卑族有密切关系，更以开放的气度迎接来自各方面的胡化或汉化浪潮，取得了巨大的成功[22]。北宋时期，党项族以宁夏为中心建立西夏国，甘肃大部、陕西北部、青海东北部等中国西北广大地区为其控制地区。13世纪初叶，成吉思汗征调和迁徙大批阿拉伯人、波斯人和中亚其他各族人来中国，以半军事、半屯牧的形式进驻各地，并与当地汉族、蒙古族、维吾尔族等民族通婚，逐渐形成了回族这一新的民族共同体[23]。这样长期的少数民族和汉族的双向文化碰撞、交流与融合，使黄土高原文化既有中原农耕文化的特点，又有北方游牧文化的特征。

从总体上看，黄土高原的人居环境按照地形地貌、气候、自然条件以及经济条件等综合分类，可大致分为六大人居单元。

（1）晋陕山地（汾渭）河谷平原区，本区是黄土高原地区自然条件最好、人口最密集、经济最发达的地区。本区位于汾河、渭河中下游，中部为断陷地堑盆地、阶地和冲积平原，跨晋陕9市区60县市，太原、西安、咸阳、宝鸡、临汾、运城、榆次等大中城市均位于本区，四周有秦岭、太岳、中条山、吕梁山、北山等山体环绕。

（2）陕甘宁晋黄土丘陵沟壑区，本区位于黄土高原核心部位。东起吕梁山，西止陇西，北接长城沿线风沙区，南与黄土台塬区相连。本区是典型的黄土丘陵沟壑地区，地形十分破碎，每平方千米沟壑长度达5千米之长，是黄土高原地区水土流失最严重的地区。黄河水系——黄河由北向南穿过。延河、洛河、泾河、渭河、清水河、三川河等均发源于本区。

（3）陕甘晋黄土台塬区，主要部分位于渭河以北，跨晋陕甘三省39个市县。东北起于吕梁山南端，西南止于秦岭北麓。本区地貌由低山、塬、宽梁、沟壑组合而成，为黄土高原经流水侵蚀后残存的黄土塬面，地形平坦。如董志塬、长武塬、洛川塬、蒲县塬等，塬面较完整且面积较大；塬周围沟壑密布，下切深度达75～150米；沟深缺水。

（4）晋东豫西山地丘陵区，东起太行山，西至太岳、中条山，北起五台山，南至嵩山，中有洛阳、长治、阳泉、晋城等盆地，构成山、丘、川、盆地相间的黄土丘陵山地地貌类型。山地面积较大，地形复杂。区内河流分属两大水系：黄河水系——黄河、沁河、伊洛河，海河水系——滹沱河、漳河。

（5）晋蒙陕宁风沙滩地区，位于鄂尔多斯毛乌苏沙漠的南部边缘，跨晋蒙陕宁4省16县市。东起燕北左云县，西至宁夏同心县，长700千米，宽不足200千米。南接黄土丘陵沟壑，北接沙漠地势较平缓，河滩地适宜农林业，而海子、沼泽、缓丘适宜牧业。

（6）甘青高原山地区，地处青藏高原东北，由祁连山地、黄河、湟水河、洮河等谷地组成。包括青海14个县市和甘肃9个县市。山区气候寒冷，年度气温0～8.6℃。海拔4200米以下的山地森林、牧草生长良好，主要河流谷地及浅山丘陵气候温和，适宜种植业。

2. 黄土高原沟壑区聚落选址经验与理念

远在新石器时代，黄土地的先民就很注意把村落选择在浅山区或丘陵区靠近河流的台地上，这种选址有利于发展原始农业和解决用水及防止洪涝的问题。周人的祖先公刘在豳（今陕西旬邑、彬县一带）建邑之前，非常认真地进行了"相宅"活动。西周初年，周公旦在确定营建东都洛邑的过程中，提出了择"天下之中"而立国的观点。把都城建在国土的中心地带，可以形成"四方辐辏"的区位优势，有利于发挥城市经济文化的集聚作用和辐射功能。西汉初年，娄敬等人提出都城选址的"形胜"原则。"形胜"就是指山川形势优越，即土地肥沃、水源充沛、物产丰富、交通便利，并且有天然险阻作屏障。这是西汉及其他王朝建都关中的重要指导思想。

"堪舆"思想对黄土高原聚落的选址也有深远的影响。堪舆，亦称风水。据司马迁记载，周人、秦人都曾开展过"相宅"、"卜居"活动，这当是早期堪舆实践的萌芽。秦代已很重视保护"地脉"，即后世风水所说的"龙脉"。秦二世下令逼蒙恬自杀的理由之一是在修筑万里长城的过程中"不能无绝地脉"，这从一个侧面说明堪舆在当时的影响。据《史记·日者列传》和《汉书·艺文志》记载，汉武帝时有"堪舆家"在长安活动；汉代出现了《堪舆金匮》二十卷和《宫宅地形》十四卷等著作，说明当时已形成堪舆理论的雏形，并出现了"理法"和"形法"两个派别。《三辅黄图》说："苍龙、白虎、朱雀、玄武，天之四灵，以正四方，王者制宫阙殿阁取法焉。"汉未央宫中有白虎殿和朱鸟殿，"东阙名苍龙，北阙名玄武"[26]，足见"四灵说"的影响之大。魏晋时期，河东闻喜（今属山西）人郭璞精通五行、天文、卜筮之术，善相墓地，民间传说他曾撰写《葬书》一卷，因而被尊为风水之祖。隋唐时期风水理论盛行，高僧一行和岐山雍县（今陕西凤翔县）人李淳风精通历法、天文，被后世风水术士尊为一代宗师。唐代以后，风水思想"沉淀"到黄土高原人的潜意识深处，代代相传，变成一种"集体无意识"，对聚落选址产生了很大的影响。

（六）汾渭平原聚落与选址经验

汾渭平原是汾河平原和渭河平原的总称。两个平原通过汾河、渭河注入黄河的谷地连接一体。北部是在石岭关与灵石间的太原盆地，海拔 700～800 米，是汾渭平原中最广阔的部分；南部为霍县与稷山县之间的临汾盆地，海拔 400～500 米。汾渭平原上主要河流是汾河，它是山西省境内的第一大河流，黄河的第二大支流。汾河流域土壤肥沃，灌溉发达，是山西省重要粮、棉产区。渭河平原又称关中平原或渭河盆地，位于陕西省中部，西起宝鸡、东至潼关、南接秦岭、北达陕北高原，西窄东宽，形如牛角，东西长300 千米，宽 30～80 千米，海拔 400 米左右，是断层陷落地带经渭河及其支流泾、洛等河流冲积而成。渭河平原灌溉事业自古著名，号称"八百里秦川"，主要河流除流向东西的渭河外，还有千河、漆水河、泾河、石川河、洛河等。盆地土地肥沃，农耕历史悠久，盛产小麦、棉花等，为陕西省农业最发达的地区。

汾渭平原地区最早的人居史可以追溯到旧石器时代，在关中西部和晋西南黄河沿岸地区发展起来的西侯度人和匼河人。先天的自然与地理优势，使该地成为我国最早、最先进的农业经济地区。进入原始社会仰韶文化时期，汾渭河及其支流沿岸就有大量的聚落产生，它也是中华文明的发源地。

夏商周奴隶制历史时期，原始的农业聚落分化出中心聚落，它们具有城市的雏形。据《史记》等史书记载，在关中较早出现的重要中心聚落首推位于今武功县南永安村附近的部城。周人在周原（今岐山、扶风一带）营建城邑（岐山凤雏），成为一个规模巨大的中心聚落，作为周人的政治经济文化中心。公元前 12 世纪初，周文王灭崇建都于丰。此后，武王继位又在洋河东岸建镐京。在周王朝推行的分封制度下，关中地区出现了弓耳、矢、毕、程、樊、台阵、彤、郑、苗、萃、梁、周、召、秦、姜、散、邢、眉、杜、筱等诸侯国。各诸侯封国在经济、政治、军事等方面都具有较大的独立性，相互之间的联系较少。[27] 这一时期，黄河晋陕沿岸的城市主要集中在龙门以南地区。作为尧舜定都之地的古河东也是夏的都城所在地，史书称"禹都安邑"，故址在今山西省夏县禹王乡。

公元前 221 年秦统一全国，在秦地推行中央集权的郡县制。在旧的聚落基础上形成以眉、武功、废邱等县治为中心的 36 个区域中心聚落。它打破了分封国之间相互的独立性，形成了"都城 – 郡城 – 县城"三级城市体系格局。聚落之间有了紧密的联系，对中央具有极大的依赖性。秦驰道、直道等道路交通系统的建设，为首都与各郡县的联系提供了基础条件和保证。

秦汉至隋唐时期是汾渭平原城镇建设发展的重要时期。一方面，这一历史时期，先后有秦、西汉、王莽、隋和唐等统一政权在关中定都。关中成为全国的政治、经济、文化中心。汉长安城人口 50 万以上，是全国乃至世界级的大都市。同时，长安城附近还形成了一批繁华的陵园卫星城，如长陵、阳陵、茂陵等。当时的关中地区是人口稠密、城镇密集的集合体[28]。隋唐时期，丝路贸易繁荣，关中城镇规模不断扩大，其中较大的城市有 60 余座，城镇职能增添了交通、贸易等特色。另一方面，关中作为全国的中心，对晋陕沿黄河城市布局起到了关键性的作用。黄河的防御功能增强，这些沿黄河城市的布局都关系到都城的安危，于是以关中长安为中心的拱卫格局形成。这些城市控制通往都城的重要通道，它们围绕都城布局，与都城构成一个大的聚落空间。[29]

宋金元时期，随着全国政治中心的东移、南下，关中城镇的发展处在停滞阶段。元朝为了贯通西陆交通广泛兴设的驿站，使得黄河流域关中地区的城镇得到了一定的恢复。作为京畿地区和西域地区联络的中转站，当时关中地区著名的城市有长安、同州、华州、耀州、乾州、凤翔和陇州等。由于这个时代特殊的政治、军事形势，使得晋陕黄河的地位得到了加强，最为突出的是宋代。这一时期，是黄河晋陕沿岸新建城市最快、数量最多的时期。北宋时期，北方游牧民族进攻中原，河东、河北就成为北宋必守的战略要地。北宋为了巩固都城开封的防务，把河东看作北方的屏障，晋陕黄河沿线城镇的布局对于河东防线有着重要意义。其次，宋朝在沿边地带设置了大量的交易场所，有交易贡马、牛、羊、药材、茶叶等大宗生意的权场，也有交易布匹、丝绸、被褥、盐、茶等的市场，以及走私交易的私市。随着沿线交易的开展，很大地促进了城镇的发展。

　　明代初年全国范围都进行了大规模的筑城运动，这一时期对于汾渭平原地区的城市也是一个重要的发展时期。从清代出版的《古今图书集成》记载来看，在明代，黄河晋陕沿岸的城市几乎都进行了扩建或重建，基本确定了城市的规制，并延续至清代。进入清代以来，黄河晋陕沿岸城市基本都在原基础上不断发展，城市逐步完善和繁荣（图 3-12）。

图 3-12（a） 旧石器时期汾渭平原聚落分布示意图

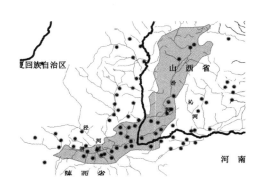

图 3-12（b） 新石器时期汾渭平原聚落分布示意图

图 3-12（c） 奴隶社会时期（夏~周）
汾渭平原聚落分布示意图

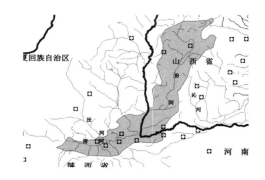

图 3-12（d） 封建社会前期（秦、汉）
汾渭平原聚落分布示意图

图 3-12（e）封建社会中期（唐、宋）
汾渭平原聚落分布示意图

图 3-12（f）封建社会后期（明、清）
汾渭平原聚落分布示意图

汾河与渭河流域形成的农业耕作区是历史上较为稳定的区域。在渭河流域，早期聚落选址考虑到近水且防水患，确定在支流沿岸。随着灌溉技术的发展，聚落呈现出从渭河支流向渭河沿岸发展的特点。据统计，该区域有 85% 以上的城市分布于河流、交通、渠道附近。[30] 因为长期处于中原王朝统治阶级的治理中，政治环境的稳定和发达的农耕文明也孕育了较为稳定的城镇环境。城镇的数量与变化不大，城镇多相对均匀地分布于河流沿岸，成网络状布局。

（七）河套平原地区聚落与选址经验

河套平原一般分为宁夏青铜峡至石嘴山之间的银川平原，又称"西套"，和内蒙古部分的"东套"。有时"河套平原"被用于仅指东套，和银川平原并列。东套又分为巴彦高勒与西山咀之间的巴彦淖尔平原，又称"后套"，和包头、呼和浩特和喇嘛湾之间的土默川平原（即敕勒川），又称"前套"。

河套地区的原始文明同中原地区一样悠久。从河套地区黄河沿岸密集分布的仰韶文化和龙山文化两种类型的遗址看，生活在这里的古代少数民族的人民，通过辛勤的劳动，使套区的畜牧业在春秋战国时期达到了相当繁盛的程度。从考古遗址看，聚落的选址多在平原北缘之阴山南麓的一级、二级阶地上，以及贺兰山山口和沟内形胜较好的台地上。它们背依大山、靠近水源、阳光充足，是自然条件优越的人类居所。例如，大青山西段南坡的阿善、转龙藏等十多处新石器遗址；分布在贺兰山大口子沟、小滚钟口、黄旗口、镇木关沟、拜寺口、贺兰口、插旗口、西番口和大水口等处，从南到北长达数十里西夏时代建筑遗址等。

由于河套地区夹处在从事农业与游牧的民族之间，权力与版图之争使得这里在不断变换的政权统治下。自秦汉大规模移民戍边以及开发河套平原以来，这里大力开发农业而不废畜牧业，由此形成了农牧业交错分布的格局。

河套地区经历了秦汉、唐、清三个农业大发展历史时期。这也是该区城镇发展的重要时期，城镇选址与军事需求和农业发展密切相关。

秦汉早期城址多建于长城沿线上，军事意义是建设城址第一位要素。河套地区城址多集中分布在呼和浩特及河套地区的东部边缘，这与赵国开辟疆土的区域范围正相符合；少数几座分布在黄河以西，当是秦代所建的城址。城址多依山（台地）、河等修建。西汉早期到东汉，在河套地区开疆辟土，大力发展屯田以供给驻防之需，加之人口迁徙，推动了河套地区古代城市的建设，汉代是河套地区古代城址建设的第一个高潮。城址数量激增。根据统计，在河套地区的广大范围内，目前共计发现战国秦汉时期的大小城址157 座。从分布来看，秦汉时期早期城址分布在黄河上游地区较多，中晚期扩大至下游地区，大、中型城址数量增多，分布扩展（图 3-13、图 3-14）。[31]

唐朝军士营田是开发套区的主要形式。河套地区被视为军事区域，设东、中、西 3 个受降城，还有单于都护府和天德军等设置。唐前期行"寓兵于民"之府兵制，政府鼓励戍军征战守边之余广开屯田，据《唐六典·尚书工部》载，至开元天宝时，套区屯田达 230 屯，每屯耕地多在万亩以上。中唐府兵废而军屯驰，于是各类民屯在河套代之兴起。

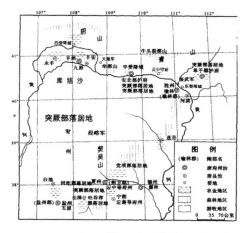

图 3-13　秦汉时期鄂尔多斯高原和河套
平原农林牧分布图

（图片来源：史念海. 黄土高原历史地理研究·农林牧
分布编·之二［M］）

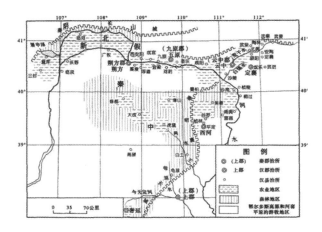

图 3-14　汉朝时期鄂尔多斯高原和河套平原
农林牧分布图

（图片来源：史念海. 黄土高原历史地理研究·农林牧
分布编·之二［M］）

屯垦者有内地移民，有招募的流民，还有大批流放的罪囚。唐后期，河套平原由于战争频发，农田遭到废弃（图3-15）。

至清代，沉寂了八百多年的前套、后套及鄂尔多斯高原农业逐步趋向恢复之势。清初曾将这一地区封为蒙古王公牧地。清政府出于种族的偏见，曾长期禁阻蒙汉两族之间的往来，严禁汉民越界耕种。清代后期，禁令稍松，陕北各处从事农业的人逐渐到鄂尔多斯的南缘开垦土地。当时的蒙古王公也从这样的开垦中得到一定的好处。于是农业地区也就相应地向北推移，远离明代的长城。这条长

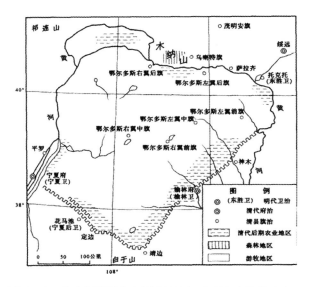

图 3-15　隋唐时期鄂尔多斯高原和河套平原农林牧分布图
（图片来源：史念海. 黄土高原历史地理研究·农林牧分布编·之二［M］）

期存在的人为的分界线终究被冲破了，杭锦旗、达拉特旗和准格尔旗近黄河处也都已改成农田。

河套地区始自秦朝的农田水利建设对于聚落的选址有着重要的影响。处于军事目的的屯田制是城镇产生的根本原因。但是西北地区气候干旱、雨水稀少，在这里屯田首要解决的是灌溉问题。河套地区是我国最早开辟的引黄灌溉农业区。从秦渠、汉渠、汉延渠、光禄渠到大清渠、惠农渠、昌润渠，历代移民在这里浚渠、屯垦，对农业的繁荣起到了助推的作用（图3-16）。

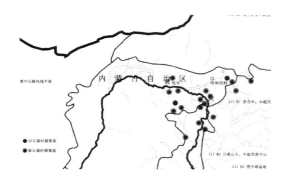

图 3-16（a） 史前时期河套平原聚落分布示意图

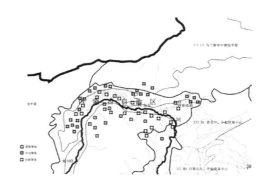

图 3-16（b） 秦汉时期河套平原聚落分布示意图

图 3-16（c） 隋唐时期河套平原聚落分布示意图

图 3-16（d） 清朝时期河套平原聚落分布示意图

（八）青藏高原地区聚落与选址经验

青藏高原在我国境内部分西起帕米尔高原，东至横断山脉，东西长约 2945 千米；南自喜马拉雅山脉南麓，北迄昆仑山 - 祁连山北侧，南北宽达 1532 千米。占中国陆地总面积的 26.8%。青藏高原是我国海拔最高、面积最大的高原，是一个独特的地理单元，有"世界屋脊"之称。

青藏高原独特的地貌特征与人居环境密切相关。高原上有两组不同走向的山岭相互交错，把高原分割成许多盆地、宽谷和湖泊。昆仑山脉和冈底斯山脉之间的藏北高原大部、怒江和雅鲁藏布江上游高原、阿里西部高原及藏南高原等为寒冷地区，是最主要的天然牧区。雅鲁藏布江及其支流中下游河谷平原和藏东三江流域河谷平原，为温暖和温凉地区，是高原最主要的农业地区。[32]青藏高原在地形上的另一个重要特色就是湖泊众多。这些湖泊因山脉的切割而各自独立，如青海境内的青海湖、西藏境内的纳木错等。周围高山冰雪融水是这些湖泊的主要补给源。这些湖泊大多是内陆咸水湖，盛产食盐、硼砂、芒硝等矿物，有不少湖还盛产鱼类。在湖泊周围、山间盆地和向阳缓坡地带分布着大片翠绿的草地，所以这里是仅次于内蒙古、新疆的重要牧区。除此之外，其人居环境还呈现出明显的垂直差异性。除了少数海拔较低处外，大部分地区可以分为 3 个垂直带，从下而上依次为：高原寒温带，海拔低于 3400 米，是农业、林业地带；高原亚寒带，海拔 3400 ~ 4800 米，只有牧业；高原寒带，海拔 4800 米以上，为无人区[33]。

辽阔的青藏高原是藏族、羌族等各族人民世代繁衍生息的地方。据考古发现，早在远古时期青藏腹地的西藏西部、北部以及青海玉树一带就有人类活动的痕迹。由于青藏高原相对恶劣的自然条件与气候条件，制约着人类的活动。海拔 3000 米以上虽有牧区，但基本上是城镇分布的空白区。高大的山系与河流切割阻隔了族际、区际之间文化与经济的交流，长期以来形成了相对封闭的区域社会经济系统。人们居住方式的选择与生产方式之间存在着密切的关系。在自然经济的条件下，环境资源对聚落的选择具有决定性的意义。其聚落类型主要分为游牧经济影响下的季节性的半定居式聚落与流动的临时性营地，以及农耕经济影响下的定居型聚落。

临时性营地。这类聚落是游牧民族放牧过程中的临时性聚落。青藏高原"第一级梯阶"的北部和西部地区，其生态环境主要为干旱、半干旱的草原地带，气温较低，干燥少雨，日温差和月温差很大。这种气候条件不利于谷物生长，为了适应环境，古代居民主要过着游牧生活，这里是传统游牧经济文化区。

半定居式聚落一般仅供游牧民族短暂地过往停留，其选址与分布主要是由牧民"逐水草而居"的生活生产方式决定的。夏季气候暖和，水草丰美，牧民到夏季牧场放牧；冬季则返回到营地御寒过冬。这种营地有别于农耕民族的定居聚落，是一种具有季节性的半定居式聚落。例如：西藏西部象泉河流域的札达县丁东遗址所在区。该区位于象泉河的一条支流——东嘎河河谷内，具有三面环山、向阳、临水、避风、有水草的优越条件。山谷内除有大片草场外，还有小块的河边台地可供开垦种植。自古以来就是当地藏族牧民的冬季牧场与定居点。民居采用半地穴式的石砌建筑，半地穴式的房屋在西藏西部高寒的自然条件下具有避风、保暖、拆迁方便等优点。

定居型聚落。它由传统的农业聚落发展而来。青藏高原地势高峻，地形复杂，因为气温较低，作物的生长周期较短，大部分地区以牧业生产为主，农业的发展仅限于在海拔较低的盆地、谷地以及部分低山区、平滩等地。山坡朝向也对聚落选址有明显的影响，聚落大多分布于山体的阳坡。水资源的空间分布也对聚落选址具有直接的影响，聚落分布具有明显的水源指向性，多沿着河谷地带呈树枝状分布。此外，聚落的分布与农田也关系密切，其耕作半径大约在 2 ~ 3 千米的范围内。

青藏高原东部黄河、湟水流域因自然条件较好，先秦以前就是羌（藏）和吐蕃等游牧民族的聚居地。秦汉以后，受汉文化的影响，部分少数民族沿着河谷逐渐定居下来，土地开垦力度加大，农耕文明发达，而成为整个青藏高原城镇的主要分布区。在汉代，作为中原势力的控制范围，屯田镇、建制郡县以及边防城堡，促进了该地区的城镇建设。在两汉时期青海古代城镇的地理分布主要集中在环青海湖区和海北、海东地区。魏晋南北朝时期，丝绸之路南线的开通（陇东 - 青海湖 - 柴达木盆地），沿线经济贸易的繁荣使得海东、海北一带的政治战略地位越来越重要。商贸、交通与军事共同促进了城镇的建设发展。

雅鲁藏布江的河源地段水源充足、牧草丰美；其中游干流及主要支流拉萨河、年楚河的中下游河谷组成宽阔的"一江两河"地区，地形平缓，耕地连片，是青藏高原自然条件最好、农业经济最发达的地区，也是藏族历史文化的发祥地。农业聚落较为集中的区域为藏中拉萨河谷、藏东河谷区。在该地区原始的农业聚落在石器时代向金属时代过渡的时期，因生产力的发展而分化形成部落，至公元 6 世纪时，逐渐形成了大小不等的数十个部落联盟。在藏文史籍中将这些部落称为"小邦"，西藏历史进入了一个相当长的"小邦"时代。通过对历史文献的整理，考证出部分小邦位置主要分布在西藏中南部的林芝、拉萨河、年楚河地区。这里气候较温和，地势较平坦，是农牧业较发达的地区。

随着"小邦"的形成与发展，农业村落逐渐分化出用于作战、屯驻等军事目的堡寨。

堡寨一般都修筑有城墙等坚固的防御工事，多位于易守难攻的高地。堡寨起初大都是但随着阶级的分化和社会分工的发展，聚集了越来越多的人口和经济要素，后逐渐发展成为宗教祭祀中心，这就为其后西藏城镇的形成奠定了基础。

除此之外，青藏高原的聚落形态还有寺院城镇与资源型城镇。元代藏传佛教的大规模传播，使得青藏高原兴起了一批寺院城镇。这些城镇以寺院宗教活动为中心，逐步带动周边经济发展而形成城镇，例如今黄南藏族自治州的隆务镇。随着现代工业的出现，青藏高原大同地区出现采煤业、采金矿；柴达木盆地锡铁山铅锌矿的采炼、茶卡盐池的开采，逐渐带动了周边资源型城镇的发展。

（九）明长城沿线聚落与选址经验

明长城位于我国北方农牧分界带上，是保护明朝北部农耕地区资源不受游牧部落劫掠的人工屏障。长城及军事聚落所处地带的自然地貌呈现多山川河流，沙漠、高原、谷地等并存的复杂地形。

明长城的修建，从洪武十四年（1381 年）到万历四十八年（1620 年），历时 239 年。明长城东起辽宁虎山，西至甘肃嘉峪关，从东向西行经辽宁、河北、天津、北京、山西、内蒙古、陕西、宁夏、甘肃、青海 10 个省（自治区、直辖市）的 156 个县域，总长度为 8851.8 千米（图 3-17）。

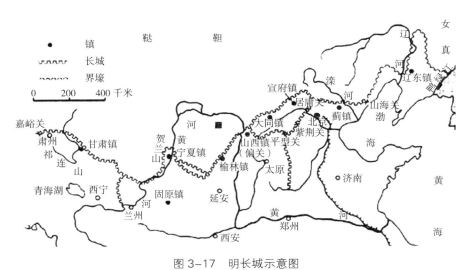

图 3-17　明长城示意图

（图片来源：曹象明，张定青，于洋. 明长城沿线军事城镇的特色与保护方法初探——以山西省偏关古城为例［J］）

　　伴随明长城的修建,在长城沿线也逐渐形成了"九边"分区防守之势。据《明史·兵法》记载:"初设辽东、宣府、大同、延绥四镇,继设宁夏、甘肃、蓟州三镇。而太原总兵治偏头,三边治府驻固原,亦称二镇",共九边。沿九边有星罗棋布的卫所、关隘和城堡,处处设兵,屯田防守。明中叶以后,为了加强首都和帝陵(明十三陵)的防务,又增设了昌镇和真保镇,统称"九边十一镇"。长城与九边的设立对于明政府政权的巩固、北部地区农牧业生产的稳定以及国家的安全起到了积极的作用。

　　"九边十一镇"以及周边的军事聚落,在整个长城沿线从总体上看呈现"一里一小墩,五里一大墩,十里一寨"的格局。堡的间距与据京城的距离有关,离京城越近的军镇,堡的分布越密,关口也越多。如延绥镇平均40里一堡,大同镇和宣府镇平均30里一堡,辽东镇仅20 ~ 30里一堡(1里 =500米)。关和口的分布也以蓟镇、宣府镇和大同镇较多。现河北省与山西省境内不仅有内、外双重长城,且有内外三关及大量集中的关堡,即关、堡合一的设置。长城沿线的关口总共有1000多个,现存160多个中有一半分布在此两省。其中多处关口是蒙古部落入侵的重要通道,如居庸关、山海关、古北口、偏头关等。因为河北省、山西省是守护京城的咽喉要塞,而辽东镇是女真族入侵的重要通道,三省均处于极其重要的军事地理位置[34](图3-18)。

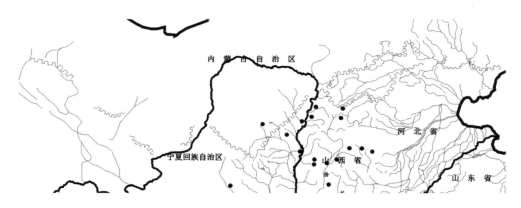

图3-18(a) 旧石器时期明长城沿线聚落分布示意图

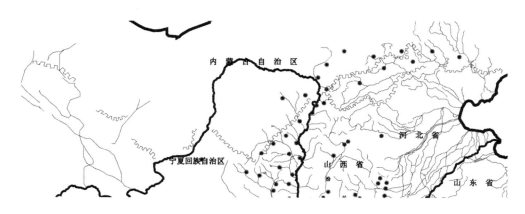

图3-18(b) 新石器时期明长城沿线聚落分布示意图

图 3-18（c）　奴隶社会时期（夏~周）明长城沿线聚落分布示意图

图 3-18（d）　封建社会前期（秦、汉）明长城沿线聚落分布示意图

图 3-18（e）　封建社会中期（唐、宋）明长城沿线聚落分布示意图

图 3-18（f）　封建社会后期（明、清）明长城沿线聚落分布示意图

从堡与长城的垂直距离看，可分为三类：前线的堡子、后方军屯堡和游击堡。前线的堡子据长城的距离较近，有的位于长城线上，最远不过几里地。这样的堡规模较小，周长一般在1～3里之间。多居山头上，位置险要，便于瞭望。军屯堡距离长城较远，从几里到几十里不等，但规模较大，周长以3～4里的居多，多位于山谷里或河流冲积平原上，地势平坦，土壤肥沃，军士战时守城、农忙耕种。游击堡指游击将军指挥的游历于各堡之间，起协调助援作用的兵士驻扎的堡子，一般规模较小，临时性较强，因此现状遗存也较差，后方军屯堡保留状况最好。[35]

这些军事型城堡其选址，往往利用山形水势形成易守难攻之势。

（1）关口型：两山夹一川，如界岭口（蓟镇军堡），地处河北抚宁县大新寨镇界岭口村，界岭口有洋河流过，涧谷两侧山势陡峻。背山面水的孤山堡（榆林镇军堡），位于今榆林市府谷县城西偏北40里的孤山川河谷。堡位于孤山川北侧山坡之上，背山俯川。此类军堡选址一般也位于阳坡之麓，且近水。既可用高山作为天然屏障，又可方便地利用水资源解决生活用水。堡旁常有1～2个寨拱卫母城，大小从边长40米到100米不等，寨的位置一般在母城外围的突出台地上。

（2）山顶型：城堡选址在山顶上，从山顶向下防守，易守难攻。镇羌堡（榆林镇军堡），位于今府谷县城西偏北80里，位于高山之上，举目四望，视域辽阔，便于侦查。堡内地势相当平坦，适于建城。龙州堡（榆林镇军堡），在今靖边县县城东南18千米的龙洲乡龙洲村，堡位于从东南山地向西北沙漠地区运输的交通要冲，南城墙下的道路是古代战争运输必经之路。堡北面河水环抱，南北两侧沟壑纵横，利于守御。此类军堡选址特点：堡居山顶，在河流交汇、山水交错的地段，山顶之间以及山顶与河流之间距离短，山顶一般没有整块土地建堡，因此一般堡的规模较小。在山顶立堡，三面临谷，居高临下，易守难攻，可以全面控制周围区域。

（3）河谷阶地型：河流的一二级阶地上，地势平坦。多处于水陆交通要道。高家堡（榆林镇军堡），位于今神木县高家堡乡所在地，北临大边。堡位于宽阔河谷地，四周高山环绕，山顶建庙，西和北面临秃尾河，占据此堡即控制了水陆交通命脉。

（4）沙漠荒滩型：地形处于沙漠与丘陵地带，没有高大山体的天然屏障，也没有水系经过，地势较为平坦，此处设堡与城墙相互依存。此类军堡地处沙漠、戈壁这样的环境中，无险可守，堡与堡、堡与寨、台，堡与长城之间距离较近，守望互助关系极为密切。一般情况下，堡墙与长城间距几十米到几百米，从堡寨高大的城墙可以俯瞰长城。聚落周围也密布墩台，相互警戒。[36]

三、适应地形的村落空间形态与民居绿色营建经验

人类择地而居的过程，是人类认识自然与改造自然的过程。古人早在远古时期就通过"仰则观象于天，俯则观法于地"逐渐形成了中国传统"象天法地"、"法天则地"的自然观。它崇尚自然、顺应自然，追求人与自然的协调一致，对城市、村落、住宅选址、规划与建设产生了巨大的影响。

（一）山地、丘陵类村落

1. 村落选址与地形地貌的适应性

山地、丘陵型村落在选址与营建的具体实践中遵循了近山、近水、近（田）地、近交通以及安全避灾的基本原则。

（1）村落近水

水是生命之源，择水而居是人类的自然属性使然，古人相地而居的风水术主张择地要"未看山时先看水，有山无水休寻地"。山地村落的选址皆选在河流、沟谷、溪流边或附近有清泉的地域。村落近水满足了取水的便利，但也不能太近，以避免生活污水对水源的污染以及水患对村落的威胁；同时，河川（溪）的弯度、流量、流速、流向、梯度落差、常年洪水线、枯水线以及地下水位置，都是影响村落选址的基本要素。

水井也是村落必备的水资源，在水量充沛的地区，它具有调节微环境的作用，在遇到旱灾和其他灾害时，可以就地取水；其次，在水源不充沛的地区，它成为决定村落修建与否的先决条件。例如在西北干旱的生存环境下黄土高原沟壑地区的洛川塬和董志塬，因地下水位低，井水不足，村落采取三面环塬、一面临沟的模式，沟底泉水是后备保障。而丘陵区村民多将窑院建在洪水侵袭线以上，又尽量靠近溪水的坡腰附近，以方便人畜饮用。有村落的地段，往往有泉水，或方便在沟下打井取水。近年来由于机械打深井和潜水泵的使用，促使新建窑院进一步向沟坡上部发展。再如，位于太行山区的河北井陉于家村，所处之地常常干旱少雨，无地表径流且地下水位极低。为了生存，于家村人创造了独特的石头水文化。全村有 700 多眼水井、300 口水窖、18 个水池，用井和窖来收集贮藏雨水以满足全村人畜的饮水。星星点点的石头井窖构成了石头村的文化特色。

1）北京门头沟马栏村

马栏村位于清水河南岸 500 米沟谷内，是沟谷上游数条溪流出山口的汇集之地，地下水较为丰富。其选址体现了村落营建中合理利用水资源的绿色经验。

村落选址位于主沟东北面的坡地，地势较高。流量大、水流不稳定易于爆发山洪的主沟溪流从村落西南面流过，合理避免了主沟水患对村落的威胁；流量小、水流稳定的支沟溪流穿过村落，便于村落用水。主、次沟溪流交汇于村落中部的水塘，其上游分布有林地，其下游有耕地。溪水经过林地的"净化"流经马栏村庄被第一次利用，又流向下游耕地，为下游的村庄耕地提供充足的灌溉用水，体现了先民朴素的生态意识（图 3–19）。

2）北京大房山水峪村

水峪村位于北京西侧大房山中的南窖地区。南窖地区是大房山山脉围合而成的"窖"型山谷盆地，水峪村坐落在南窖的水峪沟。峪就是有水的山沟，它是村落选址建设的必要条件（图 3–20）[37]。

3）北京门头沟区灵水古村

灵水古村位于北京西山清水河流域的东北部，海拔较低的山谷中。村子大约形成于

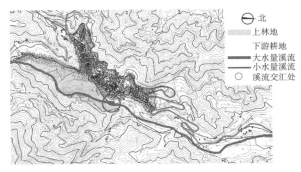

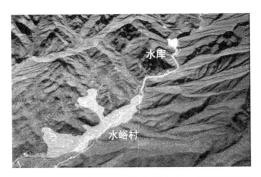

图 3-19 北京门头沟马栏村水系分布与村落总平面
（图片来源：朱余博. 京郊传统村落水环境空间探析［D］）

图 3-20 北京大房山水峪村水系分布与村落总平面
（图片来源：袁方. 城市时代，协同规划——
2013 中国城市规划年会论文集［C］）

唐代，其原名为"凌水"或"冷水"，顾名思义，其名字都与水相关。原来村中有多处山泉，汇成小溪后从村中流过，地下水深 10 米，水源较为丰富，有"七十二眼井，三十六眼泉"的说法。但是由于近些年煤炭开采过度，导致地下水系遭到破坏，灵水村现在已经成为缺水的村落之一（图 3-21）。

4）陕西韩城党家村

党家村位于陕西韩城东部黄土台塬区的边缘，南临泌水。泌水河常年流水，可为村落提供基本的水源；河道较宽，河岸高差 30 ~ 40 米，基本满足泄洪的需求。党家村自建村以来数百年间，不曾受水患。由于村落选址泌河谷地，较塬上村落具有地下水位高、打井方便的优势，从而保证了村落具有充足的水源（图 3-22）。

图 3-21 北京门头沟区灵水古村总平面
（图片来源：段巍. 小流域原生态群落人居环境营造艺术研究［D］）

图 3-22 陕西韩城党家村总平面图
（图片来源：周若祁，张光. 韩城村寨与党家村民居［M］）

（2）村落依山向阳

"背山面水"、"负阴抱阳"是中国传统聚落选址的基本指导思想，它是理想人居环境的基本模式。在寒冷地区，负阴抱阳即房屋的背面与山的阳面相对，这样的布局可以使聚落建筑获得良好的阳光和通风条件。背山可以屏挡冬季北方来的寒流，面水可以迎接夏日南来的凉风，朝阳可以争取良好的日照。良好的日照条件利于农作物的生长，这是聚落生存之本，其次，良好的日照也是冬季建筑保温不可或缺的气候资源。

根据村落与山的关系，可将村落基本分为4种类型：

1）背山面水型

①山西晋城市沁水县郑村镇湘峪村。

该村建在湘峪河谷北侧的山坡上，呈北面依山、南面傍水之势。建筑依山就势而建，呈错落有致之态。湘峪古城墙建于石壁和陡坡之上，高度在10～20余米之间（图3-23）。

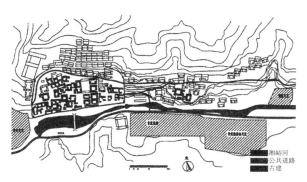

图3-23　山西晋城市湘峪村村落形态

（图片来源：左图：王家赓. 沁河中游传统聚落研究［D］；右图：周若祁 摄）

②山西临县碛口古镇。

碛口古镇处于山西西部高原山地地区，基本属于黄土丘陵沟壑地貌。它位于两水（黄河、湫水河）夹一山形成的牛轭形区域中，东依卧虎山，北、西、南方向环以黄河与湫水河。古镇整体背山面水，呈舒展开敞、前低后高之势（图3-24、图3-25）。

图3-24　山西临县碛口古镇选址

（图片来源：谷歌地图）

图3-25　山西临县碛口古镇鸟瞰

（图片来源：张楠 摄）

2）两山加一川型

陕西米脂杨家沟村。

　　杨家沟村属于陕西省米脂县杨家沟乡，位于距韩城市北60千米处的高祖山下，距米脂县城东南25千米、吉镇20千米、桃花园镇7.5千米（图3-26）。杨家沟村所在区域属黄河流域广阔的黄土塬地区，黄河各支流的冲蚀在这里形成了无数的山谷。村落坐落在被一山谷隔开的两面山腰上。山谷的底部是一条溪流，村人称为"小河"，小河流入了黄河的支流无定河。夹着河谷的两面山坡上梯田层层，具有黄土高原村落的典型特征（图3-27）。

图3-26　陕西米脂杨家沟总平面
（图片来源：参照《马氏家族志》绘制）

图3-27　陕西米脂杨家沟村落全景
（图片来源：王军. 西北民居［M］）

　　3）三面环山型

　　①山西汾西县僧念镇师家沟村。

　　晋西南师家沟村（图3-28）位于临汾盆地边缘的黄土高原沟壑地区腹地。村落地势北高南低，东南、西北、北三面环山，呈环抱状。南临深沟，沟底有一条小河川流而过。村落坐落于沟壑的坡地之上，平行于等高线层层叠落自然而建。建筑坐北朝南，但并不拘泥于正南，从而巧妙地顺应地形，充分引入日光。这种背山面水、避风向阳的山水格局，正是典型的风水术中的理想人居环境。

　　②山东济南章丘市朱家峪村。

图3-28　山西汾西县师家沟村
（图片来源：http://blog.sina.com.cn/s/blog_76fc9967010141f5.html 刘世英 摄）

　　朱家峪村落位于鲁中山地丘陵区的西北方向。村落东、西、南三面环山，东依东岭，西靠笔架山，南端止于文峰山脚，北向开口进入山北的平原地带（图3-29）[38]。一条冲沟纵贯村落的南北，既是排泄山洪的孔道，亦为居民生活废水的排放处。其外部环境形成了村落的天然防御屏障，营造了良好的微生态环境。

4）四面环山型

①北京门头沟区爨底下村。

爨底下村（图3-30）建在山谷中的阳坡上，村落有着良好的日照条件。村落布局依山就势，充分利用山地高低变化形成错落有致的建筑群。村落充分利用建筑间前后的高差，使每一个宅院都能获得良好的自然通风和充足的日照（图3-31）[39]。

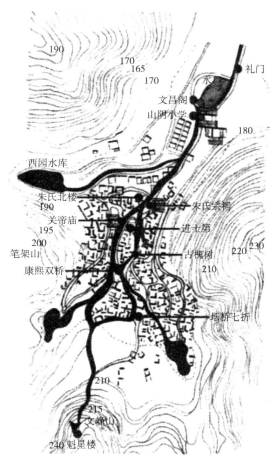

图3-29　山东济南朱家峪村村落总平面
（图片来源：肖金. 济南朱家峪古村落研究［D］）

图3-30　北京门头沟区爨底下村总平面
（图片来源：高毓婷. 爨底下乡土建筑的文化解读［D］）

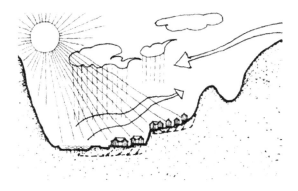

图3-31　北京门头沟区爨底下村地形剖面图
（图片来源：高毓婷. 爨底下乡土建筑的文化解读［D］）

②河北井陉县于家村。

于家村坐落在太行山麓一个四面环山的小盆地中，村里人把东西南北四面的山，称为东岭、西垴、南坡、北寨。村靠山，山围村，绵延起伏的群山形成的天然屏障将于家村围合成安谧、祥和的"世外桃源"（图3-32、图3-33）。

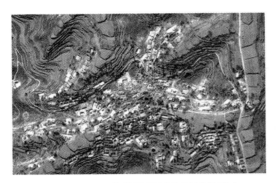

图 3-32　河北井陉县于家村村落形态
（图片来源：谷歌地图）

图 3-33　河北井陉县于家村村落全貌
（图片来源：http://www.nczfj.com/yzzz/20109812.html）

5）岗阜型

河北涉县偏城镇偏城村刘家寨。

刘家寨北倚太行山脉，占据了偏城村中心一片方整的高岗。背靠的大山可以为其遮挡北来的寒风，向阳可以为建筑提供日照充足；凭借较高的地势，居高临下，易排水不易洪涝，避免自然灾害只需借助简单的排水沟，不必做复杂的排水组织，就能保证寨子不受水患的侵扰；同时刘家寨在选址上也避开了冲沟、易滑坡等危险地段（图 3-34）。

图 3-34　河北涉县偏城村刘家寨
（图片来源：谷歌地图）

（3）村落近田地

中国是传统农耕民族，在顺天应命的年代，传统聚落的选址往往表现出对田地的依赖。山地村落受交通手段、人力、生产活动和地形的限制，村落分布密度低，规模一般较小。以太行山为例，太行山山区南北跨度大，土地贫瘠，农田生产力低下，村落密度低，为 25 村 /100 平方千米，相当于燕山山麓平原村落密度的 1/2。从规模上看，在太行山山麓山区丘陵复杂地形的制约下，大部分村落规模不超过 300 户，占村落总数的 46.1% ~ 86.1%，超过 500 户的村落仅占 3.9% ~ 24.8%。[40]

山地村落为了尽可能地节约耕地，多选择沟坡地进行空间营建，如陕北米脂县有自然村落 396 个，90% 建在沟坡上。村落结构较松散，由于依山坡而建，并随沟壑走势变化，所以层层叠叠，从整体看，具有丰富的层次变化及村落轮廓线。这种在冲沟内发展的村落，特别是在坡度较陡的土坡上，高一层的窑居院落往往是下一层窑洞的平顶。依靠山体挖掘窑洞，使窑洞在这里发挥出节约土地的优越性。甘南地区藏族住居多"就坡建村"，建筑建在不宜耕种的坡地上，簇团布局、户户毗邻，不占用或尽量少占用高原上难得的宜耕种的土地。

"近地"也是村落选址建设的重要原则，即生活区域到劳作区域距离适宜，而居住区到耕作地的距离取决于耕作技术、农具和两地往返时间，一般以 20 ～ 30 分钟徒步距离为耕作半径。

（4）村落近交通

水陆要冲是聚落选址的重要地理要素。交通不仅有出行、军事的要求，其也是经济发展的必要条件。特别是随着商品经济的发展，乡民逐步打破了"居不近市"的传统观念，除水路、陆路交通枢纽处，出现了规模较大的乡村聚落。西汉桓宽撰《盐铁论·力耕》中描绘"自京师东西南北，历山川，经郡国，诸殷富大都，无非街衢五通，商贾之所凑，万物之所殖者。"由此可见，交通便利所带来的都市繁华，也是古城长期生存发展的基本原因之一。

1）山西临县碛口古镇

碛口古镇位于湫水河与黄河中游的交汇处。湫水河携来了大量泥沙，挤占黄河水道，黄河河床在碛口由 400 米猛缩为 80 米。

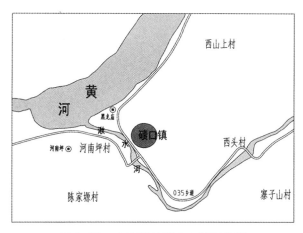

图 3-35 山西临县碛口古镇区位图

碛口再往下游走，黄河河道中有暗礁和激流，落差巨大，船只不适合通行。上游来的商船只能在碛口停泊，货物改走陆运（图 3-35）。独特的地理位置使碛口成为黄河水运与中原陆运的重要转换地，西接陕、甘、宁、内蒙古，东连晋、京、津。碛口古镇曾经是商贸重镇，据史料记载，清雍正年间是碛口古镇商贸繁荣鼎盛时期，大小商号 400 多家，五里长街，店铺林立，商贾云集。后来随着铁路与公路运输的兴起，黄河水运逐渐失去了其价值，碛口古镇也随之衰落。

2）北京大房山地区古村落

京西古道东连京城，西通山西、内蒙古、涿州等地，是由西南方向进京的必经之路。京西古道也是京城军事要道，是各朝代战争防卫、商旅通行、马帮往来的必由之路。由此带动了沿线商贸、农、耕相结合的村落的出现与兴盛。京西门头沟地区的众多村落如爨底下村、灵水村、双石头村、水峪村、三家店村等正是这条古商道上的众多村落的代表。

（5）村落注重安全防御与防灾

山地型村落往往利用地形优势形成防御体系，以避战乱和盗匪。对于建筑物和聚落来说，地形是安全防御与防灾最有利的因素。地势高爽，易排水不易洪涝，同时避免自然灾害，避开冲沟、易滑坡等危险地段。

1）陕西韩城党家村

党家村（图 3-36）在陕西韩城地区，东邻黄河，西北部则为连绵的群山，由于地处交通要塞，自古以来就是兵家必争之地，加上地匪横行，几乎所有村落都结合地形建有避难用的城墙。利用特殊地形所建的城墙被称为"寨"，具有防御和避难之效用。

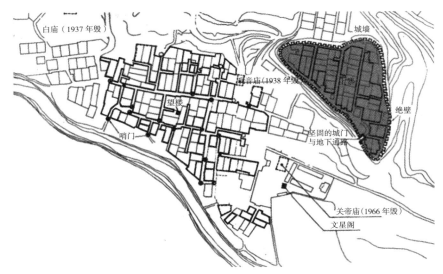

图 3-36 陕西韩城党家村总平面
（图片来源：周若祁，张光. 韩城村寨与党家村民居［M］）

党家村上寨位于村东约 200 米，是党家村北部高原凸出的三角形岛状台地，东西宽约 150 米，南北长约 200 米，仅北边一侧与平原相连，其他两边均为 30 ～ 50 米高的断崖绝壁。在发生险情后，村民在 5 分钟左右即可逃到寨里避难。[41]

2）河北井陉于家村

于家村的选址是很特别的。它建在一个四面环山、中间不到 1 平方千米的小盆地里，道路又都在山脚下，所以有"不到村口不见村"的说法。这种特别的地势让石头村免遭了历史上许多重大事件的破坏，以至于到现在还基本完整地保留了明清时期的古老建筑，也使于氏宗族的发展根深叶茂。

3）山西介休市龙凤镇张壁村

张壁村原为屯兵所用的兵防卫所的驻地，后来因时势变迁，失去了设防作用后成为一处集居住、生产、防御于一体的农业聚落。其选址充分利用地形的险峻形成军事防卫之势。张壁古堡位于晋中的介休市龙凤镇绵山北麓，汾河以东，是介休盆地的丘陵地区。整座古堡顺塬势建造，南高北低，东、西、北三面临沟壑，南面靠绵山，海拔 1040 米。沟壑都是悬崖峭壁，深达数十丈，地势险要，易守难攻（图 3-37）。张壁村村落形态为明堡暗道式，地上部分为古代军

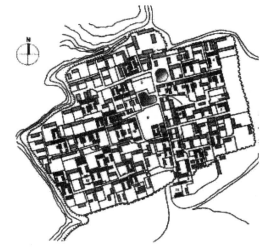

图 3-37 山西介休市龙凤镇张壁村总平面
（图片来源：王金平，徐强，韩为成. 山西民居［M］）

事设施（城堡）、宗教建筑、民居的组合，地下部分为长达5000米的复式地道。

4）北京门头沟爨底下村

在爨底下村有许多防洪措施。首先，村里处于路边、沟底等位置的房屋拐角、街道拐角以及围墙、挡土墙、台基等做成弧形，当山洪来临时，可以减小洪水对房屋的冲击，降低灾害。其次，在坡下地势较低的地带，院落入口的台阶相对地势较高，在洪水较小时，这种抬高地坪的做法可以有效避免院落淹水。再次，在坡上一些建筑的挡土墙上，有规则地分布着凸出的石板，类似于台阶，当地人称之为"天梯"，可以通往村庄高处，在洪水来临时，人们可以通过它迅速撤离到地势较高的地方。最后，在院落入口处设置门槛，有石制的和木制两种，这种门槛最大的优势就是可拆卸，当洪水来临时，将其安置，可以防止洪水进入院内。

2. 村落形态与地形地貌的适应性

地形地貌对于村落的布局及形态有直接的影响。自古以来，土地是营建村落的基础，村落在设计时充分考虑土地的有效利用，在布局和形态上充分适应地形地貌特征，营建出与自然环境相适应的村落布局与形态。村落布局一般有集中式布局和分散式布局两种。山地类村落的民居建设往往依山就势，形成顺应山形水势、错落有致的村落景观形态。高低错落的村落布置，充分利用建筑间前后的高差，使每一个宅院都能获得良好的自然通风、充足的日照以及良好的视线与景观，同时也形成了富有特色的山地民居景观。

（1）集中式扇形分布

院落沿等高线横向放射状展开，高低错落地分布在阳坡上，朝向西南、南、东南三个方向。

北京门头沟区爨底下村位于太行山脉的深山峡谷之中。选址于群山环抱、高低错落、毗邻相连、山泉绕流的福地之上（图3-38、图3-39），是风水理论中的理想居住模式。该村四周汇集着多重大小不一的山脉，其中的"来龙"（即"祖山"）为太行山脉，耸兀于村落北部。它为村落阻挡北向寒风、迎纳南向阳光。在祖山龙脉之南宽阔的缓坡上，有形似"金星"的小山与龙脉主峰相连。龙头山的穴位与前山（朱雀——金蟾山）形成南北风水轴线，控制着村落布局，在轴线两侧村落呈扇形对称分布。

图3-38　北京爨底下村村落全貌
（图片来源：爨底下村村委提供）

图3-39　北京爨底下村形态
（图片来源：谷歌地图）

（2）集中式团形分布

1）山西省沁水县土沃乡西文兴村

土沃乡属于晋东南地区。该地区位于山西省东南隅，太行山南麓，东临太行、西衔平原、南濒黄河、北接晋中。西文兴村依托北面的凤凰山而建，山势险峻，卧虎藏龙。左有东山"三台左抱"，右有西岭"九岗右环"，面前一带平川，遥遥对着南面的二龙戏珠山，西文兴河缓缓绕过村子流向远方（图3-40、图3-41）。

图3-40　山西沁水县西文兴村村落形态
（图片来源：谷歌地图）

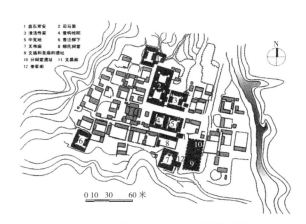

图3-41　山西沁水县西文兴村村落总平面
（图片来源：王金平，徐强，韩为成. 山西民居［M］）

西文兴村空间形态呈长方形，东西约220米，南北约150米，总占地面积约为33000平方米。村落由北至南分为三大区：北部为内府区，由若干个两进或者三进的四合院组成，每进四合院部是"四大八小"的格局，有明显的晋东南民居风格，这些院落是族人居住的主要场所。中部为牌坊街和文昌阁等建筑，是连接村内外的中枢。南部是外府区，有关帝庙、魁星楼、宗祠、文庙等公共建筑，是村民集会的场所。由于整个村落的地势是北高南低，为防止风水外泄，在村落南面修了很高的台地和堡墙，关帝庙和魁星楼也建得比较高，人为弥补了自然条件的不足。[42]

2）北京门头沟区灵水古村

灵水古村位于一个海拔较低的山谷中，群山环抱的一个山地平台上，海拔为430米，西北地势高，东南地势低，接近正方形。村落依泉而建，河水绕村而流。整个村落负阴抱阳，东进西收，构成了藏风聚气、天人合一的风水格局（图3-42、图3-43）。

村落空间形态像一只乌龟，村南的山坡上有一座凸出于整体的独立院落，因地势较高，村里人称其为南楼，这就是龟的头。村北的山梁上有一座小庙，同样凸出于村外，这就是龟尾，俗称北庙。村落主体近似方形，村中有三条东西走向的街道，称为前街、中街、后街，与其相交的南北走向的胡同街道共同将村子分成几大块。

（3）集中式线形分布

1）山西阳城县上庄村

上庄村位于阳城县东约15千米处，整个村落居于三面有岭的长峡谷中。庄河蜿蜒

图 3-42　北京灵水古村村落形态
（图片来源：谷歌地图）

图 3-43　北京灵水古村村落形态
（图片来源：段巍. 小流域原生态群落人居环境营造艺术研究［D］）

穿过。村落空间沿着庄河呈线性分布在两侧的坡地上。巷道垂直于河流的走向，民居建筑平行于山体的等高线分列两边布置。其中以庄河北侧为主，南侧仅有少量建筑，以保证尽量获得良好的日照资源（图 3-44）。

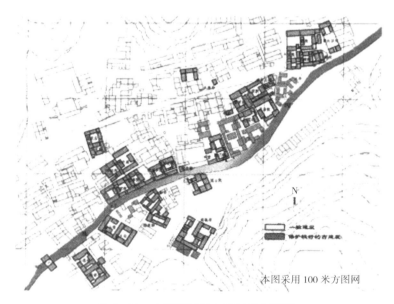

本图采用 100 米方图网

图 3-44　山西阳城县上庄村空间形态
（图片来源：王金平, 徐强, 韩为成. 山西民居［M］）

2）山西临县碛口古镇

碛口古镇的建筑群落沿着黄河和湫水河分布，因地势极为狭窄，沿山脚呈 "L" 形走向，一条长街纵横全镇，分为西市街、中市街、东市街三段。西市街紧邻黄河码头，密集着大批的货栈，中市街是碛口镇重要的商业区，东市街是碛口东去的旱路的起点，多骡马骆驼店和零售业，也是密集的居民区（图3-45）。

3）北京大房山水峪村

北京水峪村为深山区村落，全村沿一条西北-东南向的沟岩分布，地势为西南高东北低，平均海拔500～800米。村落在布局上依山就势、灵活布置。村中自然生态保持良好。而尤为宝贵的是该村尚有600间、100余套明清时代的四合院民居坐落在该村东缓坡之上，目前保留得都比较完整（图3-46）。

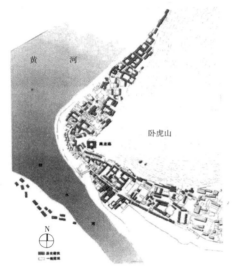

图3-45　山西临县碛口古镇空间形态
（图片来源：王金平，徐强，韩为成. 山西民居［M］）

图例　━古商道　━古墙　▦古宅院　▨构筑物　●古石碾　●古树

图3-46　北京大房山水峪村村落空间形态
（图片来源：张建. 基于ASIS模型的北京古村落保护与发展模式研究——以房山区水峪村为例［J］）

（4）分散式分布

陕西杨家沟处在黄河流域广阔的黄土塬地区、黄河各支流的冲蚀形成的无数的山谷中。窑洞坐落在被一山谷隔开的两面山腰上，呈分散式布局（图3-47）。

图3-47　陕西杨家沟村落形态
（图片来源：王军. 西北民居［M］）

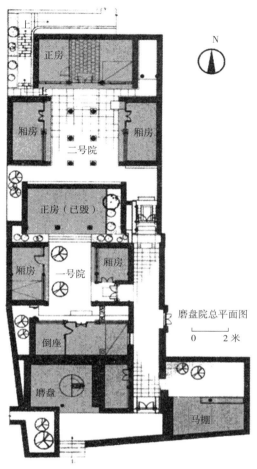

图 3-48　北京门头沟区爨底下村磨盘院
（图片来源：业祖润. 北京民居［M］）

3.民居建筑与地形地貌的适应性

（1）建筑形制

院落作为中国传统民居的主要形式，在山地建筑中为了适应地形与地貌的关系做出了许多适应性的变化。常见的变化有：

1）山地窄院型四合院

山地四合院的院落不如平原四合院的院落宽敞，山地合院充分结合地形地貌，呈窄院的格局，以节约用地。如北京门头沟爨底下村的四合院民居，不同于北京四合院，两侧厢房向中间缩进，不设置垂花门，院落紧凑，有效地减少了占地面积（图 3-48）。

河北省石家庄市井陉县于家村，由于地处山区，宅基地十分有限。有的民居建筑外表看是面阔两间，进深一间，但是依据具体的地形将后檐墙向外部扩展，因此增加了室内空间的面积，并且不影响院落的总体布局。

2）不规则合院

不规则的合院是居民根据独特地形灵活发挥合院形式的体现。北京门头沟爨底下村的合院多为四合院、三合院，亦有不规则的合院形式。四合院是村中最常见的平面形式，其轴线清晰，部分还设有耳房和罩房，大多有门楼，也有的把一侧厢房作为院落入口。三合院则少去了倒座房，借一面墙或者其他院落的后墙形成围合，部分三合院的入口还会设在正房的西北角。

3）抬院式四合院

山地民居依据地形层叠建设，下部建筑的屋顶就是上部建筑的庭院，从而使得室内外空间融会贯通。这种因地制宜的规划方式体现了民间的创造力，更体现了一种人与自然的统一与和谐。它们顺山形台地跌落而下，构成相对完备的叠院体系，这些院子彼此互连、上下相通，院内形成公共活动场所，院顶作为入口及交往平台，房顶上用来晾晒农作物、有效地增加了空间、节约了土地。抬院式四合院是中国传统四合院体系与山地特色相结合的产物。

①陕西米脂县刘家峁村姜耀祖宅院。

姜耀祖宅院位于米脂县城东 16 千米刘家峁村的牛家梁黄土梁上，由该村首富姜耀祖兴建于清同治十二年（1783 年）。
它是黄土高原特有的窑洞院落与北
方四合院相结合的民居形式。

　　整个宅院由山脚至山顶分三部
分：下院、中院与上院（图 3-49）。
从上至下，上院与中院坐东北朝西
南，沿中轴线对称布置，中以垂花
门相隔，石阶踏步相连。上院是整
个建筑群的主宅。正面上窑为五孔
石窑，院子两侧各三孔厢窑。五孔
上窑的两侧分置对称的双院，院内
面向西南各有两孔窑，俗称暗四间。
整体布局为"五明四暗六厢窑"，这
在陕北属最高级的宅院。中院正中
是头门，头门内设青砖月洞影壁。
中院东西两侧各有三间大厢房，附
小耳房。下院位于中院的东南隅，
坐西北向东南，为管家院。其主建
筑为三孔石拱窑，两厢各有三孔石
窑，倒座是木屋架、石板铺顶的马
厩。通过院侧边涵洞与中院相连，
正面窑洞北侧设通往上院的隧道。

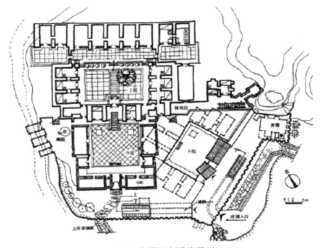

（a）姜耀祖庄园总平面

（b）姜耀祖庄园入口剖面

图 3-49　陕西米脂县刘家峁村姜耀祖宅院
（图片来源：王军. 西北民居［M］）

　　整个宅院的西南方向设有寨墙
环绕，他们与山体共同构成了完整
的防御体系。寨墙上砌炮台,形若马面,用来扼守寨院,居高临下;寨墙北端的"井楼"（实
际上是一座石拱窑）内有一口从沟底向上砌的深井，不出寨门即可保证用水，同时从井
楼的小窗口可直接射击攻打寨门者，具有重要的防御功能。

　　②河北井陉县于家村的"四合楼院"。

　　位于河北井陉县于家村的"四合楼院"，是于家村规格最高的一处院落，因出过 12
位秀才，因此又称为"秀才院"。该院落坐北朝南，正房和东西厢房均为二层楼房，正
房上层为混合结构，主体材料为砖，下层为无梁殿，材料为石头。倒座房为一层。西侧
有一跨院，院内建筑为一层平房（图 3-50）。

　　③山西阳泉市郊区义井镇小河村的石评梅故居。

　　石评梅故居又称为石家花园，始建于清朝雍正末年，位于小河村南口，选址在一个
陡峭的西山坡上，这里依山面水、环境优美。石家花园主宅由 21 个小院组成，院落呈
阶梯式组合布置，由起脊瓦房、窑洞和其他附属建筑组成，形成三合院、四合院及偏院。

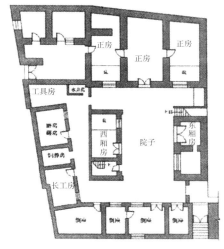 

图 3-50　河北井陉县于家村四合楼院

（图片来源：潘晓. 井陉县于家村聚落及民居研究［D］）

这种窑房混合结构四合院，指由窑洞和砖木或石木房屋混合组成的四合院民居。一般窑洞为正房，利用陡峭的坡地建设，地势平坦的地方起砖木或石木房屋作为厢房和倒座房。这种民居充分利用地形形成节地的居住模式，同时利用不同民居形式的气候适应性优势，冬住窑洞夏住房屋。

④山西临县李家山村。

李家山村地处晋西黄土高原丘陵沟壑区的山西碛口，毗邻晋陕黄河大峡谷。在40°的"两沟四面坡"上层层叠叠有机排布着十多层窑居院落，下一层的窑洞就是上一层窑洞的前庭，有的窑洞甚至就直接建在下层窑洞的窑顶。一层层的窑洞就这样层次分明、错落有致地层叠而上，直至坡顶，与山势的坡度、走向形成完美地结合，造就出黄土高原具有独特魅力的"立体交融式"窑居聚落景观（图 3-51）。

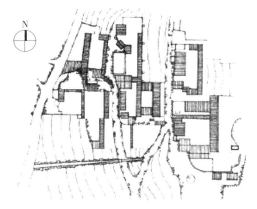 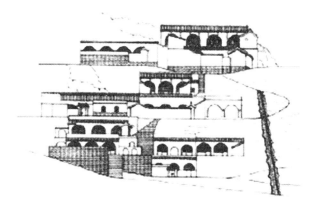

图 3-51　山西临县李家山村窑居

（图片来源：王金平，徐强，韩为成. 山西民居［M］）

⑤山西阳泉市管沟古村银圆山庄。

银圆山庄选址于莱山的东面坡上，坐西北，面东南，背山面水。左有馒头山，右临官沟河，山庄始建于清康熙三十九年（1700年）前后，由11套大院、400多间房屋组成。民居建筑均依山建在50米高、75°斜坡的石崖上。呈阶梯状，共分10层，层层叠叠顺应山势，依势而曲、随形生变、鳞次栉比、错落有致。该民居建筑群与其他晋商大院颇为不同，建筑群有1/3位于地下，形成了上院下房的空间结构。建筑之间既有明道相通，也有暗道相连。从庄门通过暗道可进他院，直至顶端主宅。整座山庄有上巷、下巷两级通道，分布有迷宫般的暗道明街和明窑暗窑（图3-52）。

图3-52　山西阳泉市管沟古村银圆山庄全貌
（图片来源：颜纪臣. 山西传统民居［M］）

4）爬山屋

新疆吐鲁番麻扎古村落有一种被称为"爬山屋"的建筑形式。它傍水依沟坡而建，利用山体巧妙地就坡起层、挖洞筑台，不但能够节省建材和土地，而且聚落在选址时能够避开日晒、近水而居，从而获得良好的小气候条件。最具智慧的是"通道楼"和"过街楼"的建造。它在保持原有基地面积不变的情况下争取了更宽敞完整的院内空间；同时争取更多的使用面积的情况下，往往在出入口部位、两幢建筑的相邻位置上空叠建二层；有时甚至因基地较小，在巷道较窄处也会在其上部加盖楼屋而形成通道楼或过街楼。在这样的巷道里行走，犹如走入一个有连续天井的隧道之中，过街楼能提供大量的遮阳空间，并造成穿堂风，能够显著增加阴影面积和降低街巷温度。

（2）民居建筑的就地取材

《管子》的作者早在春秋时期就提出了"因天材"的营造经验。"因天材"即就地取材，这是传统建筑重要的绿色经验。如在盛产石材的河南、河北地区的石屋，豫南南阳市内乡县吴垭石头村（图3-53）、河南安阳林州市高家台村、天津蓟县西井峪村（图3-54）、北京门头沟区双石头村，是就地取材的典型代表。

图 3-53　河南南阳市内乡县吴垭石头村

（图片来源：王朕 摄）

图 3-54　天津蓟县西井峪村

（图片来源：刘璇 摄）

1）河南安阳林州石板岩镇高家台村

高家台村位于豫北太行山区，该地盛产红砂岩。高家台传统民居的外围护结构都采用当地生产的石材进行砌筑（图 3-55）。

图 3-55　河南安阳林州石板岩镇高家台村民居

（图片来源：左图：宋海波. 豫北山地传统石砌民居营造技术研究［D］；
右图：刘彩. 安阳地区传统民居建筑文化研究［D］）

2）北京门头沟区双石头村

双石头村为门头沟区斋堂镇辖村，地处京西古道一处东西狭沟的偏坡之地，与川底下村毗邻，两村相距约 2 千米。宅院小巧、布置灵活，多用石头砌墙，犹如从地上生长的房子。村中有石板房、石头房、石碾、石臼和石灶，堪称石头村，特色鲜明。石头房塑造出了山村建筑厚拙之美，体现了传统村落建筑注重就地取材、融于自然的追求。

3）陕西铜川市印台区陈炉镇

陈炉镇是一个具有 1400 多年历史的古代制陶重镇。民国时编撰的《同官县志·建置沿革志》记载："相传黄堡镇陶业废后，居民移陶于此，村长五里有奇，居民沿崖以瓷砖洞而居，上下左右，层叠密如蜂房。"制陶业不仅是陈炉镇的支柱产业，同时陶瓷也成为当地村民就地取材的主要建筑材料，形成了独具特色的民居风貌。

在陈炉南湾里有这样的说法——"罐罐垒墙，瓷片铺路"，这是对当地建筑建材的直观印象。这里的"瓷片"并非我们在城市建设工地或家装现场看到的那些贴面材料，而是当地特有的陶瓷生产的废弃物。几百年来当地人们将不合格或烧废的陶瓷残次产品敲打成大小不等的碎片，以聪明的智慧和他们天然的对于陶瓷材料的敏感，灵活地在道路、挡墙等建设中使用了这些碎片，以平铺、侧铺、交叉等拙朴的手法组合运用，从而变废为宝，既节约了资源，又美化了环境。

4）山西阳城县润城镇砥洎城

砥洎城位于沁河河心一天然大砥石上，三面环水，南依村镇，四面是城墙构筑的防御体系。城墙的用材充分体现了民间因地制宜、就地取材、利废为宝的绿色理念。砥洎城南面外墙用青砖垒砌，高约 10 米，临河东、北、西外墙选用石灰石和河卵石，高约 16 米。最具特色的是"蜂窝墙"，它是利用坩埚与炼铁渣作为建筑材料砌筑的城墙。砥洎城所在的润城镇在历史上有过"铁冶镇"之称，春秋战国时期冶炼业就十分发达，并设有管理冶铁业的"铁冶局"，明清时期当地的冶炼铸造更是炉火旺盛。当时用方炉炼铁的工艺需要大量的坩埚，一次性使用之后，废弃的坩埚哪里都是，将其用来砌筑城墙，以石灰和炼铁渣调浆，其坚固程度胜过当今的水泥砂浆，且经过不断钙化愈久愈坚。一行行坩埚纵行排布，虚实相生，整齐而富肌理之美（图 3-56）。

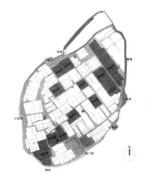

图 3-56　山西阳城县润城镇砥洎城

（图片来源：左图、中图：王金平，徐强，韩为成. 山西民居［M］；右图：http://travel.sina.com.cn/shanxi_jincheng_1577-xiangqing-gonglue/，张珮 摄）

（3）民居建筑群落因山就势的整体风貌

山地、丘陵类村落往往在民居与地形地貌的适应性上体现出整体的风貌特色。山水的格局奠定了环境基调，民居群落往往层层叠叠顺应山势，依势而曲，随形生变，形成鳞次栉比、错落有致的特色景观风貌（图3-57～图3-60）。

图 3-57　山西盂县大汖村民居

（图片来源：http://bbs.lvye.cn/thread-972885-1-1.html，驹行天下 摄）

图 3-58　陕西杨家沟村落全景

（图片来源：王军. 西北民居［M］）

图 3-59　山西灵石县董家岭村全貌
（图片来源：http://bbs.zol.com.cn/dcbbs/d232_196987.html
霍山人 摄）

图 3-60　河北井陉县大梁江村全貌
（图片来源：http://blog.sina.com.cn/s/blog_6f36d9cb0
100qeu8.html 野厨子小屋 摄）

（二）平原村落类

1. 村落选址与地形地貌的适应性

平原是海拔一般在 0 ~ 500 米、地面平坦或起伏较小、主要分布在大河两岸和濒临海洋的地区。平原根据其地貌特征可分为：海蚀平原、冰蚀平原、准平原、湖积平原、海积平原、三角洲平原、泛滥平原、冲积平原、侵蚀平原、堆积平原、高平原、低平原。平原具有面积广大、土地肥沃、水网密布、交通发达的特点，它是人口集中分布的地方，也是经济发展较早较快的地方。

（1）水系与村落系统分布

水系主要通过河流分布和变迁影响平原村落的分布。首先，村落选址往往因循"高毋近阜而水用足，下毋近水而沟防省"的原则沿着河流线性分布在二级阶地上。其次，水资源差异性会影响村落分布。村落首先出现在冲积扇的端部，尔后在扇中央与其他缺水部分。村落数量在支流多于主流，中下游多于上游。河流径流量的减少甚至断流，以及河流的改道是造成古村落消亡的主要原因，也是古村落由下游向上游迁徙的主要原因。例如在河西走廊地区，据不完全统计，汉代的郡县城绝大多数都已经废弃，唐代有近一半城址转移，多数都是由于河流断流造成的环境沙漠化而致。水系的变动，例如在河北地区因洪水泛滥和河流改道形成了多条古河道，此地带含有丰富的地下淡水，可以抵御干旱，同时地势较高，不怕洪涝威胁，土壤盐碱含量较低，为宜耕区，因而村落沿古河道呈带状集聚分布。

水利设施的完善也对村落的分布产生重要的影响。例如早先年代，众多村落分布于河流阶地上，随着水利系统建造的完善，村落逐渐搬迁到沟渠沿岸高处。

（2）农田生产力与村落系统分布

平原村落的分布与农田生产力的关系十分密切。一般说来，高原注重牧业生产，农作物产量低，因此村落规模小，呈稀疏分布；低平原区粮作物产量高，垦殖率高，能支持高人口密度，村落规模与分布密度大；滨海平原盐碱地多，垦殖率小，人口密度较低。

农村人口密度与村落规模、耕作半径呈极显著正相关，与人均耕地呈显著负相关。村落规模小，耕作半径小，人均耕地多。如陕西、山西汾渭平原及河南、河北、山东、安徽等地的黄淮海平原自古以来村落密布，而青藏高原村落稀疏，形成这种状况的重要原因在平原生产力（古代称为"地力"）高，而青藏高原的土地生产力相对较低。

（3）社会经济条件与村落系统分布

一般来说，经济越发达，村落分布的密度越大。自春秋战国时期以来，新建村落、城镇往往集中在交通便利、商贸发达的陆路交通要道和水运码头等地。

2. 村落形态与地形地貌的适应性

（1）新疆维吾尔自治区霍城县惠远镇

惠远镇位于霍城县东南部，伊犁河谷开阔地带。惠远在历史上是新疆边塞名城之一，为清代"伊犁九城"之首，是清代伊犁将军府驻地。城池北依天山，南临伊犁河，地势平坦，土沃水足。建城之初，规模宏大，城墙高 1 丈 4 尺（约 4.7 米），东西南北辟四门。城中部分钟鼓楼，大街一纵一横呈十字形。东西南北大街又分纵横街巷。鼓楼之南，东西横巷各 13 条；鼓楼之北横巷东 10 条、西 9 条。

（2）青海玉树县安冲乡拉则村

拉则村位于安冲河与其支流交汇处的平地上（图 3-61），聚落的传统风貌区整体建筑呈自由紧凑式布局，并在村口和村中心分别形成了两个以玛尼堆和白塔为中心的公共活动中心。村落中街道均为自发形成，由院落围墙和建筑外墙构成边界，村落内部一般有一条较为宽阔的主要道路，其他均为巷道。由于建筑高度普遍在 2 ~ 3 层，且各家院落边界围合形状不同，街巷空间较为丰富（图 3-62）。

图 3-61　青海玉树县安冲乡拉则村区位图
（图片来源：谷歌地图）

图 3-62　青海玉树县安冲乡拉则村全貌
（图片来源：向达，高静，胡辉. 青海藏族地区传统聚落更新模式研究［J］）

（3）青海循化撒拉族自治县街子镇

街子镇空间格局受自然地理特征的影响，表现为择水而居的川道型聚落格局，聚落中观上表现为沿着街子河以及众多细小的支流线性延展。街子镇的街巷空间结构是：以街子清真大寺为中心，向外形成四通八达的道路网络体系，以及沿路蜿蜒曲折的水系和沿水系形成的林网（图 3-63）。[43]

（4）宁夏回族自治区中卫市香山乡南长滩村

南长滩村位于宁夏回族自治区中卫市沙坡头区香山乡，地处宁夏、甘肃两省交界处，因黄河黑山峡冲刷淤积形成狭长河滩地而得名。南长滩村坐落于黄河黑峡谷一处月牙般的河湾。黄河黑山峡冲刷淤积形成一处高于河面5～30米的半弧形台地，呈缓坡、阶梯状与东部山脉相连。南长滩村地处台地之上，河水由村庄西、北两面绕行向东流去。该地四面靠山，一河环流，形成了弧形半岛，像一块翡翠镶嵌在黑色的石头和黄色的河水之间（图3-64）。

（5）河西走廊张掖小满镇张家寨村

张掖位居河西走廊最狭窄之处，西南枕祁连山，东北依合黎山、龙首山，黑河贯穿全境，形成了特有的荒漠绿洲景象。境内地势平坦、土地肥沃、林茂粮丰、瓜果飘香。雪山、草原、碧水、

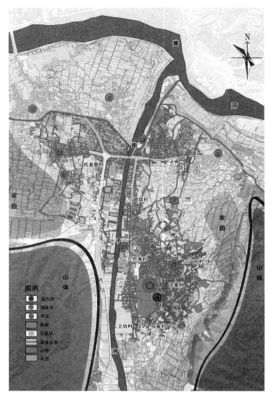

图3-63　青海循化撒拉族自治县街子镇村落总平面图
（图片来源：周婕. 撒拉族发祥地街子镇空间和风貌特征初探[J]）

沙漠相映成趣，既具有南国风韵，又具有塞上风情，所以有"不望祁连山顶雪，错将甘州当江南"这样的佳句（图3-65）。

图3-64　宁夏香山乡南长滩村村落形态
（图片来源：谷歌地图）

图3-65　河西走廊张掖小满镇张家寨村村落形态
（图片来源：谷歌地图）

（6）甘肃白银市景泰县寺滩乡永泰古城

景泰县永泰古城所在的白银市属腾格里沙漠和祁连山余脉向黄土高原的过渡地带，海拔在1275～3321米之间。地势由东南向西北倾斜，全境呈桃叶形狭长状，黄河呈"S"

形在腰部中贯穿全境，将城内地形分为西北与东南两部分。自西北向东南，景泰、靖远、会宁三县城呈一字形构成桃叶主茎；自西向东，白银区、靖远、平川区呈一字形横列桃叶中心。南依老虎山、东北接永泰川、西临大砂河的永泰古城，过去一度为河西走廊东端门户，但最近几十年，已经濒临灭顶之灾。

永泰古城由于鸟瞰形如金龟，故又称"永泰龟城"（图3-66）。古城城围周长1.7千米，高12米，炮台12座，城楼4座，平面为一大圆，城周有护城河。古城四面有4个瓮城，形似龟的肩足，保存尚好，只是瓮城上的建筑已不存在了。

（7）甘肃天水市新阳镇胡家大庄村

新阳镇位于麦积区西北部，东邻秦州，西邻甘谷，北接秦安，区域面积86.6平方千米，选址塬地、居高向阳、远离水患，历来以垦种为生。胡家大庄村占地530亩（约35公顷），由胡大、崔家坪、吴家山三个自然村组成。胡家大庄村始建于明崇祯八年（1635年），在清乾隆年间形成了有总门、东门、西门、北门，具有排水系统和防御功能的堡寨式村庄。胡家大庄虽历经了几百年的岁月沧桑，却保持着传统村落的风貌，并将胡氏祖先早年的规划设计延续和逐渐扩展成了现在的六纵六横的村庄格局（图3-67）。

图3-66 甘肃景泰县永泰古城村落形态
（图片来源：谷歌地图）

图3-67 甘肃天水市新阳镇胡家大庄村村落形态
（图片来源：谷歌地图）

（8）陕西三原县柏社村（地坑窑）

村落地处鄂尔多斯台地南缘褶皱带上，地势西北高、东南低，海拔在362～1409米之间，南北以四十里原坡为界，东西以清河相隔，自然分割成三个明显不同的地形地貌形态，即南部平原、北部台原和西北山原。柏社村整体地貌以平原、台原为主，占总面积的72%。河流主要有清峪河、浊峪河和赵氏河。村落内部除北部有数条自然冲沟洼地嵌入，基本为平坦的塬地地形。村落周边为典型的关中北部台塬田园自然景象。

柏社村内部现有纵横两条拟建道路，其中东西道路宽约20米。其他道路均为不规则的自由形态，且以步行为主。柏社胡同古道在古时深约6～10米，窄而狭长、弯曲不直，长约 4.5 千米（胡同古道成为"一夫当关，万夫莫开"的军事咽喉要地）（图 3-68）。目前柏社行政村内保留窑洞共约 780 院，分为崖窑（明窑）、地窑（暗窑）两类，形制有方坑式四合头、八合头、十合头、十二合头等多种。窑院顶部多砌有沿墙，窑洞洞高 3.5 米，洞顶厚 3 ～ 3.5 米，宽 3.5 ～ 4 米，深 10 ～ 20 米不等。[44]

（9）山东招远市辛庄镇高家庄子村

高家庄子村村落北为海滨平原，南依丘陵犄犄顶，处于丘陵向平原过渡的岭岗阜坡上，地势东南高、西北低。村子两侧平缓的丘陵宛如一条巨龙，村西一条九曲小河由南向北蜿蜒流向渤海（图 3-69）。村落现状建设用地约 23 公顷，其中古村落部分占地约 16 公顷。高家庄

图 3-68　陕西三原县柏社村村落形态
（图片来源：高元，吴左宾. 保护与发展双向视角下古村落空间转型研究——以三原县柏社村为例 [J]）

子村在清中叶以前以始建于明万历年间的关帝庙为中心，形成东西、南北的十字大街传统村庄格局（图 3-70）。随着清嘉庆十四年（1809 年）徐氏家庙、同治元年（1862 年）圩墙的相继修建，高家庄子逐渐形成了以南北大街及其旁侧的关帝庙、徐氏家庙为核心的方形城池和鱼骨状街巷格局，这也是高家庄子"招远小北京"称号的来源。高家庄子圩墙内东西向大街 5 条、南北小街巷 10 余条，整体组成了"进宝"二字图案；东西向大街、胡同和南北胡同之间多呈丁字形相交。村内还有 4 条内向性的甬道小巷，两端多建有门楼，有较强的防御特征。[45]

图 3-69　山东招远市高家庄子村村落形态
（图片来源：阮仪三，王建波. 山东招远市高家庄子古村落——国家历史文化名城研究中心历史街区调研 [J]）

图 3-70　山东招远市高家庄子村全貌

（图片来源：http://www.ctsscs.com/news/27479/）

（10）山东淄博市周村区王村镇李家疃村

李家疃村坐落于青龙山之东，豹山以西。紧邻李家疃村有处矿坑，出产一种名为焦宝石的优质硬质耐火黏土。焦宝石的开采始于侵华战争期间占领山东的日本人，如今则是村集体的重要收入来源。

李家疃村现在的平面格局大致呈一个东北角凹进的正方形，东西最宽处约 400 米，南北长约 390 米，古建筑群占地约 60 余亩（约 4 公顷）。为平定嘉庆初年的川楚白莲教起义，清朝在全国实行了"寨堡团练、坚壁清野"的政策，大概也是在这个时候，李家疃村民在村外建起了一圈土石砌成的圩子墙。圩子墙有四座大门：东为豹文门，南为清阳门，西为迎凤门，北为北云门。此外，墙上还建有四座炮台。1948 年后，为了积肥取土，村民将圩子墙拆毁。

（11）山东即墨市丰城镇雄崖所城

雄崖所村的选址符合良好的风水要求。其地理位置处于丰城镇海滨丁子湾内部，倚靠黄海建城，面对丁子湾，西临周疃河。这样的地理位置有效地避开了风对城的冲击，使进入丁子湾内部的风力减弱，成为天然的屏障，同时具备充沛的水源系统。雄崖所城与丁子湾之间仍存在一定距离，但具备视线上的交集，因而面海一侧的所城防御成为重点（图 3-71、图 3-72）。[46]

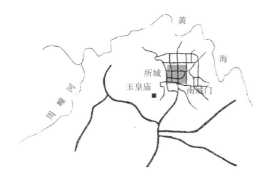

图 3-71　山东即墨市雄崖所城格局图

（图片来源：孔德静. 印迹与希冀：明清山东海
防建筑遗存研究［D］）

图 3-72　山东即墨市雄崖所城村落形态

（图片来源：孔德静. 印迹与希冀：明清山东海
防建筑遗存研究［D］）

雄崖所城城池现状呈方形布置，每边长约 500 米，地势由南向北依次升高，呈阶梯分布。道路网类似棋盘式布局，纵横交错，划分规则。[47]

（12）山东荣成市宁津街道办事处东楮岛村

东楮岛村位于荣成市宁津街道办事处最东端，地处桑沟湾南岸，北、东、南三面临海，西面通过一条道路与陆地连接。东楮岛原为海岛，为了方便交通，1963 年村民修路与陆地相通。除此以外岛上礁石滩涂仍以原生态面对世人，是一处不可多得的天然海岛公园。由于东楮岛村三面临海，村落选址时选择缓坡向阳临海处建房。

东楮岛村全村聚落呈荷花形，占地面积约 21600 平方米，户与户之间呈纵向或横向排列（图 3-73），一般前面房屋不能高于后面房屋，若横向并列，则高度一致且"接山"，保证了同一排房子的秩序性，整个村落布局井然有序，体现了良好的邻里关系与民风。村落内巷道直，纵横交错，3 ~ 5 幢居民排列成一个整体，横向巷道窄，纵向巷道宽，形成主次有序的街道空间布置。由于本地民居在房间的平面布置、空间组合与构造、室内陈设风格上都很相似，形成了海草房建筑村落的整体风格。[48]

图 3-73　山东荣成市东楮岛村村落形态
（图片来源：褚兴彪，熊兴耀，杜鹏. 海草房特色民居保护规划模式探讨——以山东威海楮岛村为例［J］）

（13）山东微山县南阳镇

南阳镇处于微山西北部微山湖北段的南阳湖中，古老的京杭大运河穿镇而过，地理位置十分重要，曾是古运河上的四大名镇之一。

南阳镇作为运河名镇，逐步形成水乡市镇。街上店铺林立，镇上人家滨河而居，到处充满浓郁的江北水乡气息。镇内街巷曲折狭窄，通向古运河（图 3-74）。南阳镇四面环水，独特的地理环境决定了有一种交通工具必不可少，那就是船。南阳不但是微山县唯一的没有汽车的乡镇，同时也是我国内陆地区少有的没有汽车行驶的地方。这里不但没有汽车，就连自行车也比较少见，作为水乡小岛，出门见水、以舟代步、门前房后都有小舟停靠是这里的标准景象。

（14）河北蔚县暖泉镇

暖泉镇位于河北省蔚县最西部，壶流河水库西北岸。壶流河盆地南、北面均为恒山余脉，两道山系在壶流河盆地的西侧趋于合拢，只留下一道狭窄的山口。暖泉镇就恰好伫立在这个山口上，把持着东西南北交通的要道，自古以来就是兵家必争之地。暖泉镇修建有北官堡、西古堡和中小堡三个互为犄角的城堡，足以说明其军事意义重大（图 3-75）。

暖泉古镇地处北边丘陵台地和南边河滩地的交错地带的坡地上，全境西北高东南低。暖泉的北面为丘陵，前缘沟壑交错，虽不很高却对村落起了围护作用，向阳而避风；南

图 3-74　山东微山县南阳镇全貌
（图片来源：http://www.sdphoto.com.cn/picgroup/123549.html）

图 3-75　河北蔚县暖泉镇村落形态
（图片来源：谷歌地图）

面壶流河自西南向东北蜿蜒而去。村落和壶流河之间是一片十分开阔平展的河滩地，水资源丰富，使这里成为暖泉主要的农耕地带。古镇中心的泉水，水温常年都保持在 14℃左右，泉水甘甜醇美，是村民主要的汲水来源，亦可供洗涤灌溉，而且是村民心中的精神依托。

（15）山西晋北代县阳明堡镇

阳明堡镇是一个历史悠久的军事与商业古镇，始建于春秋时期。阳明堡镇位于代县县城以西 9 千米处，滹沱河支流与干流的交汇处。它位于平原地段，控制着交通要道，数千年来这里一直是"茶马古道"上的重要节点。阳明堡镇东与上馆镇相连，西与原平市接壤，北与雁门关相邻，南与滹沱河为界。它掌控着集中的资源和众多的人口，亦是军事要隘雁门关重要的军需物资储备基地和军事指挥中心，具备雄关在前的军事区位。

（16）河南博爱县寨卜昌村

寨卜昌村北依太行，南濒沁水，坐落在位于太行山南麓的冲积洪积平原上，山清水秀，良田沃野。素有"太行山下小江南"之称（图 3-76）。

（17）河北怀来县鸡鸣驿村

鸡鸣驿，又称鸡鸣山驿，坐落在怀来县偏西北洋河北岸的鸡鸣山下。山谷中的平川地带，平面近方形，四周有城墙（图 3-77）。整座驿城呈明显的东北高西南低的态势，东北最高处的地平标高为 504.5 米，东南最低处的地平标高为 484.5 米，两者相差 20 米。城内地平低于城外沙河水位，因此在东城墙外 25 米与沙河交界处建有 3 米高的南北向护城石坝。

3. 民居建筑与地形地貌的适应性

平原型村落的民居建筑多以院落式为主。典型的有北京型四合院、晋陕型四合院。北京四合院民居以庭院为中心，各个功能用房按东、西、南、北四个方位围合组成，并以庭院为基本单元，进行组合形成一进、二进、三进及以上或多路、多进多路组合型院

图 3-76　河南博爱县寨卜昌村村落形态　　　　　图 3-77　河北怀来县鸡鸣驿村村落形态
（图片来源：谷歌地图）　　　　　　　　　　　　　（图片来源：谷歌地图）

落。北京四合院通常包括正房（厅房）、厢房、倒座房、耳房、后罩房、裙房等（图 3-78）。
北京四合院这种民居形制不仅影响了北京城区的民居，还影响了北京郊区以及更加广阔
的地域。东到辽宁锦州地区，南至河北省的中南部，北达河北的承德、张家口、山西的大同、
内蒙古呼和浩特一带。在晋南和关中地区，广泛分布着一类四合院，这类四合院不同于
北京四合院之处在于，其平面形式的特征是正房宽度与宅院等宽，左右厢房布置在正方
和门房之间。刘致平先生曾指出，山西、陕西等地的合院多为正房和门房之间夹着厢房
的四合院。这类四合院的宅院外部空间形似汉字"工"字。

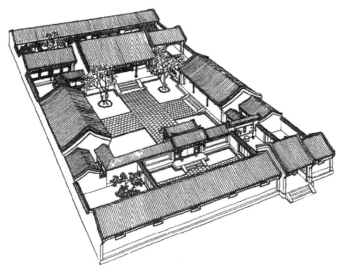

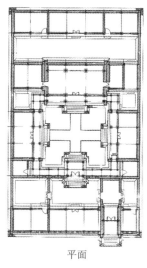

平面

图 3-78　北京典型四合院住宅鸟瞰图、平面图
（图片来源：马炳坚. 北京四合院建筑［M］）

院落的平面形态和气候及地形地貌有着密切的联系，海河流域北部及海河流域平原地区，由于气候寒冷或者可建设用地多，因此"井"字形宽院分布较多。在海河流域南部及海河流域山区地带，由于气候相对炎热或者可建设用地很少，正房为三开间的"工"字形窄院分布较多。在海河流域北部、海河流域内平原地貌区及山区的平川地带，由于气候寒冷或者可建设用地多，正房为五开间"工"字形宽院分布较多（表3-2）。

民居院落形态与气候及地形地貌的关系　　　　　　　表3-2

院落名称	纬度	地形	地貌区	"井"字形	"工"字形宽院	"工"字形窄院
北京板厂胡同27号宅院	北纬39°54′	平原	ⅠG5 太行山-大别山山前洪冲积平原	●		
代县阳明堡镇李家院	北纬38°46′~39°53′	平原	ⅢB1 晋北中、小起伏中山盆地	●		
聊城南顾家胡同16号院	北纬35°47′~37°02′	平原	ⅠG4 黄淮海冲积平原	●		
博爱县寨卜昌村三号院	北纬35°10′~35°21′	山地	ⅠG5 太行山-大别山山前洪冲积平原		●	
蔚县北方城白玉龙宅	北纬39°34′~40°10′	平原	ⅢB2 太行山、大中起伏高中山		●	
涉县刘家寨"五门相照"院	北纬36°17′~36°55′	山地	ⅢB2 太行山、大中起伏高中山		●	
大同古城鼓楼东街9号院	北纬39°03′~40°44′	平川	ⅢB1 晋北中、小起伏中山盆地		●	
卫辉市小店河村二号院	北纬35°18′	平原	ⅠG4 黄淮海冲积平原		●	
井陉县于家村四合楼院	北纬37°42′~38°13′	山地	ⅢB2 太行山、大中起伏高中山			●
蔚县西古堡二号院	北纬39°34′~40°10′	平原	ⅢB2 太行山、大中起伏高中山			●
抚宁县界岭口村万槐宅	北纬39°41′~40°19′	山区	ⅠF2 燕山大、中起伏中低山			●

（1）山东滨州市惠民县魏集镇魏氏庄园

魏氏庄园所在的惠民县地处鲁北平原，黄河下游，地势平坦，境内全部是黄河泥沙淤积成的平原，海拔8~20.7米。

庄园选址在村郊东南部位，占地面积32543.8平方米，居民分布于村中主要街巷的两侧，临街而建，为方形城堡式聚落。魏氏庄园由三部分组成，东部是水塘，中部为广场，西部是城堡式住宅，为庄园的主体，城堡内主要建筑以南北中轴线为基准形成东西对称格局。就魏氏庄园现状遗存而言，庄园总体布局采用了古代城防和传统四合院相结合的方式。宅第外置墙垣两道，其中外墙垣为高大坚固的城墙，具有严密的军事防御性；宅第则与北京四合院同构，体现了封建礼制与伦理思想根深蒂固的影响。

（2）山东栖霞市城北古镇都村牟氏庄园

牟氏庄园坐落于山东省栖霞市北部的古镇都村，北靠凤凰山，南临文水河。始建于清雍正元年（1723 年），总建筑面积达 2 万余平方米，拥有房产 5500 多间。是中国北方地区规模最大和保存最为完整的封建地主庄园，也是中国几千年农耕文明的集中反映。

牟氏庄园选址坐北面南，是个依山傍水、风景秀丽的风水宝地。白洋河经过牟氏家族多次改道，最终在庄园前转折处形成开阔的水景。而这种前水后山的选址布局正符合古代中国传统建筑的选址原则：负阴抱阳、藏风聚水，堪称风水宝地。

庄园占地东西长 158 米，南北深 148 米，面积近 2 万平方米。牟氏庄园由六组宅院组成，将庄园分成三部分：东部由日新堂、东忠来、西忠来三组宅院组成，西南部由南忠来、师古堂组成，西北部为宝善堂，三大单元各自独立又相互联系，外围均以围屋或高墙闭合起来形成内向空间。东单元西墙与西北单元东墙之间的通道宽 5 米，东单元西墙与西南单元东墙之间的通道宽 8 米，西北单元南墙与西南单元北墙之间距离 6 米多。各单元所占地块都呈南北长、东西宽的矩形，都以进深约 4.5 米的裙房（围屋）将四周封闭起来，除在南面开辟大门以外，还在四个角各留一个小门。牟氏庄园主要的交通体系是甬道，中轴线只是一个隐含的交通体系，且不经常使用。各个合院与甬道直接或间接相连，使每个合院都是交通的尽端，院落的私密性较强（图 3-79）。[49]

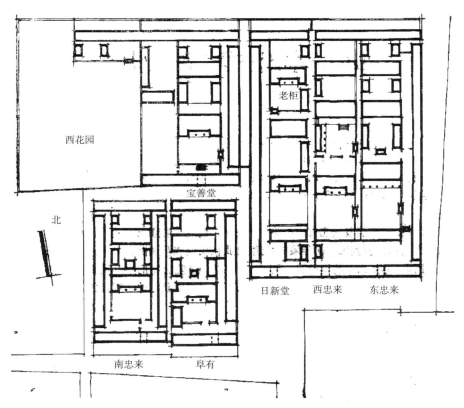

图 3-79　山东栖霞市城北古镇都村牟氏庄园平面图
（图片来源：张润武. 山东"牟氏庄园"建筑特色［J］）

第三节　南方传统民居适应地形（地貌）的绿色营建经验

南方地区地势东西差异大，主要位于第二、第三级阶梯，东部平原、丘陵面积广大，长江中下游平原是我国地势最低的平原，河汊纵横交错，湖泊星罗棋布；江南丘陵是我国最大的丘陵，大多有东北 – 西南走向的低山和河谷盆地相间分布；南岭地区岩浆岩分布广泛；西部以高原、盆地为主，四川盆地（西北部有成都平原，又被称为聚宝盆）是我国四大盆地之一，云贵高原地表崎岖不平，是世界上喀斯特地貌分布最典型的地区，山间"坝子"是当地主要的耕作区；横断山脉和秦岭山脉是我国重要的地理分界线。该区地势西高东低，地形为平原、盆地与高原、丘陵交错。平原地区河湖众多，水网纵横，具有典型的南国水乡特色；山地丘陵区大多植被繁茂，郁郁葱葱，景色秀丽。

南方传统民居在聚落选址、水环境适应、巧妙利用地形面貌、生态环境建设和文化环境适应方面都积累了许多绿色营建经验。

一、南方传统民居聚落选址的绿色营建经验

中国南方地区传统民居聚落的选址与营建都较多地受到风水说的影响，在具体的实践中，基本都遵循了近山、近水、近（田）地、近交通，尽量不占或少占农田，安全避灾，向阳、通风好的原则。总体来看，逐水而居、择水而居或临水而居是最重要的原则。南方多山地、丘陵，大部分村落多建在山冈丘陵的坡地上，依山取势，傍水逶迤。平原村落为避免水患灾害，也尽可能选择地势较高的丘冈和墩台定居。

（一）选址适应多样的地形地貌

地形地貌是影响选址的最直接因素。南方地区地形地貌的多样性，也造就了形态各异的聚落类型，这些聚落与自然环境息息相关并融为一体，体现了中国传统思想中天人合一、因地制宜的建筑自然观。

1. 平原型

（1）江苏地区

江苏省地形以平原为主，平原面积达 7 万多平方千米，占江苏面积的 70% 以上，河湖较多，是中国地势最低的一个省区，绝大部分地区在海拔 50 米以下，低山丘陵集中在西南部。地理上跨越南北，气候、植被也同时具有南方和北方的特征。虽然江苏省内的山体大多不高，但选择在山巅、岗阜之上建立村落的极少。理想的村址一般被选在山麓处的平地，这可以最大限度地利用山地和平原发展生产，同时也避免了山岭地带出行的困难。而在太湖流域，山麓就是山水交接之处，于是就形成了背山面水的村落。这类村落一般选址于山体的阳坡，但建于阴坡的也能见有实例，原因是山体高度有限，并不足以影响通风纳阳。[50]

1）苏东南昆山市周庄

昆山属长江三角洲太湖平原。境内河网密布，地势平坦，自西南向东北略呈倾斜，

自然坡度较小。镇为泽国，四面环水，咫尺往来，皆须舟楫。周庄镇依河成街，桥街相连，是江南典型的小桥流水人家。周庄镇大部分住户，都是临水而居。吴淞江、娄江横穿东西。湖泊较大的有淀山湖、阳澄湖、澄湖、傀儡湖（图3-80）。

图3-80　周庄

（图片来源：左图：http://www.lkntv.cn/detail.asp?id=8442；右图：http://a3.att.hudong.com/17/77/20300001357258141627774920043.jpg）

2）苏东南苏州市吴中区东山镇陆巷村

吴中区地处长江中下游，为太湖平原的一部分。东边是莫厘峰，南边是碧螺峰，西边是太湖，南宋时渐成村落。古村建筑顺应地形，随高就低，鳞次栉比，交错穿插。村落背山面水，被群山环抱其中，被称为"太湖第一古村落"（图3-81）。

图3-81　陆巷村

（图片来源：左图：http://www.51wansha.com/home.php?page=1&uid=914；右图：http://www.tdzyw.com/2012/0817/18986.html）

（2）两湖地区

两湖地区平原聚落选址多以不占良田的河湾和岗地为主，并且布局相当紧凑，体现了居民集约化的土地利用意识。通常，平地村落布局受限制较少，但由于两湖平原水网密布，如何避免水患灾害成为当地居民在居住方式上首要考虑的问题。因此，即使在平原区，居民也多选择地势较高的丘冈和墩台定居。"村落依高阜而居，或百余家，或数十家。"平原聚落一般街巷平直，多呈"一"字形或"十"字形布局。大型聚落街巷也呈龟骨状或网络状展开。[51]

1）湘东北岳阳县张谷英镇张谷英村

张谷英镇位于山地地貌区，张谷英村从高处眺望，四面青山围绕着一片屋宇，渭溪河迂回曲折穿村而过，河上大小石桥 47 座。屋宇墙檐相接，参差在溪流之上，形成"溪自阶下淌，门朝水中开"的格局。傍溪而建的是一条长廊，廊里铺有一条青石板路，沿途通达各门各户，连接每一条巷口。村中巷道纵横交错，共有 60 条，通达每个厅堂，最长的巷道 153 米，居民们在此起居可以"天晴不曝晒，雨雪不湿鞋"（图 3-82）。

图 3-82　张谷英村
（图片来源：张文竹 摄）

2）湘西南永州市富家桥镇干岩头村

永州市位于西南东三面环山、向东北开口的马蹄形盆地的南缘。干岩头村位于富家桥镇西南部，地处湘南五岭山脉南麓，坐落在三面青山的环抱之中。村院一律坐南朝北依山傍水而建，南倚锯齿岭，东临鹰嘴岭、凤鸟岭，西靠青石岭，一座座山峦连绵起伏，形状极像锯子，村子的左边（北面）一座大山青石裸露着铺下来，这青石犹如挂在板子上；村子的右边（南面）是打鸟岭和牛郎岭两座高耸的山峰，每当太阳从东方升起，两座山峰就像朝阳的两只凤凰；村子的前面是宽阔的稻田，并有进水河和贤水河在村前汇合。整个村子就像坐落在一把太师椅上，明朝户部尚书周希圣、晚清重臣周崇傅的故居周家大院就坐落于此村。周崇傅用了四句话来形容干岩头的地形与地势："左边青石挂板，右边双凤朝阳，门前二龙相汇，屋后锯子朝天"，反映了该村适应自然、融于自然的美好人居环境（图 3-83）。

图 3-83　干岩头村
（图片来源：左图：http://forum.home.news.cn/thread/108462842/1.html；右图：http://www.nipic.com/show/1/62/1262cf54f5a28e66.html）

2. 山地型

（1）两湖地区

两湖地区山地聚落选址类型多样，有位于山脊或山嘴的外凸型的村落，和位于山坳的内凹型村落；有位于山脚的村落和位于山腰的村落，甚至有位于山顶的村落；还有平行于等高线的村落和垂直于等高线的村落，这些村落都能够依山就势，顺应自然环境的特点。

1）湘西南永州市双牌县理家坪乡坦田村

坦田村地处双牌县理家坪乡西北后龙山东麓，属丘陵地貌。《坦水志》记载：坦水"挠之无波，澄碧似镜，涓涓不枯，亦复不泛"；"坦水备矣，因以水平得名。平，则疾徐以渐，堤防可无设，而游于大通不争者，人亦莫与之争。所以盈虚若一，流行不息也。"由此可知，坦水是因水平而得名。而坦田村则因坦水而得名。

另外，坦田村的北边全是高山。从零陵到道州的州路，因为一路翻山越岭，经过坦田后，只要翻越村南狮子岭的关口，就是一片坦途入道州了。所以，"坦田"也有"坦途在望"的意思（图3-84）。

2）湘西辰溪县上蒲溪瑶族乡五宝田村

辰溪县地处雪峰山与武陵山之间，西接沅（陵）麻（阳）盆地，总体地势是东南高、西北低，并呈多级夷平面阶梯状起伏下降。五宝田村处于盆地中，是距今有300多年历史的清代古民居群。整个村落按八卦阵营造，布局合理，生动形象，给人以美的享受（图3-85）。

图3-84 坦田村
（图片来源：http://www.yongzhou.gov.cn/2013/0118/45178_4.html）

图3-85 五宝田村
（图片来源：http://www.china.com.cn/photochina/2007-01/31/content_7799513.htm）

3）鄂西土家山寨宣恩彭家寨

彭家寨山川秀美，地形奇特，属于峡谷地貌。该寨居于"观音座莲"之右，观音山之下。东面以一条"叉几沟"为界，可谓两山夹一谷，沟上架有一座具有百年历史的凉亭桥，该地故称凉桥。寨前龙潭河穿村而过，河上架有40余米长的铁索桥将寨子与外界相连，"十八罗汉"恰似观音大士的守护神；寨后山峦起伏，奇峰秀美，修竹婆娑；沿龙潭河而上有狮子岩、水鸿庙相映衬；顺流而下紧邻汪家寨有"二龙戏球"之美称。其地形特征含形辅势，蔚为壮观。

（2）贵州地区

贵州地区地处中南与西南地区相邻的大山里，交通闭塞，与外界交流极少，从总的状况来说，多年来仍然处于自给自足的自然经济社会。对山坡地貌较为适应的干阑建筑，在有限的用地上，最大程度地利用地形、开拓场地、争取使用空间，在基本不改变自然环境的情况下，跨越岩、坎、沟、坑以及水面，特别是以抬高居住面层的方式，建立起既适应地势，又具有安全性，并依赖它维持生存和发展的生活居住空间，十分突出地体现出地理环境作用于建筑文化的结果。[52]

1）黔东南西江千户苗寨

西江千户苗寨是依山傍水、顺山就势而建的山寨，寨中大多是吊脚楼，属于山地地貌区。全寨民房鳞次栉比，次第升高，直至山脊，被专家誉为"山地建筑的一枝奇葩"。

西江大寨总体布局的吊脚楼分为三层，高处的吊脚楼凌空高耸，云雾缠绕，低处平坦舒展，绿涛碧波。西江大寨民居建筑的总体布局由山脚延展至山脊，顺势而上、舒展平缓，特别是位于山顶、山脊处的西江居民建筑，建筑高度都比较低，较好地满足了山体形态的原生态，保持了建筑与自然环境的有机融合，建筑群体轮廓的走势充分体现了与自然山体坡度形态的一致性（图3-86）。

图3-86 千户苗寨
（图片来源：叶安福 摄）

2）黔东南黎平县肇兴侗寨

肇兴侗寨位于山中盆地地貌区，旧名为"肇洞"。村寨位于黎平县城南70千米处，是侗族南部方言地区较大的村寨之一，有"七百贯洞，千家肇洞"之称。

黎平县肇兴乡肇兴侗寨的地理位置属低山峡谷区，村寨所处地形为两山之间的谷地，寨址就坐落在这片弯曲形河床的阶地上。村寨民居沿山谷走向的溪流及道路两侧布置，两条长长的溪水于村寨中间汇合后流往西北。阶地土质肥沃，村寨富裕，景观秀丽。村寨占地面积为18公顷，现有住户700余户，人口3300余人，规模为黎平县内自然村寨之冠。五座侗寨鼓楼由下而上收分变化，给人一种向上的势态和高耸的视觉效果，体现了侗寨特征。

除了鼓楼之外，还有五座风雨桥和戏台。风雨桥设置于每个族群的入口部位，因此，它又是群落地域空间界定的标志。

肇兴侗寨的侗族木楼沿着山谷走向布置，民居的分布形态呈线状格局，总体整齐而有秩序，构成了良好的人居环境。寨中房屋为干阑式吊脚楼，鳞次栉比、错落有致，全部用杉木建造，硬山顶覆小青瓦，古朴实用（图3-87）。

图3-87 肇兴侗寨
（图片来源：叶安福 摄）

（二）选址依山、傍水、近田地

依山、傍水、近田地，是中国传统聚落兼顾自然与生活的最佳选择，而具体到不同的地区、不同的自然环境，其做法又多种多样。既有如浙江的系统处理房屋和山、水、太阳的关系，又有如两湖地区充分考虑当地的气候、地理和自然条件的方法，还有如徽州聚落和水光山色打成一片，甚或是广东地区在村内盛宅院中人工挖井供饮用，并在村前挖掘池塘，称为"四水归堂（塘）"。

1. 依山型

（1）浙江地区

浙江多山地，又可分为山丘形、山梁形，平台形、夹谷形，山嘴形、山勘形、盆地形、山垭形等八类。每一种地形内都有水、有田、有村落，村落选址如前所述依山、傍水、近田地，在这个前提下，再来处理房子和山、和水、和太阳的关系。这四者中，又以依山、傍水、向阳为原则。当然，凡是符合风水理念中理想村邑的地形地貌，村民们还是会按照龙、穴、砂、水四大要素来选择的。总之，浙江的几万个山地村落，就是按照这个原则，分布在"七山一水"的网络中，形成了"水跟山走，田跟水走，房跟田走"的叶脉状村落分布总体风貌。[53]

1）浙中永康市前仓镇厚吴村

永康市位于浙江省中部的低山丘陵地区。厚吴村坐北朝南，背负锦溪，面临屏山，布局有序。房屋幢与幢相连，门廊相通，走廊呈井字形向东西南北四面八方对称伸展，几百间房连为一片，即使是下雪落雨，邻里街坊们相互走动也无须带伞，房与房之间高高的山墙是火灾天然的防范，建筑古朴、大气、精致、实用。

2）浙西龙游县石佛乡三门源村

龙游县位于金衢盆地中部，三门源村是一个古老的小山村，坐落在石佛乡，东、西、北三面有山，一条山溪自北而南穿村而过，山清水秀，风光明媚。村边有饭甑山，海拔660余米，一峰烛立，气势峻伟，该山山顶为锥形，火山口形似一个硕大无比的饭甑，云烟缥缈，宛如袅袅而起的炊烟。村子格局和建筑几乎完整地保留了清代江南民居特色，以村东的叶氏民居建筑群尤为精致，是浙江省晚清时期建筑精品之代表，为清朝道光二十六年（1846年）村人叶鹤天中恩贡后兴建，坐东朝西，依山而建（图3-88）。

（2）两湖地区

两湖地区村落传统的建村方法是背山面水，房屋沿坡而建，前低后高，有利采光，可以争取到良好的朝向与通风，同时也易排水而不易内涝，冬季又可防寒风。绝大部分山地村落都是按照这个原则来建屋的，其最大特点就是结合当地的气候地理自然条件，村寨选址普遍都在高山阳坡或依傍

图3-88 三门源村

（图片来源：http://www.pop-photo.com.cn/thread_1864974_1_1.html）

河谷的平坦地带。

这样的基址不仅使乡村聚落与自然环境的空间构图更加完善，而且有利于节约耕地，满足农耕经济的需要。许多山地聚落结合山势灵活布置，依山就势，因地制宜，高低叠置，参差错落。聚落通过视线通廊和周围的山脉、绿地连成一体，相互渗透，自然山势与人和建筑交相辉映，形成了符合当地自然地理环境特点的民居建筑特色，使聚落与自然环境融为一体，成为理想居住环境。

1）鄂西南恩施市崔家坝镇滚龙坝村

恩施市地貌基本特征是阶梯状地貌，域内喀斯特地形地貌发育完善。滚龙坝为鄂西山地常见的山间小平地，尖龙河、洋鱼沟两条河流从南北两侧穿过，尖龙河水黄，被称为黄龙，洋鱼沟水清，被称为青龙，两条溪水如滚龙汇流入天坑，故有滚龙坝的称谓。四周山势东有青龙是瞻（青龙山），西有天马辔鞍（马鞍山），北有猛虎下山（黄家岩），南有五凤朝阳（五峰山），中有文笔调砚（宝塔山），构成了一幅美丽的自然画卷（图3-89）。

2）湘南郴州市永兴县高亭乡板梁村

整个古村占地3平方千米，背靠象岭平展延伸，依山就势，规模非常宏大。村前视野开阔，小河绕村而下，三大古祠村前排列，古驿道穿村而过，石板路连通大街小巷。村前有七层古塔，进村有石板古桥，村内建有庙祠亭阁、旧私塾，还有古商街、古钱庄。古村小桥流水，曲径通幽，宝塔、古井、石板路布局机巧，奇石异村令人叫绝，乡村古风别有洞天（图3-90）。

图3-89　滚龙坝村

（图片来源：http://a0.att.hudong.com/75/08/
163000003362971244730899926464.jpg）

图3-90　板梁村

（图片来源：http://city.blogchina.com/yongxingxianbanliangcun）

（3）广东地区

在广东，传统聚落沿坡近山建村的优点一方面可节约耕地，另一方面房屋建于山阳朝向好有阳光，排水和通风也好，冬季又可防寒风。我国山地聚落传统的建村方法是背山面水、房屋沿坡而建、前低后高，在广东绝大部分村落也是按照这个原则来建屋的。[54]

以粤北连南瑶族自治县南岗千年瑶寨为例，南岗千年瑶寨处在山地地貌区上，地势北、西、南高，东部低平，山脉多由北向西南走向。寨子建在山坡上，背山面田，将山势平缓处开垦成农田并靠近水源以利灌溉。村寨周围山势险要、溪水奔流、群峰叠嶂。这些房屋排建在千米高山陡坡之上，依山傍坡，密密排排，重重叠叠，堆垒上山，往往是前面房子的屋顶和后面房子的地面平高，其间有一条走廊过道。寨中横街直巷，巷道纵横交错，主次分明，把各家各户串联起来，形成瑶排的格局。向上望去，一排排整齐划一的古典建筑民居遍布山冈，古屋一律青砖砌墙，黑瓦盖顶，造型独特，极为壮观（图 3-91）。

图 3-91　千年瑶寨

（图片来源：http://www.liannan.gov.cn/Item/5691.aspx）

2. 傍水型

（1）安徽地区

徽州聚落选址总体特色是依山取势，傍水逶迤。徽州聚落选址多在溪畔或山坡，尽量少占农田。聚落十有八九和水光山色打成一片，"徽之为郡在山岭川谷崎岖之中"。聚落或背山面水，或枕山临水，或依山傍水，直至"黄山向晚盈轩翠，黟水含春傍槛流"，"山禽拂地起，溪水入亭流"，窗外是山，槛外是水，山山水水都可穿村入户。[55]

徽州多雨，年平均降雨量达 1800 毫米左右，而地形地貌"宛如覆盆"，山区苦于储水，村落邻近水溪可以取水、储水，同时也便于及时调节溪水。街巷庭院之中的源源不断的溪水，既是乡民生活用水的主要来源，又是鳞次栉比的木构架民居的最为重要的消防水源。

1）皖南歙县唐模村

歙县属于高起伏低山地貌。该村位于黄山之口，毗邻歙县棠越牌坊群。檀干溪穿村而过，全村夹岸而居，村内以其千年古樟之茂、中街流水之美、"十桥九貌"之胜及"一村三翰林"之誉而闻名中外。"千门万户捣衣声"的意境，于今已十分难寻，闻之真如置身明清街市之中，顿感古韵悠悠、乡情淳浓。这种平静祥和、朴素恬淡的生活给人以极大的安定感和无限的憧憬（图 3-92）。

2）皖南黟县屏山村

屏山村地处黟县县城东北约 4 千米的屏风山和吉阳山的山麓，属丘陵平地。吉阳溪九曲十弯，穿村而过，两岸石磅不时传来村妇浣洗的锤声，蓄水石磅白花飞溅；青砖灰瓦的民居祠堂和前店后铺的商铺夹岸而建；十余座各具特色的石桥横跨溪上，构成江南水乡"小桥流水人家"特有的风韵。屏风山是黄山的一脉，西与石鼓山相连于风来岭，此为黟县通往池宁的必经大道；东与联青山相接于弓家岭，此为屏山村通往黟北宏村的大路。就在屏风山与联青山之间的弓家岭，流出一条小溪，清澈见底，经屏山村于古溪处汇入自黟城南来的漳水。此溪因位于吉阳山麓，故名吉阳溪，亦称吉水，为新安江源头之一。吉阳溪流过村中，两岸粉墙黛瓦，民居幢幢，三里十桥，方便交通（图3-93）。

图3-92 唐模村

（图片来源：http://www.cd-pa.com/bbs/thread-164496-1-1.html）

图3-93 屏山村

（图片来源：张楠 摄）

（2）两湖地区

两湖地区水资源相当丰富，是各民族选择居所的理想区域。接近水源是南方村寨选址的普遍现象，村落往往靠近河湖、溪川，或在有丰富的地下水可资利用的地方。水是生命之源，择水而居是人类的自然属性使然，水是人们日常生活、耕田种地的基本需求，是古村落居民赖以生存的保证，所以两湖地区的乡村聚落往往靠近河流、湖泊。

1）湘西南会同县高椅乡高椅村

高椅村位于沅水上游雪峰山脉的南麓，属丘陵平原地貌。雄溪，即现在的巫水，就在高椅的东面。这里原名渡轮田，显然古代是一个渡口。后来，因村寨三面环山，一面依水，宛如一把太师椅，把村子拥抱，于是更名为高椅村。高椅民居群落以五通庙为中心，按梅花状向外辐射，大小纵横的巷道形成交通网络。一色的青砖封火高墙，两端呈梯状的翘角马头高耸，夹峙着一条条青石板铺就的小巷，纵横交错、曲折幽深。[56]每家每户独自的小院各自"天人合一"，又与邻家户户相通，是典型的明代江南营造法式，同时又具有浓郁的沅湘特色兼侗家风格（图3-94）。

图3-94 高椅村

（图片来源：杨雪 摄）

站在村子的中心，你会发现，整个建筑群落与周遭的山水、园林地理相映衬，想想当时古人在此建造自己的房屋时，是很注意村中布局的整体和谐，珍护着一方风水。

2）鄂东北武汉市黄陂区木兰乡大余湾

黄陂区位于长江中游，大别山南麓，地势北高南低，为江汉平原与鄂东北低山丘陵结合部。大余湾人砌筑的宅院，在形式和格局、用材与技术上，体现出极为完整的安居构想："前面墙围水，后面山围墙，大院套小院，小院围各房，全村百来户，穿插二十巷，家家皆相通，户户隔门房，方块石板路，滴水线石墙，室内多雕刻，门前画檐廊"（图3-95）。

（3）广东地区

广东地区的村址多靠近河流、湖塘，在山区则充分利用溪水、山涧。如果无法取得自然水源，则在村内盛宅院中人工挖井供饮用，并且在村前挖掘池塘，作蓄水、排水、养鱼用，当地称它为"四水归堂（塘）"。

1）粤中东莞市茶山镇南社村

该村位于广东省东莞市茶山镇，珠江三角洲平原地貌区，处于南社村樟岗岭与马头岭之间。周围有大片埔田，小山包种满荔枝。村中心的长形水塘由四个水塘连成，其形似船。塘边的古榕绿叶婆娑，傍晚百鸟归巢，早晨众鸟争唱，一派朝气蓬勃的新景象。古村始建于宋朝，已有800多年历史。南社村拥有谢氏宗祠、社田公祠、晚节公祠等30座（图3-96）。

图3-95　大余湾

（图片来源：http://bbs.hefei.cc/thread-14653745-1-1.html）

图3-96　南社村

（图片来源：http://www.qvodkuang.com/yunfan/AWqVF0QwPcLY.shtml）

2）粤中南番禺区沙湾镇

该镇位于番禺区中部，地处珠江三角洲平原腹地。北与番禺中心城区市桥仅一水之隔，西与佛山市顺德区隔河相望，南与榄核镇、灵山镇、东涌镇相连，东与石碁镇接壤。沙湾镇四周环水，东西长14千米，南北宽6.5千米，东西阔、南北狭，地势从北和西北向南倾斜，西北部是低丘台地，东南部为大片的冲积平原，镇内外河网纵横，共计有大小水道十余条。沙湾镇是水稻、糖、蔗、蔬菜、优质水果和淡水养殖的高产区（图3-97）。

3）粤西佛山市三水区乐平镇大旗头村

大旗头村处在丘陵台地上。古村前的池塘据说代表洗笔墨池，池塘不仅仅有象征意义，在建筑群中还担任重要的角色——集纳村中雨水。村中的房屋坐西向东，地基也是微斜，屋檐雨水落在天井小巷，自渗井由高向低泄入暗渠，再由暗渠排到天井小巷，最后排进村前池塘。大旗头古村在修建之初便使用暗渠泄流，小巷全部以条石铺砌，方便清理下水道，有设计如此科学美观的排水系统，所以大旗头村修建百余年来，即便在暴雨时节，也从未发生过积水浸村事件（图3-98）。

图3-97　沙湾镇

（图片来源：http://www.nipic.com/show/1/62/dba65d33a0ef21c0.html）

图3-98　大旗头村

（图片来源：http://jingdian.517best.com/jingdian_11194.html）

3. 靠农田

（1）浙江地区

从人地关系讲，浙江聚落的环农业特征比较明显，说明便于农业生产是聚落选址的主要原则。聚落选址以近地、靠水、向阳、不与农业争地为原则。浙江地区聚落可以分为四种类型：一是土著，他们依山谷而居，这里的"依山谷"，就是背靠山林、围着田地的意思。二是北方南下的人口，他们的聚落多数是按照风水要求进行选点定基的，这些所谓理想的"阳宅"之地，背景是有利于发展农业这个大前提。三是鉴于人口和耕地的压力，原有村落扩张，一部分村民迁离老村（母村），在母村附近再垦荒造地建造新聚落，该类型的产生是因为对田地的需求，是农业范式辐射所致。四是原有村落人口繁衍，人们不舍占用农田扩大村落，而把家室建在不碍农田之处。

以浙中武义县俞源乡俞源村为例，武义县处在河谷盆地上，俞源村四面环山，发源自九龙山的溪流横穿整个村庄，与另一条小溪汇合折向村庄的北豁口，这条溪流为全村提供充足的水源。之前村庄四周的山冈上全都是苍苍郁郁的大树，位于东南部的九龙山更是森林茂密，站在村前的山冈从高处俯瞰，但见穿林而过的溪流在北豁口呈"S"形流向村外田野，"S"形溪流与周围的山沿在村口勾勒出一个巨大的太极图。"S"形溪流正好是一条阴阳鱼的界线，把田野分成太极两仪。溪东阴鱼古树参天，鱼眼是一池圆形小塘；溪西阴鱼则稻谷金黄，鱼眼处高山田畈，种着旱地作物（图3-99）。

图 3-99　俞源村

（图片来源：王朕 摄）

（2）两湖地区

在两湖地区，农耕是村寨的最初生产状态，任何一个村寨的形成都离不开耕地。因此，为了生产、生存，村寨在选址时，四周往往都会有足够的田地以供耕种开垦。

1）鄂西南宣恩县沙道沟镇两河口村

宣恩县属云贵高原延伸部分，地处武陵山和齐跃山的交接部位，县境东南部、中部和西北边缘，横亘着几条东北－西南走向的大山岭，形成许多台地、岗地、小型盆地、平坝、横状坡地和山谷、峡等地貌。两河口村处土家族母亲河酉水源头，位于国家级自然保护区——七姊妹山的缓冲地带，村前是农田（图 3-100）。

2）湘南祁阳县潘市镇龙溪村

祁阳县地形以山地、岗地、丘陵为主，地势南北高、中部低；南陲阳明山脉重峦叠嶂，北边四明山、祁山山脉起伏连绵。龙溪村境内有座山呈龙形，小溪从山脚流出，村前是农田（图 3-101）。

图 3-100　两河口村

（图片来源：http://www.longzeluola-cn.com/rrssina.html）

图 3-101　龙溪村

（图片来源：http://bbs.zol.com.cn/dcbbs/d268_74727.html）

（3）广东地区

在广东的传统聚落中，村落近田的目的是为了便于耕作。在广东的平原地区，一般小村落 25 ~ 50 户，村落之间距离较近，远望之，田野之上均有村落，形成既密集又分

图 3-102　大丘田村

（图片来源：http://www.tzr.com.cn/bbs/forum.php?mod=
viewthread&tid=101499）

散的聚居特点。在山区，因可耕之田少，故
都在田边沿坡之地建村。

以粤东北大埔县大东镇联丰大丘田村为
例，大埔县大东镇属丘陵平地地貌，大丘田村
内圆围楼、方围楼星罗棋布，村前为一片广阔
的农田，方便耕种（图 3-102）。

（三）选址方便交通、利于防卫

物资运输交易是一切聚落存在生长的基
础，大多数城市场镇选址都遵循经济商贸原则。

对于传统聚落来说，安全性是聚落得以
延续壮大的制约条件。在营建过程中，安全性首先通过聚落选址及聚落的整体规划来确
保，其次则多以复杂的院落空间组织和坚固的建造材料得以体现。传统民居的安全防卫
系统，一般由聚落和单体两个层次来完成。

1. 方便交通

（1）安徽地区

徽州山区的茶、桑、竹、木等土特产品需要运输出去，而浙江、江西等地的盐、米、
布匹等要运进来，水运是经济和民生的命脉。聚落沿河溪或尽可能靠近河溪，既方便交
通运输，又有利于贸易集散。

以皖南歙县渔梁村为例，歙县属于高起伏低山地貌，明清时期仍为徽州府所在地，

图 3-103　渔梁村

（图片来源：http://bbs.jiaju.com/thread-15122488-1.html）

徽州与杭州、南京、上海等外界的联系全靠新
安江这条唯一的黄金水路。因此，渔梁古村因
紧靠新安江而形成，是当时徽州最繁华的水运
商埠和商业街区。渔梁村是古时徽商出入徽
州府的咽喉要道。出歙县城南门，从西干山
下沿练江下行，有一条断断续续的堤栏残道
逶迤如带，这就是当年喧闹一时的徽商往来
奔走于江浙与徽州间的通衢大道——新安古道
（图 3-103）。

（2）广东地区

在广东，古时农村交通问题并不突出，小农经济的商品交换主要靠墟市。农民的
交通运输方式是肩挑或用木制独轮小车，在田间有径（小路），就可以通往城市了。墟
市集镇的商品来自各地，故城镇的选址要近交通线。古时水路交通发达，城镇一般沿
河较多。

近代工商业的发展，促进了农村副业、手工业的增长，也影响到村落的对外联系和
交通。近代陆上交通发展，城镇靠近陆路就多了。由于陆上交通比水路快捷而方便，农
村中，近公路的村落逐步扩大，过去是一个自然村为一个聚居点，后来逐步扩大到几个

自然村成一个聚居点，一个乡为一个聚居点，甚至达到一个区（几个乡）一个聚居点。这种乡或区，不但民居、祠堂连绵，甚至还附有集市、街道和商店，几乎同镇的聚居模式一样，如潮安县登塘乡就是一例。

1）粤东北梅县松口镇

松口镇在梅县中部盆地上，是古时岭南四大古镇之一，为广东梅州文化旅游特色区的核心区，松口港过去曾是广东内河港的第二大港口，梅坎铁路、省道S223线与S332线、梅县区白渡至大埔三河坝国防公路贯穿该镇。松口镇是周边乡镇商贸的重要集散地，自古为兵家必争之地，是历史上的古战场之一（图3-104）。

图3-104　松口镇
（图片来源：http://photo.mzsky.cc/view-126934.html）

2）粤中南开平市赤坎镇

广东省的开平于清顺治六年（1649年）建县，境内的南面、北面和西面都是低山丘陵，东部和中部是丘陵、平原，地势基本上由西北向东南倾斜。赤坎古镇的地理位置在开平非常优越，处于全县的正中且处平原之上，东西南北交汇于此。赤坎古镇因地处开平境内的潭江上游而成为与中下游的长沙镇、水口镇齐名的水路交通枢纽，定期有航班通往县外的澳门、广州、东莞、佛山、江门、新会、台山以及顺德的陈村、大良、佳洲，中山的小揽，恩平的君堂等39个港口，还与县内的苍城、马冈、楼冈、长沙、水口、赤水、塘口、四九、东山、百合等23个乡镇码头相连，其客货水运航线之多是同样作为水运枢纽的长沙镇和水口镇不能相比的。

（3）四川地区

任何场镇不论地处富庶之区，还是偏远之地，都需要与外界有一定的交通联系，一些场镇是交通道路网络上的节点，而这些节点不同程度地具有"码头"的功能，即货物用品联运进出的功能。四川常常把这种功能突出的城市场镇叫"水陆码头"，即使不通舟楫的也如此称呼，叫"旱码头"。所谓选址的"码头原则"就是根据交通运输、集市贸易与货物集散的便利通畅为要求来确定聚落营建的地理位置，包括它的拓展兴旺前景及发达程度。"码头原则"表现为三种基本情况：

一是沿江河交通要津的真正的"水码头"场镇。它们常常是连接水陆交通的枢纽点，同时也是货物流通转运的集散地。

二是陆路交会要冲的"旱码头"场镇。这类场镇处于旱路的交通枢纽地位，四通八达，联系各方，为物资贸易交换中心，商贾云集，人流旺盛，聚集能力强。

三是因当地土特产或主要物产资源而形成的原产地场镇。由于川内各地差异明显，物产各自形成商品特色，也就促成了不同特色商业场镇的产生与发展。[57]

1）渝东石柱县西沱镇

石柱县地处渝东褶皱地带，属巫山大娄山中山区。西沱镇又名"西界沱"，古为"巴州之两界"，东接施州（今湖北恩施），因位于长江南岸回水沱而得名。一般江边场镇多靠在回水沱旁兴建。此处乃江河弯处码头渡口，水面开阔，水势舒缓，适于停靠船只。西沱古镇云梯街（有万里长江第一街之称）依山顺势而建，一改长江沿岸集镇平行江面等高线的建筑方式，独树一帜，街面垂直长江，共有 118 个台阶，1111 步青石梯，两旁保存着明清遗留下来的层层叠叠的土家民居吊脚楼，紫云宫、禹王宫、万天宫、二圣宫、桂花园等古代著名建筑，镶嵌其间，形成了古镇深厚的历史文化积累。在西沱镇发现有观音寺商周遗址多处，说明其开发历史之悠久，早在汉唐时即为繁华水码头。

2）川南黄龙溪古镇

黄龙溪古镇位于成都平原上。该镇属双流县，距县城东南不足百里，与彭山、仁寿二县接壤，北靠浅丘牧马山，东临锦江（又称府河）。黄龙溪古镇处于府河与鹿溪河交汇的河口，河面宽阔，水流平缓，不失为一个天然小港。成都来的下水船和从重庆、乐山来的上水船常任此停泊过夜，近郊山货土特产交易多以水运，使黄龙溪镇繁华兴旺，虽在偏远之地，却成为名噪一方的水码头（图 3-105）。

图 3-105 黄龙溪古镇
（图片来源：刘启波 摄）

2. 利于防卫

传统民居的安全防卫系统一般由聚落和单体两个层次来完成。聚落层次上，安全防卫系统首先关注聚落的选址。至今保存完好的传统村落，其选址往往考虑了传统的风水因素，位于风水中的吉位，其中通常包含了对水旱灾害、匪盗兵燹的考虑。如其选址往往位于山水之间，基准地坪高度的选择综合考虑了取水便捷与防洪安全的结果，也考虑了村落相对独立的位置和避难防守的安全措施，对于各种可能的自然与人为灾害都有着较充分的考虑。在聚落形态上，通常以集中的整体规划来强调防卫性。居住集中，使得村落中各家各户能够互相照应，加上传统的宗族文化与民风培养，村落对抗个别匪盗的能力十分强大。有时村落的道路形态较为复杂，这对于村落民众而言是其自然生活方式的一部分，但对于外来匪盗而言，可能就又是一种防御手段。单体层次上的防卫设施，则多以复杂的院落空间组织和坚固的建造材料得以体现。

（1）两湖地区

在鄂西北地区，许多村落至今可以看到一座座高出一般屋面一层以上的望楼，属于民间自主的防御工事。许多聚落依托自然的山地丘陵，在高地上建造堡垒化的居住群落，作为防守避难的场所；日常在堡寨中备有存粮，合理安排有水源，以备灾害时防御避难。在鄂东、湘鄂西山区，堡垒化的聚落形态并不罕见，如鄂东的"蕲黄四十八寨"、鄂西的南漳地区堡寨群体、湘南江永某些山地防御型聚落等。

在两湖地区，民居建设坚固是首要条件，外墙材料在有条件的情况下尽量以砖石为主，综合考虑了防洪与防盗。建筑单体往往墙高壁坚，在二楼多设有连通的回廊，便于调配防守力量；同时院落、房间之间的门户交通较为复杂，通过关门落锁，很容易将空间加以区隔，便于防守一方对入侵者各个击破；对外开口数量也严格控制，一般只有较少的出入口，便于集中力量防卫；在最为关键的大门区域，有时还设置多重防御，针对火攻等手段均考虑了机关设施加以应对；外墙上的门窗洞口较少，通常都用砖石加固，有时还在外墙上门户旁边开有火枪射击用的射击孔。

以湘西永顺县灵溪镇老司城村为例，老司城村是湘西历代土家族土司王经营了八百多年的古都，为永顺彭氏土司政权的司治所在，是土司统治时期中国西南地区土家族经济、政治、军事及文化的中心。老司城村建立在一个地势极为峻峭的山地，依山傍水、因地制宜，遗址分内罗城、外罗城，有纵横交错的八街十巷，体现了自然地形和军事防御功能的完美统一。其城墙由下至上由红石条、青石岩和鹅卵石垒砌而成，西北部城墙保存完整，最高处达6米，并不是呈平行的状态，这种类似梯形的结构在国内都很少见，是老司城在建筑上的最大特点。

（2）四川地区

四川地形复杂多变，关隘重重，河川曲折多峡，险滩连连；加之历史上事故频繁，战乱不断，在来往的交通要道上常有一些要地、要塞、要冲、要津，成为控制一方具有战略意义的据点。这些据点既是历代兵家必争之地，又是各级行政管理官衙治所之处，自然汇集绅粮大户及黎民百姓等而成为大小聚落，历经更替兴衰，屡毁屡建，不断有所复兴。考察四川大多数历史文化名城、名镇、名村和一些重要聚落场镇的演变发展，几乎莫不如此。

这些城镇聚落的选址，包含着深刻的社会因素和环境因素，特别是着眼于政治上统治的有利实施，军事上攻占的有效控制，从而形成一条聚落选址的要塞原则。例如，川陕交界的广元昭化古城，乃自古以来由陕入川的主要干道——金牛道上的第一道关口，素有"川北门户"之称，是四川最早建立的县城，号称"巴蜀第一县，蜀国第二都"，至今已有2400年历史，当年秦举兵巴蜀即从此大军压境。秦于公元前316年在四川开始设屯郡县制，类似这样的场镇聚落必然具有军事防卫的意义和作用，从而体现出与众不同的聚居内涵和风貌特征。

1）川北广元昭化古城

川陕交界的广元昭化古城位于盆地之上，古称葭萌。白龙江、嘉陵江、清江三江在此交汇，嘉陵江水在此洄澜，水系宛若太极天成，有"天下第一山水太极"自然奇观之美誉。

据《三国志·先主传》，建安十七年（212年），刘备到葭萌以后，察看地势，果然如张松所献地图，"此城两江汇合，绕城东去；金牛古道，穿城而过；剑门雄关，巍峨傍立；桔柏古渡，扼江拒守"，虽属"弹丸之城，却有金汤之固"，实属战略要地，就此驻兵，操练兵马。这是对昭化古城选址符合要塞原则的最好注释。

昭化古城占地面积不大，但结构谨严，布局得当。古镇内三座明代城门保存完好，东门曰"迎凤"、西门曰"登龙"、北门曰"拱级"，风格质朴雄浑。房屋多为传统古民居，街道全是青石铺面，街头巷尾常见用汉砖砌就的墙，古城内民房多是南方风格的木架结构庭院（图3-106）。

图3-106　昭化古城

（图片来源：左图：http://atth.jzb.com/forum/201402/02/090620lte8wowb8weeg4pp.jpg；
右图：http://www.39yst.com/djjdgn/282410.shtml?kkkkkkkkkkkk）

2）渝北合川区涞滩镇

涞滩镇位于重庆市合川东北32千米处渠江西岸的鹫峰山上，是山地地形。镇分上涞滩和下涞滩，相距里许，一在鹫峰山山顶，一在渠江江边，整个涞滩镇可算作一个群落组团。晚唐只有寺庙，场镇则宋代方有。现镇侧有二佛寺，分上下两殿，为全国重点文物保护单位（图3-107）。

图3-107　涞滩镇
（图片来源：尚贝 摄）

古寨三面悬崖峭壁，具有"一夫当关，万夫莫开"的险要之势，清同治元年（1862年）增修的瓮城为重庆之唯一，城内保留有四个藏兵洞，具有关门打狗、瓮中捉鳖的御敌功效。古镇内 400 余间明清时期的小青瓦房高低错落，200 余米的青石小巷古朴典雅，基本保持了明清时代的原始风貌。

涞滩镇依托险要地势和寨墙建成了完善的防御体系。寨墙全长 1400 米，高约 3 米，厚约 2.5 米。寨墙寨门由条石砌筑，均沿山崖而建，东为东水门，南为小寨门，西为人寨门。唯西寨门独加逢半圆形瓮城，面积约 400 平方米，设八道城门，十字对称。西寨门高近 8 米，墙厚 3 米，拱门高 3 米、宽 2.5 米，有"众志成城"四个大字镌刻于拱顶门楣上。在一般集镇中有如此精巧别致的小瓮城在全国似无二例。整个涞滩镇就像一个古代城市城防的模型，场镇尺度同山乡民居相得益彰。

涞滩镇作为寨堡式场镇的典范，保存了很有特色的古代小场镇军事防御设施体系，以及古朴完整的清代老街与大片古建民居，还有大量精美的摩崖石刻和悠久的佛教文化，展现了"镇寨合一"独特的聚落空间形态，是难得的建筑文化遗产。

（3）贵州地区

黔中及西北地区的聚落，有很多是屯堡村寨。屯堡源于明初朱元璋的调北征南事件。明洪武十三年（1380 年），云南梁王巴扎剌瓦尔密反叛，第二年，朱元璋派大将傅友德和沐英率 30 万大军征南，经过 3 个月的战争，平定了梁王的反叛。经过这次事件，朱元璋认识到了西南稳定的重要性，于是命 30 万大军就地屯军。这一屯，屯出了悠悠 600年的"明代历史活化石"。屯堡文化既有自己独立发展、不断丰富的历程，也有中原文化、江南文化的遗存，既有地域文化特点，又有中国传统文化的内涵，有利安全防卫就是其特征之一。

1）黔中安顺市西秀区七眼桥镇云山屯

云山屯位于安顺市西秀区以南 18 千米处，黔中喀斯特小起伏中山丘陵之上。云山屯与其周围的本寨、章庄、吴屯、竹林寨、小山寨、雷屯、洞口寨等合称"云峰八寨"，是典型的屯堡村寨。在方圆 11 平方千米的地方，山清水秀，阡陌相连，8 个村寨分布有序，散布在山间坝子之中，既可耕种又可防守，既可各自为战又可互为支援，堪称军事防御体系的杰作，又是明代开发贵州的历史见证（图 3-108）。

图 3-108 云山屯
（图片来源：高源 摄）

2）黔西北平坝县天龙屯堡

平坝县天龙屯堡位于喀斯特地貌大山深处丘陵台地上，这里地处西进云南的咽喉之地，在元代就是历史上有名的顺元古驿道上的重要驿站，名"饭笼驿"；明初时，朱元璋调北镇南，在这里大量屯兵，兵来自江浙汉族，21世纪初被当地儒士改名为"天龙屯堡"。

天龙屯堡村寨的选址十分讲究，依山傍水，前面是阡陌纵横的田土，有丰富的灌溉水源，利于耕种；寨后的靠山高而险峻，登顶可以眺远，观察敌情，进则可攻，退则可守。屯内巷道纵横交错，遍布于巷道中的深邃枪眼和石拱门一夫当关、万夫莫开的军事功能，无不显示出战争的遗迹和屯堡人武备的思想。村内建筑群既不在山上，也不靠河边，大多依山而建，建筑朝向基本一致（图3-109）。

图3-109 天龙屯堡
（图片来源：叶安福 摄）

（四）选址及营建注重风水观念

表征人类之赖以生存的八大生态环境因子，俗称八卦——天（乾）、地（坤）、山（艮）、泽（兑）、风（巽）、雷（震）、水（坎）、火（离），其中风水来自周易八卦的巽卦和坎卦，风和水与人的关系最密切，变化也较大。风水就是讲究建立一个藏风、抱水、聚气的有利于人类生存发展的空间。

1. 选址

（1）江西地区

江西是中国风水学起源的重要地区。江西古村落的选址与营建受风水的影响较多。赣式的风水"形法"理论相对更注重自然科学的成分，择基选址的山水格局在很大程度上能满足居住环境对通风、纳阳、防潮、防洪等的基本要求，同时也使人们在心理上产生稳定、舒适的感觉。[58]

由于江西属亚热带温湿气候，所以山地型村落择址一定选在山体坡度不大的南坡向阳面，尽可能与山水相伴而具有良好的自然生态环境。汪口、流坑、渼陂、白马寨等众多村落布局形态都与风水学有着密切的关联。

1）赣北上饶市婺源县汪口村

婺源县属丘陵地貌，汪口村处于山水环抱之间，村落背靠逐渐升高、呈五级台地的后龙山，明净如练的河水由于村对岸葱郁的向山的阻拦而呈"U"形弯曲，形成村前一条"腰带水"的三面环水的半岛。三面绕村的河水，千古未变；名木古树古樟群、松、杉、柚、翠柏、梨树、桂花、紫薇、牡丹等主要集中在村西水口和村庄对岸的向山上，遮天蔽日，郁郁葱葱，造就了良好的村落人居环境（图3-110）。

2）赣东北浮梁县瑶里镇

瑶里镇位于江西省景德镇市浮梁县，地处皖赣两省、四县（安徽祁门县、休宁县、江西婺源县、浮梁县）交界处，两湖（鄱阳湖、千岛湖）、六山（黄山、九华山、庐山、三清山、龙虎山、武夷山）连线交点位置。该镇位于丹霞地貌上，瑶里古村落大多临水而建，自古以来，青山常绿。瑶水河沿镇而过，清澈见底，两侧青山环绕（图3-111）。

图 3-110　汪口村 图 3-111　瑶里镇
（图片来源：http://www.99118.com/List/955/4.htm） （图片来源：http://bbs.jsw.com.cn/bbs/thread-1902046-1-1.html）

（2）四川地区

四川本是山川奇异多变之地，选择宜于人居的理想环境之处自然成为人们美好的追求。不仅仅是城镇乡场这样的聚落，就是一般的乡居选址也都十分注重所谓的"看风水"，其已成为城市场镇选址的文化风俗原则。这既是一种传统的文化观念，也是流行民间的风尚习俗。[59]风水文化是中国传统文化的重要组成部分，也是中国建筑文化传统中环境观的主要内容。一般来说，风水是中国古代关于选择阴宅及阳宅，小至村落房舍、大至城镇陵寝的一种方术理论与操作技巧，虽在漫长的历史演变中，其有封建迷信的臆说成分，但就其本质意义上讲，它可以说是中国人几千年居住环境选择与营建实践经验的积淀和总结。

阆中古城位于四川东北部，嘉陵江中游，东枕巴山、西倚剑门、雄峙川北，以低山丘陵地貌为主，亦有部分丘陵平坝地形。古城坐北朝南，背靠之主山蟠龙山又称镇山，为阻挡北方寒风之屏障，并迎纳南向阳光暖气。古城东有白塔山，西有伞盖山、仙桂山，层层叠叠。南向相对为锦屏山，其山形似天马行空，崖壁如锦缎绚烂，成为奇妙之对景。

阆中古城的选址和营造，融山、水、城于一体，充分体现了人与自然和谐、"天人合一"的思想。阆中古城立于山环水绕的穴场吉地，其建筑布局，包括坐向方位、四至关系、中心所在、格局大小等等基本要素，也严格遵循风水穴法规划布局。简而言之，就是后倚蟠龙山，前照锦屏山，山向选择最重朝案，以"近案有情为主"。城中建筑前朝后市，左宗庙，右社稷，无不井井有条。棋盘式的古城格局，融南北风格于一体的建筑群，形成"半珠式"、"品"字形、"多"字形等风格迥异的建筑群体，是中国古代建城选址"天人合一"完备的典型范例（图3-112）。

图 3-112　古城阆中
（图片来源：程海达 摄）

2. 营建

（1）江西地区

1）赣中抚州市乐安县牛田镇流坑村

流坑村位于乐安东南山区向西部中低丘陵的过渡带上，四面青山拱抱，所谓"天马南驰，雪峰北耸，玉屏东列，金绛西峙"，钟灵毓秀，资源丰富；而当中一块山间盆地，

图 3-113　流坑村
（图片来源：王朕 摄）

沃壤良畴，自成天地。乌江由东南方、金竹一带的崇山峻岭中迤逦而来，碧水澄沏，悠然一脉，至村边转绕而西，予流坑村抱水枕山之胜、灌溉舟筏之利。流坑村是乌江下游即恩江上游的一个要点，也与吉泰平原和整个赣江流域产生了密切的联系。明代董燧在西南方人工挖掘的龙湖，将湖水与江水联为一体，使流坑村成为山环水抱的胜地。全村外有恩江、龙湖环绕，内有村墙门楼守望，很像一座小小的城池（图 3-113）。

2）赣中宜春丰城张巷镇白马寨

宜春丰城张巷镇位于丘陵平原地貌区，白马寨坐落在山脚的坡地上。白马寨聚落的布局特点一是建筑密度很高，房屋是一幢连一幢，背靠背或前后一字排开，有的前后两幢相距不到 2 米；二是这里的房子都是坐东朝西，与我国大部分地区房屋坐北朝南的布局大相违背。

白马寨除了崇文、重商外，重风水的风气也十分浓厚，所以风水学在聚落营建中起到了决定性作用。村里的七口水井、两座牌坊都是按八卦图的布局整体规划施工的，这在我国村级建筑史上是非常罕见的；村里有 64 条巷道，纵横交错，隐含着 64 卦相，并且没有一条巷子是直通村外的，七纵一横八条路，没有一条路是直的，没有一扇门是正的，这就是白马寨著名的歪门邪道，正门前都绕以围墙，而以侧门进出，以示回护折冲。

253

在这里没有向导的带领，对地形不是很熟的人是很难走出这八卦迷魂阵的（图3-114）。

（2）安徽地区

水口是风水学中一个重要的要素，所谓"水口"，指水源所从出之洞口，在徽州村落建设中是一项重要设施，对绿化和生态环境优化有着典型的意义。清代的《入地眼图说》卷七一节中说："入山寻水口……凡水来处谓之天门，若来不见源流谓之天门开，水去处谓之地户，不见水去谓之地户闭，夫水本主财，门开则财来，户闭财用之不竭"。从以上文字可知水口有两种：一为水流入之处，一为水流出之处，前者要开敞，后者当封闭。徽州人之所以热衷于在村口建造水口，主要是因为受风水理论的影响，他们认为水是财富的象征，为了防止它外流就应该修建"水口"，将水留住，才会"户闭"则财用之不竭，水口多选于山脉转折、流水环绕的地方，此外在水口还会辅助建造些富于人文气息的建筑，以庙、亭、堤、桥、树为主，据说可以加深水口的锁匙气势（图3-115）。

图3-114 白马寨

（图片来源：http://pic1.win4000.com/wallpaper/5/53a39b01a5d89.jpg）

图3-115 西递水口

（图片来源：张文竹 摄）

"水口"是徽州聚落构成的重要部分，也是聚落空间序列之始，可谓"启承转合"之中的"启"，是聚落无形的门户。在徽州聚落的典籍中，关于水口有种种说法，如"水口者，一方众水所总出处也"；"水口乃地之门户"；"水口宜山川融结，峙流不绝"等。水口一般距村落一二里，因有"水生财"的说法，水口往往架桥、植树、兴建牌坊亭阁，谓之曰"锁阴"，就是留住财气。总之，水口拉开了聚落空间环境的序幕，并且被赋予独特的文化内涵。黟县西递村又称"小桃源"，至今该村还高悬"桃花源里人家"的匾额，也有学者考证陶渊明的《桃花源记》描写的地方就在这里。"从口入，初极窄，才通人。复行数十步，豁然开朗。土地平广，屋舍俨然。有良田美池桑竹之属，阡陌交通，鸡犬相闻。"西递果然如此，据《西递明经壬派胡氏宗谱》记载，清代嘉庆、道光年间聚落极盛时，水口尚有文昌阁、魁星楼、文峰塔等一组建筑，但现已不复存在。

"村口""继"于水口，"承"于水口。如果说"水口"是徽州聚落空间序列的"启"，那么"村口"则是"启"之"承"。村口显然也是聚落构成的重要节点，不过相对水口来说，村口并没有被赋予那么多的文化意义，只是连接村内街巷和村外环境的一个节点。不少村落的村口还相当低调，或许是为了避免与水口雷同之故。各个聚落的村口因地制宜、因势利导，并不恪守某一模式，有的聚落村口还相当有规模。黟县西递村就是一例。

（3）广西地区

广西村寨的布局一般没有严格的规划，但因受一些传统礼制、乡俗民居或风水观念的影响，村寨的入口处理、街巷布局以及一些公共建筑和宗祠建筑的布局，都能与一般民居相互配合。可以说，村寨空间布局不仅是功能需求的结果，也是宗族习俗、民族特性、风水观念等社会人文要素的反映。

广西的高山峡谷类村寨主要分布在广西西北部的龙胜、三江、融水、都安、大化、东兰、天峨、南丹、巴马，东北部的贺州市、富川、恭城，西部的西林、田林、隆林、那坡、德保、靖西以及南部的防城、上思、灵山等少数民族分布地区。尤以瑶族最为普遍，素有"南岭无山不有瑶"之说；又以龙胜各族自治县的龙脊壮族十三寨最为典型、最为秀丽壮观。这类村寨的自然环境特点是山势巍峨、群山绵延，沟谷绵长、泉水淙淙，开门见山，平地稀少，如龙胜县龙脊村。

广西的丘陵类村寨分为两种：一种是分布在山脚下的缓坡上，或依着群山，或卧于河谷，村寨的环境特征是依山、傍水、临田。建筑多为南向、西南向或东南向。这类村寨在广西数量最多、分布最广，其中汉、壮、侗族等地区最常见；另一种是平地类型的村寨，分布在山岭的小盆地之中，地势比周围的田地略高，临水源，常以远山近水作为相地之基础。这类村寨主要是分布在东南部、中部和南部的汉族或壮族聚落，特点是水源丰富、土地肥沃、交通便利。[60]

1）桂东北龙胜县龙脊村

广西龙脊古壮寨地处桂北越城岭山脉西南麓的湘桂边陲，位于龙胜县和平乡东北部，是整个龙脊地区最古老的壮族村寨，属于雪峰山大、中起伏山地。在独特的自然和历史条件下，古壮寨传统建筑依山就势、灵活布局、与当地自然生态环境和谐统一，形成了独具民族特色的建筑风格。经历数百年的发展，古壮寨形成了随山势自上而下相互连接的3个寨子：廖家寨、侯家寨和潘家寨。龙脊古壮寨拥有广西乃至全国保存最完整、最古老、规模最大的壮族干阑式建筑群，其中有五处木楼已经有超过100年以上的历史，最老的木楼有250年的历史（图3-116）。

图3-116　龙脊村
（图片来源：龚艳贵 摄）

2）桂东北壮族自治区灵川县长岗岭村

灵川县位于雪峰山大、中起伏山地。长岗岭村落位于山区，择山间一块平原开拓地建房,有人为加固山体的痕迹。为了方便建设,村寨地面分为若干平台并进行平整化处理。村寨呈阶梯形态(图3-117)。

3)桂南钦州灵山县壮族自治区灵山县佛子镇大芦村

佛子镇位于中低山地貌区。号称"荔枝村",村内劳氏古宅共有九个群落,分别建于明清两代。古宅依山傍水,清静幽深,具有典型的明清时期岭南建筑风格。主体部分居中,各有五座(即五地),每座三间,地势由头座而下依次递低。头座正中为一间神厅,其余各座中间为过厅(俗称二厅、三厅、四厅、前厅),两侧为厢房。由神厅至前厅为整体建筑物的中轴线,两侧的建筑物均成对称结构(图3-118)。

图3-117　长岗岭村
(图片来源:http://m.guilinlife.com/travel/article/docid/1-880)

图3-118　大芦村
(图片来源:http://www.pop-photo.com.cn/thread_1863547_1_1.html)

二、少数民族聚落选址的绿色营建经验

少数民族聚落的选址,除了民族文化传统所带来的一些特定要求外,依山傍水近农田,综合处理房屋与山、水、太阳的关系依旧是选址的重要准则。同时,由于一些少数民族聚落所处自然环境较平原区更为恶劣,因此安全防卫与防止灾害也是考虑的重点。

(一)四川少数民族民居的选址及形态

四川是个民族大省,据2000年全国第五次人口普查统计,四川少数民族人口为415

万人，其中世居的少数民族主要有 14 个，即彝族、藏族、羌族、土家族、苗族、回族、蒙古族、傈僳族、满族、纳西族、布依族、白族、壮族、傣族。川西高原多为藏族、羌族、彝族等少数民族居住。川南、渝东南等边远地区有土家族、苗族等少数民族居住。四川盆地内几乎为汉族居住。

1. 藏族民居的选址及形态

藏族村寨选址必靠近农牧耕地草场附近，大多只有十几户或几十户，个别多者有上百户，三五户的仅是个组团。凡有土司住地，称为"官寨"，如阿坝州的马尔康官寨、卓克基官寨，甘孜州的孔萨官寨、白利官寨，官寨周围则有不少农奴的住宅群落。凡处于交通要冲之地，清代曾设台、站、府、县的地方，便形成城镇。

除此之外，在聚落具体定位选址上，依山傍水、视线良好、避风向阳为重要原则，即将房屋选在能够挡风，又能有较多日照的山麓、山洼之处，特别是重山围合、前方向阳的小盆地台地。如甘孜城位于雅砻江支流磨房沟西边山头的南麓，理塘城四山围合，康定城在亚拉河与折多河交汇处。

从村寨形态来看，一般的藏寨房屋多自由散置，各户朝向基本一致，疏密不定，缓坡平行等高线布置，陡坡垂直等高线布置，均依地势，不拘定法，显得十分松散。寨子周围常有小寺庙、白塔、转经房以及嘛尼堆、经幡等。如有大型寺庙或官寨，一般住宅都要朝向他们表示崇敬。如马尔康卓克基寨建在南北向小河两岸的南麓，以朝东、朝南、向阳为主，官寨建在东岸台地上，东北 – 西南向，视野良好。西岸寺庙及农牧民房前排朝向均向着官寨，其余则多朝南，各家房屋之间呈较自由分散的状态。

有的藏寨分布在湿润的河谷地区，有着良好的植被和生态环境，风格独特、造型别致的藏居形成大小不一的组团，错落有致地散布在绿树丛间，构成色彩绚丽、对比丰富的生态聚落图景，恍若香格里拉般的人间仙境。丹巴一带的不少藏寨都以这样的美妙环境吸引着外来游人接踵而至。

下以川西北阿坝州马尔康县卓克基土司官寨为例介绍：

卓克基土司官寨位于马尔康县城东南约 7 千米的卓克基镇，地处梭磨河与西索河交汇处的高地上，也是马尔康至成都、小金两条千米的交叉点，依山傍水、景色秀丽，被称为扼控川西北高原山地交通的锁钥。

卓克基土司官寨坐北朝南，注意朝向，整个建筑由四组碉楼组合而成封闭式的四合院。正面南楼为一楼一底建筑，为土司接待汉族官商客旅的专门场所，顶为平顶。官寨正对面的北楼为四楼一底，官寨左右两面的西楼、东楼分别为三楼一底、四楼一底建筑，西楼、东楼左边分别有阶梯式木楼梯直通顶层，各楼房靠天井处又有一周木质回廊作为同层各楼间往来的通道。在官寨左面耸立着一座与西楼连通的四角形的碉楼，初建时共 9 层 28 米，现仅存 6 层、高 20 余米，形态稳健，气势轩昂，不仅是土司及家人在紧危情况储藏珍贵物资及藏身的防御性建筑，同时亦是土司至高无上的权力、地位和财富的象征（图 3–119）。

图 3-119　马尔康卓克基土司官寨

（图片来源：左图：http://bbs.zol.com.cn/dcbbs/d34007_521.html；右图：http://cdhw2.package.qunar.com/user/detail.jsp?id=3060032227）

2. 羌族民居的选址及形态

在羌族民居选址时，影响具体选址的一个重要因素就是朝向。为了争取更多的阳光，在向阳的坡面或没有遮挡的山头上，使房屋布局朝南或朝东；同时尽量面向前方视线较为开阔之处和面对东方日出占据"阳山"，即在河谷向东方的坡面上；也有不少位于四周开敞的山头上或较宽阔的中山台地上，如号称第一羌寨的汶川萝卜寨即盘踞在河谷岸侧一高地的山顶上。另一个重要因素就是水源，除了汶川、茂县、理县、北川县城位于主要交通线上外，大多数羌寨的选址多沿岷江干流与支流黑水河、杂谷脑河及其大大小小的溪流河谷地区分布，在河谷中又分谷地、半山腰和高半山的垂直分布三种情况：

一般河谷底部有冲积扇平坝和缓坡，土地较为肥沃，水源充足，交通便利，自然成为寨落首选之地，如羌锋寨、桃坪寨、曲谷寨、郭竹铺寨等。

但是考虑到安全防卫的因素，有一部分羌寨即上山筑寨，在半山腰有耕地的台地并有险可据，形成大小不一的寨落。这样，既利于生产、生活，又有安全防卫的保障，如哑朱笃寨、纳普寨、布瓦寨、龙溪寨等。[61]

位于高半山的羌寨大多是较为古老的羌寨，这里距主要交通线较远，山地陡峭难上，凭险据守居高临下，对外防御条件有利，同时距山顶较近，有草地可供放牧农耕。所以越是深山，越是高山，保存的古羌习俗文化就越是典型纯正，如河西寨、和坪寨、瓦寺上司官寨、黑虎寨等。

从村寨形态来看，一般羌寨规模大小不一，大的寨落三五十户，以至上百户，小的十几户到二十户，甚至有七八户的组团小寨。多以附近农耕地的多少、集中与否等生产环境条件所决定，只有少数因交通商贸集市而形成的寨子。

1）川西北阿坝藏族羌族自治州桃坪寨

桃坪羌寨，在理县东 40 千米处，距成都市约 180 千米。该寨是羌族建筑群落的典型代表。寨内一片黄褐色的石屋顺陡峭的山势依坡逐坡上垒，其间碉堡林立，被称为最神秘的"东方古堡"。寨子以古堡为中心筑成放射状的 8 个出口，出口连着甬道构成路网，

图 3-120　桃坪寨

（图片来源：http://www.5fen.com/zixun/baike/10894.html）

本寨人进退自如，外人如入迷宫。寨房相连相通，外墙用卵石、片石相混建构，斑驳有致，寨中巷道纵横，有的寨房建有低矮的围墙，保留了远古羌人居"穹庐"的习惯（图 3-120）。

2）川西北汶川县雁门乡萝卜寨

萝卜寨位于阿坝州汶川县雁门乡境内岷江南岸高半山台地之上，地处著名的九寨沟风景区必经之路上。萝卜寨为冰水堆积的阶坡台地，地势平缓、宽阔，是岷江大峡谷高半山最大的平地，是迄今为止发现的世界上最大、最古老的黄泥羌寨。萝卜寨 100 余公顷的黄土地养育着岷江中人口最多（全寨有 1000 多人口）、住房最密集，并且是唯一以黄土为建筑材料的古老羌民（图 3-121）。

图 3-121　萝卜寨

（图片来源：左图：http://www.kaixin001.com/szooo/diary/view_125248316_52394848.html；
右图：http://www.lvyou114.com/line/671/671479.html）

3. 土家族民居的选址及形态

在四川地区，除城镇聚落外，土家族村寨基本上广泛分布于山区，以大分散小集中的组团式聚族而居，常是一姓一寨、一山一寨。这样的组团布局方式选址多根据周围耕地的情况，可选在山巅、山腰或依山傍水的溪河之畔，同时也考虑到安全自卫。有的土家族民居受汉族民居影响，也讲求风水相地。房屋布置随宜，多结合地形，顺其自然，大体朝向以南为主，但也不强求。组团内道路随地势自由弯曲，如树枝状通向各户。

在聚落形态上，同一个村落的农户，既不像汉族农宅多为单家独户的自由散居，也不像其他少数民族如苗族、侗族那样全部聚居在一个寨子里，而是在相邻不远的范围内散落着若干个大小不一的组团，每个组团各户房屋也松散自由地布置，可以独幢、可以毗联，但大体朝向基本一致，并同周围的田园、山林交错相融在一起。

酉阳土家族苗族自治县地处渝东南边陲的武陵山区，渝、鄂、湘、黔四省（市）在此接壤，是渝东南重要门户，是土家族、苗族的主要聚居地。这里山清水秀，人杰地灵，西面有滩急浪高的乌江天险，东面有被喻为"土家族摇篮"的酉水河和古朴的民风民俗。

由于特殊的地理特点与文化传统，酉阳土家聚落按流域分为乌江和沅江流域两大类。酉阳乌江流域土家民居聚落地处高山峡谷，各聚落一般位于交通要道如码头、驿道或河口处依山傍水而建，由于用地条件较差，聚落多沿等高线呈带形分布，横向则由梯道连接。[62] 酉阳沅江流域的土家聚落，一般位于小流域中的河谷、盆地，在河谷中沿江呈带形分布，如桃花源镇。

在长期的实践中，土家民族总结积累了山区小流域建设的经验与教训，十分注意聚落民居的防洪功能，一是聚落的选址及建设中一般居高地，二是采用特殊的防洪措施如吊脚楼等。酉阳土家民居中吊脚楼极有特色，一般建在山崖边，层数2～3层，主人多住楼上，底层用作堆放杂物及牲畜饲养。这种建筑不仅充分结合利用了陡峻的地形，可减少造价及对自然地形、植被的破坏，还具有防潮、防兵匪等多种功能，发生紧急情况时可拒险固守或退守山林（图3-122）。

图3-122　桃花源镇

（图片来源：左图：http://tupian.baike.com/a1_28_23_01300001009299134197233903852_jpg.html；右图：http://sc.sina.com.cn/travel/message/2012-06-18/08266278.html）

4. 彝族民居的选址及形态

四川彝族居住有大分散、小集中的特点。彝寨多选在高山或向阳坡地上，一般地势都较险要以利防守。高山上的村寨亦多自由松散，寨内道路自然形成，多不完善，更无系统的街巷；河谷平原地区则多聚族而居。村寨一般为十几户至几十户，少则三五户的组团，上百户的大寨极少，更多的是独户散居，也有不少彝汉杂居的村寨。大多数寨子喜面向日出的东方或背山面水的南方，常常靠近耕地或便于放牧的地方，且水源有所保障便于生活，民居多为小家庭居住，体量不大，故多顺等高线平行布置。

昭觉县位于四川西南部，昭觉是彝族聚居的主要代表县，有"不到昭觉不算到凉山"一说。彝族居住村落选择在地势险要的高山或斜坡之上，或接近河谷的向阳山坡，村落形态为散漫型村落，不再以族居、向心布局为其主要的组团方式，而大多受制各种

图 3-123　彝族村落

（图片来源：http://www.mzb.com.cn/zgmzb/html/2009-02/20/
content_58990.htm）

地缘形貌及耕地零散分布的特点，规模小而分散。在建筑材料选择上，河谷地区多为土墙板瓦，高山地区多用竹墙板瓦（图3-123）。

（二）贵州少数民族民居的选址及形态

贵州是一个多民族的省份。从有文字记载的历史看，贵州自古即是多民族聚居地。世居在这块土地上的，除汉族外，还有苗、布依、侗、土家、彝、仡佬、水、白、回、壮、蒙古、畲、瑶、毛南、仫佬、满、羌等17个少数民族，少数民族人口占全省人口的37.85%。贵州民族分布特点是成片聚居，交错杂居。全省少数民族主要聚居在3个自治州、11个自治县。

贵州各少数民族在村寨选址时，虽然根据不同的地貌环境自然产生了形态各异的聚落形式，但是适应自然、利用自然、创造美好家园的宗旨始终不变。

1. 土家族民居的选址及形态

贵州土家族村寨一般选址在山脚下有泉（井）水，近河流、近田土、靠近山林、朝向较好的缓坡地带或平坝边缘。村寨类型有组团状、带状和小规则状等类型，各种类型都是随地形变化自然形成。

黔东北同仁市江口县地处贵州高原向湘西丘陵过渡的斜坡地带，云舍土家民俗文化村坐落在梵净山太平河风景名胜区内被誉为"天堂河谷"的太平河畔，全村总面积4平方千米，439户1717人中，98%的村民都是杨氏后裔，是江口乡村第一大寨。云舍土家族仍然保留着自身民族的风情习俗，因而被称为"中国土家第一村"。

云舍是中国土家族民居中的经典古寨，400余户宅舍依山傍水、高低错落、蜿蜒起伏，崎岖而狭窄的青石板道路，幽深的巷道，诸多明清古建民舍、祠堂，历史气息浓厚（图3-124）。

图 3-124　云舍村

（图片来源：左图：http://www.huitu.com/photo/show/20150228/100245858200.html；
右图：http://news.china.com.cn/rollnews/news/live/2014-12/06/content_30231022.htm）

2. 彝族民居的选址及形态

贵州的彝族村寨选址和居屋坐向十分注重风水，而且越是历史悠久的村子越是如此。因此对"地脉龙神"的崇拜,祭龙神,护龙脉,培育风水和"气脉"是彝族的"风水观"。[63]

黔西六盘水市盘县属山地地貌，淤泥乡麻郎垤村寨分布在双龙河两岸，沿河傍山而居。在彝语里，"麻郎垤"指的是四面环山、环境闭塞、条件较差的地方，有打不开、封闭、保守的意思，也客观地表达出了聚落所处的自然环境特点（图 3-125）。

图 3-125　麻郎垤村
（图片来源: http://gz.people.com.cn/n/2015/0909/c222177-26304315.html）

3. 苗族民居的选址及形态

苗族是富有斗争反抗传统的民族,他们多选择居住于高山地区,素有"高山苗"之称。"依山而寨、择险而居"即为苗族聚落的第一个特点。

其次，苗寨多"聚族而居，自成一体"，不但选择生态环境较好的地方安居，而且还能妥善地处理好安全防卫与耕种生活的矛盾。所以苗族对寨落选址十分重视。[64]

苗族寨落选址首先是背靠大山，正面开阔。靠山多为阳坡，向阳能减少寒气压迫，视野辽阔，高能远望，后有依托，便于防守撤退；二是多近水源，或面河或邻井，同时还考虑避免山洪的危害；三是有的苗寨选在山巅、垭口或悬崖惊险之处，居高临下，可守可退，同时可种植庄稼；四是有适宜的自然环境，多数苗寨在讲风水的同时能将二者统一，尽可能选择好朝向，以获得宝贵的阳光。

在建筑形态上，苗族吊脚楼与底层全架空的干阑楼屋的区别在于：因借地形，减少土石方的填挖量，适应山区起伏的特点，具有较大的灵活性。底层吊脚可长可短，二层前半架空，后半落于屋基上，多建于山区坡地或江河两岸的缓坡地带，结构形式融于外部环境。因此半边吊脚楼是具有黔东南苗族地域特色的山地建筑。

　　黔东南西江千户苗寨是一个保存苗族"原始生态"文化完整的地方，由十余个依山而建的自然村寨相连成片，是目前中国乃至全世界最大的苗族聚居村寨。西江千户苗寨所在地为典型的河流谷地，清澈见底的白水河穿寨而过，苗寨的主体位于河流东北侧的河谷坡地上。千百年来，西江苗族在苗寨上游地区开辟出大片的梯田，形成了农耕文化与田园风光（图 3-126、图 3-127）。

图 3-126　千户苗寨的村落形态
（图片来源：左图：http://photo.poco.cn/lastphoto-htx-id-3589428-p-0.xhtml；右图：尚贝 摄）

图 3-127　千户苗寨民居
（图片来源：尚贝 摄）

　　西江千户苗寨的苗族建筑以木质的吊脚楼为主，为穿斗式歇山顶结构。分平地吊脚楼和斜坡吊脚楼两大类，一般为三层的四榀三间或五榀四间结构。底层用于存放生产工具、关养家禽与牲畜、储存肥料或用作厕所。第二层用作客厅、堂屋、卧室和厨房，堂屋外侧建有独特的"美人靠"，苗语称"阶息"，主要用于乘凉、刺绣和休息，是苗族建筑的一大特色。第三层主要用于存放谷物、饲料等生产、生活物资。西江苗族吊脚楼源于上古居民的南方干阑式建筑，运用长方形、三角形、菱形等多重结构的组合，构成三维空间的网络体系，反映苗族居民珍惜土地、节约用地的民族心理。

4.布依族民居的选址及形态

贵州的布依族聚落主要为同姓集聚区，村寨选址多为依山傍水，环境优美，大小树木郁郁葱葱，远眺山寨，可见到建筑群体因地形高差而展现出不同的层次和高低错落的轮廓。

开阳县地处黔中喀斯特小起伏中山丘陵，是一个以布依族为主的少数民族聚居地，马头寨坐落在清河岸边一座小山的山腰上，山清水秀。古寨形如蝴蝶，意为福地。它的龙脉，源于修文扎佐，绵延了近60里，一直延伸到白花大山东部山根的平台上。马头寨三面悬崖，陡坡、陡坎、深沟较多，青龙河、深水河环寨流过，枕山环水。古树参天，寨前宅前田园与居民融为一体，形成了一处"天人合一"的优美环境。

村民依山傍水、因地制宜建房，一座座木构民居顺山就势建于山腰上。马头寨民居不少为干阑式，一般为穿斗与抬梁混合结构，院落多为四合院、三合院形态，一正两厢加对厅（或照壁）。正房面阔三间、五间、七间不等，门窗均饰精致木雕，以龙凤、"万"字格等吉祥图案居多。而布依族则对一些雕饰图案有独特的解释，如他们认为"万"字格象征水车花或螃蟹花，都与水有关，充分反映了布依族自古顺水而居形成的水文化传统（图3-128）。

图3-128　马头寨民居风貌
（图片来源：http://bbs.qianlong.com/thread-1169580-1-1.html）

（三）云南少数民族民居的选址及形态

少数民族众多是云南最为突出的一个特点。全国有56个民族，云南就占了其中的26个（特指聚居人数在5000人以上者），其种类几乎占了全国的一半。居住于云南境内腹地"坝子"和边疆河谷地区的民族主要有白族、回族、纳西族、蒙古族、壮族、傣族、阿昌族、布依族、水族等9个民族；居住于半山区的有哈尼族、瑶族、拉祜族、佤族、景颇族、布朗族、德昂族、基诺族等8个民族和部分彝族。居住于高山区和滇西北高原的有苗族、傈僳族、怒族、独龙族、藏族、普米族等6个民族和部分彝族。汉族则居住于各地的城镇和坝区。各民族交错分布，形成了大杂居、小聚居的局面。

明清时云南仍然还有一些民族"岩居穴处，或架木为巢"。一些民族的社会经济还停留在以狩猎、采集为主的阶段，如部分佤族、德昂族、布朗族、独龙族，拉祜族等民族；一些民族则停留在以原始农耕或畜牧为主的阶段，如部分佤族、德昂族、布朗族、景颇族、哈尼族、拉祜族、苗族、瑶族、基诺族等。

1.布朗族民居的选址及形态

传说布朗山章加等宅子的先民，原是景洪傣族"召片领"的"奴隶"。一是因不堪土司的重苛，二是因景洪地区气候湿热，瘴痢蔓延，"三天病，五天冷"，于是便在200年前举寨迁徙到布朗山。后来他们在章加定居下来，因为"这是一个依山面谷的小台地，水源和阳光均充足"。

另有一则记载说：布朗族选择寨址的主要条件，一是要靠近耕地，以方便耕作，因此大多数村寨都在大山上；二是要避开水源，因为布朗族怕水鬼，认为水鬼比地鬼更可怕、更可恶，因此布朗族村寨一般建在距水源较远的地方，并禁忌引水入村。宁可到寨外背水吃，一般都不在寨内挖井。新中国成立前，这里建在水边的村寨极少。

布朗族建立村寨十分强调程序和礼仪。在举行过建寨仪式后，才建起来的村寨叫"拥"，没有举行过建寨仪式的村寨则被称为"邦"。在布朗族的观念中，"邦"不过是暂时歇脚的地方，只有"拥"才是吉祥、平安、幸福的永久依托。

建寨的仪式是这样的：在经占卜确定的寨址上，村民们按照召曼或佛爷的指点，用手指般粗细的茅草绳和白线，先把寨子的范围围起来，并在中间栽上许多小木桩，用白线拴着木桩连接成网。召曼、佛爷围着木桩念经、滴水。村民跟在后头跳建寨舞蹈，并把用以围寨子的草绳的绳头和绳尾落拉在一起，连接起来，表示全体村民齐心合力，愿意和和睦睦地居住在这个地方。草绳连接起来后，接着便是开门。一共要开四道门。正门只有一道，叫"都永"，即寨门的意思。其余三道叫"巴都永"或"巴都膝"，意为通向山野的门。每道门旁都栽上两颗树桩，叫"肯永"或"肯曼"，象征守寨门神。

以滇南西双版纳傣族自治州勐海县布朗山布朗族乡曼娥村为例：

云南省西双版纳州勐海县东南部的布朗山上，分布着全国唯一的布朗族乡，全乡地处山区，境内山峦起伏连绵，沟谷纵横交错，平均海拔达 1216 米，呈东北高西南低地势。

布朗山是著名的普洱茶产地，山中的村寨，大的有班章、曼娥、曼新龙等几座，其中，曼娥村是布朗族在布朗山最早建立的寨子之一，其种茶历史已有 900 多年。曼娥寨子共有 128 户，现存古茶园 3205 亩，分布在该村四周的森林中，海拔在 1300 米左右。曼娥村的布朗族信仰南部上传佛教——小乘佛教，在村子的三个方位建造了三座庙宇和三座金塔，寨子的旁边就生长着很多的千年和百年的古茶树，布朗族的民居与傣族民居相似，一楼一层的全木"杆栏式"建筑，非常适应西双版纳的热带气候（图 3-129）。

图 3-129 曼娥村

（图片来源：左图：http://special.yunnan.cn/feature6/html/2012-12/21/content_2544883.htm；
右图：http://www.puercn.com/puerchazs/peczs/6974.html ）

2. 壮族民居的选址及形态

"壮族住水头",这是在滇南民居颇为流行的一个俗语。所谓"水头"一般是指河流而言。壮族本为稻作民族,"善治田",或曰"喜种水田",没有水便无异于断绝了壮族的求生之路,"住水头"就是壮族聚居的必然选择,一代一代沿袭下来,与水共居便顺理成章地形成了一个民族的文化特性,水也就成了壮族聚落环境构成中的一大"文化－生态"要素。靠山面水是广南壮族村寨普遍具有的自然特征。

广南,地处云南省东南部,是百越民族发祥地之一,有濮人、侬人、山僚等少数民族。如今,史前遗址遍及全县,民族文明特别是壮族农耕、修建、服饰、歌舞、饮食文明各具特征。较大的海拔高差和喀斯特岩溶地貌,使广南形成了壮丽的山川、俊美的河流、险恶的峡谷、雄奇的溶洞瀑布,具有千姿百态的天然风景。

坝美村位于云南文山州广南县北部八达乡和阿科乡交界处,村子四面环山,喀斯特地貌。村子四周被翠绿的群山环抱,境内一年四季流淌着一条名为"驮娘江"的清澈小河。村寨古老而优美,高大的榕树枝繁叶茂,巨型的树根盘根错节地裸露在地面上,一层层依山而建的麻栏楼里居住着百多户壮族人家。坝美村房屋以落地和半楼居两种杆栏式风格为主,主屋用木板架成,四周用树枝围拢,再敷上泥巴、牛粪拌合成的黏土,非常通风、保暖,上盖瓦顶、抱厢,前置凉吧或围栏,楼上住人,楼下关牲畜、堆杂物。当地壮族将他们的民居称麻栏楼,也有人称吊脚楼。这些老式的麻栏楼等民居建筑,显现着历史的风貌,是壮族传统建筑的活化石(图3-130)。

图3-130 坝美村

(图片来源:左图:http://travel.qunar.com/p-oi5942843-xiaoluoshuicun;右图:http://www.jinbifun.com/thread-3557439-1-1.html)

3. 哈尼族民居的选址及形态

云南的哈尼族寨址选择为山场中的凹塘,即被神圣化了的"塔婆"生哈尼的"肚脐眼",这是"塔婆"对哈尼人的特殊恩惠,史诗里说:"哈尼人,快看吧,天神赐给我们好地方;横横的山像骏马飞跑,身子是凹塘的屏障,躲进凹塘的哈尼,从此不怕风霜。"

其次,凹塘边要有茂密的树林。这是因为早期哈尼人靠猎杀野兽为食,要有森林才会有野兽,而且森林可以提供安全的庇护。所以史诗里说:"密林里野兽见人不慌,山林把大风拦在远方。"又说:"老林的绿荫下,到处望得见哈尼支下的扣子,尖尖的山脊上,哈尼围猎声如雷响。"

最后，基址所在山坡上要有清澈的泉水。哈尼人的生产生活都离不开水，他们只在有清澈泉水的地方才停下。

滇南元阳县哈尼族村落坐落于半山腰，占地约 5 公顷，全村有 150 户人家，800 多人。村寨树林异常茂密，鸟啼蝉鸣，充满了浓郁的原始乡土气息。村落集中体现哈尼梯田文化的共性即森林、村庄、梯田和江河四度同构的特征，所以又被称为哈尼族四度同构展示区。

元阳哈尼族梯田生态系统呈现着以下特点：每一个村寨的上方，必然矗立着茂密的森林，提供着水、用材、薪炭之源，其中以神圣不可侵犯的寨神林为特征；村寨下方是层层相叠的千百级梯田，那里提供着哈尼人生存发展的基本条件：粮食；中间的村寨由座座古意盎然的蘑菇房组合而成，形成人们安度人生的居所。这一结构被文化生态学家盛赞为"江河 - 森林 - 村寨 - 梯田"四度同构的人与自然高度协调的、可持续发展的、良性循环的生态系统，这就是千百年来哈尼人民生息繁衍的美丽家园（图 3-131）。[65]

图 3-131　哈尼族村落

（图片来源：http://www.dpnet.com.cn/schoolW/40/26664/14.shtml）

三、山地聚落与地形相结合的绿色营建经验

南方地区地形地貌复杂，山地丘陵众多，水系四通八达，因此山地聚落无论是在选址与布局上，还是在建造或者形态上，都能做到与地形相结合，充分体现了天人合一、崇尚节俭、因地制宜的人文理念，同时还体现了传统的建筑安全观与美学观。

（一）山地聚落在选址及布局上与地形相适应

传统民居聚落的选址主要考虑的是在自给自足的小农经济下的农业生产与生活。南方地区山地丘陵众多，再加上河流、溪涧纵横，民居聚落在选址中主要考虑的就是聚落与山、水之间的关系，从而形成了各具特色的选址布局。

1. 福建地区山地聚落的选址及布局

福建多山，许多民居聚落便坐落在地形起伏的山坡或山麓上。为了争取良好的自然条件，这种山地聚落往往位于山的阳面，以便获得避风向阳的良好环境。因山势不同，聚落又可分为两种：一种是沿等高线变化呈外凸的弯曲形式，一种是沿等高线变化呈内凹的弯曲形式。前者多位于山脊，视野开阔，利于自然通风；后者多位于山坳，虽然通风不如外凸的布局形式通畅，但可借助山势作屏障，更具安全感，也符合风水藏风聚气的要求。福建的山地聚落多采用内凹的形式布局，如尤溪县的桂峰村。

（1）闽中西北尤溪县洋中镇桂峰村

洋中镇桂峰村属山地地貌，四周被群山环绕，只在西北面有一个出口。聚落沿等高线呈内凹的弯曲形式布局，形成半圆形内敛的空间。民居由山麓一直延伸至山腰，随地形高低变化布置。主要的街道与等高线相垂直，高程变化显著，而巷道则基本与等高线平行。聚落因此形成了天然的防御系统，再加上严整的寨墙，能够保障本村居民的安全（图3–132）。

图 3–132　桂峰村

（图片来源：左图：http://www.pop–photo.com.cn/thread_1855810_1_1.html；右图：http://itbbs.pconline.com.cn/dc/16013829.html）

（2）闽南龙岩市连城县宣和乡培田村

宣和乡培田村位于武夷山大、中起伏中山地貌区，有着优越的自然地理环境。从西北方向蜿蜒而来的武夷山余脉南麓的松毛岭，挡住了西北的寒流与霜害，也恰好形成了培田村的"坐龙"。村落绕着松毛岭东坡突出的高岭北、东、南三面环山布置，主要民居朝向东面和东南面。河源溪从北、东、南三面绕村而过，村落正东1000多米高的笔架山防御着夏秋台风的侵袭，也成了古村落的"朝山"。村落选址"枕山、环水、面屏"，符合中国传统文化中"前有朝山溪水流，后有丘陵龙脉来"的风水观念（图3–133）。

2. 四川地区山地聚落的选址及布局

四川盆地地形多变，也造就了不同形态的场镇，主要包括云梯式场镇、包山式场镇、寨堡式场镇、盘龙式场镇等。无论哪一种场镇，其顺应山体或河流的走势形成了整个场镇的基本骨架，决定了其总平面的基本形态。

图 3-133 培田村

（图片来源：左图：http://www.pop-photo.com.cn/forum.php?do=tradeinfo&mod=viewthread&pid=2099181&tid=1859491；

右图：程海达 摄）

（1）云梯式场镇

云梯式场镇，它的产生完全是四川地形因素形成的。在复杂的山地条件下，要选择一块平坝或缓坡是不容易的，而这些地段多为良田好土，不能轻易占据用来建房。尤其那些临江岸的交通必经之处，多为陡峭的坡地。但只要地址基岩石盘牢固，聪明智慧的川人也会不畏劳苦，视险地为坦途，平基盖房，起场建镇。

这种场镇形态上的主要特征是主街垂直于等高线沿行砌阶梯而上，随山势起伏转折，再派生若干曲径小巷，通向高低错落、大小不一的众多台地房舍。因此，这种云梯式场镇也可以称为"爬山式场镇"，其中渝东南石柱土家族自治县西沱镇尤富有代表性。

西沱古镇云梯街依山顺势而建，一改长江沿岸集镇平行江面等高线的建筑方式，独树一帜，街面垂直长江，共有 118 个台阶，1111 步青石梯，两旁保存着明清遗留下来层层叠叠的土家民居吊脚楼、紫云宫、禹王宫、万天宫、二圣宫、桂花园等古代著名建筑，镶嵌其间，形成了古镇深厚的历史文化积累（图 3-134）。

图 3-134 西沱镇

（图片来源：左图：http://zhaomingyang0807.blog.163.com/blog/static/2101142102012715537313 25/；

右图：http://www.cqszta.gov.cn/ly/pic_mesage.aspx?id=1500）

（2）包山式场镇

包山式场镇，建筑和街道布置在体量较大的冈峦山体的两面或几个侧面，龟山顶常有一段较平坦的台地形成主街的核心部分，控制着整个场镇。基于其地形特点，包山式场镇的特点主要有："包山临溪沿河"，巧于因借，灵活自由；竖向空间大起大落，对比强烈，层次丰富；山地场镇建筑特征尤为突出，错落变化，形象动人，其中川东南合江县福宝镇富有代表性。

福宝镇位于四川盆地南缘。古镇依山傍水，五桥相通，三水相汇，镇周青山翠叠，河岸绿竹摇风。高处望去，高低错落、鳞次栉比的屋宇千姿百态，排排吊脚木楼随山势起伏，错落有致。镇内小街宽不过三四米，窄处仅容一人过，全系青石板铺就，石阶起起落落落，蜿蜒上腾伸向前方（图3-135）。

图3-135　福宝镇
（图片来源：张楠 摄）

（3）寨堡式场镇

寨堡式场镇又称山寨式场镇，一般多选址在地形险要的山上，但也有在平坝交通岔口之处筑设寨的。这种场镇的形成有一个从军事防卫功能为主转变到以居住商贸功能为主的过程。不少寨堡式场镇就是从早期的寨子发展起来的，也有的是场镇在形成过程中因其地位的重要性，或为了增加居住的安全感而借鉴山寨和城堡的形式来建造的。四川在明清之际及民国时代，社会动荡兵祸匪患严重，乡民为求自保，不但大修各种寨子和碉楼，而且把常住的场镇也建成寨堡的形式，其中独具特色的当属渝北合川市的涞滩镇。

古镇涞滩，分上场与下场，其间相隔咫尺，形似兄妹，一高一低、一上一下、一刚一柔，互为照应。上场坐落在雄视渠江的鹫峰山上，其势巍峨，颇具阳刚之壮美，寨墙高筑，如龙盘虎踞于山势之间。

（4）盘龙式场镇

盘龙式场镇，主街顺应山体或河流的走势而形成了整个场镇的基本骨架，决定了其总平面的基本形态，所以川中老百姓常常把这样的场镇喻为"龙形街"。其主街为S状，街道为连续弯道，因而场镇空间呈现出某种"流动空间"的性质，街道景观产生步移景异的变化（图3-136）。

这种盘龙式场镇完全由地形环境所决定，反映了山地场镇的基本特征。这也是川内场镇布局常用的基本手法。盘龙式场镇有的绕着山转，有的盘着水弯，或二者兼而用之。在平坝地区场镇如游龙，在浅丘山区场镇则如上下之腾龙，使这种场镇在空间形象上充满了强烈的动感。尤其从高处远观，在大地田野一片青山绿色映衬下，高低起伏的一片片青瓦屋顶像黛色的飘带连续不断延伸向远方，犹如龙行天下，给人以深刻印象。这种场镇以川中资中县罗泉镇最具代表性。

罗泉镇位于四川盆地腹心，整个布局成龙形，所以又名龙镇。罗泉镇四周山峦环抱，景致优美，东边是碧波荡漾的珠溪河，河随山流，镇沿河建，既有自然的巧合，又有人为的精心设计，从后山居高眺望，整个古镇就宛如一条山间游龙（图3-137）。

图3-136　涞滩镇

（图片来源：http://www.xcar.com.cn/bbs/viewthread.php?tid=1381297%20）

图3-137　罗泉镇

（图片来源：张楠 摄）

3. 贵州地区山地聚落的选址及布局

贵州地区的山地聚落多与水体有一定的关系，所以依山傍水、讲究风水是其特征。贵州山地聚落主要有河滩阶地型、弯曲河谷型、迂回扇形河漫凸岸、湖面围合的凹形空间四种类型。

（1）河滩阶地型

这种类型的村寨依山傍水，讲究风水。例如从江县下江区境内，沿都柳江畔分布有腊俄、巨洞、郎洞、苏洞等若干个侗族村寨，这些村寨均以依山傍水的选址模式延续传承，至今仍保持着侗族文化的特质。

都柳江畔的苏洞寨共70户，340人，分为上寨、下寨。苏洞上寨位于从江县下江区，东临都柳江，江水离寨仅一箭之遥，南与苏洞下寨相邻，村寨的西南与北面均为成片的杉树山林。山林称为风水林，以镇凶邪。临都柳江畔的寨前两棵大榕树，名曰"风水衬"。古树树径七八人难以抱合，像巨大的门柱屹立寨前，硕大的树冠遮天蔽日。傍晚在不规整的石阶梯道上，牛群返回家园，身在其中，大有桃源之感。

苏洞寨是一个典型的河滩阶地型村寨，是风水观念之中的理想村落基地：寨后有靠山，前有朝宗，后山略呈弧形环抱村寨，形成护卫势态，村前河滩坝子空间平敞，都柳江水似如玉带，村寨坐落的地理环境，对讲究风水、"龙脉"的侗族村寨，尤其合适。

（2）弯曲河谷型

这种类型的村寨沿河谷、溪流走向布置，呈线状格局，总体整齐有序，侗寨特征清晰，如黎平县肇兴侗寨。

贵州黎平县肇兴侗寨旧名为"肇洞"。村寨位于黎平县城南70千米处，是侗族南部方言地区较大的村寨之一，有"七百贯洞，千家肇洞"之称。肇兴侗寨的地理位置属低山峡谷区，村寨所处地形为两山之间的谷地，寨址就坐落在这片弯曲型河床的阶地上。村寨民居沿山谷走向的溪流及道路两侧布置，两条长长的溪水于村寨中间汇合后流往西北。阶地土质肥沃，村寨富裕，景观秀丽。

村寨占地面积为18公顷，现有住户700余户，人口3300余人，规模为黎平县内自然村寨之冠。肇兴侗寨所处的地形位于两座山脉之间的谷地，侗族木楼沿着山谷走向布置，民居的分布形态呈线状格局，总体整齐而有秩序，构成了良好的人居环境。五座侗寨鼓楼由下而上收分变化，给人一种向上的势态和高耸的视觉效果，体现了侗寨特征。在肇兴侗寨，除了鼓楼之外，还有五座风雨桥和戏台。[66] 风雨桥设置于每个族群的入口部位，因此，它又是群落地域空间界定的标志（图3-138）。

图 3-138　肇兴侗寨

（图片来源：左图：http://bbs.zol.com.cn/dcbbs/d232_191596.html；右图：杨雪 摄）

（3）迂回扇形河漫凸岸

这类村寨位于高处，呈团状形态且取水方便，如黔东南从江县往洞乡增冲寨。

增冲寨是位于河道附近的大型平坝村寨。建筑基本上避开凹岸，大多布置于河流迂回扇形的凸岸，组成一个高密度的块状形态。村寨溪流水量不大，对阶地不构成水灾威胁。此类村寨距溪流较近，取水方便，此外，村落位于高处，呈团状形态，具有全方位的视觉景观面，或远眺，或俯视，可以形成辐射状的迂回扇景观。

增冲寨犹如一个半岛坐落在环抱的溪流之中，村落的北、西、南三面临水，溪流绕寨而过，三座风雨桥横跨其间并与寨外相通。村寨共有197户，1093人。寨内的侗族民居以干阑式木楼为主，木楼的檐廊彼此相接，屋面青瓦若邻。于村寨的南侧，也有几幢外观经演变但仍然带有我国江南地区风格的空斗墙的汉风住宅。被列为省级文物重点保护单位的增冲鼓楼，耸立寨中，四周鱼塘满布，水流潺潺，侗居凌驾于溪水之上。村寨的禾晾到处可见，呈现出一片侗乡特色（图3-139）。

图 3-139　增冲寨

（图片来源：http://www.chinajzsyj.com/bbs/viewthread.php?tid=2468）

（4）湖面围合的凹形空间

这类村寨的典型案例是贵阳花溪区石板镇镇山村。镇山村位于贵阳花溪区石板镇花溪水库中部的一个半岛上，三面环水，碧波荡漾，一面临山，与李村隔水相望，山清水秀，环境优美，整个村寨掩映在青山绿水之中。全村分上寨、下寨两部分，总面积 3.8 平方千米。房建青坡上，人在水中行，山里有寨，水里有村，步入山村，有置身于石头建筑的艺术境

图 3-140　镇山村

（图片来源：尚贝　摄）

界，它是贵州中部地区典型的布依族村寨。三面环水的自然环境，使山、水、田园融于一体，提供布依族村民一个接近自然和生态的居住场所。村寨是依山傍水的石板民居建筑风格，建筑采用木构架，合院空间、石巷通道，景色迷人。下寨民居呈梯形状布局，分布在四级台地上，并向两侧延伸，形成向湖面围合的凹形空间，有良好的视觉景观。村寨建筑居高临下，可以环绕观赏周围的水库景色（图 3-140）。

（二）山地聚落建筑在建造上与地形相适应

建筑结合地形有三个优点：（1）节约耕地，不占良田；（2）节约土方，减少劳力和经济支出；（3）充分利用空间，把山地、坡地变为有用的房屋基地。

1. 广东地区山地聚落建筑的建造

因为广东、海南等地多为丘陵地区，地势起伏大，因此很多民居是依坡而建，建筑物随着地形地势变化而灵活布置。将建筑用地分置成若干层台地，具体手法有如下：

一种是纵向台地利用法，即沿等高线布置建筑物。这种住宅布置与等高线平行，在粤北山区常将地形分成几级，沿纵向台地建造房屋，既节约土方，外观又有规律地排列，十分整齐好看。粤北山区瑶族民居的排瑶村寨就是按台地式布局的典型实例。

另一种是横向台地利用法，即台地作"分级"处理。这种民居做法常因为屋前道路坡度较大所致，建筑房屋之间随着道路起伏而高低错落。如台地分级高差不大者，基地

分级，屋面不分级（即天平地不平）；如台地分级高差较大者，基地分级，屋面也要分级处理。粤东北梅州雁洋镇桥溪村位于广东阴那山五指峰西麓，处于丘陵平原地貌区。村落民居基本上是根据地形地貌，分层分台，灵活布置，每户民居（包括多进的民居）建在经过处理的台地上，相邻隔壁的民居则建在另一台地上。

第三种是利用依坡法、屋面延伸法、沿坡分层筑台、自由处理等手段进行坡地建造。依坡法是指当坡度较小时房屋顺坡而建，在平地也可广泛采用，它的优点是利于通风、采光和排水。屋面延伸法是当坡度较大时，建筑基地室内可采取分级处理法，而屋面则沿着山坡披梭而下，也称为"披梭法"；这时，在长坡屋上通常用气窗、天井和明瓦来解决通风和采光。沿坡分层筑台法则是当坡度很大时才采用，也称"迭级法"。自由法则适合在山地坡地很不规则时使用，因为无法在同一方向作迭级处理，只能因地制宜，就地布局（图 3-141）。

图 3-141　桥溪村

（图片来源：左图：http://www.nipic.com/show/1/47/6973531kc2853956.html；右图：http://www.liketrip.cn/qiaoxikejiaminsucun/jieshao/）

如粤东北梅州南口镇，该镇位于山地地貌区，基地选在环境优美的山坡地上，建筑结合地形，运用沿坡分层筑台法建造，依山势建成不同标高的三级台地。建筑的基础用块石垒砌，台地上则分别建造二层、三层的楼房。楼房底层为牛栏和杂房。二层台面积较宽阔，除布置主体建筑外，其南侧有禾坪，禾坪用围墙围成，从围墙开侧门有石级小道通向后山。其北侧则仍保持原山坡风貌，沿坡有石级，可以从一层台地直接登上三层台地上的后排横屋。后排横屋紧靠山壁，作杂物房用。主体建筑的上厅后部设楼梯一座，在禾坪沿围墙处又设露天楼梯一座，都可由一层直登二层。三层为住户的主要房间，有前厅、中厅、后堂和各住房。前厅有阳台可眺望农田自然景色，中厅为交通枢纽，后堂为祖堂，厨房布置在翼角，各区分工明确，使用方便，建筑物开间尺度统一，通风采光良好。这种房屋的最大特点是，根据实用和经济的要求，巧妙地利用地形，为住户创造了一个良好的居住环境（图 3-142）。

此外在广东地区，还有根据地形，利用柱子支撑着伸出的楼面形成支吊建造的方法，俗称"吊脚楼"。这是地形较高而又需要出挑较大的建筑才用，如粤南岗千年瑶寨。

南岗千年瑶寨依山而建，房屋顺着山势错落有致地排列在半山坡上，因而这类聚居在半山上的瑶民被称为瑶排。南岗千年瑶寨已有 1400 年历史。这些瑶排建在千米高山陡坡之上，密密排排，重重叠叠，堆垒上山，往往是前面房子的屋顶和后面房子的地面平高，其间有一条走廊过道。横街直巷，巷道纵横交错，主次分明，把各家各户串联起来，形成瑶排的格局。这些房子多数是竹水泥墙结构的吊脚楼，房屋建筑一律为外墙青砖、内部木质结构，房屋内还有火炉塘、石槽冲凉盆、宛如蛛网的竹水笕等独特设备（图 3-143）。

图 3-142　南口镇
（图片来源：http://ly.sz.bendibao.com/tour/200789/ly28705.html）

图 3-143　千年瑶寨
（图片来源：http://news.yooyo.com/domestic-s-4282-1.html）

2. 贵州地区山地聚落建筑的建造

无论是分层筑台或者利用地形架空建筑的苗族村寨，还是因势利导的布依族村寨，贵州地区山地聚落建筑的建造都是对地形的巧妙呼应。

第一种方式为在山腰顺势分层筑台型村寨，房屋沿等高线布置，场地分层筑台，如剑河下岩寨。

剑河下岩寨位于坡度很陡的山坡上，全寨 45 幢民居分别坐落在不同标高的小台地上，

图 3-144　剑河下岩寨
（图片来源：http://www.jianhew.com/Item/223.aspx）

寨内地势坡度较陡。道路纵横，曲直不一，以片石或卵石铺筑，主要纵向人行干道平行于等高线。寨内民居空间利用合理，该寨岩层倾向山里，地层走向与房屋纵向平行，吊脚楼前后两个不同高程，分设纵向挡土墙。在台地前端建设堡坎，用以防止山体坡面土层滑动与蠕动，保护原有山体形态，构成建筑与坡面共组的景观，使村寨有机地融入自然环境之中（图 3-144）。

第二种方式为依山就势，利用地形架空建筑，择险而居。这种方式既有利防御，又使民居与山体形态有机融合。对于复杂的坡面，尤其是径流冲刷和侵蚀的凸形坡地，山地坡面险峻，为了防止滑坡和崩塌，通常利用地形架空建筑，增强建筑形态和山体形态的有机融合，能较好地保持原生态的自然环境，如黔东南雷山县苗族聚居地郎德上寨。

郎德上寨它依山傍水，四面群山环绕，村前一条溪流清澈透明，宛如龙蛇悠然长卧。村寨的总体布局依山就势，疏密相间，形成似自然生长的寨落形态。村寨设置有寨门3处，作为寨落空间的界定及村寨出入口标志，显现出强烈的空间领域感。村寨居高临下，与主要道路及溪流保持有一定的距离，有一个较好的防范和缓冲区域，充分反映出村民对外界警戒和防范的意识。

村寨内部道路随地形弯曲延伸，主干道垂直于等高线走向，各支干道水平走向，路面用鹅卵石或青石铺砌，清洁卫生。郎德上寨苗族民居多为小青瓦屋面的吊脚木楼。吊脚楼部分置于坡岩，部分用柱脚下吊，廊台上挑，屋宇重叠，具有较强烈的民族地域特征（图3-145）。

图3-145　郎德上寨
（图片来源：叶安福 摄）

还有横跨山脊的苗族村寨顺山就势，既可兼顾山体的坡地形态，又能维护坡面生态系统的完整，同时还能取得建筑形态与自然山体形态的一致性与和谐性，如西江西大寨。

素有"苗都"之称的西江大寨位于雷山县东北部，背靠雷公坪，面临白水河，山环水绕，恬静清幽。西江大寨由平寨、东引、也通、羊排、副提等12个自然村寨组成，现有1200多户，6500多人。房屋依山傍水顺山就势而建，寨中大多是吊脚楼。全寨民房鳞次栉比，次第升高，直至山脊别具特色，被专家誉为"山地建筑的一枝奇葩"。

西江大寨民居建筑的总体布局由山脚延展至山脊顺势而上，舒展平缓，特别是位于山顶、山脊处的西江民居建筑，建筑高度比较低，较好地满足了山体形态的原生态，保持了建筑与自然环境的有机融合，建筑群体轮廓的走势充分体现了与自然山体坡度形态的一致性。吊脚楼分为三层，高处的吊脚楼凌空高耸，云雾缠绕，低处平坦舒展，绿涛碧波（图3-146）。

同在贵州，布依族则善用山区河谷的有限坡地建造小型村寨。河谷型坡地水资源虽然较为丰富，但土地资源有限，小型村寨是对地形地貌的合理利用方式，如黔中镇宁县滑石哨村。

图 3-146　西江大寨
（图片来源：高源 摄）

　　宁县地处贵州中丘原西南部。房屋沿山体而建，鳞次栉比。村寨坐西朝东，用地南北长东西窄，全村有居民近 40 户。村寨的民居由村寨入口自上而下布置，房屋疏密相间，随坡就势。寨内的一条石阶干道，与纵横小路连成交通网络，横向小道多沿等高线布置。

　　寨内的 11 株大榕树，几乎覆盖了整个村寨，构成了一幅具有布依族村寨独特风格的自然画面。寨中有两处被枝叶繁茂的千年古榕掩盖的广场，一处于进寨的入口处，广场周围设条石座等，这里是全寨的活动中心，通过一座石拱桥，可以将人流引入村内；另一处是寨内的"土地庙"广场，土地庙供有"土地爷爷"和"土地奶奶"，这个广场也是寨民们平时活动的场所（图 3-147）。

图 3-147　滑石哨村
（图片来源：http://bbs.lvye.cn/thread-748924-1-4.html）

　　（三）山地聚落建筑在形态上与地形相适应

　　形态是指村落（房屋、道路、色彩、轮廓等）的形象势态，它反映出来的不是物与物的关系，而是器物（村落、房屋等）的形象以及这种形象使人产生的风致、情状。《易·系辞上》曰："在天成象，在地成形"，村落的形体是在营造者（农人）的精神引领下产生的。所以我们今天看古村落，不仅仅是欣赏它的风貌，还要领会营筑者的精神。这里的精神包括生态意识、环境意识、物我观念、价值观念等。也就是说，村落的形态特征中反映了造物者的思想、观念。

　　山地民居位于地理环境复杂的地区，它所在的区域与平原和微丘陵地区不同，这里生态系统的"类似性"较低。往往在同一个山地系统中或同一个坡向中，由于小地形起伏、太阳高度和日照方向的差别，可以出现悬殊的生态环境，这也是山区地理环境特点及垂直地带性规律所决定的。此外还有社会经济方面，表现为交通不便、景观风貌的多样性和建造施工的艰巨性等。因此要使山地民居能与所处地段自然环境协调和谐，必须根据不同的实际情况，采取不同的处理方法。当然山地建筑虽然受到了比平原地区更多的限制，但同时也拥有更好、更独特的发展条件，这就需要我们去寻找地区的特殊性和优越性，扬长避短，因势利导。

1. 浙江民居建筑的形态

浙江村落的基本特征是规模适中，房屋紧凑、低矮，贴着地面发展，用材主要是木头和泥土。木头是可以再生的资源。乡村很少去开采不可再生的石材，体现了它的恋土情结和生态精神。民居采用坡屋顶、小青瓦，檐很多且深，形象上是山坡的再生、阔叶林的仿造，北京大学教授吴必虎称之为"上栋下宇"式形制，体现了浙人应付自然的能力、环境意识和实用品格。

从住宅单体角度看，山地民居形态多样，体现了原住民对地形地貌适应的灵活性，主要有：

一字形长屋：这种住宅在浙南多见。主要成因是用地突兀，为了省出平地开垦为农田，房屋只得横向沿等高线伸展，因此产生了七间、九间、十一间、十二间甚至十五间的长屋，样子非常古拙。有的和商代的复原建筑一样，二重檐，也有不等坡的，矮的房子屋面几乎挨着地了。

爬坡：建筑一坡一坡地爬上去，远远看去，住宅的门窗就像开在下坡住宅的屋脊上，层层叠叠，构出一道别致的风景。

掉层：房屋基底随地形筑成阶梯式，使高差等于一层或一层半、两层，这叫掉层。避免基地大规模动土，同时形成了不同面层的使用空间。

错层：为了尽量适应地面坡度变化，在同一建筑内部做成不同标高的地面，形成错层。这种类型的建筑，不仅减少了土石方量，也取得了高低错落的景观。还有一种情况是：如果屋脊垂直于等高线布置，有的地方采用屋顶同一高度，地面不等高的手法，民间称为"天平地不平"。

跌落：这是一种以开间或整幢房屋为单位，房屋顺坡势分段跌落，这种手法创造出屋顶层层下降、山墙节节升高的景象。

附岩：在断崖或地势高差较大的地段建房，常将房屋附在崖壁上修建，一般也将崖壁组织到建筑中去，省去了一面墙，起到了省工省料放果；更多的做法是将房屋和崖壁脱开，形成一个吸壁式准天井，起采光作用。有的把崖壁上的渗水集中起来，作为家庭用水源。

浙南苍南县桥墩镇碗窑村属山地地形，村庄背山临水，很小、很僻静，仅数十户人家，每户人家的房前屋后都有山泉绕过，恬淡秀美，宛如人间仙境（图3-148）。

图3-148　碗窑村

（图片来源：http://cntpw.com/Article_Show.asp?ArticleID=773）

碗窑村周边有气势磅礴的三折瀑布，吊脚楼更具畲乡风格，顺坡拾级而筑，宛如一座的山城。纯木结构的二层吊脚楼，八面八角，翘檐尖顶。第二层以悬挑的形式悬吊出前廊，整个建筑的立体造型显得轻巧空透。

2. 广东民居建筑的形态

广东民居利用围团式布局来适应地形，村庄封闭以利防御，重视"天人感应"。围团式布局多见于兴梅客家地区。这种独立又封闭的围屋形式，很适合宗族组团作为保护自己、防避外侵的有效场所，所以其定居点的布局构成，体现了一种追求安居又不忘其客籍的围式组团布局。

客家人向来重视"天人感应"，常利用天干地支、八卦和五行相生相克的风水学说，将自然环境中的山峦分为 24 个不同朝向，在不同的年份，所建的房屋的位置和朝向都有不同的讲究，并一定要按所规定的方位建造。其中最为重视的是以山作为居室后部的依托之物，有山靠山，无山靠岗，或借远山作居室背衬，这样就可以上应"苍天"，下合"大地"，达到"吉祥"的目的。

由于受生产力和经济条件限制，围屋的布局只能尽量利用自然环境，以山为依靠，构成前低后高的格局。室内地坪干爽，空气畅通，围屋前多有溪流或池塘，便于排水和浇灌附近农田，又起一定防火作用。围屋的后面和左右多是禁伐的果树和竹丛，作防台风和御寒风用，同时也能局部调节小气候。围式组团在山地建造时，围内建筑密度甚高，围与围之间距离较近，因此村落用地紧凑，以不占用耕地为宜。

在局部地区，由于地形所限，或受风水之说影响，或强求与当年吉利的朝向相谐调，因而造成围屋坐南向北，或坐东南向西北的朝向，给居住生活条件带来不便。

粤东北梅侨乡村的古围屋建筑风格各具特色，现存的围龙屋主要有杠横堂式、"九厅十八井"、杠式等 98 座，包括寺前排村 30 座、高田村 28 座、塘肚村 40 座，其中 20 世纪 40 年代前建造的有 80 多座。围龙屋的结构包括三大部分：首先是中央堂屋和横屋构成的矩形四合院，堂屋位于中轴线上，宅祠合一，横屋面向堂屋，在两侧对称分布；其次是后面半圆部分，由院落和围屋组成，围屋两头与横屋后端相接；门前是禾坪与水塘，方形的禾坪平时晒谷，年节庆典时是娱乐设宴场所，半圆形水塘养鱼、洗涤、防火灾，也具有风水意义（图 3-149）。

图 3-149　侨乡村

（图片来源：左图：http://gb.cri.cn/1321/2007/11/01/3085@1825536.htm；右图：http://31457003.114my.cn/shopdetail/products/1179619.html）

3. 四川民居建筑的形态

在山地环境条件下，四川民居结合地势，利用地形，争取空间，匠心独运，无所不巧，手法灵活多样，富于创造，可以概括为以下6类3式18种手法：台、挑、吊、坡、拖、梭、转、跨、架、跌、爬、靠、退、钻、让、错、分、联，亦可称为"山地营建十八法"。

（1）台、挑、吊

台，即筑台。当基地受到坡地限制面积不足时，为拓展台地，采用毛石或条石砌筑堡坎或挡土墙，形成较大台面，可直接作为地基在上面建房，也可作为院坝等场地使用。在坡度较大，甚至陡峭的地段，形成高大筑台，特别壮观。坡度较缓时，采取半挖半填的方式，土石方基本平衡，十分经济。有的顺坡开出数个台地或分层筑台，一台一院或二院，成为常见的山地四合院重台重院组合类型。有的利用不规则台地形成各种小院坝或边角小台地建偏厦等附属建筑也别具特色。

挑，即悬挑。也叫出挑，包括挑檐、挑廊、挑厢和挑楼。利用枋出挑，争取更多使用空间是在基地狭小的情况下最为常见的手法。实践中有多种形式的挑法，产生不同的空间效果。一种是出大挑檐或大披檐，遮盖走道空间。另一种是挑出外廊，建筑的正面和山面可出挑廊，有的四面走马廊全为悬挑。有的二层楼而挑出成为挑厢。还有一种悬挑更为特别，即从地脚枋开始整层全部挑出成为挑楼，有的甚至多层楼逐层出挑，整个房屋成了一座大挑楼。

吊，即吊脚。在陡坡地段或临坎峭壁处，利用穿斗木柱凌空吊下支撑房屋，可达四五层，俗称吊脚楼或吊楼。吊脚下部空间有的或可作杂贮、畜栏之用。随地形坡面高低起伏吊脚柱落在基石上，柱可长短不一，基地原生态地貌不受破坏。吊脚柱多用木或竹材，也有用砖柱作吊脚。吊脚常与筑台悬挑相结合，以争取更多的空间。有的吊脚"悬虚构屋"达到令人不可思议的程度，高踞悬崖峭壁之上。吊脚之长似乎头重脚轻。一阵清风都可吹走，如江津白沙镇川江陡崖上木吊脚仗露明部分高达10余米，有的砖吊脚高达20余米，令人称奇，如此长吊脚的吊法大概要算川内之最了。

（2）坡、拖、梭

坡，即坡厢。也就是位于坡地上的厢房结合地形的处理。在三合院或四合院布置于缓坡地段时，垂直于等高线的厢房做成"天平地不平"的形式，称为"坡厢"。"天平"指坡厢屋顶标高相同，"地不平"指坡厢地坪标高处理不同。一种情况是指厢房室内地坪按间分台，以台阶联系，另一种情况是室内地坪同一标高，而外部院坝地坪顺坡斜下，厢房台基不等高。

拖，即拖厢。厢房较长可以分几段顺坡筑台，一间一台或几间一台，好似一段拖着一段，每段屋顶和地坪都不同标高，有的层层下拖若干间。也可以各间地坪标高相同，而前段屋顶高度逐级低下，这种"牛喝水"的拖法也称为拖厢。

梭，即梭厢。将屋面拉得很长叫"梭檐"，带梭檐的厢房则称"梭厢"。一般厢房常做长短檐，前檐高短后檐低长，且随分台顺坡将屋面梭下。有的厢房也可以沿垂直等高线方向做单坡顶，随分间筑台屋面顺坡而下。梭的手法还可用于正房或偏厦。正房进深较大，有时也做成长短檐，后檐可梭下几近人高。偏厦的单坡顶同样可以随坡分台成梭檐。

（3）转、跨、架

转，即围转。在地形较复杂的地段，特别是在盘山坡道的拐弯处布置房屋，常呈不规则形，以围绕转变的方式分台建造房屋而不是简单地垂直或平行等高线布置。这是山地营建房屋时特别灵活别致的处理手法。

跨，即跨越。在地形有下凹或水面、溪涧等不宜做地基之处，或在过往道路的上空争取空间建房，则可采取跨毡方式，将房屋横跨其上，如枕河的茶楼、跨溪的磨房、临街的过街楼等。

架，即架空。此种方式与吊脚相似，区别在于吊脚楼是半接半地，房屋一部分依托台地而建，另一部分呈楼面悬吊而下，是半干阑方式。而架空为全干阑，整幢房屋由支柱层架托支撑，如戏楼，底层全然架空用于通行。

（4）靠、跌、爬

靠，即靠山。也称附崖，建筑紧贴山体崖壁，横枋插入崖体嵌牢，房屋及楼面略微内倾，或稍稍内敛，整幢建筑似乎靠在崖壁上，所以也称附崖式建筑。

跌，即下跌。房屋建在陡崖上端，在上部的平地上开门，楼层从上往下逐次下跌，其下部为吊楼或筑台。

爬，即上爬。房屋以下部平地为入口，楼层沿坡层层上爬，有的沿石阶梯两侧逐台布置房屋，由下爬至高处。

（5）退、让、钻

退，即后退。山地房屋基地窄小且不规则，多有山崖巨石陡坎阻挡，布置房屋不求规整，不求紧迫，而是因势赋形，随宜而治，宜方则方，宜曲则曲，宜进则进，宜退则退，不过分改造地形原状。所谓"后退一步天地宽，以歪就歪"，即对环境条件采取灵活变通的处理。前有陡崖可退后留出院坝，后有高坡可退出一段宅间以策安全。有些大型宅院也不追求完整对称方正，允其后部及两侧多随地形条件呈较自由的进退处理。

让，即让出。有的基址台地本可全部用于建房，但有名木大树或山石水面，房屋布置则有意让其保留，反而成为居住环境一大特色。有时为多种生活功能的综合考虑，也可主动让出一部分空间，不全为房屋所占用，如让出边角零星小台地作为生活小院或半户外厨灶场地。在一些场镇房屋布置密集的地段，房屋互让，交错穿插，形成变化十分丰富的邻里环境空间。有的房屋讲求不"犯冲"的风水关系，实际上也反映了一种为求得环境和谐的避让原则。

钻，即钻进。利用岩洞空间建房，或将其作为生活居住环境的一部分，与房屋空间结合使用，犹如"别有洞天"。岩居方式在山区也曾流行。现在还有少数人家保持这种居住方式。另外一种"钻入"手法则是因台地较高，房屋前长台阶设置的巧妙处理就是将其直接伸入房屋内部空间再沿梯道而下，形成十分特别的入口形式。

（6）错、分、联

错，即错开。为适应各种不规则的地形，房屋布置及组合关系在平面上可前后左右错开，在竖向空间上可高低上下错开。有时台地边界不齐，房屋以错开手法随曲合方，或以方补缺。

分，即分化。房屋可随地形条件和环境空间状况，化整为零，化大为小，以分散机动的手法使平面自如伸缩，小体量组合更为灵活。在竖向空间处理上分层设置入口，可设天桥、坡道、台阶或附梯等，分别以多种方式化解垂直交通难题。

联，即联通。鉴于山地聚落的自由性和松散性，不论宅院组群或场镇聚落，为加强相互间的联系，采用各种生动活泼、因地制宜的联系方式，以形成有机组合的整体，如各种梯道，盘山小径、檐廊、桥涵、走道、过街楼等。特别值得一提的是利用小青瓦屋面来联结多个建筑组群这一别出心裁的手法。无论多么庞大复杂、自由变化的多天井重台重院，它们的屋顶总是尽量相互沟通连成一片。[67]

渝东南酉阳土家族苗族自治县属武陵山区，地势中部高，东西两侧低。全县地形起伏较大，地貌分为中山区、低山区、槽谷和平坝区，是以土家族、苗族为主的少数民族自治县。土家族地区有"八山一水半分田"之称，境内崇山峻岭，山峦起伏，江河深层切割。为不占或尽量少占宝贵的耕地资源，房屋也常有利用卧室的架空调整和顺应地形的情况[68]。厢房吊脚楼更是多依山就坡而建，顺应山区和河岸坎坡的复杂地形，最大程度地利用空间，以吊脚之高低来适应地形之变化，并将楼房与平房结为一体，创造出廊台上挑、柱脚下吊、屋宇重叠的建筑形式。这种居住方式既适应环境又经济合理（图3-150）。

图3-150　酉阳土家族苗族自治县

（图片来源：左图：http://cq.wenweipo.com/?action-viewnews-itemid-1307；
右图：http://www.yododo.com/photo/011DB257041E0199FF8080811DB143C0）

4. 贵州民居建筑的形态

在贵州地区，山地民居能针对不同的场地情况，采用不同的建筑处理手法，达到与自然环境的融合。首先是采取筑台错位的手法，可以体现建筑与自然山坡的有机融合；其次是陡坡地形采取吊脚，依山跌落的手法，能够取得高低错落变化，使建筑形态保持与山体自然形态的协调和谐；第三种是在地貌形态起伏变化较复杂的山坡块面，采用架空干阑建筑方式，以减少山体原生形态破坏，最大限度地保持地面生态系统的完整，取得建筑与自然环境的有机融合；最后是建筑布置顺应山势的变化，即建筑从控制建筑的高度、体量，利用当地条件和建筑材料等方面顺应山势的走向，顺势而为，决不形成绝对的对抗，以达到建筑与自然走势的趋同及协调。

黔东南地处中南与西南地区相邻的大山里，交通闭塞，与外界交流极少，从总的状况来说，多年来仍然处于自给自足的自然经济社会。对山坡地貌较为适应的干阑建筑，在有限的用地上，最大限度地利用地形、开拓场地、争取使用空间，在基本不改变自然环境的情况下，跨越岩、坎、沟、坑以及水面，特别是以抬高居住面层的方式，建立起既适应地势，又具有安全性，并依赖它维持生存和发展的生活居住空间，十分突出地体现出地理环境作用于建筑文化的结果。

位于黔东南雷山县苗族聚居地的郎德上寨，村寨内部道路随地形弯曲延伸，主干道垂直于等高线走向，各支干道水平走向，路面用鹅卵石或青石铺砌，清洁卫生。寨内有一个较宽敞的铜鼓坪，场地用青石块呈同心圆放射状铺砌，图案与铜鼓面相类似，富有强烈的民族地方色彩。

村寨中部集中布置有谷仓群。为避免粮食遭受火灾，谷仓围水塘而建，屋面材料采用易吸收水分而不易起火的杉树皮。村寨的公共建筑有两处，一为铜鼓坪前的两层悬山式接待室，另一是纪念村寨民族英雄杨大六而建造的木构两层四坡顶屋面的纪念馆。

郎德上寨苗族民居多为小青瓦屋面的吊脚木楼。吊脚楼造型部分置于坡岩，部分用柱脚下吊，廊台上挑，屋宇重叠，具有较强烈的民族地域特征。

5. 云南民居建筑的形态

云南山地民居对地形的适应性主要体现在建筑形态、布局顺应地形、防止水文灾害等方面。首先，在整体布局上，云南山地民居顺应了山地大环境自然水体流线。一般不在两个汇水面的交界处（自然形成的山地冲沟）布置建筑，否则，在山洪爆发或突降暴雨时，急剧增大的水流量将对建筑造成危害；其次，建筑形态的选择适应山地地形。一是建筑平面力求与基地形状尽量吻合，不以生硬的"方块"形状去占据自由变化的山地平面，二是建筑剖面符合基地现状，采取跌落、台阶或掉层的形式。

（1）滇中楚雄州禄丰县黑井镇

黑井镇沿着河流呈带形发展，属于高山河谷地貌区。坐落在一个夹沟内，东有玉璧山，西有金泉山，两山高耸入云，形成了一个"抬头一线天，低头一条缝"的山谷，宁静的古镇沿龙川江两岸顺坡展布。一条主街贯穿全镇，巷道垂直于主街布置，街道用块石铺面，为当地的红砂岩。墙体基本都用红砂岩做的砖垒砌，或直接是夯土墙，少数外表用白灰饰面。墙体宽厚不一，有一外墙下面最厚处达1.3米，上面为60厘米左右。门窗多为木质格栅门及方格窗。

（2）滇西云龙县诺邓村

诺邓村是河流阶地地貌。四面环山，村子最低处海拔为1900米，最高处的玉皇阁海拔为2100多米，高差较大。除了东面山麓"龙王庙"后有一小块稍为平坦的台地外，所有的民居几乎都建筑在山坡上。无论是四合院，还是"三方一照壁"式结构，平面组合都结合山形地势特征，因而诺邓村民居建筑又呈千姿百态的外观，充分体现人与自然的协调适应（图3–151）。

图 3-151　诺邓村
（图片来源：程海达 摄）

聚落北部的满崇山高大险峻，山势连绵，为整个聚落的"来龙"山，左右有香山、东山相围合，诺水河弯曲环抱，前有南山为"案山"，是一个由山势围合形成的空间，有利于藏风纳气，是一个有山、有水、有田、有土、有良好自然景观的独立生活空间。云龙县属山区地形，从西到东依次呈南北向排列有崇山山脉、盘山山脉、清水朗山脉，占全县总面积的 90% 以上。诺邓村落的主要街道多平行于等高线设置，但随地形的弯曲、坡度的变化而转折、变化，使建筑外部空间不再单调重复，街景立面在人的视线中产生丰富的变化。主次街道尺度变化不大。台阶全为红砂岩石块，经百年踩踏，已磨得没有棱角十分光滑。

在山地地区，大片的平整土地很少，只有紧缩平面尺寸，减小占地，充分利用内部空间来适应地形，瑶族"叉叉房"就是很有特色的一例。叉叉房是瑶族传统民居，是旧时奴隶和部分农奴居住的一种简易房屋。用两根插入地中的树杈作柱子，然后将树棒横在杈上作为横梁房架，四面用茅草遮掩而成，无墙壁。小者仅容一人，大者可供二三居住。

（3）勐腊县瑶族"叉叉房"

在勐腊县瑶族聚居区，瑶族的村落多依山而建，住屋有一个很大特点，那就是进深小、长度短。在坡地上修建时，容易布置，土方量不大，是一种有利于山地修建的山地住屋形式。要做到进深小，长度短，又不牺牲使用功能，当地瑶族采取的手法是：把卧室安排在阁楼，充分利用屋顶下三角形空间；顶层室内仅设厨房，室外布置有顶无墙的走廊，是日常家人歇息、团聚和会客的地方。采取了这种手法后，使紧缩住屋平面尺寸成为可能，既有利于山地布置，又创造了一种别有特色的住屋空间形式。

（4）哀牢山哈尼族的土掌房

哈尼族也是典型的山地民族，哀牢山是其中心聚居区。哈尼族善于利用坡地的智慧，不仅表现在开发梯田上，同时也表现在房屋建筑上。例如，缓坡地上的"拥熬"和错半层布置的土掌房。

绿春县大新寨的土掌房是一个有代表性的错半层布置的例子。该房屋分上、下两台布置，两台高差约相当房屋层高的 1/2。两台房屋之间的左、右两厢的连接体与等高线相垂直。由正房一方上行半层，便达两厢的二楼。由正房二楼楼面再上半层，又可到达两厢的平屋顶上。要利用该平屋顶做晾晒、休息、做针线活、玩耍等等时，便由此通道上下。这种房屋与坡地的有机结合，有很高的创作价值（图3-152）。

图 3-152　哈尼族土掌房

（图片来源：左图：杨雪 摄；右图：http://www.ynszxc.gov.cn/villagePage/vIndex.aspx?departmentid=205035）

（5）德钦藏族的土库房

德钦藏族的碉房，当地又称为土库房。这种碉房大多分布在沿江的台地上，形成一个个被绿荫掩映的村庄。在以太子雪山为首的众多雪山所包围的雪域之中，唯有这些村庄是最富生命活力的绿色之洲。沿江台地的坡地陡峻，碉房的进深一般也比较大，所以创造了"分两台，错一层"布置的经验。

所谓"分两台"，即正房一坊布置在较高的一个台阶之上，而其余三坊则布置在较低的一个台阶之上，所有坊均为二层。所谓"错一层"，即两台之间的高差恰好相当于底层的层高。因为这样，分台看是两层的房子，整体看就成了三层的房子。房子的入口设在较高的那一台上的一楼处，即相当于总的二楼之上，只一层是居住层。一楼为畜舍，关养马、犏牛等大家畜，有单独的门出入。三楼为经堂。这种错一层的布置方式，在当地是一种普遍采用的基本模式。

（6）怒江大峡谷陡坡地段的傈僳族"千脚落地房"

处于横断山脉中心地段的怒江大峡谷，谷底是滔滔怒江水，上面是看不到顶的峰峦。人们形容这里的山坡陡得"连猴子也站不住脚"。傈僳族的村落就建在这样的山坡上。每当雨季，水土流失十分严重，要想在这样的陡坡上开出一块平地来建房，简直是不可能的事。"千脚落地房"就是在这样的条件下"逼"出来的。

被形象地称为"脚"的"千脚落地房"的支柱，掘洞紧埋在坡地上，以较高一侧的地面标高为基准，较之再提高20～30厘米之处架梁、铺板，构成楼面，靠楼面以下柱脚的高矮来调节地形的高差，而不必挖填土方，简单便捷。

（7）贡山县怒江峡谷的怒族垛木房

贡山县所处怒江峡谷的上段，地形情况与"千脚落地房"所在地段大致相同。不同的是怒族的习惯以木楞房为居，而木楞房的井干式壁体需要在一个水平面上，方可逐层累叠。这就导致了这种木楞房的特殊形式和修建程序，即先在坡地上立一由木柱支承的平座，地形的高差利用平座支柱的高矮调节，然后再在平座面上建木楞房。因此比其他木楞房多了一个平座，所以姑且称之为"平坐式"垛木房（图3-153）。

图 3-153　傈僳族"千脚落地房"

（图片来源：左图：http://www.baoshanjie.com/thread-1473479-1-1.html；右图：http://www.eku.cc/xzy/sctx/121732.htm）

怒族垛木房是井干式建筑的一类，一般为两层，上层住人，下层养畜，房屋墙壁由整根整根的木头垒成（图3-154）。[69]

图 3-154　怒族垛木房

（图片来源：http://www.cqpa.org/forum/forum.php?mod=viewthread&tid=771785）

四、聚落与水环境相适应的绿色营建经验

在南方地区，水是聚落不可或缺的重要因素，水既是村落得以发展的生命线，又成为聚落环境的有机组成部分，构成聚落的多样形态与良好环境。

（一）聚落在选址及布局上与水环境相适应

南方地区河流众多，四通八达。在封建社会时期，由于丰富的水资源和良好的自然条件可以保证农耕和林业得到长期的稳定的发展，所以农村聚落绝大部分属于滨水型，或紧靠大江大河，或依伴溪水一侧，或夹溪流而建，因此水体与这些村落形态有着密切的联系。

1. 江西民居的选址及布局

江西是一个水系比较发达的省份。水系在古代不仅是村镇耕作和饮用的重要给水来源，而且也是最重要的交通命脉。江西绝大部分的村落选址都脱离不了水环境的选择而把水道看成是村落发展的生命线。那些与水相伴的村落在营建时特别注意对洪水的防范，以求保障聚落基址的安全，这些村落的道路布置和房屋朝向与水道密切关联而组成村落的有机体，从而提高了居民生活质量，美化了居民的生活环境。

流坑村自明以后从仕途经济转为农商经济后，乌江就成为流坑村经济发展的重要载体，为本地区竹木的水上运输带来莫大的便利。所以流坑一纵七横的形态不仅可以反映他们的宗族房系关系，还是组织商运所必需的布局，七条横巷直伸乌江，都有各自专用的码头和瞭望碉楼。

上清古镇紧靠泸溪河并在河岸建成一条平行于河道的长980米的上清街，上清街竟有16处码头连接河道，单从这一点就可以想象出当年上清镇上的熙攘繁荣。

与上清镇相似的铅山县河口镇也是临信江而建的古镇。在古代，河口与景德镇、樟树镇、吴城镇并称江西"四大名镇"。河口也是在信江南岸由东向西修建了一条长达2.5千米的古街道。沿江有大的泊船码头10处，小埠数十处。古街北侧店面后门临江，南侧店面后门或通人工小河——惠渠，或通过条条街巷与镇区南部相接。目前古街尚存清后期至民国的商铺50余家，可见当年河口古街"商贾如云，货物充朝，舟楫宿泊，饶岸皆是"的繁华景象。

傍依肖江河的高安贾家村，紧靠赣江的吉水仁和店村和建在赣江支流禾水河南面的吉安唐贤坊村等一大批江西古村都是直接选址建在江西重要水道一侧。优越的水利条件给这些古村发展提供了非常有利的自然优势。

婺源县内到处峰峦起伏，沟壑纵横，山高水急，涧流溪水遍布其间。婺源县一大批古村落都是依偎着这些山溪小河而建，河流虽不能在对外交通方面给村民带来多大便利，但却是他们的重要生活生产水源。优美的环境和良好的水源条件造就了这些古村落幽美宜人的自然环境。

赣东北浮梁县瑶里古村落地处丘陵平原地貌区，位于两湖（鄱阳湖、千岛湖）、六山（黄山、九华山、庐山、三清山、龙虎山、武夷山）连线交点位置，村落大多临水而建，自古以来，青山常绿（图3-155）。

图3-155　瑶里古村落

（图片来源：左图：http://www.cbrx.com/forum.php?mod=viewthread&ordertype=1&tid=503030；右图：http://bbs.pcauto.com.cn/topic-5214357.html）

2. 两湖民居的选址及布局

从两湖地区聚落名称上就能看出其典型的滨水特征：江汉平原滨水村落往往为防水患而筑堤御水，故许多村落称"垸"，如何家垸、新屋垸等；还有大量自然村落称为"湾"，如大余湾、石头板湾等，也能表现其濒临河湾的基本特征。

滨水聚落的形态往往因水系的形态而变化，如水岸的走向与线形、水位的高低变化以及自然岸线的地质状况等，均对聚落的形态有直接影响。一般而言，滨水聚落沿水岸方向延展，主要街道与河道岸线平行者居多，如湘西沱江边的凤凰、吉首以及茶洞等吊脚楼聚落。汉江流域的谷城老街、洪湖岸边的瞿家湾镇等，均属此类沿岸延展的带形聚落；而湘西酉水之滨的王村、洪湖西岸的周老嘴镇，还有峡江地区极有特点的"天街"聚落，却是以垂直于水岸的主街为特色。

聚落选址与河道线形的关系往往比较讲究，通常聚落选址于弯曲河道的内侧，获得"玉带水"，而忌讳"反弓"形水岸。这常常是堪舆学的"相地"结果，更是聚落规避洪患的必然。

在宽阔的湖泊和主要的河流上，一直以来都有许多以水上作业为生的居民。他们或专门从事捕捞渔业，或从事水上运输和交通，或半渔半耕。许多人常年生活在船上，他们既可单独作业又能联合经营，白天劳作，晚间通常停泊于相对固定的地点。一些港湾、河汊成为船民经常集聚停泊的场所，形成特有的水上聚落形态。这类流动型水上聚落在规模上大小不一，船只从三五条到上百条不等。由于集中停泊于相对固定的港湾，该地点岸边自然衍生出相关生活服务设施，如商业店铺、摊贩等。还有一些船只专门经营生活服务，甚至还设有"水上学堂"。

湘西永顺县芙蓉镇位于山原上，得酉水舟楫之便，上通川黔，下达洞庭，自古为永顺通商口岸，素有"楚蜀通津"之称。享有酉阳雄镇、湘西"四大名镇"、"小南京"之美誉。芙蓉镇四周是青山绿水，镇区内曲折幽深的大街小巷、临水的土家吊脚木楼以及青石板铺就的五里长街，处处透析着淳厚古朴的土家族民风民俗（图3-156）。

图3-156　芙蓉镇
（图片来源：张博 摄）

3. 福建民居的选址及布局

福建地区聚落对水的运用可谓多姿多彩，根据聚落与水的关系而各不相同。对于临水而建的聚落和位于群山环抱的盆地之中的聚落，一般选择临水而建，与山保持一定的距离，中隔田畴，宜耕宜居宜行。

对于以水为轴的聚落而言，建筑与水的关系主要有街市面水和前街后河两种，可单面成街，亦可双面成街。前一种形式的街市临水，建筑因地形的变化而高低错落，因河流的变化而蜿蜒曲折，颇有水乡的意趣。后一种形式的街市不直接临水，建筑的背面临水，有的是前店后宅的形式，有的是上层悬挑下层悬空的骑楼形式，还有的街道会在靠水的一侧故意留出空地，将水景引入街景中，使街景产生丰富的变化。

也有一些民居聚落位于水面转折之处或河的弯道处，因此只能部分临水，聚落的一部分逼近水岸，另一部分则脱离水面往腹地发展，周边围以农田。

（1）闽西北武夷山市武夷乡下梅村

武夷乡位于平原之上。当溪原来是一条自然过水坑，发源于芦峰南脉大元岗，穿过下梅村，将村庄一分为二，因流经村落之中，故宋时下梅村又称当坑坊，后更名为当溪。一些堪舆家认为：当溪是下梅村落的"中轴线"（图3-157）。

图3-157　下梅村

（图片来源：左图：http://art513.fjao.com/aboutwy/fengguang/462.html；右图：http://www.nipic.com/show/1/62/fc1912e695867cad.html）

（2）闽东永泰县嵩口镇

在福建，聚落在选址时也有背山面水的情况，这种民居聚落一般位于山麓坡度较缓的地方，或者是山水之间的开阔地上。一般一侧临水，一侧沿山麓向纵深方向延伸，形成山环水抱的格局。

嵩口镇境内山峦起伏，峰谷相间，地势险峻，处于山地地貌区。嵩口自古即被称之为永泰的南大门，历史悠久的嵩口镇，早在南宋时期就已形成小集市。直至元代置镇，逐渐成为人口密集、百货随船入市、商埠兴隆的永泰西南部重镇。在20世纪80年代之前，这里是重要的物资集散地，航运业非常发达，山里的木材、土特产从这里运往福州，航行在大樟溪上的木帆船被人们称为南港船。因为大樟溪是闽江下游最大的支流，处于南向，而被称为南港（图3-158）。

渔业是福建原住民的传统行业，为了减弱风浪或潮汐涨落的影响，聚落多选择在江河的河汊或海湾处，其总体布局一般随海（河）岸的变化而曲折蜿蜒，建筑物左右比邻，面向水面。福建更多昀渔村是分布在面向海面的丘陵地带上，建筑面向海面，沿丘陵高低错落布局。一般在临水一面留出一片滩地，既可以作为防止潮涨时被淹的缓冲地带，

图 3-158 嵩口镇

（图片来源：http://dfw.fuzhou.gov.cn/xian/yongtaixian/gkz/xzzwgk/xzgk/201112/t20111220_117061.htm）

又可作为晒网或补织渔网之用。福建沿海经常遭受台风的袭击，因此渔村民居多采用石头构筑，以 1 ~ 2 层为主。

（3）闽东福州奇达渔村

奇达渔村位于福州连江县安凯乡，地处黄岐半岛中部，原来的名字叫旗峰，它背倚巍峨的白云山，现隶属安凯乡管辖，这是一个有着上千年悠久历史的小渔村（图3-159）。

4. 四川民居的选址及布局

成都平原周围的水乡式场镇较为普遍。这里水网密布，田野平畴，视野开阔，绿树翠竹成片，恰似江南，胜似江南，更显古朴飘然神奇。

图 3-159 奇达渔村

（图片来源：左图：http://www.ah.xinhuanet.com/xhsyxy/2010-09/16/content_20923471.htm；
右图：http://sns.fjsen.com/space.php?do=album&goto=up&picid=109865&uid=790236）

川西的水乡式场镇最闻名的属成都近郊的黄龙溪古镇。该镇属双流县，距县城东南不足百里，与彭山、仁寿二县接壤。北靠浅丘牧马山，东临锦江（又称府河）。它处于府河与鹿溪河交汇的河口，河面宽阔，水流平缓，不失为一个天然小港口。成都来的下水船和从重庆、乐山来的上水船常在此停泊过夜，近郊山货土特产交易多以水运，使黄龙溪镇繁华兴旺，虽在偏远之地，却成为名噪一方的水码头。

一般水乡式场镇的街巷布局，因其地较阔绰，不似山区地狭通常仅为一条主街，而是有多条平行河街的主街，或呈十字形、井字形等布局方式。水乡式场镇富有特色的还有邛崃平乐镇、乐山五通桥镇、雅安上里古镇等。尽管有些位于山间的小盆地中，也因水而建，具有不同程度的亲切平和的水乡特色。

（1）川中雅安市上里古镇

上里古镇位于四川盆地的西缘，东、北、西三面为丘陵山地，中南部为山丘围合的平坝。城镇边缘东、南、西三面分别由河流小溪围绕，白马泉则处在镇东北的一条沟谷之中。古有诗云："二水夹明镜，双桥落彩虹"，正是对上里古镇生动形象的总体描绘。古镇的街道主要呈"井"字布局，且都不宽，两边全是老式铺面。古镇建筑以木结构为主，寓"井中有水，水火不容"之意，以水制火孽，祈愿小镇平安。二水环绕的古镇内明清建筑错落、古树参天，茶马古道上唐宋文物遗迹众多（图3-160）。

图3-160 上里古镇
（图片来源：程海达 摄）

（2）川西平原邛崃平乐镇

平乐镇位于四川省成都市所辖邛崃市西南部，是邛崃市辖最大的建制镇，素有"一平、二固、三夹关"之美誉。平乐古镇历史悠久，人文鼎蔚，青山层叠，竹树繁茂。发源于省级风景旅游区天台山玉宵峰的白沫江自西向北流经古镇，碧水萦绕，鸥鸟出没，四季风景如画。

白沫江两岸古木参天，众多树龄上千年的榕树，远远望去如云盖地。老榕树、白沫江、沿江而建的吊脚、青石铺成的街道、一望无涯的竹海，千百年来共同培育了古镇人田园诗般的山水情怀，涵养着古镇天然清新的乡土文化。古镇共有老街33条，七弯八拐，曲径通幽。平乐古镇保留着明清时期的古民居，古街两边的房屋多数为一楼一底的木结构建筑，一般下层作为铺面（图3-161）。

图 3-161　平乐镇
（图片来源：刘启波 摄）

（二）聚落建筑在建造上与水环境相适应

聚落建筑的建造与水环境的结合在南方各地都有体现，如广东地区建筑结合水面既可以向空间要地，又可以取得良好的通风条件，还可以使得内外空间沟通，以获取舒适的生活环境；而四川地区则利用水环境提供城镇的生活生产用水，既形成独特的水面景现，又是城镇最具有表现力的灵气所在。

1. 广东民居的建造

广东境内众多水系，其平原可分为河谷冲积平原、滨海平原和三角洲平原。前者在各大小河流沿岸均有断续分布，较大的有广东北江的英德平原、东江的惠阳平原，粤东的镕江、练江平原，粤中的潭江平原，粤西的鉴江、漠阳江、九州江平原。后者主要为沿海地区的滨海平原和珠江三角洲、韩江三角洲平原。

广东沿海地区，特别是珠江三角洲、韩江三角洲等地，河道密布，镇村内外，小河小溪纵横，形成水乡特色。很多建筑都充分利用水面，以获取舒适的生活环境。

建筑结合水面既可以向空间要地，如建筑向水面延伸或跨于水面之上，可扩大使用面积，又不增加陆上用地；又可以取得良好的通风条件，特别是朝向较差的厅堂，由于伸出水面，风从水上来，可达到降温目的；还可以使得内外空间相沟通，把院外丰富的水面景色借入院内，使内外空间融合成为一个整体。在具体实践中，有下列做法：

一是建筑直接面临河水时则多开窗户，如槛窗、木格窗、漏窗，也可伸出挑台，有二楼者可伸出阳台，目的是利用水面，达到通风与降温。临水建筑前有小院围墙者，则在围墙上部设漏窗。既可通风，又可取景。

二是沿河建筑将其建筑往河边延伸，成骑楼形式。建筑物前有河流者，可把建筑往河边延伸，跨越街道，做成骑楼形式。建筑物前直接为河道时，则可充分利用水面，把河道作为建筑物的院外景色，使内外空间打成一片。

三是不少沿河建筑做成开敞方式，如开敞的阳台、柱廊、后院、檐廊等，既美化了环境，更满足了南方气候的要求。

　　四是跨水建筑用过道楼与陆地联系，充分利用水面空间。如将整屋建在沿岸河面之上，而用过道楼与陆地联系，将建筑中的房间跨到水面之上，也有厅堂中的一部分跨到水中者，其目的都是为了利用水面空间，不占陆地。

　　五是利用建筑厅堂延伸悬出水面，或书斋厅延伸悬出水面等方式达到延伸水面的效果。

　　粤东揭阳浯境沿河民居群就是具有代表性的实例之一。揭阳是广东粤东地区的水乡城镇，城内小河纵横，潝墩小河就是其中的一条。沿河民居密布，河道两旁临水建筑都是以三间屋或四合院平面作为基本单元加以组合变化而成的，它充分利用水面，建筑组合灵活，外观丰富多样，夏日凉风从水面吹来，倍觉凉爽，一号住宅因建筑东西向，故突出厅堂，以取得南北风。三号住宅也因朝向不好，故把斋厅延伸外出，并在两侧各设平台一座，作观赏用。太和巷是与潜燧相垂直的一条小巷，巷旁又有一条小河，它与浯缆河道相交，二号书斋式庭园住宅就位于这两条小河的交界处，在地理上占有着很好的位置。书斋式庭园住宅分为两部分，西边为住宅，东边为书斋庭园。庭园中，书屋利用了角地置于北边，布局紧凑，朝向又好，在庭园的南面围墙，辟有漏窗和一洞门。洞门外有一石板作桥面，它跨过小河可与外面小巷接通。庭园东面则安一方亭，方亭的一部分伸出墙面之外，置于小河水面之上，在墙内庭院中则辟有环亭水池，把河水引入内院池中，曲池虽小但环水流通，给院内景色带来了一种活力感。人于亭中，既可观望墙外河面风光，同时又可看到墙内庭园景色，在书斋读书之余，来到亭中稍事休息，顿时精神清爽（图 3–162）。

图 3–162　番禺沙湾宝墨园

（图片来源：左图：http://bbs.zol.com.cn/dcbbs/d167_364183.html；右图：http://www.nipic.com/show/1/49/4292663k1940b392.html）

2. 四川民居的建造

　　四川场镇绝大多数都是临水而建，水环境各不相同，这些水环境的好坏直接影响到场镇的生存与发展。它既给场镇提供生活生产用水，又同场镇其他环境要素紧密联系在一起，成为场镇整个生态环境的重要组成部分和基础条件。而且水面景现也是场镇环境景观最具有表现力的灵气所在。因此，四川的传统场镇无不对其所在的江河溪涧湖塘倍加爱惜保护，而每一个场镇也确实都有一个美好的水环境。这种水环境大致有四种基本情况。

　　第一种是场镇面临大江大河，如长江、嘉陵江、峡江、沱江、涪江等较大的干流和支流。这里江面宽阔，岸线长，码头渡口多，场镇也都是水旱码头交通枢纽，常沿江边修建宽大石阶梯道以及石砌护坎驳岸。来往船只停泊场镇码头，往昔景象是楼船千帆，荡桨竞渡，货运客流，热闹繁忙。码头建设和岸线保护是这种较大场镇水环境的特征，如重庆磁器口镇、永川松溉镇、台川合阳镇、江津门沙镇等。

渝西沙坪坝区磁器口镇地处平原区，东临嘉陵江，南接沙坪坝，西界童家桥，北靠石井坡，拥有"一江两溪三山四街"的独特地貌。马鞍山踞其中，金碧山蹲其左，凤凰山昂其右，三山遥望，两谷深切。凤凰、清水双溪漱洄并出，嘉陵江由北而奔，江宽岸阔，水波不兴，为天然良港。

磁器口因为水码头而兴旺发达，集中代表了重庆的码头文化。始建于宋咸平年间，明朝时期，已成为名扬四方的繁华水陆码头，至清朝初年，因这里盛产青花瓷，而得名磁器口（图3-163）。

图3-163　磁器口镇
（图片来源：杨雪 摄）

第二种是丘陵地区临中小支流溪河而建的场镇。这种场镇联系山区，水面较宽，可通中小型木船，有的为水路运输的终点码头，是周围农村和山区山货土特产集散地，为一方乡里商贸宗教文化中心，是农村场镇地方文化特色最集中的典型代表。

例如汀津塘河镇因山就势建于河湾之处，屋宇错落有致，四周林木繁盛，其水环境多是山清水秀、石盘叠岸，清流婉转平静，水码头精巧随宜，河滩卵石细沙，水岸上有芦苇、草甸、灌木，一片原生态的河谷自然面貌，古朴雅致的小场镇安闲地坐落其间，是"天人合一"的环境境界的典范。又如酉阳后溪镇，临西水河弯，山峦秀美，碧水环绕，河岸占树修竹，掩映水面，吊楼瓦屋白墙，倒映水中，轻舟荡起涟漪，确如山间水彩小景。

川东南合江县福宝镇始建于宋末，明清时已初具规模。古镇依山傍水，五桥相通，三水相汇，镇周青山翠叠，河岸绿竹摇风。高处望去，高低错落、鳞次栉比的屋宇千姿百态，排排吊脚木楼随山势起伏，错落有致（图3-164）。

图 3-164　福宝镇
（图片来源：尚贝 摄）

类似的场镇如隆昌渔箭镇、荣昌路孔镇等不胜枚举。

第三种是位于山间沟谷临溪涧山泉而建的场镇。这种场镇的水环境空间竖向变化大，水面尺度更小，环境景观特色又很不一样，更具有山乡村居或山地峡谷山居的风貌。或有淙淙流水的小溪，或有飞泉直泻的深沟，场镇的水环境更为亲切，宜人近人，原生状态保护得更好。这里的乡民也更珍惜水源，保持清纯的水质，上游用于饮水，不能污染，洗菜洗衣服都在下游方向。水边岸线一律自然形态，常有小溪穿镇而过，临溪而建的房屋或吊脚或建石堤堡坎，与水面亲近相伴。

例如綦江东溪镇，临綦河东岸，沿高差较大的山溪而建，其近处的峡谷瀑布及黄桷树群构成该场镇独有的环境特色。瀑布从镇太平桥山岩分三级倾泻而下，峡谷怪石嶙峋，两岸黄桷古树百棵，浓荫蔽日。书院街、太平桥街、背街等老街沿河展开。挑楼民居临溪依自然河岸而建，起落有致。一般这类水环境的场镇常以山水名胜享誉一方，吸引乡民或走村串寨的商贩们前来赶场。类似的场镇还有酉阳龚滩、秀山石堤、奉节竹园、云阳云安等。在川东山地和三峡地区这类水环境的场镇尤多。

渝东南酉阳县属武陵山区，地势中部高、东西两侧低。龚滩古镇地处乌江、阿蓬江的交汇处，据酉阳城区 70 余千米，与重庆彭水县和贵州省沿河县毗邻。龚滩古镇自古以来即是川（渝）、黔、湘、鄂客货中转站，是由乌江连接重庆的黄金口岸。

古镇居于乌江天险的中段，山、水、建筑融为一体，历史上完全因水陆的物资转换而发展，是一座具有 1700 多年历史的古镇。古镇现存长约 3 千米的石板街、150 余堵别具一格的封火墙、200 多个古朴幽静的四合院、50 多座形态各异的吊脚楼、独具地方特色，是国内保存完好且颇具规模的明清建筑群（图 3-165）。

图 3-165　龚滩古镇
（图片来源：张楠 摄）

渝东南秀山县石堤古镇地处位于重庆市秀山县东北部的低山丘陵区，离县城 68 千米，以酉水河和梅江河交会为着眼点。

古镇处于易守难攻的险要之地，古人称之为"蜀东要塞"。整个小镇依山而建，顺水而生。这里处处充满原生态的气息（图 3-166）。

第四种位于平川或缓丘地区的水乡式场镇。这类场镇水环境特色是较明显的水乡风貌，如前述成都平原双流的黄龙溪古镇，北靠牧马山，依山傍水，风景秀丽。至今建镇已 1700 多年，历史底蕴深厚，古名"赤水"，据《仁寿县志》载："赤水与锦汇流，溪水褐，江水清"，古人谓之："黄龙渡清江，真龙内中藏"。航运上达成都，下通重庆，是水路运输的重要码头。锦江自北由成都流入贯穿黄龙溪镇域，并在黄龙溪镇区东面纳入支流鹿溪河，组成镇域内的主要水系。

黄龙溪古镇现存的民居多为明清时期的建筑，主街道由石板铺就，两旁是飞檐翘角杆栏式吊脚楼。楼下临街大都是店铺，骑楼式的建筑，二楼的房子，靠近内街的用作住宅，靠近河边的用来做生意。走过一条街，又见一道巷，透着浓浓古意（图 3-167）。

图 3-166　石堤古镇

（图片来源：http://cqncp.gov.cn/article/lyfg/201110/18136871_1.html）

图 3-167　黄龙溪镇

（图片来源：程海达 摄）

（三）聚落建筑在形态上与水环境相适应

南方聚落与北方聚落最大的不同就是街随水走，水系构成了聚落的边界，聚落与水的关系就是形态之所在。广东地区的线形水乡、块形水乡、网形水乡是对这一特征的最好诠释。

1. 线形水乡

线形水乡沿水陆运输线带形展开，形态灵活，变化丰富。这类水乡依河或夹河修建，利用水资源服务于当时的生产经营方式。水乡布局沿水陆运输线延伸，河道及道路走向往往成为村镇展开的依据和边界。线形水乡的主轴就像一条延长的骨干线，而沿干线生活的居民可以最大程度地享受临水之便利。水乡沿河布局，房前是交通要道，屋后是宁静的田野，同时线形水乡能够根据地形曲折变化，灵活地发展。

以粤中南番禺区石楼镇大岭村为例，大岭村位于广州市番禺区石楼镇西北面，背靠菩山，三面河涌，玉带河贯穿全村，连接狮子洋，交通以陆路为主。大岭村里有五条白石街，建于清光绪二十三年（1897 年），上街由五板白石砌成，全长 400 余米，将原来的红石改砌涌边下街并筑堤 630 余米，戊戌年（1898 年）秋告成，建筑耗银一千二百余两。走在石板街上，刚好是雨后，路面的石板干净地泛着青光，偶有水珠从屋檐处滴下，敲击在石板上，珠碎四溅。常常是在走过几间小洋楼后，便会看见这个古村一些历史的痕迹或大自然的一角，比如一片破落的无人居住的老屋。

2. 块形水乡

块形水乡是珠江三角洲地区最常见的一种，村落位于河道一侧，周边为各类基塘，传统村落采用梳式布局系统，利用河流吹送的凉风来冷却耙子般的巷道，河岸对面往往为景色优美的水稻田或果树林。这类水乡通常临河一侧是公共活动中心，布置祠堂、书院及各种小型地方神庙，成为公共活动的场所。村中往往是一条巷道对应一个水埠和一个支祠，各族民居以此为中心层层展开。如明代正统十四年（1450年）建村的佛山南海的九江镇烟桥村、广州增城的瓜岭村等。

图 3-168　瓜岭村

（图片来源：http://club.dayoo.com/forum.php?mod=viewthread&tid=14975558）

广州增城瓜岭村是典型的岭南水乡风格。水道、荔枝林、碉楼、祠堂、民居的布局在战乱时代，有战略性意义，水道环绕全村，起到护村的作用，岸边有全村最高的建筑碉楼（相当于9层楼高），可以观察远方的敌人；对岸有生长上100年的荔枝林，相当茂密，丰收的季节，场面应该十分热闹（图3-168）。

放射状格局是块形水乡布局的特殊形式，这类水乡一般依岗或依洲而建，以岗或洲的最高点为中心，由此向外发散几条骨干巷道，村外围是祠堂或广场。形成水绕村、中心高四周低的放射形水乡格局。例如高要市蚬岗镇，由蚬岗一村、蚬岗二村和蚬岗三村共同构成。据有关史料记载，蚬岗村从明朝初开村，距今已有六百多年的历史。

蚬岗村呈蚬状八卦形，凸显八卦玄机。蚬岗村地处水乡，四面环水，赫然一个巨蚬蛰伏水中。村中民居按八卦原理布局，依岗而建，从空中俯瞰整个村庄呈"八卦"形，一幢幢房子构成一个个圆圈，结构整齐，地势天成，图案优美。"八卦"直径约600米，约20圈，每进一圈，房屋递减，至岗顶最后一圈房屋约有10多间。岗顶乃八卦中心，原栽种有8棵古榕树，暗含乾坤八卦玄机，分别种于乾、坤、震、巽、坎、离、艮、兑八个方位。村道以咸水石铺砌，纵横交错，错综复杂，机关重重，恍如迷宫。

3. 网形水乡

网形水乡分汊聚落，可以保证最大程度的水域使用。水网呈"T"或"Y"字状分汊把聚落划分为若干部分，以保证民居得到最长的河道与最便捷的交通出行口。这类水乡可以向任何方向发展，它总体上由河涌河道或基塘分割成若干形态类似的陆地区域，区域聚落边缘的建筑比其中心会有所下降。就单个村落来说，外围的基塘对村落边界有较强的界定与中止作用。但区域聚落外围一些基塘之间较大面积的间隙处，会形成小片的居住地，使得各陆地区域与基塘原野区域之间存在某种过渡形态。

以粤南顺德杏坛逢简村为例，古村四面环水，以水道为界，河涌呈"井"字形，自南往北流过古村，汇入西江支流，把村落切割成若干小沙岛。村落建筑沿河而建，沿河修筑石磡，长达十余千米，河边树木夹岸。主河涌流向由南往北串村而过，汇入西江支流。逢简以栽桑养蚕为核心，促使当地的农、牧、渔、副业有机地结成一个整体，再带动缫丝、制糖、饲料加工以及商贸、交通运输业的发展。

五、聚落生态环境建设中的绿色营建经验

聚落是人类生活、生产与社会组织的基本单元，它与自然构成了密不可分的关系。"人为的自然"关乎到人对自然、水、土地、生物、气候资源的开发与利用；"自然的人化"（美国人类学学者赫斯特维茨）是人类文明的标志。在我国，指导甚至支配发生和完善在农业社会里的中国传统聚落，"天人合一"的理念可以说是根本大法，这种传统的生态文明观念，对我们今天的建设具有重要的借鉴意义。具体表现在：保土、少占耕地；理水，既重视水源充足，又重视排水防涝；植树，保护和绿化环境；通过聚落选址和街巷布局，充分利用自然资源、节约能源等几个方面。

（一）注重保土、理水，保护环境

保土与理水，体现的是传统聚落朴素的环境保护意识，是崇尚节俭的建筑伦理观的表现，对于今天的城镇建设依然有重要的启示作用。

以徽州民居的保土与理水为例：

"保土"就是珍惜土地资源。徽州聚落从选址、布局，到宅居的营建，都以"保土"为原则，少占耕地，充分合理地利用土地资源。《宅经》就明确指出："州县郡邑，下至村薄，保上、保栅乃至山居。"山居不占耕地，既能节约土地资源，又能使聚落拥有充沛的阳光、清新的空气和绿化的环境。历代有作为、顾民生的皇帝，多重视保土安民。清康熙十二年（1673年）就曾谕户部："自古国家久安长治之模，莫不以足民为首务；必使田野开阔，盖藏有余，而又取之不尽其力。"徽州土地金贵，建设中一再强调"居室地小能敞，唯寝与楼耳"。"邑以人稠地挟，故图得架屋而居，构一庐得倍庐之居，非能费材而高也。"实际情况也是如此，徽州聚落都尽可能傍水建村，村落建筑密集，街巷紧凑狭小，宅居精打细算，建筑夹层空间充分利用等，无不体现节约土地资源的建设理念。

（1）皖南黟县宏村镇卢村

卢村靠山临水，村西小溪名下门溪，村东小溪称前街溪，至村南汇合而成丰栈河。村东民宅依溪而建，临水一侧多挑出，建有敞廊，别有一番情趣。一级级青石台阶，一座座小木桥，使人感觉身处山村，却又似在水乡。村落布局紧凑使得村民有大量的农田可开垦，尽可能节约土地以耕种（图3-169）。

图3-169　卢村
（图片来源：张楠 摄）

（2）皖南黟县宏村镇宏村

宏村八九百年前的建村者便有先建水系后依水系而建村的前瞻，所以使它有了水一样的灵性，这也正是它比其他徽派建筑的村落更具魅力的原因。它利用村中一天然泉水，扩掘成半月形的月塘，作为"牛胃"；然后，在村西吉阳河上横筑一座石坝，用石块砌成有60多厘米宽、400余米长的水圳，引西流之水入村庄，南转东出，绕着一幢幢古老的楼舍，并贯穿"牛胃"，这就是"牛肠"，沿途建有踏石，供浣衣、灌园之用。"牛肠"两旁的民居里，大都有栽种着花木果树的庭院和砖石雕镂的漏窗矮墙、曲折通幽的水榭长廊和小巧玲珑的盆景假山。弯弯曲曲"牛肠"，穿庭入院，长年流水不腐。然后在村西虞山溪上架四座木桥，作为"牛脚"。从而形成"山为牛头，树为角，屋为牛身，桥为脚"的牛形村落。明朝万历年间，又将村南百亩良田开掘成南湖，作为另一个"牛胃"，历时130余年的宏村"牛形村落"设计与建造告成。"牛形村落"科学的水系设计，为宏村解决了消防用水，调节了气温，为居民生产、生活用水提供了方便，创造了一种"浣汲未防溪路远，家家门前有清泉"的良好环境（图3-170）。

图3-170　宏村
（图片来源：程海达　摄）

（二）选址布局充分利用自然资源

无论是徽州民居在选址上的风水理念和单体营建中的有效技术措施，还是四川民居的风水理念，都是对"取之有度，用之有节"理念的落实。

1.徽州民居的选址与布局

徽州民居通过聚落选址和街巷布局，充分利用了自然资源，节约能源。徽州民居聚落节约能源的措施，首先体现在聚落的选址上。"观测风水"，"负阴抱阳"、"背山面水"，这就从总体上充分利用了自然资源，使整个聚落享受到充沛的阳光，回避了寒风，驱除了潮湿。聚落的街巷走向、狭小而高耸的小巷、宅居里的天井、厅堂与天井的连通、建筑外墙粉刷白垩，种种聚落规划和宅居营建的技术措施，无不考虑了通风、防晒、去湿，创造了良好的人居物理环境。"土木之事，切忌靡费"。传统聚落、传统民居的这些节能理念和技术措施，今天仍然有着值得借鉴的意义。

例如，徽州民居皆为木构架坡屋顶，空斗墙围护，外抹白垩，既可反射阳光以隔热，又可防潮保护木构架。徽州属亚热带气候，隔热防暑是主要矛盾，故而建筑层高大于北方；

而冬季防寒措施则是"局部采暖"，家家户户都有"火桶"、"手炉"。"火桶"是木制的几近半人高的圆形站桶，内装设铁箅，下升炭火，可容 2 ~ 3 人围坐取暖，是家中老弱妇孺冬季必备的物件。"手炉"有铁制、铜制、陶制，圆形有把，内升炭火，可随身携带，随时随地都可以暖和手脚。

再如皖南黄山市徽州区呈坎镇呈坎村。此村位于盆地上，依山面河而建，坐西朝东，面对灵金山，背靠葛山。河东河西分别有上结山和下结山，龙山与龙盘南北相对。以河为界，犹如两把太师椅相扣，古村正好处在藏风聚水的最佳位置——灵穴之中。被朱熹誉为"呈坎双贤里，江南第一村"。

呈坎村在村落建设上，按先天八卦图主四卦布局形成：诠释了"水火相克生万物，天地容万物"的先哲理论。同时呈坎村内古老的龙溪河宛如玉带，呈"S"形自北向南穿村而过，形成八卦阴阳鱼的分界线；村落周边矗立着八座大山，自然形成了八卦的八个方位，共同构成了天然八卦布局。人文八卦与天然八卦融合的巧妙布局，使呈坎村成为中国古村落建设史上的一大奇迹（图 3-171）。

图 3-171　呈坎村

（图片来源：左图：http://life.gd.sina.com.cn/news/2009/04/29/18483.html；右图：张楠 摄）

2. 四川民居的选址与布局

四川的很多场镇在选址布局时，或多或少都受风水学说的影响，意图使场镇坐落在一个优美的山水格局环境中，也就是所谓的"风水宝地"，这其实就是风水环境。因此，尊重这个环境中的一山一水、一草一木是极重要而又十分自然的事。不管这里面有没有自然崇拜，或附会"龙脉"等迷信成分，从实际的存在中可以看到这些场镇都有一个美丽的自然山水环境。聚落和周围山体水系是共生共荣的。山得水而秀，水得山而灵，城得山水而生，山水得城而活。这一辩证统一的关系在场镇聚落的山水格局中体现得十分清楚。

以渝西北铜梁安居古镇为例。安居古镇位于四川盆地东南部，有 1400 多年历史。该镇依山面水，位于涪江与琼江的交汇口，另有后河溪穿镇而过。背靠化龙山、飞凤山，西有迎龙山、清凉山，东有波仑山、火盆山等为青龙白虎砂山。安居镇处于水环山抱之中，平面空间沿水系江面带形伸展，竖向空间沿山体缓坡盘旋拓升，整体形态呈丁字形的顺河爬山式。六条正街和沿水岸或山势布局的建筑都不破坏河岸和山体的自然地貌。临近的东西两山，保持山形原貌，仅各建尺度适宜的文庙和波仑寺成为场镇外围环境的对景，为山体增色。从江面上远观，古镇小山城在众多青山绿水的怀抱中显得恬静优雅。高低起伏变化的山脊与错落有致的场镇轮廓相互呼应，加之水中的倒影，呈一幅"山－水－城"和谐灵动的画面（图3-172）。

图3-172　安居古镇
（图片来源：程海达 摄）

（三）通过绿化等方式创造多样化的聚落景观

绿化体系的营造是人造环境与自然环境相融合的最直接手段之一，无论是徽州民居还是四川民居，都能结合自然环境营建良好的聚落环境，并形成多样化聚落景观。

1. 徽州民居的聚落景观

古人云"草木繁而气运昌"，徽州地区在20世纪以前，植被面积还几乎占了总面积的70%以上。除山林外，徽州聚落往往都有"风水林"，以使聚落"藏风得气"，所谓保持生气以免"行乎他方"，今天我们称之为"改善小气候"。徽州聚落的"风水林"，有的是和水口结合，有的与山冈水溪结合，不一而足。林木冠以风水，更显得它神圣不可侵犯，在徽州聚落里，谁要是胆敢动一动"风水林"，后果必然是群起而攻之。乡土聚落重视"植树"乃是"上行下效"的传统：一方面是"上行"，明初甚至皇帝诏示："凡民田五亩至十亩者，栽桑，麻，木棉各半亩"；"违者经济惩罚，抗者戍边"。而另一方面则是"下效"，如明初《新安志》记载："休宁出美林，凡生一子即植树。"举凡砍一（株树）罚三（元钱）等乡规民约以及吃封山育林酒等植树护林措施，至今还在徽州许多聚落作为民风民俗而得到传承。此外，乡民又是非常讲究经济实用的，除了山林、风水林之外，家家户户还利用田边、池塘、宅院种植果树林木，如山梨、枇杷，银杏、莲藕、山核桃等，显然又是乡民一笔可观的收入。安徽某村，在聚落后部种植了大片的树林来改善小气候。

徽州聚落以山峦形势为骨架、水体植被为血肉的布局形成多种多样的聚落组团形态、结构，派生出千变万化的聚落景观，或蜿蜒起伏，或一马平川，或深藏似桃源，或坦陈如驿站，或半遮半掩，或引人入胜，不一而足。徽州大地景观也是美不胜收的：大地上点缀的聚落，被春天的油菜花、夏天的茶树丛、秋天的稻谷穗、冬天的秸秆堆衬托着、凝聚着聚落的历史沧桑，乡土情和归属感油然而生。徽州传统聚落几乎都是生态聚落，但也是人文聚落和民俗风情聚落。

屹立在新安江畔的水口"桃花坝",具有"十眼红云"的自然景观,引入"雄村"聚落的中心和高潮——"竹山书院",继而扯出曹氏家族"亦官亦儒"的故事。徽州的传统聚落,类似这种"情景交融"、"道器相生"的例子不胜枚举(图3-173)。

图3-173 "桃花坝"

(图片来源:http://www.aphoto.com.cn/thread-83684-1-1.html)

2. 四川民居的聚落景观

四川民居聚落重视绿化生态的培育,有目的地培植营建环境。对周围自然山水的爱护和尊重,不仅是不随意破坏和改变原生自然风貌格局,而且还对山体植被绿化进行保护和培育,不得乱伐乱砍。有的场镇还定有乡规民约,保护森林树木,并世代遵守成为传统美德。所以很多历史悠久的古场镇得以保留美好的生态环境。

不仅如此,为了良好的场镇绿化环境,精心呵护、有目的地培植营建也十分重要。从场镇聚落绿化生态环境品质的优劣完全可以判定这个场镇建筑文化格调的高低。黄桷树是四川场镇最喜爱种植的树种之一,不仅浓密高大、覆盖面宽,而且树形潇洒,树根苍劲古拙,又易于生长,可在岩坎峭壁拔地而起,很有活力。此外,一般场镇还喜植皂角、乌桕、洋槐、梧桐、榆树、银杏、香樟、苦楝等高大乔木以及花灌及各种果树等。此外,有的场镇还有培植风水之说,常将场口旁的大树作为一种进入场镇的标识,故以"风水树"名之,意寓来此赶场带来好运。这也是一种追求吉祥生活的愿望和寄托,或可认为含有一点川人的幽默。有的也把包围场镇的竹林当作风水林加以维护,形成特别的绿化环境景象。正如宋代大诗人苏东坡诗云:"宁可食无肉,不可居无竹。无肉使人瘦,无竹使人俗。"所以四川场镇与民居周围大量种植成片的竹林成为风尚。竹子种类也十分多样,高大的楠竹、秀气的慈竹、美观的斑竹、密实的罗汉竹等等，均各有其风雅，是四川乡间最为普遍的绿化。

（1）渝西南江津中山古镇

江津四面高山环抱，境内丘陵起伏，地貌以丘陵兼具低山为主。在场口河对岸岩壁上刻有清代的告示，严禁在周围的山上砍树伐薪，违者有罚。古镇笋溪河畔绿荫葱茏，两岸青山连连，生态环境为游客称道，不能不说与乡民爱林护林的优良传统有关（图3-174）。

图3-174　中山古镇
（图片来源：尚贝　摄）

（2）渝西北北碚偏岩古镇

偏岩古镇坐落在华蓥山脉西南面的两支余脉之间，地处丘陵，呈东北高、西南低之势，因其北端有一高约30米的岩壁高耸倾斜，悬空陡峭，成为奇景而得名。然而更有名的是偏岩镇的黄桷树，沿着绕场小溪黑水滩河岸边数十棵姿态各异的黄桷树，盘根错节，贴于石坎之上，枝叶繁茂，"树伞"如盖，大多有上百年树龄。场口半边街一线，也植有十几棵黄桷树。偏岩镇老街400余米，鳞次栉比的临水穿斗民居几乎全部掩映于黄桷树的浓荫之下，处在青山绿水古树的簇拥之中，吸引无数游客和画家、艺术家来此观光写生。这么多的古树名木能留存至今，不仅带来了场镇的优美环境，同时又是场镇的历史见证，也记载了偏岩古镇的品德文明（图3-175）。

图3-175　偏岩古镇
（图片来源：http://www.nipic.com/show/1/27/1e886038e32b2706.html）

（四）建成环境与生态环境相融合

聚落总体环境与生态环境相适应是人居环境之本，良好的小环境的营造依靠的是宅院、民居单体与小品建筑，以形成聚落的生气和生活情趣。

以徽州民居的建成环境为例，徽州民居的宅院通过丰富的绿化使聚落和宅居弥漫着生活气息。除了大片山林、成组成团的风水林之外，聚落内街巷白墙上的爬墙攀缘藤萝、宅居天井小院里的葡萄架、小水池里的水浮莲，既美化、净化和活化了室内外空间，又为聚落和宅居增添了生气。

（1）耕读园

碧山聚落里的"耕读园"，宅居里小小的一方水园、长满藤萝的围墙、参天的大树、宅外的田野，无论你端坐在水园书房，还是走出门外漫步田野，都会心旷神怡。

（2）皖南黟县际联镇塔川

塔川聚落属于丘陵台地。村落白屋沿山坡拾阶而上，山下一弯溪水，漫山遍野的山林——枫树、梓树、樟树、乌桕树，把聚落簇拥得郁郁葱葱（图3-176）。

图3-176　塔川

（图片来源：左图：http://www.xinli001.com/oxygen/1867/；右图：http://www.aqtogo.com/thread-1079913-1-1.html）

（3）皖南黟县木坑

木坑属于山地地貌。黟县深山之中的被称为竹乡的"木坑"聚落，远远望去，一组白屋点缀在无边无际的绿色海洋里，蔚为壮观（图3-177）。

图3-177　木坑

（图片来源：左图：http://tour.ahta.com.cn/files/upload/2011/08/26/ae363c46-def8-4515-930d-2731d8bee6ff.jpg；
右图：http://www.chuyouke.com/sport/mukengzhuhai-jianjie.html）

在徽州民居中，聚落里较为方整的民居建筑与聚落所在的地形地貌、水系走向、街巷道路相整合，形成各种不规则的内外空间。但是，家家户户都能充分加以利用，反而使得每户人家总有些空间变化，丰富多彩而不千篇一律，宅居的可识别性强。丙递水街溪水一侧的胡逢元宅，矩形方整的宅居、庭院与斜擦而过的小溪形成了一个三角空间，主人把它建成为一个小巧的入口小套院。对着东大门是一簇天竹，天竹和花坛掩盖了空间的尖角从而成为入口大门的对景。这一小小的空间，既巧妙地丰富了入口空间，调节了胡宅内外空间的转化，又使水街界面在完整之余产生了变化，真是一举多得、别具匠心。一株"生态"的天竹，一块"形态"的小三角空间，一处亲切宜人的情趣，就是这样融为一体的。

徽州聚落里出于政治需要和公共功能而营建的建筑物、构筑物以及建筑小品，例如祠堂、牌坊、书院、桥亭、湖岸、道路、更楼等，既统一于当地的生态环境之中，又发挥各自的造型特征和物质的或是精神的功能，从而丰富了聚落景观。或成为聚落的高潮如祠堂，或成为聚落的重要节点如桥梁，或成为聚落空间的导向如道路，或保护和强化了聚落的生态环境如湖岸。它们成了聚落的有机组成部分，并且是聚落里趋同的徽州民居"细胞"中的不可或缺的变化和调节因素。

以皖南黟县南屏村南屏祠堂为例，南屏祠堂群，位于黟县西南4千米南屏村。全村共有30多座祠堂，宗祠规模宏伟，家祠小巧玲珑，形成一个风格古雅的祠堂群。村前横店街，200米长就有8座祠堂，其中南屏大姓叶氏宗祠名"序秩堂"，建于清初，占地2000平方米，歇山重檐，端庄轩敞。大门上端挂着"钦点翰林"、"钦赐翰林"、"钦取知县"的金字匾额；四根大石柱托着额枋，上面雕刻着古鼎宝瓶之类的祭器；大门两侧有若干旗杆墩子和一对石鼓；左右门柱各有一组精美的石雕；序秩堂分上、中、下三厅，上厅为享堂，中厅为把堂，下厅是吹鼓奏乐的地方（图3-178）。

图3-178　南屏村南屏祠堂

（图片来源：王朕　摄）

六、聚落的风水与宗法制度中的绿色营建经验

风水观是我国古代早期的规划理念，它对中国古代村寨的选址产生了深刻而普遍的影响，是左右中国古代村寨格局的最显著的力量。

宗法制度是中国封建社会的一大特点，是由氏族社会父系家长制演变而来的，是王族贵族按血缘关系分配国家权力，以便建立世袭统治的一种制度。其特点是宗族组织和国家组织合二为一，宗法等级和政治等级完全一致。在中国，它以家庭→家族→宗族→氏族→村落→郡望的生长方式存在，中国的聚落选址和布局深受其影响。

（一）聚落的风水

无论是风水的发源地广西，还是浙江、福建、广东、两湖地区，聚落的选址均有传统风水理论的身影。风水学说也是一种充分考虑气候、地理、建筑环境，综合各方因素，具有一定生态观念和一定科学性的理论。

1. 广西民居村寨选址的风水因素

广西是风水的发源地，广西村寨在选址中亦受风水术的影响，主要以"形式法"的"觅龙、察砂、观水、点穴、取向"等五诀来确定村寨选址。

觅龙：指在蜿蜒起伏的山脉中寻找最佳位置。对山而言，山之南为阳，北为阴。就山和住宅而言，山为阴，住宅为阳。以房屋的阴面（背面）与山的阳面相对，村寨建筑便能获得良好的阳光和通风条件，此所谓"负阴抱阳"。

察砂：砂即是主峰四周的小山。对于村寨而言，除了"觅龙"之外，还要特别注意左右护砂及上砂（即来风方向）的山形要高、大、长，这样方能"收气挡风"。下砂则要相对矮小。这种三面环山、前方仍有远山的地形，有利于村寨在避风、通风和回风等方面的要求。

观水：水口包括入水口与出水口两种。风水中强调流入之处要开敞，流出之处要封闭。"凡到一乡之中，先看水域归哪边，水抱边可寻地，水反边不可下。"就是说，村寨要定在水环抱的一边，亦即水隈曲的一边。据地质学考察，河流隈曲处地质结构深厚坚固，能阻挡流水冲击，除安全耐久之外还兼有三面环水之美。

点穴：即最后确定基址的地点范围。"阳基喜地势宽平，局面阔大，前不破碎，坐得方正，枕山襟水，或左山右水。"实际上是对环境要求有充分的活动空间，使人在心理上有一种开阔轻松之感。龙脊村寨多分布在半山腰或近山腰处坡地的中心位置就缘于此。

取向：指在阳基位置选定后兴土动工时，用罗盘测定房屋的具体位置与朝向。[70]

以桂中武宣东乡下莲塘村为例，下莲塘村在选址上就遵循风水因素。据村场风水概述，火星少祖，走马金星、串珠、蜂腰鹤膝过峡，为上格龙。主龙龙身带倒地火星、不起峰，左右扶龙木火行龙，穿云插天，气势蓬勃。穿田过峡脱尽煞气，刀枪随龙。太阴金星结穴。帐下贵人特朝。小明堂藏风聚气，大明堂可容纳千军万马。呼形为船地，宅立癸山顶。

2. 福建民居聚落选址风水因素

风水是中国独特的文化现象。以风水理论为指导，福建民居聚落在选址与布局时往往要按照觅龙、察砂、观水、点穴等方法来确定最有利的聚落位置与布局形式。例如闽东南南靖县书洋镇田螺坑村就是一个经过精心规划的传统聚落，黄氏祖先在田螺坑村生产生活过程中，认为田螺坑村四周群山环抱，藏风聚气，一年四季日照时间长，是建阳宅的好地方。从地理位置上看，田螺坑村地理位置处在八卦方位上的乾、坎、艮，为三吉方。在上、中、下三元运势中，乾、艮行吉运时间最长。田螺坑村现有所建楼宇的厅堂均为艮位，坐艮为其一大特点。又田螺坑，右水倒左，水出丁未口、辰、戌未为四大墓库，未为甲木和癸水之墓库、天作之合，自然形成是安居的好地方（图3-179）。

图3-179 田螺坑村

（图片来源：左图：http://meishi.quna.com/cookDetail/141915502.html；右图：http://t.dianping.com/deal/13855342）

3. 广东民居的风水因素

古人非常重视营建住宅，认为其同家族或个人兴衰有关系。据古书记载，择宅宜在聚"气"之地。"气"即"地脉"，"地脉"与风与水有关，"气乘风则散，遇水则止"，而风和水都影响着人体的健康。因此，在选址中考虑到风（寒风、温风、台风，泛指气候条件）水（水质，上质、水流，泛指地理条件）是非常重要，也是十分自然的事。

在广东的村镇中，由于街道已有规划，住宅已有方位定向，当新建民居时，一般只能在此基地和朝向上进行营造。"风水先生"在择向时，认为原有街道朝向不利于新建住宅的方位，曰为犯"忌"，故在大门、厅堂和屋脊这三个部位采取"措施"，作为破"忌"。以大门来说，有的地区采取大门偏开（客家）或侧向开门（广府）等方式来避邪，潮汕地区则在大门前的木栅门上置一八卦图，用卦阵摆布来驱凶。在厅堂方面，有的采取厅堂轴线与基地轴线不对正的方法来避"邪"，形成厅房平面有稍斜的现象，或者有意做两侧墙面一长一短，也有的在厅堂正脊下置一八卦图来"压邪"等。除大门、厅堂外，有的还反映在山墙墙头的式样上。潮汕地区的山墙墙头式样有金、水、木、火、土等五种，采用哪种形式，需要根据阴阳、五行和主人的生辰八字才能决定，含有封建迷信的成分在里面。但从艺术角度来看，各种形式的墙头更好地丰富了民居的山墙侧立面。

例如粤中南江门市恩平市圣堂镇歇马村：

歇马村后人在发展歇马的过程中，不知是有意还是无意，把整个村场都建成了马形，并且有"马头"、"马腰"和"马尾"。"马头"的巷道排水渠全是明渠，被称为"马骨"，"马尾"则全是暗渠，被称为"马肚膜骨"，而暗渠的下水道井盖全部铸成金钱形状，村前的水塘就被喻为"马肚"。据说歇马之"马"为雄马，所以在"马尾"处有两块大石，象征马的生殖器（图3-180）。

图 3-180　歇马村

（图片来源：http://www.ycwb.com/ePaper/ycwb/html/2011-07/09/content_1157065.htm）

4. 两湖地区聚落选址的风水因素

与中国其他地区的传统聚落、村落一样，两湖地区传统村落、聚落的选址也是在传统风水理论的指导下进行的。在科学不发达的时代，两湖民居选择的"风水宝地"也能一定程度满足村民舒适生活的生理、心理需求，促进村落稳定发展，所选的基址最利于抗涝防潮。

以鄂东北武汉市黄陂区木兰乡大余湾村为例，大余湾整体布局奇特，75 栋明清古建筑遍布，大多数古民居外墙上遗留着清代手绘的彩色壁画，计有上千幅。站在村后旧寨山上鸟瞰全村，其"左边青龙游，右边白虎守，前面双龟朝北斗，后面金钱吊葫芦，中间怀抱太极图"的风水格局清晰可见。在形式和格局、用材与技术上，体现出极为完整的安居构想："前面墙围水，后面山围墙。大院套小院，小院围各房。全村百来户，穿插二十巷。家家皆相通，户户隔门房。方块石板路，滴水线石墙。室内多雕刻，门前画檐廊"（图 3-181）。

图 3-181　大余湾

（图片来源：http://www.zhyi2600.com.cn/case.asp?id=269）

5. 浙江民居的风水思想

浙江山水形势对住宅影响很大，而山水又是通过"风水活动"来影响的。浙江符合风水理论的"理想居住模式"多数在丘陵地带，它是以三种方式影响村落和住宅的。[71]
一是南下的北方人，他们在迁徙的过程中主要选择田地资源和风水宝地；二是当地因人
口增加、天灾人祸引起的居住地迁徙；三是政府官员羡慕某地山水而占籍。可以说，中
国的一些传统历史文化名村或优秀大宅都是上述三种原因引起的。

　　例如浙江省缙云县河阳村坐西南朝东北，三面有山，前后有小溪，符合风水学中理
想村邑图。该村主姓朱氏，老祖宗为山东族阳，分支河南信阳，五代吴越宝正六年（931
年），吴越王钱镠掌书记朱清源因天下兵乱羡慕这里风水，偕弟朱清渊隐居河阳，历近
千年奋斗，成为累世旺族。该村现为省级历史文化名村。

　　又如浙江武义县俞源村，据《宣平县志》（宣平即今武义县）载："宣邑山水惟俞源
为最胜，自九龙发脉，如屏，如障，如堂，如防，双涧绕其北，回环秀丽，绘如也。"
毛姓俞姓的始祖俞德是南宋末年松阳县儒学教谕，游山探水至此，迁徙而来，至元末成
了旺族。第二大姓李氏始迁祖李彦兴的叔父是进士，当过御史，爱慕这里的山水而来，
一到俞源便娶了当地声望已经很高的俞氏的女儿为妻，也很快成了当地的旺族。

　　浙中武义县武阳镇郭洞村属丘陵地貌，地形独特，三面山环如障，犹如福地，双溪
汇注，天赋灵性。难得北面留一平地，远处又有左、右青山相拥，恰好应了"狮象把门"
之说。双溪汇合后沿西山环村而流，于是一座回龙桥跨溪而建，把这块宝地的风水包裹得
严严实实。关于这座建于元代的郭洞村历史最长的建筑——回龙桥另有一段传说，回龙桥

图3-182　郭洞村
（图片来源：张文竹 摄）

原称石虹，先人告诫，石虹不能垮，"其桥既坏，村中事变频兴，四民失业，比年灾，生息不繁"。又有形家术者称"桥为艮象，下急而上冲其势，弛弓将西而东不利于宫"，"山为龙山，住则龙回，桥不可废。堰水作桥，龙回气聚"，于是村民着眼于地利，缘根于卦象，选址建桥。此后，此桥毁了修，修了毁，乾隆年间加以修整，更加美观。十里外的石苍岭、北山上的塔和这座回龙桥几成一条直线，可见古人看风水造形势的一番苦心（图3-182）。

　　（二）聚落的宗法特征及其他社会因系

　　宗法制度是中国封建社会的一大特点，西方中古时代众多的诸侯国，并无宗族的关
系。而我国从商殷时起就形成了以家族为本位的宗法制度，到了周代，这种制度更为完善。
秦统一中国后，浙江列入秦汉版图，中国实行郡县制，君臣关系重于宗法关系，但宗法
关系始终没有松弛，相反，它以更强的生命力在民间繁衍，以家庭→家族→宗族→氏族
→村落→郡望的生长方式，中国的聚落选址和布局深受其影响。

　　1.浙江聚落的宗法特征

　　在浙江农村族谱上，农村居家祖宗、神位照壁上以及所有的墓碑上都可以看到某某

郡字样。另外，参观古村落菜大屋时，常常可听到：某人是哪一"厅"、哪一"房"人。这两个例子告诉我们浙江村落的一个总体特征——深受宗法制度的影响。

上述族谱、神位、墓碑上的"郡望"，事出有因，浙江历史上承接了几次北方南下的士族或庶民。因为人户流迁、姓氏混同以及子孙繁衍，人们单凭姓氏已无法记清原居，无法辨别是否同族，因此，人们在自己的姓氏上再加郡望，即原籍，来区别宗支。

上述某人属哪"厅"，哪"房"，有些地方用"柱"来记比房更下层的分支，如兰溪市黄店"第史柱"，是近年新修的一个宗祠，用桂为名，说明该姓人丁兴旺。浙江聚落宗法特征的典型实例要数东阳卢宅，浦江郑宅、诸暨斯宅了。

（1）东阳卢宅

全宅占地约5公顷，由十余组按南北轴线布置的宅院所组成。主轴线沿照壁穿过三座石牌坊转折至肃雍堂、乐寿堂而止于世雍堂。住宅周围有河流环绕，通过跨河的九座桥梁而沟通宅内外联系。宅前大道西通东阳城东门。从门前众多牌坊可知，这是一处世代为官的家庭聚居地。肃雍堂是全宅的主厅，其布局和曲阜衍圣公府相似，前有门屋两重，堂前两侧设东厢、西厢。肃雍堂平面作工字形，以穿堂将前后二堂联结成一体。其中前厅原是歇山屋顶，后虽改为两厦悬山顶，但室内木构架仍保留歇山转角做法，斗栱式样也很华丽。按明制规定，品官住宅不准用歇山顶，因此肃雍堂前厅的屋顶改形是否系宅主为逃避"逾制"之罪而采取的补救措施？这种现象在明代住宅中甚为罕见（图3-183）。

（2）诸暨斯宅

斯宅村位于诸暨市东南部，东部接嵊州市，东南毗东阳市，属典型的山区地貌。这里的民居最典型的要算千柱屋了，由8个四合院组合在一起，有10个大天井、36个小天井，面宽124米，纵进深60米，共有121间房间，1200多根柱子，因此，称"千柱屋"。不像私宅，倒像一个村子（图3-184）。

图3-183　东阳卢宅

（图片来源：http://www.nipic.com/show/1/47/5317398kffbe2aaa.html）

图3-184　诸暨斯宅

（图片来源：http://zhuji.net/zjtravel/dbh.htm）

2. 广西民居选址的社会因素

在广西，很多村寨的选址尽量靠近水陆交通设施，良好的交通区位方便了居民与外界交流，如通过"趁圩"（赶集、赶场）交换剩余农产品或参加民俗活动。南宁西郊的杨美古镇，原是越族聚居村寨，择址濒临邕江水运航道，后因水运交通便利而日渐兴盛。

其次，历史上的民族迁徙与耕作方式也是造成广西少数民族村寨分布的重要原因之一。汉族自秦始皇统一岭南后，由于屯兵与巩固政权的需要，汉族耕种在平原地带的肥沃良田。壮族是广西的土著民族，也是广西人口最多的少数民族，历史上曾经实行土司制度，他们也大多耕种山下肥沃的良田。而苗、瑶、侗等其他少数民族受到压迫，只能迁至桂西北的大山区。民间素有"汉族、壮族住平地，侗族住山脚，苗族住山腰，瑶族住山顶"的说法。

七、聚落的分布规律及整体风貌中的绿色营建经验

在南方地区，由于地形地貌的复杂性，聚落的分布规律也各不相同。以四川为例，人口密集的四川盆地聚落分布既有沿着交通线展开的，也有随着江河溪流分布的，还有"坝子"上的场镇，无不揭示着聚落与地貌的关系。

不同地区的聚落整体风貌也不尽相同。如浙江民居因山采形、就水取势、随类赋彩。四川山地民居在外观造型上的最大特色则在于随地形的变化而富于不同的独特形象，几乎找不到两幢完全相同的山地民居。

（一）聚落的分布规律

四川盆地地区农业最为发达，人口最多，城镇聚落大多集中于盆地之中，约占全部城镇的70%，其他城镇则分布于盆地边缘四周山区。

四川盆地是我国四大盆地之一，是典型的外流型盆地，大致呈菱形，面积达17万平方千米。除盆地底部龙泉山以西为川西成都平原、眉山－峨眉平原，约占总面积的7%以外，盆地内多为丘陵低山，河流密布、沟谷纵横，地形地貌变化剧烈，形态丰富。

四川城镇分布多沿主要交通线，特别是古驿道、古栈道、古盐道及茶马古道等古商道分布较多。历代按四川盆地地形条件、河川走向所开辟的交通道路为万山丛中的最佳选择，是四川的生命线，既是与外界沟通的主要渠道，也是川内联系的重要路线。若干次大移民全靠这些道路网络辗转迁徙。因此四川的这些交通线在历史上很少变迁，而是不断扩展，人们的聚居点则随这种扩展以交通网络不断延伸为依托相应地得以形成和发展。

另一个特点是沿江河溪流分布的城镇乡场多、规模大。四川因为多山，古代交通不便，旱路尤为艰险，而水路则显优越，而且江河流经之处也因水利而宜于农业，自然很适合人居。所以四川的城镇乡场绝大多数傍近长江干流支流等水系沿岸。这些城镇基本上都是建在江河第二、第三级台地上。建在大江大河沿岸的城镇规模大，两江汇合处的城镇更是如此。四川大小河流众多，所以沿水岸的城镇乡场形成大小水陆码头的数量不少，各具风采，成为聚落形态一大景观特色。

四川盆地中有若干称作"坝子"或"平坝"的小盆地。这种坝子就是山间围合的小平原。成都平原也叫作"成都坝子"。川西多方山丘陵，其间夹杂的坝子，都是有良田好土的风水宅地。川东的平行山脉岭中间有不少河谷平原，如二山夹一谷，或二岭一谷、

三岭二谷。这些条形谷地有的十分开阔，可达百十里地，如华蓥山、铜锣山与明月山之间的谷地就是这样。这些谷地也是农业富庶之区，许多场镇就集中分布在这些平坝和谷地，如川北的广元坝子、川东的秀山坝子、川西南的安宁河谷，都密集地分布着包括县城在内的若干场镇。

与此同时，我们也可以理解四川的场镇多且发达的原因，主要与四川农村住宅这种突出的散居现象相紧密联系，是因其特别的需求而促成的。广大农村地区分散的农户为求得生活生产用品，需要各种商品交易流通，农村集市必不可少，"场镇利之所在，人必趋焉，便民裕国"。因此，场镇的发达成为一个农村地区综合发展水平的标志。

（1）渝西南江津市塘河镇

塘河镇属低山地地貌。位于重庆江津区西南边陲，在重庆江津与四川合江交界处，东与鹅公乡相连；南面与四川省合江县南滩乡接壤；西与合江县白鹿镇隔河相望，与石蟆镇相接；北与稿子镇、白沙镇为邻（图3-185）。

图3-185　塘河镇

（图片来源：http://bbs.classic023.com/thread-2591537-1-124.html）

（2）川东南合江县尧坝镇

尧坝镇处于平原上，位于合江县西面，为江阳、纳溪、合江三县区接合部，距合江县城37千米。尧坝镇在北宋皇佑年间便是川黔交通要道上的驿站，是古江阳到夜郎国的必经之道，有"川黔走廊"之称。尧坝古镇依山傍水，镇周青山翠叠，河岸绿竹摇曳（图3-186）。

图3-186　尧坝镇

（图片来源：http://www.esgweb.net/Article/Class419/Class344/Class345/Class351/200908/88453.htm）

（3）川中望鱼古镇

望鱼古镇为丘陵台地地貌，位于雅安市城区以南35千米周公河的上游，毗邻洪雅县瓦屋山镇，因茶马古道在此设有驿站而形成场镇。望鱼古镇的选址虽因驿道而兴起，但也体现了中国传统的风水观念，即"枕山、环水、面屏"。望鱼老街为一字形长街，全长200多米。街道上几乎没有人，青石板路纵贯街面，路面已被岁月打磨得幽幽发光(图3-187)。

（4）川中雅安市上里镇

上里镇东接名山、邛崃，西接芦山、雅安，坐落于四县交接之处，是南方丝绸之路的重要驿站。上里古镇的建筑格局具有以民居为主的空间特色，建筑风格仍以明清时期的建筑为主。古镇的街道主要呈"井"字形布局，且都不宽，两边全是老式的铺面。古镇以木结构为主要建筑，寓"井中有水，水火不容"之意，以水制火孽，祈愿小镇平安（图3-188）。

图 3-187　望鱼古镇

（图片来源：http://www.6665.com/thread-3167638-1-1.html）

图 3-188　上里镇

（图片来源：http://mt.sohu.com/20150606/n414541148.shtml）

（二）民居的整体风貌

古诗云："江南好，风景旧曾谙。日出江花红胜火，春来江水绿如蓝。能不忆江南？"浙江民居的整体风貌就是对这首诗最好的注解，而四川民居的匠心独运、多样性、自由式则异曲同工。

1. 浙江民居的整体风貌

中国文学对江南村屋风光最脍炙人口的描写要数"杏花、春雨、江南、小桥、流水、人家"，从这个角度可以说浙江民居是雨水泼出来的一幅幅水墨画，贴在"山泽多藏背，土风清且嘉"的大背景里，整体风貌及隐藏其间的文化精神可用"因山采形，就水取势，随类赋彩，藏而不露，和而不同"20个字概括之。

浙江民居因山采形、就水取势、随类赋彩，住宅和环境的关系处理得非常协调，造在适形，依山傍水，不会去破坏环境、争夺农田。村落多靠山、傍水、面屏布置，并以水为轴，用"生长式"的方式，集中紧凑，由里向外，循序渐进，贴着地面生长发展。山区丘陵住宅基本上为低层、斜屋顶、两面坡，看上去是山的延续、坡的再生。

而水乡住宅的鸟瞰图，好像一列列乌篷船漂浮在水网绿原上，如单德启、卢强所画的绍兴水街。所有住宅的建筑材料都就地取材，木、土、砖、瓦、石五材并举，不同材料有不同做法。

浙江民居外装修颜色可归纳为两大类，山乡住宅是粉墙黛瓦或卵石墙、块石墙、木板墙原色。青砖、黑瓦是木头烧出来的青烟色，住宅内部木构件小施漆，可以说这类住宅是环境色，是无色之色。官邸豪宅是玄柱朱廊黑瓦。园林宅第等用暗红色、黑色，也是适应水环境的结果（图 3-189 ~ 图 3-192）。

图 3-189　浙西建德新叶村
（图片来源：程海达 摄）

图 3-190　浙南河阳民居
（图片来源：王朕 摄）

图 3-191　浙东南苏州吴江区同里镇
（图片来源：王朕 摄）

图 3-192　浙东南苏州市甪直镇
（图片来源：张文竹 摄）

2. 四川山地民居的整体风貌

从与地形结合上讲，四川山地民居在外观造型上的最大特色还在于随地形的变化而富于不同的独特形象，这大概是几乎找不到两幢完全相同的山地民居的本质原因。民居在不同的环境条件下自然生成，而完全一模一样的地段基本上是没有的。由于与地形相结合的手法是因地制宜多种多样的，所以尽管有类似的平面布局形制和类似的材料结构，在巧妙匠心的运作下，建筑造型组合的变化是名副其实的多种多样。正是由于各种复杂多变的地形地貌条件，造就了四川民居丰富多彩的独具个性特征、不拘一格的建筑形象与景观。

　　川西丹巴县梭坡乡莫洛村。莫洛村位于四川省甘孜州藏族自治州丹巴县梭坡乡境内，距县城 5 千米，海拔高度在 1900 ~ 2000 米之间。莫洛村三面环山，西临大渡河，地势由东北向南倾斜，系高山峡谷地貌。村面积 20 公顷，村民以藏族为主，少量汉族杂居，生产以农业为主，相当完整地保持着嘉绒藏民族传统的习俗和居住文化。

　　丹巴县群碉云集，素有"千碉之国"美称，莫洛村是古碉较集中的村落。古碉按其功用划分为要隘碉、烽火碉、寨碉、家碉、界碉等，其造型有四角、五角、八角、十三角等，四角碉最为普遍，碉身光滑、角如刀锋，虽然历经风雨战争剥蚀和地震等考验，仍巍然凌空。有的早已倾斜，似比萨斜塔；有的布满苍苔，野草丛生；有的弯曲成弓，自然成景，其建筑技艺堪称精湛绝妙，与藏寨古文明交相辉映，形成了世界上独有的奇观。古碉建筑是嘉绒藏民聪明智慧的集中表现，是阳刚之美的象征（图 3-193）。

图 3-193　莫洛村

（图片来源：http://bbs.zol.com.cn/dcbbs/d34025_1155.html）

注　释

[1]　陈薇. 筚露蓝缕以启山林——概说《中国住宅概说》[M]// 陆元鼎，陆琦，碳钢一. 中国民居建筑年鉴（2008 ～ 2010）. 北京：中国建筑工业出版社，2010：16–20

[2]　陈薇. 筚露蓝缕以启山林——概说《中国住宅概说》[M]// 陆元鼎，陆琦，碳钢一. 中国民居建筑年鉴（2008 ～ 2010）. 北京：中国建筑工业出版社，2010：20

[3]　刘曦. 释名

[4]　邹逸麟. 先秦两汉时期黄淮海平原的农业开发与地域特征 [J]. 历史地理·第十一辑，1993，6

[5]　邹逸麟. 先秦两汉时期黄淮海平原的农业开发与地域特征 [J]. 历史地理·第十一辑，1993，6

[6]　《战国策》卷 21《赵策四》："赵王因割济东三城令卢、高唐、平原陵（疑衍）地城邑市五十七命以与齐"

[7]　邹逸麟. 先秦两汉时期黄淮海平原的农业开发与地域特征 [J]. 历史地理·第十一辑，1993，6

[8]　《史记》卷 29《河渠书》

[9]　《后汉书》卷 76《王景传》

[10]　百度百科. "华北平原" 词条

[11]　王智平. 不同地区村落系统的生态分布特征 [J]. 应用生态学报，1993，4（4）：374–380

[12]　周巍. 东北地区传统民居营造技术研究 [D]. 重庆：重庆大学，2006：12

[13]　周巍. 东北地区传统民居营造技术研究 [D]. 重庆：重庆大学，2006：7

[14]　周巍. 东北地区传统民居营造技术研究 [D]. 重庆：重庆大学，2006：6

[15]　王成国. 东北古代民族与疆域研究 [M]. 北京：社会科学文献出版社，2013：87

[16]　范少言，王晓燕，李建超 等. 丝绸之路沿线城镇的兴衰 [M]. 北京：中国建筑工业出版社，2010：41

[17]　《汉书·匈奴传》

[18]　范少言，王晓燕，李建超 等. 丝绸之路沿线城镇的兴衰 [M]. 北京：中国建筑工业出版社，2010：51

[19]　《汉书·地理志》

[20]　范少言，王晓燕，李建超 等. 丝绸之路沿线城镇的兴衰 [M]. 北京：中国建筑工业出版社，2010：67

[21]　范少言，王晓燕，李建超 等. 丝绸之路沿线城镇的兴衰 [M]. 北京：中国建筑工业出版社，2010：77

[22]　赵宇征. 丝绸之路屯垦研究 [M]. 新疆人民出版社，1996

[23]　史念海. 河山集 [M]. 生活·读书·新知三联书店，1978

[24]　黄新亚. 三秦文化 [M]. 辽宁教育出版社，1998

[25]　马汉文. 中国西部概览 [M]. 宁夏：民族出版社，2000

[26]　司马贞《史记索隐》，见《史记·汉高祖本纪》

[27]　赵荣. 关中中心聚落地域结构的形成与演变 [J]. 人文地理，1995.3（01）：57

[28]　姚士谋. 中国城市群 [M]. 合肥：中国科技大学出版社，2006

[29]　王树声. 黄河晋陕沿岸历史城市人居环境营造研究 [D]. 西安建筑科技大学，2006

[30]　肖爱玲，朱世光. 关中早期城市群及其与环境关系探讨 [J]. 西北大学学报（自然科学版），2004.34（5）：616

[31]　王晓琨. 内蒙古河套地区秦汉时期城址的分布及类型 [J]. 草原文物，2011（2）：53–55

[32]　尚民杰. 青海原始农业考古概述 [J]. 农业考古，1987：62-68

[33]　吴汝祚. 甘肃青海地区的史前农业 [J]. 农业考古，1990：104

[34]　张玉坤，李严. 明长城九边重镇防御体系分布图说 [J]. 华中建筑，2005（2）：116

[35]　张玉坤，李严. 明长城九边重镇防御体系分布图说 [J]. 华中建筑，2005（2）：116

[36]　李哲，张玉坤，李严. 明长城军堡选址的影响因素及布局初探——以宁陕晋冀为例 [J]. 人文地理，2011（02）：105-106

[37]　朱余博. 京郊传统村落水环境空间探析 [D]. 北京建筑工程学院，2012：84

[38]　肖金. 济南朱家峪古村落研究 [D]. 浙江工业大学，2013：24-25

[39]　高毓婷. 爨底下乡土建筑的文化解读 [D]. 中央民族大学，2010：10

[40]　王智平. 不同地区村落系统的生态分布特征 [J]. 应用生态学报，1993：375

[41]　周若祁，张光. 韩城村寨与党家村民居 [M]. 陕西科学技术出版社，1999：274

[42]　王金平，徐强，韩为成. 山西民居 [M]. 北京：中国建筑工业出版社，2009：81

[43]　周婕. 撒拉族发祥地街子镇空间和风貌特征初探 [J]. 南方建筑，2013.4：48-49

[44]　高元，吴左宾. 保护与发展双向视角下古村落空间转型研究——以三原县柏社村为例 [C]. 2013 中国城市规划年会论文集，2013

[45]　阮仪三，王建波. 山东招远市高家庄子古村落——国家历史文化名城研究中心历史街区调研 [J]. 城市规划，2013（10）：97-98

[46]　孔德静. 印迹与希冀：明清山东海防建筑遗存研究 [D]. 青岛理工大学，2012：66

[47]　孔德静. 印迹与希冀：明清山东海防建筑遗存研究 [D]. 青岛理工大学，2012

[48]　褚兴彪，熊兴耀，杜鹏. 海草房特色民居保护规划模式探讨——以山东威海楮岛村为例 [J]. 建筑学报，2012（6）：36-39

[49]　张润武. 山东"牟氏庄园"建筑特色 [J]. 山东工程建筑学院学报，1992（01）：29-34

[50]　雍振华. 江苏民居 [M]. 北京：中国建筑工业出版社，2009，12

[51]　李晓峰. 两湖民居 [M]. 北京：中国建筑工业出版社，2009，12：48

[52]　罗德启. 贵州民居 [M]. 北京：中国建筑工业出版社，2008，11：36

[53]　丁俊清，杨新平. 浙江民居 [M]. 北京：中国建筑工业出版社，2009，12：72

[54]　陆琦. 广东民居 [M]. 北京：中国建筑工业出版社，2008，11：36

[55]　单德启. 安徽民居 [M]. 北京：中国建筑工业出版社，2009，12：42-43

[56]　余翰武，吴越. 浅析传统聚落住居及其潜意识——以怀化高椅村为例 [J]. 吉林建筑工程学院学报，2007，3：9

[57]　李先逵. 四川民居 [M]. 北京：中国建筑工业出版社，2009，12：65-67

[58]　黄浩. 江西民居 [M]. 北京：中国建筑工业出版社，2008，11：41

[59]　陆元鼎. 中国民居建筑（上、中、下三册）[M]. 广州：华南理工大学出版社，2003

[60]　雷翔. 广西民居 [M]. 北京：中国建筑工业出版社，2009，8：130-135

[61]　葛亮. 北川羌族传统民居的保护与传承 [D]. 西安建筑科技大学，2010

[62]　周亮. 渝东南土家族民居及其传统技术研究 [D]. 重庆大学，2005

[63] 罗德启. 贵州民居 [M]. 北京：中国建筑工业出版社，2008，11：213

[64] 王媛. 贵州黔东南苗族传统山地村寨及住宅初探 [D]. 天津大学，2005

[65] 蒋高宸. 云南民族住屋文化 [M]. 云南大学出版社，1997，11

[66] 胡宝华. 侗族传统建筑技术文化解读 [D]. 广西民族大学，2008

[67] 李先逵. 四川民居 [M]. 北京：中国建筑工业出版社，2009，12：228-232

[68] 吴正光 等. 西南民居（中国民居五书）[M]. 北京：清华大学出版社，2010.5

[69] 杨大禹，朱良文. 云南民居 [M]. 北京：中国建筑工业出版社，2009，12：91

[70] 雷翔. 广西民居 [M]. 北京：中国建筑工业出版社，2009，8：42-44

[71] 李秋香 等. 浙江民居（中国民居五书）[M]. 北京：清华大学出版社，2010，5.

第四章　中国传统民居适应气候的绿色营建经验

第一节　中国不同气候区的民居类型及分布

气候作为一种重要的自然资源，同时作为自然环境的重要组成部分，对人居环境的可持续发展具有十分重要的意义。一方面，气候是决定人居群落分布的主要因素；另一方面，人类的居住活动在一定程度上对气候的变化产生影响。当今人们对土地的过度开发，对自然资源的过度利用是造成全球气候变暖、生态环境恶化的根本原因之一。

中国传统的民居如同自然植物一样，扎根于大地，一代代繁衍生息，逐渐形成了与气候相适应的生存方式，体现了中国传统顺应自然的哲学观念。同时也凝结了人们从聚落选址到民居营建过程中如何对有利的气候条件加以利用，合理回避不利气候条件的经验与智慧。这些对于指导我国当今的城乡建设具有重要的借鉴意义。

一、中国的气候特征

我国幅员辽阔，地势东高西低，地形多种多样，它决定了我国气候的多样性。与我国的四大自然地理分区相对应，其气候类型分为：东北部属温带季风气候，西北部属温带大陆性气候，西南部属高原山地气候，南部属亚热带季风气候。

二、气候区划与人居环境

气候区划图为我们揭示了气候各因素在空间上的分布规律，为开发、利用气候资源并充分利用有利气候条件和防止不利气候条件提供了科学依据。以此为基础进行的分专项气候区划，如农业气候区划、建筑气候区划以及气候生态区划对于指导人类的生产与建设具有十分重要的意义。

1. 农业气候区划与人居环境

农作物的生长是适应气候条件最为直接的反应。农业气候区划是从农业生产的需要出发，根据农业气候条件的地区差异进行的区域划分。我国作为传统的农业国家，农耕方式对于聚落的生活方式、聚落的选点以及民居的类型有着直接的影响。在我国，400毫米等降水量线是一条重要的地理分界线，它大致经过：大兴安岭—张家口—兰州—拉萨—喜马拉雅山脉东部。它将我国划分为东南与西北两大部分，东南区域受夏季风影响明显，雨热同期，以农耕为主。西北区域地处内陆，是中国重要的牧区，除少部分山地有较多降水外，大多数地区降水量少。游牧民族的人们过着逐水草而居的游牧生活。其中间的区域是农牧交错的地带。

秦岭—淮河一线是0℃等温线和800毫米等降水量线，它将农耕地区划分为北方旱作区与南方水田区。北方旱作区的农作物以一年一熟的小麦为主；南方水田区的农作物以一年两熟的水稻为主。麦田与稻田的差别在很大程度上影响了人们的行为方式，形成了不同的文化特征。

2. 建筑气候区划与人居环境

为了明确建筑与气候两者之间的关系，更充分地利用和适应气候条件，做到因时、因地制宜，我国从建筑热工设计的角度将全国的气候分为5个分区：严寒地区、寒冷地区、夏热冬冷地区、温和地区以及夏热冬暖地区。分区的主要指标是空气温度，即最冷月（1月）与最热月（7月）的平均温度，以累年日平均气温不小于5℃、不大于25℃的天数作为辅助指标。该分区反应建筑在热工设计上与地域气候相适应的特点。对于建筑的节能设计具有重要的指导意义。

3. 生态功能区与人居环境

生态功能区是按照气候和地貌等自然条件，将全国陆地生态系统划分为3个生态大区：东部季风生态大区、西部干旱生态大区和青藏高寒生态大区。400毫米年等降水量是区分西北干旱生态大区与东部季风生态大区的界限；3000米等高线是区分青藏高寒生态大区和东部季风生态区的界限；西北干旱生态大区与青藏高寒生态大区之间是以昆仑山、阿尔金山和祁连山为界。该分区旨在表达区域生态特征、生态系统服务功能与生态敏感性空间分异规律，确定不同地域单元的主导生态功能，以此来指导生产建设，对于树立生态文明观念，维护区域生态安全，促进人与自然和谐发展具有重要意义。

三、中国气候区划下的传统民居类型分布

气候是人类赖以生存、繁衍和发展的基本条件。从原始聚落开始，人类就认识到气候对于人居的重要性，据《墨子辞过》记载："古之民未知为宫室时，就陵阜而居，穴而处，下润湿伤民，故圣王作为宫室。为宫室之法，曰：室高，足以辟润湿；边，足以围风寒；上，足以待霜雪雨露……"。传统建筑形式（"高"、"边"、"上"）的生成除了传达出文化、艺术与美学的意义之外，其根本是对气候适应性的表达。

我国幅员辽阔、地形复杂，各地由于纬度、地势和自然条件的不同，气候差异悬殊。由此中国传统民居在适应气候的长期演变中也逐渐形成了各自独特的形态特征。它是我国传统建筑营建智慧的体现。位于低纬度湿热地区的干阑式建筑，其形态往往表现为峻峭的斜屋面和通透轻巧、可拆卸的围护结构以及底部架空的建筑形式。如云南、广西的傣族、侗族民居和吊脚楼民居，能很好地适应多雨、潮湿、炎热的气候特点（图4-1）。位于高纬度严寒地区的民居，其建筑形态往往表现为严实墩厚、立面平整、封闭低矮，这些有利于保温御寒、避风沙的措施完全适应当地不利的气候条件（图4-2）。

干热的荒漠地区，其居住建筑形态表现为内向封闭、绿荫遮阳、实多虚少的特点（图4-3）。总之，传统民居建筑以其务实的气候观，产生了适应于不同地域气候特征的建筑形式。

图 4-1　低纬度湿热地区的干阑式建筑图

（图片来源：www.gzhwdsl.com）

图 4-2　高纬度严寒地区的民居

（图片来源：张佳茜 摄）

图 4-3　干热荒漠地区的民居

（图片来源：http://www.huitu.com）

第二节　北方传统民居适应气候的绿色营建经验

人们对气候能源的应用分为直接与间接两种形式。可直接利用的气候资源包括光、热、水、风与大气成分等。对于人居环境而言，从聚落选址到民居营建中与气候适应性的经验主要体现在防寒保暖、争取日照、通风降温、遮阳隔热、防水防潮等方面。间接利用主要是指这些自然的气候资源通过植物的转化再次被人们所利用。

北方地区的建筑气候分区主要有严寒地区与寒冷地区两大区。它们共同的气候特征是冬季较长且寒冷，气候的差异性因地理位置的不同而不同。聚落与民居在适应气候的做法上存在着多样性的表达。

一、寒冷地区传统民居的防寒保温技术

寒冷地区冬季防寒保温是传统民居共同面临的首要问题，人们往往通过提高房屋的保温与蓄热能力，以及通过采暖技术的运用来解决冬季的防寒保温问题。

（一）寒冷地区传统民居冬季保温的技术措施

作为建筑表皮的围护结构是建筑室内外热交换的主要媒介，它在提高室内热舒适性上起到了重要的作用。寒冷地区传统民居通过围护结构材料的运用、构造的处理方式以及建筑体型营造等方面来提高建筑保温性能，以表达对寒冷气候的适应性。

1.外围护墙体保温

外围护墙体不仅是建筑保温防寒的主要"防线"，往往也是建筑的主体承重结构。因此，在材料的选择上要综合考虑结构与保温的双重属性。在寒冷地区外围护墙体材料主要包括生土墙、青砖墙、石头墙与组合墙体四大类。

（1）生土墙

生土的热系数小、热容性大，作为建筑材料具有良好的保温、隔热以及蓄热能力，加之它就地取材便利、易于加工、具有可循环使用等特点，成为我国使用最早，使用时间最长，使用范围最为广泛的建筑材料之一。生土材料最大的缺点是怕水，在气候干旱少雨的寒冷地区，生土建筑的材料劣势也就被弱化了。因此常常被直接用作墙体承重与围护结构，具有墙体厚重的特点。例如：宁夏甘肃兰州市永登县连城镇民居墙体厚度为350～400毫米；新疆哈密市吴堡乡博斯坦村民居外墙主要有夯土或土坯两种，墙体厚度多为600毫米；在新疆喀什地区的高台民居中墙体厚度多在500～800毫米；河北邯郸涉县刘家寨民居的墙体厚度为500毫米左右。

（2）青砖墙

传统民居建筑使用的砖多为烧结黏土砖，它是一种古老的建筑材料，具有就地取材便利，生产工艺简便，有一定的强度、硬度、耐久性、防水以及隔热防火性能等优点。特别是到了明清时期，随着制砖、砌砖技术的发展，砖成为民用建筑广泛使用的建材，特别是在海河流域，如图4-4所示。砖砌的墙体非常厚重，通常约700毫米，有的甚至达到900

毫米，以达到冬季保暖、夏季阴凉的效果。为了提高保温性能，将墙体砌成空斗墙，利用空气间层起到保温隔热的效果也很常见，如河南安阳马氏庄园的做法。

图 4-4（a）　山海关民居墙体中的应用
（图片来源：刘璇　摄）

图 4-4（b）　北京民居墙体中的应用
（图片来源：刘璇　摄）

（3）石头墙

石材具有热惰性大、耐久性好的特点，是天然的保温材料。在寒冷地区石头墙体的采用主要在盛产石材的河南、河北山区，如河北省抚宁县界岭口村、河南南阳吴垭石头村、河南安阳林州市高家台村、河南省卫辉市小店河村、天津蓟县西井峪村、北京门头沟区双石头村等(图4-5)。它们具有取材方便，经济性好的优势。石头墙的砌筑多采用卵石、乱石、片石、块石等形式。砌筑方法有干砌和浆砌两种。所谓干砌，指当石头形状比较规则时，不用粘结材料，采用"层赶层"的砌筑方法，这种方法砌筑的墙体平整美观。所谓浆砌，指当石头形状不规则，如一些溪流和河床附近的石头，用石灰、黄泥、河砂构成的浆材，将这些石头砌筑成墙体，这种砌筑方法形式灵活自由，石材不做任何加工，砌筑的墙体自然简朴。

图 4-5（a）　界岭口村民居墙体　　图 4-5（b）　西井峪村民居墙体　　图 4-5（c）　小店河村民居墙体
（图片来源：a、b 刘璇　摄；c 王朕　摄）

323

河南安阳林州石板岩镇的高家台村，位于豫北太行山区盛产红砂岩。高家台传统民居的外围护结构都采用当地生产的石材进行砌筑。一座民居建筑，不同的立面会采用不同的砌筑方式，产生不同的立面效果。在正立面与背立面的部分，墙体的下部采用大块的长方形条石平放在底部，称作"卧石"，其上铺设两层大块立砌的石块，称作"立石"。这样做的目的是使建筑的底部能够降低雨水扑溅至墙面后沿裂缝渗透墙面，起到类似于散水的作用。在立石之上就按照错缝搭接的原则进行砌筑，采用"一丁一顺"的砌筑方式。在墙体外侧，垒砌比较规整且比较大的石块，起到表面美观的作用，在墙体内侧铺设小规格的碎石块，一些空隙等都以碎石填实，这些碎石当地又称其为"帮石"，再在小石子内侧涂以当地红泥饰面，这样碎石中间有空隙存在，起到了一定的保温作用。墙体的厚度没有严格的统一尺寸，墙体厚度多在 400 ~ 500 毫米。[1]（图 4-6）

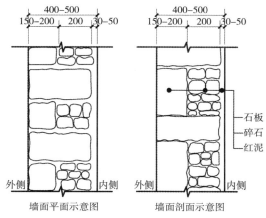

图 4-6　墙体砌筑方式
（图片来源：宋海波 . 山地传统石砌民居营造技术研究 [D]）

图 4-7　砖土组合墙体
（图片来源：王跃　摄）

（4）组合墙体

根据外墙材料性能的综合评定，而将其用在外围护墙体的不同部位，优化使用材料，提高墙体的整体性能。常见的有砖石组合、砖土组合、土石组合等。

1）砖土组合

砖土组合墙体一般有两种形式，一种是局部用砖，其他部位用土坯，如在建筑门框、转角等部位以砖砌筑，其他部分以土坯砖砌筑（图 4-7）；二是建筑外表面为青砖砌筑，中间层为土坯。青砖强度较高，可以有效避免雨水对墙体的冲刷和破坏，并且让墙体更加坚固，内部土坯具有良好的热工性能，起到保温的效果。

山东魏氏庄园的建筑墙体大多数都是 800 毫米厚，采用中间用模板夹着的土坯、内外两侧再砌筑青砖的砌筑方式。在模板和青砖之间再用铁趴锯相连，既可以抗震，又能使室内空间冬暖夏凉。[2]

河北涉县刘家寨的建筑主体围护结构为冬暖夏凉的土坯墙，墙厚 500 毫米左右。主体围护墙的最外一层为青砖砌筑，内层采用稻草和黄土混合加工而成的土坯，起到保温隔热的效果。[3]

豫北寨卜昌民居墙体下层用200毫米厚的条石为墙基，砖墙下碱至窗台。墙身外皮为五六层顺一层丁砖砌清水墙，内皮用当地土坯，砖与土坯的结合由一层丁砖和长条石（扒墙石）压茬连成一体。墙体较厚，一律为700毫米。

陕西关中党家村的民居围护结构的墙体外表皮均以青砖砌成，内部填充土坯，相当坚固。砌砖时所用的粘合剂为糯米加石灰制成，历经百年的风吹雨淋，青砖已经开始风化，但这种天然的粘合剂却依然十分结实坚硬。党家村四合院的外墙上均匀分布有许多"铁壁虎"（图4-8），嵌入墙体之中，起到加固的作用，类似于现在建筑物中的钢筋。同时，下部的"铁壁虎"做成拴马环，有一定使用功能；上部的"铁壁虎"为三角形或花型，用于装饰外墙，一物多用，经济美观。

图4-8　加固外墙的铁壁虎及其细部
（图片来源：徐浩．韩城党家村地域性特征解析 [J]）

2）砖石组合

砖石组合指砖和石头混合砌筑的形式。有的墙体上部为砖、下部用石头砌筑，有的墙体四周用青砖砌筑，中间用石头砌筑。这种组合墙体防潮且耐久，在北方传统民居中广泛应用，如图4-9所示。

图4-9（a）界岭口村民居中的应用　　图4-9（b）山海关民居中的应用　　图4-9（c）小店河村民居中的应用

（图片来源：a、b 刘璇 摄；c 王朕 摄）

　　山东省栖霞市牟氏庄园的大部分建筑墙体的材料，可分为三种。其一，台基以上腰线砖以下的墙体采用的材料是同台基一样的质地坚硬的石材，而且石条的尺寸都很大，石缝之间不用灰浆等任何粘合剂，完全靠石头与石头相对来达到严丝合缝。墙体的第二种材料便是常见的青砖，所用部位有腰线砖（两皮～三皮砖），山墙、墙体的转角处、屋面和墙体相接处的挑檐。为了永葆其灰色的原形，青砖都是经过豆汁浸泡过的。对高大的山墙，均按层次、等距装有石栓，既增加了墙体的整体性，又美观醒目。腰线砖和檐口之间便是墙体的第三部分，是形状不是很规则、尺寸比较小的当地石材所砌筑，考虑到其形状的不规则以及石材之间的缝隙比较大，所以这部分墙体砌筑完毕后就进行了抹灰，既保护了墙体，又和清水墙形成了色彩上的对比，增强了保温性能（图4-10）。[4]

图4-10　山东省栖霞市牟氏庄园的砖石组合墙体
（图片来源：www.57tuan.com）

　　河北抚宁长城沿线地区的传统民居墙体所呈现的特征，一是受功能要素影响，在寒冷的条件下建筑的墙体要有足够的厚度和密实度，以抵御寒冷的冬季；二是从美观的角度考虑，不同材料通过有效的组织使得立面效果美观。建筑各个方向墙体厚度不同，后檐墙要抵御冬季的寒风，最为厚重，通常要做到500毫米，从地面砌到拔檐，上有宝盒顶签尖，即"老檐出"。正立面墙次之为450毫米，正立面由于窗户采光的需要，全部为槛墙，是作法最为精致的部分。山墙的厚度为370毫米，从地面一直砌到拔檐。墙体外皮采用岩石和青砖，里皮采用草泥抹平，以增加墙体的抗寒和密封能力，为了达到美观的效果，再在黄泥表面涂以白灰。槛墙高一般为檐柱高的3/10，槛窗下的木榻板之下即为槛墙。后檐墙全部采用岩石砌筑，常用白灰抹平装饰，有的以青砖砌腰线，后窗都有砖砌的窗套（图4-11）。[5]

图 4-11（a）　长城沿线民居槛墙　图 4-11（b）　长城沿线民居山墙　图 4-11（c）　长城沿线民居后檐墙

（图片来源：回大伟.抚宁长城沿线地区传统民居研究及其现代启示 [D]）

3）土石组合

土石组合指墙体主要用石材砌筑，土材料作为抹面的形式。如河南省卫辉市的小店河村的民居，用块石或者条石砌筑墙基部分，上部用土坯砖垒砌，土加草泥作为外围护的抹面层；天津市蓟县西井峪村的民居用石头砌筑墙体，泥土抹面，如图 4-12 所示。

图 4-12（a）　在小店河村民居中的应用　　　图 4-12（b）　在西井峪村民居中的应用

（图片来源：a 王朕 摄；b 刘璇 摄）

2. 屋面保温

建筑屋面具有保温隔热、防雨水的功能，是建筑最为重要的外围护构件之一。该区各地民居屋面构造处理各有不同，特别是在屋面保温材料的选择上极具地方特色。

新疆哈密市吴堡乡博斯坦村建筑屋面做法是在梁上铺上半圆的木椽子，之后铺一层苇席，再铺麦草、稻草等，最后就是草泥。这种设计在满足结构、防水的基本要求之外，麦草起到了良好的保温隔热的效果。

宁夏民居屋顶多为木檩条上铺芦苇席，上铺参合稻草秆的土质平屋顶形式。屋面厚度达 200 ～ 300 毫米。生土材料屋顶有保温隔热性能好、蓄热能力强的优点，能较好地适应冬季寒冷的气候和早晚温差变化对室内热环境的影响。

山东惠民魏氏庄园屋面合瓦的做法充分考虑到鲁北的气候条件，因地制宜，因材而用，特别这一带盛产芦苇的自然资源的特点，采用在房顶铺苇把的做法，改变卷棚顶房子的屋顶做法。魏氏庄园的屋面除按照传统做法安扒板或铺苇箔外，还在其上铺了 70 ～ 80 毫米厚的苇把子。这样一方面增强了房屋的骨架作用，另一方面又能起到冬暖夏凉的作用，具有典型的鲁北地域特色。[6]

山东栖霞市牟氏庄园的屋顶均为硬山坡顶。为了增强耐久性，屋顶的黑瓦与砖一样均在豆汁中泡过后使用。屋顶在椽子上用砖作为望板，上面铺一层木炭作为保温层，可吸收室内的湿气，达到保持室内干燥的目的，同时木炭重量轻，可减轻屋顶对竖向支撑的压力。[7]

山东济南市章丘朱家峪村落民居建筑的屋顶为硬山坡顶，但在构造上却有别于典型的硬山顶。做法是屋顶木屋架上架设檩条，直接承载和传递竖向荷载而省略的椽子，因此檩条的排列非常密。檩条之上使用芦苇编织而成的草帘代替传统建筑中的望板，然后在芦苇帘上面铺设灰浆，最外层铺盖麦秸草，具有良好的保温效果。朱家峪民居建筑中的茅草屋面主要是当地出产的黄草和白草，黄草的使用年限比较短而白草的品质较好，据说可以 60 余年不腐烂，是高效节能环保的建筑材料。

胶东海带草房是胶东东部沿海地区较为多见的民居形式，这种民居平面布局简单，多数为一排房 3 间或 4 间。屋顶为硬山屋顶，屋面用草泥抹平，再抹麻刀白灰，在擦条上铺芭席，上用带筋大泥抹平后即铺海带草，一层麦秸一层海带草交替铺作，一般约需 20 多层，最后以一层高质量的海带草作为面层。收工时用竹耙梳整，除去浮草，苫好海带草，要用剪刀剪齐房檐，屋脊处用黄泥石灰或者筒瓦封顶压住海带草以防海风。有的为了防风，用渔网将整个屋顶罩住。胶东雨雪较多，所以海带草屋顶很陡，屋脊处厚 1 ～ 1.8 米，屋檐处厚约 0.6 米，厚厚的草顶起到了很好的保温效果。而且海带草含有胶质和碘，不易腐烂、不受虫蛀、不易燃、经久耐用，是极具生态价值的建筑材料[8]（图 4-13）。

图 4-13（a） 镇旭口村胶东海草房于宅　　　　　图 4-13（b） 胶东海草房外观
（图片来源：陈喆.原生态建筑——胶东海草房调研 [J]）

　　囤形屋顶是平屋顶的一种衍生形式，屋顶略呈弧形。囤形民居在海河流域东北部、南部、东南部的地域分布（图 4-14）。囤顶民居的屋顶做法通常是在望板上铺设苇箔两层，苇箔之上铺秸秆做保温之用，再在秸秆之上苫泥背稳定秸秆，再铺黄土一层碾实，再在黄土上苫 300 毫米厚黄泥（图 4-15）。数层的做法相较于硬山民居有更好的保温性能，并且囤顶民居要比硬山民居低，屋顶的外部形态呈弧形，本身利于建筑节能。[9]

图 4-14（a）　山海关古城王家大院内囤顶房屋　　图 4-14（b）　秦皇岛市抚宁县界岭口村囤顶房屋
（图片来源：刘璇 摄）

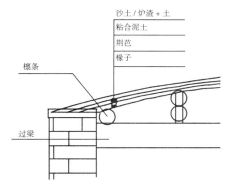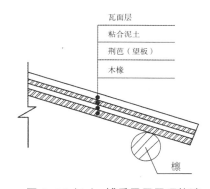

图 4-15（a）　焦作民居屋顶构造　　　　　　　图 4-15（b）　博爱民居屋顶构造
（图片来源：张萍. 豫北山地民居的人文区划与类型研究 [D]）

　　河南安阳林州石板岩镇的高家台村传统民居的屋面形式统一，以双坡顶为主。屋面材料采用当地盛产的页岩，质地坚硬密实，能够有效地防止雨水的浸透，又有保温隔热的效果。其构造做法是在屋架的椽子上铺当地自制的竹编荆耙一层，荆耙尺寸大小多为 1.5 米 × 3 米，其上做约 10 毫米的红泥垫层，上覆当地盛产的深红色石板。红泥的作用一是通过自身铺设厚度起到找平、调节屋面基层平整度的作用；二是起到黏结屋面石板，有效防止石板脱落的作用。这种屋顶构造做法在充分利用当地致密坚硬的片岩的同时，在通风、保温、隔热上也起到了一定的作用。

　　3. 厚重型被覆结构

　　厚重型被覆结构主要是指掩土、覆土类建筑。从原始人类利用天然土壤"穿土为穴"

的穴居、半穴居，到当代的窑洞民居，这种最为原始与朴素的原生态建筑体现了丰富的气候应对经验。窑洞式建筑深藏于土层中，通常窑顶上也多覆土 1.5 米以上，利用了其热稳定性能来调节窑居室内环境的微气候（图 4-16）。黄土是有效的绝热物质，围护结构的保温隔热性能好，热量损失少，抵抗外界气温变化的能力最强，是其他常用建筑材料无法相比的。另一方面，黄土与砖石又是非常好的蓄热体，具有较高的体积热容量。当室外温度变化剧烈时，其与被覆结构间的热传递减慢而产生了时间延迟。冬季白天，围护结构吸热储存，夜晚再向室内释放，室外温度波动对室内的影响极小，保证了室内相对稳定的热环境。图 4-17 为陕北窑洞的冬季室内外温度测试分布曲线，表明了在室外日较差相差 20℃的情况下，室内日温度波动仅为 4 ~ 5℃。[10]

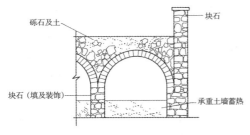 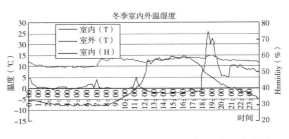

图 4-16　厚重型被覆结构　　　图 4-17　陕北窑居冬季室内外温度测试分布曲线
（图片来源：周若祁.绿色建筑体系与黄土高原基本聚居模式 [M]）

4. 建筑体形控制

体形系数是指建筑物与室外大气接触的外表面积和其所包围的体积之比。建筑体积对应的外表面越小，外围护结构的热损失就越小。因此，从降低建筑能耗的角度出发，应将体形系数控制在一个较低的水平。

控制体形系数可采取以下方法：适当减少面宽，加大进深；在可能的情况下增加建筑物的层数；体形不宜变化过多，立面不要太复杂。寒冷地区建筑物多采用比较紧凑的形式，以减少表面积和内部空间体积的比率。

在寒冷地区为了达到冬季保温的目的，建筑外形基本上都具有紧凑低伏、围合封闭、缺少突兀、屋顶平缓的形态特征，可有效地减少散热面，利于节能。在建筑的群体空间组合上将建筑物聚合成群组，达到抱团取暖的效果。

（1）"大院"模式

晋中地处山西省中部，黄土高原的东部边缘。属于夏季潮湿炎热，冬季干燥寒冷的地区。为了抵御冬季的寒冷，民居往往呈组团分布。例如位于晋中灵石县静升镇的王家大院，现存的五处堡院（高家崖、红门堡、西堡子、东南堡、下南堡）沿东西大街呈鱼骨状分布。组团建筑群中各宅院落沿南北向纵向展开，东西向比邻而居形成连续而完整的空间单元体，称之为"大院"模式（图 4-18）。采用该模式的还有晋中孔家大院（图4-19）、曹家大院（图 4-20）、乔家大院（图 4-21）等。这种密集建造形成整体方正空间单元的居住模式利于冬季保温，减少冬季热损失。

图 4-18（a） 静升王家五座堡院相对位置图　　图 4-18（b） 静升王家大院建筑群

（图片来源：赵磊磊. 晋中传统民居的生态经验及其应用研究 [D]）

图 4-19　晋中孔家大院　　　　　图 4-20　晋中曹家大院　　　　图 4-21　乔家大院

（图片来源：赵磊磊. 晋中传统民居的生态经验及其应用研究 [D]）

（2）"城堡"式

晋中灵石县静升镇的王家大院红门堡是由高耸墙体围合而成的规则矩形，东西宽 105 米，南北长 180 米。内部是由 26 座院落组成的民居建筑群。堡内三横一竖"王"字形的甬道将 26 座民居院落串联成一个整体。甬道是由两侧高耸院墙限定而成的空间，它不仅具有交通的作用，而且它所形成的缓冲空间，可以使建筑相互处于遮挡的环境中，有利于建筑冬季聚热夏季通风散热，从而提高室内舒适度，起到节能的效果（图 4-22）。

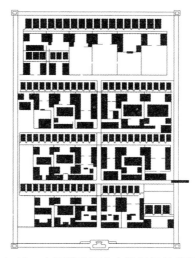

图 4-22　山西静升王家大院红门堡总平面

（图片来源：赵磊磊. 晋中传统民居的生态经验及其应用研究 [D]）

山东滨州惠民县的魏氏庄园位于黄河中下游地带。该庄园群落中的树德堂为城堡式四合院建筑群，建筑坐北朝南，共有九座院落组成，中路为主体建筑群，东西

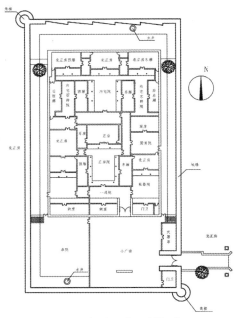

图4-23　山东魏氏庄园树德堂平面图
（图片来源：路凌俊．山东省魏氏庄园树德堂研究[D]）

有跨院，四周环以矩形的城堡。城堡与院落墙体之间形成了双层皮空间模式，其间的空气层，对房屋的保温、防寒起到了很好的作用（图4-23）。

（3）"紧凑"型

高台民居的建筑布局方正紧凑，以最小的表面积，争取围合最大的空间，减少冬季围护结构的散热面积。房屋常常是围绕着一个内院来布置，所有门、窗都朝向内院，外围是厚重的实墙。适当降低室内高度，减少室内面积和体积，有利于维持室内的热环境，提高采暖效率[11]。密集的建筑组群与狭隘的街道空间，减少了对外散热与日照过热。新疆民居紧密相邻的布局对于抵御严酷的气候有着极大的好处，使每户的外墙面积尽可能小，有利于保温；高大的院墙形成有利的阴影，形成适合邻里交往的场所，同时也可以减少风沙的侵害（图4-24）。

（a）　民居内院

（b）　民居外景

图4-24　喀什地区高台民居
（图片来源：陈振东．新疆民居[M]）

5. 门窗构造处理

相对于外墙与屋顶，传统建筑的门窗是围护结构保温的薄弱环节。采光和保温是互相矛盾的一对统一体。在气候寒冷地区，通常开窗数量少、面积小，对视野和采光的考虑通常让位于对保温的要求。

西北地区民居建筑由于冬季严寒，除部分类型建筑形态限制外，绝大多数房屋北面一般不开窗户，有的即使开一个也是很小。到了冬天，窗户不仅从不开启，而且要用纸糊得毫无缝隙。有些窗户中多为固定扇，活动扇少，依旧体现出保温优先，兼顾采光的原则。

宁夏地区由于风沙较大、光照强，所以建筑多采用实多虚少的围护结构，开窗少且小，有的房屋背面及侧面甚至不开窗。这种做法同时也避免了散热、吸热面积过大，起到节能作用。例如在银川民居中建筑的北向和西向墙体上开窗十分慎重，要么不开窗，要么开高窗，且面积很小，仅仅满足通风换气的要求。由于房间进深很浅，所以后窗一般无采光目的和其他需求。南向窗户主要考虑采光和日照需求，故面积相对较大；但受制于观念和结构技术限制，窗墙比同现代建筑还是无法比较的。据分析，传统生土民居的南向窗墙比一般都在 20% 以内，甚至更小。窗户材料过去为木框糊窗纸，后来演变为木框玻璃窗。冬季住户也会给窗户正面糊纸或钉塑料布以减小空气渗透失热。主要居住建筑的门洞高度多不足 2 米，有意减小面积以维持冬季室内舒适度。户门多为木板平开门，无保温措施，只是通过冬季悬挂棉门帘的方式起到保温隔热的作用[12]（图 4-25）。

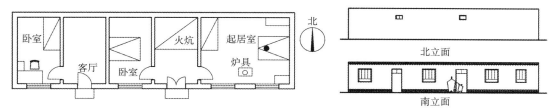

图 4-25（a） 银川平原典型传统生土民居住宅建筑平面图　　图 4-25（b） 银川平原典型传统生土民居住宅建筑立面图

（图片来源：张群 . 西北荒漠化地区生态民居建筑模式研究 [D]）

晋中民居一般在冬天冷的时候将窗户全部糊死并加上隔板；到夏天的时候再将隔板拿下。民居北向开高侧小窗，冬天的时候用土坯或者草帘将其封死，仅在夏天炎热的时候将其打开，用于自然通风。虽然方法比较简陋，但却有效地减少冬天门窗的热量损失，使室内温度达到舒适的要求。

邯郸地区传统民居坐北朝南的房间，其向南的墙面上采用较大的窗，而在北向墙面上开小窗或者不开窗，使得室内可以在冬天获得更多的阳光，增加自然采光面积，有利于室内表面热量的储存，晚上也增强了室内温度，改善了室内热环境质量。在选择窗户的形式方面，邯郸民居建筑各房的窗除明间之外大部分采用内外两层组成的支摘窗。支摘窗内层下扇装玻璃，上扇糊冷布，内加卷纸，可卷可放。通过采用双层支摘窗来加强窗户的保温性能，随着保温性相对较好的玻璃替代了旧有的窗纸，外层窗逐渐被废除，但仍要糊冷布和贴窗纸来增加窗户的气密性和保温性能。[13]

新疆喀什的高台民居开窗数量少、面积小，且多为双层，内层是玻璃，外层是不透光的板窗。夏季白天关上板窗，遮挡日照，保持室内绝对阴凉；冬天起到保温作用，兼具阻挡强烈寒风的渗透和侵袭的功能。

（二）寒冷地区传统民居蓄热的技术措施

寒冷地区冬季室外温度的日较差也比较大，为减少较大日较差对室内环境的不利影响，寒冷地区民居的围护结构除具备良好的保温隔热能力外，还要有良好的蓄热能力。外围护结构的蓄热能力主要体现在材料的选择与墙体厚度上。生土材料、土坯、土坯砖都具有良好的蓄热能力，是寒冷地区使用最为广泛的墙体材料。

（三）寒冷地区传统民居采暖的技术措施

寒冷地区的民居其建筑外围护结构在绝热和蓄热方面对冬季保温起到了积极的作用，但并不能够完全达到室内热舒适性的标准。人们往往通过采暖设施来提高局部空间的自然舒适度以满足居住需求。

1. 火炕

寒冷地区民居中最为常见的采暖设施就是火炕。火炕的诸多优点使其自古就受到大部分北方人的青睐：

供暖灵活，用能合理。火炕是按不同的房间分别设置的独立系统，可根据实际使用需要确定对哪些房间供暖。火炕供暖时，一般即可维持火炕及居室必要的气温，而且睡前停火后火炕也能保持彻夜温热。

经济节能。火炕利用做饭的余热加热炕面，从而使室温升高，一把火既解决了做饭热源又解决了取暖热源，热效率高，节省能源。火炕所用的首选燃料包括稻草、秸秆和枯树等生物能源，以及木材加工后的锯末等边角料，减少了不可再生能源的消耗，并且燃烧后所剩草木灰可用于农田施肥。

供热直接，效果明显。供暖的重点是作为家庭活动中心的火炕炕面及其上部空间，火炕自下而上的加热方式使其效果远胜过现代挂在墙上的暖气片。火炕同时受到炕面的热辐射、导热和热空气对流的综合加热。

舒适解乏，保健防病。火炕因其构造和材料的特点，在加热时炕体升温较慢，蓄热量大，因而热稳定性好。"长期睡在彻夜温热的火炕上，不但使人舒适解乏，还能防治风湿、关节炎、气管炎等多种地方性及老年性疾病，效果极佳"[14]。火炕通过合理的利用能源，有效的达到了提高室内热环境的舒适度的目的，具有很好的节能意义。

（1）西北地区室内采暖技术

西北地区的农村室内取暖方式以烧炕为主，大多数农家将锅灶砌在居窑内，与火炕连通，在炕内盘烟道，利用做饭的余势取暖。火炕是冬季家庭活动、就餐、就寝的主要空间，其面积通常为 3 ~ 5 平方米。

火炕布局按其在建筑平面中位置不同，可以分为窗炕与掌炕两种类型，见图 4-26。窗炕又称"前炕"或"顺炕"，布置方式相对灵活，广泛分布在西北各地各类建筑当中。在窑洞建筑中，建筑平面中门开于偏隅，另一侧为窗，窗台下为炕，再往内部则为锅台。陇东窑洞进门之右侧为火炕，炕北接连锅台，由于火炕占据室内较大的面积，所以挖窑时，将右侧窑壁放宽 36 ~ 50 厘米，使火炕占据窑壁，这样可以扩大窑内的有效空间。而生土房屋中，窗炕体往往抵住建筑山墙部分而建，与进深方向等宽，烟道也贴外墙设置。炕上温暖明亮，冬天人们坐在炕上做家务活、吃饭、接待客人等。

掌炕分布于陕北的靠山窑和独立式窑洞建筑之中，炕体通常设在窑尾部位，沿面宽

图 4-26（a）窗炕（窑前炕）　　　　　　图 4-26（b）掌炕（窑后炕）

（图片源自：王军.西北民居[M]）

方向横长布置，炕面较大，并可充分利用窑室前部空间和窗口位置布置家具。由于掌炕距窗较远，因此南向窗户开成满拱大窗，户门设置灵活，可偏可居中。垂直烟道靠近后壁伸出窑顶。掌炕由于建筑相对进深大于窗炕，因此保暖温度效果好于窗炕，但空气质量则有所下降。

　　掌炕、窗炕的设置位置不同体现出与气候相应的设计原则。陕北地区冬季严寒，为了取得较为舒适的物理环境，炕周边的温度较室内前部高，尽量减少热损失，同时，由于纬度较高，太阳照射高度角较小，可以保证室内采光要求，通常 8 米进深的窑洞阳光可以照到掌炕上。同理，采用窗炕的地区则恰好相反，由于冬季温度相对不是极端寒冷，因此体现出采光优先的设计原则。[15]

　　（2）新疆地区室内采暖技术

　　新疆民居因为气候条件的不同，炕的形式分为两种：一种是分布在吐鲁番地区的土炕，由于吐鲁番地区冬季没有那么寒冷，所以人们多在冬室中设置铁皮壁炉进行采暖。土炕多用在室外廊下空间或室内中厅空间。这种土炕多是当地的生土材料堆筑的实心炕，炕上铺席，席上再铺设毛毡或毛毯。在室外它的长度和宽度通常和檐廊齐平，而在室内由于要供居民休息和起居之用，所以多沿墙而建，高度在 30 ～ 60 厘米之间。白天人们在土炕上娱乐、劳作，到了晚上人们又能在温热的土炕上睡觉，这种生土的蓄热性能给人们的生活提供了很大的方便。

　　还有一种火炕分布在冬季较冷，夏季凉爽多雨的伊宁地区。火炕的制作原理主要是把空气加热，让其在烟道中转换成辐射热量，然后利用生土的蓄热来均匀辐射热量，以达到保温时间长、炕面温度均匀的目的。由于这种辐射式热源是最舒适的采暖形式，它能使炕的表面平均辐射量比周围空气温度略高 2℃，使人们能直接用身体接触采暖，在寒冷的冬季只要躺在火炕上就感受不到一丝寒意。而且长期睡火炕还能对某些疾病有治疗的作用。这种火炕还有一大优点就是能够"一火两用"，由于炕面略高一些，前设灶台，冬季可以一边烧饭一边供室内取暖，一举两得。炕上会铺设毡毯，就餐时就在火炕中央放置炕桌，一家人围坐在温暖的炕桌旁边吃边聊，温暖的家庭氛围油然而生，其乐融融。

（3）山东地区室内取暖技术

1）山东惠民魏氏庄园树德堂

树德堂的取暖设施采用了铜火炉取暖、火炕取暖和地下火灶（地炕）取暖三种方法，第三种方法尤为巧妙。如图4-27所示，在北大厅的北面入口处，设有地下火灶，室内地下铺设火道，墙壁里设有暗烟道。通过地下火灶烧热的气流，传递热量给地下火道和墙壁暗道，依靠地面与墙体的散热使室内温度上升。这样既可达到取暖的目的，又保持了室内的清洁。这种地炕式取暖方式既解决了取暖功能，又具有防火的功能，庄园内的取暖火灶主要有三种形式：

图4-27　树德堂的地下火灶

（图片来源：孙成政. 魏氏庄园的建筑特色与文化资源的研究 [D]）

Ⅰ式灶设有两座。其分别设在北大厅的东三间的西稍间及西三间的东稍间，两座地灶以北大厅为南北轴线呈对称布局，整体结构采用青砖白灰浆砌筑而成，由灶门、火喉、灶膛、回烟道和烟囱组成。灶门设在室外前厦檐下的长方形的砖池内，使火从灶门进入后经喉道进入灶膛，再从出烟孔进灶室散热后的余烟从烟道进入了烟囱。灶室的后端设有一回烟道，其通过相邻地炕再与墙壁中设的烟囱相通。在烟囱底部与烟道结合的部位下设有回流洞，出烟口设置在一隆龛瓦处，在外面看与其他合瓦无两样，其实是虚盖着的，因此在整个庄园建筑中看不到一个烟囱，这也是魏氏庄园的建筑特色之一。

Ⅱ式灶设有两座。其分别设在北大厅中5间的两稍间，并互相对称，火灶的结构形式与Ⅰ式灶基本相同。两者不同的是设有两条回烟道，分别设在灶的两侧面，一条是自身的回烟道，另一条是Ⅰ式灶的回烟道。灶门设在室外的台明石的下面，为方形。

Ⅲ式灶设有两座。其分别设在北大厅的东3间的东稍间及西3间的西稍间。其为长方形，两面依墙，两面砌砖斗子，采用土坯结构，砖斗子的外形为须弥座，设有木炕沿，炕的火门设在北大厅后墙之外的基础部位，灶门为拱券的形式、喉眼为方形；烟囱设在墙壁的内部，出烟口很隐蔽。

魏氏庄园之所以采用这样的取暖设施，主要是因为庄园建筑都是砖木石混合的结构形式；结构的构架组成全部为木质构件，最怕火灾。因此，防火要求特别重要。庄园的暖炕及地炕布置结构合理，火进入灶堂达到炽热点传入灶室释放，灶室散热之后只有少量热量的从烟囱口散发出去，使其既能达到取暖的目的，又能做到防患于未然，还能保持环境的清洁且使大气不受污染。庄园内同时还有火盆、火炉等取暖器具。[16]

2）山东栖霞市牟氏庄园

牟氏庄园建筑中的保温、隔热主要通过厚重的墙体、屋顶以及采暖用的火炕实现的。牟氏庄园中采暖特色是炕洞设在寝室外，也就是说其灶口设在室外的墙体上，这样的设计，既可保持室内的卫生，增加居室的私密性，又大大减少了发生火灾的概率。烟囱立在山墙之外的雨道中，上下有收分，呈托塔凌空状，塔顶上雕狻猊守之，既美观且有实用价值，可以避免烟囱冒出的火花引起的火灾。同时，烟囱不穿过屋顶，有利于屋顶的整体性和防水性能，而且南北雨道通风较佳，不仅利于烟囱本身的排烟能力，且烟气不会影响各合院。

胶东地区属暖温带大陆性季风气候，冬季寒冷，又因地处沿海，湿度较大，"因此当地人多使用火炕作为冬季的采暖工具"至今，在莱阳、海阳、栖霞等地的农村仍有很多人使用，甚至还在新建楼房的北侧卧室里设置火炕。[17]

2. 地下燃池

地下燃池是在房屋的后面，地面以下挖出深 1.5 ～ 2 米的长方体的坑，用砖砌筑，再用泥浆抹面，上面盖石板作为地面，就形成了地下燃池，见图 4-28。

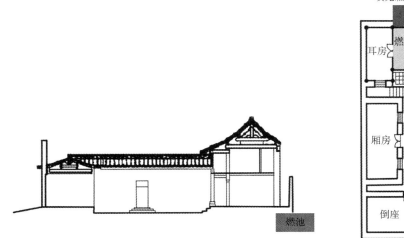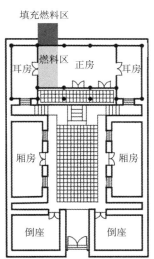

图 4-28 燃池
（图片来自：武丽霞. 华北地区传统建筑的生态型研究 [D]）

在燃池中蓄存锯末或农作物秸秆，压实点燃，靠植物粉末的自燃状态来熏烤屋内的地面石板，石板散发大量的热传给室内，火的大小靠室内燃池烟道的通风量来控制。往往在秋季投入干燥的秸秆粉末就可以维持一个冬季的燃烧。这种做法的优点在于：减少每天烧火取暖的麻烦，操纵室内温度的方法简单，只需调节通风口大小；燃料集中在燃池中燃烧，减少热量的散失，节约燃料；燃料可以就地取材，农民只需粉碎自家田地里的棉花秸秆或其他农作物秸秆。这种技术仍然是目前一种值得借鉴和改进的采暖方式。[18]

（四）寒冷地区传统民居防风技术措施

寒冷地区冬季寒冷又多风，冬季阻隔寒风渗透入居室，最大限度隔离外部恶劣气候环境的技术措施，对民居的冬季防寒保温具有重要的意义。这些具体措施包括：

1. 在正房侧面加盖耳房阻挡风沙

甘肃河西走廊、宁夏、青海一带多刮西北风且沙尘大，有的家庭在正房侧面加盖一间耳房，坐西向东，起着防风避尘的作用，这种平面布局称作"拐脖"式。还有一种"虎抱头"式，由正房东西两侧带两间耳房延伸出堂屋前墙。这两种建筑平面都是当地民居应对多风沙气候的经验模式。

宁夏合院的主要起居用房多坐北向南，院内西侧多布置库房、杂物间等辅助用房，形成"L"形转角，在冬季起到抵御西北风的作用。居住建筑的北向和西向墙体上开窗十分慎重。要么不开窗，要么开高窗，且面积很小，仅仅满足通风换气的要求。由于房间进深很浅，所以后窗一般无采光目的和其他需求。不管民居建筑与周边道路的关系如何，院落大门和主要居住建筑的出入口一般都设置在南向避风处。主要居住建筑的门洞口高度多不足2米，有意减小面积以维持冬季室内舒适度。

2. 用低矮的院落、厚重的墙体来防风

冬季寒冷多风地区的民居建筑大都是低矮的。厚重和高大的墙体围合了整个庭院，形成了一个封闭的、围护性极强的院落空间形式。多采用向阳的合院布局，其封闭性满足了抵御风沙和防御外来入侵的需要。

3. 利用树木、高大的院墙、自然地形来避风

除了建筑物的保温隔热措施外，人们还利用高大院墙、树木和地形来抵御冬季寒风。如河西走廊一带风速较大，院墙通常超出建筑物屋顶2米以上，起到降低风速，防风固沙的作用。新疆民居紧密相邻的布局对于抵御严酷的气候有着极大的好处，使每户的外墙面积尽可能小，有利于保温；高大的院墙形成有利的阴影，形成适合邻里交往的场所，同时也可以减少风沙的侵害。

二、寒冷地区传统民居争取日照的策略

北方地区日照的特点是，在同一时刻与南方的太阳高度角相差大、日照率较南方少、以太阳直射光为主。这些特点对于建筑天然采光有直接影响。合理争取日照对于寒冷地区民居的冬季保温具有重要的意义。

（一）负阴抱阳的聚落选址

"背山面水"、"负阴抱阳"是中国传统聚落选址的基本指导思想，它是理想人居环境的基本模式。在寒冷地区，"负阴抱阳"即房屋的背面与山的阳面相对，这样的布局可以使聚落建筑获得良好的阳光和通风条件。背山可以屏挡冬季北方来的寒流，面水可以迎接夏日南来的凉风，朝阳可以争取良好的日照。良好的日照条件利于农作物的生长，这是聚落生存之本，也是冬季建筑保温不可或缺的气候资源。

（二）争取日照的技术经验

1. 院落布局

（1）方位

寒冷地区的民居多为内向封闭的院落组合，对外开窗较少且小，院落是采光的主要来源。为了保证冬季院落获得足够的阳光，建筑通常坐北朝南。如表4-1所示，在我们对黄河中下游寒冷地区典型院落的朝向研究中可以看出，建筑朝向以南向为主，但并不拘泥于此，其方位的选择往往要综合考虑地形地貌以及整体村落结构的影响。

黄河中下游寒冷地区典型院落的日照适应性　　　　　　　　　表4-1

气候区	地区	村落案例名称	院落案例名称（地名+院名）	院落与日照的关系
				建筑朝向
寒冷ⅡA区	晋南	*山西万荣县高村乡闫景村	李道荣宅院	坐南朝北
			宁家宅院	坐北朝南
	豫北	焦作市博爱县寨卜昌村	3号院	坐北朝南
	豫北	林州市任村镇前峪村	石老九宅院	坐东朝西
	豫东	河南开封市刘家宅院	刘家宅院	坐北朝南
	豫西	洛阳八路军办事处旧址	西路院	坐南朝北
寒冷ⅡB区	晋西	*襄汾县城关镇丁村	一号院	南偏西
			二号院	南偏西
	晋东南	*阳城县北留镇郭峪村	老狮院	南偏西
	晋东南	*沁水县土沃乡西文兴村	司马第院	南向
	关中	*渭南市韩城市西庄镇党家村	党蒙宅院	坐南朝北
			贾家分银院	坐北朝南
			走廊院	坐东朝西
			一颗印院	坐西朝东

注：*代表学科组调研的村落。

（2）大小

院落是住宅与自然交互的最为直接的触媒，其大小是对气候适应性的直接反应，尤其是院落的宽窄是对太阳高度角直接应对的结果。北方严寒的高纬度地区，冬季寒冷，太阳高度角较小，为了获得较长的日照时间，只有在单体之间的间距较大的情况下才可能实现。因此其院落较为宽敞甚至出现横向院落即面宽大于进深，通常面阔是进深的2倍以上。建筑东西横向布置，院落或一家或数家朝南向排开，形成开阔的院落。村落的整体形态较为疏松，密度降低。低纬度地区太阳高度角较大，加之地形地貌等原因，院落较窄。在对海河流域传统民居的调研分析中可以看出，民居院落的宽窄受基地地形的影响较大。平原村落多为"井"字形四合院或"工"字形宽院，其院落较为宽敞，山地村落多为"工"字形窄院，院落狭长，见表4-2。

海河流域民居院落形态与气候及地形地貌的关系 表4-2

院落名称	地形	地貌区	"井"字形	"工"字形宽院	"工"字形窄院
北京板厂胡同27号宅院	平原	I G5 太行山～大别山山前洪冲积平原	●		
代县阳明堡镇李家院	平川	III B1 晋北中、小起伏中山盆地	●		
聊城南顾家胡同16号院	平原	I G4 黄淮海冲积平原	●		
博爱县寨卜昌村三号院	平原	I G5 太行山～大别山山前洪冲积平原		●	
蔚县北方城白玉龙宅	河川	III B2 太行山、大中起伏高中山		●	
涉县刘家寨"五门相照"院	山地	III B2 太行山、大中起伏高中山		●	
大同古城鼓楼东街9号院	平川	III B1 晋北中、小起伏中山盆地		●	
卫辉市小店河村二号院	平原	I G4 黄淮海冲积平原		●	
井陉县于家村四合楼院	山地	III B2 太行山、大中起伏高中山			●
蔚县西古堡二号院	河川	III B2 太行山、大中起伏高中山			●
抚宁县界岭口村万槐宅	山地	I F2 燕山大、中起伏中低山			●

（3）布局

宁夏的合院民居内部院落空间十分宽敞。一方面，在功能上便于堆放大量生产工具、干草和圈养牲畜；另一方面，从适应环境的角度看也有利于冬季增加建筑南向墙体日照得热。东南方向多用土坯矮墙、篱笆、牲口棚等等通透、低矮的构筑物替代围墙，这样在冬季尽量不遮挡日照，同时有利于夏季空气流通降低室内温度。

韩城党家村受地形的限制，院落宽度较窄，再加上房屋檐口的遮挡，房屋内的采光受到了影响。因此当地村民在房屋的高度上，厢房的高度会低于正房的高度，便于阳光的射入。

山西灵石县静升镇王家大院敦厚宅的设计中，为了争取日照，避免门房遮挡，将正房的地坪抬高，形成前低后高的变化。这样就可以有效地避免前排建筑的遮挡，保证后排建筑能够引入更多的光线。同时形成空间的序列（图4-29、图4-30）。

在山地建筑中，往往利用地形的优势，使院落随地形由南向北层层升高，以减少前后房屋的遮挡，获得良好的光线（图4-31）。

2. 建筑进深

采光对于建筑设计的限制主要体现在建筑进深的控制上，即解决室内光线的问题。由于寒冷地区冬季普遍严寒，窗洞较小，采光量有限，因此该地区民居基本呈现出房屋有效进深较小的整体趋势。平房一般在 3.5 ～ 4.5 米，以便获得足够的光照。例如，早期陇东窑洞在修建时，多数窑洞都是前宽后窄、前端高后部低，以使窑洞内尽量进光，使洞内能有尽可能高的采光亮度。

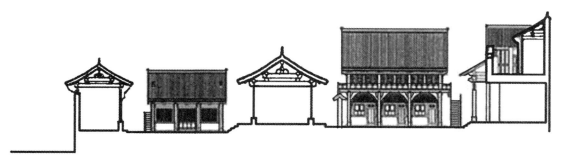

图 4-29　晋中王家大院敦厚宅主院剖面
（图片来源：赵磊磊 . 晋中传统民居的生态经验及其应用研究 [D]）

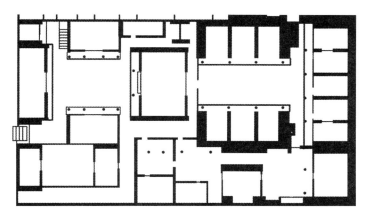

图 4-30　晋中王家大院敦厚宅主院平面
（图片来源：赵磊磊 . 晋中传统民居的生态经验及其应用研究 [D]）

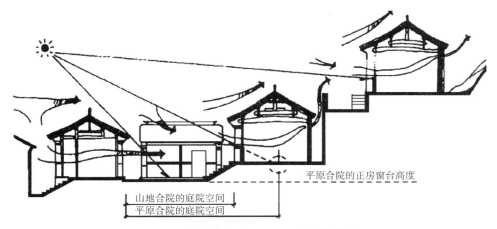

图 4-31　山地合院的通风、采光和节地分析
（图片来源：欧阳文 . 北方山地合院式民居空间特征研究——以北京川底下古村落为例 [J]）

3.门窗处理

建筑门窗的大小直接决定着采光与保温的矛盾。由于气候的影响，寒冷地区民居的窗户多为固定扇，活动扇少，依旧体现出保温的重要性。寒冷地区建筑由于冬季严寒，绝大多数房屋北面一般不开窗户，而陕北地区大多为掌炕，由于房屋进深大，加之高纬度地区日照时间较短，因此窗户多开得比较大，以便接受更多的阳光。窑洞里的光度，都是利用自然采光，主要光度之来源是靠大花窗采光，同时通风窗与通风孔也进入一定的光度。大花窗的面积在6平方米左右，在春、夏、秋三季，窑洞经常开窗、开门，由门进光，因此窑洞内部，前半部十分明亮，后半部光度比较小。

图4-32　党家村民居的门框细节
（图片来源：王朕 摄）

韩城党家村在窗户与墙的结合处设计得十分巧妙。窗框与墙面交接的面，除了下面，剩下的三面都与前面有45°的切角，这样窗框的大小没有变，但是窗户看起来却大了一圈，同时可以引入更多的阳光射入，增加采光的效果（图4-32）。

4.太阳能的开发与利用

在北方寒冷地区，Ⅵc、Ⅶd建筑气候区是日照充足且太阳能资源丰富的地区。对于这样强烈的太阳辐射，传统的气候适应性技术利用厚重的生土外墙的隔热性能来抵御强烈的太阳辐射，保持夏季室内凉爽舒适的气温，躲避酷暑。同时，利用生土的蓄热能力，储存白天的热量抵御夜晚的寒冷，但较之于现代技术对太阳辐射能的利用与开发，其利用效率就与之相差较大。现代技术利用太阳的辐射能量来支持供热体系，供给民居中生活用的热水、室内的采暖等等。这种供热系统中包括像太阳灶、太阳能热水器、太阳能食品灶、太阳能温室等。其中还有利用太阳能来提供用电的，就是先让太阳辐射的能量转换为电能，然后给居住空间供给所需的洁净能源。利用太阳能电池，将晴天里富余的电能输入电网，以备阴天阳光不足时由电网供电或风力发电。对太阳能资源的充分利用，既能在寒冷的冬天为人们带来温暖，同时还能有效地减少对植被的破坏，使生态环境能够得到恢复与重建。将现代技术和气候适应性技术进行资源整合，有利于民居向着"零能建筑"继续迈进。

三、寒冷地区传统民居的通风降温技术

寒冷地区大多位于我国的季风区，风向与风速的季节性变化明显。风通过气流运动带来热量的转移，很大程度上会影响室内热环境。冬季为了避免风带来的热损失往往采用防风的技术措施；夏季自然通风可以带走室内的余热，是气候调节的主要的手段。在我国，传统民居中院落是用来组织自然通风的空间，通常利用热压和风压原理，常见手法有穿堂

风、拔风塔等形式。

（一）穿堂风

穿堂风通常产生于建筑物间隙、高墙间隙、门窗相对的房间或相似的通道中，由于在空气流通的两侧大气温度不同，气压导致空气快速流动，又由于建筑物等阻挡，间隙、门窗、走廊等提供流通通道使大气快速通过。风向一般为背阴处一侧至有阳光一侧，风速根据两侧温度差决定，温差越大，风速越大。

新疆民居中的风压通风，是运用木棂花格落地隔断作为挡风板，使空气在中厅和卧室外的走廊之间流动，形成过道风。按照伯努利原理，流动空气的压力随它的速度增加而减少，从而形成低压区，所以根据这一原理，木棂花格落地隔断将后室分隔成卧室和走廊，走廊就成了一个横向的通风道，当风从前室吹进时，会先从通道吹过，这样在通道处就形成了负压区，带动了空气的流动。同时风压式通风要求风压通道越短、越直接越好。这样既能保证卧室的空气流通又能防止冬季风沙进入卧室带走室内的热量。[19]

山西省襄汾县城关镇丁村民居的层高比较高，易于空气流通。其次是民居中阁楼的作用，丁村民居的室内划分为上下两部分，其中上部不仅可以作为库房使用，更重要的是它对室内物理环境有着积极的调节作用。一般上部的前后两墙多有孔洞，这样有利于空气的流通，便于存放物品，同时由于这个夹层的存在，使得夏日的烈日不易晒透屋顶，冬日的寒风不易进入室内，保持室内温度的恒定。

（二）拔风塔

新疆民居中被动式热压通风系统都是利用"烟囱效应"，由中厅借助于类似烟囱的装置来实现通风的。由于阿以旺民居的围护墙体都很厚，而且采用的是蓄热隔热性能较好的生土材料，所以使得处于炎炎烈日照射下的民居内部热量比室外要低，并且民居内部相对室外较为封闭，所以室内的空气密度也比较高，自然室内外垂直压力梯度相应有所差异，而处于阿以旺中厅向上凸起的高侧窗就成了室内的"烟囱"（图4-33），室外的空气从下方的入口处进入，再从上方的高侧窗排出，从而形成了阿以旺民居中厅的热压通风。根据热空气上升原理，中厅的烟囱将室内污浊的热空气排出，而新鲜的冷空气则经阴凉的外廊，被吸入室内。并且室内外的温差和上下进出口的高差越大，热压作用越强烈。类似中厅的"烟囱效应"的竖向空间还有带廊的天井阿克塞乃和庭院空间哈以拉，这些通风设置有效地增加了民居的空气流通，降低了室内温度，是非常适宜新疆地区气候条件的自然通风系统。[20]

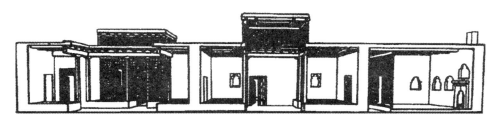

图4-33　向上凸起的高侧窗形成室内的烟囱
（图片来源：王川．新疆阿以旺民居的气候适应性研究 [D]）

（三）自然通风组织

通过对黄河中下游地区的典型民居的考察，选取 14 个宅院对其自然通风组织方式进行了综合性的研究，从朝向、院落大小、地形利用以及门窗开启四个方面对其自然通风的组织经验进行了归纳总结，见表 4-3。

黄河中下游寒冷地区典型院落的风向与利用自然通风的方式　　　　　　表 4-3

地区	村落案例名称	风向		院落案例名称（地名＋院名）	夏季自然通风				
		夏季主导风向	冬季主导风向		建筑朝向	院落宽度（米）	正房开敞程度	厢房开敞程度	门位置
寒冷ⅡA	晋南 *山西省万荣县高村乡闫景村	东北	西南	李道荣宅院	坐南朝北	12	三开间全开敞	门窗封闭	中门
				宁家宅院	坐北朝南	8.4	门窗封闭式	门窗封闭	侧门
	豫北 焦作市博爱县寨卜昌村	南	西北	3 号院	坐北朝南	18	明间半开敞式	门窗封闭	偏门
	豫北 林州市任村镇前峪村	南	北	石老九宅院	坐东朝西	10.8	门窗封闭	门窗封闭	偏门
	豫东 河南开封市刘家宅院	南	西北	刘家宅院	坐北朝南	19.4	明间半开敞式	明间半开敞式	偏门
	豫西 洛阳八路军办事处旧址	南	西北	西路院	坐南朝北	9.2	门窗封闭	门窗封闭	偏门
寒冷ⅡB	晋西 *襄汾县城关镇丁村	东北	西南	一号院	南偏西	12	三开间全开敞	门窗封闭	侧门
				二号院	南偏西	11.8	三开间全开敞	门窗封闭式	侧门
	晋东南 *阳城县北留镇郭峪村	南	西北	老狮院	南偏西	11.3	明间半开敞式	门窗封闭式	中门
	*沁水县土沃乡西文兴村	南	西北	司马第院	南向	24	明间半开敞式	门窗封闭式	中门
	关中 *渭南市韩城市西庄镇党家村	东北	东北	党蒙宅院	坐南朝北	10.4	明间半开敞式	门窗封闭式	侧门
				贾家分银院	坐北朝南	10.6	三开间全开敞	门窗封闭式	偏门
				走廊院	坐东朝西	14.8	三开间全开敞	门窗封闭式	偏门
				一颗印院	坐西朝东	11.7	明间半开敞式	门窗封闭式	中门

1. 建筑朝向

在所选取的 14 个宅院案例中，有 6 个宅院的朝向与夏季主导风向相一致。有 5 个宅院的朝向与夏季主导风向相反，有 3 个宅院的朝向与夏季主导风向没有明显的联系。说明寒冷地区的四合院民居的朝向与夏季主导风向有一定的联系，但夏季通风并不是主要的考虑因素。

2. 院落宽度

在所选取的 14 个宅院案例中，有 10 个宅院的院落宽度小于 12 米，有 4 个宅院的院落宽度大于 12 米。这说明在寒冷地区中，院落在适应风环境时多数采用较窄的院落形式，这有利于院落抵挡寒冷地区的冬季冷风，保持庭院的温度。

3. 利用地形高差通风

在所选取的 14 个宅院案例中，院落正房高度均高于厢房。有的充分利用地形优势将正房进行抬升，其高差关系明显。在平地上，正房与厢房之间至少存在 3 个踏步的高差。抬高正房有利于自然通风的流畅。

4. 利用门窗开启组织通风

（1）正房

在所选取的 14 个宅院案例中，有 6 个宅院是明间半开敞式，有 5 个宅院是三间全开敞式，有 3 个是门窗封闭式。侧面反映出寒冷地区的正房以明间开敞式的较多，这与该地区的窄院形式有关。院落较窄，只有正房明间能面对庭院，因此为了增加通风面积，将明间变得更开敞是有利于通风的。

（2）厢房

在所选取的 14 个宅院案例中，有 13 个宅院的厢房是门窗封闭式，由于厢房朝向多是平行于夏季风向的，不容易形成穿堂风，因此厢房围护结构更多考虑的是围护结构的保温，仅仅是通过门和小窗进行通风需要。

（3）大门

在所选取的 14 个宅院案例中，有 7 个宅院是开偏门，有 3 个宅院是开中门，有 4 个宅院是开侧门。中门和偏门虽然都可以达到引风的效果，中门最利于自然通风，但开偏门更多，说明在基本满足通风要求下，更遵循形制上的要求。

四、寒冷地区传统民居的遮阳隔热技术

寒冷地区的夏季气温由于地理位置的差异而存在着显著地差别，在第 Ⅱ 区的平原地区，夏季较为炎热湿润；Ⅶ d 区夏季较长且气候干热，特别是吐鲁番盆地，夏季酷热，最高气温高达 47.6℃。在这些区域夏季的隔热与遮阳是必须要考虑的问题。遮阳就是通过阻断太阳直射光对建筑表皮的直接照射，达到夏季室内隔热的目的，它是一种被动式的节能设计。在传统民居中对于这样的处理主要体现在檐口、窗户、室外绿化以及群体组合等方面。

（一）檐廊遮阳

在传统民居中，檐廊所起的遮阳效果非常明显。檐廊位于建筑外侧，与建筑主体相接，联系室内外，起到灰空间的作用。夏季的太阳高度角较大，檐廊可以有效地避免阳光直接射入室内（图 4-34）;冬季，太阳高度角较小，檐廊对室内采光影响较小。在纬度低的地区，民居设置檐廊的现象较为常见。高纬度地区除北京民居较多设置檐廊外，其他地区因夏季不是很炎热，因此民居出檐不大，没有明显的遮阳设计。

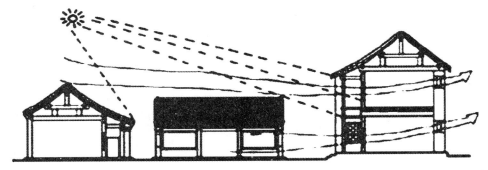

图 4-34　檐廊夏季遮阳通风示意图
（图片来源：唐丽. 河南豫北地区合院式传统民居节能技术初探［J］）

　　河北井陉大梁江村属于典型的暖温带半湿润大陆性季风性气候，受季风影响区内四季分明，冬夏与春秋季差较大。冬夏较长，冬季寒冷干燥；夏季炎热多雨；春季干旱，秋季前期雨水尚多、后期天高气爽。年平均气温 11～12℃，年降水量 550 毫米，七、八月份为雨季，日照时数和日照百分率高、雨水少、湿度小。大梁江村的建筑在很大程度上考虑到了气候的影响，主体居住建筑的一层多为典型山西的窑洞式，冬暖夏凉，二层部分设檐廊，以遮阳光[21]（图 4-35）。

图 4-35　河北井陉大梁江村
（图片来源：http://city2010.house.sina.com.cn/detail_101069.html）

　　新疆典型的干热气候地区夏季遮阳的方式主要靠由室内向室外过渡的"檐侧空间"，即灰空间。这种灰空间在新疆不同地区有着不同的做法如"辟希阿以旺"、"阿克赛乃"、"阿以旺"、"阿尔勒克"等几种形式。

　　和田地区民居建筑的"阿克塞乃"，是干旱的地区民居特有的一种形式，它是一个四周带有檐廊的四合院，檐廊通常高出屋面 2 米以上，在夏季起到了很好的遮阳作用，阿克塞乃的四周设有高出地面的实心土炕（束盖炕）供家庭的生产、聚会、会客等公共活动。和田地区民居中还有"辟希阿以旺"的模式，用它也是一种室内外的过渡空间，接近汉族的檐廊，进深通常不少于 2～3 米，地上砌有实心土炕（束盖炕）供人休息活动，它是夏天纳凉、冬季晒太阳的地方（图 4-36）。

喀什高台民居的屋顶常有 2 ～ 3 面围合的棚屋，朝向有景观处开口，用于晚间纳凉。屋顶上常覆盖织物（图 4-37），其目的有二：一是防止过强的日照对室内的植物和庭院内建筑的外装饰有伤害作用，另一则是与人们的日常生活有关系，材料的不同可以出现不同程度的光影效果，材料的选用也可能与当地居民的经济状况或是个人喜好有一定的关系。

图 4-36　和田地区民居建筑的
"阿克塞乃"

（图片来源：http://blog.sina.com.cn/s/blog_
71885f260101bgj3.html）

图 4-37　喀什高台民居屋顶覆盖织物

（图片来源：http://www.mafengwo.cn/i/732356.html）

（二）绿化遮阳

通过院落空间中乔木、灌木、爬藤植物所形成的阴影进行遮阳。植物的蒸腾作用更为庭院创造了良好的微气候环境。这样的方式常见于新疆的阿以旺民居，院落中常设有果园和花园，炎热的夏季，葡萄架为院落生活带来了清凉。

（三）洞口构件遮阳

窗户的遮阳主要分为内遮阳与外遮阳两种形式。内遮阳往往采用竹帘、布帘、草帘、纸帘。它们使用灵活，具有较好的装饰性。

窗户外遮阳主要靠支摘窗。常见支摘窗的工作原理是支窗通过两副合页转动，由固定在间柱上的铁支杆支起，而摘窗位于下部，支窗与摘窗上下并置，分别独立完成支和摘。抚宁地区支摘窗的做法更为简单实用，在间柱上固定两个三角形木块，木块的上部做一凹槽，将活动扇的上边框两端突出，两边的突出部分架在三角形木块的凹槽内，这样窗扇可以完成旋转或摘下动作。在与支摘窗的中心相对的檐椽上钉一镘头钉子，下拴住一根铁钩，当窗扇需要固定角度时，将活动扇的下框挂于钩子之上，完成支窗的动作，因此支和摘的动作由一个窗扇完成。此种支摘窗的做法较好的适应了偏远农村地区缺少铁件的情况，窗扇即可开启，又可摘下，表现了乡土建筑的智慧（图 4-38）。[22]

图 4-38　抚宁民居支摘窗
（图片来源：回大伟．抚宁长城沿线地区传统民居研究及其现代启示 [D]）

在夏季气候炎热的新疆喀什地区，高台民居中夏天通过白天关上窗板，来遮挡阳光，保持室内的阴凉。博斯坦村室内外门多数是平开单扇门，门上有的上部有直棂花格小窗，门高 2 米左右。室内窗户有木板平开窗和固定窗两种，内扇做花格，外扇用木板，窗的尺寸不定。这些细密的花格窗有透光通气的作用，同时又避免了太阳光对室内的直接照射。

（四）建筑群体组合遮阳

院落的空间比例对遮阳有一定的影响（图 4-39）。通常北京四合院的院落长宽比例约为 1∶1，关中四合院的长宽比约为 4∶1，晋中四合院的长宽比约为 2∶1。这种南北狭长东西窄小的四合院，能减少日晒，引导通风，保证夏季的清凉。

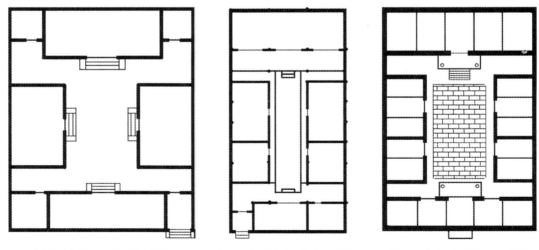

图 4-39（a）　北京四合院　　　图 4-39（b）　关中四合院　　　图 4-39（c）　晋中四合院
（图片来源：赵磊磊．晋中传统民居的生态经验及其应用研究 [D]）

甘肃民勤瑞安堡三道门的空间形态，是基于本地区干燥、风沙大、日照辐射强的气候特点下形成的，既能在夏季防风、防晒、防尘加湿，又能在冬季保温（图4-40）。

五、寒冷地区传统民居的防水防潮技术

（一）屋面排水

降水量反映了一个地区的干湿程度，是确定区域雨水排水和屋面排水系统的主要设计参数，涉及屋面形式与构造做法。从总体上看，北方半干旱农牧交错带区域中，建筑屋顶坡度北平南坡、北缓南高、北无瓦南有瓦，并且以等降水量300～500毫米为界线，随地区降雨量的增多呈现出较为明显的变化趋势。而北方干旱绿洲边缘地区屋顶形式随纬度、经度变化已经没有相对差异，排除个别建筑经济因素外，绝大多数建筑均为无瓦平屋顶类型，体现出相同气候背景下，建筑屋顶形态的相似性。

1. 宁夏民居

（1）无瓦平屋顶

宁夏地区分布于300毫米以下等雨量线范围内的地区包括吴忠、同心等南部县市。这些地区干旱少雨，年平均降水量低于300毫米，连续降雨时间短，强度小，因此建筑多为平顶形式（指坡度小于5%）。房顶无瓦，呈一面坡排水形式，屋顶常作家庭晾晒粮食、饲料之用。较好的房屋设有女儿墙，有组织排水。

屋面做法是，先安椽，椽上布板或苇席，然后用草泥墁成平顶，待干后再抹层灰土，有的在这层灰土上墁上石灰打压光平。西海固有些比较讲究的家庭，在屋顶上铺砌方砖，大多是沿出挑檐口或屋顶边沿上压2～3层砖作女儿墙，用挡板封檐口（图4-41）。

（2）单坡式屋顶

单坡式屋顶主要分布在300～500毫米之间等雨量线范围之间，包括指海原、隆德等地。分有瓦和无瓦（草泥抹灰同前）两种形式。从建筑外观上看，房顶一面高、一面低、不起脊、出檐明显。其中无瓦类型坡度3%～5%，有瓦类型屋顶坡度15°左右，虽同为单坡屋顶，但其建筑屋顶较为平缓，与陕西关中"房子半边盖"的传统民居建筑存在较大差异（图4-42）。无瓦单坡屋顶基本构造处理与平顶无异，唯其生土承重墙稍有提升，形成一定坡度，

图4-40　瑞安堡平面示意图

（图片来源：李鹰. 河西走廊地区传统生土聚落建筑形态研究 [D]）

图4-41　宁夏单坡式屋顶

（图片来源：图4-46 http://blog.sina.com.cn/s/blog_60f105490100xo9c.html）

朝向内院子。有瓦单坡屋顶则是在草泥上覆仰瓦。单坡顶式建筑由于受屋顶起坡高度限制，往往进深较小。

（3）有瓦硬山式屋顶

房屋前后两坡相交处有明显的屋脊，从侧面看房顶呈人字形，屋面多做仰瓦，出檐较大，坡度在20°～45°。屋顶采用硬山搁檩木屋架，椽上架薄板，或内衬苇席，上压青瓦或红色机瓦。当地的正房、高房子和大门屋顶常用此形式[23]（图4-43）。

图 4-42　关中民居的单坡顶

（图片来源：图 4-47 http://www.360doc.com/content/
14/0127/15/15605235_348335867.shtml）

图 4-43　有瓦硬山式屋顶

（图片来源：图 4-48 http://blog.sina.com.cn/s/
blog_5fc9c4be0102vvnz.html）

2. 关中窄院民居

关中民居布局严谨，房屋与院落虚实相生，层次分明，厅房与厦房主从有序。厅房高大宽敞，装修精致，屋面做双坡。厦房尺度较小，檐口与屋脊也较低，屋面多做单坡，坡向院内，俗称"房子半边盖"，成为"关中八大怪"之一。高大的厦房后墙不仅可作为防御性用地，又可作为邻宅间的分界。相邻两户厦房对应设置时仍不做双坡顶，省去了两户屋面相接形成的水平天沟，简化了屋面排水。同时关中地区土层厚，雨水易渗，难积，且地下水位低，打井困难。将庭院四周屋面流下的雨水汇集于院中窖井贮存，以供饮用和生活用水。关中人称这种屋面形式为"四水归一"，意为财水不外流。

3. 窑洞民居

靠山式窑洞由于屋顶与山体融为一体（图4-44），因此必须选择地势高、土质坚硬之处，避免水土流失严重之处和雨水汇集之路，以防降雨过度冲刷顶部，形成水患。独立式窑洞由于顶部覆土土层深厚，因此屋顶基本不作特殊防水处理，只需窑顶部位稍有起坡，形成自然排水方向，其坡度大约为3%～5%，雨水汇集于窑掌后部的流水石槽，统一收集并予以排放。在渭北旱原及宁南地区饮水依靠窑水的人家，其排水出口最终通向院子，水窖回收。

4. 山西民居

山西很多大院民居建筑的排水具有科学性。如果是平顶的窑洞，屋顶常设排水暗道，有组织排泄。《相宅经纂》言："盖水为气之母，逆则聚而不散，水又辑财，曲则留而不去也。"既然排水组织同人的富贵有着直接的关系，那么宅院水流如果过于顺畅，则有破财之嫌，所以山西民居的雨水都向院子里面流，美名其曰"肥水不流外人田"。院内有排水暗沟，位置在屋檐。地表平整，雨水排至门房门廊下，集中排向院外雨水沟[24]（图4-45）。

图4-44 靠山式窑洞

（图片来源：http://news.xinhuanet.com/forum/2012-02/01/c_122635679.htm）

图4-45 山西丁村院落雨水收集

（图片来源：刘璇 摄）

晋东南为暖温带冷温半湿润气候区，雨量充沛，温度高，当地民居屋顶为坡顶板瓦屋面，以利排水。有的在一层、二层设有通廊柱，二层设木挑廊，以防雨水。楼阁式建筑很好地适应了当地雨多、潮湿的气候特征。[25]

5. 聊鲁西囤形顶

囤形顶是平顶的一种形式，只是屋顶略呈弧形。聊城地区传统民居屋顶以囤形顶为主，这与当地的农耕文化紧紧相连，具有明显的地域特色。当地雨水较少，对排水要求不高，囤顶屋顶排水不强也适合当地居民生活需要，屋顶是当地人可利用的一个上层空间，每户都有木梯可方便上下屋顶，屋顶可以用来晒粮食和囤粮，防鼠患，夏季天热的时候还可以上来纳凉。囤形顶也有硬山和悬山之分，构架上的檩条若挑出山墙面，则形成囤形悬山顶，若檩条没有出挑，则形成囤形硬山顶（图4-46）。

图4-46 囤顶悬山式，囤顶屋

（图片来源：李丽明.聊城地区传统民居文化研究[D]）

（二）墙面防水

寒冷地区生土因其具有良好的保温蓄热能力而成为民居建筑的主要用材，但生土最大的缺点就是怕水。因此墙面防水对于围护墙体结构的整体稳定性具有重要的意义。

1. 建筑处理

在窑洞建筑中，窑洞券面较洞壁收入15厘米左右形成内凹的"藏面子"（图4-47），或是用土坯等凸出墙面砌成拱形装饰，避免了窑洞壁水流入室内。建筑室内需高出庭院标高近3～5厘米以防雨水倒灌，坡度大小随地势和当地最大降雨量而定。

2. 砖石镶面

在经济条件允许的条件下，各式生土窑洞大多数改用砖石镶面，即利用石材进行外贴面处理。砖石镶面可以有效改善雨水对墙面的侵蚀，光洁整齐，有效美化居住环境。

图4-47 窑洞券面"藏面子"
（http://cz.house365.com/bbs/showthread.php?threadid=238009）

3. 麦草泥抹光压实

经济条件较差的住户，结合建筑类型，充分利用黄土自身特性进行整治。对于墙体承重的半生土建筑，保持土层原状，刮削整齐，或用草泥抹光压实，因其耐雨水冲刷能力差，视各地降水量不同，每隔若干年后，对其整体表面进行斫削，重新进行处理。

对于居住在土窑的住户，则需对窑脸进行仔细斫削，去除受损表面，露出土崖内部新土。斫削时由上至下进行，每次斫削约20～30厘米，人员立于断面之上，手持特殊工具进行斫削，斫削后的窑壁往往具有强烈的图案肌理感。个别窑洞由于时间久远，斫削次数较多，甚至出现了建筑内部空间变成室外界面的独特现象。

4. 其他

生土墙外包黏土砖类似南方土楼"金包银"工艺做法，即将生土墙外侧用黏土砖包裹，组合使用，起到既防水又保温的效果。半生土式建筑在砌筑（夯筑）土墙时，常采用石块加固地基，多在墙身下面用砖石或碎石砌一段墙角。甘肃民勤一带盐碱地区还在距地面一尺处墙基槽内铺一尺厚的芦苇以隔碱。

关中民居中墙体有两种做法来防潮保温。一种是青砖与土坯结合，内砌土坯外砌青砖，称为"银包金"，或将土坯夹在中间作芯子，内外都用青砖砌筑，称为"夹心墙"。该做法墙体较厚，土坯的保温隔热性能好，可使居室冬暖夏凉。这种砖与土的有机结合，反映了传统民居对地方材料的合理运用。另一种是在石或青砖勒脚以上全部用土坯砌筑，墙内外部用草泥粉刷，这是农村小型民居常用的做法。[26]

（三）排水系统

1. 院落排水

天井四周的坡顶坡向天井，使天井承担了建筑的排水功能，这种方式又被称为"四水归堂"。天井多采用暗沟排水，地漏上有盖板，水通过地面的找坡，经地漏排入地下暗沟，再加上利用了地形的高差，院内积水很容易排出。[27]

天井多采用青石板砌筑，讲究的上檐有出挑的滴水。先前有些大户人家提高上堂的地坪，与天井池有一定的高差，防止天井溅水，保持堂屋地面的干燥。在建筑所有的门槛下部垫有青石板，防止雨水回溅到木板上，起到一定的防潮作用。对于夯土墙的保护，利用增加挑檐，在基础下用卵石铺砌，起到一定的防水和保护墙体功用。[28]

河南地坑窑的排水和防潮措施，地坑院与地面的四周砌一圈青砖青瓦房檐，用于排雨水，房檐上砌高 30 ~ 50 厘米的拦马墙（也称女儿墙），拦马墙内侧有的还种些酸枣等灌木，在通往坑底的门洞四周同样也做有这样的拦马墙。这些矮墙一是为了防止地面雨水灌入院内，二是为了保证地面劳作活动的人与儿童的安全所设，三是建筑装饰需要，使整个地坑院看起来美观协调。居住在地坑院内，排水和防渗是最要紧的事情。地坑院的基本附属设施几乎都是从这个角度出发的，也是居民每逢婚庆大事要加固修理的主要部位。窑脸（窑洞正立面）除开有窗户外，均以泥抹壁，基座一般以青砖加固。院内地面四周砌一圈青砖。地坑院院心是在比院子边长窄 2 米左右的基础上再向下挖 30 厘米左右，并在其偏角（一般东南角居多）挖一眼深 4 ~ 6 米、直径 1 米左右的水坑（井），坑（井）底下垫炉渣，上面用青石板盖上，主要用来积蓄雨水及污水排渗之用。在有些地方，这些雨水沉淀后还要供人畜饮用。

2. 村落排水

在村落的空间结构中，道路作为主要空间骨架，不仅起到了交通的功能，还起到了防洪排水的作用。一般的街巷都用砂石砌筑，街面为凹槽型，一方面防滑，另一方面有利雨水汇集（图 4-48、图 4-49）。如碛几、李家山、张家塔等聚落，在山坡建筑与主街之间，都用砂石板铺装，长者可达数百米，短者也有数十米，这样的巷道既避免了阴雨天气道路泥泞，也起到了防洪排水作用。大多数的砂石路面呈现凹字形状，水从中间排走，两侧则筑有沟渠，既节省了投资，又形成了完整的街巷景观。

图 4-48　李家山砂石巷道　张家塔村排水沟　　　图 4-49　张家塔村排水口 临县西湾村院落排水口
（图片来源：王金平等 . 山西民居 [M]）　　　　　　（图片来源：王金平等 . 山西民居 [M]）

（1）汾西县师家沟村

洪水是山地环境中最为常见的自然灾害之一，也是对山地聚落最大的威胁之一，拥有一套完整的防洪体系对于山地聚落是非常重要的。师家沟一带夏季雨水集中，极易出现大暴雨。村落位于三山环抱之中，东西两侧为冲沟，东、北、西三面均高于村落用地，三面汇水之地被洪水及滑坡侵袭的可能性非常大。因此师家沟在设计上十分重视排水问题，采用多层次相互承接的排水措施。第一个层次是从屋面到地面，从上层院到下层院。师家沟窑洞屋顶都做大约 2% 的起坡，再由陶质出水管将水排到院子里；第二个层次是院落的排水，每个院子都有约 2% 的起坡，院内的积水集中至排水沟再排向院外，再由排水道排向村内环道；第三个层次是由环道排向村外环道是村中的主干道，同时兼起排水的作用。环道沿沟谷开挖成，符合水流趋势。环道的条石铺面以下埋有陶质的排水管，收集各院的排水，将其迅速排下山去。这套排水系统十分完善，从清朝中叶至今二百多年的时间里，从未发生过因黄土湿陷而致房屋倒塌的事件（图 4-50）。[29]

图 4-50（a） 汾西县师家沟窑洞屋顶图

图 4-50（b） 汾西县师家沟街巷排水道

（图片来源：王朕 摄）

图 4-51　丁村民居的导雨构件

（图片来源：王朕 摄）

（2）山西省襄汾县城关镇丁村

丁村民居的排水是比较有组织和规律的，这里值得注意的是，在正房的左右两端的屋顶处，都有一对用于导雨水的构件。这个构件早期为木制的，晚期为铁制构件。这种导雨构件使得从屋顶流下的雨水不是四处乱溅，而是有规律地流向房屋的中央。这样的做法与日常使用密切相关。在日常生活中，这里往往是通向跨院、便所等人们的必经之处，若没有此构件，在下雨时人们经过此处多有不便，这里体现了设计者以人为本的设计理念和对人的关爱[30]（图 4-51）。

（3）山西灵石王家大院

王家大院依坡而筑，南北向高差很大，东西向则次之。由于晋中地区夏季多雨，民居建筑倘若排水不当，积水就容易在横向的墙体间产生，久之就会对墙体造成非常不利的影响。然而，大院的设计者巧妙利用南北的高差，通过周详的规划，将院内地面皆作了倾斜的排水。

敦厚宅主院的房屋都居于台基之上，本身就是防潮隔水的处理。内院的排水口在垂花门西向的坎面墙上，院内地面左右明显的缓坡，引导积水从这里流至中院。中院东高西低，将积水引向遮挡厕所的影壁。影壁原本没有将夹道堵死，但为使水流不致对其下碱造成损害，还是在其上开了一个小孔。中院厕所前垫脚的石板底部是挖空的，封闭堂屋西向夹道的隔墙底部也开有一孔。积水流经此处时，便由石板下穿过，转至隔墙下流向前院。前院的积水最终汇于倒座西耳房前的水口，并穿过耳房排于宅前马道，通过马道内的几处地沟排至堡外。敦厚宅横向排水基本都是自东向西，证明宅基地势乃是东高西低，但为附会《宅经》的虚实之说，跨院还是将水流引向了东南。而主院面积太大，因而勉强将水流导向倒座耳房的东南向，但积水自其后檐墙排出时，却又换作了西南。

凝瑞居门屋耳房前地沟的沟漏石造型十分考究，虽然沟眼只占很小的一部分，但沟漏石却是一整块长方形的石板构成，以缓坡将积水导向前端圆形的石槽，汇水于古钱形沟漏石下的地沟内，缓坡的边缘也是一条柔滑的曲线。小小的沟漏石虽不引人注目，却也能将实用、坚固和美观融为一体。[31]

（4）山西晋东南上庄村

山西晋东南上庄村院落的排水组织除了需解决功能的要求之外，尚有风水理论的说法，在"放水定法"中对排水之说有"总宜曲折如生蛇样，出去便佳，水不易直流，为水破天心；不宜横过，亦为水破天心；亦不宜八字分流为散财耗气，……"在上庄村的民居中，对于风水理论的这些禁忌要求都有所体现，但也并不是十分严格的遵守。

上庄一带虽然雨水相对较多，但由于上庄村民居的屋顶都是双坡顶，因此其流入内院的雨水量比同样的单坡顶要少很多。上庄村一些较早的院落中院内方砖的垫层是炼铁后的炉渣，这种垫层有利于雨水的迅速渗透。院落通常并不做明沟与暗沟的排水，只是院落漫砖做出泛水，整个院落的最低点设在大门口，然后由墙洞将水排出院外，流到街巷里。

房屋一般比院落高出一段距离，通过台阶上到建筑的平台，平台大多数情况下用较大块的石材砌筑，这样就可以有效地起到防水与防潮的作用。再有就是上二层的木楼梯的防潮处理，在木楼梯最下面一步通常要垫一块砖或者石块。[32]

（5）山西灵石县夏门村

山西灵石县夏门村建在秦王岭的龙头岗上，汾河北岸，依山就势，顺坡而上，是黄土高原地区滨河山地型乡村聚落。由于灵石地区夏秋季节常有暴雨来袭，因此选择山地聚居模式很好地解决了排水问题，夏门古堡拥有完备细致的排水系统，如明沟暗渠等公共排水设施。同时建筑的屋顶多采用陡峭的坡面形式，为了保护窑面建筑在窑前架设檐廊利于雨水的疏导。并在古堡东侧利用牢靠崖壁来抵御易发的洪水[33]（图4-52）。

图4-52　山西灵石县夏门村

（图片来源：左图：http://jd49965.homeintour.com/trip.aspx；右图：http://blog.sina.com.cn/s/blog_667168aa01011i2n.html）

（6）山西省晋城市阳城县郭峪村

郭峪村背靠西庄岭，东对樊河，东西走向垂直等高线共有三条主要排水渠把庄岭和堡内的雨水排入樊河内。在堡寨南北两侧各自有一条排洪沟，山坡雨水、洪水都由此入河，避免进入村内。村中南部有一条天然形成的排洪沟称南沟，东西直接到堡寨墙，并在墙上设了水门，西端较高处称上水门，村外山坡雨水可由此进村，沿南沟汇集村内雨水到达东端下水门排入樊河。郭峪村内属于西高东低、中部高南北低的地形，东西向垂直等高线的街巷较多，雨水可顺地势沿街巷流下，再由前大街从南沟或者北沟排出村，南沟是郭峪村利用地形处理的最重要的排水洪沟。[34]

（7）山西省碛口西湾村

西湾村夏季多暴雨，村落的排水泄洪规划主要是通过五条竖向的巷道将地表水引出。排水系统中屋顶上的雨水流到宅院中，院内积满的雨水就会流到巷道中。在村落外围的堡墙处，南侧修建有一条2米余宽石砌的排洪沟，接纳五条巷道中引出的洪水，这条排水沟一直将水引排到村南的揪水河中。从窑洞建筑，到窑洞院落、道路空间以及排洪沟的系统设计，使得洪水能迅速地排走。直流而下的排洪沟也是当地独特的地域景观之一。[35]

（8）山东省滨州市惠民县魏集镇魏氏庄园

庄园不忧水患，建筑城堡时，已经从庄园东部取土成塘，抬高了住宅地基，以抵御附近的黄河或大清河溃决之忧。宅内开挖地下暗沟，拥有完整的地下排水系统，可及时将积水排往东部水塘。各个院落地下设有阴沟，地面有排水口，雨水通过排水口与阴沟排入庄园入口坡道下的涵洞，并最终流进附近的大清河里（图4-53）。

图4-53　山东省滨州市惠民县魏集镇魏氏庄园

（图片来源：左图：http://www.coolzou.com/Article_12998.html；右图：http://cz.ce.cn/szcz/sx/szmc/sxxwc/）

六、寒冷地区传统民居的防灾、防害等技术措施

（一）木构建筑的防火技术

山西民居虽然以窑洞为主，但木构建筑仍然为数不少。木材极易引燃，因此防火便成为此类大规模营造中必须考虑的问题。

首先，山西民居将最易引火的灶台设于厨房院，与主院分开，有效隔离了火源。灶台被安排在厨院的锏窑内，这是防火的初步措施。其次，厨院极少木构房屋，即使是仆人使用的房屋也以砖封实，愈靠近灶台就愈是封闭。最后，灶间所处位置乃土院厢房的中部，厢楼高耸，屋顶均以砖瓦封牢，即使厨院着火，也很难殃及主院。

王家大院高家崖上院南端，那些错落的尾檐在体现尊卑的同时，其实也是一种防火的处理。如果屋檐高度一致且紧密相连，一旦火起就会在瞬间连成一片，任何扑救都将于事无补。但事实上，大院南向的倒座及门屋皆以山墙相错，不利火势蔓延。院中几条纵巷也提供了必要的隔离间距，巷道内一律的砖墙瓦顶就是最好的证明。在以木构为基础的前院，也总是备有硕大的蓄水缸以防不测。此外，烟囱近火，容易将带有火星的烟灰撒落于屋顶，对防火颇为不利。在内院祭祖阁和厨院北房的二层，由于底层窑洞的烟囱一直伸下其廊前，对木构的楼阁是一个危险的隐患。但烟囱高出女儿墙之外，四周均无易燃物质，且与祭祖阁间毕竟还有一段距离。加之烟囱造型考究，可供排烟的开口做得非常窄小，其顶部的密闭更限制了灰烬的扩散。在民居中，院落之间的山墙常采用封火墙形式，起到了封火的作用。[36]

牟氏庄园采用木构架作为主要的承重体系，因此建筑的防火成为重要的考虑因素，牟氏庄园的消防特色主要体现在以下几个方面：

1. 布局

每组院落靠两侧的辅道分开，院落的建筑隔开一定的距离，院落与院落之间的墙体用石头砌筑，且留出空隙作为防火通道。这种布局能有效的防止火灾的蔓延。据记载，20世纪30年代末，栖霞城第一次沦陷时，日寇放火把西忠来的小楼烧毁，但是大火并没有蔓延至毗邻的建筑。

2. 建筑结构及构件

承重木柱的防火处理，是先打好以猪血、砖粉、桐油制的底浆，然后缠以麻，经"一麻五灰"处理后，刷以红漆。其他可燃构件均用"底浆"处理，这样既防蛀、防潮，也提高了整个构件的耐火极限。

3. 消防管理

牟氏庄园每院都设有水缸，平时养荷花与鱼，供人观赏，遇火警时可取水灭火；柴院单独设置，距离主体建筑约20米远，且有人专门看守。更夫夜晚巡视时，同时提醒院中人防火。[37]

（二）抗震技术

1. 锏窑洞口两道拱券

从山西的地质构造来看，大部分地区属于七级以下烈度区，多发生强烈地震。锏窑占地面积虽大，但厚实坚固，尤其是洞口两道拱券的加固，对抗震颇为有效。

2. 木构建筑的框架结构

至于山西民居的木构建筑，则融汇了我国数千年来逐渐发展成熟的经验，其框架的结构、榫卯的弹性节点、规则而对称的形体以及倾斜的侧脚都对抗震非常有利。从建筑的基础部位来看，木构建筑的台基就像现在的满堂基础，其整体性对于防止不均匀沉降来讲，比之条形基础和单独基础都更胜一等。地震发生时，地表产生的剪力常使埋于地下的基础在与地面交界的部分遭到破坏，而将基础直接搁于地下，则避免了此类危害。地震产生的扭转作用还会对远离建筑物中心的房间产生递增的附加作用力，而山西民居木构架建筑的明间最宽，余者递减，进深也是同样布置，这样的柱网排列使中心一间最大，周边房间最小，成功地缓解了附加地震力的影响。[38]

3. 窑房结合的二层建筑锢窑承托木构

窑房结合的二层建筑均为锢窑承托木构，如在敦厚宅厢房二层，五花山墙形式的构造减轻了山尖部分的重量，使墙体内自下而上逐层减轻，当取轻质墙不易倒塌伤人的原理。厢楼后檐墙的收分则降低了建筑的重心，这同样也是出于抗震的考虑。需要注意的是，悬山及硬山的屋顶没有斜向搭接构件，抗震性能远不及庑殿和歇山。而悬山檩条伸出山墙之外，稳定性比山墙凸起于屋面的硬山更好。因此，大院内硬山建筑多在檐部增加挑檐或于墙身施铁件加固，极大地增强了房屋的坚固性。

丁村民居在木构架体系自身的一些抗震优势的基础上，还采用了一些其他的抗震措施。在一些重要的外墙上，常可见到一种铁制构件，这种构件主要用于墙身的加固，也减少地震的破坏力。同时在墙的犀头部位，采用层层出挑的做法，对于屋顶的荷载的分担和房屋的坚固性都大有益处。[39]

七、严寒地区传统民居的气候适应性研究

（一）严寒地区的地理分布与气候特征

严寒地区是北方地区两大主要建筑气候分区之一，包括第Ⅰ、ⅥA、ⅥB、与ⅦA、ⅦB、ⅦC建筑气候区。

严寒地区基本的气候特征是冬季漫长严寒、夏季短暂，甚至长冬无夏，其冻土深度较深，甚至有些地区处在全年皆冻的状态。因此在建筑的应对上，冬季的保温与防冻是设计首先要解决的问题。其次，严寒区的大部分地区都属于日照丰富，太阳辐射量大的区域。特别是位于青藏高原西北部的柴达木盆地，其年日照的百分率高达80%以上，良好的日照条件对于冬季漫长且严寒的地区来说是重要的气候资源，对其进行充分的利用是良好人居环境创造的基本保障。严寒地区气候因地理位置不同也存在着一定的差异性。严寒Ⅰ区气温年较差很大，冬季半年多大风；严寒ⅥA、ⅥB区气温年较差小而日较差大，气压偏低，空气稀薄且透明度高，冬季多西南大风，气候垂直变化明显；严寒ⅦA、ⅦB、ⅦC区的大部分地区夏季干热，气温年较差和日较差均大。其中ⅦA建筑气候区冬季干燥严寒，为北疆寒冷中心，夏季干热，为北疆炎热中心，日平均气温高于或等于25℃的日数可达72d，大部分地区雨量稀少，气候干燥，风沙大，该区是典型的干冷干热型气候。

（二）严寒地区人居环境的基本特征

严寒地区的民居分布具有明显的农牧分区的特点，在牧区多分布有蒙古包式的游牧民族的居住建筑，在农业区民居以东北四合院为主。

同时，严寒地区还是我国北方多民族分布最广的地区之一，东北有朝鲜族、满族、鄂

伦春族、赫哲族；内蒙古地区的蒙古族、鄂温克族、达斡尔族；新疆地区的哈萨克族、俄罗斯族、塔吉克族；甘肃的锡伯族；青海的土族、保安族、撒拉族、裕固族以及西藏的藏族等。

　　严寒地区是我国极端气候分布集中的区域。如位于我国最北端，冬季全国气温最低的建筑气候 IA 区。该区长冬无夏，是永冻土区，冻土深度 4.0 米左右。建筑气候 VIB 为高原永冻土区，全年皆冬，气候极端干旱寒冷，最大冻土深度达 2.5 米左右。建筑气候 VIIA 是北疆冬季寒冷的中心，也是北疆夏季炎热的中心，是典型的干冷干热型气候。在这种极端气候下，村落的分布密度较低。许多是人迹罕至的区域。

　　严寒地区是我国生态最为脆弱的区域[40]，包含有冰融、沙漠化以及盐渍化极敏感的区域。

　　冻融侵蚀极敏感区主要分布在青藏高原西南部，包括阿里、冈底斯山脉以南，巴青、比如、丁青三县交界处，以及甘孜、色达、炉霍交界处，九龙、松潘、康定、金川等也有零星分布。高度敏感区集中分布在阿尔泰山、天山、祁连山脉北部、昆仑山脉北部、横断山脉以及大兴安岭高海拔地区。

　　我国的严寒地区也是我国沙漠化敏感区域，主要集中分布在西北干旱、半干旱地区。其中，沙漠化极敏感区域主要是沙漠地区周边绿洲和沙地，包括准噶尔盆地边缘、塔克拉玛干沙漠沿塔里木河、和田河、车尔臣河地区、吐鲁番盆地、巴丹吉林沙漠、腾格里沙漠周边的绿洲、柴达木盆地北部，以及呼伦贝尔高原、科尔沁沙地、浑善达克沙地、毛乌素沙地、宁夏平原等地；另外藏北高原、三江源、黄河古道等有零星分布。大兴安岭至科尔沁沙地过渡低丘、平原带，银山山脉以南、青海湖以北大通河流域，东北平原为中度敏感区。

　　盐渍化敏感地区分布在西北干旱、半干旱地区。该区域蒸发量远远大于降水量，自然因素导致盐渍化严重。极敏感区在严寒地区的主要分布是塔里木盆地周边、和田河谷、准噶尔盆地周边、柴达木盆地、吐鲁番盆地等闭流盆地、罗布泊、疏勒河下游、黑河下游、河套平原西部、阴山以北浑善达克沙地以西、呼伦贝尔东部、西辽河河谷平原、三江平原。

　　严寒地区是我国最具生态保护价值的区域。它是我国生态多样性分布极其重要的区域。野生物种最丰富的地区之一，不仅种类多，而且特有性高。其中小兴安岭北部、祁连山南部地区、川西高山峡谷地区、藏东南地区都是极重要生态多样性保护区域。

　　严寒地区是我国重要的水源涵养地。它包括极重要的区域有：昆仑山塔里木河源头，雅鲁藏布江源头、祁连山黑河和疏勒河源头、三江源、大兴安岭北部黑龙江、长白山松花江、东辽河源头、海拉尔河源头、大兴安岭南部西辽河源头等。由此可见，严寒地区不仅是我国重要的生态保育基地，同时也是我国生态环境最为脆弱的区域。人口膨胀、乡村与城市的扩张，人类在不断地过度消耗自然的过程中，逐渐造成了自然生境的破碎化，从而导致了野生物种的退化与消失、耕地的退化、水土的流失、土地的沙漠化等，这些都是生态系统的失衡的表现。气候是决定生物群落分布的主要因素，人们不断地在为建设适应气候的人居环境进行着积极的探索，同时气候也对人类的活动做出了敏感的反应，例如现今西北地区的草原和荒漠区，在历史上也曾经是广阔的温带森林和森林草原区。人居建设与生态保护的协调在严寒地区显得尤为重要。

（三）严寒地区典型民居气候适应性研究

1. 东北合院民居

东北传统民居无论是汉族还是其他少数民族，多以院落式布局为主。这种院落式的布局方式不仅在东北地区，甚至在全国都被广泛使用，这不仅仅是中国传统文化观念的产物，而且也因为院落具有调节小气候的作用，是极具气候适应性的建筑类型。

在东北地区，冬季漫长而寒冷，夏季短暂而凉爽的气候特征，决定了其院落的布局较中原地区有所不同。东北民居营造的核心问题是防寒保暖。从村落的选址与布局，院落空间的处理，建筑单体的建造与细部处理以及采暖设施的设置等方面加以体现。

（1）村落选址与布局

东北地区平原较多，处于地势平缓地带的村落，主要道路大多沿东西方向呈带形分布。建筑大多坐北朝南，以满足在漫长冬季的日照采光需求。地区纬度较高，太阳高度角低，白天日照时间较短，故民居间的距离较大，总体布局呈松散状。在山区，为了抵御偏北的冬季风，民居选址在山的南坡。

（2）院落空间

东北民居的院落空间尺度较大，大部分院落的宽深比在 1：（1.2 ~ 1.9）之间不等，从而使院内建筑能够获得更多的阳光。宽敞的院落内种绿植，通过树种的搭配、高矮的错落、疏密的间隔，都能够起到调节院落内微气候的作用。绿化在东北传统民居中也被作为抵挡严寒的一种手段。

为了争取更多的日照，正房坐北朝南的，平面形状为"一"字形，墙面无凸凹，且房间进深较大，外围护结构面积相对较小。建筑整体矮小紧凑，形体规整，这样的外形体形系数较小，利于保温。在三合院或四合院中，尽量扩大庭院横向间距，使厢房不遮挡正房。

（3）建筑保温

1）屋面

东北民居的屋面形态以双坡顶为主，坡度较中原地区较陡，这是由于在冬季寒冷而漫长地区，降雪量大，较陡的屋顶可以减少积雪的堆积，从而减轻屋面荷载。但由于屋面相对厚重的墙体较单薄，且面积较大，不利于保温防寒，所以东北地区的传统民居一般在室内屋架上设置吊顶天棚，使屋架与天棚之间形成独立的空间，起到防寒保温的作用。为了防止屋顶积雪融化侵蚀瓦隆沟，在屋面挂瓦时通常采用仰瓦铺设（图 4-54、图 4-55）。

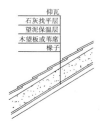

图 4-54　常见瓦顶侧立面及构造做法
（图片来源：周立军等．东北民居 [M]）

图 4-55　东北某传统院落的仰瓦屋面
（图片来源：周立军等．东北民居 [M]）

由于东北山区木材丰富，长白山一带的井干式民居从基础、屋身到屋面均采用木材制作，保温效果极佳。特别是屋面木瓦的采用具有就地选材，适应气候的地域特征。木瓦的用料多选用老材，其表面光洁，以达到变形小、不积雨雪、不易腐烂的目的。为了克服木瓦较轻的缺点，该屋面的采用多在背风向阳的地方，且多用砖头、石块将其压住。

屋面材料中的各种草类，如秫秸、柳条、高粱秆以及巴柴等，以及用碱土与碎草掺合成的屋泥等都是较好的屋面保温材料。（图4-56）

（a）毛苇巴层

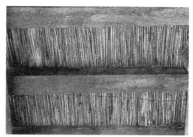

（b）净苇巴层

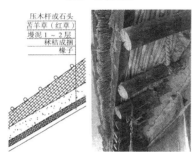

（c）草屋顶屋面构造典型做法

（d）秫秸屋面

图4-56　草屋顶
（图片来源：周立军等.东北民居[M]）

2）墙体

东北地区冬季主导风向为西北风，所以为了抵御寒风，民居一般北墙最厚，厚度在450～500毫米；南墙次之，其厚度在400～420毫米；最后是山墙，基本都是砖砌，厚度一般在370～380毫米；内部隔墙由于不承重，普遍较薄，一般在80～120毫米。这种墙体厚度的变化，是由东北地区特殊的气候所决定的。[41]

东北平原地区民居的墙体以砖、土、草泥为主。山地丘陵地貌为主的地区，墙体用原木砌墙，由于木材吸湿性强，所以室内湿度较低且透气通风。辽东半岛的满族民居，因为当地土质松散，筑墙不耐久，而石料资源比较丰富，所以他们的住房绝大多数以毛石砌墙，以木柱支撑房梁。

3）门窗

由于东北地区寒冷的气候特点，民居一般北墙开小窗、少开窗，甚至不开窗，即使开窗也加以密闭。正房的长面向南，并开设大窗和门，可使阳光充足，增加室内照射时间，增强室内蓄热能力。为了保温，门窗大多为双层，也能够有效地抵御寒风的侵袭。房屋窗的特色之处即在于外糊窗纸、上可吊起下可摘下的支摘窗形式。

东北窗纸的运用极具民间的绿色智慧。窗纸材料用麻绳头抄漂而成，坚固耐用。为了增加室内的采光效率，往往将豆油、芝麻油，麻籽油涂在窗户纸上，叫做"油窗花"，同时也减少了蚊虫的附着。窗纸外糊可以避免窗棂积泥沙，减少窗棂对进光量的影响（图4-57）。

 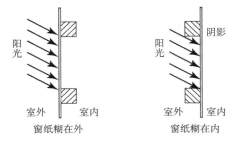

图4-57（a） 东北民居窗户纸外糊　　　图4-57（b） 东北民居窗户纸外糊的采光量分析

（图片来源：周立军等.《东北民居》[M]）

（4）采暖技术

在我国东北地区，冬季气候恶劣，为在能源短缺的条件下满足舒适这一需求，勤劳智慧的北方农民在长期的实践中，创造了一些特有的采暖设施（图4-58），达到在恶劣气候条件下获得舒适的冬季室内热环境的目的，如火炕、地炕、火墙等。

1）火墙

火墙最早是由满族人发明创造出来的一种采暖设施。火墙是中空的墙体，一般与灶台连接，取暖做饭两用，通常设在炕面上（图4-58）。火墙

图4-58　火炕火墙结合采暖

（图片来源：周立军等.东北民居[M]）

的应用可以弥补单纯靠火炕供热的缺陷，使室内温度分布更均匀，形成更为舒适的活动空间，后来广泛传播到东北各地。火墙的一般做法是用砖立砌成空洞形式，厚度约30厘米，而长度、高度则视室内空间大小决定。内表面用砂子加泥，以抹布沾水抹光，这样可以使烟道内烟气流通毫无阻碍，升温更快，外部涂以白灰或石膏。对于火墙的维护至关重要，不能使之受潮，须经常掏出洞内烟灰。如果不常掏烟灰，不仅会缩短火墙的寿命，而且积聚时间太长，烟灰结块容易燃烧，造成火墙爆炸。

火墙是很便利的采暖设施，构造简单，外观上和室内隔墙并无不同。火墙的最大优点是散热量大，散热面积在室内占较大部分，因而温度比较平均，灰土较少，并且火墙的建筑位置、大小可以随意，有一定的灵活性。但火墙也有一定的缺陷，使用时温度过高，燃烧耗材量大。同时，使用燃料的种类较少，只能用煤、木材，其他燃料都不适用。

2）火炕

火炕以砖或土坯砌筑，面积有时可占满一个房间，炕洞通常与灶台相连，另一端与

山墙外的烟囱相连，形成回旋式的烟道，使热流在炕洞内循环交换。灶台做饭时，烟道的余热也可以得到充分利用，既节约能源，又能达到良好的蓄热效果。经测试，在室外达到30℃的气温时，炕面仍可以保持30℃上的温度，并在其周围形成一个舒适的微气候空间（图4-59）。

火炕有"南炕"、"北炕"之分，它取决于厨房灶台的位置。20世纪60年代、70年代的住宅中，厨房位于两居室中间，以"南炕"居多，而随着厨房北移，炕的位置也移到北侧，称为"北炕"。炕的长度一般由房间的宽度来决定；炕的宽度由人的身长决定，一般在1.8～2.0米左右；炕的高度以成人的膝高为准，大多65～70厘米，方便从地上直接坐到炕沿上，非常符合人体工程学。其做法参图4-60。[42]

图4-59 火炕
（图片来源：周立军等.东北民居[M]）

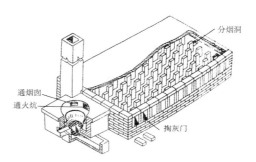

图4-60 火炕剖视图
（图片来源：周立军等.东北民居[M]）

3）地炕

地炕也叫火地，在室内地面做成火炕式的孔洞，上部铺砖地面，一端生火，烟火从火洞进入，使地面都很温暖，形同火炕。它是从朝鲜族的大炕演变过来的，一般和火炕结合使用。分为两个层次，火炕高，地炕矮一点，如图4-61所示。做法都相同，地炕的灶膛要低于地炕，生火的时候很不方便。

地炕的散热面积很大，一般在早上燃烧两灶就可以保持居室一天的温度，热效率很高。有了地炕，人们在室内活动的时候都可以在温暖的炕面上进行，舒适性提高了，现在地炕被广泛采用。[43]

图4-61 火炕、地炕相结合
（图片来源：周立军等.东北民居[M]）

4）燃池

燃池就是在需要供热的室内地面下砌筑一个燃料燃烧室（图4-62）。池的面积一般占房间面积的1/7～1/6左右。燃池深1.3米左右，长宽比为1:0.6。风管和烟囱在长度方向的两侧。池壁厚120毫米，可以用砖或毛石砌成，用毛石墙厚可适当增加。池的上盖为钢筋混凝土实心板并以此作为室内的地面，厚度60毫米。投料口也是出灰口，在烟囱的对侧，大小以人能进出为准，一般上口520毫米×520毫米，下口500毫米×500毫米，可以下设踏步。设通风孔,通过控制通风孔的开合,来调节燃池的温度。燃池内装碎屑型生物质燃料,如碎草、稻壳、锯末或其他农业废弃物,点火后进行燃烧,通过地面散热,达到采暖的目的。[44]

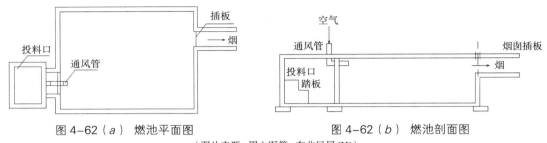

图 4-62（a） 燃池平面图   图 4-62（b） 燃池剖面图

（图片来源:周立军等.东北民居[M]）

2. 新疆民居

（1）新疆鄯善县吐峪沟乡麻扎村

图 4-63 吐峪沟乡麻扎村总平面

（图片来源:杨晓峰、周若祁.吐鲁番吐峪沟
麻扎村传统民居及村落环境[J]）

麻扎村坐落在地貌险峻的吐峪沟大峡谷南沟谷中,依托山谷地貌相形就势、依山而建。村落总体上呈南北延伸的带状,主要是沿着穿村而过的苏贝希河两岸,随着地势及流水方向南部延伸。是新疆典型的沙漠绿洲型农耕聚落（图 4-63）。

麻扎村属于火焰山以南气候区,春季升温快,春来早,但有回寒;夏季高温炎热,时间长达 160 天;秋季短,降温迅速;冬季寒冷期短,风小雪稀。该区热量极为丰富,日照充足,降水极少,气候异常燥热,是当地典型的火洲气候。

麻扎村从群落组织、单体设计到建筑构造处理无不体现出对气候的适应性。

在群落组织上,狭窄的街巷将民居高度密集的集结成为一个整体。密集的建筑群落相互依存,相互遮挡,起到了抱团取暖、遮蔽风沙的效果。高大的院墙,狭窄的巷道为炎热夏季的公共生活提供了荫凉。除此之外,建筑在适应地形变化时,形成了一种“爬山屋”的建筑形式。建筑利用山体巧妙地就坡起层、挖洞筑台,使得相邻的两栋建筑在空间上形成相互叠合的关系。在巷道较窄处也会在其上部加盖楼屋而形成通道楼或过街楼。穿行在街巷中犹如走入一个有连续天井的隧道之中,过街楼能提供大量的遮阳空间,并造成穿堂风,能够显著增加阴影面积和降低街巷温度（图 4-64）。

高大厚实的院墙将住宅围合成内向封闭的组团,内庭、内厅是住宅的核心。体型方正小巧,有效的减少了外围护围护结构的面积,以达到节能的目的。“土拱”式半地下室空间为其典型特征（图 4-65）。一般两层的房屋是庭院中的主体建筑,上层是客房、居室;

下层为地下室或者半地下室，通常是夏居室、库房等用房；地下室是将原生土挖造成室，再用土坯砌拱，做成楼盖；半地下室房屋是将原生土做"墙"，上半部墙用土块砌筑成上半层的地坪，墙和楼盖拱顶全部用土坯砌筑。上层房屋多用土木混合结构，木结构大多用在屋顶的梁柱和椽檩等处。在房间布局方面，以中间一个土拱房为主，两侧垂直方向建有居室、客房、厨房、库房等。

图 4-64　新疆鄯善县吐峪沟乡麻扎村鸟瞰图
（图片来源：岳邦瑞等 . 气候主导下的吐鲁番麻扎村绿洲乡土聚落营造模式研究 [J]）

图 4-65　"土拱"式半地下室空间剖面示意图
（图片来源：岳邦瑞等 . 气候主导下的吐鲁番麻扎村绿洲乡土聚落营造模式研究 [J]）

　　在麻扎村民居中，根据空间位置的不同而营造出不同室内热工性能的房间，使得其居室有冬夏之分，也就是冷暖之分。人们可以根据四季、早晚室外气温的变化选择居室以提高生活的舒适度。这样的建筑处理方式较好的应对了该地区气温日较差与年较差大的气候特征。

　　在麻扎古村落民居院落中，生土建筑材料的运用是保证土拱式建筑能够发挥其恒温作用的前提。厚厚的土坯拱，厚重的夯土墙以及（半）地下室能够有效阻止夏季过多的热量进入室内、冬季室内的热量流入室外。生土所具有隔热与蓄热双重功能而使室内冬暖夏凉。"生土墙体一般厚达 500 ~ 900 毫米，上部墙体逐渐收分变薄，其围护墙体的热工性能使夏季室内温度低于室外，对外界日照带来的热量有极佳的阻隔作用，同时生土墙体又吸收内环境产生的热量，一般可以降温 5 ~ 10℃；冬季室内气温高于室外，生土墙体可以大大降低室外环境对室内的影响，并蓄积热量，减少室内环境热量向室外散发"，这种"恒温式"生土建筑适应了麻扎村所处地区日温差大、干热干冷的气候条件。

　　通风墙是在屋面墙体砌筑时留有经过设计的空洞，或带有孔洞的墙体。墙体上方覆以棚盖，墙体高在 1 ～ 2 米的范围内，既能保证通风降温又能起到装饰美化的作用。一般落地而起的围墙、短垣、小隔断也会进行这样的处理，从而使得与居住部分的建筑呈现的以实为主的观感形成恰当的对比，既能满足功能方面的需要，也达到了视觉上的调剂。此外，由于常年降水稀少，所以在建筑的平屋顶上多留有方形天窗，在寒冬及风沙大的季节可用东西覆盖遮挡，平日则兼备通风降温以及室内采光的双重作用。[45]

　　（2）新疆禾木草原原始古村落

　　禾木草原位于布尔津县喀纳斯河与禾木河交汇区的山间盆地中，禾木河自东北向西南

贯穿其间，将草原分割为两半，山地阳坡森林茂密，苍翠欲滴而阴坡绿草满坡，繁花似锦，附近地区主要的夏牧场和冬牧场。生活在这里的图瓦人并带有游牧民族的传统特征。他们居住在用直径三四十公分的单层原木堆成的塔形木屋中，既保暖又防潮。这种建筑称作"木楞屋"。屋顶尖斜，以适应山区多雨雪的环境。小木屋基本有大半截埋在土里，以抵挡这里将近半年的大雪封山期的严寒（图 4-66）。

图 4-66　图瓦人的木楞房

（图片来源：http://blog.sina.com.cn/s/blog_47604509010087eu.html）

第三节　南方传统民居适应气候的绿色营建经验

一、南方传统民居的通风降温技术

　　原生态民居最大的优点就在于尽可能多地利用天然资源和地理条件，采取被动式构造设计手段，来满足生活舒适的要求，即在满足生理要求的前提下，使居住空间尽可能处在"自然状态"而非人造环境。通过自然通风进行降温是建筑节能、室内舒适环境创造的有效手段。

　　（一）利用环境通风降温

　　民居建筑善用环境促进通风，是"被动式设计"的典范。

　　广东民居总体布局中，主要是梳式布局和密集式布局两个主要形式，其中天井和巷道在通风系统中起很大作用，它们既是进风口，又是出风口，在一定条件下可以进行转换，这条件就是气温的变化，它有时是风压起作用，有时又是热压起作用。

　　从梳式总体布局中可以看到，村前村后的水塘、农田、树木构成了一个低温空间，热空气经过它，温度就降低。而村内的房顶、墙体所构成的空间是高温空间。这样，村内村外由于冷热温度差的作用，就自然形成冷热空气的交换，从而构成自然通风。

从密集式民居布局来看，它内部巷道窄，空间小，又有高墙屋檐遮挡，接受太阳辐射量少，温度较低。而天井院落空间大，当天热时，阳光猛烈，温度就高。当热空气上升时，巷道和室内的较冷空气就补充而入。这样，就构成了热压通风。[46]（图4-67所示）

图4-67　粤西佛山市乐平镇大旗头村

（图片来源：http://p.qpic.cn/areabbs/0/bbsgd_forum_2014
12_26_151012zwmo8td9wgnur8mz.jpg/0）

1. 种植树木、绿化降温、调整小气候

广东地区气候潮湿温暖，适宜种植。因此，民居聚落中利用绿化与水面降温的方法很多，主要是在庭院天井或其他空地中种植树木，既结合生产、美化环境，又具有降温作用。其措施有：

（1）盆景绿化

小院天井内较多采用，如缸植荷花、大盆景、小盆绿化等。庭院巷道绿化有盆植，也有栽植。

（2）庭园绿化

在大中型民居中较多采用。有院内建成庭园者，一般规模较小，内部布置疏竹假山、小桥流水等。也有在住宅的邻侧另辟地点，筑成小型园林者，一般规模稍大一些，三五亩不等，在粤中、粤东都有。也有的以书斋小院绿化出现，这些庭园小院常种植果树或有经济价值的树种，如荔枝、龙眼、木瓜、白兰花树，鸡蛋花树等，既能达到自赏景色之用，又能产生降温效果（图4-68）。

（3）棚架绿化

如种植葫芦或其他植物等。也有用攀缘性植物作绿化遮阳降温者，但它在民居中采用不多，主要原因是爬藤植物日久之后，青苔丛生，墙体极易受潮而损坏。

图4-68　佛山大良镇华盖里清晖园

（图片来源：http://blog.sina.com.cn/s/blog_69b
797140101i7a4.html）

2. 通过建筑临近水面和庭院凿池起到水面降温

广东地区河流纵横，用水比较方便，居民选址多靠近水源，在村落周围设水塘，既有蓄水、养鱼等功能，对调节村内微小气候也具有较明显的效果。在炎热地区，任何形式的流动水面都会带来较好的降温效果，提升舒适度，使人们在生理或心理上都得到较好的满足。在民居中，利用水面降温的处理方法，往往是结合自然地理条件加以充分利用。下面是一些常用的方法：

利用河涌，把建筑延伸出水面，既扩大屋内空间，又达到降温目的。还有的民居将厅堂延伸水面，并在两旁加平台者，其目的主要是使延伸部分获得良好的通风条件。

图4-69 粤东北梅州雁洋镇桥溪村

（图片来源：http://www.gdwh.com.cn/lnwh/2010/0629/article_1464.html）

庭院凿池或引水入庭院都是依靠水体的温度差，形成空气对流而达到降温目的的。凿池按庭院位置分，有前庭凿池、中庭凿池和后庭凿池，也有前、后庭同时凿池和侧庭凿池。除庭院凿池蓄水外，还有引水入院的做法，靠流动之水将热量带走，达到降温目的，如将建筑跨越水面，或利用水面做成水上建筑。（图4-69）

（二）聚落的选址、布局利于通风降温

在民居中，要取得良好的自然通风效果，首先要有良好的朝向，以便取得引风条件，总体布局的好坏是非常重要的一环，广东民居在总体布局中所采取梳式布局和密集式布局方式就是根据这种原则进行布置。在朝向、引风条件和总体布局都获得良好条件的前提下，住宅内部通风效果将取决于其单体建筑的平面布置。在平面布置中采取厅堂、天井和廊道相结合的布局手法来组织自热通风，经过调查和测定，效果是良好的。

1. 廊坊式场镇檐廊相连保证通风

廊坊式街是历史久远的传统建筑形式，即以檐廊相连形成的街坊，早在北宋时期就有诸文献记载，称为"房廊"，明代又称"廊房"。主要是因为这种建筑形式对南方炎热多雨气候有很好的适应性，反映了高湿热地区建筑的地方特点。在四川大部分地区，尤其川江沿线一带，这类廊坊式场镇十分普遍。

在空间形态上，廊坊式场镇的主要市街中心是敞亮的，整个街道空间是一明两暗，在建筑做法上是设置列柱支撑宽檐廊，街道空间效果变得通透多变。但两边檐廊互相来往，则要"穿街"，通过露天的街心从一侧到达另一侧。同时，廊坊式场镇这种布局要占据较宽的基地面积。[47]

2. 凉厅式场镇利用"抱厅"，利于通风、采光，有很好的"抽气"效果

四川盆地气候炎热多雨，但不多风，使室内异常闷热，所以除了遮阳避雨，通风和排湿显得尤为重要。在川南、川东一带的民居中，凉厅式场镇解决了这种问题。场镇最本质的作用还是为了通风和凉快，能在炎热的夏日让人们在集市上有更多更舒适的停留。这种方式与廊坊式场镇一样有异曲同工之妙。由于这两种场镇通风凉快，乡人们都称之为凉厅子街。但实际上应该是两种不同的场镇类型。这主要是因为他们虽功能上类似，但在建筑空间形态和建筑构造做法上却完全不同（图4-70）。

图4-70 江津中山古镇街内凉厅子

（图片来源：尚贝 摄）

凉厅式场镇的空间形态较为单一，形似高直的巷道

式空间，尤其是市街两侧房屋为 2 ～ 3 层时，这种感觉更为强烈。凉厅采用的屋顶做法也不大相同，覆盖方式灵活多样。而采光通风则靠两边房屋檐口高差形成的空隙来实现，常常造成别致的光影效果，十分有趣而新奇。有时光线不足，则采用"亮瓦"来弥补。这种用玻璃制成的小青瓦形状的仰瓦成排安装在街道上空屋面或大挑檐口边，大大增加了街道的亮度，也有别致的光影空间出现。所以，廊坊式街是在横向扩展空间，而凉厅式街则在竖向拓升空间。[48]

3. 利用"冷巷"与"热场"进行空气对流，形成天然对流的"巷道风"

（1）两湖民居的做法

在两湖地区的一些聚落，由于村落内部墙高而巷窄，阳光照射有限，多有阴影而成冷巷。而巷道尽端开阔街面和广场则是受阳光照射较多的"热场"，冷巷里相对温度较低的空气与广场"热场"进行冷热交换，形成天然对流的"巷道风"[48]（图 4-71）。

（2）福建民居的做法

同样的道理，在福建地区的做法是房间的前后左右都设有小天井和"冷巷"，加速空气对流，使房间阴凉[49]（图 4-72）。

图 4-71　湘西会同县高椅村
（图片来源：杨雪 摄）

图 4-72　闽东福州市南后
（图片来源：http://img2.51766.com/11/94/1216011194_1308020457845_240x180.jpg）

（3）广东民居的做法

广东地区通过增加巷道，造成阴影区，达到冷巷降温的效果。在总体布局中，巷道（冷巷）是很重要的一项处理手法。有的民居为四点金或三进院落，通风不是很理想，于是就在它的一侧或两侧增加了巷道。因为单纯的院落民居天井，通常情况下只起风压作用，由于增加了冷巷，就同时可以有热压作用。这种巷道，既解决了交通、防火，又适应了气候条件。但要注意的是，这种巷道要南北向，少阳光，便于造成阴影区，才能达到冷巷的目的（图 4-73）。

图 4-73　粤西佛山市三水区乐平镇大旗头村
（图片来源：http://gj.yuanlin.com/Html/Detail/2011-9/12333.html）

4. 梳式布局组织良好的自然通风，达到降温、除湿的效果

根据降温原理，防止太阳辐射热的传入，仅能保持室内温度的稳定，仍然不能达到降温的目的。只有通过室内外空气对流，加速室内热量的散发，带走人体皮肤热，便于人体热平衡，造成室内温度的降低以达到有利于居住的条件。因此，组织好民居内部的自然通风是很重要的。

在广东民居的梳式布局系统中，几乎所有的建筑组合，都像梳子一样南北向排列成行，两列建筑之间有一小巷，称为"里"，就是古代的"里巷"，它也是村内的主要交通道。大门侧面开，大门外就是巷道。纵向建筑安排，少则四五家、多则七八家。梳式布局村落中，建筑群前为一小广场，称为禾坪，或称埕，作晒谷用。坪前为池塘，半圆形，也有做成不规则长圆形，用于蓄水、养龟、排水、灌溉、取肥、防洪、防火等，面积一般为 20～30 亩。在水乡或山区中，若村落近小河、小溪，则不再辟池塘。村后村侧结合生产植树、栽竹，既可防台风，又可挡寒风，还有美化环境的效果。

广东农村这种梳式布局系统，可以说是中国农村传统布局的沿袭，但又结合了本地区的自然气候地理条件。而梳式布局系统空间组织的最大特点，就是适合广东的炎热潮湿气候条件。

梳式布局系统的村落，建筑物顺坡而建，前低后高，地高气爽，利于排水。它坐北向南，朝向好、有阳光、通风也好。这种村落前面有广阔的田野和大面积的池塘，东、西和背面则围以树林。村落的主要巷道与夏季主导风向平行。在正常情况下，越过田野和池塘的凉风就能通过天井或敞开的大门吹入室内。

在夏日无风情况下，民居将充分利用巷道和室内空气的对流产生降温作用。由于村内巷道窄，建筑物较高，巷道常处于建筑物遮荫下，巷内温度较低。当村内屋面和天井由于受太阳灼晒后造成气流上升时，田野和山林的气流就通过巷道变为冷巷风，源源不断补充入村，形成微小气候的调整，使民居仍然得到一个舒适的环境。因此，梳式系统布局的村落虽然密度高、间距小，每家又有围墙，独立成户，封闭性很强，但因户内天井小院起着空间组织作用，故具有外封闭、内开敞的明显特色。同时，这种布局通风良好，用地紧凑，很适应南方的地理气候条件，成为我国南方的一种独特的村落布局系统（图 4-74、图 4-75）。

图 4-74　粤中南广州从化钟楼村
（图片来源：http://tupian.baike.com/81175/2.html?
prd=zutu_thumbs）

图 4-75　粤西佛山市三水区乐平镇大旗头村
（图片来源：http://www.pop-photo.com.cn/data/attachment/forum/
201505/04/182844emrim2jverkwr5my.jpg）

5. 采取密集式布局，庭院天井具有采光、换气、排水等多重功能

密集式布局有几个特点：一是建筑密集，外有高墙，封闭性强，它既能适应封建礼制和宗法制度的需要，又可夏防台风和冬防寒风。二是适应气候条件，内部采用敞厅、天井等方式，使内部通透凉快，形成外封闭、内开敞的平面布局形式。三是庭院天井的丰富变化和灵活布置，它不但具有通风、采光、换气、排水、交通等功能作用，而且还有美化环境和满足人们户外生活的作用。在密集式布局中，不同位置、大小与形状的天井与厅堂、巷道一起共同组成了独特的通风体系。炎夏之日，在大屋内仍然感到凉快。

密集式村落的形成，是同宗或同族人为了团结集居和防御而建造的。村落建筑组群的大小，看人口多少和经济水平而定。密集式布局的村落，一般建于平地，要求有良好的迎风朝向，一般为南向，也有其他朝向的，这是根据当地地形与气候条件的区域差异而有所改变。村落内部以爬狮或三座落作为民居的基本单元，然后加以组合发展而形成整个村落。其布局方式通常是以祠堂为中心，四周围以基本单元民居，村前有半圆形池塘，塘前为阳埕。村内交通靠巷道，村外出入口在两旁，整个村落中轴对称，布局严整。[50]（图 4-76）

图 4-76　粤东汕头市澄海区隆都镇前美村
（图片来源：http://att.0663.net/forum/201206/13/133343gru
bn0o0uu614srn.jpg）

6. 房屋选址、布局以适形为原则，形成气候小环境，迎纳主导风向

（1）浙江民居的做法

浙江民居的房屋选址，主要考虑自然通风条件，朝向上做到了"屋以面南为正面，然不可必得，则面北者宜虚其后以受南熏"，"面东者虚右，面西者虚左"，[51] 从而创造了迎风、收风条件。

（2）四川民居的做法

四川民居利用选址形成气候小环境，迎纳主导风向，四川盆地是一个高湿热气候区，"闷热"一直是影响居住环境的大问题。处理好遮阳防晒隔热、通风透气纳凉、防潮除湿排水三个主要方面是改善人居环境的关键。[52]

受民居选址风水观念的影响和实践经验的总结，绝大多数民居不论是一般农宅或大型宅院多选址在三面围合、一面开敞的背山面水地理环境中，这种环境多有小气候特征。在这种山洼处易形成负压，常有山风从前方敞开处吹来，建筑面向开敞一面正好通纳这股气流，使之吹遍全宅。这正是建筑应当同周围自然环境相结合，才能营造出良好人居环境的前提条件。

平乐镇属浅丘型地貌，山丘坝各占1/3，镇域内气候温和、雨量充沛，地下水资源相当丰富，全镇及相邻镇乡盛产竹木，竹资源尤为丰富。早在宋代平乐镇就是闻名的纸乡。周围四面环山，高处鸟瞰，宛如一小盆地（图4-77）。

图 4-77 川西邛崃市平乐镇
（图片来源：杨雪 摄）

7. 村落的巷道、建筑的群体布局与夏季主导风向一致，有效地组织自然通风

（1）两湖民居的做法

两湖地区的一般村落建筑多顺应地势和风向布局，同时也是村落通风的重要廊道。许多村落主要街巷走势与夏季主导风向一致，能起到通风效果，使得村落巷间小环境更加宜人（图4-78）。

（2）福建民居的做法

从建筑群体的布局上看，由于街巷狭窄，建筑密度大，太阳不能直射，夏季通风良好，有效地冷却了热空气，也达到了遮阳防晒的效果（图4-79）。

（三）建筑布局利于通风降温

南方民居类型多样，空间形式复杂，但是无论哪种布局，不管是厅堂、天井、廊道组成的通风系统，还是多进院落的回风，又或通过多天井的设置及地形高差通风，都会考虑到利用布局通风降温的目标。

图 4-78　鄂东北七里坪镇

（图片来源：http://www.people.com.cn/mediafile/200907/08/
F200907081331187092582459.jpg）

图 4-79　福建某聚落

（图片来源：http://blog.sina.com.cn/s/blog_1346b5dcf
0102uztv.html）

1.通过天井形成空气压力差，以厅堂、天井、廊道来组成通风系统

（1）徽州民居的做法

天井作为院落空间为宅居的自然通风提供了非常便利的条件。根据建筑物理的解释，通风是利用风压或热压所造成的空气流动。通过空间尺度的变化会造成空气密度的变化，从而产生空气压力差，形成相邻部分的空气交换。相邻空间的构成因素不同是造成空气压力差的主要原因。如厅堂是开敞的室内空间，天井是狭窄的外部空间，从厢房、厅堂到天井，窄小的天井空间会加快空气的流速，俗话也谓之曰"拔风"，从而造成通风效果。[53]此外，狭长的天井空间基本上没有直接照射的阳光，形成了一个宅居内部的室外凉爽空间，也促进了冷热空气的流动（图 4-80）。

图 4-80　皖南黄山市宏村承志堂

（图片来源：程海达 摄）

（2）两湖地区民居做法

两湖地区的合院式住宅中多采用厅堂、天窗、天井等进行导风。这种民居形态在当地通过空间组织和一些结构措施就能较好地适应不同的地理、气候环境。如湘鄂东郎的传统合院式民居，利用开敞的厅堂、通透的门窗与天井、庭院、连廊、通道相互贯通，内外空间渗透融合，有利于空气的流动，导风效果明显。在建筑外立面处理上，也有很多利于通风的手段。如入口槽门设置，门廊向内凹进 1～2 米，与檐口地面形成"口袋"状入口，有的与八字门墙形成"漏斗"状入口，直接把夏季风引向室内。槽门成了风口，因此门内的庭院以及门槛、石阶多成为村民夏季纳凉的好地方。[54]（图 4-81）

（3）广东地区民居做法

广东民居是以厅堂、天井、廊道来组成通风系统的。天井是露天大空间，廊道是封闭小空间，而厅堂则介乎两者之间。厅堂的风速一般来说，要比天井大，但比廊道小。

图 4-81　湘西吉首自治州乾州古城罗荣光故居的庭院天井
（图片来源：杨雪 摄）

　　根据流体力学原理，在同一风场中，流速快的压强小，流速慢的压强大。这样，在常风状况下，天井的风压较大，廊道的风压较小，天井风就会透过室内（或直接）流向廊道。因而在常风状态下，天井是进风门，廊道是出风口。室内的通风效果，就取决于天井风速与廊道风速的差异，两者的差异越大，室内的空气交换就越快。这种差异是通过天井、厅堂、廊道的空间组合对比和布局来形成的，密集式民居平面就是这种原理的实例。

　　以梳式总体布局来看，也是如此。广州沙埔村的总体平面，村前为水塘、水田，村后村侧有树丛和竹林。村庄的整体就像一个大空间，村内的大小巷道、天井、厅房就像在大空间中分隔而成的一个个不同的小空间。风从树前流向村内，就像从大空间流向小空间。这种空间组合对比和差异，就形成了空气压力差，也就造成了通风条件[50]（图 4-82）。

图 4-82　粤西郁南县连滩镇西坝石桥头村光二大屋 1
（图片来源：http://bbs.szhome.com/0-0-detail-49947626-0-0-1.html）

　　2. 利用多进式院落形成回风

　　回风也是很重要的一个环节。回风的出现可以加强室内的通风效果。因为，在炎热的天气下，空气流动以阵风为多，阵风吹过后，会形成一个短暂时间的静风间隙。此时，若有回风形成，可加快室内换气次数，使散热降温的效果更明显。

　　回风的形成要有一定的条件。首先，要形成强劲的回风，那就要保持风场的流畅，多进院落式民居平面所构成的通风系统有利于回风的形成。其次，主导风向即室内穿堂风，穿过厅堂后，要碰上障碍物有反向流动，形成回风。若建筑因后墙开窗，会导致回风不明显。护厝式建筑平面，虽难以产生回风，但整组建筑的通风系统是很通畅的（图 4-83）。

3. 单天井与双天井通风

天井有单天井和多天井之分。小型民居只有一个天井。在通风系统中，前天井主要起引风作用，从天井引风到厅堂和房间。而单天井民居通风中有一个缺憾，即只有一个进风口，而没有出风口。为此，它要找出风口，解决办法有两个，一是靠公共出风口，即村落或集镇中的巷道或街道，二是在住宅的边围设置南北巷道。

中型民居有两个以上天井：一个在前院，称前天井；一个在后院或侧院，称后天井或侧天井。双天井民居中，前天井作进风口，后天井或侧天井作出风口。当风向变化时，两者作用可转换。冷风主要通过廊道来输送。多天井民居，就是密集式民居。在这类民居中，中轴线院落布置有几个天井，起进风作用。两侧有从厝巷（即从屋巷、护厝巷），都是狭长形天井，起冷巷作用[46]（图4-84）。

图4-83　粤西郁南县连滩镇西坝石桥头村光二大屋2
（图片来源：http://a8623413.oinsite.yh.mynet.cn/_d276846209.htm）

图4-84　广东客家围龙屋
（图片来源：http://www.liketrip.cn/hehuxinju/）

4. 采用南北向纵长方形天井通风

从气候角度来说，天井的形状以南北向纵长方形为好，这样进风量大且快。但通常是，天井两旁还布置有其他房屋，也需要通风，而广东天气中，夏季多东南风或东北风，故南北纵长形的天井也不利于天井东西两侧房屋的通风。从实践和实际的民居测定中也了解到，在梳式和密集式民居总体布局中，对通风的流速和强弱起直接作用的是天井的进深，当然，天井的形状也有关系，但作用不是主要的。因此，广东民居的天井常采用方形或横长方形（东西向长）的平面形状。横长方形天井的优点是横向长，进风面宽，量也大，故民居的前天井常采用这种形式，后天井则采用方形平面。如果是三合院小型民居，则天井做成方形。一方面是天井两侧布置有辅助房，要从实用经济出发，另一方面也可减少东西朝向阳光辐射热。此外，天井还要综合考虑具备进出风口作用等因素。

在民居中，天井的尺度一般都不大。在潮汕地区，天井进深为12.6尺、18.6尺（尺即木行尺。1尺约为29.8厘米，可按30厘米折算。上述进深合3.78米、5.58米。这些数字的确定要符合当地营造制度，即要符合单步数和尺寸的规定，每步为4.5尺）。而平面进深与宽度之比，据调查，一般在1：1与1：1.45之间，也有较大者，达1：2。房屋檐高，从调查资料看，潮汕地区为12.2～13.2尺，即3.66～3.96米。从上述数字综合来统计，天井进深以不超过6米为好，而天井檐高与进深之比以1：1.25～1：1.40为佳。[46]

5. 利用地形前低后高和建筑不同层高的楼层及楼井通风

广东居民利用地形高差和不同楼层进行通风，也是垂直通风的一种方式。它主要利用地形或建筑的高低不同，形成空气压力差而造成的良好的通风条件。

在农村，常在坡地建屋，根据地势形成了前低后高的建筑布局。在城镇中，多进的住宅也做成前低后高的布局，其优点除采光好、阳光足、排水畅及节约耕地外，通风也是重要因素之一。特别是民居多采用坡屋顶，根据风场分布的理论，坡屋顶对导风是非常有利的。因此，民居中利用地形建房就有很多优点。

在城镇多层民居中常用的通风方式之一是用不同楼层造成空气压力差，也利用窗屋顶的不同部位造成气流温度差，不管在常风或炎热无风的状态下都能达到良好通风的要求。

带楼井的不同层高通风的原理也同上述一样。由于增加了楼井，因此，从底层到二层的通风线路更显得通畅，这种建筑在城镇中较多采用。

这种通风方式的典型例子是竹筒屋建筑。在竹筒屋中要取得良好的通风条件，朝向要好。平面中要有前后贯通的廊道，既是交通道，又在通风体系中起冷巷作用。要有 2 ~ 3 个天井。大门内要有一个天井，以便取得进风条件；最后面要有一个天井，作出风口；如中间再有天井，则既作迎风口，又作出风口。顶部房屋檐高要有差异，即前低后高，同时要开窗。一来后屋可取得迎风口和采光，二来利用不同层高造成空气压力差和温度差进行通风。在这方面，广东各地城镇的竹筒屋建筑中创造了很多有益的经验（图 4-85）。

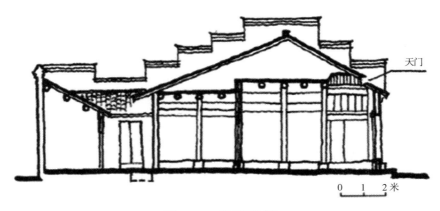

图 4-85　某民居剖面
（图片来源：改绘）

（四）建筑形式与构造利于通风降温

利用建筑形式与构造通风是最简单易行的通风方法。建筑形体控制方法的主要作用就在于通过对建筑物、构筑物的平面、剖面的形式，以及其形体间的空间组合关系的有效控制，来创造有利于居民生活的"再生风环境"。

1. 江西民居的"天门"通风和二道门通风采光

赣中民居创造性地使用当地称之为"天门"的屋顶采光通风口来解决采光和建筑规模之间的矛盾。所谓"天门"是在厅堂前外墙上方的屋面开出一个裂隙口，在大门关闭时，它就成为内空间唯一的采光、日照和通风口了。天门的构造十分简单，只是在靠外墙处断开几根椽子，把瓦面垫高少许，即可构成一条裂缝，这个原理和现代的老虎窗相同，只不过为了防止飘雨，裂隙不能做得太高。有些住宅，为使两边住房也获得同样效果，干脆就在屋面做成通长裂隙的天门。可以说，这就是现代通风屋脊的前身。有些在内房也因做了天门而使屋顶变得非常复杂。天门因在高处空气的负压区，虽然裂口不大，但却有效地起到通风的作用，并且多少能得到光线的折射，特别是没有钟表的过去，它能在最早的时候把晨曦透进屋里。[55]

图 4-86　赣中抚州市乐安县牛田镇
流坑村"二道门"
（图片来源：张楠 摄）

　　为了更有效地解决厅堂的采光通风问题，赣中地区的大门多做成二道门形式，即增加一道半截高的腰门。当地也有称之为令门、风门、瞭里门的。在吉安甚至把风门做成与大门相通，当地称之为头道门。白天关闭腰门后打开大门，使厅堂光明敞亮，同时也能防止外面窥视室内的活动，保证厅堂应有的安静[55]（图 4-86）。

　　2. 四川民居的抱厅、气楼等多种方式加强"抽气"功能

　　川内盆地相对其他地区气流较为稳定，大风较少，不似北方平原地区常年多风，东南沿海常有台风，除了积极迎纳山风之外，还注意增强房屋主动排气抽风的功能。如抱厅、气楼一类富有创意的建筑形式，集抽风、采光、防晒、遮雨多种功能于一身，又扩大了室内使用空间，是一种十分成功的处理手法。小口天井和窄长夹巷式天井有很好的抽风作用，所以大型宅院常采用多天井的形制，特别是二三层楼房带楼井的有更佳的抽风效果。有的在屋后与围墙间设扁长小口天井，或仅留 1 米左右宽的抽风口，有的建筑类型如一颗印天井院、竹筒式店宅、城镇中联排式小天井院都是利用小天井院的这种优越性来解决住居的通风、透气和采光要求。[56]（图 4-87）

　　3. 两湖民居多选用青瓦冷摊为屋顶材质，以利散热排湿

　　湖北峡江地区气候温暖湿润，降雨量较大，比较潮湿，不像北方天气寒冷，需要做厚重的苫背来保温，所以小青瓦都采用冷摊的方法，即不做望板和苫背，将仰瓦直接搁置在两根椽之间，再将附瓦盖在两陇仰瓦之间的缝隙上，在室内可以直接看到仰瓦的底面，这样的做法便于室内的热量和湿气通过屋顶尽快散出。峡江地区普通民居都是用小青瓦，只有像地藏殿、王爷庙这样的公共

图 4-87　渝东南黔江濯水"龚家抱厅"
（图片来源：张楠 摄）

建筑才会使用板瓦。板瓦的尺寸是 140 毫米 × 140 毫米 × 30 毫米，制作成本比小青瓦要高，因此小青瓦使用更为广泛。

而在靠近河南的随州、枣阳鄂北地区很多民居全部采用仰瓦的铺砌方式，与比较干燥的河南等北方地区的做法相近。

在有些山区一些次要房屋的屋顶不用小青瓦或是板瓦，而是直接用薄的片石作瓦，叠压铺在屋面上，因为对于山区来说石材可以就地取材，成本也比用黏土烧制的瓦低很多[57]（图 4-88、图 4-89）。

图 4-88 湘东北张谷英镇张谷英村屋顶瓦面　　　　图 4-89 鄂北枣阳民居屋面
（图片来源：程海达 摄）　　　　　　　　（图片来源：http://image58.360doc.com/DownloadImg/
2013/02/0112/30076339_1.jpg）

4. 两湖民居厢房外侧设天井改善通风和采光

两湖地区还有用窄天井环包建筑外墙（也就是外层厢房外墙），使外层厢房可向天井开窗间接采光，而阳光又不会直接照射在房间外墙上，另外房间内通风效果自然也更好了，因此，即使在酷热的夏天，进入民居内都感觉比较干爽凉快。天井、廊道、阁楼等等，民居中这种利用结构措施调节室内微气候的手段比比皆是，都起到积极的作用。这种做法颇为巧妙，在调节室内小环境方面所采用的生态而智慧的手段及其达到的效果相当明显。

5. 利用细部构造处理改善通风

（1）浙江民居的做法

细部构造对于改善通风的作用同样不可小觑。例如通过采用彻上明造，不吊顶，以加高空气流动空间并暴露各种构件，就有利于散热。

另外，在高墙上开窗洞，既通风又安全。内部的门窗却开得很大，普遍有短门和净窗，挡家禽家畜，挡视线不挡风。例如，宁绍一带的廊栅既好看又通风，诸暨斯宅的通长支摘窗更巧妙，夏天可全吊上或卸下，整座房屋的长面全部敞通，成了准凉亭。那些滨水临街的则无论内外都用隔扇门窗的形式，临水或临街的楼上挑出栏杆井，设空透的坐凳名为"美人靠"。

最后，做夹层不但得到了使用空间，而且加强了空气对流，并使屋顶天窗的光线可以透入底层（图 4-90 ~ 图 4-92）。

图 4-90　浙中武义县俞源乡
俞源鸿宾楼屋面构造
（张楠 摄）

图 4-91　浙中武义县
郭洞村纫兰堂
（程海达 摄）

图 4-92　浙中金华武义县
郭洞村下宅路 45 号
（程海达 摄）

（2）广东民居的做法

广东在城镇楼房中，因人多地密，通风条件差。为此，常在屋面上采取一些有效的通风措施，如气窗、风兜、通风屋脊等。此外，也有的在檐下或山墙尖下做出风口。

另外，还有利用格栅式门窗与室内隔断组织通风。民居的门窗处理得当，对通风也能起着较大的作用。有的民居把门做成活动式格扇，有的在二楼开窗部位做成落地格扇，格扇的下截采用通透式固定木栏杆，以保安全。当格扇开启时，风从上、下部可吹入，其风量可增加一倍。在门的处理方面，广东沿海一带和粤中地区的民居中，一般都在大门外，再加一道通透的木栅门，如广州地区的躺笼门，其用途是当炎热天气时，大门敞开而关闭木栅门，既可通风又可防御。潮汕地区有的还在木栅门上饰有八卦图案。

室内用的屏门做法多样，常见的有活动式屏门，上下可分别打开或关闭。有的屏门上设活动窗，可开可关。也有上部采用镂空式格扇，下截用通透矮墙的隔断，使得上、下部分通畅。总之，形式可多样，但原则就是要有利于空气的对流和通风。

最后，窗的做法更是多种多样，有槛窗、开敞式槛窗、满洲窗、边轴窗、中轴窗、支摘窗、木格窗等，常将窗户占满檐下墙体，形成满周窗的形式，其目的都是为了取得良好的迎风口、迎风角和加速空气的对流[46]（图 4-93）。

（3）江苏民居的做法

江苏地区的民居多在房屋除山墙以外的两个立面广开窗户，显得通透、利于通风散热（图 4-94）。

图 4-93　粤西佛山市三水区乐平镇大旗头村
（图片来源：http://www.tdzyw.com/2012/1218/25592.html）

图 4-94　苏东南苏州吴江区民居

379

6. 利用开敞厅堂，营造开敞空间、组织穿堂风

（1）浙江民居的做法

厅堂敞开，前后全部贯通，一些厨房、杂屋等也常做成没有装修的通敞空间，使室内外空间连通并设顺畅的通廊，起到组织穿堂风的作用。

（2）四川民居的做法

炎热的气候必然要求建筑更加通透，开敞空间特别发达。在房屋使用功能的安排上，常将一些主要厅堂和处于纵横轴线重要通道上的房间辟为敞口厅或穿堂，如堂屋、正厅、花厅、过厅及一些家务、生产活动场所等都可开敞。有的天井院四面房间全部敞开，如"四厅相向"的敞口院。有的正厅的全部隔扇不但是通透的，而且必要时可悉数拆下成为敞厅。总之，尽可能打通所有能开敞的空间，使穿堂风无所阻挡。与此同时，檐断、走道股巷道等组成的交通网络也是气流的通道，有如"风巷"的作用，同各处的开敞空间融在一起，室内外空间空气的交换、回环、进出十分畅通（图4-95）。

（3）福建民居的做法

室内外空间多互相连通，门窗洞口开得较大，并且大多数厅堂及堂屋的屏风隔扇多是可拆卸的（图4-96）。

图4-95 川北广元昭化古城某宅
（图片来源：尚贝 摄）

图4-96 闽南龙岩市连城县宣和乡培田村
（图片来源：张楠 摄）

图4-97 粤南顺德碧江金楼古寨
（图片来源：http://z.abang.com/d/guangdong/1/0/L/2/-/-/IMG_0782.jpg）

（4）广东民居的做法

厅堂做成开敞式，对通风来说是很重要的措施。它可保持风场的流畅，有利于组织穿堂风。厅堂的隔扇做成活动式，可拆可装，灵活方便。有的厅堂做成敞厅或半敞厅进行通风。也有将两厢做成开敞的侧厅。当朝向不利时，如厅堂向西，可采用厅堂向前伸出，或往后延伸或凸出南北厅等方法，以取得良好的通风条件（图4-97）。

7. 作楼房、设楼井达到垂直通风效果

楼房通风属垂直通风，分两类：一类是天井露天者，另一类是天井上空有屋盖者，也称为楼外。在城镇中，由于人口多、密度大，很多民居做成楼房形式。但它的通风方式仍靠天井，也有单天井通风和多天井通风。广东居民三间两廊房屋的通风主要靠屋前的天井，是单天井通风的例子。广州市小画舫斋民居中的住宅建筑和汕头长仁里住宅是属于多天井通风的实例。房屋的通风主要靠前天井进风和后天井出风，后天井做成狭长形（图4-98）。

图4-98 粤中南塘口镇自力村
（图片来源：http://s7.sinaimg.cn/large/3f6e57e1gd4507d729796&690）

楼房住宅中，因土地紧张，屋前没有天井，有引风条件，但屋后没有空地，无法做后天井。于是在建筑物内就设楼井，以便取得出风口，广州市小画舫斋的门厅与客厅建筑就是一例。楼井的功效是多方面的，不但可以通风，还可以起到采光和换气的作用，在处理楼井的顶盖时，常采用有屋盖的形式。台山、开平等地的侨乡民居中，一些住宅楼房由于进深大，故在厅堂中部设楼片，但这种住宅常在后墙开小窗作为出风口。在粤中地区楼房民居中，还有的在大厅上空，除做成楼井外，屋面上还做气窗。有开拉式气窗、撑开式气窗，也有做成风兜。当大门关闭时，风从二楼窗户或屋顶气窗吹入，出风口则为后窗或楼梯口，通风效果良好。

8. 利用围墙开孔取得通风

广东民居的前院是通风系统的进风口。有的民居前院天井进深小，并且有较高的围墙阻挡，就难以取得良好的通风条件。这时，一般都采取围墙开孔的方法来解决。如通花围墙、图案形孔洞围墙等。相邻的小院天井要取得通风效果，也会采取通花漏窗围墙，有的则在围墙中间开洞门，既方便联系，也利于通风。在天井侧面有围墙较高时，为了通风和美化墙面，还常采用通透的高窗围墙。如图所示广东客家某土楼，就在防护性能非常强的外墙上开高窗，以促进通风（图4-99）。

图4-99 广东客家某宅
（图片来源：http://p1.so.qhimg.com/t019bf90f9b8a1d6b9b.jpg）

二、南方传统民居的遮阳隔热技术

南方地区以热带亚热带季风气候为主，夏季高温多雨，冬季温和少雨。也决定了南方地区在节能方面主要的工作是隔绝夏季的热空气进入室内，减少建筑外围护结构与外界的

热交换。因此，遮阳与隔热就变得特别重要。

（一）遮阳

南方地区夏季炎热、阳光强烈，有效的遮阳可以遮挡多余光线进入室内，降低室内温度，节约能源，创造舒适内部环境。南方民居的根据建筑类型自发形成的遮阳方式多样，主要包括利用建筑布局遮阳、利用空间设计遮阳以及利用构件遮阳三种类型。

1. 利用建筑布局遮阳

（1）广东民居的做法

广东在建屋时认为选择良好朝向，可避免过多的阳光辐射，故建筑布置多为坐北朝南。广东客家围垅屋坐北朝南，前低后高，使得前后相邻的建筑都能有足够的日照，并且有良好的通风（图 4-100）。

民居的降温措施，除通风外，防止热传入室内也是其中之一。对门窗采取遮阳措施，对屋面、墙体进行防晒隔热处理，都能达到降温目的。遮阳的目的，除遮挡直射阳光，降低室内温度外，还可遮荫墙面和减少辐射热。同时遮盖墙面开口部分，造成空气压力差，加速室内空气流通，以增强通风换气效果。利用建筑物的排列、间距、高低和廊檐等方法直接或间接遮挡阳光来达到减少辐射热的目的（图 4-101）。

图 4-100　广东客家围垅屋

（图片来源：http://img.bhxww.com/attachment/photo/Mon_ 1109/128_6a61131484711547699886e1aafee.jpg）

图 4-101　粤东汕头市澄海区隆都镇前美村

（图片来源：http://att.0663.net/forum/201206/13/ 133347u4doqlmkr47tpmft.jpg）

（2）四川民居的做法

四川民居在遮阳方面也是争取有利朝向，多采用南向或东向，较少采取东北向避免过多日照。虽然川内因山地地形选择理想朝向不太容易，加上秋冬阴雾天气多，故对朝向无过多要求，但一般来说，只要有条件还是争取较好的南向或东向，而且尽量避免西晒。而最佳的方向是东南向，其主要房间在一天中受日照相对要少，而且下午之后更多处于阴影之中，较少受日晒。在川中川南一带低谷地区为免除日照之苦追求夏日更多的阴凉，也有不少民居采取北向或东北向，使大部分主要房间变成北屋（图 4-102）。

其次，房屋布置密集交错，可以相互遮挡，减少阳光照射，增加阴影面积。例如川内在大型宅院组合中，除了个别主要院落较大外，其他为尺度较小的庭院，多数房屋采用多天井密集组合方式，而且多为南北向条形天井，使不少房间常处于阴影覆盖之中。有的宅院以高大封火墙分隔院落，也会投下更多的阴影。此外，适度提高房屋内空间，也是减少热辐射的一种举措。一般主要厅堂、过厅的内部空间为露明梁架，较为高敞，利于散热。其他房间则多建阁楼层，既可有效隔热，也可用于贮藏（图4-103）。

图4-102　渝北广安区肖溪镇

（图片来源：http://www.nipic.com/show/1/62/5675264kc54fd42e.html）

图4-103　川东南合江县福宝镇

（图片来源：张楠 摄）

还有，廊坊式街即以檐廊相连形成的街坊，是历史久远的传统建筑形式，这种形式在南方地区，如四川、江浙一带还保留不少。主要是因为这种建筑形式对南方炎热多雨气候有很好的适应性，反映了高湿热地区建筑的地方特点。

场镇民居聚落较为密集，为了防晒遮阳共同的利益，整体采取统一的廊坊式通檐廊的建筑形制，形成统一的建筑风格，具有最大的遮阳通风效果。在以前房屋产权私有的社会环境下，要做到这样统一规划、统一建造是很不容易的，证明了这种建筑制度确实非常适合炎热多雨的气候条件，为广大民众喜爱而普遍接受，所以有各式各样类似的廊式街、骑楼街、大披檐通廊得以流行各地（图4-104）。

图4-104　川西南乐山市犍为县罗城

（图片来源：http://bbs.news.163.com/bbs/country/331780069.html）

（3）云南民居的做法

云南传统民居朝向的选择主要取决两大因素：一是气候因素，二是文化因素。气候因素主要包括：防太阳辐射、争取夏季主导风、防避风雨和冬季寒风的影响。在气候因素中，最重要的是防太阳辐射一项。而在防辐射中，最主要的是防西晒。因此，传统民居的朝向都避开西向，再结合风、雨等气候因素的考虑，最终较多地选择南偏西至南偏东方向。少数民族地区受地形地貌或文化观念因素的影响多些，也有选择东向、北偏西或北偏东的。[58]

云龙县位于滇西纵谷区，是大理州、怒江州的结合部。东连洱源、漾濞县，南邻永平县和保山市，西靠泸水县，北交剑川、兰坪县。基本地势是东西高，中部低，从北往南逐渐降低。

诺邓村落的主要街道多平行于等高线设置，但随地形的弯曲、坡度的变化而转折、变化，使建筑外部空间不再单调重复，街景立面在人的视线中产生丰富的变化。主次街道尺度变化不大。台阶全为红砂岩石块，经百年踩踏，已磨得没有棱角十分光滑（图4–105）。

（4）福建民居的做法

从建筑群体的布局上看，由于街巷狭窄，建筑密度大，太阳不能直射，也可达到遮阳防晒的效果。

另外，房间的前后左右都设有小天井和"冷巷"，可以加速空气对流，从而使房间阴凉（图4–106）。

图 4–105　诺邓村
（图片来源：程海达 摄）

图 4–106　福州市南后街三坊七巷
（图片来源：http://img.liketrip.cn/uploadfile/200805/20080528015455681.jpg）

2. 利用建筑空间设计遮阳

（1）广东民居的做法

广东民居利用建筑空间进行遮阳的方式多种多样，灵活性极高。

图 4–107　广东潮汕某宅
（图片来源：http://g6712108.blog.163.com/blog/static/16
8222851201445333345891/）

一种是将进门做成凹入形式。称为凹斗门或称外凹斗。凹门做法除遮阳避雨外还有显示门第的作用（图4–107）。

另一种是屋顶与门窗的出檐遮阳。屋顶出檐既可防雨，又可遮阳。一般有廊檐、腰檐等做法。柱廊主要作交通用，同时兼有遮阳避雨之功能。根据柱廊部位不同，有檐廊、凹廊、回廊、跑马廊等（图4–108）。

门窗飘檐遮阳常见的有：砖挑人字檐、砖挑波纹檐、砖挑折线檐、砖砌叠涩出檐等。除了砖砌飘檐遮阳外，也有利用木板飘蓬构件进行遮阳的，它简单而又方便，有固定式、活动式。还有用蚝壳作为飘蓬材料的，其优点是在飘蓬下比较明亮。20世纪以来，由于国外建筑的影响，产生了木百叶窗，一般都在近代城市中才见到采用。

还有小阳台式遮阳，在城镇中较多采用，它利用二楼飘出的阳台来遮阳避雨（图4–109）。

图 4-108　粤中佛山市南海区西樵镇上金瓯村
（图片来源：http://gj.yuanlin.com/Html/Detail/2015-10/28018.html）

图 4-109　广东省汕头市澄海区隆都镇前美村陈慈
黉故居图
（图片来源：http://pp.163.com/stzkf/pp/10077013.html）

最后是骑楼遮阳，骑楼为广东城镇沿街建筑中最普遍采用的一种特殊建筑形式，底层内侧作为商店，外侧为人行道，上面做住家。它的优点是可以防晒、避雨，特别是南方气候，夏日炎炎，时有阵雨，骑楼建筑就妥善地解决了建筑和气候的结合（图 4-110）。

（2）四川民居的做法

在四川也有类似于广东骑楼的空间形式，此类场镇常常是楼上住人，楼下为店铺，有廊遮雨避阳，利于营业，这种形式非常适于炎热多雨的地区（图 4-111）。

图 4-110　广东某骑楼建筑
（图片来源：http://www.icaijing.com/finance/article3658947/）

图 4-111　川西北龙溪寨骑楼街道
（图片来源：http://chengdu.tianqi.com/upload/viewspot/799/
1aa48fc4880bb0c9b8a3bf979d3b917e.jpg）

3. 利用建筑构件遮阳

（1）浙江民居的做法

浙江处于光雨资源的高值区，大部分地方有雨热同步，光湿互补的特点，即夏天雨水多，冬天日照百分率高，秋天温度不高但因湿度高而显得闷热。光、雨成了浙江民居首先要解决的两个主要问题。太热要防止太阳直射屋内，而雨多又有较大的风甚至台风，要防止雨飘进室内，或许是受了亚热带阔叶树的启发，不是从建筑材料去解决隔热问题，而是让房子像树一样长出许多叶子，于是产生了各种各样出挑很深的檐，一般为檐柱高的一半，有廊檐、腰檐、山檐、窗檐等，众多的檐既遮阳又挡雨，百褶裙似的居屋，如一棵阔叶树，枝叶扶苏，屋与屋相连形成连绵之状（图4-112）。

（2）两湖地区的做法

两湖地区一般民宅出檐较深远，且天井并不大，这使得院内较为阴凉（图4-113）。

图4-112　浙中武义县俞源乡俞源村精深楼
（图片来源：张楠 摄）

图4-113　湘西怀化市荆坪古村潘氏祠堂
（图片来源：尚贝 摄）

（3）福建民居的做法

福建地区的房屋进深大，出檐深，广设外廊，使阳光不能直射室内，取得阴凉的室内效果（图4-114）。

（4）四川民居的做法

遮阳最直接有效的构造措施是加大房屋出檐，既可防晒，形成大片阴影面积，又可防雨，保护墙面。一般四川民居房屋出檐都较宽大，包括悬山出挑常在1米以上，有的挑枋出檐甚至超过1.5米以上。还可在墙面上加设挑廊或挑檐、腰檐、眉檐等防止西晒。檐廊的使用更是较普遍的做法，可以使建筑组群产生更大面积的阴凉空间，最大限度地减少阳光的直晒。檐廊的形式也很多，如门斗凹廊、敞廊、前檐廊、三面廊、内外回廊、跑马楼廊等（图4-115）。

图4-114　福州市三坊七巷建筑群林聪彝故居
（图片来源：张楠 摄）

图4-115　渝北广安市区邓小平故里
（图片来源：http://syxxw.zjol.com.cn/pic/
0/11/55/72/11557299_091862.jpg）

（二）隔热

除了遮阳，隔热同样重要。它可以减少建筑与外界的热交换，从而达到降温的目的。隔热的类型主要包括利用建筑空间设计隔热和利用建筑构件隔热两大类。

1. 利用建筑空间设计隔热

（1）浙江民居的做法

那些开放式的住宅如浙南、浙东、台州沿海一带，杭州市西部，主要用檐解决遮阳挡雨问题，而那些封闭式的大屋则开辟众多的天井来解决这个问题。如宁波很多大墙门除内天井外，房子的前后左右都开小天井。进深特别大的房屋，如松阳黄家大院，每隔一段开一小天井，内部还有门巷，常山球川有三十六天井大屋，众多的天井使空气对流加速，增强了散热效果。浙江地区还有一种做法，就是利用夹层隔热。楼层作储藏室，置放柴草、米或家杂兼起隔热作用（图4-116、图4-117）。

图4-116　浙中县武阳镇郭洞村某宅夹层
（图片来源：张楠 摄）

图4-117　西南松阳县黄家大院

（2）两湖民居的做法

在湘鄂东地区民居中普遍设置阁楼的做法，对于房屋隔热非常重要。一般情况下阁楼并不住人，在功能上只作为储藏空间。但阁楼在受热的屋面与住人的地面层之间形成一道空气层，有效地阻隔屋顶辐射热进入屋内。

（3）福建民居的做法

室内外空间多做成互相连通，门窗洞口开得较大，并且大多数厅堂及堂屋的屏风格扇多是可拆卸的。一是通风良好，二是可以根据日照及温度随时隔绝热量进入室内（图4-118）。

2. 利用建筑构件隔热

（1）广东民居的做法

广东地区主要利用建筑的围护结构隔绝外界热量。归纳起来主要有以下方面：

图4-118　福州三坊七巷建筑群叶氏民居
（图片来源：张楠 摄）

1）双层瓦屋面隔热。屋面上重叠铺设两层瓦，使上下两层瓦面之间形成一个架空层，起到隔热与通风作用（图4-119）。

2）外墙隔热。一般采用热情性较大的材料作为墙体的结构，如砖墙、石墙、泥墙、夯土墙等，沿海地区还有用三砂土墙。粤中地区则多用实墙与空斗墙混合在一起砌筑（图4-120）。

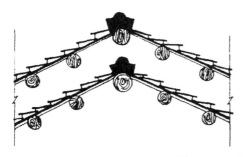

图4-119　双层瓦屋面
（图片来源：余健华. 岭南传统民居营造技术研究[D]）

图4-120　空斗墙
（图片来源：余健华. 岭南传统民居营造技术研究[D]）

利用减少地面反射来隔热。包括庭院天井地面材料常采用磨石或其他石材，由于石质坚硬平滑，不易吸收辐射热，有吸热少、散热快的优点，对降温有效（图4-121a）；当庭院天井较大时，用花墙漏窗间隔，可利用花墙的阴影，减少阳光对地面的直射。当屋巷、厝巷狭长时，用漏窗花墙间隔，不但防晒和减少地面反射热，而且丰富了空间层次[46]（图4-121c）。

（a）磨石地面　　　　　　（b）墙体　　　　　　（c）漏窗花墙
图4-121　广东丁岗镇葛村传统民居
（图片来源：杨雪　摄）

（2）浙江民居的做法

浙江民居的外墙多采用空斗墙，也有隔热作用，夏季可减少阳光的辐射，冬季可减少热量损失。小青瓦屋面热容量小，日照时升温快，日落时降温也快。屋面椽条下钉望板或设阁楼，也有很好的隔热效果。楼上不住人，阁楼存放杂物为主，冬季又会起保温作用（图4-122）。

（3）云南民居的做法

元江彝族的土掌房由于夏季酷热，同样也采用平屋顶来阻止过多的热量进入室内，保证夏季室内有一个凉爽的环境。对于覆土屋顶来说，最主要的就是它的防水问题。覆土屋顶的防水，主要与覆土层的透水速度、雨水在其表面流淌的时间以及覆土厚度有关（图4-123）。

图4-122 永康市前仓镇厚吴村
（图片来源：程海达 摄）

图4-123 云南彝族土掌
（图片来源：http://blog.clzg.cn/data/attachment/album/201306/
24/222415mygqvpfpl1qxlk1g.jpg）

3. 利用建筑形式隔热

（1）云南民居的做法

滇中和滇南有些地区的民居，瓦压面较为单薄，防热性能较低，因此一般二层都做为晾晒粮食的区域，同时也是通风间层。因为当地地形，太阳辐射强度较强，夏季太阳辐射对建筑围护结构的影响以屋顶最大，因此，二层作为晾晒空间，大大减少了屋顶传热对室内的影响。同时这些地区由于日夜温差不是很大，轻薄的瓦屋面还有利于夜间的散热。

有些地区日夜温差较大则直接采用土顶来解决隔热问题，如云南元江彝族的土掌房，由于夜间温度较低，土屋顶白天蓄存的热量还可以供夜间保温。

另外，在墙体防太阳辐射措施方面，外墙对太阳辐射的吸收程度取决于外墙材料的表面颜色和质地。而外墙除了受太阳直射辐射外，还受其他墙体的反射辐射。所以在西南地区的建筑外墙，一方面要求外墙本身吸收太阳辐射热要少，另一方面要求它对其他墙体的反射辐射也尽可能的少。

从墙体对太阳辐射的吸收与反射的角度来讲，未经任何装饰的生土墙体比粉刷后的效果要好，而且更能体现出土墙原生的美。

西南地区在传统的坡顶民居建筑中，由于当地太阳辐射都比较强烈，建筑室内和室外总是通过檐廊联系。檐廊是建筑室内与室外的过渡空间，起着组织通风、控制采光和防止太阳直接照射室内的作用[59]（图4-124、图4-125）。

图 4-124　云南傣族民居

（图片来源：http://res.fashion.ifeng.com/attachments/2010/04/13/
rd_rs_fd6ac2f02d567bb98f0cb82e873ec077.jpg）

图 4-125　滇西大理白族民居

（图片来源：http://file106.mafengwo.net/s6/M00/E1/8D/
wKgB4lNnfy6AAYePAB-PrW9clK410.jpeg）

（2）广东民居的做法

广东南部属南亚热带气候，南部从 5 月到 10 月均为夏季，冬季不到两个月，沿海地区没有冬季，因此南部的合院类建筑大都采用厚墙、开小天井、墙体开窗小等措施来进行隔热遮阳；干阑类建筑一般底层架空，下畜上人，屋顶做夹层，挑檐深远，既能防潮也能防湿、防晒（图 4-126）。

三、南方传统民居的防水防潮技术

南方地区受夏季风影响大，雨季长。每年 5 月份夏季风从华南沿海登陆，雨季开始。6 ~ 7 月份夏季风势力增强北抬，形成江淮准静止锋，阴雨连绵，主要影响长江中下游地区和淮河流域。七八月易形成伏旱。9 月降雨锋面南移至该区域，10 月以后冷空气势力进一步增强，夏季风移出该区域，雨季结束。

图 4-126　粤西佛山乐平镇大旗头村

（图片来源：http://s15.sinaimg.cn/mw690/001v
15Ztzy6NWuyUa86be&690）

因此，如何在聚落布局、形式设计与材料选择、建筑构造设计中防水防潮是南方民居要解决的大问题。

（一）聚落布局中的防水防潮

南方雨水多而集中，因此聚落在布局中就要考虑排除积水，防止潮湿的空气蔓延，也可利用雨水，达到节水的目标。

1. 广西民居的做法

广西雨资源丰富，尤以防港市东兴区最多，达 2822.7 毫米。且气候多变，灾害性天气出现频繁。旱、涝灾害和"两寒"及台风、冰雹等灾害性天气出现频率大，因此建筑中防灾的营建经验较多，特别是防暴雨的营建措施，合院建筑通常在院内设排水沟将积水排向室外，抬高室内地坪，屋顶铺设瓦面利于排水；干阑建筑高栋深宇，以避风雨；不论是合院类建筑还是干阑类建筑其所在的聚落，都在村落中利用地形的高差来设置排水沟，将村落中的雨水排出或收集在凹塘内（图4-127）。

2. 浙江民居的做法

一般房屋雨水自然落水，径流至水沟、明沟，再汇集流入水渠、溪、塘，条件好的做檐沟，屋面水由檐沟收集起来排入明沟或暗沟。天井形制的住宅部分屋面水自然落入天井后，由暗沟排入户外的水沟，经济条件好的村落小巷全部以条石铺砌，方便清理暗渠和疏通下水道（图4-128）。

图4-127　广西江头村排水
（图片来源：尚贝 摄）

图4-128　浙中俞源村排水
（图片来源：张博 摄）

3. 两湖民居的做法

在排水方面，一方面由于村落多依坡就势布局，一般引沟渠从村后通向两侧，再接入村前水塘和溪流。另一方面，在村落内部，常常在房屋四周石板巷道之下或一侧设明沟暗渠用于排水。两湖地区大量天井院建筑，屋面雨水通常汇向天井，再由天井下的几条暗沟排向室外巷道沟渠系统，最终排入村边低处河塘或田野。本地民俗视水为财，因此天井排水口多雕刻成铜钱样式。天井汇水，常称为"四水归堂"、"肥水不外流"[60]（图4-129）。

（二）建筑形式设计与材料选择中的防水防潮

在南方民居中，建筑的形式设计以及材料选择都具有强烈的地方特征，或者说是对

图4-129　湘东北张谷英镇张谷英村
（图片来源：张楠 摄）

气候的呼应。这一点从防水防潮中也可以略瞥
一二。

1. 防水

（1）江苏民居的做法

在扬州卢宅中墙垣间设置的竹丝门颇为有
趣，其形式类似隔扇，但在花格部分用编竹替
代了木格，在造型上让人感受到一种野趣。在
实用中也具有更好地抵御风雨侵蚀的效果[61]
（图4-130）。

（2）两湖民居的做法

两湖地区民居一般为自由落水，但因降雨

图4-130　苏中扬州卢宅
（图片来源：http://www.yododo.com/area/photo/01303429090
71261FF8080813032FE56）

量比较大，尤其是在梅雨季节，所以屋面一般比较陡。在湖北峡江地区，有的民居会有组
织排水，排水沟就用瓦制作，将瓦斜向上立放，弧面朝向屋顶，利用瓦的弧面做成排水沟，
把水汇到天井的一角，再用一木制方形断面排水管将雨水排至下水道，如新滩的彭树元老
屋就是此种做法，还有就是利用檐墙做有组织的排水。

2. 防潮

（1）江西民居的做法

由于南方雨水丰沛，江西民居又采用内排水的天井形式，解决防潮飘雨问题势必要加
大出檐，一般出檐都很大，从0.9米到1.6
米不等。而外部的出檐多用三皮砖、四皮砖
叠涩做成小檐口。天井式民居的出檐结构基
本是三种形式：一是穿枋穿出檐柱成为支承
檐桁的挑枋；二是用挑手木或增加一层成为
连二的挑手木作为檐桁的挑托构件；三是使
用插栱。江西民居的外檐很少使用斗栱作为
悬挑支撑构架，只有瑞金一带的宗祠和民宅
采用较为复杂的三挑插栱承托外檐，并且增
加了十字栱和装饰翼板，极具装饰效果（图
4-131）。

图4-131　江西流坑村
（图片来源：张楠 摄）

（2）广东民居的做法

广东民居利用实心厚墙、上下两截型门阻止湿空气入屋，达到空气防潮。防潮的关键
在于阻止湿空气入屋，其措施有少开窗，甚至关闭门窗，尤其在春季湿度饱和时。实心厚
墙可减少墙面湿度的渗透；外墙面光滑或粉刷可防积水；也可将木柱油漆或涂桐油；将门
做成上下活动门，即上下两截型，上截打开时，下截可关，因空气中水汽密度重，故下沉，
当门下截关闭时，可减少湿空气进入室内。还有就是灰缝严密，构造密实，过去民居施工
时比较注意，特别是墙体和屋面，故防潮效果好。

广东地区也有采用挖水塘降低水位、加强穿堂风、采用坡屋面并用阳脊明沟、屋面出檐深远来取得建筑防潮。防潮措施有：建筑建在高地，排水畅通，常处干燥环境之中；平地建屋，常在村前挖水塘，或在宅内挖水井，使地下水位降低，有利于地面上部干燥；加强穿堂风，可带走部分潮湿空气；采用坡屋面，并用阳脊明沟，使排水畅通，有利于防水，不致渗漏；此外，屋面出檐深远，可保护墙面和地面，减少积水（图4-132）。

图4-132 粤东北梅州半月围
（图片来源：http://www.cgujian.com/uploads/allimg/130111/13345R346-0.jpg）

（3）浙江民居的做法

防潮湿是农村最伤脑筋的事。除了抬高地坪、"瓦好竹"（方言，意砌筑）、筑好墙脚外，选用地面材料是关键。在浙西、浙中、浙南一带，室内用三合土地面的被认为是富裕家庭、大屋，地面虽光滑，但梅雨天会泛潮，出现凝结水。经济条件差一点的家庭，用夯土地面，这种地面不泛潮，但容易起尘，且粗糙不平，浙东沿海地区一些大屋用石板做地面，效果好一些，但太费料，有些住宅用砖铺地面，有的家庭打地垄通气祛湿，有的则在夯土地面上铺木板，但这是个别的。

为了防潮湿，浙江民居普遍做木架子或用阁楼存放日用物件，浙南及某些山区则做出檐箱。有些地方为了防止木桩受潮腐烂，柱子和墙隔开一段距离，这段空间常常加隔板来置放东西（图4-133、图4-134）。

图4-133 浙中俞源村鸿宾楼墙体
（图片来源：程海达 摄）

图4-134 浙西大慈岩镇新叶古村
（图片来源：http://zjww.gov.cn/uploads/news/20070108080451222.jpg）

（三）建筑构造设计中的防水防潮

通过构造设计防水防潮，是当地的建造技术对气候的适应性，也反映生活方式对气候的适应性。

1. 防水

浙江民居的做法。为了防止漏水、雨水，采用小青瓦坡屋顶体系，坡度30°左右，（同福建，福建楼房分层出设腰檐）各地有异，降雨强度大的地方用三分水，小的地方用四分水。众多的檐、较深的檐既遮阳又是防止雨水打湿墙面以至飘到室内的重要措施（图4-135）。

2. 防潮

（1）江苏民居的做法

在南京的甘熙故居19号大厅的修复中发现地砖之下码放着上百个倒扣的坛子，因敲击地

图4-135　浙江余源村
（图片来源：王朕 摄）

面会有空响，故而称其为"响厅"，其实这种处理主要为了隔绝地下水气的上升，起到防潮作用，而且在较讲究的大户人家中使用较为普遍。

（2）江西民居的做法

柱础在民居建筑既有保护柱身和防潮功能，同时也是很重要的装饰构件。江西气候温湿，大多数地方地下水位很高，所以木结构的防潮非常重要，柱础就成为构架中柱子的驻地处，是个很重要的构件。江西天井式民居由于采用天井内排水形式，而堂面又多为开敞，所以对柱子防潮和柱础处理特别注意。

一般柱础高度都在三四十厘米之间，但也有为更有效提高防潮面而加高尺度的。加高柱础自然对防止溅雨和隔潮有利，但毕竟形象失真，不宜广为采用。如宜丰天宅郎官第的柱础高度增至80厘米，后堂檐柱竟加高到120厘米，并且还加了块状木质，即变成一段短石柱了。也有人用重础的形式，试图来调和两者之间的矛盾。如修水县桃里乡陈家大屋的柱础就是以一个八角莲瓣木础重叠在一个石鼓上，但还是有累赘之感。有些在柱子底面，即与柱础接触处开出十字交叉的通风槽线，外面刻成一如意纹的小缺口作为柱内散潮的通道口。虽然不见得有多大的效果，但也算是非常特别而且是用心良苦的做法。福建民居也采用柱底下设石柱础的方法防潮（图4-136）。

（3）两湖民居的做法

采用一柱双料的做法应对雨水和做防潮处理。湖北地区民居为石柱础上承木柱，柱础雕刻题材多样，为防雨淋，把石柱础做到0.6～1米高，也有的将柱身的下半截采用木材，也就形成了所谓的"一柱双料"的做法。柱子在两湖民居中按材料分为木柱和石柱。柱一般出现在中轴线的厅堂内，截面多为方形或海棠形。在湘南的桂阳正和阳山民居也采用"一柱双料"的做法。在湖南湘东地区以及一些大户人家的

图4-136　赣西北修水县桃里乡陈家大屋
（图片来源：http://www.zjww.gov.cn/uploads/wenbaodanwei/sb/427.jpg）

檐柱大都是石柱一直到顶。可见这种应对雨水和潮湿的不同策略，也与就地取材的营造习惯和户主的经济实力相关。

柱础的作用是避免木柱直接落地造成的受潮腐烂，碰掩受损，所以石材自然就成为做柱础的理想材料。柱础同时也是装饰的重点部位，形状雕成方形、鼓形、瓜形、八角形等等，雕刻的图案也是精美丰富。礩礅的作用和柱础类似，礩礅是将整块条石埋入地下，露出地表高度在150毫米左右，石条上柱脚下贯穿地脚枋，上部用来支承木柱和木板壁，很多块条石连在一起用来支承一排木柱和一整块木板镶的就叫连礩。两湖地区还采用抬高的木地板地面阻隔地下湿气 [62]（图4-137、图4-138）。

图4-137　湘东张谷英村
（图片来源：程海达 摄）

图4-138　湖南某民居
（图片来源：高源 摄）

四、南方传统民居的防寒保温技术

南方地区气候类型多样，受到地貌等因素影响，有些地区在考虑遮阳隔热的同时，也要兼顾防寒。

（一）防寒保温的布局

聚落布局对于抵御气候影响至关重要，云南地区的实例充分说明了这一点。

滇西北地区大部分属于严寒、寒冷地区，采暖期很长。因此，防寒保暖是这些地方的民居首先要考虑的问题。为了防寒，这些地区的民居墙体一般都较厚，至少在400毫米以上。平面布局也比较紧凑，像香格里拉地区，冬季十分寒冷，所以其民居的平面布局就集合成一体形式，墙体有的可厚达1米，开窗很少，可以减少外墙的热量损失（图4-139）。

（二）防寒保温的建筑形式

民居建筑形式最能反映其气候特征，不同地区的民居在形式处理上也将防寒隔热的理念运用进去。

图4-139　滇西云龙县诺邓村
（图片来源：杨雪 摄）

江苏地区李可染旧居均为硬山建筑，墙体用青砖砌筑。为使寒冷的冬天具有更好的御寒效果，檐墙采用较为精致的冰盘檐包檐处理，瓦顶无垂脊屋面，正脊用清水脊（图4-140）。

（三）防寒保温的构造形式

防寒隔热的构造形式包括墙体的特殊处理、防寒设施的配置以及材料的选择几个方面。

江苏徐州民俗博物馆中的建筑墙体采用了一种被当地称之为"里生外熟"的处理，也就是墙体分为内外两层，里层用土坯砌筑，外层用青石与青砖包砌，使原本较为简陋的土坯墙在外立面上给人以青石勒脚、清水砖墙体的精致形象。这似乎属于建筑用砖尚未普及时代高等级住宅的特征，而在实用方面却具有造价不高，又能起到保温作用的优点。这种墙体砌筑方法过去在徐州的大户人家非常普遍。

广西北半部分属中亚热带气候，桂北、桂西具有山地气候一般特征，"立体气候"较为明显。因此平原地区的合院、干阑等建筑由于气候温和，不需做特殊的防寒保温等措施。而土地建筑，由于气候的原因，冬天寒冷，室内采用火塘或烧火盆来取暖保温防寒，建筑外围护结构不做加厚处理（图4-141）。

图 4-140　苏北徐州市李可染故居
（图片来源：杨雪 摄）

图 4-141　桂东北龙脊村廖仕隆宅火堂
（图片来源：杨雪 摄）

五、南方传统民居的防灾、防害等技术措施

台风、白蚁都是南方地区比较常见的灾害，也是气候特征的另一种表现。因此，南方民居在此方面做出的回应也是适应气候特征的反映。防火安全性则南方、北方都要考虑。

（一）防台风

南方地区夏秋多台风，对聚落及民居建筑都有影响，因此各地民居在布局及建筑设计中都会考虑到这一因素，并加以防范。

1. 聚落布局防台风

（1）广东民居的做法

广东民居利用密集式布局、多进式布局防台风。密集式布局依靠建筑物之间互相毗邻，可增加抗风力。多进式布局，其朝向可与台风风向相同。据测定，4～5进的民居，最后一进住房，台风可减弱80%以上。如大门前加上影壁，最后有围墙，则防风更理想。因台风来时，常是回风，故前后两面都要防备它侵袭。

据调查，广东台风登陆多在汕头一带和海南与雷州半岛。台风登陆时风向为北向，登陆后风向转南，因此，建筑南北方向都受到台风的严重袭击。而广东的民居布局朝向采取南北向，它与台风主要风向所形成的角度很小，因此，由院落、围墙所组成的多进式民居布局对台风的阻挡是非常有利的。同时，这种总体布局方式，即使没有台风，在天气炎热情况下，对通风也是有效的。

（2）福建民居的做法

福建民居在建筑布局上迎合海风吹来方向，以疏导风的方向，并取得良好的通风效果。福建省各地区风速差异较大。沿海一带年平均风速达5米／秒。个别地区因处于突出的孤立山地而风速更大，如福鼎的福瑶岛海拔508米，年平均风速高达7.5米／秒。内陆盆地如三明、龙岩、南平地区年平均风速部在2米／秒以内。每年在夏秋之季常有台风侵袭，对建筑物危害极大。为了抵抗风力侵袭，沿海地区民居在迎风面多建单层，屋面不做出檐而为硬山压顶，屋面为四坡屋面，瓦上用石头压牢或用筒瓦压顶，屋顶周边用蛎壳粘住。在建筑布局上迎合海风吹来方向，以疏导风的方向，并取得良好的通风效果（图4-142）。

（3）广西民居的做法

由于广西受北方较强冷空气南下的影响，每年会出现大风天气，因此平原地区的建筑大都采用砖木地居式结构，墙体采用砖墙，并在砖墙内夹土层，进行防寒隔热处理，并用自重来保护房屋不受大风的侵扰；在村落布局上采用密集式布局、多进式布局，利用建筑间的相互毗邻，增强抗风能力[63]（图4-143）。

图4-142　闽东福州奇达渔村
（图片来源：http://www.dqlib.com.cn:8007/qkimages/syly/syly
201305/syly20130501-1-l.jpg）

图4-143　桂东北龙胜县龙脊村
（图片来源：叶安福　摄）

2. 建筑设计防台风

（1）广东民居的做法

广东民居有采用厚墙、实墙抗台风的例子。据南澳岛的调查，建筑都采用厚实墙体，用贝灰、砂、土夯实为三合土墙。有的还在里面加红糖糯米水，几百年都不坍。墙厚一般约2尺，即60厘米左右。有的在转角处加弯竹，有的在转角处每高1米放相互垂直的两块长形条石，其目的都是加固转角处，用来抗台风。

图 4-144 深圳老房子
（图片来源：http://p2.so.qhimg.com/sdr/_220_/t01e140418
b1f04b8dc.jpg）

建筑屋身低、出檐短，屋坡平缓，可防台风。一般不超过1/4屋坡。砖带压瓦，在屋面上砌3~4皮的砖带压住瓦面，有用一条砖带的，放在檐口部的瓦面上；有的在屋面上、下各用一条砖带；也有的在屋面上、中、下用三条砖带以压住瓦面的。通过升高檐口墙体上部作女儿墙，压住瓦面，可防台风。在穿斗式梁架和山墙上加中柱以及梁架之间桁（檩）之下置联系和拉结用的枋木，这些都是抗台风的良好措施[46]（图 4-144）。

（2）浙江民居的做法

海岛、沿海地区村庄多坐落在背风面，迎风山坡上的多建单层房屋，（同福建）房子低矮，檐高一人多高，小于 2.5 米，墙体厚，采用大基座砌法，普遍用块石砌墙裙，厚50~60厘米，向上收分 30~40 厘米，上部为砖。很少有附建式建筑，如厨房、储藏等是设在正屋内的，这样就减少了受风面积，屋顶周边用灰把瓦片贴在一起，有时还在屋面上压石块加固。

渔村内道路多用块石铺筑。院墙都是下大上小，不垂直，向上收分。这些特点和措施，除了防台风外，还有用地陡峭等原因。

（3）福建民居的做法

屋面不做出檐而为硬山压顶，屋面为四坡屋面，瓦上用石头压牢或用筒瓦压顶，屋顶周边用蛎壳粘住。这样的建筑坚固异常，抗台风能力强（图 4-145）。

（二）防白蚁

建筑物的虫害中，数白蚁危害最大。白蚁生性喜爱潮暑，故在南方地区尤为严重。白蚁危害房屋，在历史上曾有详细记载："房屋自倾，无故落地，城楼自坍。"清康熙年间吴震方在《岭南杂记》中写道："粤中温热，最多白蚁，新构房屋，不数日，为其食尽，倾圮者有之。"可见白蚁危害的严重程度。

图 4-145 福建牡蛎墙
（图片来源：http://cyjctrip.qiniudn.com/1412072807/D953B349-
2C07-456B-A4F7-77A267C38526.jpg）

白蚁靠蛀蚀纤维性物品如木材等为生，长年都隐藏在阴暗潮湿和通风不良的环境之中。据调查，白蚁危害房屋常在以下各部位：①梁架端部与砖墙、泥墙的交接处；②柱脚部位，即木柱与地面接触处；③门框、窗框端角；④木楼梯与地面或横梁的交接处；⑤竹木装修。建筑中防止白蚁的做法主要有：

1. 选址及建造防白蚁

选择良好的朝向和宅址，密实的屋面和外墙、性能好的木材和柱础可防患白蚁。具体措施有：

要选择良好的朝向，以便多纳阳光和获取良好的通风条件。选址应选择高地或坡地，使排水良好，以保持建筑的干燥。

屋面与外墙要防止渗漏。

木材的选择也是防白蚁的一项重要措施，选用抗白蚁性能好的木材，如铁梨木、东京木等，这些木材质坚纹密，白蚁不易蛀蚀，这在本地都有出产。木柱下的柱础多用石础、石墩、门槛、门框、地栿都用石材，檐柱部位用石柱代替木柱。

2. 桐油浇涂法

这是南方地区最常用的方法，即用热桐油浇涂木材两端，明代李羽《戒庵漫谈》一书中有记载用此方法。在民间，曾有在扶脊木等易受蚁蛀的部位放置木炭的做法。木炭治白蚁，在明代李时珍《本草纲目》中有记载："白蚁性畏烀炭，桐油"。[64]

3. 药物治蚁法

在明代方以智《物理小识》一书中曾有记载，青矾（绿矾）即是一法。青矾是一种有毒的化学药品，木材经过青矾溶液腌煮后，药剂渗入木质纤维内部，白蚁不敢蠹蛀。

砒霜粉治蚁法，是我国南方各省农村通行杀死白蚁的有效方法，现代治白蚁都广用此法。

蜃灰、石灰洒灭法，是民间常用治白蚁方法。蜃灰，即蚝壳灰。民间还有用明矾、盐水、石灰水浸泡木材的方法，也能防腐、防虫和防白蚁。

（三）防火

中国传统民居建筑多为木构架，虽然规模不大、层数不高，但是基于木材的可燃性高，在布局、建造中，也都会考虑防火的问题。

1. 利用马头墙与高大封闭外墙防火防盗

徽州传统民居外墙高大封闭，通常一层不设对外窗户，二层和三层设小窗洞以利通风，其所具备的安全和防盗功能也是不言而喻的。此外，一些大家族宅居群，如歙县棠樾号称三十六天井、九十九道门的鲍氏家族，宅居群之中设有火巷和更楼，则是更完备的安全设施了。

2. 利用天井中设太平缸蓄水防火

宅居内防火考虑最为集中的是天井。天井中常设太平缸蓄水，是就近灭火的主要水源。当然，许多宅居天井就是水池，或者天井扩大成了水园，对防火就更为有利了。

注　释

[1]　宋海波. 豫北山地传统石砌民居营造技术研究 [D]. 郑州：郑州大学，2012

[2]　李建国. 山西惠民魏氏庄园建筑艺术与技术 [D]. 青岛：青岛理工大学，2010

[3]　路晓明. 豫北地区生土建筑的结构类型与构造研究 [D]. 开封：河南大学，2010

[4]　谭文娟. 牟氏庄园建筑构造之解析 [J]. 山西建筑，2012，35（18）

[5]　回大伟. 抚宁长城沿线地区传统民居研究及其现代启示 [D]. 重庆：重庆大学，2012：82

[6]　李建国. 山东惠民魏氏庄园建筑艺术与技术 [D]. 青岛：青岛理工大学，2012：48

[7]　房鹏. 牟氏庄园的地域建筑文化特性及现代启示 [D]. 西安：西安建筑科技大学，2007：45

[8]　金月梅. 胶东沿海乡村聚落海洋文化初探 [D]. 青岛：青岛理工大学，2009

[9]　回大伟. 抚宁长城沿线地区传统民居研究及其现代启示 [D]. 重庆：重庆大学，2012：82

[10]　周若祁. 绿色建筑体系与黄土高原基本聚居模式 [M]. 北京：中国建筑工业出版社，2007：18

[11]　赵群. 传统民居生态建筑经验及其模式语言研究 [D]. 西安：西安建筑科技大学，2004

[12]　张群. 西北荒漠化地区生态民居建筑模式研究 [D]. 西安：西安建筑科技大学，2011：76

[13]　樊海国. 邯郸地区传统民居的生态性研究 [D]. 邯郸：河北工程大学，2012：40

[14]　房鹏. 牟氏庄园的地域建筑文化特性及现代启示 [D]. 西安：西安建筑科技大学，2007：65

[15]　王军. 西北民居 [M]. 北京：中国建筑工业出版社，2010：262

[16]　孙成政. 魏氏庄园的建筑特色与文化资源的研究 [D]. 济南：山东大学，2008

[17]　房鹏. 牟氏庄园的地域建筑文化特性及现代启示 [D]. 西安：西安建筑科技大学，2007

[18]　武丽霞. 华北地区传统建筑的生态型研究 [D]. 天津：河北工业大学，2011.

[19]　王川. 新疆阿以旺民居的气候适应性研究 [D]. 北京：北京服装学院，2011

[20]　王川. 新疆阿以旺民居的气候适应性研究 [D]. 北京：北京服装学院，2011

[21]　李慧心. 河北井陉大梁江聚落与建筑研究 [D]. 成都：西南交通大学硕士学位论文，2012：7-8.

[22]　回大伟. 抚宁长城沿线地区传统民居研究及其现代启示 [D]. 重庆：重庆大学，2012

[23]　王军. 西北民居 [M]. 北京：中国建筑工业出版社，2010：156

[24]　王金平，徐强，韩卫成. 山西民居 [M]. 北京：中国建筑工业出版社，2009：283-284

[25]　王金平，徐强，韩卫成. 山西民居 [M]. 北京：中国建筑工业出版社，2009：261

[26]　王军. 西北民居 [M]. 北京：中国建筑工业出版社，2010：265

[27]　王军. 西北民居 [M]. 北京：中国建筑工业出版社，2010：266

[28]　王军. 西北民居 [M]. 北京：中国建筑工业出版社，2010：266

[29]　薛林平，刘捷. 黄土高原上传统山地窑居村落的杰出之作——西汾西县师家沟古村落 [J]. 华中建筑，2007，25（7）：97

[30]　潘明率，胡燕. 晋南地区传统民居营造技术研究——以丁村明清民居为例 [J]. 北方工业大学建筑工程学院，2008，26（12）：253

[31]　丁凤萍. 王家大院民居建筑防潮及排水功能研究 [J]. 文物世界，2005，（5）：87

[32]　康峰. 阳城上庄村聚落及民居形态分析 [D]. 太原：太原理工大学，2003

[33] 李慧敏. 古村落历史人居环境规划设计方法研究——中国历史文化名村厦门古堡为例 [D]. 西安：西安建筑科技大学，2009

[34] 李志新. 河中游古村镇基础设施调查研究 [D]. 北京：北京交通大学，2011

[35] 杜小玉. 山西临县碛口古镇及周边古村落景观研究初探 [D]. 北京：北京林业大学，2012

[36] 王金平，徐强，韩卫成. 山西民居 [M]. 北京：中国建筑工业出版社，2009：285

[37] 房鹏. 牟氏庄园的地域建筑文化特性及现代启示 [D]. 西安：西安建筑科技大学，2007：45

[38] 王金平，徐强，韩卫成. 山西民居 [M]. 北京：中国建筑工业出版社，2009：285

[39] 王金平，徐强，韩卫成. 山西民居 [M]. 北京：中国建筑工业出版社，2009：285–286

[40] 中国生态与生态功能区划数据

[41] 李嘉仪，刘璇. 环境决定论影响下的中国东北民居 [J]. 城市建设理论研究（电子版），2013，（10）

[42] 周立军，陈伯超，张成龙，孙清军，金虹. 东北民居 [M]. 北京：中国建筑工业出版社，2010：220

[43] 周立军，陈伯超，张成龙，孙清军，金虹. 东北民居 [M]. 北京：中国建筑工业出版社，2010：220–221

[44] 周立军，陈伯超，张成龙，孙清军，金虹. 东北民居 [M]. 北京：中国建筑工业出版社，2010：221

[45] 岳邦瑞，李春静，李敏慧，陈磊. 气候主导下的吐鲁番麻扎村绿洲乡土聚落营造模式研究 [J]. 西安建筑科技大学学报，2011（4）：567

[46] 陆琦. 广东民居 [M]. 北京：中国建筑工业出版社，2008：38–44

[47] 李先逵. 四川民居 [M]. 北京：中国建筑工业出版社，2009：78–79

[48] 李晓峰. 两湖民居 [M]. 北京：中国建筑工业出版社，2009：59–6

[49] 戴志坚. 福建民居 [M]. 北京：中国建筑工业出版社，2008：80–81

[50] 陆琦. 广东民居 [M]. 北京：中国建筑工业出版社，2008：43–44

[51] 丁俊清，杨新平. 浙江民居 [M]. 北京：中国建筑工业出版社，2009：109–130

[52] 吴正光等. 西南民居（中国民居五书）[M]. 北京：清华大学出版社，2010：232

[53] 单德启. 安徽民居 [M]. 北京：中国建筑工业出版社，2009：72

[54] 李晓峰. 两湖民居 [M]. 北京：中国建筑工业出版社，2009：60

[55] 黄浩. 江西民居 [M]. 北京：中国建筑工业出版社，2008：190–193

[56] 李先逵. 四川民居 [M]. 北京：中国建筑工业出版社，2009：35–236

[57] 肖湘东. 湘西民族建筑布局和空间的研究 [D]. 中南林学院，2004

[58] 杨大禹，朱良文. 云南民居 [M]. 北京：中国建筑工业出版社，2009：202

[59] 金蕾. 云南传统民居墙体营造意匠 [D]. 昆明理工，2004

[60] 李晓峰. 两湖民居 [M]. 北京：中国建筑工业出版社，2009：60

[61] 雍振华. 江苏民居 [M]. 北京：中国建筑工业出版社，2009：149

[62] 张乾. 生态建筑技术的适应性研究——鄂东南传统民居的生态学调研和实践 [D]. 华中科技大学，2005

[63] 雷翔. 广西民居 [M]. 北京：中国建筑工业出版社，2009：79–99

[64] 【明】李时珍《本草纲目》

第五章　中国传统建筑应用地方材料的经验

建筑"皆以材为祖",如何合理地开发和利用建筑材料是自古至今一切建筑活动必须解决的基本问题之一。早在春秋末期,我国先民就总结出"因天材,就地利"的建筑营造经验。"因天材,就地利",即就地取材,充分利用地方材料和地形地貌的有利条件。遵循这一经验,不仅可以最大限度地节省人力、物力、财力,保护耕地和自然环境,而且能营建出体现地域建材禀赋特色和地形地貌特征的风格各异的聚落和民居。

我国国土辽阔,地形地貌、气候条件复杂多样,土、木、竹、石、草等各类天然材料丰富,周秦时代又发明了砖、瓦等人工材料。我国古代劳动人民因地制宜、因材致用,巧妙地开发和利用各地的建筑材料,创造了各种不同风格的建筑。黄河中游一带由于肥沃的黄土层既厚且松,能用简陋的工具从事耕种,因而在新石器时代后期,人们在这里定居下来,发展农业。当时这一带的气候比现在温暖而湿润,生长着茂密的森林,木材就逐渐成为中国建筑自古以来所采用的主要材料 [1]。

为了抵御严寒,北方地区房屋朝向采取南向,并使用火炕与较厚的外墙和屋顶,材料多采用厚实的夯土、石。在温暖潮湿的南方,房屋多采取南向或东南向,以接受夏季凉爽的海风,或在房屋下部用架空的干阑式构成,流通空气,减少潮湿,建筑材料除木、砖、石外,还利用竹与芦苇。此外,在石料丰富的山区,用石块、石条和石板建造房屋。森林地区则采用木制井干式壁体或干阑式构造,黄土高原地区多采用下沉式窑洞和靠山窑。

中国建筑用材的最大特色在于木与土。这些材料都是东方大地自然的馈赠,也是古老东方农业文化在建筑上灿烂的映照 [2]。中国传统民居的绿色技术体现在土、木等自然材料和营建技术的高度统一上。

第一节　中国木结构建筑技术

一、中国古代建筑的历史成就

中国古代建筑,是世界六支原生的古老建筑体系之一,从影响、辉煌程度和历史看,中国古代建筑的规模是不可比拟的。其历史可追溯到原始社会仰韶文化时期,黄河中下游和长江流域一带就出现了第一批建筑物,约在距今六七千年前,古人已经使用榫卯构筑木架房屋(浙江余姚河姆渡遗址)。其陵寝、宫殿、庙宇、园林及其他建筑,从京城到边城喀什,绵延数千里。北京明、清两代的故宫,是世界上现存规模最大、建筑精美、保存完整的大规模建筑群。至于我国的古典园林,它的独特的艺术风格,使它成为中国文化遗产中的一颗明珠。这一系列现存的技术高超、艺术精湛、风格独特的建筑,在世界建筑史上自成系统，独树一帜，是我国古代灿烂文化的重要组成部分[3]。

中国传统建筑从整体构成来看，一般都由台基、屋身、屋顶三部分组成。其中台基主要是用层层夯土或夯土与碎砖瓦石块交互重叠夯筑而成，更多的是用到了土工技术，屋身则是厚重的土坯、夯土和砖石墙体，而从空间架构到屋顶，木结构技术则占了绝对主要的地位。一般而言，中国古代的建筑活动被称为"营建"，也称为"土木"[4]。"土"与"木"结合演化、传承发展，凝结了灿烂的建筑文化，形成了清晰的"土木"文脉[5]。但是中国的木结构体系造就了中国建筑特有的空间系统和独特的形式与风格。

秦、汉时期，中国建筑在历史上出现了第一次发展高潮。其结构主体的木构架体系已趋于成熟，重要建筑物上普遍使用斗栱。屋顶形式多样化，庑殿、歇山、悬山、攒尖、囤顶均已出现。

隋、唐时期，建筑在形制艺术上更趋成熟，唐代的繁盛使各族文化融合而予以统一，居住制度更为完备。唐鼎盛时期在首都长安与东都洛阳相继修建规模巨大的宫殿、苑囿、官署。在全国出现了许多著名地方城、商业和手工业城。木建筑解决了大面积、大体量的技术问题，并已定型化。我国现存最早的木构建筑是建于唐代的五台山佛光寺大殿，面阔7间，进深8架椽，单檐四阿顶。

北宋时期，我国有了第一部关于建筑设计及技术经验总结的完整巨著《营造法式》。这是一部有关建筑设计和施工规范的书，也是一部完善的建筑技术专书。它主要记录了官家大式、大木等做法，系统地反映出官式建筑的发展水平。木架建筑采用了古典的模数制。《营造法式》总结历代以来建筑技术的经验，制定了"以材为祖"的建筑模数制。对建筑的功限、料例作了严密的限定，以作为编制预算和施工组织的准绳，反映出中国古代建筑到了宋代，在工程技术与施工管理方面已达到了一个新的历史水平。

元、明、清三朝统治中国达600多年，其间除了元末、明末短时割据战乱外，大体上保持着中国统一的局面，建筑的历史也到达了发展高潮。元代营建大都及宫殿，明代营造南、北两京及宫殿。在建筑布局方面，较之宋代更为成熟、合理。明清两代距今最近，许多建筑佳作得以保留至今，如京城的宫殿、坛庙，京郊的园林，两朝的帝陵，江南的园林，遍及全国的佛教寺塔、道教宫观，及民间住居、城垣建筑等，构成了中国古代建筑史的光辉华章。

梁思成先生论及中国建筑曾如此评价："中国建筑乃一独立之结构系统，历史悠长，散布区域辽阔。数千年来无遽变之迹，渗杂之象，一贯以其独特纯粹之木构系统，随我民族足迹所至，树立文化表志。"并在其所著的《中国建筑史》中总结了中国传统建筑的四大特点：

（1）以木料为主要构材

世界它系建筑，多渐采用石料以替代其原始之木构，主要造法依石料垒砌之法产生其形制。中国始终保持木材为主要建筑材料，且其形式为木造结构之直接表现。结构方面尽木材应用之能事，以臻实际之需要，同时完成其本身完美之形体。匠师既重视传统经验，又忠于材料之应用，故中国木构因历代之演变，乃形成遵古之艺术。

（2）利用构架制之结构原则

中国古代建筑惯用木构架作房屋的承重结构。沿房屋进深在柱础上立柱，柱上架梁，梁上叠梁组成一组屋架。平行的两组构架之间以横向枋联结，在各层梁头与脊瓜柱上安置檩，以联系构架与承载屋面。檩间架椽子，构成屋顶的骨架。这样，由两组构架即可构成一间，一座房子可以是一间，也可以是多间。"间架"是建筑的基本构成单位。

（3）以斗栱为结构之关键，并为度量单位

斗栱是中国木构架建筑中最特殊的构件。在木构架之横梁及立柱间过渡处，施横材方木相互垒叠，前后伸出作"斗栱"，与屋顶结构有密切关系，其功用在以伸出之栱承受上部结构的荷载，传至立柱，故为大建筑物所必用。后世斗栱之制日趋标准化，全部建筑物之权衡比例遂以横栱之"材"为度量单位，犹罗马建筑之柱式，以柱径为度量单位，治建筑学者必习焉。

（4）翼展之屋顶部分

中国建筑中，至迟自殷代始，屋顶已极受注意，历代匠师不殚繁难，集中构造之努力于此。依梁架层叠及"举折"之法，以及角梁、翼角、椽及飞椽、脊吻等之应用，形成屋顶坡面、脊端及檐边、转角各种曲线，柔和壮丽，被视为中国建筑神秘风格之特征，值得注意的是，屋顶形成的优美曲线是因结构而自然呈现，绝非特意为之。[6]

木构架承重的建筑是全国使用面最广、数量最多的一种建筑类型。数千年来，帝王的宫殿、坛庙、陵墓以及官署、佛寺、道观、祠庙等都普遍采用，木架建筑如此长期、广泛地被作为一种主流建筑类型加以使用，必然有其内在优势。包括：取材方便、适应性强，墙不承重，只起围蔽、分隔和稳定柱子的作用，因此民间有"墙倒屋不塌"之谚。木构架采用榫卯结合，木材本身具有的柔性加上榫卯节点的可活动性，使整个木构架在消减地震力的破坏方面具备很大的潜力。木材施工速度快，具备较高的建造效率。榫卯节点有可卸性，便于修缮、搬迁。[7]

正因为以上这些优势，使木结构建筑一直到19世纪末、20世纪初仍然牢牢地占据着我国建筑的主流地位。

此外，中国古代建筑在平面布局方面有一种简明的组织规律，这就是每一处住宅、宫殿、官衙、寺庙等建筑，都是由若干单座建筑和一些围廊、围墙之类环绕成一个个庭院而组成的。同时，这种庭院式的组群与布局，一般都是采用均衡对称的方式，沿着纵轴线（也称前后轴线）与横轴线进行设计。比较重要的建筑都安置在纵轴线上，次要房屋安置在它左右两侧的横轴线上，北京故宫的组群布局和北方的四合院是最能体现这一组群布局原则的典型实例。这种布局是和中国封建社会的宗法和礼教制度密切相关的。它最便于根据封建的宗法和等级观念，使尊卑、长幼、男女、主仆之间在住房上也体现出明显的差别。

二、中国木结构体系及其主要类型

在长期的封建社会中，房屋建筑逐渐由木结构建筑替代了大规模夯土的建筑形式，木结构建筑成为古代建筑的主流。其结构形式主要是以木材构成各种形式的梁架作为承重结构的主体，而墙壁不承重，只起围护作用。古代劳动人民用这种方法建造了许多规模宏大、形象舒展、构造坚固的建筑，显示出木结构技术的高度成就[8]。木构架建筑技术一直沿用到近代、现代。而像北京四合院那样在明清时期已从地域性转化为官式的正统性，上升为规范程式的建筑，它在近代的继续建造，就不仅仅是乡土建筑的延承，更是意味着北方官式建筑活动的延续。这些建造于近现代时期的乡土建筑、官式建筑，可以说是中国古老建筑体系的活化石，它直观地展现出传统建筑技术超长期的生命力。[9]

我国古建筑木构架体系的类型，比较通行的观点一般分为穿斗式、抬梁式（或称叠梁式、架梁式）和井干式三大类。[10, 11]或分为抬梁式、穿斗式、干阑式和井干式四种。这些技术在汉代便已成熟，此后运用普遍，范围甚广。抬梁式木构架多用于北方地区民居建筑及宫殿、庙宇等规模较大的建筑物，穿斗式木构架多用于江西、湖南、四川等南方地区的民居建筑。干阑式和井干式木构架较为特殊，以竹、木梁柱架起房屋为主要特征，广泛分布于西南少数民族地区以及广东南部近海地区，多用于民居建筑。[12]

（一）抬梁式木构架体系

潘谷西《中国建筑史》一书中对抬梁式木构架的描述是："柱上搁置梁头，梁头上搁置檩条，梁上再用矮柱支起较短的梁，如此层叠而上，梁的总数可达 3～5 根。当柱上采用斗栱时，则梁头搁置于斗栱上。"抬梁式又分为大木大式和大木小式，大木大式用于官式建筑中，柱头上做斗栱，大木小式用于民居建筑，柱头上不做斗栱。

抬梁式构架主要分殿堂型和厅堂型两个类型。抬梁式木构架的做法，是沿着房屋的进深方向，在石料台阶上立柱，柱上架梁，再在梁上重叠数层瓜柱和梁，最上层梁上立脊瓜柱，构成一组木构架。在平行的两组木构架之间，用横向的枋联络柱的上端，并在各层大梁和屋脊下的平梁之上，设置若干横向的檩（唐宋时称槫），檩或槫上排列椽子以承载屋瓦重量。这样，两组木构架之间形成的空间称为"间"，可以说，中国木结构建筑千变万化，造型大部分是以这样一间抬梁式木构架为基础的（图5-1）。

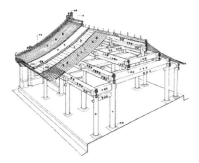

图 5-1　抬梁式木构架示意图
（图片来源：潘谷西. 中国建筑史 [M]）

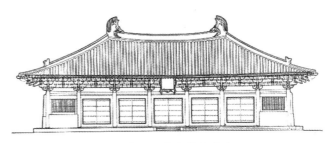

图 5-2　山西五台山佛光寺大殿立面
（图片来源：潘谷西.《中国建筑史》[M]）

始建于唐宣宗大中十一年（857 年）的五台山佛光寺大殿，是抬梁式殿堂型的最好例证（图5-2、图5-3）。全部结构按水平方向分为柱额、铺作、屋顶三个整体构造层，自下而上逐层安装，叠垒而成；位于嵩山少林寺旁的初祖庵大殿（图5-4），始建于北宋宣和七年（1125年），是抬梁式木构架厅堂型的代表，初祖庵大殿采用横向的垂直屋架，每个屋架由若干长短不等的柱梁组合而成，只在外檐柱上使用铺作，每两个屋架间用椽、襻间等连接成间，抬梁式构架所形成的结构体系对中国古代木构建筑的发展起着决定性的作用，也为现代建筑的发展提供了可资借鉴的参考。

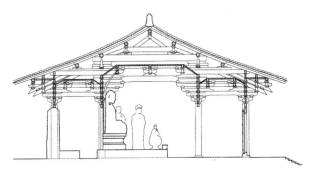

图 5-3　山西五台山佛光寺大殿立剖面
（图片来源：潘谷西.《中国建筑史》[M]）

图 5-4　嵩山少林寺初祖庵大殿
（图片来源：www.lofter.com）

（二）穿斗式木构架体系

　　与磅礴大气的抬梁式构架不同，穿斗式构架是一种简洁轻盈的构架。此种构架也是沿着房屋进深方向立柱，但是柱的间距较密，柱直接承受檩的重量，不用架空的抬梁，而是以数层"穿斗"贯穿各柱，组成一组组的构架。穿斗式构架被中国南方的建筑所普遍采用（图5-5）。

　　穿斗式木构架的具体结构做法是：用穿枋把柱子串联起来，形成一榀榀的房架；檩条直接搁置在柱头上；在沿檩条方向，再用斗枋把柱子串联起来。由此形成了一个整体框架。这种木结构广泛用于江西、湖南、四川等南方地区。穿斗式每檩下置立柱落地，柱子之间只用穿枋（一层或几层）来连接，构成排架，每根檩都架在落地柱上，屋面荷载通过椽、檩传到柱子、地面上。穿枋不直接承重，是联系构件，保持柱子的稳定。本质是以柱子直接承重，不通过梁或斗栱传力，有时为减少柱子数目，可以在前后檐柱（或金柱）以内减柱，由架在小梁或穿枋上的短柱来代替。

　　此结构形式有效降低了对木料的长度、硬度围度等诸多方面的要求，可以利用小料加工做成穿枋、斗枋连接柱与柱之间以加强结构坚固性。另外由于其柱距密，由穿枋、斗枋连接的特点使其拥有了可以自由分割竖向空间的便利条件，适合于南方多雨潮湿地区做架空建筑。

　　穿斗式建筑的结构形式所带有的几点特征：①有可自由分割的竖向空间，可做架空也可做成阁楼；②可自由分割的平面，柱承重不受承重墙的限制，也可自由开窗，两柱之间窗大小不受限制；③柱距小，用材少，更适合民居建筑使用；④同样，受木材高度本身的限制，层高也无法超出一定限度。

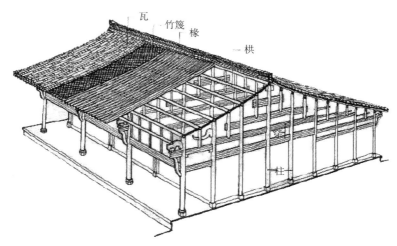

图 5-5（a）　穿斗式木梁架
（图片来源：潘谷西．中国建筑史 [M]）

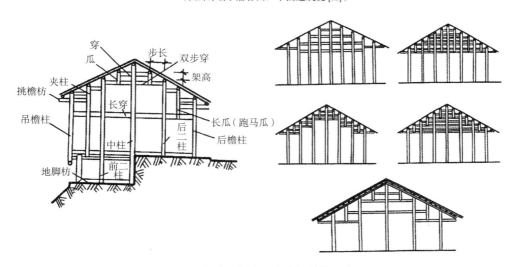

图 5-5（b）　穿斗式木构架结构示意图
（图片来源：谢玉明．中国传统建筑细部设计图集 [M]）

　　穿斗式大木结构体系在抵抗炎热潮湿的气候条件方面也有着一定的优势（图 5-6）：

　　（1）增加层高：为了抵抗炎热气候，南方传统建筑的层高多较之北方建筑略高，为了更多的增大层高，最有效的办法就是把单一的受力构件转化成一个完整的传力体系，可以减小各个构件的尺度，使之变得纤细。

（2）增加空气流动：穿斗木构建筑通过减柱的方式扩大厅堂的空间，尽量不使用门窗或墙隔断，如此带来了解决大跨度空间的问题，除了增加梁的高度之外，辅助传力的重要手段就是使用丁头栱缩短跨距。

（3）防雨防潮措施通过深远的挑檐使雨水不至于腐蚀地基、墙壁和柱础，是古建筑常用做法，插栱的形态也随结构要求进行了一系列改变成为现在适应其承力要求的构件。[13]

图 5-6 朗德上寨穿斗式民居
（图片来源：刘璇 摄）

（三）干阑式木构架体系

干阑，俗称"吊脚楼"，是一种分布广泛而又原始古老的居住方式。早期人类逐渐从巢居走下大树，在平地上筑起土台，在土台之上建造竹楼或木楼；或在沼泽地上打下木桩，在木桩上建起竹楼或木楼，延续着"构木为巢"的居住方式，以避免猛兽蛇虫的侵扰，这种模仿巢居的"高台式土木建筑"，就是早期的"干阑式建筑"。该木构架体系是以桩木为基础，构成高于地面的基座，以桩柱绑扎的方式立柱、架梁、盖顶，最终建造成半楼式建筑，它是巢居的继承和发展（图 5-7）。

（a）原始巢居　　（b）橧巢　　（c）干阑式建筑
图 5-7 原始干阑式建筑
（图片来源：李长虹 等．浅谈干阑式建筑在民居中的传承与发展 [J]）

建筑上部空间用梁柱做成支撑体系，形成初具规模的简单木构架，用来承托树枝结成的方格网状屋面。从桩础遗迹来看有 4 根立柱，另外屋梁和地梁之间有一根立柱，立柱为两头榫且榫体较小，由于有了这根立柱，便可在屋顶坡面中间增加一根次梁，使 5 米长的坡面通过两段连接完成，从而使屋面得以架设。这根立柱架设后，再经中柱绑扎一根横撑将中柱两边的两根次梁撑住，可使屋架更加稳固，这种带横撑的五梁五柱干阑式建筑至今在西南边陲少数民族地区仍然可以见到[14]。

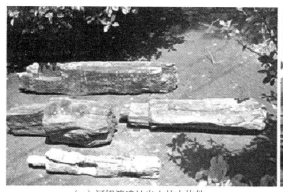 

（a）河姆渡遗址出土的木构件　　　　　　　　　　（b）梁柱结构复原模型

图 5-8　河姆渡干阑式建筑的梁柱结构

（图片来源：李长虹 等. 浅谈干阑式建筑在民居中的传承与发展 [J]）

干阑式建筑单体均呈"西北—东南"方向布置，这与中国传统"坐北朝南"的建筑方向选择有较大差别，该朝向选择与干阑式建筑本身的特点密切相关。据考证，当时的建筑还未开窗，而门的位置与傣族的干阑式建筑相似，开在山墙面上，具有出入、通风、采光、排除烟尘等诸多功用。门的朝向是向南偏东 10℃左右，在江浙地区，这个朝向在冬季日照时间最长而在夏季最短，既能避开夏季的炎热，又能增加冬季的采光时间，当地建筑迄今仍在继续选择这个合理的朝向。

建筑的基座由木桩、地梁和地板三部分构成。建筑主体架空，既减少了地面的处理工作，同时又解决了防潮、防虫蛇等问题。

"干阑式"民居的一般建构程序为：先在选择确定好的地基上，根据建筑规模的大小需要，设立底层的木桩支柱，并在桩柱上交错搭接纵、横两向的竹木梁架，然后再铺设木板或竹篾板形成架空的平台，其中有一些支撑柱子（如转角柱、房间分隔柱、中柱等）可直接升到上层，再上升到上层的柱子顶部建盖屋架、铺设屋面，最后再来建造用于围护房屋和分隔房间的墙壁（图 5-9）。

（四）井干式木构架体系

井干式是一种早期的结构形式，在云

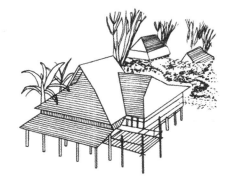

图 5-9　干阑式木构架示意

（图片来源：谢玉明. 中国传统建筑细部设计图集 [M]）

南晋宁石寨山发掘出的奴隶社会遗址出土了大量铜器，其中有一批铜造的建筑模型和铜器上刻画的建筑图，都表现出井干式结构。现在森林地区仍然使用着这种形式的建筑，它大致保持着传统的形式。但在工艺技巧上有很多的改进，如一般已不用圆木而改用长方形界面的方木或厚木板，结构的榫卯做得极为精致，能够随时拆卸、拼装等[15]。

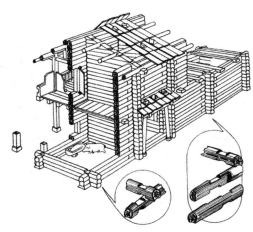

井干式建筑的木构架形如古代水井上的木围栏，不用立柱和大梁而是与圆木、矩形或六角形木料平行向上层层叠置，在转角处，木料端部交叉咬合形成房屋四壁，再在左右两侧壁上立矮柱呈脊檩构成房屋[16]。

这种结构形式多见于东北、云南等林区。该林区所见木垒墙壁的住宅，是民间的一种普通做法，端部开凹榫相叠，但由于受到木材长度的限制，房间开间通常较小（图5-10）。

图 5-10　井干式结构

（图片来源：谢玉明.中国传统建筑细部设计图集[M]）

（五）木构架基本结构构件

1. 柱

立柱是中国木构建筑的重要构件，它支撑着沉重而庞大的架梁、屋顶。

屋柱总的可分为外柱和内柱两大类。按结构所处的部位，一般建筑中常见的有檐柱、金柱、中柱、山柱、角柱、童柱等。此外，又有都柱、倚柱、排叉柱、塔心柱、望柱……。依构造需要，则有雷公柱、垂莲柱、槏柱、擎檐柱、抱柱、心柱等多种。柱之外观，有直柱、收分柱、梭柱、凹楞柱、束竹柱、瓜柱、束莲柱、盘龙柱……。

柱的断面、高度与建筑尺度的关系，在《营造法式》中已有规定："凡用柱之制，若殿阁，即径两材两栔至三材；若厅堂柱，即径两材一栔；余屋，即径一材一栔至两材。若厅堂等屋内柱，皆随举势定其短长，以下檐柱为则（原注：若副阶廊舍，下檐柱虽长，不越间之广）"。其中提到的"材"、"栔"，都是宋代建筑中的计量单位。"举势"，指屋面坡度。[17]

中国建筑中的木柱很早就采取大体合乎力学要求的1/10左右的柱径与柱高之比。唐及辽代初期，柱子径较为粗一些，多半约为1/8与1/9，宋金时代檐柱仍保留这种粗壮的比例，但内柱则较为细长，为1/11～1/14左右。元明之后则趋向细长，多为1/19～1/11之间，清代则规定了1/10。[18]

内外柱有等高的和不等高的。前者如佛光寺大殿，内外柱高相等，柱径也基本一致。宋代建筑两种做法都有。按照室内空间的不同要求、荷载的大小来选择长度和断面不同的柱子，因此内外柱不等高和不等径的出现是结构上的一个进步。宋、辽建筑的檐柱由当心间向一端升高，因此檐口呈一缓和曲线，这在《营造法式》中称为"生起"。它规定当心间柱不升起，次间柱升2寸，以下各间依次递增。

为了使建筑有较好的稳定性，宋代建筑规定外檐柱在前、后檐均向内倾斜柱高的

10/1000，在两山向内倾斜 8/1000，而角柱则两个方向都有倾斜。这种做法称为"侧脚"。如为楼阁建筑，则楼层于侧脚上再加侧脚，逐层仿此向内收。元代建筑如永乐宫三清殿尚保留这种做法，到明、清则已大多不用。

在秦、汉宫室建筑遗址和崖墓中，有的于厅堂平面中央仅设一根柱子，汉文献中称为"都柱"。这种形制，很可能是原始社会袋穴穴居及半穴居建筑的遗风。由许多开间形成的木构建筑，大多具有某种形式的柱网。依河南偃师二里头夏代一号宫殿遗址，已有建造在夯土台上面阔 8 间、进深 3 间的殿堂。其檐柱柱穴排列已相当整齐，因室内未发现柱穴，可能当时已采用了"通檐用二柱"的屋架了。唐佛光寺大殿使用"金厢斗底槽"式内、外二圈柱，而大明宫麟德殿则是满堂柱式。还有以内柱将平面划分为大小不等的两区或三区的。前者如山西太原晋祠圣母殿、朔县崇福寺观音殿（金），在《营造法式》中称为"单槽"。后者如西安唐大明宫含元殿遗址和北京清故宫太和殿，《营造法式》中称为"双槽"。在门屋建筑中，用中柱一列将平面等分的，在《营造法式》中称为"分心槽"，例如河北蓟县独乐寺山门。在建筑主体以外另加一圈回廊的，《营造法式》称为"副阶周匝"，（这种形式，可能在商代建筑中即已出现），一般应用于较隆重建筑，如大殿、塔等。[19]

2. 梁

梁是屋架中的一种横跨构件，与立柱成垂直角度。梁主要承受由上部桁檩传递下来的屋顶荷载，再下传及柱及地。

主梁为直梁，其两端接设于前后两金柱之上。若是无廊之建筑，就放在两檐柱之上。梁的长短依建筑进深而定，同时梁的长短也决定了建筑的进深。由主梁之上用两短柱或短墩再支一短梁，逐层叠架而上，成叠梁式梁架。

原初木构架之梁多为圆形断面，而成熟木构架之梁断面以矩形甚至方形为多见。宋代大梁的高宽比为 3：2，明清之时接近于 1：1。

3. 檩

亦称桁，或桁檩，安设于各梁头之上，上承椽子。其尺度，大式桁径按斗口（清）定夺，小式桁与檐柱径略同。在宋代，檩径尺寸按建筑物品位作了规定，根据材架模数制度，宫殿之类檩径为一材一架至两材，厅堂者次之，为一材三分至一材一架。其余建筑型类相应递减。这种檩径规定，与各类建筑的形制、间之高广、间数以及斗栱等制度相对应。

4. 枋

中国木构建筑主要设于檐柱与檐柱之间的一种联系构件。因其多位于檐部，又称额枋。从立柱角度看，是屋柱的附件，但又是屋架的一部分。枋上常满饰雕塑或彩绘，似屋架之"面额"。初期之枋多为一根，称"阑额"，发展到后来在这一根枋下又增设一较细的枋，构成大小额枋形制，即上为大额枋下称小额枋，二枋间用垫板。枋也有某种承重作用。有的枋设于内柱之间，称内额，还有的设于柱脚处，叫地栿。

由于枋是连贯两柱间的横木，其长度就是面阔之制。在较大建筑物的大小额枋之间有立着之板，称由额垫板。大额枋的上皮与柱头平齐，上设一层平板枋，枋上排列各攒斗栱，斗栱之上设梁，梁上放桁。檐檩与檐枋之间加垫板，称为檐垫板。还有一种随梁枋，地位与功能与额枋相同，按进深连贯于两柱头之间（图5-11）。

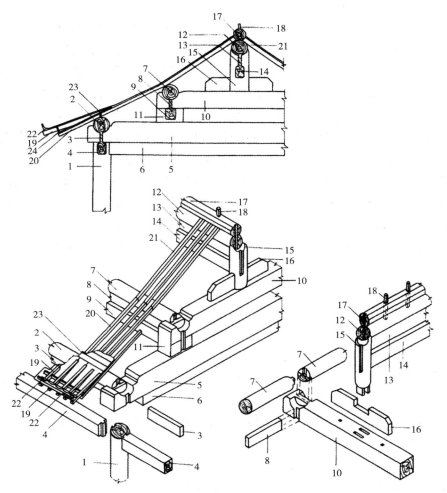

1.檐柱；2.檐檩；3.檐垫板；4.檐枋；5.五架梁；6.随梁枋；7.金檩；8.金垫板；9.金枋；10.三架梁；11.柁墩；12.脊檩；13.脊垫板；14.脊枋；15.脊瓜柱；16.角背；17.扶脊木（用六角形或八角形）；18.脊桩；19.飞檐椽；20.檐椽；21.脑架椽；22.瓦口与连檐；23.望板与里口木；24.小连檐与闸挡板

图 5-11　清式梁架分件图
（图片来源：谢玉明 . 中国传统建筑细部设计图集 [M]）

三、中国木构建筑技术的特色

中国古代建筑的发展，是产生在与欧洲古代文明完全不同的另一种地理历史文化背景下，并沿着不同的格局和路径进行的，中国古代木构建筑艺术的辉煌灿烂是尽人皆知的，同时，古代木构建筑的营造技术也贡献了一系列独有的成就。

（一）结构与空间一体的"间架"单元

木构建筑是中国古代建筑的主体形式，自秦汉以来，随着木构技术的不断发展，木构体系逐渐成熟和定型，形成了以间架形式为重要特征的大木结构体系。独特的间架形制，在很大程度上表现了中国木构传统的特色。即"结构"与空间的同一性。

传统大木结构的规模构成，由面阔上的"间"和进深上的"架"组成。"间"、"架"分别成为面阔与进深上的两向模量单位。其"间"指面阔上的两柱为间，"架"指进深上榑或椽之架构。而"间架"一词，一般则统指整体构架规模。

间架是一座木构建筑的基本构成单位。它的本义就是指房屋建筑内部空间结构的连接主体。间架的数量，直接影响到整栋建筑的大大小小的内部空间结构的不同布局。更确切地说，整个房屋建筑构架也就是间架。梁思成先生指出："中国建筑的主要特征之一就是以梁柱式建筑构架形制为结构原则："以立柱四根，上施梁枋、牵制成一间（即前后横木为枋，左右为梁），梁可数层重叠称之为'梁架'。每层缩短如梯级，逐级增高称为举折……四柱间的位置称之为间。通常一座建筑物是由若干间架组成的"。中国传统建筑艺术渊源颇深的"间架"一词，其本身就具有非常强烈的空间性和直观性，比如：古代书法家也常常用"间架"一词来表示汉字的字体间架结构，古人也往往用间架结构来指称文章前后的结构层。榫卯的间架结构构成中国古建筑的主体，以灵活和韧性支撑起整个建筑的空间结构，体现了技术与结构的统一。两组木构架之间形成的空间称为"间"，可以说，中国木结构建筑千变万化造型的根基，大部分是以这样一间抬梁式木构架为基础的。

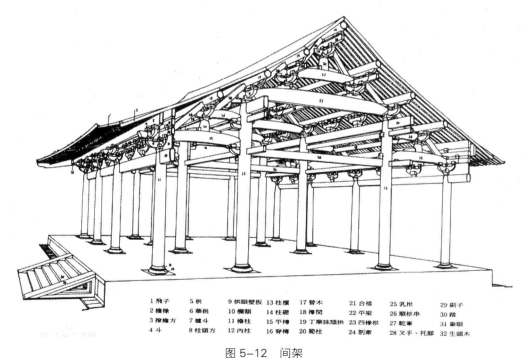

1 飛子	5 栱	9 栱眼壁板	13 柱檐	17 替木	21 合楷	25 乳栿	29 剳牵
2 檐椽	6 華栱	10 欄額	14 柱礎	18 襻間	22 平梁	26 順栿串	30 踏
3 撩檐方	7 櫨斗	11 檐柱	15 平榑	19 丁華抹頦栱	23 四椽栿	27 駝峯	31 象眼
4 斗	8 柱頭方	12 内柱	16 脊榑	20 蜀柱	24 剳牽	28 叉手・托脚	32 生頭木

图 5-12　间架
（图片来源：潘谷西 . 中国建筑史 [M]）

（二）模数化、标准化的"材份"制度历史悠久

《营造法式》上详细列出的以"材"为祖的"模数"制使中国建筑的结构和构件沿着

一条标准化的道路发展下去。到了清代，《工部工程做法则例》公布之后，以"材"为标准改为以"斗口"为标准，"模数"使用的范围随之更为扩大，制度更为细致和严谨，连平面开间和立面制式中的一些尺寸也受约束和纳入"模数"的约制之中。虽然，在现代建筑中曾有过不少提倡实施"标准化"和"模数"化的理论，近代建筑师勒·柯布西耶就是著名的倡议者。但是，至今为止，世界上真正实现过建筑设计标准化和模数化的只有中国的传统建筑。全面和系统的建立结构和构造的标准"法式"，使结构和构造在实践上得到了一定的便利和安全的保证，这一点不能不说是中国建筑技术上的一项重要成就。

"以材为祖"就是木结构中的许多尺寸"皆以所用材之分，以为制度焉"，即这些尺寸是根据设计时对该建筑所选用某一等级的"材"及其相关尺寸为依据来确定的。"材"在宋代包含了三方面的内容：其一指的是设计时选用的作为制约全建筑主要尺寸的木构件的等级；其二指的是以反映该等级的标准断面的木构杆件；其三，以该标准断面杆件为基础的木构构件。即使到了清代，无论是《清上部营造则例》、晚清的《营造算例》和江南的《营造法原》都记载了构件断面多以某种基本模数（如斗口、柱径）为计算依据，证明了中国建筑始终保持着模数制的用材制度。

（三）彰显力学与美学完美结合的"斗栱"

中国古代木构建筑发展史中不可忽视的成就之一在于发明了斗栱，斗栱是建筑体系中非常特殊的构件，在不同的历史发展时期起过重要的作用。它的演变可以看作是中国传统木构架建筑形制演变的重要标志。梁思成先生说："斗栱在中国建筑上的地位，犹柱饰之于希腊罗马建筑，斗栱之变化，谓为中国建筑之变化，亦未尝不可。犹柱饰之影响欧洲建筑，至为重大。"

斗栱主要由水平放置的方形斗、升和矩形的栱以及斜置的昂组成。在结构上挑出以承重，并将屋面的大面积荷载经斗栱传递到柱上。它又有一定的装饰作用，是建筑屋顶和屋身立面上的过渡。斗栱一般使用在高级的官式建筑中，大体可分为外檐斗栱和内檐斗栱二类。从具体部分又有柱头斗栱（宋称柱头铺作，清称柱头科）、柱间斗栱（宋称补间铺作，清称平身科）、转角斗栱（宋称转角铺作，清称角科），另外还有平坐斗栱和支承在檩枋之间的斗栱等。这里所谓的铺作，是指一组斗栱而言。[20]

梁思成对斗栱有过这样的解释："在梁檩与立柱之间，为减少剪应力故，遂有一种过渡部分之施用，以许多斗形木块，与肘形曲木，层层垫托，向外伸张，在梁下可以增加梁身在同一净跨下的荷载力，在檐下可以使出檐加

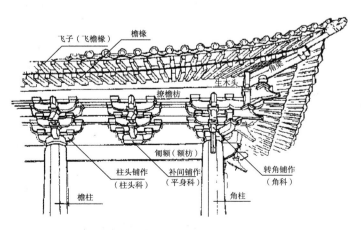

图 5-13　斗栱撑托屋檐示意图
（图片来源: 潘谷西.《中国建筑史》[M]）

远。"这些话说明了斗栱在中国建筑中应用和存在的意义。在整个建筑形制上，一直采用"倍斗而取长"的尺寸设计关系，立面的构图以斗栱为中心展开，到了清代，完全以"斗口"作为标准的模数单位，开间的柱距也以置放斗栱的架数来决定。

在外观上，斗栱的式样粗略看起来似乎都很相似，但是实际上它的种类和做法是非常繁多的。每个时代，每种类型的建筑物都会有其特殊的制式和变化，不过，总的来它们都有一定的构成规律。《营造法式》将斗栱的形制做了一次详细的总结，宋以后的斗栱大体上依照所规定的标准形式发展。宋制斗栱是由"斗""栱""昂""枋"四类部件组成，每一部件因所在的位置或作用不同，分别有它自己专门的名称，颇为繁复。在历史的发展过程中，斗栱由大到小，从结构构件逐渐演变成为装饰性构件。[21]

斗栱演变历程在中国木结构建筑中有着重要作用，它从出现到发展成熟经历了漫长的历程，不仅反映了当时的技术水平、社会背景和人们的文化心态，并且映射出了中国木建筑文化的兴衰。

（四）"反宇飞檐，雄健优美"的大屋顶

中国古建筑的木构架体系形成优美的屋顶造型，可谓"中国建筑之冠冕"，巨大的体量和柔和的曲线，使大屋顶成为中国建筑中最突出的形象，看似简单的直线和曲线，经过巧妙的组合形成向上微翘的飞檐，构成了稳重协调的大屋顶。房屋的面积越大，它们的屋顶也越高大，这种屋顶不但体型硕大，且为曲面形，屋顶四面的屋檐两头高于中间，整个屋檐形成一条曲线，不仅受力比直坡面屋顶均匀，并且易于屋顶合理的排送雨雪。这是中国建筑所特有的。古代文人将他们形容为"如鸟斯革，如翚斯飞"，这是古代匠人的一种创造。

中国大屋顶的历史悠久，据考古，河南偃师二里头早商时代的宫殿建筑，就可能已使用了《周礼·考工记》所言的"四阿重屋"，即庑殿重檐式。隋唐之大屋顶厚重而舒展，大气磅礴，除现存佛光寺大殿之外，还有九脊、攒尖等屋顶形制。到宋代时，大屋顶由唐风之浑厚雄健向优美、秀丽的方向发展，使用了卷杀法，屋顶坡度从唐之平缓而向陡峻发展。元、明清时代，造型更向峻严、耸起方向发展。大屋顶形制，在中国建筑文化史上沿袭了千年，由简入繁，由繁化简。期间不乏远播日本等海外国家，传播并影响了建筑形式。

中国大屋顶的技术成就是惊人的。与中国古典建筑屋盖恰成对比的"西洋古典"穹庐式屋盖和屋面下折的蒙萨屋盖，除了产生他们的社会因素之外，也只有在砖石建筑的条件下才能施行。同样，中国古典建筑凹曲屋面的形成，也自有它特定的物质和精神条件。对于土木混合结构来说，由于凹曲屋面具有很大优越性，所以在历史上随着国际文化交流的发展，它极易为邻近国家同一结构类型的建筑所接受，以至形成矗立于东方的一大建筑体系的最明显的外部特征。

梁思成在其《中国建筑史》中对中国建筑屋顶之结构给予了更为专业化的解说："屋顶为实际必需之一部，其在中国建筑中，至迟自殷代始，已极受注意，历代匠师不殚繁难，集中构造之努力于此。依梁架层叠及'举折'之法，以及角梁、翼角、椽及飞椽、脊吻等之应用，遂形成屋顶坡面、脊端及檐边、转角各种曲线，柔和壮丽，为中国建筑物之冠冕，而被视为神秘风格之特征，其功用且收'上尊而宇卑，则吐水疾而霤远'之实效。而其最可注意者，尤在屋顶结构之合理与自然。其所形成之曲线，乃其结构工程之当然结果，非勉强造作而成也。"以木构架为主要结构法式的中国建筑，屋架是其承重构件之一。它是造成建筑外立面屋顶高耸、檐口、檐角反翘之优美曲线的骨架；在建筑物内部，由于在柱间上部一般以梁与矮柱之类重叠巧构，营造了中国建筑所特有的内部空间韵律，和强烈的木构氛围，这是一种彼此交接营构、复杂有序的木构组群形象。构成这个木构组群形象的各个构件能够各得其所，有赖于举折之法。

图 5-14　北京雍和宫
（图片来源：http://bj.bendibao.com/tour/20131218/127657_2.shtm）

"举折"是宋代《营造法式》的一个名称，同清代所言"举架"。《周礼考工记》有云"匠人为沟恤，葺屋三分，瓦屋四分"。这表明至少在战国时已对草顶和瓦顶屋面规定了不同的坡度。举，指屋架高度；折，指屋面坡度并非由一根直线而是由若干直线所构。所以"举"为"举屋"，"折"是"折屋"，在宋代，关于屋顶坡度和屋面坡度的处理叫做"举折"。"举折"决定了屋架的高度与屋面的坡度。《营造法式》上说："历来举屋制度，以前后橑檐方心相去远近分为四分，自橑檐方背上至脊槫（即脊檩）背上，四分中举起一分。虽殿阁与厅堂及廊屋之类略有增加，大抵皆以四分举一位祖。"这里的"祖"是基本准则的意思。实际操作起来基本不离此则，但也视实际情况而定。《华夏意匠》中说到，中国的木构举折的历史发展规律，大体上为时代愈古，举高之程度愈小，即造成的屋顶坡度愈显得平缓（图 5-15）。

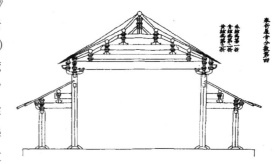

图 5-15　举折屋顶
（图片来源：华夏意匠 [M]）

这种屋架逐渐举高的姿态是结构技术上的一个进步。因为举高程度小平缓的屋顶在减少"风压"方面毕竟是有利的。然而发展到清代，屋顶举高程度增加并非不考虑风压问题，而是在结构技术进步的基础上为适应峻起与严肃的审美风格。在具体操作上，宋代是先定屋架之举高然后逐檩往下"折"，是由上而下；清代则相反，为自下而上以"步架"（檩间距离）为依据，逐檩上"举"，所以屋架之高有一定的发展余地。[22]

经过了长期的发展和创造的积累，中国建筑产生了各式各样的屋顶形式。典型的，今日尚可见的屋顶形式大概有七种，就是：庑殿、歇山、悬山、硬山、攒尖、单坡、平顶。总的来说，传统的中国式屋顶有三个最大的特色：第一就是出檐很远，由于达到这个目的而产生斗栱等一系列的檐口构造。出檐远对于加大屋顶的体量产生很大的作用，支持它长期存在的原因主要是它对木结构构架本身的保护产生了很大的作用。第二就是屋顶上的装饰构件很多，中国建筑的纯粹装饰性的构造都摆在屋顶上，对于丰富屋顶的轮廓线的确产生不少作用。第三就是弧线的屋面，由此而产生反曲的向上翘起的檐边和檐角。这宗曲线的斜屋面成为中国建筑的一种主要的特征。[23]

（五）"墙倒屋不塌"的抗震效能

一座大型的宫殿式木结构建筑，要由成千上万个单件组合而成，一座简单的小型木构建筑，也要有数以百计的木构件。构件与构件之间几乎都是利用榫卯结合在一起的。榫卯的功能在于使千百件独立、松散的构件紧密结合成一个符合设计要求和使用要求的，具有承受各种荷载能力的完整的结构体，榫卯的形式很多，但总的特点是榫头与卯眼两构件结合时，越压越紧，越拉越松。针对这一特点，古代建筑师在建造大殿时，往往有意让所有的外围木柱都略微向内倾斜，另外，若遇地震时，榫卯的这种组合使得建筑物的主要部件往往只晃动一下随后就能恢复到原来位置，从而起到抗震的作用。

在现代的建筑结构设计中，往往在高层建筑的柱子与梁之间设置阻尼装置，这个阻尼装置就类似中国古代的斗栱，斗栱是由多个小构件榫卯构成一个大构件，可在地震来临时通过榫卯的错动来吸收地震的能量。屹立千年的佛光寺、观音阁、应县木塔，都经历过无数次地震的袭击却依然屹立不倒，充分显示了木结构建筑的抗震能力。

佛宫寺释迦塔（图 5-16）位于山西应县，是中国楼阁式塔的代表，始建于 1056 年，是中国现存最古老的一座木塔，塔身外观呈平面八角形，二层以上各屋间夹有暗层，外观为五层，实际为九层，总高67 米，相当于 20 多层高的现代建筑。全塔装有木质楼梯，可逐层攀登至各层。木塔造型匀称稳重，各层平面逐层向内收缩，层高逐级减少，随之将各层斗栱做法和屋檐的长度进行调整，不但创造了优美的总体轮廓，产生高耸向上的艺术效果，而且通过一层层的屋檐和平座有节奏和变化的出现，产生了优美的韵律感。宋辽金时期建塔技术已达到新的水平，这种多角形楼阁式的塔，不仅建筑结构优美，而且设计科学，符合结构力学原理。应县木塔的四个暗层形成四个刚性较大的环，犹如现代建筑中的圈梁，大大加强了结构的稳定性，金代维修时，又增加了周边木柱向中心

图 5-16　山西省应县木塔
（图片来源：shanxi.sina.com.cn）

线的斜撑，使得塔身更加坚固。

这个结构暗层用现代建筑结构的语言来说，用的是一种筒体结构，筒体结构在现代的高层建筑当中经常使用，宋朝的这些建筑思想和我们现代的科学技术极为接近，所以宋朝的科学大发展，技术大提高在建筑中都能体现出来。20世纪20年代，拆去了各层塔身外檐的墙和墙内的斜撑，全部改装为木隔扇，使其成为"玲珑宝塔"，遂使各层塔身的柱列不同程度倾斜失稳，甚至出现扭转，如今的应县木塔已经略微向西北方向倾斜，这些改动更为突出地反衬出古代匠师在构架整体稳定方面考虑之周密。明代的记载，应县木塔曾有7次大地震，周围的建筑全部倾迹，只有木塔安然无恙，可见其优秀的抗震性能。一直到现在，我们用今天更科学的标准来检查它，它也有一定的地震残留变形，但是毕竟它是屹立了1000年的木结构，尽管有残留变形，它也依然基本保存了下来。经历无数次的地震侵袭和狂风暴雨，应县木塔依然屹立于黄土高原之上，在中国木结构发展史上写下了辉煌的一页篇章。

（六）精细、纯熟的榫卯技术铸就中国木结构建筑的辉煌

榫卯的功能，在于使千百件独立、松散的构件紧密结合成为一个符合设计要求和使用要求的，具有承受各种荷载能力的完整的结构体。榫卯在我国建筑及装修家具等方面运用极为广泛，而且有着非常悠久的历史。从出土文物考证，早在春秋战国时代，我们的祖先在木结构榫卯的应用方面，已经达到了非常成熟的地步，到了唐宋时期，榫卯在建筑中的应用更加纯熟和讲究。宋李诚所著的《营造法式》一书，对榫卯技术作了一定的记载。应该说这个时期是木构榫卯技术发展的巅峰阶段。明清建筑的榫卯，较之唐宋时期，在构造上大大地简化了，但仍然保留了它固有的功能。从现存实物考察，明清时期的建筑历经几百年，因各种外力作用和自身荷载而被破坏者甚少。百年之后功能依旧，充分显示了木构榫卯的可靠性。

组成一座完整的木构建筑骨架，需要有柱、梁、枋、檩、板、椽、望板以及斗栱等多种构件。构件之间凭榫卯结合在一起。故榫卯的形状、大小、相互之间的结合方式也有很大差别。根据榫卯的功能，包括固定垂直构件的榫卯、水平构件和垂直构件拉结相交时使用的榫卯、水平构件互交部位的榫卯、水平或倾斜构件重叠稳固所用的榫卯、用于水平或倾斜构件叠交或半叠交的榫卯以及用于板缝拼接的几种榫卯。

我国木构建筑历史久远，木构架榫卯技术亦有悠久的传统，从有关出土实物看，春秋战国时期，木构榫卯技术已达到相当水平，到宋代榫卯技术已完全成热。宋《营造法式》将这种技术加以总结，将木构榫卯概括为"鼓卯"、"蟑螂头口"、"勾头搭掌"、"藕批搭掌"等数种，并配有清晰的插图。这些榫卯，分别用于柱与枋、柱与梁、槫与椽以及普拍枋之间的榫卯结合。它们设计巧妙，构造合理，搭接严密，结构功能很强。这些榫卯，使成百上千件单独构件有机结合成为一座座具有不同使用功能的建筑物，充分体现出古代工匠的智慧和才能。

从榫卯发展的总趋势看，是经历了一个从简单古拙—精细成熟—简单实用的发展变化过程。上述宋代建筑的这些榫卯，到清代已大大简化，分别被燕尾榫、半榫等较为简单的

榫卯所代柞。这些榫卯在构造做法上不如宋代榫卯精细考究，但功能并未减弱，而是更实用更简单了。明代建筑的节点榫卯做法，则大部分因袭了宋代榫卯技术，在构造形式、形状尺度方面与宋代榫卯大同小异，与清代榫卯则形成较鲜明的对照（图5-17），木构榫卯节点的这些区别，是我们判别古建筑时代特征的依据之一。

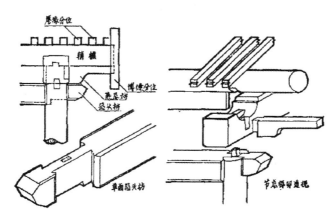

图 5-17 悬山稍凛、箍头枕、燕尾初节点及榫卯
（图片来源：马炳坚. 清式木构建筑的节点和禅卯 [M]）

四、南方民居的木构技术

南方不同地区都非常善于利用木材这种自然的材料来建造民居，木材被广泛用于房屋的各个部位。同时，由于地域的不同，同样是木材，其表达方式也不尽相同。中国人崇尚使用木材等有机材料，因而在木材的使用及其特性的掌握上深藏智慧，物尽其用，因材施用，并由材料本性引发相关的审美情趣。粗壮的木材用作抬梁式，稍细的采用穿斗式，质坚抗压性好的用作柱子，韧性好的用作檩条、梁枋。一种结构形式的选择以及一些构件的使用都体现了匠人对材料的了解，有的充分利用弯曲的木材作为一道"弯梁"，甚或做成"大月梁"，还有小到素朴的门过梁，这些都颇具匠心。同样是木材，在不同的地域也有不同的运用与表达。

（一）福建地区的应用

福建地处亚热带地区，水热条件优越，土壤以红壤、黄壤为主，极有利于林木生产。福建省是我国六大林区之一。全省森林面积500.34万公顷，居全国第九位。森林覆盖率43.18%，仅次于台湾省的57.8%，居全国第二位。森林蓄积量4.3亿立方米，居全国第七位。平均每人占有森林面积2.93亩和蓄积量17.6立方米，均高于全国人均水平。

杉木是福建省亚热带针叶树的主要树种。杉木生长快，产量高，成材速度快。因其树干直，重量轻，易于加工，结构性能好，木质中又含杉脑可防虫蛀，还有较好的透气性，是理想的建筑材料，应用极为广泛。在传统民居中，不用一钉一铁，只是支穿横榫，挑搭勾连，使木构的性能得到充分发挥。

福建的许多民居都大量使用杉木，把它作为主要建材。如福建山区民居，至今仍沿用全木结构吊脚楼和大出檐瓦屋面，具有轻巧、简洁、质朴的特色；又如福州民居，不仅柱子、屋架、椽条用杉原木，而且楼板、隔墙、屋面也用杉木板，且不施油漆，完全清水，暴露木纹。清水杉木面比任何油漆涂料都更实用，耐久，且无任何污染，这正是福州人偏爱杉木的主要原因。以杉木为主要材料建造的民居既创造出亲切温馨的居住环境，又表现出浓郁的乡土气息。其他如松、樟、楠、竹等森林资源，也为民居建筑提供了优良的建筑结构用材，在福建民居中使用很广泛。

1. 闽中地区木构架为民居常用承重结构

由于受外来影响较大，闽中民居建筑在墙体材料的选用上种类繁多，不拘一格。如建造院落式民居主要墙体材料为砖、石，建造土堡围屋的主要材料为生土。但这些都不是最典型。在闽中民居建筑中材料来源最为广泛、使用最频繁的是木材。因为闽中地区为林区，满山遍野生长的各类木材是人们取之不尽、用之不竭的建筑资源。闽中民居建筑承重结构采用的是木构架承重、砖石或生土围护。承重木构架通常为穿斗式木构架或穿斗式抬梁式两者混合的构架形式。主厅堂为了宽大的体量空间，通常采用抬梁式木构架。次厅堂或卧房则用比较简单的穿斗式木构架。

2. 闽中地区木板隔墙为民居常用填充结构

木板隔墙分上下两截，由横向和竖向的木板做骨干，横向叫横权，竖向叫竖筒。下截一般作平墙。用厚约 1 厘米的厚木板拼成，一般做平缝，较高级的民居也有做错缝或企口缝。上截一般在地脊柱两侧分成三堵，几支竖筒做复竹线，横腰及竖筒均削成插角，对称插成 90° 角，内嵌入堵板。堵板四周刨间，宽约寸许，深约 5 毫米，中间凸起的形状，整个称复竹线板堵隔墙。也有的山区民居采用营幕（一种芦苇）秆或竹片编织成格堵板装配土墙面，然后用稻草钻土浆（稻草斩碎约两寸许，搅拌上壳灰钻土）打底，最后用白灰砂浆抹面。

3. 闽北地区所有建筑均由木梁柱为主要承重构件

闽北盛产木材，因此民居的所有柱、梁、板及建筑构配件均由木构件为主要承重构件。外墙是用黄土夯筑成约 0.6 米厚的生土墙，仅起围护作用。墙体与内骨架作用分离，墙倒屋不塌。内部采用木板、竹片或芦苇秆编织成片，外抹草泥，作为内分隔墙。

（二）贵州地区的应用

贵州处在森林资源丰富的地带，木材自然成为主要的建筑材料。黔东南苗族、侗族自治州地处中低纬度，这里雨量多，湿度大，水土肥沃，为植被林木的生长繁茂提供了良好的条件。因而在建筑材料构成上，自然形成以资源丰富的木材为主。这里，森林覆盖率高于全国平均水平，是全国著名的木材产地之一，素有"宜林山国"之称。喜温、喜湿、属湿润性亚热带树种的杉树和马尾松分布面广、蕴藏量大。特别是水杉纹理通直，结构均匀、质地坚硬、木质细密，用于建造房屋可以不加任何油饰，保持木纹本色，为干阑木构建筑广泛建造提供了用材。

1. 黔东南侗居的干阑式木楼

该地区木材、树皮是得天独厚的建筑材料。整个山寨多为干阑式木楼，屋面材料至今仍有用杉树皮与小青瓦，杉树皮与茅草混用的情况，它一方面反映出受区域经济因素的影响，另一方面也反映出是受民族传承的因素的影响。

由于侗族聚居的区域范围气候温和，水热条件优越，空气相对湿度大以及土地有机质积累较多，适宜林木生长。因而为侗居在建筑材料选择方面提供了一个极为重要的前提。在黔东南地区，这种用木柱支托、凿木穿枋、衔接扣合、立架为屋网壁横板、上覆杉皮、两端偏厦的干阑木楼举目皆是。侗居选用木材的特征显然是地域具有丰富的森林环境赐予的结果。

2. 黔北一带的木楼

木楼的主要结构材料和围护用材全用木料，屋面盖瓦。楼下饲养，楼上住人，顶层贮粮。黔北地区有些村寨也有建于地面上的干阑建筑。民居类型和居住方式，因受附近其他民族建造技艺和做法的影响而各有不同。

3. 黔南及黔西南布依族苗族自治州的木结构吊脚楼

在贵州黔南及黔西南布依族苗族自治州属册亨县、北盘江沿岸及红水河上游沿河地带的布依族村寨都住木结构吊脚楼，其楼屋体量较大，吊层多用石条围护，总体感觉坚固厚重。入口处均筑有牢固的木质活动栅栏，防卫性能极好。

（三）浙江地区的应用

浙江地区的木材主要是松、杉、樟，木匠选用木材，主要看它是直柳还是横柳（柳即纹，民间多称柳），直柳树种易加工，变形小，横柳木材抗弯强度大，所以一些大梁非它不可。浙江用得最多、最广的是杉木，小柱、檩、椽、枋、额、搁栅、门、窗等几乎都用杉木，水杉、冷杉等，除杉木外，还有椆榆木、柏木、槐木、栎木、苦槠木、桑木、松木、樟木、帆木、柚木、枣木、白杨木、木荷、香椿、楝、梓、银杏木等木材，其中粗柱除大的杉木外有的用红松、云杉、柏树等，跨度大的梁用银杏木、柏木等，有些地方如浙南温州一带用杉木拼合梁，浙西一带，那些短梁、粗梁多用枫树。浙西一带香椿树誉为树"大王"，屋脊下的"梁峰牵"，几乎非用它不可，所以，这一带几乎家家都种香椿树，有的是臭的叫"樗"，跟香椿同一品种。此外，樟树因为是横纹，抗弯强度大，又能防蛀，被誉为"小王"。松树主要用于桩基，辅助用房和那些经济条件差的人家的楼板。那些建筑雕刻构件用质地细、变形小的硬木，主要有樟木、枣木、椴木、枫木、白杨木、桑木、苦槠木、黄杨木、黄檀木、柏木（垂丝柏）、乌桕木等。

浙江的建筑木材还因产地不同用地名来命名，产自钱塘江上游的称"上江木"，瓯江上游，景宁、龙泉等地产的称"温木"，由福建运入的称"建木"。

（四）作为围护结构的木材

木材作为一种常见的建筑材料，被广泛用于围护结构之上，如壁面与天花、木板墙、门窗隔扇等。

1. 壁面与天花

采用木构架为结构的江西民居，其壁面只有两种形式，一是木鼓壁间隔，另一种是织壁抹灰墙。

"鼓壁"，实际上是预制装配的成片木间隔墙，可以临时拆装，灵活组织通道和空间，所以在民居中广为采用。大多数民宅都是木构架建筑，构架间多需要填充墙。江西是一个林产丰富的省份，所以使用木板间壁是最理想的了。民居构架柱间一般都在 1.5 ~ 2.0 米之间，而一穿枋高度又多控制在 2.5 米以下，加上高度在 40 厘米左右的地栿，所以一网的鼓壁间隔就很容易做成一块拼装的整体木间墙了。由于柱子一般都有收分，柱子断面也不一定都很准确，所以柱边需用一根抱框料调整，使鼓壁平直和尺寸统一。鼓壁为四周有框边的实板墙，框边作 45°合角，填心板一面光，做法简朴，不加装饰，只有极少数在框边作简单的起线。多数不施油漆，或只刷两度桐油，如作油漆，则框边漆以深色，心板色素浅。壁板背面不作处理。安装时只用木栓与抱柱框和一穿枋固定即可。

2. 木板墙

这种墙在浙南尤其是山区多见。除墙基用石砌筑外，四周墙面全部用木板，其梁架、柱全部暴露出来。各地的商业小街店面房有丽水的西溪村、遂昌独山村、石练镇、王村口、青田北山、仙居蟠滩、龙游庙下、灵山、湖镇、金华八咏门、西塘、乌镇、兰溪游埠、桐庐深澳、天台街头、嵊州崇仁以及温州的巨溪、顺溪、文成吴蝉等，都采用木板墙，这几乎成了规律。这些街面房外露的牛腿、额、骑门梁，都被精心打扮雕琢。有些被称为苏式小木屋，如永嘉岩头镇某屋，整幢房子就像一个木球，被雕刻得空灵剔透，透如蝉翅。除上述两种情况外，浙江民居内部的隔墙也普遍用木板墙。

木板墙的材料多为杉木板，也有松木板或杂木板。木板厚度为 15 ~ 18 毫米。先做横挡，开槽。板头做燕尾榫安装上去，考究的做法会在板与板间设企口缝。一般不施油漆，浙东、浙南沿海地区喜施桐油、清漆。

3. 门窗隔扇

以江西为例，它的天井式民居比较重视面向天井四个界面的门窗装饰，那些门窗几乎都做成精细和伴以雕刻的桶扇和槛窗。而大门、外门和内房门则是简朴的实板门（屏门），只是利用门环、门窗配件略加一些装点。

（1）制作精美的隔扇

两厢的隔扇或槛窗是民居的重点内装修部位。江西的隔扇制作异常精美，厢房的隔扇大多数做成六樘隔扇，也有少数做成八扇或四扇，有全开扇式或只中开两扇的形式，高度可达 3 米，扇宽从 40 ~ 70 厘米不等。隔扇构造有四抹、五抹和六抹形式。

由于天井四周容易溅雨和潮湿，所以两厢采用落地隔扇门装修的都容易发生霉烂，是民居中最首先损坏的构部件。如采用砖石墙裙的槛窗装修，情况就要好得多，厢房也因此而变得干燥和洁净了。江西民居绝少使用支棂窗，哪怕是厢房低矮的阁楼也习惯使用平开隔扇窗，或者用空格眼腰墙装修。江西民居格扇形式多样，装饰手法丰富，且精于制作，选料优良。不少木雕都采用樟、银杏甚至楠木等名贵木料。这些木材纹理细致，材质密实，雕刻易出效果。

（2）实用美观的漏窗

不少民居在外墙上可见到绝好的漏窗，它不但是通风和透光（满足不了采光）所需，同时也是一种装饰。漏窗尺度不大，比例近于方形，窗花多是满地锦，方直几何图形和开光团花等吉祥纹样。不论石雕、砖雕或者用瓦件砌作，做工都很精细。民居中能装饰的部位不多，同时也受财力、物力制约，除个别炫奢人家外，大多数都装饰得非常节制而恰到好处，但所点到之处皆技艺精良、宁精勿杂、宁缺毋滥，一种活泼清新的情趣往往就表现在那里。

龙胜地区的民居还注重对木材的有序利用、对森林的有序利用，既保持青山绿水又有充足的上好木材供使用。当地的房屋都是村民从周围山上取木材进行建房加工。

第二节　中国夯土建筑技术

一、人类最古老的营建技术——夯土技术

人类居住环境自巢居和穴居开始，就使用土、木、石为主的自然材料从事原始的营造活动。土作为最基本建筑材料应用的历史十分悠久，其使用范围则十分广泛。纵观中外建筑史，建筑的起源与古代建筑技术的发展都与土材料的应用与土结构的发展有着直接的关系。

我国古代以土为材料的建造活动中最基本的技术可归纳为洞穴技术和夯土技术两大类。穴居（窑洞）、半穴居是在原来地貌形态基础上挖出空间以成形的建筑方式，主要包括地穴、半地穴、窑洞式建筑，以及从地面向下挖出的庭院式建筑和故城形制，我国的黄土高原各式窑洞和新疆交河故城遗址，即为典型代表。夯土技术就是用夯土工具捶打的方式使局部土质密实牢固，形成地基、台基、墙基等。夯土技术是历史最悠久的建筑技术，夯土建筑是人类营建栖息场所最早、最普通的方式之一。世界各地都有不少结构合理、施工精良的夯土民居乃至宫殿、庙宇历经千年仍保存至今。

有众多考古材料证实，殷商、周秦时期，重要建筑的高大台基都是夯土筑成，宫殿台榭也是以土台作为建筑基底，我国古代的夯土技术已相当成熟，殷商时期已经达到很高的水平。孟子曰："舜发于畎亩之中，傅说举于版筑之间。"这里所说的"版筑"就是筑墙时用两块木板（版）相夹，两板之间的宽度等于墙的厚度，板外用木柱支撑住，然后在两板之间填满泥土，用杵筑（捣）紧，筑毕拆去木板木柱即成坚固墙体。在古代"版筑"已是较为成熟、高级的夯土技术，自殷商时期傅说采用版筑算起，已历经 2500 年沿用至今。而再读"傅说举于版筑"的故事却耐人寻味。据典籍记载，傅说出身卑微，其在傅岩（古地名）之地筑城时被殷代国君武丁发现，举以为相，遂重振殷商。武丁举傅说的故事先秦时期已经非常流行，是圣王举贤不择贵贱的典范故事之一。至少说明了殷商时期对夯土建筑技术的重视，对基础设施及城镇营建技术的重视。

早在 20 世纪中叶，刘致平先生在《中国建筑类型与结构》一书中特别叙述了中国早期的土墙、版筑墙的技术和工程：土墙可以隔冷热、防火、防音。它有许多做法，最早而最普遍的要算筑土墙（或称桩土墙）。筑土墙在早叫版筑，就是孟子上所说的"傅说举于版筑之间"的版筑。版筑在安阳殷墟的发掘里，我们知道殷商时代不论宫室或墓葬常用版

筑来做的。战国有许多城墙也是用版筑的,燕下都的城墙现在还存在着,西安一带现存秦汉的版筑高台也很多,以后许多的台殿、墙、城常用版筑,而构架则是用木,所以在早土木二字老是连用来表示建筑工程。

上下五千年,论及中国建筑,唐以前的建筑基本上可以用"荡然无存"一语描述。唐以前建筑的形象多来自古代壁画、画像石、砖雕、陶塑以及典籍文字的记载,至于像"阿房宫赋"那样的诗词赋文,或许能提供一定的史实,更多的则是引发出想象以致臆想。

在中国2000多年前的建筑史里,实实在在还记载着考古发掘的大量成果,有陵墓、宫殿、城池聚落等,类型多样,数量庞大。正是这些遗存、遗址勾勒出早期中国建筑史的轮廓,彰显着中国古代建筑技术的辉煌。而这些现在我们能看得到的遗址遗迹,几乎都是夯土建筑技术所成就。由于建筑学职业的习惯或者说是秉性,我们往往重视和关心的是建筑的规模、建筑的布局、形制,为建筑的宏伟巨制感叹,为历史年代的久远而折服,为构件、纹样的精美而赞赏。然而我们却无视或忽视了夯土奇妙而惊人的特性以及古代夯土技术的精湛与成熟。因为只有这些夯土技术营建的遗迹保留下来了,经历了几千年风雨的销蚀和冲刷,经受住了无数次地质、地震灾害的摇曳与震荡。想到这些,今天我们是不是应该有所反思,重新审视并发掘夯土技术的价值和意义了。

夯土建筑不仅取材方便、经济实用,而且整体性强、热工性能优越、有一定的承载能力。不仅在古代是最广泛、最基本的建筑技术,时至今日仍然是世界上广泛使用的建筑技术。有资料表明,至今仍有超过1/3的世界人口居住在夯土土房屋里。我国传统民居中的绝大部分都属于夯土建筑范畴,或者说离不开夯土技术的支撑。夯土建筑能适应自然气候与地形,充分利用土的热稳定性高,抵御寒暑剧烈变化,创造适宜的室内环境质量,是原生态低能耗、节能建筑的标志。夯土建筑以它的特有性能,可承重兼保温隔热、透气、防火、低能耗、无污染、可再生,目前仍为我国北方广大乡村地区广为采用的建筑形式。

夯土建筑在我国有悠久的历史。考古发掘资料表明,约距今5000年前,我国黄河长江流域部分地区进入了父系氏族社会,聚落的布局有了变化,已经没有仰韶文化时期的那种居住与陶窑场的明显分区。在河南水城王油坊、安阳后岗、汤阴白营等处遗址有七坯墙体发现,陕西武功赵家来有版筑墙体发现,赤峰东八家石城址有石砌圆形住房遗迹,湖北屈家岭文化第6号屋有粘土履和烧土块的承重墙,江西修水县山背村遗址中有用红砂土掺入稻秆谷壳烧成的墙壁等等。

距今5000多年前仰韶时代晚期的中原地区已有夯土的城墙,在距今约3500年前的商代前期,在燕山南北的长城地带、东南沿海和长江中上游的广大地区已广泛采用夯土版筑技术筑造大规模城垣、宫殿、陵墓等建筑及基础工程,在中国古代建筑史上占据相当重要的地位。

南北朝时,赫连勃勃的统万城是大匠叱干阿利所造的,他是"蒸土筑城",如果锥入一寸即杀匠人,所以统万城是中国历史上著名的坚城。中国城一向是用版筑,也有少数用石砌的。大量用砖砌城墙则是明、清时代社会财富及技巧更为发展的事情。

目前所见资料看,从最原始的、稍加砍斫的方木或原木模板夯筑方法,逐步演进为扶拢模板的技术，到春秋以后逐步发展为以穿棍承托、绳索揽系固定的方法。它代表了中国古代版筑工艺的完全成熟。古代版筑技术的发展，从最初起源到完全成熟，经历了 3000 年左右漫长的发展历程。

简而言之，中国古代夯土版筑技术的发展大致可分为四个阶段：

（1）起始期，新石器时代的仰韶文化和龙山文化时期，这个时期筑城、筑墙开始使用夯土版筑技术，但这时的技术还比较原始，版块小，并且是版筑和堆筑相结合，一般是墙的一侧面平直，另一侧面堆成斜坡状的护坡。

（2）发展期，商周时期，版筑技术不断的发展，开始采用分段夯筑的办法，夯层薄，夯击力大，成方块的夯土叠砌更加强了城墙的坚固程度，同时开始使用插竿、橛子、草绳，减少了护坡的使用。

（3）成熟期，经历了战国诸侯纷争之后，秦汉时期的夯土版筑技术逐渐成熟和完善。秦汉时的高台宫殿建筑均使用了夯土版筑的技法，并能针对不同的情况挖基槽、立挡板、搭脚手架以及蒸土夯筑等，将不同的技法运用到了实际中。

（4）延续期，汉代以后，夯土版筑仍在使用和不断的发展，但逐渐和土坯及砖结合起来，相间使用。如唐代和明代的很多筑墙工程，都是采用了夯土包砖的做法。

我国早期的建筑结构体系多采用木结构的构架制，墙壁仅作填充保护之用。后来以土作为天然建筑材料，利用夯土技术在版筑城墙的成熟应用基础上，逐渐发展到采用夯土墙承重，对形成我国以木、土为主体的结构有着重大的影响。由于夯土建筑结构的发展，以木和夯土为承重组合体系，成为结构中不可分割的整体。现存的夯土建筑大都为分布在我国各地乡村的民居，近一二十年，随着城镇化和新农村建设，年久失修的夯土民居已逐渐被砖瓦房所替代，保存较好的夯土民居多在少数民族聚集地区，汉族聚集地区已很难见到了。如新疆地区的夯土建筑经几千年变迁延续至今，还以此古老的建筑形式来解决生活、生产的基本需求。喀什的高台民居、吐鲁番的阿依旺民居等适应新疆当地冬寒、夏热、干旱少雨的气候特点，又能满足维吾尔民族喜爱户外活动的生活习惯，既可以用来接待客人，又可以作为举行各种仪式的场所。新疆夯土民居的土坯拱券屋顶技术和阿以旺式住宅的密梁平顶屋面技术都堪称民居传统营建技术的杰作。又如藏族地区的夯土民居——碉房大部分在海拔 3000 米以上高寒地带，多选择在向阳的山坡地带，碉房厚墙小窗，外观封闭，结构坚实稳固，即利于防寒避风，又便于御敌防盗。

客家人最著名的福建土楼，可谓是夯土建筑形式、结构体系达到了最完善的结合。在建筑结构处理上，所有楼房及厅堂并无任何柱架，福建土楼全部用实心土墙作为外墙及内隔墙，结构很像现代剪力墙结构。整个土楼全部夯筑土墙至顶端，结构简单而受力合理，底层外墙厚达 1 米左右，圆形形式利用了土墙干燥过程中引起的收缩相对均匀不致过早开裂，另外，圆形整体稳定，刚度大。

福建土楼是以厚重夯土墙为支撑体系的夯土建筑典范，不论在材料的使用上，结构受力上，建筑造型和经济上都达到了高超的水平，显示出我国古代应用夯土结构力学性质的伟大成就。

二、古代的夯土建造技术

（一）古代夯土建筑的基本技术（建造方法）

夯土技术就是用夯土工具打土，以外力的作用使局部土质密实牢固，从而求得整体坚实。夯土法是我国生土建筑中运用最广泛的建造方法之一。按照施工技术的不同，我国的夯土技术可以分为直接夯筑和版筑夯土两种。[24]

1. 直接夯筑

直接夯筑，可以根据建筑用途分为两种：一种是用于基槽型墙体的基础处理部分，即先在拟建墙体地带挖一深沟作为墙体的基础槽，然后从基槽底部向上填土逐层夯实。这种方法多用于大型墙体的构筑，如城墙。另一种是堆土夯筑，即在需要夯实的部位直接堆土，然后用夯具逐层夯实，无须在土的周围进行支挡，使土自然成坡。堆土夯筑一般用于一些城台、墩台和大型墙体的建筑。

直接夯筑在基槽型城墙基础上所用的土，都是从基槽中挖出的土，一般不作处理。也有加入一些卵砾石、砂砾或灰土的作法，以使夯筑效果更好些。堆土夯筑的土一般也是就地取土，有些时候会对土作一些处理，例如按一定比例加入灰土、砂，并加入一定量的水达到最优含水率。在夯筑过程中大多还添加入一些加筋材料，如芦苇、麻绳等。

2. 版筑夯土

版筑夯土亦称夯土版筑。版筑技术的应用，最早的目前仅见于殷商时期。版筑即用木板作边框，在框内填土用木杵打实，然后将木板拆除向上移动，再依次填土夯实，直至所

图 5-18　夯筑模具示意图
（图片来源：张虎元，赵天宇，王旭东．中国古代土工建造方法 [J]）

需高度为止。农村称为打土墙或干打垒。考古学家发现了比较成熟的商代中期的夯土遗迹。不少高台和生土住宅以及筑城、筑堤坝和建房广泛使用夯土版筑的方法。

版筑夯土筑墙之前，先在墙基边缘栽立四根高大结实的柱子，深入地下 30 ~ 50 厘米，两边平行，长宽距离相等，古代谓之桢，是筑墙工程中的支柱，将制作好的木板或圆木放在平行立柱的内侧（图 5-18），以限定墙基的方位和墙体的长度、宽度及高度，是为"版"。

夯筑时一般都要对土的含水量进行调整，多数情况下是向土中加水，使其达到一定湿度（最优含水率），具备重新粘结的条件后填入加筑的木板内，整平后，双人抬夯夯筑。当夯土层达到顶层木板或圆木的高度时，两边再加木板或圆木，继续填土夯打。第二层填满后，取下第一层木板，放到第三层，再填土夯打，这样连续不断，直到需要的高度（有些地区为了使夯筑墙体有足够的稳定时间，采用三层木板或圆木轮换，有些甚至采用四层），这就完成了一堵夯土墙。把一桢侧移，利用已成墙的一端代作另一桢，接着夯第二堵墙，如此，直至所需长度为止。用此法夯筑的墙是由多堵连成的，夯层一般厚10 ~ 12 厘米（不同地区因土质、建筑要求等不同，夯层厚度有差异）。

另一类版筑是用两块侧版一块端版组成模具，另一端加活动卡具，夯筑后拆模平移，连续筑至所需长度，此为第一版；再把模具移放第一版上，如法筑第二版；逐版升高直至所需高度为止（图5-19）。夯土墙在施工时每版夯筑高度不宜大于45厘米，每版分3次下土，铺土后踩平，用夯具全面夯筑，每层夯5～6遍，先夯边，后夯中间，每天夯筑高度不宜超过3版。

图 5-19　一道墙版筑示意图
（图片来源：张虎元，赵天宇，王旭东．中国古代土工建造方法 [J]）

夯土版筑墙体一般都有收分，即墙的下部较宽，向上逐渐变窄。不同时代和不同地区，夯筑墙体的收分有很大的差别。例如隋代以前一部分版筑夯土长城，它的高度一般是底厚的一倍左右，顶部宽度为墙高的1/4～1/5。有些墙体的收分则不明显，例如现在福建的版筑土楼可以达到高度与宽度之比25∶1。还有很少一部分，高度不是很高的墙体则不收分。夯土版筑墙体，一般都在夯筑过程中添铺加筋材料，这样可以加强夯土的坚固性，增加抗拉强度。加筋材料因地而异。如甘肃河西地区的汉长城在修建时，用红柳、芦苇、罗布麻以及胡杨树等的枝条为筋材，在土、砂砾石间夹芦苇等筋材，层层夯筑而成。敦煌以西大方盘城一段的汉长城，从地面以上50厘米处，每隔15厘米夹铺两层芦苇。福建土楼则以竹片为主要筋材，土楼夯筑，一般每版高40厘米，分四伏土或五伏土，每版埋入两根长约2米的竹片或杉木枝条为"墙骨"，每两伏土放置两根短竹、木片，以增加拉力和稳固性。

夯土所用的工具为夯杵（杵是最早加工谷物的工具），宋以前主要用木杵，有的加铁或石制的夯头。夯杵的大小、重量一般以单人使用方便为宜，夯头一般上小下大，下部较平整，直径10～15厘米。夯杵的形式和种类后来发展得逐渐增多，例如尖铁头的夯土工具和用于大面积夯土的锇。

版筑夯土墙的夯土方法有一定的要求，《营造法式》规定每步土夯实三遍，杵数为六、四、二递减。清工部《工程做法》记夯土有大夯、小夯。小夯径3寸，用来筑灰土，按所需坚实程度分别用24、20、16把夯（每夯1人）夯筑。为求均匀密实和整体性强，行夯的次序、路线、遍数都有规定。为使夯层间结合密实，还有用"拐子"（尖铁头的工具）打眼，使上层局部突入下层中。大夯径6寸，用来夯灰土和素土，只用5把施工，由2人抬1夯。打夯时，循序渐进，分段分层夯打，叫做打顺夯。还有一种叫做梅花夯，即打一个梅花再从四面打梅花。打夯的方式各地不尽相同，有2人夯、3人夯、4人夯和5人夯等，其区别主要与当地的夯具、建筑要求和夯筑经验等有关。例如福建土楼对夯筑要求比较高，通常一天行墙一周，行第二周时，必须反方向进行，正反方向轮流夯筑，这样墙体才更加牢固。有些地方用一种叫锇的石夯，锇上洞眼拴绳，一个锇用 7 ~ 12 人，用力拽绳把锇抬拉起来，利用地球引力惯性下夯。它多用于大型台基、城台的建造。

版筑夯土一般是就地取土，因此它的材料受地域限制比较大。如长城沿线的夯土墙：有的是用黏土和砂再夹以红柳或芦苇的枝条夯筑而成的；也有的地方用土、砂、石灰加碎石夯筑的。福建土楼夯筑的土墙最讲究的是用三合土，即以黄土、石灰、河沙搅拌夯筑。还有将红糖、蛋清水及糯米汤水加入三合土中，以增强三合土的坚韧度。用这种方法夯筑的土墙干燥后异常坚硬，水浸不变，即使铁钉也难以钉入，其坚固耐久性甚至胜于水泥。因此许多土楼历经数百年风雨依然完好无损。三合土夯筑又分为干夯、湿夯与特殊配方等湿夯三种夯筑方法。生土挖出后一般不直接夯筑，而要敲碎研细，并放置一段时间让其发酵，使其和易性更好，以保证夯土墙的质量。

3. 垛泥法

垛泥建筑在国外称为草泥黏土建筑，是比较简单的生土建筑，用砂子和灰泥，再加上稻草、麦秸和水，混合之后堆砌成墙。我国垛泥墙最早见于陕西岐山凤雏的早周建筑。

垛泥建筑所需的原料，是随处可见的泥土（有机质、淤泥、细砂含量高的除外），有时候，土中的沙子和黏土的含量正好适合用来制造坚固耐久、不会收缩和破裂的垛泥墙，但一般都需要向土中添加黏土、粗砂和植物纤维。

黏土，混合物中最主要的粘合剂，能够把其他材料结合起来。黏土湿润的时候会膨胀有粘性，干燥的时候则会收缩而坚硬。如果混合物中黏土含量太高，则易开裂。

砂子，硬度较高且化学性质比较稳定，当砂粒之间的黏土干燥收缩的时候，能增加垛泥的可压缩性和强度。

植物纤维（多为农作物纤维），用以增加垛泥的抗拉性，农作物纤维在垛泥中随意分布，形成三维空间的编织网，因此有很大的抗拉性。同时，它还增加了垛泥的隔热性能，因为茎秆中含有空气，而且能通过毛细作用把垛泥墙中的水分散发出去。垛泥建筑按照施工技术的不同可以分为两类：一类是直接用手工控制形态并成型；另一类是使用模板，又称版筑泥法建筑，即在筑板之间垛泥建造墙体。

黏土在垛泥混合物中的比例为 3% ~ 20% 不等，垛泥的混合搅拌工作可以由人用铲子进行，或者直接用脚垛，也可以由体重较大的动物（例如牛）来踩踏。通常垛泥砌筑施工由地面、墙上两组人共同完成。地面上的人向墙上的施工者输送黏稠的泥浆混合物，墙上的人随即用力向下把泥片甩到要堆砌处，在手臂所能及的范围内将泥片堆砌到预定的高度，即完成一垛的堆砌（图 5-20），如此反复接着下一垛的堆砌。也有在每一层泥土的顶部加入一些稻草或麦束的。交河故城的垛泥建筑，层与层之间则加一层细干土，相邻两层泥块的垛垒方向相反，立面裂痕呈人字形，说明建筑时显然是一往一返进行的。

在垛下一层泥土之前，要留一段时间待泥层自然干燥。干燥过程中，要用工具把泥土压实，并且让墙面保持平坦和垂直。完成垛墙后，最后再用草泥抹面，这对于因泥片含黏粒较多以及垛间无刻意衔接处理等原因出现的垛间收缩缝，具有修饰和补强的双重作用。无模和有模垛泥墙在施工方面没有太大的区别，只是无模垛泥墙是将潮湿的泥块在无模具限制的情况下一层层堆垛至所需高度后，再铲削平整墙面而成（图5-21），而有模垛泥墙则不需对墙面作修整。

此外，古代的土遗址中，还可看到类似于垛泥建筑的建造形态——木骨泥墙。所谓木骨泥墙，就是在挖好的基槽内埋设成排的柱子，柱子之间用植物藤条连接，然后在里外涂上草拌泥，有的还要经过烧烤。通常情况下，埋设的柱子都比较粗大，能对整个墙体起到支撑的作用，抹泥后便看不到柱子了。与前面的纯粹垛泥相比，这种墙体的厚度要窄很多，由于柱子和藤条的联结作用，墙体不易倾倒，泥浆的强粘结性使得比较结实，是一种较好的墙体建筑形态。但这种墙体的建造需较多木材和植物藤条，且其承重能力不是很大，一般不作承重墙，因此古代建筑中使用较少。

图5-20　垛泥示意图
（图片来源：张虎元，赵天宇，王旭东．中国古代土工建造方法 [J]）

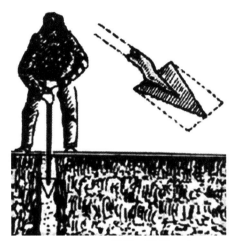

图5-21　无模垛泥铲平示意
（图片来源：张虎元，赵天宇，王旭东．中国古代土工建造方法 [J]）

4. 土坯砌筑法

土坯就是使用模具将土制成一定形状的块体，在北方的大部分地区通称之为胡墼。以土坯（胡墼）砌筑墙体施工简单、方便，自古来其应用十分广泛。目前所知最早的土坯砌筑技术出现在河南永城龙山文化晚期遗址中，秦汉时期的一些建筑遗址都发现有土坯砌筑的墙体。交河故城的部分墙体和城内庙宇墙壁也都是用土坯砌筑的。

土坯的制作要经过选土、和泥、制坯模和制坯等工序。各地的土质不同、风俗习惯不同，土坯的制作与具体使用方法也各不相同。仅制坯就有很多不同的方法。如：手模坯，将泥土装满坯模，再用手将泥面与坯模抹平，过一定时间将坯模拿掉；杵打坯，将坯模放在平整石面上，装土后用石杵捣固，拿掉坯模取出土坯（图5-22）；水制坯，先将制坯场地放水冲平，等水蒸发后呈半泥状态时，将泥切成坯块，取出晾干即成。这几种制坯方法中，使用杵打制出的土坯最为坚固，可承受较大的压力。

图 5-22　"杵打坯"工具
（图片来源：张虎元，赵天宇，王旭东 . 中国古代土工建造方法 [J]）

夯制土坯所用土料多为当地的素土，一般选用较好的黏土，再掺合适量的草筋或麦糠，有的地方还添加木棍、蒿秆等，以增加土坯的拉结力。有经验的工匠，夯制前几天在土堆上泼洒适量的水，施工时恰好达到预期的含水量，然后用机母（土坯的模具）夯制土坯。工匠将土坯的制作过程形象地概括为"三锨六脚三夯"。将模具放在一块平整的石板上，加三锨土料，即"三锨"；用脚将土踏实，须移动脚步六次，即"六脚"；有经验的工匠只用三夯，即"三夯"。

土坯的尺寸在不同时代、不同地区各不相同，其体积不宜太大，大了不易搬运且易损坏。不宜太厚，厚了不易晾干。

根据使用土坯的多少，土坯墙体主要分为五种：一是全部使用土坯的全土坯墙；二是四面用砖，内填土坯的填心墙；三是上半截用土坯，下半截用夯土的版土坯墙；四是用土坯全部空心横砌的空心墙；五是土坯墙部分用砖包边的混合墙。

土坯的砌筑方式多为顺砖与丁砖交替式砌筑，上下两层有错分，相互错缝搭接，搭接长度不小于土坯长度的 1/3。土坯墙砌筑，采用挤浆、刮浆法、铺浆法等交错砌筑，不使用灌浆法，以免土坯软化及加大土坯墙体干缩后的变形。泥浆缝的宽度一般在 1.5 厘米左右，土坯墙每天砌筑高度一般不超过 1.2 米。

此外，乡间还有一种常见的方法叫生土块法，是利用当地天然或挖掘的生土体，将其削切成大小适中的块体，形成便于搬运和砌筑的砌体。

生土块可以随意削切，根据建筑要求可以削切成所需的规格，砌筑起来方便灵活，砌筑方法也因地而异，一般只用它来做少量的生土块砌墙、补洞、地基找平等（图 5-23）。[25]

图 5-23　生土块地基找平
（图片来源：张虎元，赵天宇，王旭东 . 中国古代土工建造方法 [J]）

（二）胡墼——沿丝绸之路传来的土坯制作技术

"胡墼"又俗称"胡基"、"胡期"，陕西、山西、河南、青海、甘肃等多地的方言都这么叫法，这种盖房砌墙用的长方形大土坯自两汉时期已开始使用，明清以至近代，胡墼都是城乡民居的主体建筑材料，在北方农村，尤其西北地区农村至今仍被广泛使用（图 5-24）。

图 5-24（a）　胡墼的使用　　　　图 5-24（b）　胡墼墙体　　　图 5-24（c）　胡墼墙体内部截面

（图片来源：http://blog.sina.com.cn/s/indexlist_1273126503_2.html;http://blog.sina.com.cn/s/blog_4be25e6701011tro.html）

西北大学葛承雍教授在《"胡墼"渊源与西域建筑》一文中考证指出，自汉唐以来长期占据我国古代建筑史重要地位的筑坯技术，实际上来源于筑坯技术已十分发达的古西域地区。"胡墼"，其俗称有"胡基"、"胡期"、"胡其"等变音。根据语言流变规律，汉字"墼"属泥砖类，它作为土坯的形声字出现于两汉时期，由此可以确证，"土墼"的称呼出现在汉代，而"胡墼"的叫法更在其后。

从世界范围看，中国古代制作土坯的技术相对于古埃及、西亚和中亚地区较晚，且不太广泛。公元前 4000 年的古代中东、西亚地区就开始大量使用土坯。公元前 6 世纪波斯帝国征服古埃及和西亚后，吸取了用土坯建筑宫殿、住宅的方法，其砌作技术十分精致。公元前 4 世纪以后，马其顿帝国东征到中亚边缘，中亚大部分地区受其影响，以土坯砌作的拱顶建筑旋即蔓延开来。在我国新疆境内就发现有公元前 2 世纪的土坯建筑。

从人类建筑史追踪溯源，可知埃及古王国、两河流域亚述帝国、波斯帝国以及中亚和中国新疆，土坯建筑都比黄河流域汉文化中的土坯使用要早，工艺技术更精，历经几千年没有改变，远远超出了现代人们的想象。其次，中国古代建筑史上最早的土坯墙见于商末周初，但只是宫室建设中偶有出现，最常见的是版筑墙，版筑夯土要比土坯脱模晒干快得多，故夯土版筑沿用甚久，一直到现代西北地区农村盖房仍然使用。尽管从西周中期中原地区已开始出现砖瓦，真正广泛运用于民间建筑则是在汉代。而泥砖类的"墼"字，作为土坯的形声字也出现于西汉时期，"土墼"的称呼也产生在汉代，"胡墼"的叫法则更在其后。

葛承雍论文指出，当汉唐时期的中原汉人把西域民族统统看作是"胡人"的时候，把外来的东西都要加一个"胡"字，例如胡椒、胡麻、胡桃、胡琴、胡笳、胡服、胡妆等等。像"胡墼"这样一个司空见惯、不足为奇的土坯，和其他交流的物质一样，都隐藏或蕴含着活生生的外来文明。直到今天，"胡墼"这一名称和建筑方法仍保留在北方一些地区使用，说明其影响确实深远。

如同把 19 世纪以来由西方传入的许多物品冠以"洋"字一样，对于由古代西域（或中亚）传来的物品，往往冠以"胡"字。这种中外交流引起的语言现象，对研究某一物品的自身历史及其隐藏的外来文化史，具有重要的参考价值。

再次，中外文化交流史表明，远在汉代张骞通西域之前，中亚的游牧民族就穿梭于东西方之间。汉通西域后，随着外来胡帐、胡床、胡座等家具的输入，对中原建筑尺度升高起了很大促进作用。沿着古代的"丝绸之路",西亚、中亚的土坯制作技术也与外来民族(又称胡族)移民一起带进中原。考古文物实例证明,中亚的"胡墼"尺寸普遍要比汉地的"土墼"大。葛文认为:中原工匠模仿西域制作大土坯,为了区别内地类似泥砖的"土墼",故叫作"胡墼"。所以,"胡墼"的语源叫法有着丝绸之路的历史背景,即是中外建筑文化交流的产物,也是汉人接受胡人文化的历史见证。[26]

三、中国古代城垣的版筑技术

古代版筑技术主要应用于大规模版筑城垣的营筑,同时也应用于大型宫殿、陵墓的建造。中国古代的版筑技术,起源于距今 5000 多年前仰韶时代晚期的中原地区。在距今约 3500 年前的商代前期,广泛传播至今燕山南北的长城地带、东南沿海和长江中上游的广大地区,成为中国古代筑造大规模城垣、宫殿、房屋、陵墓等土木建筑的基础工程的主要手段,在中国古代建筑史上占据相当重要的地位。

古代版筑技术的发展,从最初起源到完全成熟,经历了 3000 年左右漫长的发展历程。目前所见最原始的模板,可能是稍加砍斫的方木或原木,以后随着生产工具的改进,逐步演进为更方便适用的厚薄相宜的木板。史前以至于商代,扶拢模板的技术主要是用在模板外侧树立木柱的桢榦技术工艺,春秋以后逐步发展为以穿棍承托,绳索揽系固定的方法。它代表了中国古代版筑工艺的完全成熟。

古代以版筑法筑城,最初采用比较原始的与城墙走向平行排列长板的方块版筑法,大约至商代前期,已开始使用与城墙走向垂直排列长板的横向分段版筑法,这是筑墙技术上的一大进步。直至战国时代仍然可见的方块版筑法,不是当时版筑技术的主流,更不是相对于分段版筑的进步,它大多仅见于局部城墙的修补增筑。

史前时代已确切使用简单的模板,因受原始筑城方式的制约,形成主体城墙随高度增加而逐版内收的阶梯状外形。为发挥城墙防御功能,防止敌方凭阶攀登,便在外侧抹泥或附筑斜坡,以保持城墙外皮的陡峭,主要采用桢技术解决模板的支撑问题,应用纵向排列模板的方块版筑法筑造城墙;至商代前期,已经运用横向排列模板的分段版筑法;商至西周,扶拢模板的技术未获大的突破,版筑城垣主要采用增筑与削减并举的方法,以保持城墙外壁的峭直;战国时代,一整套扶拢模板的技术日益完善,主要是以穿棍或穿绳直接悬臂支撑模板,以绳索揽系模板两端直接筑出外壁峭立的城墙标志着中国古代版筑技术的完全成熟。

(一)史前时期城垣的版筑技术

1. 郑州西山城址(距今 5000 多年前,仰韶时代)

距今 5000 多年的郑州西山城址可以窥见古代最原始的版筑技术。西山发现的距今 5000 多年前的仰韶时代城址得以窥见目前所知最为原始的版筑技术的原貌。城垣筑造采用方块版筑法。城墙建造方法是先在拟建城墙区段挖筑倒梯形基槽,在槽内基底平面上分段分层夯筑城墙。城墙高出基槽口以后,沿内侧地面展宽筑起。筑墙每版的大小不同,一般长 115 ~ 2 米,宽 112 米,所见最大者长 315 米,宽 115 米。每版的厚度也不相同,以

30～50 厘米者居多，由此可推知筑墙使用模板的情况。

结合西墙和城内一批建筑遗迹的发掘情况推断，西山城墙及房屋筑造中，已在模板两侧及两端树柱采用原始的桢技术工艺。基槽固定的版块土质土色有别，依序规整排列，推知这些版块是依次逐块夯筑起来的。西山城址版筑墙这种方式，虽稍嫌笨拙，但较好地解决了模板的承托问题，它与当时原始的桢技术工艺结合，构成目前所知国内最早的原始版筑工艺的雏形。

2. 河南新密市龙山时代晚期古城寨城址（龙山时代晚期）

新密古城寨城址是中原地区面积最大、保存最好的龙山时代城址。继仰韶时代之后而崛起的龙山时代，城址在各地蓬勃涌现，筑城技术也呈多样发展。而最清楚体现版筑技术发展面貌的，当首推河南新密市龙山时代晚期古城寨城址的发现。

古城寨城址位于新密市东南 35 公里的曲梁乡大樊庄古城寨村。城址所在地貌为山前丘陵，其东南部低洼，西北部高亢，溱水从城址西侧流过。现存东、南、北三面城墙和南北相对两座城门的缺口，三面城墙迄今尚存最高 5～16.5 米，城墙基础北墙最窄处 42.6 米，东墙最宽处达 102 米。地表墙体宽 9.4～40 米。城址面积达 176500 平方米。城外东南北三面有宽达 34～90 米、深 4.5 米尚未到底的城壕。西墙外西壕凭溱水为自然屏障。

古城寨城址的筑造，因其东南部低洼，筑墙时系将低洼地段表面清理平整，直接垫土夯筑基础；在地势较高的西北部，则是挖槽筑底；上部城墙则分块版筑。低洼地段的墙基，深达 10 米，宽 60～100 余米，工程之浩大，实为罕见。主体版筑城墙据解剖结果，北墙基底排列六版，其上逐级收分至四版。南墙基底则排列十二版。古城寨城址的版筑工艺，在西山原始版筑技术的基础上进一步发展，尤其是技术工艺更趋成熟，以绳索拴系木固定模板的工艺初露端倪。

（二）夏商周时期

据目前的考古发现，夏商时期重要的古代城址，约有山西夏县东下冯、垣曲商城，河南偃师尸乡沟、郑州商城、安阳洹北商城、焦作府城，湖北黄陂盘龙城，四川广汉三星堆等。

1. 采用纵向方块版筑法的偃师商城

商城遗址平面略呈长方形，南北长 1700 余米，北部宽 1215 米，中部宽约 1120 米，南部宽 740 米。城墙夯筑。西城墙现长 1710 米，宽 17～24 米，高 1.5～3 米；北城墙总长 1240 米，宽 16～19 米，高 2～3 米；东城墙现长 1640 米，宽 20～25 米，高 1.5～2.5 米。已发现城门 7 座。南城墙已被洛河冲毁（图 5-25）。

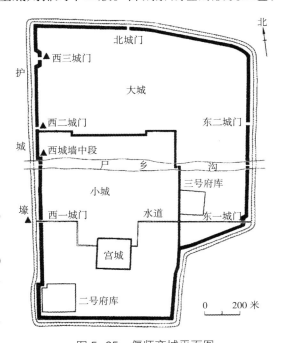

图 5-25　偃师商城平面图

（图片来源：中国社会科学院考古研究所河南第二工作队 .1983 年秋季河南偃师商城发掘简报 [J]）

据考古成果，偃师商城为夯土版筑城墙，仍然是较原始的史前早期的纵向方块版筑法，尚未见郑州商城那种更先进的横向分段版筑法。其主体城墙因逐版内收呈台阶状，不见郑州商城那种峭直的主城墙，说明此时期尚未出现削减技术。

偃师商城内，宫城居中为正方形，内有成组的大型宫殿基址；另外2座小城位于宫城的东北和西南，均为长方形，内有成排建筑，可能是武库、粮仓或屯兵防卫的城堡。宫城平面近方形，四周为厚3米的夯土墙，周长约855米。宫城中部有一座大型宫殿基址，其左右两侧还有几座宫殿基址。东部偏北的四号宫殿基址，东西长51米，南北宽32米，包括正殿、庭院、东庑、西庑、南庑、南门和西侧门等7部分，是一处"四合院"式的宫殿建筑（图5-26）。[27]

偃师商城既有大型宫殿建筑，又有军事防御设施，具有早期都城的规模和特点。有些学者认为这里应是汤都西亳，也有专家认为这里是太甲所放处的桐宫。

图5-26（a） 小城北墙遗址 　　　　　　　图5-26（b） 城墙遗址

（图片来源：http://baike.sogou.com/h22582627.htm）

2.郑州商代都城遗址

郑州商城是商代早中期的都城遗址，坐落在郑州商代遗址中部，即今河南省郑州市区偏东部的郑县旧城及北关一带。外城墙始筑于商代中期的二里冈期下层一期，使用到二里冈期上层二期，总面积达25平方千米（图5-27），郑州商城遗址是目前我国发现规模最大、保存最完整的商代前期都城遗址，是人类历史文化遗产中的瑰宝。郑州商城的城墙遗址是研究商代城市建设的重要实物资料（图5-28）。

图5-27 郑州商城遗址平面

（图片来源：杨芳芳 制图）

图 5-28　郑州商城遗址
（图片来源：KENSEN 摄）

郑州商城城墙是用土分层分段夯筑起来的。夯土层的厚度不等，有薄到 3 ~ 4 厘米的，也有厚达 20 厘米的，以 8 ~ 10 厘米厚的夯层为多。夯窝的情况也不尽一致。其形状包括圆形尖底、圆形圈底、长方形、三角形不规则圆形几种。夯土的质料各处也有不同。大致可分为褐土、黄土、花土、遗址灰土及夹有料僵石块的砂土等多种。有些墙土质较纯净，极少夹有陶片。有些土质较杂，包含陶片也较多。这些与其他商周城墙的夯土内容基本一致的情况不太一样。[28]

最迟在郑州商城存续时期，已经在城垣筑造中采用横向分段版筑法，它较之偃师商城及其他承续下来的纵向方块版筑法，是一大进步。它使得城墙结构更为稳固，筑城效率更为提高。郑州商城的峭直的城墙，表明其可能已使用减削法用于城墙筑造。

综观夏商时期版筑技术的发展，我们可以得知：这是版筑技术的广泛传播期。这一时期，除中原地区以外，黄河中游的山西，黄河下游的山东，长江上游的四川，长江中下游的湖北等地已经发现的城址，城垣筑造已广泛采用先进的版筑技术，由主城墙和护城坡构成的城墙结构几乎成为各地标准的城墙模式，显示采用了大体相同的筑城技术。

（三）两周时期是版筑技术的成熟期

西周尤其至春秋战国时期，有关筑墙技术中的模板使用、绳索束板、削减技术等已经相当成熟，并且已经产生最初的工程规范。两周时期，主要用于大规模城墙筑造的夯土版筑技术逐渐趋于成熟。由历史文献记载可知，西周至春秋前期，城墙筑造中增筑与削减并用，以保持外壁墙体的峭直。至战国时期，一整套完整的扶拢模板的技术出现并使用，是版筑技术完全成熟的标志。

1. 以平夯与逐层夯筑的方法建造的洛阳东周王城

洛阳东周王城经多年勘探发掘，早经确认。东周王城城墙夯土的建筑方法可分两类：平夯，即两面夹板，逐层夯筑；方块夯法，每一方块长约 1 米，宽 0.4 ~ 0.6 米，也有的地方长约 1.7 米，宽约 0.8 米，厚 9 ~ 20 厘米，方块交错叠夯，层次分明，层间铺垫有草的痕迹。

这种方块夯法应是自史前郑州西山始创，经新密古城寨进一步发展，直至偃师商城时仍然使用的传统筑城方式的继续。表明至少在春秋初期，中原某些地区的版筑技术，尚未发生革命性的变革。

洛阳东周王城北墙保存较好的地段，普遍发现有木棍洞，有些洞内尚存腐朽木棍的朽痕。这种在大多考古报告中称为"穿棍"的遗存，是在以往的城墙筑造中未曾发现过的（图5-29）。依杨鸿勋先生的研究，这种所谓的"夹棍眼"是当时用于悬臂支承模板的木材腐朽后的遗留。"战国筑城技术已经成熟，此时已创造出用木悬臂支承模板的一套工艺"（图5-30）。

图5-29 洛阳东周王城北墙的穿棍洞眼

图5-30 洛阳东周王城遗址
（图片来源：http://bbs.lyd.com.cn/thread-217806-1-1.html）

2. 扶拢模板技术建造的都城

两周时期，主要用于大规模城墙筑造的夯土版筑技术逐渐趋于成熟。至战国时期，一整套完整的扶拢模板的技术出现并使用，是版筑技术完全成熟的标志。这一技术的要点，可以概括为：使用穿棍悬臂支承模板，扶拢模板两端用草绳揽系或直接用绳索绑束牵引模板，揽系模板或直接牵引模板的绳索可能是以木橛固定入已筑好的下层夯上中，穿棍、草绳、木橛每筑好一版并不抽出而全部打入夯土，因此留下迄今可见的水平穿棍洞眼和绳孔。在部分地区，城墙筑造中已局部采用在墙体内铺设木构网或绳构网的配筋技术，以增强城墙坚固性。由于上述一整套完整版筑工艺的成熟，已经可以直接营筑出峭立的城墙，无需再使用外形削减技术。战国时代完全成熟的这一套城墙版筑技术，一直沿用到中国封建社会晚期而仅有局部的技术变更。

（1）燕下都

燕下都西城城垣保存较好，从这段城垣暴露的建筑遗迹来看，城垣筑造使用了穿棍、穿绳和夹板夯筑的建筑技术（图5-31）。值得注意的是，矗立于今城角村村南的西城南垣西段一段城垣，穿

图5-31 燕下都遗址
（图片来源：http://www.zsgwh.com/zixun/2015-03-06/84.html）

绳绳孔清晰可见。在两版相接处，绳孔较密集，间距为 6 ～ 10 厘米。这一堵城墙，并未见穿棍痕。每堵墙体筑法，大约是将两块模板上下排列，用绳子从木板两端束紧，绳子的两端则抛于填筑的夯土中，然后夯打结实。每筑定一层，砍断绑束夹板的绳索，取走模板继续使用。被砍断的绳索两头仍然留入土中，因此，现存绳孔中有些仍可见草绳的朽痕。这里，固定夹板的技术，是通过绳索实现的。而在西城西垣南段现存城墙上，则穿棍仅见于城垣上部，穿绳遗痕上下均有。上部穿棍棍眼直径 7 ～ 10 厘米，最大直径达 16 厘米，上下两行交错排列，行间间距约 0.5 米，棍间间距是 0.8 ～ 1.1 米（图 5-32）。发掘者推测，城垣上部的穿棍是用来固扎木板的。这或许因城垣筑至一定高度，墙身遂之收分变窄，仅用绳索绑束模板已不足以抵挡夯筑时的挤压张力，故以悬臂木支撑，另加绳索束紧固扎，以保证城垣上部的夯筑质量。

图 5-32　河北易县燕下都西城南垣穿绳孔痕

（图片来源：http://www.zsgwh.com/zixun/2015-03-06/84.html）

（2）齐都临淄古城

齐都临淄是战国时代繁荣一时的一座著名大都市。《战国策·齐策》曾载苏秦说齐宣王曰："临淄之中七万户……临淄之途，车毂击，人肩摩，连衽成帷，举袂成幕，挥汗成雨，家敦而富，志高而扬。"据勘察，临淄城墙的版筑方式，也是以 2 ～ 3 块夹板为一组上下相叠，承托夹板不用穿棍，而是将夹板两端用绳索绑束，绳索两端则固定入已夯筑好的城墙内，城墙外壁有明显夹板和绳索遗痕。在其后期增筑或修补的城墙中，更在局部夯层采用加设木头或绳索格网技术加固城墙。这种技术，在史前辉县孟庄城址和连云港藤花落城址中已初露端倪。宋《营造法式》筑城之制条中城身内所栽之永定柱、夜叉木意义或当于此，颇类于今日构架技术中的配筋，以增加其坚固性。

（3）新郑郑韩故城

新郑郑韩故城雄踞于广阔的豫中平原，至今城墙巍然耸立，蔚为壮观。1971 年，曾有学者在郑韩故城北墙东部内侧的夯筑墙洞中调查时（墙洞系现代人在城墙上挖出的储物处所），发现据称为圆形的柳条筐、盘绕的绳索和扁担。按城墙夯土中发现丢弃的筑城工具并非没有可能。但墙洞中发现的遗痕或许可能即是墙体内结构遗留，即扁担或许是墙内原木构，绳索即是绑束模板时抛入夯土中的。果若如此，则新郑郑韩故城的版筑技术，与易县燕下都、临淄齐故城一样，有异曲同工之妙。

（四）秦、汉、唐时期的夯土技术

1. 夯土技术在秦代的应用

秦代虽是个短暂的王朝，但在此期间却修建了一些大规模的建筑工程，而夯土版筑技术在这些工程上得到了充分的应用。秦都咸阳的宫殿地基和城墙、秦陵的内外城墙、秦俑坑内的隔墙以及秦代长城均是采用夯土版筑技术建造的。这些为我们探讨秦代的夯土版筑技术及整个夯土版筑的发展历史提供了确切的实证资料。

在秦统一之前，秦国夯土版筑城垣就已有很大的发展，大量的建筑工程使夯土版筑技术日趋成熟。

从春秋雍都到咸阳遗址上就足以反映出当时夯土版筑技术的逐渐完善。雍城坐北朝南，东西长 3480 米、南北宽 3130 米，总面积 1089 万平方米。从墙基分析，是采用木板夹筑，分层用束状夯杆施夯，在南垣和西垣上留有版筑的夹棍眼，城垣拐角处的夹棍眼直径稍大。咸阳故城遗址的夯土墙，最大宽度为 7.6 米，现存的夯土高 4.9 米。它的夯筑办法，首先将生土挖开基槽，深 90 厘米，然后用平夯夯实，再逐层夯筑。

秦统一之后，更有大规模的夯土建筑。著名的秦阿房宫，其建筑宏伟，居高临下、气势突兀的高台建筑物发展到了顶点。现存的遗址东西长 1320 多米，南北宽 420 余米，总面积为 55 万平方米。这座大型夯土台基虽遭历年破坏，仍高出地面 7 ~ 10 米。

秦始皇陵的修建也同样采用了大量的夯土版筑技术，其内外城垣均是夯土筑成。经勘探，其内城城垣周长为 3870 米，南墙一段至今仍高出地表 1 ~ 3 米，其余部分仅存墙基。其墙基宽 8 米左右，系用夯土筑成。夯层厚 6 ~ 8 厘米。外城城垣长 6210 米，墙基宽约 8 米，也同样是用夯土筑成，夯层厚 5 ~ 7 厘米。陵园内还有大面积的夯土建筑基址，现今局部还残存有夯土墙。如陵前的寝殿遗址，其墙壁用夯土筑成。便殿遗址现今还残存一段墙壁，夯层明显，夯层为 6 ~ 8 厘米。在鱼池遗址和食官遗址均发现有夯土墙。防洪堤是用含有碎石的土夯筑而成。其他大量的陪葬坑均有夯土二层台和夯土隔墙。

秦兵马俑坑内的边壁二层台和隔墙均是用夯土筑成。其一号坑的十道隔墙，均系用黄土夯筑，土质纯净，有的隔墙夯层比较明显，二号坑的边壁二层台、隔墙和个别门道的封门墙，也均是采用夯土版筑的形式建筑的。铜车马坑的坑底经过夯打，坑的东、西、北三面筑有夯土二层台。夯层非常平整均匀，质地坚硬，密度很大。坑内有 9 条夯土隔墙，隔墙用较纯净的黄土夯筑，夯层平整清晰，厚度较均匀，坑内两道东西向的隔墙也是夯筑而成。[29]

秦代历史虽然较短，但夯土版筑技术普遍应用在各种建筑上，夯土版筑在大型的宫殿、陵墓及长城修建中都占有着主导地位。纵观整个夯土版筑技术的发展历史，秦代的夯土版筑建筑无论在气势上、规模上和技法上都发展到了很高的水平。

2. 两汉时期的夯土技术

两汉时期，社会稳定，生产技术得到了很大的发展。

汉长安城墙用黄土夯实，最厚处为 16 米，夯层大致 8 ~ 10 厘米，夯打时插竿分粗细两种，还有两竿并用的痕迹。

汉代一般的建筑工程，以河南县城为例，用夯土建造，城基埋入地下，残存最高部分为 2.4 米，城基宽度 6.3 米左右，夯土层较厚，夯窝直径较大。其他如杨城（山西洪洞）、山汤城（河南修武）、禹王城（山西夏县）、敦煌沙州城马面都采用夯土、版筑的方法，夯层明显，插竿洞眼及夯窝明晰可见。

汉代大型建筑所用夯土高台，以汉长安城南郊礼制建筑为例，中心的高大台基，夯土土质纯净而坚实，层次非常分明，夯层 6 ~ 9 厘米。中心建筑外围，亦用夯土筑造，高出厅堂地面 50 厘米，后缘由矮墙版筑而成。

汉魏洛阳城垣系版筑夯土，细密而坚固。墙壁上一排排的插竿洞眼，至今仍清晰可见。《晋书》卷一百三十载记赫连勃勃"乃蒸土筑城"，据分析，所谓"蒸土筑城"，可能是筑城之前，将筑城所用的土进行日晒，以去其碱性，使城墙坚固耐久；也可能在施工时将所用的土用热水和泥，因这样可以使土质匀润，使夯打时土间缝隙密实，提高墙体的质量。这种做法是我国筑城史上一项独特的夯土技术，它保留直到今天，墙体仍非常坚硬。

到了西汉晚期，主要采取局部深夯，分部而筑，大面积夯打基础的作法已逐渐减少。秦汉时期夯土版筑技术有了新的发展，夯杵也有较大的改进。陕西栎阳遗址发现大夯头（石夯杵头）三件，体型为圆锥体，高 27.7 厘米，上部直径 15 厘米，深 8 厘米。整个夯头均经过镌凿而成，底部不另外磨光，石料是细砂岩。秦阿房宫出土的石夯头，上小下大，安装杵柄的洞眼非常明显。在夯旁有一洞，系固定杵柄之用。汉代石夯头式样与秦代大同小异，在汉武帝茂陵出土的石夯有两件，其中之一直径 9.5 厘米，杵身高 11 厘米，底部削平磨光，上部留一洞眼，系为安装木柄之需，石料为砂岩。

3. 隋唐时期夯土版筑的延续

隋唐时期经济繁荣，土木工程技术也随之进一步提高。就唐长安城而言，内外城墙全部是用夯土版筑而成的。长安城宫城（太极宫、东宫、掖庭宫）的夯土遗址，地面以下大部分还保存完好，从中可以看出当时的夯土版筑的工程质量，土质坚硬，十分耐久。

自汉代起，夯土版筑渐渐和土坯、砖相间混合使用，唐代沿袭了汉代的传统，夯土和土坯、砖的混合使用就更为普遍了。盛唐时，开始在墙外面包砖，已发掘的长安城的兴庆宫的西面和南面的两座墙均系夯土筑造，其中翔鸾阁与栖凤阁亦存长方形的夯土台基，高出地面 1.5 米，其周围原来是包砖皮加固的。

4. 西夏古城的蒸土筑城技术

统万城遗址是我国五胡十六国时期匈奴首领赫连勃勃建立的大夏国都遗址，位于鄂尔多斯高原毛乌素沙漠南缘萨拉乌苏河畔。该遗址是我国古代匈奴族留在人类历史长河中唯一的都城遗址。统万城是我国古代北方少数民族及其游牧文化与中原汉族及其农耕文化交融的例证，也是一个消逝了的民族遗留的历史见证。统万城作为沙漠中的一处古城遗址，在饱经千年的人为破坏与风侵雨蚀后，仍然保留了其部分原始风貌，这在全世界屈指可数。有人说，统万城遗址可以与楼兰古城、高昌古城等相媲美。

统万城建筑形式独特，用三合土筑城并修筑马面，高大的多层悬挑式角楼，利用马面空间作战备仓库，在建筑筑城史上具有重大价值。

统万城遗址的建筑遗存坚可砺刀斧，显现了它在建筑学方面独特的魅力。钻探证明，城址与建筑物的废墟下，均为原生细沙，说明修筑统万城的难度和当时工匠的高超技术水平。

关于统万城的修筑方法，史书是这样记载的，叱干阿利采取的筑城办法是"蒸土以筑都城，铁锥刺入一寸，即杀作人而并筑之"。赫连勃勃很赏识这种"愚忠"，就将营建之事全部委任于他。据《魏书》等史书记载，建成后的统万城"高十仞，基厚三十步，上广十步，宫墙五仞，其坚可以砺刀斧。台榭高大，飞阁相连，皆彫镂图画，被以绮绣，饰以丹青，穷极文采"。北魏太武帝（拓跋焘）的手下都说"统万城坚，非十日可拔"。等到攻下统万城，太武帝巡视良久，不由得环顾左右说："蕞尔小国，而用民如此，虽欲不亡，其可得乎？"。

所谓"蒸土筑城"的做法，《太平寰宇记》记载的是"蒸沙以筑其城，……其城土白而坚"。统万城遗址俗名即"白城子"，考古学者业已查明：统万城的城垣、墩、马面和台基等，都是用苍白色土施夯版筑而成，城土的主要成分是石英、黏土和碳酸钙。而石英即砂粒，碳酸钙是石灰（氧化钙）吸收二氧化碳而来，质地极为坚硬，三者加水就成为建筑上的三合土。当地天然出产"白垩"，《横山县志》卷三"物产志"解释为"俗名石灰，县境沙碛所在多有，为建筑之要品"。考古学者结合文献记载判断，"建造三合土的偌大城池，必须烧制大量石灰，'蒸土筑城'就是指此而言"。

5. 丝绸之路上的古城魅影（两汉时期）

（1）高昌故城遗址

高昌故城位于吐鲁番市东 45 公里处火焰山南麓的木头沟河三角洲，总面积 200 万平方米，是古代西域留存至今最大的故城遗址。是古丝绸之路的必经之地和重要门户。公元 5 世纪后，高昌城曾是吐鲁番盆地政治、经济、文化的中心。高昌故城始建时间距今已有两千多年了。它是吐鲁番地区千年沧桑的见证。

高昌城始建于公元前一世纪，是西汉王朝在车师前国境内的屯田部队所建。初称"高昌壁"为"丝路"重镇，后历经高昌郡、高昌王国、西州、回鹘高昌、火洲等长达 1300 余年之变迁，于公元 14 世纪毁弃于战火。

高昌故城布局可以分为外城、内城和宫城三部分：

1）外城

墙基厚 12 米，高大 11.5 米，周长约 5 公里；夯土筑成，夯层厚 8 ~ 12 厘米，间杂少量的土坯，有清楚的夹棍眼；内城在外城中间，城墙全为夯土城，西、南两面保存较好，其建筑年代较外城为早（图 5-33、图 5-34）。

高昌故城保存最好的部分首推外城墙，结构完整，宏伟壮观。外城城墙平面轮廓呈不规则方形，四面有弧度和曲折式城垣。城墙周长约 5440 米，其中北面城墙 1320 米，西面城墙 1370 米，南面城墙 1420 米，东面城墙 1320 米，以城墙外缘计，围合面积约 198 公顷。

城墙建造基本上采用夯土版筑的方法，版筑尺寸尚不一致，长为 1.5 ~ 2 米不等，高为 0.7 ~ 1 米不等。墙基一般宽约 12 米，墙顶宽约 2 ~ 3 米，残高最高达 11.5 米，剖面呈梯形。在一些夯土版筑的城墙中，也夹杂着土坯砌筑的墙。土坯规格、模制不一，长30～46厘米，宽20～24厘米，厚为15厘米左右。城墙外间隔有马面、角台，营造工艺与城墙相同。据说，20世纪初残存马面70个左右，马面间距一般在30～45米之间。马面大多毁坏严重，但部分地段保存极好，有极清晰的夹棍眼。[30]

图 5-33　高昌故城遗址现状
（图片来源：戴宁.高昌故城土遗址保护理论研究 [D]）

2）内城

内城约位于外城的中间，平面呈南北长方形。内城南北长 1000 米左右，东西宽 800 米左右。内城城墙总周长约 3420 米，围合面积约 80 公顷。在斯坦因记录的平面图上，内城墙南、北城墙中部均有外城南、城门大致相对的豁口，内城西北角也有一个豁口，这些豁口为内城门残迹。

3）宫城

内城北部正中有一平面不规则略呈正方形的小堡垒，当地叫"可汗堡"（图 5-34）。堡内北面的高台上有一高达 15 米的夯筑方形塔状建筑物；稍西有一座地上地下双层建筑物，现仅存地下部分，南、西、北三面有宽大的阶梯式门道供出入，规模虽不大，但与交河故城现存唐代最豪华的一所官署衙门建筑形式相同，可能是一宫殿遗址。新中国成立前，一支德国考察队曾在堡内东南角盗掘出一方"北凉承平三年（445）沮渠安周造寺功德碑"。沮渠安周是在高昌建立流亡政权的北凉王，据该碑推断，此堡可能是当时的宫城，并有王室寺院（图 5-35、图 5-36）。

图 5-34　可汗堡遗址平面图　　　　图 5-35　可汗堡区遗址现状
（图片来源：戴宁.高昌故城土遗址保护理论研究 [D]）　（图片来源：戴宁.高昌故城土遗址保护理论研究 [D]）

图 5-36　佛龛
（图片来源：中国国家地理）

　　高昌古城墙外墙城基现存厚 1.2 米，并有收分，夯层 8～12 厘米，与宋《营造法式》中夯层记厚度记载相似。史料记载，施工工具夯杆在古代的西北如新疆、陕西等地已经广泛使用。筑城墙时，采用大面积的打夯。将每层打完逐渐上升，每夯下去都要半径压半径，一夯窝打 3 遍。施工时还运用了脚手架，这从城墙上清晰可见的插竿洞可以看出。当时的脚手架主要是插竿、立柱、互相绑扎在一起，在立柱之旁侧施木板，作为木夹板，施工时逐步提高。从高昌城的洞眼实物，参照一些古代文献，证明了城墙夯筑的施工需要采用插竿立柱。

　　高昌故城内主要建造工艺有板墙夯土法、土坯砌筑法、减地法三种（图 5-37、图 5-38）：

　　①利用两面夹板填土夯筑而成的墙体。

　　②用土做成一定规格尺寸土坯砌筑成墙体、拱券等结构形式。

　　③利用原有地形开挖而成的洞穴等建筑。

　　（2）交河故城遗址

　　交河故城是世界上最大最古老、保存最完好的古城遗址，也是我国保存两千多年最完整的古城遗迹，唐西域最高军政机构安西都护府最早就设在交河故城。

　　交河城址，位于吐鲁番市以西约 13 公里的亚尔乡、吐鲁番市西郊 10 公里牙尔乃孜沟两条河交汇处 30 米高的黄土台上，长约 1650 米，两端窄，中间最宽处约 300 米，呈柳叶形半岛。

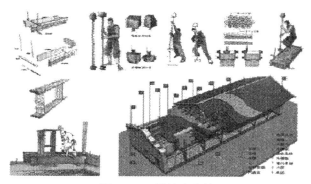

图 5-37　板墙夯土法
（图片来源：戴宁．高昌故城土遗址保护理论研究 [D]）

图 5-38　土坯砌筑法
（图片来源：戴宁．高昌故城土遗址保护理论研究 [D]）

　　交河故城是公元前 2 世纪～ 5 世纪由车师人开创和建造的，是古代西域三十六城郭诸国之一的车师前国都城，是该国政治、经济、军事和文化中心。在南北朝和唐朝达到鼎盛，9 世纪～ 14 世纪，由于吐鲁番一带连年战火，交河城逐渐衰落。元末察合台时期，交河城毁损严重，最终被弃。

　　古城遗址保存相当完好，建筑全部由夯土版筑而成，形制布局则与唐代长安城相仿。古城南北长 1600 余米，东西最宽处约 300 米，古城总面积 47 万平方米，现存建筑遗迹 36 万平方米。城内分为寺院、民居、官署等部分。城内建筑物大部分是唐代修建的，建筑布局独具特色。该城保留着宋代以前我国中原城市的建筑特点；城内有寺院占地 5000 平方米，有汲水井一口；佛塔群有佛塔 101 座。

　　交河故城在历经数千年的风雨沧桑之后，这座城市建筑布局的主体结构依然奇迹般地保存下来。这些都得益于吐鲁番得天独厚的干燥少雨气候。交河故城大体为唐代的建筑，建筑物主要集中在台地东南部约 1000 米的范围内。古城四央临崖，在东、西、南侧的悬崖峭壁上劈崖而建 3 座城门（图 5-39）。

图 5-39　交河故城
（图片来源：http://pp.163.com/liyu246890/pp/4468156.html）

　　学者研究认为，令人难以置信的是，建筑形式除了没有城墙外，还有一个明显的特征，即整座城市的大部分建筑物不论大小基本上是用"减地留墙"的方法，从高耸的台地表面向下挖出来的。寺院、官署、城门、民舍的墙体基本为生土墙，特别是街巷，狭长而幽深，像蜿蜒曲折的战壕。可以说，这座城市是一个庞大的古代雕塑，其建筑工艺之独特，不仅国内仅此一家，国外也罕见其例，体现出古代劳动者的聪明才智和巨大的创造力。

（五）明代大规模的筑城活动

到了明代，夯土版筑仍持续延用，今日全国所存的大小城池的城墙，绝大部分是在明代所筑，或在明代补砌包砖。明代城心内部夯土，有的是纯黄土，有的是以黄土为主，夹杂一些砖料、石块和灰沙，分层夯筑成灰土或三合土，外皮包以青砖。据已调查的北京城、正定城、大同城、晋城、太原城、西安、成都、郑州、南京等古城都是采用这种夯筑的方法。明代夯土工程，对于分层分片夯筑更为注意，对墙体基础工程使用灰土的方法增多（按一定比例用黄土加石灰），这是对夯土版筑技术进行改进的结果。明代长城在西部地区仍采用夯土版筑的方法，墙身下部宽4米，上部宽1.6米，城墙总高5.3米，采用夯土版筑，每版长4米。如嘉峪关北部的长城，按段夯筑，实物遗留至今（图5-40）。

明代为保卫北方从西到东的漫长边境，抵御外族的侵扰，先后设置了9个军事重镇，分管不同的边防区域，通称九边重镇。据《明史·兵志》所记，"元人北归，屡谋兴复。永乐迁都北平，三面近塞，正统以后，敌患日多。故终明之世，边防甚重。东起鸭绿，西抵嘉峪，绵亘万里，分地守御。初设辽东、宣府、大同、延绥四镇，继设宁夏、甘肃、蓟州三镇，而太原总兵治偏头，三边制府驻固原，亦称二镇，是为九边"。就长城墙体的材料和构造而言，包砖者集中于宣府、蓟州和辽东三镇，土坯类遗存大量存在于延绥、宁夏、甘肃、固原四镇，大同镇可以看作是东西各镇之间的过渡地带。其遗存的突出特征是以夯土版筑为主要建造方式，局部外包砖石砌筑（图5-41）。

图5-40　明代长城的夯筑技术
（图片来源：尚贝 摄）

图5-41　明代长城甘肃段现存遗址
（图片来源：尚贝 摄）

夯土长城的建筑材料包括细粒土、砂砾、碎石、块石和植物枝条五种。其中，夯土材料以细粒土为主，土中均含有砂砾、碎石和块石的比例各占约1/3，没有在城墙中发现砖块（图5-42）。

图5-42（a）夯土城墙材料使用
（图片来源：尚贝 摄）

图5-42（b）　夯土城墙外观
（图片来源：尚贝 摄）

夯筑长城的施工方法如下：

（1）整治墙基

在夯筑墙体以前，将地面整平，清除浮土露出新土。宁夏考古学家对固原县红庄的秦长城发掘时发现"长城的地基在地表面下0.9米起夯筑，基宽约6米，以上逐层内收"。先挖基槽，再由基槽开始逐层夯筑（图5-43）。

（2）埋永定柱

在嘉峪关"明墙"墙体上，"夯土层之间用杨松木桩和芨芨草以十余厘米的距离排列夯打在其中，至今还能清晰的看出"。

图5-43　夯土城墙
（图片来源：http://news.nen.com.cn/723401942960701 44/20061027/2049558.shtml）

在卯来泉堡也有此明显现象："夯土墙上遍插直径8～10厘米的圆木桩，以瓮城东墙为例，横排每层16桩，共5层，层距1～1.3米，排列不规则"。

（3）使用客土

夯筑长城墙体，土是主要建筑材料，而在西北沙漠草原地区，黏性大的黄土较缺乏，因此常常外地取土，成为"客土"。嘉峪关所在之地，属沙漠戈壁地区，不产黄土，筑城所用黄土，全部取之于嘉峪山。为保证黄土质量，黄土去杂质后入墙夯筑，夯土层为12～14厘米。

四、北方各地民居的夯土技术

北方民居广泛使用夯土墙技术。夯土墙技术因地制宜，原土材料都取自当地，因此也受到当地土质条件的限制比较大，而且地形地貌也在很大程度上影响着夯土施工技术的选择，如夯筑墙、土坯墙、垛泥墙等，且各地各种夯土建筑，通常情况下并不是单独使用一种施工工艺进行建造，而是几种施工技术相互结合而建造。从我国许多古代遗址的发掘情况看，一般都是先在生土层中挖造基础，于其上夯筑一定高度的墙体，再于其上用土坯砌建。有的周围先用土坯砌建，中心用粉土夯筑。有的在夯筑基础上垛泥或土坯砌筑，分层中间铺夹灌木枝条或芦苇类的柴草等等。

（一）夯土民居技术

刘致平先生在《中国建筑类型与结构》一书中提到："现在一般住宅或殿宇也有很多用版筑的，实在这种墙是物美价廉，如用好材料（如石灰、沙、石等）也可作荷载墙用（二层或三层楼）。较好的桩土墙（即版筑墙）是不易毁坏的……"并在书中记述了常用的材料成分数种。如普通土质，"就地取材"在筑墙的附近挖出土来，只要少加点水有潮气即可。普通土质内能就近找些碎砖乱石等加人亦好，因砖瓦石块本身很坚实，又可减少土墙的收缩率，这种桩土墙可作院墙或是平房的墙。西汉长安城是用纯黄土筑的每板约高 0.7 公寸，今仍未大坏。《中国建筑类型与结构》一书中详细记载了民居的桩土墙（版筑墙）做法：桩土墙工具有墙板、墙杵、撮箕（即簸箕）、铲子、木板等。

1. 墙板的做法

墙板是用六尺松杭做墙板两块，在墙板前端作横头叫狮子头。头内净余五尺多长，除去筑墙时墙板夹墙的分位，每板正好净长五尺。墙板高一尺，宽视建筑物性质而定。院墙等厚一尺五寸左右即可，两层楼房要厚点可以到二尺左右。在狮子头的面上有一道垂直线刻入木内，然后又在这道刻线上悬一细绳，绳下系一重量，如果这两线相重，完全符合，则墙板便算摆正了。墙板的另一端开敞，桩墙的时候用木棍四根立框架将开敞的一端箍紧。

2. 墙杵的做法

桩土用的墙杵长约四尺六寸，两端全有锤状物，一头圆约径四寸，一头扁宽约二寸半。杵两端全有重量。这是很合用的制度，因为施力时，力的轴心不易变更方向。它比起美国一端有重量的墙杵要好得多了。

此外在江浙、华北、西北等处，又有另一种做法。即是先在地下立几对木柱，然后在柱内立板，两板间宽度按需要定，然后向板内倒土桩筑。《营造法式》注释："说文堵垣也，五版为一堵……栽筑墙长板也（今谓之膊板），干、筑墙端木也（今谓之墙师）"。它的叙述很像今日立木柱夹持墙板的做法。西南一带所用盒子形墙板（即前述第一式），应是后来改进的式样，较立木柱的办法要好得多。

3. 桩土墙的基础

施工桩土墙必须有好的基础，普通是用虎皮石垒砌的墙基，上铺青砖一至两层作为勒脚。墙基要离地高点，因为桩土墙怕水湿。墙基做好以后即在基上安放墙板务令平正。将地牛（引用云南桩土墙的术语，地牛即是承托墙板的木棍）摆在墙板开敞的一端的下面，然后将箍头安好，地牛上要扣些筒瓦，桩好一板的时候，便可将地牛抽出来。

桩筑的时候一人（或两人）立在墙板内执杵，另一人将撮箕往墙板内倒土（预先和好的土），土要布匀，杵要打匀，用力要大小一致，因此不要求每杵用力大，但求杵次数多。筑好第一板，便将墙板向前移再筑第二板。筑好第一层再筑第二层。如是筑下去到筑完为止。有的地方在筑土墙时在墙板内放些竹竿或细木棍等物，乍看很像钢骨水泥的钢骨，也可能是有加固的作用，但是另一作用却是防盗。筑土墙的墙头上需要盖瓦顶，以免被雨水淋坏。墙身如果抹白灰做粉墙是很好的，颜色洁白，又可保护墙身。但是为了经济起见，很多的墙面上抹泥巴（内掺茅草），也有不抹的。

4. 筑土墙的厚度

筑土墙的厚度在普通六七尺高的围墙有一尺五寸即可。若是二层楼房的山墙常有厚二尺的。《营造法式》卷三的规定是"筑墙之制，每墙厚三尺则高九尺，其上斜收比厚减半，若高增三尺则厚加一尺，减一如之"，这是墙高与厚之比等于 3：1，与《周礼·考工记》规定符合，考工记"匠人为沟恤，墙厚三尺崇三之"。

特别需要提及的是北方筑土墙的防冻裂的问题，长城以北，冬天的严寒常将地冻裂很深，如果用土筑墙，一到冬天便很危险。在东北常用另外的一种土墙（做围墙用），即是在泥巴内掺杂大量的茅草，不怕多，以黏着、经济为度，然后用铁叉子叉泥垛。墙下厚可二尺许，高可八九尺。墙头上用砖，石灰等压顶。[31]

（二）陕西地区的夯土墙、胡墼（土坯）墙技术

夯土墙夯筑方法是，先快速夯击一遍，然后慢速压实夯击第二遍，特别注意墙的角部需夯实。夯筑顺序是，先外围后里面，先四周后中心，从外到里成回字形夯击。夯击时，夯点之间保证连续、不漏夯。一层夯筑完成后，使用夯锤尖角部在夯土表面打出坑槽，以保证上下两层夯土之间的粘结。

夯土墙应分层交错交圈夯筑，避免出现竖向裂缝；转角处应采用 L 形或 T 形模板夯筑，加强角部的连接。

模板拆卸时，先松动并取出拉接螺杆，再将模板紧靠夯土墙体并侧向推离，以保证模板不粘土或受到局部破坏。模板拆卸后，应把墙体端部铲成斜面，以使前后夯筑的夯土墙能够结合紧密，如果相隔时间较长，宜在夯筑时再铲成斜面并于浇水后夯筑。模板拆卸后，对土墙侧面坑坑洼洼处进行修整，用土料抹平。在墙体转角处在模板内侧加入小木三角片，使墙角在夯筑后形成倒角，可以有效减少墙角的应力集中。

1. 陕西关中地区民居的夯筑墙做法

陕西关中地区处于黄土地带，民居的外墙多数都是夯土墙和土坯墙，人们对墙体的做法和施工，历史悠久，并积累了丰富的经验，在全国都很有名气。

夯土墙体分为椽打墙和板打墙两种砌筑方式。外墙、很多院子围墙和一些隔断墙都用这两种方法。特别是外墙和围墙墙壁上不用留很多的门窗洞口，一气呵成夯成一整体，十分方便。打墙时，先摆正椽竿或打板后中间填土，用石夯夯实。椽打墙用"竿子"也叫"杉篙"，作为夯土的壁板。墙基夯成 90～100 厘米，顶部收分到 30～45 厘米，高度 2.5～4 米，打墙墙面出现椽弧凹槽、院棱，表面会变得凹凸不平，这样做的好处是在抹面时便于挂泥，不易脱落，椽子直径小，土易填满，向上提升较快，施工方便。而板打墙的墙面没有凹凸，表面完整光平，每块板高度 36 厘米，墙厚度 45～53 厘米。

无论是椽打还是板打，施工方法都是在横方向采用插竿和竖向用立竿，节点用绳绑扎，在夯筑过程中逐渐向上面移板，或是向上面移椽，步步提升，逐步夯实。施工工具石夯夯

头为正圆形，犹如扁平的石鼓，中间留圆孔，装上木柄，重量在 5 ~ 7 公斤。每墙用 6 人夯筑，一天就可以夯完，需要材料椽子 1018 根，立竿 4 根，加上夹棍和绳子，简便易行。每堵墙体夯筑完成后，需要两个月时间干燥（图 5-44）。

图 5-44（a） 陕西关中地区土坯墙体　　　　　　图 5-44（b） 陕西关中地区土坯墙外观
（图片来源：周若祁 摄）　　　　　　　　　　（图片来源：周若祁 摄）

2. 陕西关中地区民居的胡墼（土坯）墙做法

陕西关中地区的胡墼（土坯）外墙，一般有干制坯和湿制坯，尺寸为 55 厘米 ×18 厘米 ×5 厘米和 35 厘米 ×24 厘米 ×13 厘米，局部还应用砖或混合砌体（如用黄土浆和白灰）。砌坯方式采用竖坯砌，干制坯不能平砌。

单坯砌筑墙体长度与高度应控制在 3 米内，双坯砌筑可以用分砌平坯、砌卧坯、砌立坯和四六锭子墙，并对缝和错缝。为了加固墙体，砌墙时用收分或侧脚，在墙中增加木、砖作为筋骨；为了防潮，加麦草、苇子、野草；为了防震，加厚土坯墙，并增加竹筋。胡墼（土坯）砌墙时，先打地基，墙基脚一般做法为三种：素土夯实、砖基脚和石基脚。三种中以石基基础为最好，石块相互挤紧，抗压力强。用素土整平基地，最多用半厚的胡墼（土坯）在墙内外勒脚处砌数层以起到保护作用。墙体一般厚度 50 ~ 80 厘米。

胡墼（土坯）墙体砌筑完成后就是对房屋构架的施工，民居内部承重结构为木构架单层双坡顶，屋脊下设童柱与脊柱，并在小柱根部设角背，也有角背加大直接承托脊檩，屋面挂仰瓦，山墙常做硬山处理。

（三）甘肃地区民居的胡墼（土坯）房做法

甘肃省土坯房空间分布特征：受自然环境和经济条件等的制约，甘肃省境内土坯房依然在非常多的乡村被广泛保留与使用。虽然仍被使用的土坯房都为旧有，新增房屋一般都弃土坯而全部使用砖块砌建，不过这种更新在很多自然环境恶劣、经济相对落后的地区进展非常缓慢。随着现有土坯房（尤其是老旧房屋）性能的日渐衰败，在这些房屋弃置不用之前，都将给地震灾害防御工作带来难以排解的不确定因素。

1. 土坯房结构分类

甘肃省土坯房结构类型各地差异较大，不过考虑土坯房抗震性能主要取决于结构承重体系的整体强度和稳定性，因此，本文将承重方式作为评价农村各种结构类型土坯民用房屋抗震性能好坏的主要标准。根据这一原则，甘肃省土坯房建筑结构类型主要可区分出以下三种类型。

（1）土坯墙体承重土坯房

以土坯墙体作为房屋承重主体，房屋大梁或檩子直接搭放在承重土坯墙上，梁或檩与承重墙体之间一般无固定措施，墙体承受屋盖系统的全部荷载。

这类房屋由于用木料少、造价低廉，因此成为甘肃省内非常典型且应用极广的土坯房类型。尤其是近30年来，木材价格昂贵，在房屋翻修过程中，拆木架房、建墙体承重房已成为普遍现象，因此使墙体承重土坯房在甘肃省内的中部地区所占比例增大，分布面积更广。墙体承重房屋用料少且材质也差，大部分地区大梁直径20～30厘米，檩子直径15～20厘米，椽子直径8～10厘米，且多为二檩十椽。在一些雨水较多的地区，用料相对较多且材质也粗大些，屋顶多为一坡水，坡角一般为10°～20°。因为墙体承重土坯房在甘肃省乡村广泛存留与使用，且该类结构民房抗震性能较差，所以在历次地震中受损严重，成为农村人员伤亡的重要原因。这在2008年5月12日发生的汶川8.0级特大地震中显露得尤为突出，整个甘肃省灾区的伤亡总数超过八成是由该类型土坯房的倒塌导致的。

（2）砖柱（木柱）承重土坯房

以砖柱（木柱）作为房屋承重主体，土坯砌筑围护墙和隔墙，外形多为"双坡水"，屋顶为"马鞍架"，纵横向均有拉结铆杆加固，但屋架与承重墙体一般无固定措施，砖柱（木柱）与土坯墙体之间缺乏联结措施。

木柱承重土坯房按其整体强度及抗震性能差异可分为正规木架房与简单木架房两类。正规木架房木架结构完整，梁、檩、柱和撑等齐全，结构各节点全为铆榫结合，整体性及柔性均好，强度也大。这种类型的房屋一般用料粗大，材质好，施工工艺讲究、质量较高，是农村民用房屋建筑中抗震性能最好的结构类型。不过，正规木架房在甘肃省内分布数量不多，且该类民房在甘肃省境内基本属于老旧房屋。由于使用年限过长及缺乏翻修打理，木架结构的节点松动，甚至木质腐朽或虫蛀，使房屋整体抗震强度降低较多。而简单木架承重房的屋架整体由柱、梁、檩、椽和横向拉撑构成，但拉撑并不齐全，或仅由柱、梁、檩构成屋架，节点多为榫接。与正规木架房相比，简单木架房一般木料较细、材质较差。木架房的屋盖系统由檩、椽及屋顶铺盖部分组成。通常檩、椽及上部铺盖物之间均有一定固结或绑扎措施，以确保屋顶的相对稳定和牢固性。从抗震角度比较而言，草屋顶轻，有利于抗震；而泥屋顶重，对抗震不利。

木柱承重土坯房，其前墙多为土坯砌筑，或窗台以下为砖砌，上部为土坯墙。有的地方为了美观及防雨水冲刷，在土坯墙外表立砌一层砖；有的地方为了增加土坯墙体整体性和抗震强度，采用墙体下部及上部为砖砌。在个别地方，城、镇老房或距林区较近的地区，也有全部前墙及内隔墙为木板墙，或窗台以上为木板墙、柳条竹条编芭抹泥的轻质墙，屋檐以上山尖及隔墙上部为轻质墙。这些减轻墙体重量的措施均有利于抗震，但是在有些地方也有土坯房檐以上山尖或内隔墙上部为土坯码砌甚至干码，这极易造成墙体局部垮塌甚至坍塌，不利于抗震。

砖柱土坯墙房屋的承重体系为砖柱，土坯砌筑围护墙和隔墙，个别有轻质隔墙。这类房屋多为平房，常多见为乡镇商店、医院、办公房、库房等。近一二十年来大多已被淘汰，但在一些地区还零星可见。这种房屋外形多为"双坡水"，屋顶为"马鞍架"，纵横向均有拉结铆杆加固，但屋架与承重墙体一般无固定措施，砖柱与土坯墙体之间也无联结措施。围护墙及内隔墙均为土坯砌筑，但亦有一些墙体的底部用砖砌 30～50 厘米，屋盖系统与木架房相似。

（3）混合承重土坯房

该类土坯房介于木架承重和墙体承重类型土坯房之间，即部分为简单木架承重，部分为墙体（土坯墙）承重。在以上两种不同承重类型土坯房的接合部位，抗震强度和稳定性较为薄弱。该结构类型土坯房节省木料，主要分布于距林区较远、木材缺乏的地区。由于仅在土坯房中部由梁柱或檩柱构成简单木架，加之各承重体系振动性状不同，地震时在两种承重结构过渡部分最易引起震害加重现象。因此该结构类型土坯房的整体性差，强度分布不均匀。总之，此类土坯房施工质量较木架房差，屋盖系统与木架房相似，质量介于木架房和墙体承重房之间。

2. 土坯房空间分布特征

甘肃省处于全国气候区划主要气候区之间的过渡带，气候分区类型复杂，全省境内降雨量由东南向西北逐渐减少，并且在大部分地区降雨量变化率较大。甘肃省境内的土坯房分布与其地貌、气候分区、经济条件等因素密切关联。

在甘肃省境内的土坯房有 3 种典型结构：墙体承重土坯房、砖柱（土柱）承重土坯房和混合承重土坯房。以下就甘肃省土坯房分布特征按区域特色划分并逐一简要总结说明，具体分布数据见表 5-1。

甘肃省土坯房及不同结构类型土坯房的地区占有率　　表 5-1

地区	土坯房占有率（%）	结构类型	占有率（%）	备注
河西走廊及北山地区	60~80	墙体承重土坯房	85	永登以西广大地区是甘肃省土坯房分布的主要区域
		砖柱（木柱）承重土坯房	15	
		混合承重土坯房	0	
陇南地区	50	墙体承重土坯房	15	临夏市、甘谷及平凉市以南：常见夯土墙民房，数量约是土坯房的1/2；有少量木柱承重土坯房，使用年限普遍较久
		砖柱（木柱）承重土坯房	70~75（5 木柱）	
		混合承重土坯房	10	
陇东地区	20	墙体承重土坯房	80	陇东平凉、庆阳一带的广大黄土源及黄土梁峁地区；黄土崖窑使用较多是该地区土坯房使用较少的主要原因
		砖柱（木柱）承重土坯房	0	
		混合承重土坯房	20	
陇中地区	40	墙体承重土坯房	50	系指河西的永昌、金昌市以东至天水以西的广大地区；当地经济条件较好，土坯房占有率较低
		砖柱（木柱）承重土坯房	20（砖柱）	
		混合承重土坯房	30	

（图表来源：徐舜华等.甘肃省土坯房空间分布特征与多因素分类方法研究 [J]）

（1）河西走廊及北山地区：在永登以西的广大地区是甘肃省土坯房分布的主要区域，土坯房占有率较高，普遍在60%以上，个别局部区域范围内甚至达80%。区内土坯房以墙体承重土坯房为主，约占85%，而砖柱（木柱）承重土坯房约占15%。

（2）陇南地区：在临夏市、甘谷及平凉市以南，该地区土坯房占有率普遍在50%左右，常见与土坯房较为接近的夯土墙房，数量约是土坯民房的1/2。区内土坯房以砖柱承重土坯房为主，占有率约70%；墙体承重土坯房的占有率约15%；混合承重土坯房约占10%；另有少量木柱承重土坯房，不过此类房屋的使用年限普遍较久。

（3）陇东地区：在陇东平凉、庆阳一带的广大黄土塬及黄土梁峁地区，土坯房占有率低于20%，这与当地黄土崖窑应用较多有关。区内土坯房主要为墙体承重土坯房和混合承重土坯房。

（4）陇中地区：系指河西的永昌、金昌市以东至天水以西的广大地区。该地区土坯房占有率普遍在40%以下，与陇东地区不同的是，这一较低占有率与当地经济水平较高有关。区内土坯房以墙体承重土坯房为主，占有率约50%；混合承重土坯房占有率约30%；砖柱承重土坯房占有率约20%。该区内土坯房更新换代较快，新盖民房已经不再使用土坯房的结构类型。[32]

甘南地区藏族群众以半农半牧为生，建筑以合院式土坯夯土建筑为主要类型。"外不见木"、"内不见土"是其最为明显的特点之一，建筑外部为封闭的石墙或土坯墙，内部空间以木料辅以少量的泥土分隔空间。外围土坯夯土墙与内部使用空间之间形成空气缓冲间层，居室通过佛堂空间的过渡和缓冲，保持室内的热舒适性。同时壁板分割形成壁柜，用于储存，提高空间利用率，减少室内的封闭感。房屋用的建筑墙体为土坯，用草泥"两平一立"砌成，约300毫米厚，内外墙使用草泥抹灰。[33]

（四）宁夏地区民居的土坯墙做法

宁夏地区的土坯墙地基，一般先在夯实过的地基槽内用石块或砖砌筑至地面上40厘米以防止雨水侵蚀，在降雨最小的地区直接从基槽做起。地基砌完之后，先铺好一层浆泥，然后趁湿快速往上摆放土坯，摆完一层后再铺一层浆泥，在土坯与土坯之间是无需使用浆泥的。土坯墙经常是在很短的时间内便完工，土坯墙砌好后要往墙上抹两遍泥，第一遍麦草粗泥，第二遍麦糠细文泥。前者起找平的作用，使墙面大致平整，后者则起保护和美观作用。有的地方还用掺了石灰的三合泥，使墙面更加光滑，有光泽。

宁夏西海固地区的土坯房数量较多，类型多样（图5-45），根据使用土坯的多少，可以分为以下四种：（1）全土坯墙，墙体砌筑全部使用土坯；（2）填心墙，也称"金镶玉"，内填土坯，外砌砖块；（3）版筑土坯墙，墙体下半部为夯筑，上半部用土坯砖；（4）包砖墙，土坯墙体边角承重部位用砖块包砌。

当地土坯的砌筑方法同样丰富多彩，应用范围较广的共有以下六种：（1）平砖（土坯砖）顺砌错缝，这种砌法为单砖墙，上下两层错缝搭接，搭接长度不小于土坯长度的1/3，墙体较薄，稳定性差，高度受限制，多用于外墙。（2）平砖顺砌与侧砖丁砌上下组合式，这种做法是在平砖颠砌或错缝砌筑时，每隔几层加砌一层侧砖顺丁，间隔层数可灵活设

图5-45（a） 宁夏固原地区土坯墙细部
（图片来源：尚贝 摄）

图5-45（b） 宁夏固原地区土坯墙外观
（图片来源：尚贝 摄）

置。（3）平砖侧顺与侧丁、平顺上下层砌筑，这种做法与上种做法类似，只是变为平顺、侧丁、侧顺三种方式交替砌筑。（4）侧砖、平砖或生土块全砌，全部用丁砌或顺砌，此种做法仅限于围墙，承重性能差。（5）平砖丁砌与侧砖顺砌上下层组合，这种墙体承重性能较好，多用于砌拱和房屋承重墙。（6）侧砖丁砌与平砖丁砌上下层组合，同样承重性能良好，较多用于房屋的承重墙。

　　土坯墙砌筑，采用挤浆法、刮浆法、铺浆法等交错砌筑，不使用灌浆法，以免土坯软化及加大土坯墙体干缩后的变形。泥浆缝的宽度一般在1.5厘米左右，土坯墙每天砌筑高度一般不超过1～2米。[34]

　　（五）青海地区的夯筑墙做法

　　青海地区夯筑墙一般选用黏土、灰土（黄土与石灰之比为6：4）或者黄土与细砂、石灰掺拌，将之填入用木柱、横木等固定好的平板或者圆木槽里，然后使用石夯夯实，再拆除下层的木头，移动到上边来重新固定，如此往复，直至达到所需高度，又称"版筑"，俗称"干打垒"。夯筑墙的门窗孔洞，预留或者后挖都可以，施工简易，两三个壮劳力，打一道墙只需要几个小时，待墙干透后，就可在上面架梁盖顶，安装门窗（图5-46）。

图5-46（a） 青海地区民居夯筑墙
（图片来源：虞春隆 摄）

图5-46（b） 青海地区夯筑墙
（图片来源：虞春隆 摄）

夯筑过程中采用的填土模具主要分为椽模和板模。椽模，用立杆、椽条、竖椽、撑木等做墙架；板模则用木板做墙架，包括侧板、挡板、横撑杆、短立杆、横拉杆等。打夯时，常常2人或4人手持夯具由墙基两端相对进行，这种打夯方法叫做相对法。另一种相背法，与相对法方向相反，是由墙基中段向两端进行。还有一种纵横法，人们一组横向，一组纵向，分两组进行，左右交错。[35]

青海撒拉地区"土堡"式的夯筑墙做法："土堡"式民居在西北的几个省都有分布，几种形式的"土堡"民居施工方式大同小异。以青海地区的"庄巢"为例，一般采用"先土后木"的做法，先用生土夯筑"庄巢"的外墙，然后立梁柱木构架后用土坯砌筑后墙和分间墙，椽头搭在后土墙上，山墙也用土坯砌筑，砌到2米高左右，直到放凛和椽的地方用木板分隔，传递屋面荷载。中间分间墙用木板制作。由于黄土比较坚固，打夯土墙每一段一丈左右，如做楼房，后墙第一层为夯土墙，第二层用土坯砌筑，用草泥涂饰。夯土墙施工时用不高于6米的两个"U"形支撑，约3米左右分段，分两段，从底部0.8～1.0米向上收分到0.3米左右，两侧杆模用绳子捆在一起，用木板做侧模，每段两侧上下两块，把湿土填入模板之间，用石夯夯实或用木锤拍打结实。[36]

地基稳固后，由于构造比较简单，房屋的木构架用"五构架法"，先立构架后砌墙，木柱立于基石上，柱头承担梁架，梁上放置垫墩，前檐柱升高，后檐柱与前檐柱之间略形成小坡，成为单坡平顶。金柱和檐柱做成圆形截面，后檐柱略细。在横向构件的施工上，木梁断面做成18厘米×25厘米，前檐搭接在金柱之上，后端插入檐柱中拉接与梁腹下，前檐"闸梁"梁头穿插于檐柱柱头上，后端穿插在金柱柱头中，为了让檐柱与金柱拉紧，下部也用随梁枋的做法。如檐柱和后檐柱之间的跨度较大，在大梁之上还做垫墩，大梁下做随梁枋。垫墩设在大梁上承担檩条，在纵向构件中除无檩外，在金檩木下做炸口板（檩垫板），下接平板杨，再下做闸牵，最下用悬牵联接，下部安装门窗。如果不做前廊，就没有金柱和金檩等，只在檐檩下做炸口板，板下为悬牵。大梁偶随梁头伸出檐外。

（六）河南地区民居的土坯墙做法

土坯在河南民居的墙体中占有重要地位，量大面广，无论是有钱人，还是一般平民，房屋建筑中都用土坯。土坯的原料为钻土，随地可取。技术含量低，自己动手肯下力气便可制作出墙体砌块，不需或很少花钱。大部分的土坯制作方法是：取土—和泥（比较稀的泥，有的还加入少许碎麦秸以提高土坯强度）—装模—脱模—晾干待用。随地方不同，土坯用料和制作方法也各有不同，以豫北博爱县的土坯为例，因其土质黏性比较好，和泥用水量很少。就有"握之成团，落地开花"的松散状态，然后经装模—捣实—脱模—晾干即可。这样的土坯所砌的墙体经表面抹平后，内部间隙大，墙体保温性更好。[37]

（七）河北地区民居的土坯墙做法

河北地区建筑的主体维护结构也多为冬暖夏凉的土坯墙，墙厚500毫米左右。主体维护墙的最外一层为青砖湖筑，内层采用稻草和黄土混合加工而成的土还，起到保温隔热的效果。并且在两墙面相交的拐角处设置了类似于梁的结构来加固房屋，提高房屋的抗震性和稳定性。这种承重体系的石柱直接承接架构屋顶的梁，砖墙多采用顺砌，整齐牢固。二层的楼面由粗壮的木质梁架支撑，梁架上铺木楼板，木楼板采用平整长方形木板，拼接整齐使得二层室内楼面平整牢固。

（八）山东地区民居的土坯墙做法

山东地区也有土坯的使用，以朱家峪古村落民居建筑为例，墙体主要采用的是土坯砖或者煤灰砖加石材，所以一般比较厚，在 35 ~ 45 厘米之间，为了起到防潮的作用，外墙墙基一般使用当地的石材砌筑或者下面用碎石夯筑的，内墙墙基高度一般齐门槛的高度。大多数民居建筑的墙体是在台基之上 80 ~ 90 厘米使用条石砌筑墙基，也有的将石材砌筑到墙体一半然后再采用土坯砖或者甚至完全使用石材砌筑到顶，而较为简陋的建筑则直接使用土坯夯筑而成，所以建筑年限不会很久，现多已坍塌。在朱家峪古村落中，许多沿街的民居是直接使用乱石堆砌抬高住宅的墙体基础，这样一方面起到了安全作用，另一方而在夏季洪涝多发时节可以防止雨水冲刷，增强住宅基础的牢固。

（九）新疆地区民居的土坯墙做法

土坯墙在新疆地区有着较为广泛的使用。一般在墙两侧抹泥压光，墙厚 12 ~ 15 厘米。

在新疆和田等地区的民居中，用黏质砂土以水和成黏稠的泥堆，不用模板也不用夯打，直接用手分层湿筑，并有收分，底宽从 0.8 米收分到 0.5 米左右。如需要在墙体表面挖龛或者修筑壁台，需要待其干后靠内墙面铲修垂直，挖好龛后在表面抹一层草泥压光。室外墙面则保留倾斜度维持稳定性。许多地方筑土时需要模板和夯打，即所称的版打墙打土墙，支模版后分层夯实砌筑，并有收分，如"庄巢"，墙体下宽上窄。墙体下部一般约 80 厘米，向上收分到 30 厘米左右，最厚的墙体下部也有做到 1.5 米的。

编笆墙在新疆很多地区，特别是在和田农村地区尤为普遍。这种土泥与木构的墙体是在木构架上稍加横向支撑，用树枝条、红柳或芦苇束在横撑间编成篱笆，然后两侧用草泥打底、抹平、压光。墙体厚度在 8 ~ 12 厘米左右。横撑间距约为 0.5 米，断面约为 25 平方厘米，形状矩形或半圆形，以样接法与立柱相连，木条或红柳在横撑间竖向编织后绑扎或压条固定。芦苇束可先编成帘子或整齐排列后外压木挑固定于构架上，这种方式的缺点是稍受侧压和撞击容易造成局部剥落，优点在于对潮湿环境适应性好，墙体构造简单且轻便（图 5-47）。

图 5-47　新疆地区民居生土材料应用
（图片来源：周若祁 摄）

"阿以旺"式民居是新疆地区最有特色的一种半生土民居形式，在和田、喀什等地建造较多。"阿以旺"式和"米玛哈那"式民居除了有地下室的以外，一般直接用原土夯筑墙体，需要打地基的，基础深30～50厘米，用素土夯实后以卵石碎石填充，在夯实后砌筑基础、勒脚等，室内地平的正负零点取值根据需要和当地地质条件，一般取10～60厘米。砌墙施工时有以下方法：

（1）如当夯土墙外抹草泥为主要的墙体时，立柱承重，用土坯调整檐下部分的标高。

（2）基础上架设木圈梁，墙内间隔3米左右或在拐角、丁字接头处设木立柱，与木圈梁连接，然后以土坯作填充墙。

（3）勒脚以上，按开间大小，内外墙的相交处，墙体转角处砌50×50的砖柱，或者更宽，用土坯填充其间，或在窗框、门框两侧砌砖加固。

（4）墙体以土坯泥巴浆砌筑或用土坯混合插坯墙、编笆墙砌筑。

（5）内、外墙均以土坯砌筑，但外墙部分外包青砖，并与土坯咬茬砌筑。

（6）全部用砖砌筑，墙体用土坯砌筑的，用泥浆填缝，砖砌侧用石灰砂浆。内墙上为了利用空间，常在砌筑时留有壁完、完边也贴以各种花纹，但数量不多。

檐头部分的简单做法是直接在伸出墙体或廊柱的木擦或椽子上钉封木封檐板，明挑檐不用，并做3～5层封檐砖，然后将砖块磨成斜角、圆形、楔形、拼成各种不同的图案。

天花上方为方木擦条密铺半圆木椽子，在其上铺一层苇席，再铺芦苇或麦草、稻草作保温隔热层，上再作草泥防水屋面。[38]

五、南方民居的夯土技术

生土材料作为一种易于获得的地方天然材料，无论在南方还是北方地区的传统民居中都得到了广泛应用。在南方地区，主要运用在墙体、地面等主要的围护结构中，都是利用土的热惰性，尽量减少房屋与外界的热冷交换，起到改善室内热舒适环境的作用。当然，还有像福建土楼那样全方位使用生土材料的建筑，是把这种材料的特性发挥到极致的做法。

（一）生土筑墙

1. 福建

在福建的民居中，大量采用木构架作为主要承重构件，生土墙则起着分隔空间、内外围和挡风遮雨的作用。建筑除了面向天井、庭院的部分采用木隔扇以外，外围护墙与主要内分隔墙均采用生土材料夯筑而成。墙的厚度通常为0.4米左右，材料有黄土、壳灰、砂母（粒径较粗的砂）和旧屑的瓦砾土渣，按一份壳灰、二份黄土、三份砂母及瓦砾土渣的比例加水拌匀。黄土材料价廉、取材容易。而且防潮、保温、隔热性能均在砖石之上，直至今日仍是人们喜爱的墙体材料之一。在其外护围墙上通常在生土墙体外侧加砌一层块石或鹅卵石，起到勒脚的防潮保护作用。有的只砌到窗台，大部分则铺满整个墙面。[39]

2. 云南

云南有自己的土资源和土环境，各少数民族人们直接取用生土建造民居住宅，特别是建造房屋围护结构的墙体和屋顶时，皆表现出各自对土质的感知与认同，从而采用有效的

筑土、用土技术，建造出适应自然气候环
境及满足基本生活要求的住房空间。不同
气候、不同地区的土质和性能各不相同，
从而导致了有些地方有土却建盖不出相应
的生土民居。在云南地区，土主要被大量
地用于构筑民居住宅的围护墙体和部分屋
顶（图5-48）。

图5-48　云南地区民居生土材料应用
（图片来源：尚贝 摄）

土本身有含水率、含砂率、吸湿性、
抗冻性、和易性等多种技术性指标，加
上不同地区、不同气候的土质性能彼此
不同，于是用不同的泥土来建筑房屋墙
顶，或多或少地会直接关系到建造时的技术处理和日后使用的耐久性。但泥土最大的特
点是保温、隔热性良好，并且随地可取，方便经济，所以广为居住在干热地区和干冷地
区的居民采用。又厚又重的土墙几乎不承重，仅仅起空间围护作用。从结构受力情况上
来讲，建筑屋顶应该是越轻越好，使上部整个结构的静荷载降低。厚墙厚顶的做法是因
为身边只有泥土，非弄得厚厚的否则站立不稳，还是有别的缘故，这在结构上是说不通的。
然而事实证明，厚墙厚顶的技术处理，正是针对所处环境气候深思熟虑的结果。

为了适应气候条件，用泥土材料构筑的民居，其房屋形式也大多采用正方体，且相互
紧靠在一起，这样既可以使暴露于外界热量的最小表面积来包含最大的建筑空间体积，也
可以使相互紧靠的房屋形成更多的阴影，减少日晒区域，满足室内的舒适要求。[40]

（二）夯土墙

1. 浙江

浙江丽水、松阳、缙云、永康一带的民居多使用大型夯土块做墙壁，规格为宽
80～100厘米，高140～160厘米，厚40厘米，其做法是先砌筑1米左右高的卵石基墙，
在上沿水平方向依次夯筑，夯块上下、左右间的拼接方法为夯筑时加三条木棒，或者是一
块筑好后在侧面挖一条凹槽，等第二块筑好后，两块之间就形成企口缝。门窗开法：夯筑
时预埋木框架门道，上层在山面上砌小部分砖，留出圆形券窗，或者直接在土中预埋瓦筒
做圆窗洞。[41]

2. 两湖地区

两湖地区的夯土墙、土坯墙和三合土地基与其他地区并没有太大差别，现存已不太
多。夯土墙一般经过备料后，利用夯筑土墙用的墙板、冲墙棒和与之配套的其他工具，以
及修整墙面的泥刀、水准尺、榔头、抬筐、簸箕、绳缚等辅助工具，进行舂捣、夯筑。普
通的民居一般使用两副墙板在屋子两头按顺时针或逆时针的同一方向同时进行，有条件的
则三四副，速度较快但要保证有足够的人手而又不互相拥挤。夯完一版，接版成圈，层叠
而上，故称为"行墙"。值得注意的是，上下版必须交错夯筑，不可出现通缝，而且外墙
和内墙最好同时夯筑，以保证墙身的整体性。

有的地区还在土中拌合拉结料和骨料。拉结料是稻草、芦苇、松针等，可以增加墙体的抗拉抗剪性，骨料一般是碎砖瓦、石砾，有助于加强抗压性。峡江地区还有放螺壳或蚌壳作骨料的。究其原因，一是靠近长江，水产品中有螺和蚌；二是螺壳和蚌壳虽然中空，但质地坚硬，表面粗糙，容易粘结，是很好的骨料；三是螺壳和蚌壳中空密度小，可以减轻墙体重量。

夯土墙必须有好的基础，一般是在选址定位后，由师傅放线后开挖半米多深的地基，用大块石头垒齐，基础的高度则视地形的平缓程度而定。有时为了达到防潮的目的，还要再铺设一两层青条石作勒脚。夯土墙一般都有收分，符合《营造法式》筑土墙之制规定"其上斜收，比厚减半"，即墙顶厚为墙脚厚的1/2。

土墙施工时最忌风雨，故行墙一般选择天晴的季节。同土坯墙一样，夯土墙的墙头也需要盖瓦顶或铺草，以免被雨水淋坏。墙身一般是用草泥浆抹平，有条件的则在外层再用石灰抹白以保护墙体。[42]

3. 福建

福建的土壤以红、黄壤为主，这种土质很适于夯实成墙，是理想的建筑墙体材料。夯土墙的优点是坚固、承重、耐久，防水吸潮性能也好，除沿海一些地区外，几乎占福建90%以上的民居建筑都采用夯土墙为主要墙体。

在闽北民居建筑中，高高的山墙都是由生土夯筑而成的，厚度约60厘米。生土夯筑的墙体承重、保暖、吸湿、防盗，是很好的墙体材料。要把新挖出的粘土先放置1～2年，待到黏度合适后再进行夯制。夯土墙体施工时用1.5米左右的木模板，依墙厚度两边放好，用特制的卡子夹住，再配置黏度合适的黄土分层夯筑，夯几层后放入竹片、松枝或木棍以加强墙体的联系和拉结强度。夯好一版再移动模板，一版一版地夯筑。待墙体全部完成后，用特制的小木拍子在墙面进行补平拍实，以达到使用要求。这种土墙貌似粗糙，却十分牢固，可以经上百年而不倒。

在闽北还有一种墙体是由石、土、砖三种材料依次砌成的。这种墙体的通常做法是勒角以下部位由卵石叠砌成卵石墙，其上砌青砖实心墙，再上用三合土夯成土墙，有的还在大约一层楼面以上的位置砌空斗砖墙。这样由卵石、生土、砖墙共同砌筑的结构，材料搭配科学，受力合理，保证了墙体的稳定和牢固。[43]

4. 广东

夯土墙在粤东地区更普遍。夯土墙的材料是用黄土、砂、石灰（沿海地区用贝灰）、稻草、纤维进行混合，然后加少量水拌合。有的地区还加黄糖少许一起拌合。施工时，先用活动木模板夹成墙体厚度，一般是40厘米左右，有的厚达1～1.2米，然后放入灰土进行夯实，逐层上升，直到需要的高度为止。它的优点是取材方便、坚实经济，但施工时势动强度大。有的夯土墙为了增加强度，每隔50厘米高放横竹一支，也有的在横竹之间用竹篾或竹片加以铁丝相连者，当地称为竹筋版筑墙。有的在墙中置粗竹两根，上下各一，以增强其刚度。也有不用竹而用小木柱代替者。在客家地区，为防雨水冲刷和抗风化，在版筑之间也有夹夯一层水平砖（或瓦）者。

此外还有一种混合墙体，墙的内皮用砂土夯实，外皮用砖砌，厚12厘米，每隔一定距离丁字顺砌，与夯实的砂土墙相连接，当地称作金包银墙。这种墙常用在建筑物山墙处，主要用来防雨和防潮。[44]

（三）土坯墙

从建筑技术史上看，从夯筑墙到砌筑土坯墙，是一项巨大的技术进步，也是建筑材料的一大革新，它为砖的出现作了准备。土坯墙比夯土墙要求的技术含量要低，在施工作业和时间安排上更灵活机动，造价低廉，经济实用，是降低建造成本的重要手段之一。而且土坯墙敦实淳厚，粗犷质朴，与大地融为一体，在质感和肌理上充分体现了民居的艺术魅力，其表现力也是其他建筑材料不可取代的。

1. 两湖地区

土坯墙在两湖地区使用相当普遍。土坯墙首先经过选料、制坯，然后再砌筑。土坯的质量好坏，和选土有重大关系。土料选取附近山上带胶性的纯红土，为使土坯达到抗压力强，选土时切忌土中夹杂腐化物与有机物。

土与水的充分拌合也十分关键，加少量水至潮湿即可，让牛反复踩踏，翻锄拌匀，有时人们还要将这种土用塑料布等包好，闷2～3天至硬中见软（含水不多但和易性好，柔韧好用）的成色为好。另外，土坯中往往要加筋，骨料一般用谷秆、山草、松针等，目的主要是为了增强土坯的抗拉性能，防止龟裂。

制坯首先要有土墼模，一般建一幢民居两副坯模即可。一般都把土坯砖控制在30厘米×15厘米×12厘米左右，否则太厚太大则不易晒干，太薄太小则施工费工费时。土坯自古有干制坯和湿制坯两种。做法是将土、骨料与水拌合，用手指感觉达到合适的含水量，再用牛踩匀，待蒸发一两天后，选一平整场地，将土墼模平放地上，填满泥，用手抹平、压实，即可提起土墼模，将土块留在原地晾晒，半干时再翻转暴晒，4～7天后即成。

土坯砌筑只用泥浆砌缝，一般砖缝为1.5～2厘米。土坯有多种砌法，一般用侧砖顺砌与侧砖丁砌上下错缝砌法，侧砖丁砌与平砖顺砌上下层组合砌法（即"玉带墙"或"实滚墙"的砌法），侧砖顺砌与平砖丁砌组合，以及平砖顺砌与平砖丁砌上下错缝砌法（即"满丁满条"）。

与砌砖不同的是，土坯常常立摆，即侧砌顺砌或丁砌。土坯立摆有许多好处，首先土坯怕压断，所以立摆较为坚实，其次土坯吸水性强，立摆时只上下用泥砌缝，左右两侧不用泥，则土坯不会被泥水泡软。若是像砌砖一样平放，上下一用泥则土坯就吸入大量水分而被泡软。

砌筑土坯的同时还常要加筋，即每隔3～4层土坯就"铺雄竹一露"，除了竹篾外，树枝、藤条均可以，目的是增加土坯墙的抗压和抗拉性能。[45]

2. 福建地区

福建地区的土坯墙是用红黏土或田土掺砂并加入铡碎的约两寸长的稻草，掺水搅拌均匀，用木模印制成型，晾干后即可使用。"土坯"有烧结和不烧结两种。烧结之后的土坯强度高，不怕水，可砌筑2～3层的楼房，但成本较高，不经烧结的土坯强度低，怕水，但成本较低，多用于室内的隔墙。土坯砌筑的墙体上通常抹有白草灰，以增加墙面的美观和卫生。[46]

3. 广东地区

广东地区土坯墙的做法是先用泥土、碎稻草在泥地中加水拌和成为泥浆。浸泡一定时日后，用牛踩匀，待蒸发到一定程度后，把泥土放入定型的木坯中制成土坯砖，风干之后，即可使用。在砌筑时要错缝，并用同样成分的泥浆作粘结材料，即成为土坯墙。土坯砖的规格各地不同，粤北坪石一带为 20×14×35 厘米，粤东惠阳一带为 26×11×45 厘米，兴宁则为 12×20×34 厘米。这种墙体在冬季农闲时进行施工，这时，田地、劳动力、牲口都有空闲。它的优点是经济，材料来源方便，同时室内冬暖夏凉。但缺点是耗费优质土壤，人的劳动强度大，故在山区农村才较多采用。[47]

4. 江西地区

由于构筑工艺沿袭年代的久远和使用的广泛，赣南的生土结构已发展到非常成熟的程度，一栋生土建筑甚至可以垒筑至二三层高，历经数百年风雨而不毁。

赣南多用土筑墙或土坯墙。那里的土筑墙有着久远的历史，而且可以就地取泥，经济又简便。土筑墙使用拌合好的黄泥（当地以手和泥为标准），用一个可移动的木墙框，分层筑打密实即成。筑打每层为 30 ~ 50 厘米，并用一层内置 3 根竹片（2 寸左右宽度的湿竹）的过筛水石作为加强层。土坯墙只是用预制阴干好的土坯砖砌筑，施工更为方便。土坯砖一般规格为 26 厘米 ×13 厘米 ×4（6）厘米，以稀释泥浆砌筑。

墙体也有使用素身墙的，如萍乡、万载农舍，哪怕是厅堂的墙面也不作粉刷，下段墙裙为 150 ~ 170 厘米的斗眠式清水砖墙，以上部分则为土坯墙体，同样也不予粉刷，甚至不用泥浆刮面，倒也显得朴素自然。[48]

（四）板筑泥墙

浙江龙游、兰溪、衢州一带的版筑泥墙做法是先筑 30 厘米左右高砖石基墙，在上装墙司板（长 180 厘米、高 50 厘米、厚 33 厘米的活动箱形板，中间横插两根直径 5 厘米左右木棍），沿水平方向依次倒入黄泥（加少许纸筋或稻草筋砖瓦砾）夯筑，上下层错缝，一层层互相压住。这种墙在小户型中基本上都不粉刷，大、中型住宅采用此墙者基本上都粉石灰砂浆，形成粉墙。

丽水的莲都、缙云、松阳、景宁、云和，金华永康、武义一带的民居流行黄泥墙，做法是将黄泥筛去杂质，掺少许切断的稻草，用"墙司"、木夯一层层夯实，叫版筑泥墙。它是承重的，不用木梁架而用硬山搁檩，前后墙面只开小门窗。有的只夯山墙和后檐墙，前檐用木柱木架。这种墙因受施工操作的限制，一般山墙上不做复杂的马头墙，也不多做复杂的装饰，只是用砖砌成"壶瓶嘴"，使檐部的山墙微微挑出，和前后檐口相应。当然也有些大户人家砌成马头墙形式。

版筑泥墙的颜色因土质而异，有黄色，有浅紫，有橘红色，也有灰白。[49]

（五）其他墙体形式

1. 蚌壳与粘土结合的墙体

在福建省沿海一带，民居多采用蚌壳、蚝壳等贝壳烧制的壳灰代替石灰，其优点是可以防止海风吹来带进的酸性侵蚀。闽南一带盛行用壳灰、砂、黏土加入红糖水、糯米浆夯实，用于建筑外墙和坟墓修建。这种称为"三砂土"的墙体材料坚固异常，有的建筑已有三四百年的历史，依然坚固如石，连铁钉都钉不进去。

2. 瓦砾与黏土结合的墙体

福州的传统官式大宅中，通常是穿斗木构架作为民居的主要承重结构，土墙作为民居的外围护结构。外围护的墙体采用"城市瓦砾土"墙（也称"碎砖三合土"墙），墙厚约60厘米。用料按瓦砾土4份，黏土3份、灰7份的比例掺水搅拌，再用夯土墙板分层夯筑而成。对瓦砾的颗粒大小有一定要求，瓦砾土中可以是碎砖、瓦片，也可以是小石子，只要材料质地坚硬就行。这种用平凡的废弃材料创造出独特墙体的施工做法值得肯定。因为这种墙体做法解决了长期困惑人们的在城市建筑中处理地震废墟和城市建设废弃的碎砖、瓦、石的难题，具有可持续发展的意义。

3. 金包银的墙体做法

福建地区的福清民居的外围护墙体采用"金包银"墙。其做法是，在夯筑墙体的模板内侧抹上一层2～3厘米的糯米浆，然后倒进由白灰（或壳灰）、黄土、瓦砾搅拌成的三合土，夯成厚达45厘米左右的外墙。在脱板后又用黏土、石灰、细砂等搅拌成干硬性砂浆，拍打在三合土墙体上，形成夹心饼干似的夯土墙体，当地人称之为"金包银"墙体。在门窗洞口和转角附近，用砖或条石进行包口。这样形成的墙体，既保温、承重又坚固、耐久，立面处理上也有美感，因此很受人们欢迎。[50]

（六）土在地面中的应用

土在地面上的应用主要包括三合土地面、夯土地面、砌筑勒脚等形式。

1. 三合土地面

三合土地面一般多采用双层做法，即下层厚100毫米左右，用长江沙黄土、当地烧制的石灰（扮）掺合一定比例粒径20～30毫米的长江中的碎卵石，按比例加入桐油和水调和后，拍打而成。面层做法与下层相同，只是将碎卵石换为3～5毫米的细石子，拍打厚度约20毫米。而单层做法相比双层做法只是取消了面层。这种地面做法就地取材，防潮耐磨，经一定时间人的行走摩擦，石子光亮，很有地方特色。

2. 夯土地面

一般的小户人家普遍用夯土地面，有黄土夯实和灰土地面两种，灰土地面做法是石灰、砂和糯米浆（有些地方用盐卤冻结）混合铺筑夯实，表面磨光划线分成方格。这种地面容易泛潮，故到了清代由于砖的大量生产而很少使用了。

3. 砌筑勒脚

勒脚，北方称为墙裙。凡砌筑墙体为土墙、泥墙、土坯墙时才用，如墙体为砖墙时则不用。勒脚高约50～80厘米，湿度大的地区可达到1.5米。一般用砖砌，也有用石块砌筑的，视当地材料而定。它的功能除承受上部墙体重量外，主要起防潮作用。勒脚砌法有两种，一种是普通的顺横砌法，另一种是人字形交叉砌法，虽属少见，但对于隔潮效果较前者好，也较美观，缺点是承重性能差。

（七）福建土楼的营建技术

土楼是分布在中国东南部的福建、江西、广东三省，以生土为主要建筑材料，生土与木结构相结合，并不同程度地使用石材的大型居民建筑。考古成果表明，从 6000 多年前的新石器时代，在中国乃至中亚、东亚的广阔区域内，就开始了以生土夯筑房屋和建筑聚落的历史。从 11 世纪至 13 世纪初，传统的生土建筑艺术在特定的历史大迁徙背景和特有的自然环境条件中，衍生并发展繁荣了"土楼"这一奇特的建筑类型。在土楼的建筑形式上，战国晚期至西汉初期，福建的生土夯筑技术已相当成熟，福州新店战国晚期至汉代古城遗址（公元前 2 世纪~前 1 世纪）、武夷山城村闽越王城遗址（公元前 1 世纪）等所遗留的城墙，均为生土夯筑而成。唐五代（7 ~ 8 世纪）以后，福建地区出现的具有强烈军事防御性质的堡、寨，其堡、寨的墙体也多以夯土依山而筑。

1. 土楼的历史沿革

11 ~ 13 世纪（宋元时期）是福建土楼的产生形成阶段，规模较小，大多没有石砌墙基，装饰也较粗糙，建造形式上呈正方形、长方形。这一时期，永定客家土楼以馥馨楼、日应楼、豫兴楼、月成楼、源昌楼等为代表。

14 世纪末开始至 17 世纪初（明代），随着福建经济、文化的发展，特别是明中叶以后福建沿海和闽西南山区寇、贼屡发，融防御与居住为一体的福建土楼建筑形式被广泛采用。明末清初（17 世纪）大学者顾炎武著《天下郡国利病书》第十六册福建省部分引明万历版《漳州府志·兵防考》城堡条记载："漳州土堡，旧时尚少。惟巡检司及人烟辏集去处，设有土城。嘉靖辛酉年（即嘉靖四十年，1561 年）以来，寇贼生发，民间团筑土围、土楼日众，沿海尤多"。标志着福建土楼进入发展阶段。

17 世纪中叶至 20 世纪上半叶（清代、民国），福建省西部及西南山区的条丝烟、茶叶等加工业蓬勃兴起，销往全国及东南亚各国。随着经济的发展和对生态环境认识的提高，居民对住宅的要求更加迫切，提出更高的要求；另一方面，由于人口的增长，为维护家族的共同利益，让更多的宗亲几十人或几百人聚族而居，以适应家族的兴旺和居住的安全，方形、圆形和府第式等丰富多彩的土楼应运而生，建筑形式渐趋考究，功能也向多样化发展，出现了以土楼建筑为主体的村庄。19 世纪晚期，海外文化影响在部分土楼建造中得到了一定的反映，一些土楼内出现了中西融合的建筑形式与装饰。福建土楼达到了鼎盛阶段。

2. 土楼的建筑工艺

土楼分为长方形楼、正方形楼、日字形楼、目字形楼、一字形楼、殿堂式围楼、五凤楼、府第式方楼、曲尺形楼、三合院式楼、走马楼、五角楼、六角楼、八角楼、纱帽楼、吊脚楼（后向悬空，以柱支撑）、圆楼、前圆后方形楼、前方后圆形楼、半月形楼、椭圆楼等 30 多种，其中数量最多的是长方形楼、府第式方楼、一字形楼、圆楼等。

（1）材料

土楼的建筑材料，主要是沙质黏土、杉木、石料，用量最大，是整座土楼最基本的材料，其他材料如砂、石灰、竹片、青砖、瓦等的用量相对较少。用于夯筑承重墙的沙质黏土，指沙质黄土与黏土按一定比例拌成的泥土。纯沙质黄土含沙质过多，无法结团，缺乏坚固性；纯黏土虽然容易结团，但是如果缺沙，则如同未掺沙的水泥一样，干燥后会裂开，缺乏韧性，唯有两者按一定比例拌合才能用于夯筑土墙。杉木不但比重比松木、杂木小得多，富于弹性，并且在地面干燥的环境中不容易腐烂。石料主要用于砌墙基，其次用于铺设廊道、天井、门坪、道路等，还用于制作门框、台阶、柱座等，均为花岗石或青石，取自溪河之中或山上。用于砌墙基的石料大都需数人才抬得动。花岗石占绝大多数，青石不多见，一般用于制作门框。较小的鹅卵石主要用于铺设通廊、道路、门坪、天井，当然砌墙也少不了它。

（2）布局

土楼的建筑布局，最显著的特点是：单体布局规整，中轴线鲜明，主次分明，与中原古代传统的民居、宫殿建筑的建筑布局一脉相承；群体布局依山就势，沿溪（河、涧）落成，面向溪河，背向青山。还注重选择向阳避风的地方作为楼址。楼址忌逆势、忌正对山坳。若楼址后山较高，建的楼一般较高大，且与高山保持适当距离，使楼、山配置和谐。土楼的建筑布局既采用了古代宫殿、坛庙、官府等建筑整齐对称、严谨均衡的布局形式，又创造性地"因天材、就地利"，按照山川形势、地理环境、气候风向、日照雨量等自然条件以及风俗习惯等进行灵活布局。除了结构上的独特外，土楼内部窗台、门廊、檐角等也极尽华丽精巧，实为中国民居建筑中的奇葩（图5-49）。

（3）结构

土楼的建筑结构，最显著的特点表现在主体建筑土木结构，非主体建筑即楼内被围合的其他建筑，大多数为砖木结构，或以土坯代替青砖。楼外的附属建筑也是如此。另外穿斗、抬梁混合式构架结构也是土楼建筑结构中常见的一种，它的特点是建筑物内部空间可按需要而扩大，按用途灵活安排（图5-50）。

图 5-49　福建高北土楼鸟瞰
（图片来源：张楠 摄）

图 5-50　福建环极楼
（图片来源：陈煜君 摄）

（4）工序

土楼建造的工序包括选址，设计、施工。在选址上一般严格掌握以下几条原则：从实际需要出发，风水要好，尽可能靠近同宗同族的居住地，并且依山傍水，避风向阳，还要考虑所建土楼离他们开垦的土要是否太远，耕作是否方便等等。在设计上，建造土楼的能工巧匠们对布局结构、尺寸比例都烂熟于心，他们因地制宜，建造风格上因人因地而异，因经济条件而异，居住功能突出，中轴线鲜明。施工是土楼建筑的第三个环节，通常分为备料、择时、挖基、砌石基、夯墙、分层、封顶、装修这几个步骤来完成，这个环节也是确保工程质量的关键阶段。

3. 土楼中蕴含的绿色经验

土楼就地取材，施工方便、不耗能源、经济实用，适应广大农村经济水平。土楼的外墙厚 1 ~ 2 米，由净黄土与田钾泥和熟后夯筑，是起承重作用的夯土墙。内部环楼是穿斗木构架，搭在夯土墙上。分户隔墙是在木构架中填充薄薄的土坯墙。建造土楼的所有材料均为无污染材料，不论是兴建与毁坏或改变使用功能，均不会破坏生态平衡，不污染自然环境，是一种值得推崇的"生态建筑"。

为了避免潮湿对墙体的损害，永定客家土楼在基础部分采用石头垒砌，在墙角砌成后，便开始支起模板进行夯筑。夯完一版，接版而行，层叠而上，故称为"行墙"。在夯筑过程中，夯完一圈后，升高一层朝相反方向行墙，从而增加土墙的牢固性；在客家土楼建造中，客家人就地取材，采用山上大量的毛竹与杉木条做"墙骨"，在交界处他们故意插入或者留出伸长的"墙骨"，客家人称之为"拖骨"，以增强拉力，确保墙不倾斜。所以，模板顶端的挡板下开两个小缺口，以便"墙骨"能伸出来。墙坊一般大约 1.5 ~ 2 米长，厚为 5 ~ 7 厘米的杉木板制成。

墙坊大约 4 厘米，放两层强筋。在没有钢筋水泥的时代，聪慧的客家人就是用这种看起来原始的建筑方式，用原本松散的生土夯筑出了整体性、顽固性极强的高厚土墙，到二三层以上，逐层减收分。此外，土墙在夯筑过程中，由于向阳面与背阴面干燥快慢不一，在巨大的墙身自重作用下引起变形，土墙会倒向先干的一侧，当地人称"墙体跟着太阳跑"，因此施工中他们有意识地将墙体倒向背光一侧，这样土墙夯筑到顶后，墙体会自动调整为垂直。

夯土的毛坯墙要在表面为风干之前精心修墙，俗称焊墙。首先是整体调整，采用大拍板将墙体内外侧拍击，矫正墙体的倾斜与不均匀的收缩。若毛坯墙过厚，就用泥铲铲除一部分，再拍打结实。然后天使墙体中的缝隙，小拍板拍平，使得墙面平整光洁（图 5-51、图 5-52）。

六、夯土建筑技术的发展与展望

（一）夯土建筑的特性及其价值越来越受到重视

我国是一个古老文明的国家，生土建筑历史悠久，分布广泛，不论是寒冷地区，还是炎热地区，不论多雨地区，还是干旱地区，各具风格、造型各异的生土建筑随处可见，堪称"世界第一流的生土建筑"——福建土楼，就是中国夯土建筑水平的典型代表。福建永定圆形大土楼，采用了外层土墙厚度达 1 米的圆形结构。1918 年永定发生大地震，此楼仅在高楼处出现裂缝，说明方楼同样具有刚度大、整体稳定的特点。中国的古代劳动人民

图 5-51　福建承启楼土坯外墙　　　　　　　图 5-52　福建环极楼土墙
（图片来源：张博 摄）　　　　　　　　　　　（图片来源：张博 摄）

创造了具有鲜明的民居特色及"天内天"楼中楼的建筑形式，充分证明了他们高超的艺术水平和聪明智慧。

　　我国古代夯土建筑技术在 2000 年前就达到很高的水平，铸就了中国古代建筑的辉煌，延续至今日，这一古老而传统的建筑技术仍然在城乡民居中发挥着作用，遍布于祖国大地的古村古镇以及大量的民居就是最有说服力的明证。虽然夯土建筑在现代化的进程中曾被作为落后贫穷的象征，受到长期的忽视，但是不少有志的研究者在这方面的研究也在默默地进行着。早在 1958 年，国家科委将土坯建筑的研究就列为国家科研项目之一，对土坯材料进行了大量卓有成效的研究。20 世纪 80 年代以来，许多地区仍在持续研究夯土建筑技术，以往更多的是从历史、文化、社会、习俗等角度对夯土建筑民居进行研究，而到 21 世纪又加大对夯土材料与结构、土坯性能及夯土建筑的抗震等多方面的研究，并进行了一些示范工程的试验研究。目前在夯土建筑研究领域，国内也有学者在对福建土楼的起源、历史、结构特点、施工技术总结的基础上，对黏土材料和生土房屋建筑设计、构造、施工等方面进行较系统的研究，对我国夯土建筑的推广应用，提高现有乡村住宅的质量有着十分重要的作用。

　　在夯土建筑研究与开发利用方面，我国与西方发达国家相比有很大差距。自 20 世纪 80 年代以来，国外对夯土建筑和技术的研究一直都在持续。夯土材料的研究在西方国家的许多地区得到了科研人员的高度重视，也进行了深入研究，如美国有关部门成立了能源和环境研究中心，专门立项开展夯土建筑诸多方面的研究，美、英、法等国家的研究者也有一些成熟的专著，论述了夯土建筑的建造技术，通过选材和实验解决夯土墙的防水、破坏、抗震问题，并制定了夯土民居技术标准等。

　　尤其值得我们关注的是，国外许多建筑学者在夯土材料性能的改进方面取得了许多进展，据有关文献介绍，研究者们根据不同国家的土质差异，对土质特征开展了大量的实验工作，分析影响夯土建筑墙体功能执行的各种因素，以便改进技术，严格质量控制，选用合格土质用于筑墙来保证夯土建筑的质量。

更值得借鉴的是，许多发达国家为夯土建筑的延续制定了详细的规范或标准，已经把这一建筑发展列入正规的建筑设计规程中。如美国新墨西哥州，制定出承重夯土墙的建造规则，对夯土材料使用中的一些定义都做了具体说明，包括夯实过程及制作程序、如何对土进行改性、土性质合格的界限等等。规定具有注册结构师或工程师资格的人设计夯土建筑，使夯土建筑步入正规轨道，不再仅凭经验而建造。

澳大利亚也非常重视夯土建筑规范性工作的研究，认为无论从生态环境、经济可行，还是舒适适用角度，夯土作为墙体材料具有表面构造和形式风格不同于其他建筑的特点，可以满足个人不同品位的需要，夯土作为墙体材料具有呼吸功能，可以调节室内湿度，以至于夯土建筑在各个区域又开始流行。也有学者针对夯土墙所用夯土材料开展了大量的试验研究，提出了夯土材料的选用标准。目前，澳大利亚正在起草"生土建筑指南"。

新西兰的建筑专家们与澳大利亚标准协会联合技术委员会共同编制了新西兰的生土建筑标准，在设计、选土、土性质、构造等方面做了详细规定，完善了此类建筑的建造过程，保证了夯土建筑的使用功能。另外，德国、法国、摩洛哥等国家也在此方面进行了广泛的研究和探索，法国在夯土材料和技术方面还取得了一定的进展。

（二）目前存在的问题

由于夯土材料分布广泛、组成复杂，不能保持固定不变的性能，适用性随国家和地区土质不同而变化，加之不同的建筑对土材料的性质要求不同，土材料所承担的作用也随之不同，而且夯土建筑最大的难点在于土材料的复杂性与技术的不确定性交织在一起，集中体现在夯土材料与建筑稳定性的相互关系上，如何形成既有优良的力学结构性能又具备优良的保温隔热的建筑，是长期以来夯土建筑领域研究和实践的主要课题。

随着建筑功能与结构要求的提高，需对夯土材料本身的弱点不断进行改良，在保持夯土材料原有的优良的热工特性的基础上，着力提高土的力学性能，增加密实度、提高抗风化能力，在夯土材料的力学性质、热湿性、耐久性三方面取得综合优势的提高，这是现代夯土材料优化选择过程中急待解决的问题。或者说现代夯土建筑的提出在很大程度上是指对夯土墙建筑材料进行有目的改性。关于现代土材料改性的科学研究和工程应用是 20 世纪 30 年代初开始的。

就夯土建筑的现状而言，当前最大的问题是缺少对夯土材料与结构体系的定量化的基础科学研究，如所用土质是否适用于夯土材料的要求，夯实过程的能量有何影响，夯实强度的技术参数如何等等基础的问题，甚至没有一套规范的设计标准及施工技术规范，导致许多夯土建筑出现种种质量缺陷。许多人因而否定夯土建筑发展的优越性是不客观的，不应因我们在夯土建筑研究的落后和夯土技术的无所作为而轻视这一古老传统技术的巨大潜力和优越性，尤其是在全球环境与能源危机的严峻形势下，重新审视夯土材料的价值，重新审视夯土建筑对未来人居环境发展的意义是十分必要的、严肃的问题。

第三节　窑洞民居的营建经验

一、窑洞民居概述

（一）穴居与窑洞民居

在人类历史的发展过程中，人类的居住方式经历了原始穴居、人工穴居与半穴居时期。人工挖掘的洞穴主要经历了横穴、袋型竖穴、半穴、原始地面建筑、分室建筑等几个阶段。有关人工挖掘洞穴的最早记载见于《山海经·中山经》："熊山。有穴焉，熊之穴恒出神人。夏启而冬闭，是穴也，冬启乃必有兵。"黄河流域覆盖着的黄土具有良好的整合性、很强的直立性和适度的松软性，人类利用粗糙的石器工具就可以挖掘出简单的洞穴，以供原始人类生存、繁衍。

在中原地区距今 7000 ～ 8000 年前新石器早期时代，陕县的"裴李岗文化遗址"和河南密县获沟遗址的穴居即为初期的原始人工穴居，此时期的人工穴居，用简单的石器挖掘成圆形或椭圆形，是对自然山洞简单的模仿，洞穴形状和内外空间都极其简陋，没有更多外观体形的建筑形式，仅仅满足人们遮雨避风、躲避风寒的需求。

半穴居省材省力的特点使其长期成为社会最底层的栖身之所，在进入奴隶社会、封建社会后半穴居仍未被完全淘汰。身份等级的划分以及建造木构架房屋的成本等因素使得奴隶仍居住在已开挖的较简易的半穴居之中。夏代聚落与民居遗址中，河南商丘坞墙二里头遗址就是这一时期留存的原始地面建筑穴居遗址。原始穴居保持着基本原型，延展为窑洞式的民居。殷商时期，地面建筑形式已占优势。河南堰师二里头遗址中发现的高出地面的台基遗迹，表明穴居形式已发展到地面分室建筑阶段，但仍然保有穴居、半穴居的形式。

2014 年，考古工作人员在陕西榆林神木县石峁遗址进行考古时首次发现了距今大约 4300 年的窑洞式房屋和墓葬遗址。2015 年 1 月 22 日陕西省考古研究院通报，在距离中国史前最大古城神木石峁古城遗址南方约 20 公里处，考古人员发现一处相当于龙山文化中晚期的聚落"寨峁梁遗址"，经近半年考古发掘，专家发现，寨峁梁遗址的房址多为前后连接的相套结构，主（后）室亦为圆角方形的全窑洞式房址。前室一般为方形半窑洞式结构。不同的是，寨峁梁房址主室均铺设有白灰地面，并涂抹白灰墙裙。这是迄今为止最为明确的有关史前窑洞聚落的记载了。

窑洞民居因其简单、经济，多为贫穷民众所采用，历来不为官家重视，正史、文史典籍多无记载。最早出现"窑"字的文献见于古籍《前秦录·十六国春秋》："张宗和，中山人也。永嘉之乱隐于泰山……依崇山幽谷，凿地为窑，弟子亦窑居。"魏晋南北朝时期，古拱技术已达到很高的水平，凿建窑窟风行，洛阳的龙门石窟始建于北魏，古拱技术开始用于地下窑室及洞穴。在中国古代社会发展高峰的隋唐时期，窑洞已经是当时民居的重要类型，由戏剧《王宝钏》中"苦守寒窑十八年"的唱词可见，同时，在唐代窑洞已被用作官府粮仓，这在当时的府、县志记载中可知。山西柳林县锄沟村发现的 200 余间古代砖窑洞，为唐代建筑距今 1060 年，是我国现存最早的砖窑洞建筑群。在《巩县志》中曾记载："曹皇后窑在县西南原良保，宋皇后曹民幼产于此……"而在宋代窑洞的开挖建造较为用心，窑洞一直在民间使用，窑洞民居逐渐载入文献之中。元代已有砖砌窑洞，明、清时期，人口快速增长，窑居迅速发展。到了清代黄土窑洞已普遍成为人们的居住形式，窑洞冬暖夏凉的特性为广大人民所喜爱，河南巩义的"康百万"庄园、陕北米脂杨家村古寨、山西汾西县师家沟、山西吕梁市碛口镇等优秀的窑居村落，就是在这一时期建造。[51]

窑洞从原始简陋阶段到窑洞民居的形成，从古至今，经历了各个朝代的持续衍变和不断发展。时至今日，仍有大量窑洞分布在我国黄土高原上。黄土高原的地形、地貌及生态环境塑造了独特的民居形态，那些以窑洞建筑组成的村落，特有的风采屹立于中华村镇之林，构成黄土高原特有的居住文化形态。

（二）窑洞民居的特点

1. 窑洞民居的优点

（1）良好的保温节能性

窑洞建筑利用土层的蓄热特性，窑顶上一般会有 3 米以上的覆土，充分利用土的热稳定性来调节窑居室内的微气候。黄土体积热容量高，蓄热性强；另一方面黄土独特的绝热性使其能够抵抗外界气温的变化，减少热量损失。夏季热空气进入窑内后和土层表面进行热交换，使室内的温度始终保持在 22 ~ 24℃之间；冬季当室外温度变化剧烈时，黄土与被覆结构间的热传递减慢而增长了热度在室内停留的时间，从而保证了室内相对稳定的热环境。正是窑洞的这种冬暖夏凉的特性在很大程度上降低了整个建筑的总能耗。[52]

（2）就地取材，造价低廉，施工简便

窑洞的造价几乎是砖瓦房的 1/3。窑洞建筑材料主要是黄土（砖窑例外），不需要烧制加工，在当地属于"零支出"的建筑材料，极大地节约了能源。当窑洞废弃之后土又可以归还大地，不会产生建筑垃圾，有利于再生资源的利用；靠崖式窑洞是运用"减法"建造，直接在崖壁上挖掘而成，既节省了材料费用，又降低了工程造价，且靠崖窑挖出的原土还可以填坡造地。

（3）防灾防污染，经久耐用

窑洞选址经过严格的土质评估，具有良好的抗剪和抗压能力，牢固不易损坏，且可以抵抗地震的侵袭，唐宋时期更是在巩义修建大型的窑洞——"洛口仓"用来保存国家的战备军饷，可见窑洞的牢固程度是被普遍认可的。窑洞建筑除了能够抵抗地震的侵袭外，窑洞四壁由生土包围且上部覆土，具有很好的防火和防噪效果。[53]

2. 窑洞民居的缺点

窑洞易产生整体或局部坍塌：在连阴雨季，雨水渗入增大了土层重量，破坏窑洞本身的结构性和完整性，易因坡体滑动而产生窑洞整体滑塌灾害；而崖面土层及古土壤风化层易受水侵蚀，发生土体崩解而产生局部坍塌，易发生在黄土边坡的阴坡面。

裂缝、窑内渗水：窑洞内部的拱圈或墙体，因自然或人为因素的影响而发生上层、泥层开裂的现象；雨水沿黄土层中的节理或植物空隙渗入窑洞内部而产生窑内渗水现象。

室内环境差：靠崖式窑洞只能在一侧设门窗，使得仅有门窗处形成小范围的空气循环导致通风效果不好。阴雨天气易受潮，生土的含水量增加，无法及时蒸发就会渗入室内；而且由于通风不佳，空气无法快速循环更新，造成室内空气湿度过大。[54]

（三）窑洞民居的基本类型

窑洞民居大多建在不适宜耕作的沟壑坡地，并以最简单的"减法"营造方式挖洞。在沿河谷阶地和冲沟两岸，多辟为靠崖式窑洞。在塬边缘则开挖半敞式窑院。在平坦的丘陵、黄土台塬地上，没有沟崖利用时，则开挖下沉式地下窑洞（又称地坑院）。在窑洞分布区，村民一般结合地形习惯于窑洞和房屋结合的居住方式。在沟壑底部，基岩外露，采石方便的地区和产煤多的地区（如陕北的延安、榆林，山西的雁北、晋南的临汾、浮山等地），窑居者都喜欢用砖、石或土坯砌筑的独立式窑洞。在陕北偏僻的乡间，也有规模很大的窑洞与房屋共同组建的大型窑洞庄园，如米脂县刘家峁村姜耀祖庄园、杨家沟马祝平新院等。

1.靠崖式窑洞

靠崖式窑洞，即依靠山崖或土崖挖掘而成的窑洞（图5-53），一般分为靠山式、沿沟式及窑院式三种。

图5-53　靠崖式窑洞——师家沟村落全貌

（1）靠山式

靠山式窑洞，依靠前有开阔川地的山崖挖掘，延等高线布置，多孔窑洞常呈曲线或折线形排列，多出现在山坡或台塬沟壑的边缘地区。因为顺山势挖窑洞，挖出的土方直接填在窑前面的坡地上构筑院落，既减少了土方的搬运，又取得了不占耕地与生态环境相协调的良好效果。根据山坡的倾斜度，有些地方可以布置几层台阶式窑洞。台阶式窑洞层层退台布置，底层窑洞的窑顶，就是上一层窑洞的前院。在山体稳定的情况下，为了争取空间也有上下层重叠或半重叠修建的。

（2）沿沟式

沿沟式窑洞，是在沿冲沟两岸崖壁基岩上部的黄土层中开挖的窑洞，或就地采石，箍石拱窑洞，很多只在窑脸和前部砌石，俗称结口窑洞，常分布在陕北。虽然沟谷较窄，不如靠山式窑洞视野开阔，却有避风沙、太阳辐射较强、可以调节小气候、冬暖夏凉的优点。沿沟式窑洞地形曲折，沟谷溪水不断，生态环境良好，是理想的聚居场所。米脂县几乎所有窑村都在大小沟壑之中。

（3）窑院式

窑院式窑洞，以向阳的靠山窑为主体建筑，与独立窑或屋组成一个基本单元，窑前一块平坦的场地，即为院子，有些窑院甚至没有院墙。窑院多作为收获时打碾、晒粮食的场地。院落坦荡、开阔，顺等高线层层展开，构成壮丽的聚落景观。在山西省的吕梁，晋中南地区，陕西关中、渭北部分地区，有靠山窑洞与土木结构的房屋共同构成窑洞建筑四合院，空间序列井然。在陕北也有个别受山西窑居文化影响的经典窑洞庄园，如米脂县姜氏庄园和常氏庄园。

2. 地坑窑洞

地坑窑洞，也称地下窑洞，多为合院，有上见天、下接水的天井。这种建筑形式有利于阻挡凛冽的寒风，增加了窑洞的保温作用，古时候也有利于躲避猛兽的袭击，通过一个长长的走廊联系到外面，这种窑洞多建立在山较多的地方（图5-54）。

图5-54 马山峡地坑式窑洞

地坑窑洞从入口类型细分为全下沉型、半下沉型和平地型三种。半下沉型和平地型窑洞多见于有一定坡度的塬面，利用了塬面的高差，改善入口的陡坡，提高了天井院的地坪标高，更有利于排水，在靠崖式的沿沟窑洞中也有许多这种实例。

地坑窑在各地区有不同形式，如豫西的"天井院"或"地坑院"，尺度较大多为10～12孔；陕西渭北有9米见方的天井院，每个壁面挖两孔窑洞，共八孔的"八卦地倾窑庄"。甘肃庆阳地区的宁县，陕西永寿、淳化县等地，有地下街式的大型下沉式天井院：10多户共用一个这样的天井院，并共用一个坡道下到地下，各户的围墙之间留出一条胡同后再修自家的宅门。

地坑窑洞必须选择干旱、地下水位较深的地方，并且要做好窑顶防水和排水措施。当地农民沿袭传统习惯，将窑顶碾平压光，以利排水，并作打谷和晒谷用。下沉式窑洞存在每户宅基占地多的问题也是地坑窑洞近年来消亡的重要原因之一，一般9米×9米的天井院加四面窑洞进深7米，需占地530～667平方米。自20世纪80年代以来，建筑学界科研人员一直致力地坑窑洞防水的研究。探索研究出能够简便而有效地解决窑洞顶部防水的措施，使地坑窑洞顶部能够种植农作物，则这种地下居住空间将发挥出节约耕地的巨大潜力。

3. 独立式窑洞

独立窑洞虽然在民间被称作窑洞，但其不符合窑洞穴居和"减法"的特点，只能算作模仿窑洞形式的建筑，在此做简要介绍。独立式窑洞选择在地形较为平坦、空旷的地方修建，不靠黄土崖，四周都是利用人工建造。先筑土夯土坯拱形窑洞，然后利用石头和砖块加固，以提高其使用寿命。这种窑洞结实坚固，居住时间长，但比挖土窑洞费时费工。独立式窑洞可按排修筑，外形整齐、美观、采光好，易于新农村规划。

从建筑和结构形式上分析，独立式窑洞实质是一种覆土的砌筑拱形建筑。人们在平地上用坯或砖石砌拱，然后覆土建成窑洞，这种窑洞不依赖山体，可又兼有靠山窑冬暖夏凉的优点。这种窑洞可在前后两头开窗，通风和采光都比靠崖式窑洞好。独立式窑洞分为土坯窑洞、砖石窑洞和混合窑洞三大类。[55]

二、不同地区窑洞分布及其特点

窑洞民居主要分布在豫、晋、陕、甘、冀等五省区，宁夏、西藏阿里地区和内蒙古中部也有少量分布。由于地域差异，在不同的区域又呈现出不同的分布、类型特点及形态特征，窑洞民居的建造也融入了当地的文化特色和风俗习惯，形成了各有特色的建筑分类。

（一）山西

在山西省，全省均有黄土窑洞，其中以晋南的临汾地区、运城地区和太原地区为代表。晋东南地区、晋中地区以及雁北的临县、离石、浦县、大同、保德等地均有黄土窑洞分布，遍及30多个县。据20世纪80年代统计，阳曲、娄烦等地有80%以上人口住窑洞；平陆县农村的76%以上人口住窑洞；临汾的张店乡则有95%的农户住地坑窑洞；临汾的太平头村和平陆县的槐下村约有98%的农户住在窑洞中；永阳县和浮山县也有80%以上的户数住窑洞。[56]

山西窑洞的类型多为坐南向北，一般依山傍水，以方便日常生活中的采光、用水等需求，入口一般设在东南方向；平原地区的窑洞是下沉式，主要是为了方便就地取材。窑洞形式主要是靠崖窑、锢窑以及半地坑窑。

平面形制上，晋西地区以三孔、五孔窑较为常见，因"四"通死，最忌"四孔窑"的形式，认为不吉利。在晋西碛口镇民居中，因其主要都是商业性建筑，有店铺、货栈、骡马骆驼店等，很多窑洞院落规模非常大，所以当地窑洞多为五孔、七孔甚至有九孔窑洞，也有六孔窑洞的院落。

（二）陕西

在陕西省，黄土窑洞分布在秦岭以北的渭北旱原地区及陕北地区，占大半个省区。据20世纪80年代统计，渭北旱原的乾县吴店乡有70%的农户住地下窑洞，乾陵乡韩家堡村有80%的农户住地坑窑洞，三原县新兴镇柏社村有90%农户住在窑洞院落。陕北米脂县农村80%～90%的农户均以窑洞为家，榆林、神木一带则以砖、石窑洞为多。

陕西窑洞类型，在渭北地区多为地坑窑和独立式窑洞，如三原县的柏社村；陕北地区多为土窑、接口窑，砖石窑及薄壳窑；洛川县主要为砖窑，志丹县和米脂县基本是石窑；还有少量土窑和砖窑。从建筑布局和结构形式上来看：洛川多为独立式窑洞，志丹和米脂多为靠崖式窑洞。

平面形制上，每个窑洞建筑都是按照中国传统民居制式——开间以奇数为单位，因为通常是横向面为正立面，大门则多位于正立面中央，只有采用奇数制的间数才会有位于中心的间，否则中心线会落在窑腿上。有时还会扩大"中心窑洞"的开间来强调中轴线以及对称的效果。陕北地区多修筑以奇数为单位三孔、五孔的窑。[57]

（三）甘肃

在甘肃省，窑洞主要分布在东北部，如庆阳、平凉、天水、定西等地。甘肃省地处黄土高原，全境被黄土所覆盖，乡村人民居住房屋为生土建筑。窑洞住房按20世纪80年代统计预约为600万人，窑洞数量为400万孔。20世纪80年代后，为了改善农村贫困落后面貌，以弃窑建房作为改善居住条件的主要政策。[58]

甘肃窑洞多在陇东，类型多是地坑式窑洞。主要原因是当地除"土"材外，缺少其他天然建筑材料。这里石山少、植被稀疏、经济实力较弱、交通不发达，因此，就地取材的土窑的产生有一定必然性。窑洞可节省用地面积。地坑窑既解决了人们的居住，又不影响地面的耕作。挖筑窑洞施工速度快速、简单，这点也是一般房屋不可比的。

平面形制上，陇东窑洞多前宽后窄，前端高后部低，以使窑洞内尽量进光，使洞内能有必要的亮度。窑洞进门之右侧为火炕，炕北接连锅台，由于火炕占据使用面积大，所以挖窑时将右侧窑壁放宽36～50厘米，使火炕占据窑壁，这样可以扩大窑内的有效面积。以"间"为单位，一间即一孔窑，通常一户一窑、一户两窑，也有一些窑洞带有耳窑的，用作储藏，富裕人家可达一户十数窑。由于土质的关系，开洞以尖心拱为主，在洞内也同样做尖心拱筒券，内外一致，个别的还做出三角形的券口。[59]

（四）河北

河北省窑居多分布在西南部太行山麓的武安、涉县等地以及中部和西南部地区。

河北地区窑洞类型多为土窑，因当地石材及木材匮乏。箍窑留存最多的地方是在张家口的怀安县。当地有特点的箍窑为类似陕北高原地区的砖石退台窑洞，同样生长于土中，但建成后完全弃土而就石，成屋完全是属于独立式窑洞类型。于家村、大梁江村的窑洞外面均由石头砌成，内部则与普通的窑洞相似，呈拱形顶。石头墙壁向上和拱顶结合，形成的石头拱券成为窑洞的顶部。窑洞的屋顶是平的，石头的屋顶不易破损，而平顶对于当地居民来说可用来放置物品，以至于晾晒玉米等农作物，节省了山区内有限的土地。屋顶平时不上人，比较清洁，雨天时其上积水还可以加以保存利用，这为缺水的井陉于家村等村进一步节省了水源。

河北窑洞平面与形制上，靠山式窑洞受制于山体形式，布局松散，故朝向、院落平面布置灵活。独立式地上窑洞用砖或石块砌成拱顶，内部一般高、宽为 2 米，进深 4 ~ 5 米，墙体一般有七八十厘米。[60]

（五）河南

在河南省，窑洞分布在郑州以西、伏牛山以北的黄河两岸，主要是巩义、偃师、洛阳、新安、荥阳、三门峡、灵宝等地。据 20 世纪 80 年代统计，巩义有 50% 的农户住窑洞，灵宝各类窑洞占住房总数的 40%，三门峡陕县农房中窑洞（包括土坯拱窑洞）约占 70%，据对洛阳邙山、红山一带约有 50% ~ 80% 的农户住窑洞。

河南窑洞的类型大多为靠崖式窑洞，多依靠河谷或土崖建造，也有在平地上向纵深方向挖掘的地坑窑，也有在平地上建的箍窑。豫西窑洞前多种植高达落叶乔木，夏季树荫遮窗，冬季落叶后阳光仍可照入室内。不少的豫西窑洞立面上被种植的爬藤植物所覆盖，窑洞建筑和覆盖植被构成了宁静而富有诗意的画面。既美化环境，形成宜人的景色；又对窑洞夏季的隔热和防晒有着良好的作用。

平面形制上，豫西窑洞平面组合方式较多，其中有以下两种情况：单孔窑和并联窑。单孔窑又可分为单孔前厅后卧窑、套窑、拐窑、母子窑四种形式。而并联窑又根据并联窑穴的多寡可分为两窑并联、三窑并联甚至多孔并联窑（图 5-55）。

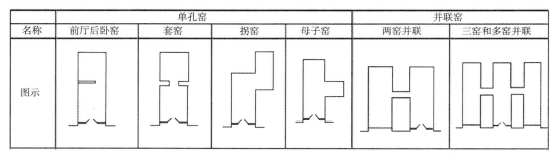

名称	单孔窑				并联窑	
	前厅后卧窑	套窑	拐窑	母子窑	两窑并联	三窑和多窑并联
图示						

图 5-55　豫西窑洞平面组合
（图片来源：潘谷西. 中国建筑史 [M]）

（六）内蒙古自治区

在内蒙古自治区的窑洞主要分布在西辽河南岸，赤峰至库伦一线以南的丘陵地带。这里的黄土以黄色粉沙为主，质地均匀，黄土的空隙比较大，钙质含量很高，在这一带为黄土窑洞提供了有利的条件。

内蒙古窑居类型以土窑、石窑为主。早期是在黄土崖壁上开凿窑洞。后来由于人口增多，黄土覆盖较薄而石料丰富，逐步向石砌窑洞发展。建筑基础所用材料通常为块石，室内地面装修也用石板，墙体材料就地取材，用当地黄土或石。若使用砖作为材料，则单砌在土坯或夯土墙体外侧，也有在墙四角砌砖柱作为支撑结构使用，这与晋陕北部明清以来大量用砖的状况大为不同。建筑墙体外侧一般用草泥抹面，保护墙体同时使建筑更加美观。墙体的厚度一般在 400 ～ 600 米之间，以保证阻挡室外的严寒。同时，为了减少屋内热量的流失，建筑室内空间高度一般较低，开间和进深都较小[61]。

平面形制上，内蒙古冬季寒冷，为满足保温要求，该地区院落与晋陕北部地区相比，进深更大，开间较宽阔，并且一般南房高度要略低于正房，为使冬季室内能够争取到更多的日照。同时为抵御寒风的侵袭，院落与院落之间布局较为紧凑，道路通常较为狭窄。

（七）西藏

在藏区，窑洞主要分布在西部土林丰富的阿里地区。土林是一种流水侵蚀地貌，土状堆积物塑造的、成群的柱状地形，远望如林，在云南元谋盆地和西藏的阿里扎达盆地最为发育。

西藏窑洞类型多样，有民居、修行、供佛、粮仓等，以民居窑洞和修行窑洞居多。经过对古格王国遗址、皮央、东嘎等地的窑洞群调研后发现，这些窑洞群都是由民居窑洞与寺庙及僧人修行洞等窑洞相互结合的，寺庙及国王、贵族的窑洞位于山体的较高处，民居窑洞的高度相对较低。

平面形制上，有近似圆形的窑洞，也有较规矩的方形窑洞；有单独的一个窑洞，也有三四个组合在一起的套洞；有单层的窑洞，也有带台阶的两层窑洞，其形式比较多样化。藏区窑洞大多具有一定的数量规模，如遇野兽袭击或战争来临，各户民居之间可以快速传达消息和集结人员，这也反映出对防御性的重视。每个窑洞建筑的开间及进深大约在 4 米×4 米的范围之间，高度 2 ～ 2.6 米。[62]

此外，在宁夏回族自治区，窑洞主要分布在同元、西吉、同心、隆德、盐池一带。以靠山窑和独立式窑洞为主，多数是窑房结合，窑洞所占比例不及陕西。

2000 年后，随着中国农村经济的发展，许多世代居住在窑洞的人家盖起了新的砖瓦房，形成一股"弃窑建房，别窑下山"奔小康的潮流，致使大量的窑居村落衰落、消亡。西北地区窑洞总体分布变化不大，但窑洞的数量却减少很多。如陕西淳化县十里原乡梁家村，1982 年调查时全村 82% 人家住在地坑窑洞，2006 年再次调查时仅有 8% 人家，且都是老年人住在原有的窑洞院内。陕西乾县韩家堡 20 世纪 80 年代有 80% 居住在窑洞，到 90 年代末建起了新村，全村告别了窑洞。近十几年来，渭北旱塬地带大量种植苹果，农业产业结构发生变化，农民收入增加，普遍建设砖瓦房新居，窑洞逐渐减少、消失。而陕北及甘肃环县等地，由于气候的寒冷，窑洞数量虽有减少。但至今仍有人在新建窑洞，新建的窑洞在结构与装修质量上均比上一代窑洞提高许多。

三、不同地貌区窑洞分布的特点

（一）黄土高原的地貌分区

黄土高原位于长城以南，秦岭以北，贺兰山、日月山以东，太行山以西的广大地区，包括山西、陕西、甘肃、宁夏、青海、内蒙古、河南五省二区的部分地区，总面积 53 万平方公里，占全国总面积的 5.55%。

图 5-56 黄土高原民居分布

图 5-57 河谷平原地貌

黄土高原地貌分为河谷平原地区、高原沟壑区和丘陵沟壑区（图 5-56）。地势西北高而东南低，除少数石质山（吕梁山、六盘山、屈吴山、黄龙山、子午岭等）突出于黄土之上，其他均为黄土所覆盖，其厚度一般为 50～150 米，最厚处可达 200 米。

天然的黄土层为原始人类居住提供了条件，"黄土"是该地区最普遍的建筑材料，它含有矿物成分有 60 多种，因而黄土地层构造质地均匀，抗压与抗剪强度较高，可视为富有潜力的结构整体，在挖掘窑洞之后，仍能保持土体自身的稳定。[63]

（二）河谷平原区窑洞民居分布及特点

属暖温带半湿润气候，年平均降水量 500～750 毫米，局部具有灌溉条件，农作物产量稳定，村镇聚落发育成熟（图 5-57）。房屋院落比较集中，以木结构土坯墙瓦顶为常见类型，院落以四合院为主要空间形式。如陕西关中传统四合院村落韩城县的党家村、旬邑县的唐家大院等，都为此类聚落的精品。

（三）高原沟壑区窑洞民居分布及特点

属暖温带半湿润易旱地区，这一地区年中均降水量在 550 毫米左右，容易发生干旱，地下水缺乏，但该地区土地资源丰富，山、川、塬皆有。高原沟壑地貌多样，人居环境亦呈现出多元化形式，有平原区的砖瓦房四合院，有地下窑洞四合院（乾县、淳化、永寿、三门峡等地），还有大量的窑洞与瓦房结合的院落（图 5-58）。

（四）丘陵沟壑区窑洞民居分布及特点

属中温带干旱与半干旱气候，年平均降水量 350～550 毫米。这一地区占黄土高原面积的一半，梁峁起伏，冬季寒冷，窑洞建筑是这一地区的一个显著特点。村落大多选址在冲沟的阳坡上（图 5-59），沿等高线顺沟势纵深发展。如陕北米脂县有自然村落 396 个，90% 建在沟坡上，村落结构较松散，由于依山坡而建，并随沟壑走势变化，层层叠叠。从整体看，村落具有丰富的层次变化及村落轮廓线。这种在冲沟内发展的村落，特别是在坡度较陡的土坡上，高一层的窑居院落往往是下一层窑洞的平顶。依靠山体挖掘窑洞，发挥窑洞节约土地的优越性。这一地区光照充足，年辐射总量为 540～580 千焦／平方厘米，年日照时数为 2700 小时。该地区窑洞民居南向开窗面积尽量大，以利冬季最大限度地接纳太阳光能，提高窑内温度。大面积开窗是该地区窑洞建筑外观的显著特征。[64]

图 5-58　高原沟壑地貌

图 5-59　丘陵沟壑地貌

（五）不同类型窑洞在气候区、地貌区的分布

窑洞类型分布及所属地貌区图示见表 5-2。

窑洞类型分布及所属地貌区图示表

表 5-2

类型		图示	主要分布地	所属气候区	所属地貌区
靠山式窑洞	靠山式		陕北窑洞区	寒冷地区 IIB	黄土高原
			延安窑洞区	寒冷地区 IIB	黄土高原
			晋中窑洞区	寒冷地区 IIB	山西中山盆地
			豫西窑洞区	寒冷地区 IIA	山西中山盆地
	接口式		陕北窑洞区	寒冷地区 IIB	黄土高原
			延安窑洞区	寒冷地区 IIB	黄土高原
			豫西窑洞区	寒冷地区 IIA	山西中山盆地
大院	砖石窑洞		陕北窑洞区	寒冷地区 IIB	黄土高原
			延安窑洞区	寒冷地区 IIB	黄土高原
			晋中窑洞区	寒冷地区 IIB	山西中山盆地
	土基窑洞		陕北窑洞区	寒冷地区 IIB	黄土高原
			晋中窑洞区	寒冷地区 IIB	山西中山盆地
	下拱上房		陕北窑洞区	寒冷地区 IIB	黄土高原
			晋南窑洞区	寒冷地区 IIA	山西中山盆地
地坑窑洞			渭北窑洞区	寒冷地区 IIB	黄土高原
			晋南窑洞区	寒冷地区 IIA	山西中山盆地
			豫西窑洞区	寒冷地区 IIA	山西中山盆地

（图表来源：王朕 绘）

四、窑居聚落选址与形态

从传统窑居村落形态的形成中，不难看出我们的祖先在村镇选址、总体布局思想上的朴素的生态环境观。也就是在选择与规划村镇聚落时，要结合山、水、塬、沟、峁等自然地貌，依山就势，因地制宜，并考虑当地的降水、冬夏气温、湿度和日照等气候的差异。这些窑洞村落虽然是历史上自然形成的，代代相传，因袭传统，但其中蕴涵着许多现代人居环境学的理论原则。

（一）聚落选址与地形地貌的关系

自然环境中的地形地貌是影响地区建筑发生发展的一项基础性因素，我国华北太行山以西的黄土高原，黄土层层堆积，经过千万年的风雨侵蚀和水流冲刷，形成了无数的峭壁、地沟，当地的人们依据地势开挖窑洞，形成了不同于庭院建筑的窑洞式住宅。

1. 地形

窑洞村落大多在冲沟的阳坡上选址，比如陕北地区窑洞的分布基本上是沿等高线顺沟势纵深发展，而冀北地区虽顺沟势纵深分布，但没有按等高线均匀分布。独立式窑洞选址比较灵活，一般多选在缓坡或是地势较平缓的地带。地下窑洞建造时要先于平展凸起的塬面上勘一平整的地面，同时要求窑顶的覆土层需满足一定厚度，以防止窑洞倒塌，这便使得打院子的土和出窑的土都要褙在四面窑顶上，巧妙地避免了土壤的浪费。

2. 土质结构

地区地质构造是窑洞选址时首先应考虑的重要因素，场地的抗震效应好，可以使窑洞这种本来抵抗大地震性能较差的生土结构建筑物得以安全保存。例如，一些宁夏的古窑洞经历了海原大地震后仍被保存下来，主要原因之一是窑洞所在的黄土层下面不深处就是稳定分布的岩层。

建造窑洞应优先选择岩层埋藏较浅、岩层完整性好、岩层呈整体状或厚层状水平分布的较平坦场地，避开地形和地层突变处，避开竖向节理发育的黄土层，为了窑洞长期的稳定性选择较好的场地才能保证抗震安全性（图5-60）。窑洞选址应优先选择密实、均匀的厚层黄土层，这时窑洞无需衬砌。[65]

图 5-60　黄土层下分布的岩层

3. 水文

窑洞本身不应该有水，因为潮湿的地方不是舒适的栖身之处，水还会加速窑洞的毁坏。然而，人们在窑洞附近需要日常用水。因而黄土高原的窑洞选址应在山地的迎风坡、临近水源或沿河谷阳分布，既有利于保护自然生态系统，也有利于经济的发展。近水的同时也需要注意洪水位。若在河岸台地上建造窑洞，则选在河流的凹岸处，主要是河水惯性冲刷易使凹岸边增地而使凸岸边损地的原因。

如延安枣园村有两处饮用泉水，米脂县内的深沟古寨之所以会出现杨家沟和刘家峁地绅窑洞庄园，也是因为这些地方有甘泉。米脂窑洞古城和碛口古镇都靠近河道，这为本身缺乏水资源的晋西、陕北地区提供了丰富、珍贵的水资源以及建筑窑洞所用的砂石等材料，同时也改善了局部的小气候，缓解了当地十分干燥的环境，使得两地环境优美、适宜居住。米脂窑洞古城和碛口古镇聚落的规划布置以及院落组织等都与山形、河道相互呼应，形成较好的街道排水条件。[66]

（二）聚落选址的气候适应性

1. 朝向

窑洞在选址时应选择背风向阳的位置，争取好的朝向，充足的阳光是人生产生活必不可少的。我们考察的村镇、窑洞聚落都建在向阳的坡面，且每户窑洞朝向南、东南、西南方向的最多，正东、正西方向的也有，一般住高原高寒区不避西晒，但在其相反的阴坡是极少建窑洞的。在采光上，窑洞在挖掘时一般遵循"坐北朝南"的原则，可以充分利用太阳光照，满足窑洞内部的光照需求。

2. 避寒风

冬季寒冷多风，坐北朝南，可以充分接受太阳光的照射，抵御冬季呼啸南下的西北寒风，提高窑内的温度，节约薪碳，改善窑洞内的居住环境。如冀北山地地区气候起伏变化较大，冬季寒冷，夏季燥热。

3. 降雨

温带大陆性气候，形成了本区年降水量少而集中，且多暴雨的特征。合理的排水系统对黄土窑洞的选址有很大的影响。区内河水季节性涨落明显，水资源缺乏是制约地区经济发展的瓶颈，虽然人们人工修建了各种类型的水沟、水渠、水窖等集雨工程，但遇到干旱的年份仍然不能解决居民基本的生活和生产用水。

黄土高原的窑洞选址应在山地的迎风坡、临近水源或沿河谷阳分布，既有利于保护自然生态系统，也有利于经济的发展。近水的同时也需要注意洪水位。百年一遇最大洪峰线在黄土冲沟崖岸上留有痕迹，建造沟旁靠崖窑时，需要把窑洞修建在洪峰线以上至少 3～5 米的地方。窑洞选址应避开裂隙、洞穴、蚁穴等易渗水地段。洞穴是渗透雨水的孔道，也是造成窑洞坍塌的因素之一。

总之，黄土窑洞的选址是多个因素共同作用的结果，黄土高原窑洞选址是一个动态变化的过程。随着经济发展和人民生活水平的不断提高，窑洞的选址也会从多方向、多层次、多角度进行考虑，促进生态旅游的兴起，窑洞的选址要坚持与经济效益相结合的原则，实现生态、环保、绿色化。[67]

（三）聚落形态与地形的适应

1. 线形村落

这种村落沿着"V"形冲沟的河岸向纵伸展开。早期村民多将窑院建在洪水侵袭线以上，

又尽量靠近溪水，以方便人畜饮用水。有村落的地段，往往有泉水，或住沟下打井取水，总之村落的形成必须考虑有方便的水源。近年来由于机械打深井以及潜水泵的使用，使新建窑院向沟坡上部发展。冲沟村落一般建在不宜耕种、沟坡陡峭的阳面，住户比较分散，各家院落以向阳的四五孔靠山窑为主体建筑，配以猪羊圈舍、厕所、院墙及门楼，组成一个基本单元。也有许多住户连院墙也没有，窑前一块平坦的场地，如陕北众多的冲沟村落（图5-61）。

图 5-61　线形村落

2. 弧圈形村落

在黄土高原的丘陵沟壑区，较大的沟坡上常常聚集一些较大规模的村庄，这些村庄选址在向阳的坡面上，沿等高线层层发展。此类村庄有的处在凹形的弧坡上，呈怀抱南向之势，窑洞院落都向心地布置在崖壁上，如山西汾西县的僧念村；也有的处在凸形弧坡上，窑洞院落呈放射状布置，窑洞朝向东南、南或西南方向。

3. 散射形村落

在黄土高原丘陵沟壑区，沟壑纵横，一些较大的村落往往聚集在几条沟岔的交汇处（图5-62）。多据山峁沟壑形势，避开岩石层和泥石流及其他山体已滑坡地段，村落立体延伸。纵向发展，则延伸到各山峁沟岔；上下发展，则高低参差，院落分别布置在山腰和沟底，以不规则状架构村落布局。如陕北米脂县的刘家峁村，全村聚集在五条相交的冲沟内，高低错落地分布在向阳的沟坡上。在较陡的沟坡上，院落一般沿等高线横向展开，院门设在东侧。也有个别大户人家在黄土坡上开拓较大平地，修建窑洞四合院，如西河村和张代河村。[68]

图 5-62　散射形村落

4. 矩形村落

这种村落多在原上和大川内。最早形态为一排，此后的发展则有左右延伸和前后拓展，形成一排排的长方形或正方形组合，一排称为一个"环原"。而地坑窑洞村落则呈棋盘方阵，空中俯视，蔚为壮观。

在高原沟壑区地貌种类多样，有沟壑也有大面积的平坦塬面。村落类型多样，除了上述丘陵沟壑区的村落外，最具特点的是潜掩于地下的窑洞村，在渭北高原、豫西及晋南一带分布较多。这种以下沉式四合院组成的村落，不受地形限制，只需保持户与户之间相隔一定的距离，成排、成行或呈散点布局。这种村落在地面看不到房舍，走进村庄，方看到家家户户掩于地下，构成了黄土高原最为独特的地下村庄，如淳化县十里原乡的梁家庄、三原县柏社村。

五、窑洞的生态性与展望

（一）窑居形态的"原始模型"

传统窑居从整体环境到单体建筑，都是顺应特定地区的自然、社会和经济状况的限定，依靠营建过程中的智慧，通过历史的实践发展而形成的。对其本质的把握与可持续发展原则的比照，可以概括为以下方面：

1. 厚重被覆型结构与稳定的室内热环境

围护结构的保温蓄热性能，极大地减少了使用过程中受外部环境变化的影响，且天然材料的运用避免了生产、加工和运输的能耗，使窑居成为天然的节能建筑。一方面黄土与砖石是有效的绝热材料，围护结构的保温隔热性能突出，抵抗外界气温变化的能力最强，是其他常用材料无法相比的。另一方面，它们又是非常好的蓄热体，具有较高的体积热容量。当室外温度变化剧烈时，其与被覆结构间的热传递减慢而产生了时间延迟。冬季白天，围护结构吸热储存，夜晚再向室内释放，保证了室内相对稳定的热环境。测试表明在室外日较差约30℃的情况下，室内日温度波动仅为 4 ~ 5℃。这就是人们熟知的窑居冬暖夏凉的原理。

2. 节约土地与庭院经济

在土地资源匮乏的条件下，一方面窑洞利用地下空间，不占用良田；同时，将空间进行立体利用，保证生产与生活互不妨碍。窑顶覆土可种植蔬菜与经济作物，增加了植被、固化了尘土和调节微气候，使得窑居的营建达到了零土地支出，并与庭院经济有机地结合，达到了节地与经济的双赢效果。

3. 最大限度地获取太阳能

黄土高原区冬季寒冷，室内取暖成为主要问题，而该地区每年有多达 2700 小时的日照时数，提供了丰富的太阳能资源。窑居建于阳坡之上，南向窑面满框立窗，既可获得充足的光线，又能直接获取日照，并解决了一定的冬季取暖问题，可视为被动式采暖太阳房的雏形。

4. 简约规整的空间布局

窑居形态无明显凹凸空间，一般为多孔窑洞相互排列而成组群，巧妙地消除了中间墙体上来自于拱顶的横向侧推力。窑洞除向阳面开窗外，其余均为密闭的厚重结构，外露面积最小，因而有利于维持室内的热平衡。

5. 运用地方材料与邻里互助的营建方式

黄土与石材取之于当地，具有质地均匀、抗压强度高的物理性能和结构稳定性，恰恰适合于拱形结构。黄土、石材可用于建窑、砌火炕、脱坯烧砖，而且一旦废弃，可重复使用或还原于环境，符合生态系统物质的多级循环原则。由于建窑不需复杂的技术和机械设备，邻里之间互相帮助，形成了良好的修筑方式与协作精神。

6. 生活用能的多级利用

窑居大多将火炕与灶台相连，一把火既烧饭又取暖，利用余热和烟的热量在火炕烟道中转换成辐射热，并发挥土炕的蓄热性能，利用其宽大的表面向室内辐射热量。经测试在冬季室外温度达到 –24℃时，窑居内依靠墙体保温和火炕的辐射热，可将室内温度维持在18℃左右，有效地节省了采暖的能源。

7. 朴素自然的形象与审美观

窑居空间形态内敛而简约，加之天然材料的运用，使其呈现出朴素、浑厚的特征。窑居群落更是顺应地势展开，最大限度地融入自然的肌理。窑居的南向立面是整个建筑的视觉中心，其砖石拱构的凿刻与木雕花窗，再配以色彩明快的剪纸与门帘，既反映了拱形结构的受力特征，又在简朴中蕴涵灵秀之气。[69]

（二）从"原生"走向可持续发展

传统的窑居住区是当地的气候、环境、资源、社会和经济条件下的产物，它具有朴素的生态学思想以及隐含着的更本质的永恒之道，在历史发展的今天与现代哲学、价值观念的相互碰撞中达成了共识。现代科学技术在人居环境建设中的应用在这里找到了自己的正确位置和方向，也为窑居住区这一古老的生态建筑的复苏和发展提供了契机，从而使其从"原生"走向可持续发展。

（三）绿色窑居的未来展望

绿色窑居住区的空间环境建设的目的是寻求环境建设自身发展的内在因素，促进环境更健康、协调和可持续发展。在综合应用节能节地、充分而科学地利用地方资源的基础上，合理调整空间布局结构，改善整体环境质量，配备完善的公共服务设施及深层次的社会交往场所，满足现代生产生活的需求，强化环境的亲切感和凝聚力，唤起人们对家园的热爱。不仅如此，绿色窑居住区环境建设也强调注重整治住区的生态系统，建立适合于长久发展的生产生活体系，合理调配资源的高效利用，促进人居环境的良性循环。

六、窑洞民居的实例

（一）陕西省米脂县杨家沟村

1. 概况

杨家沟村位于米脂县城东南20公里处，北接桃镇、桥河岔乡，西连十里铺乡，南临绥德县，总占地面积是104平方公里。冬季漫长寒冷，夏季短温差大，年平均气温10°C，区域年降水量仅为390米，主要集中在7～9月份，土壤主要是黄土母质的黄土性土，地貌则表现为沟壑纵横，地表破碎的黄土景观。

2. 村落选址

杨家沟村处在沟壑隔开的两座山坡上，沟内底部是一条溪流，是无定河的一条支流。

（图5-63）两面山谷的距离大约是200米，山坡上的窑洞顺应山势走向，一层层退台布置。广为人知的扶风寨就坐落在杨家沟村后面的屹崂山上。从风水角度上讲，这座山是独立的龙头凤尾的山，是少有的，南临崖窑沟，北接水沿沟，不与任何山崖相连，三条深沟将阳圾、关山梁、张家梁分裂开来，以南的山体走势呈东南向西北伸展，形成由高到低、头东南、尾西北、成凤尾收势。

图5-63（a） 杨家沟聚落环境 　　　　　　　 图5-63（b） 杨家沟聚落总平面
（图片来源：侯继尧. 中国窑洞[M]）　　　　　　（图片来源：侯继尧. 中国窑洞[M]）

3. 村落布局

从总体的规划布局上可明显看出，村落通过选址、理水和巧妙地运用高低错落的丘陵沟壑地貌，争得良好的窑洞院落方位；在构图手法上善于运用对称轴线和主景轴线的转换推移。该村的龙眼在东南侧的南北两座炮台，龙角在马新民旧院东南侧的石路坡边上，即观星台。龙嘴处正好在疙瘩里，村民为图吉利，打了一口井取水，大有深意。由于杨家沟村地处黄土高原腹地，地形复杂多变，从形态上可以看出，充分利用了古代风水选址理论，每一处宅院在朝向方位的选择上，近水向阳，顺应山势，因地制宜，都遵循了生态环境原则；在格局上，运用了对称轴线和主轴线的转换推移，也就是中国古典造园学里的"步移景异"的空间格局设计方法。

4. 窑居形式

现今保存较完整并且独具特色的为扶风寨，杨家沟的院落就以扶风寨为中心向四周扩建，形成诸多院落，依山而建，背靠的崖壁约30米。宅基庭院采用的是人工夯土，呈前后错落的单排院落形式，主窑是十一孔窑凹凸交错，中间三孔是明窑，两侧暗窑六孔，最边侧的两孔也是明窑，建筑总平面形似"山"字（图5-64）。扶风寨新院挑檐大方，采用飞龙祥云的砖雕，房檐顺着窑的进退连接，房檐顶部搭有青瓦滴水，其上是精雕细琢镂空的女儿墙，主窑的两侧是小门，正面外露四根通天石壁柱，窗户采用哥特式木格花窗，室内用青砖和石板铺装，烟道设置在地下。为了便于冬季取暖，在室外修建了地下火炕，以保持室内洁净。扶风寨最具特色的是传统窑洞和西方元素的结合，表现在窗户的形式上，运用了西方常见较长的圆拱形木窗格，呈现出独特的光影效果。

　　扶风寨的设计卓越之处不单单体现在它的窑洞单体上，扶风寨的老院属于传统的窑居四合院，类似北方平原地区的四合院，但是进深尺度不同，也少了封闭感，该院五孔正窑坐北朝南，最外侧分别有两处小门，进入后又是两个比较小的院落（图5-65），但是现已废弃，主窑两侧分别是东西各三孔窑洞，尺度小于主窑，院落呈长方形，面对正窑的是两间较大厢房附带一小间，西侧则是精美的月亮门，院内设有两米墙高的拱顶方形厕所、排水设施及垃圾桶，出门后有一处矩形空间，设置了磨盘桌椅，之后便是连接老院和新院的青石铺路，两院之间还修建了叠石涵洞，向东通往新院的宅间道路在设计上呈"之"字形，其间有明渠暗沟，新院的大门是拱形的青石门洞内镶嵌木质栅门。

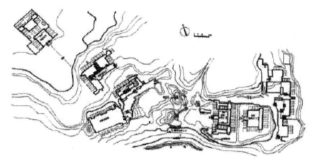

图5-64　扶风寨总平面图
（图片来源：王军. 西北民居[M]）

图5-65　扶风寨正窑
（图片来源：王军. 西北民居[M]）

（二）下沉式窑居村落——三原柏社村

1. 概况

　　柏社村地处关中北部黄土台塬区，居于县城最北端，与耀县接壤，隶属三原县新兴镇，距三原县城及耀县均约25公里（图5-66），因历史上广植柏树而得名"柏社"。村落周边为典型的关中北部台塬区田园自然景象，果树林木繁茂，地势北高南低。村落内部除北部有数条自然冲沟洼地嵌入，基本为平坦的塬地地形。

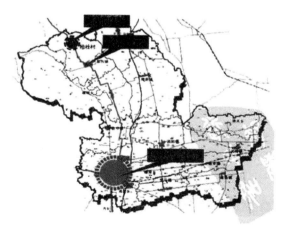

图5-66（a）　柏社村区位图
（图片来源：王军. 西北民居[M]）

图5-66（b）　柏社村演进图
（图片来源：王军. 西北民居[M]）

晋代时期由于关中战乱频繁，百姓为躲避战祸来到了沟壑纵横、林木蔽日、水草丰茂的台塬坡地，也就是柏社村的前身。在后续的 1600 余年中，柏社村虽不断迁址扩建，但始终在 5 平方公里的范围之内。由于地处偏僻交通不便，宋代时柏社逐步发展为塬区商贸集镇，至明清更是店铺林立。据记载，镇内盐行、炭行、药铺、当铺、颜料店、杂货铺、客栈、车马店等一应俱全，成为名副其实的商贸城。

2. 村落选址

（1）土质

三原县地质构造总属华北地层区，而柏社村所处地层为第四系地层中的上更新统风积层，广布于黄土台塬上部，厚度 7 ～ 14 米，岩性为淡灰色黄色风积黄土，疏松且具有垂直节理。底部有 1 ～ 2 米的古土壤层。风积层上的厚实风积黄土给远古人和封建居民初步向地下开挖居住空间创造了先决条件，带来了初步尝试的契机和成功。

（2）地貌

柏社村便处于三原县北部台塬之上。浊峪河自北而南，穿越太原腹地，将台塬切割成东西两个部分，柏社村就处在西部。由此，从地貌上看，柏社村位于三原县北部台塬西北方向，海拔 700 ～ 900 米，东西各有河流浊峪与清峪。近处的水源，为地坑窑的长期生存储备了能量。

（3）气候

柏社村属于北温带大陆性季风气候。冬季寒冷干燥，气温低，降水少。春季回温快，降水增多。冬季冷空气活动较频繁，故多有寒流和大风等自然灾害。夏季炎热常有雷暴和冰雹出现。柏社村所处的黄土台塬为温暖半干旱区，温差大，年平均气温 13.2℃，最热 7 月，气温 26.7℃，最冷 1 月，气温 1.4℃，温差将近 30℃，年降水量较少。在气候多变的促使下，劳动人民以其不断重复的经验累积选择了穴居这种可以恒温的居室，巧妙地躲避了较大温差带来的起居不便，认识到窑洞这种穴居方式避风防雨、躲避灾害的功能，并将这些优点发挥到极致，最后长期固定的居于此 "穴"，并繁衍传承至今。而影响地坑窑最大的地温，柏社村地区常年都维持在 14 ～ 15℃ 的水平线内。全年降水量在 540 毫米左右，平均年降水日数 90 天左右，总体来说降水量不大。

3. 村落布局

村落核心区沿三新公路呈南北向展开，内部被一东西街道划分，形成南北两个片区。其中南部窑院分布较为集中连片且居于村子中心地带。北部结合地形在胡同古道两侧有部分明窑（崖窑）。中段东部主体为具有百年历史的明清古街区，村小学与其相邻。村子两南端为近年新建的村民住宅区。商业建筑主要分布于中心横向道路的两侧。

柏社村临向三新公路，具有较好的外部交通条件。内部现明确的有纵横两条拟建道路，其中东西道路宽度约为 20 米。其他道路均为不规则的自由形态，且以步行为主。目前柏社村内保留窑洞共约 780 院，居住人口约 3756 人。其中，核心区集中分布有 225 院地坑窑洞四合院，无论从数量、密集程度还是保护的完整度及典型性时落景观等诸多方面都具有突出的优势，加之窑院类型的丰富性，堪称天下地窑第一村，无疑具有重大的保护和研究价值。

4. 窑居形式

柏社村窑洞分为崖窑（明窑）、地窑（暗窑）两类。形制有方坑式四合头、八合头、十合头、十二合头等多种。窑院顶部多砌有沿墙，窑洞洞高 3.5 米，洞顶厚 3 ~ 3.5 米，宽 3.5 ~ 4 米，深 10 ~ 20 米不等。窑内墙壁多采用当地极富特色的矿土"白土"粉饰。

5. 主要特点

柏社村整体以地坑窑洞为主，局部结合地形形成部分靠崖式窑洞，另有明清古建筑，古庙宇、胡同古道建筑等多样的建筑类型，特别是数量众多的下沉式窑洞建筑作为古老而特殊的人居方式，积淀了丰厚的建筑，历史、人文信息。总之，柏社村的居舍包含了土洞、简易窑洞、规范的四合窑院、厦房、明清古建及现代砖房等多种形式，保留了不同年代的不同民居形制，本身就构成了一幅地方人居文化历史演进轨迹的现实图景（图 5-67）。

图 5-67　柏社村村落景观
（图片来源：王军. 西北民居 [M]）

（三）山西汾西县师家沟

1. 概况

师家沟村位于山西省汾西县北，东临汾河，西靠姑射山，属黄土丘陵地貌。建筑形式以窑洞为主。全村现有 100 多户，共 600 余人，以师姓族系居多。村内宅院始建于乾隆三十二年（1767 年），随着师氏家族的兴盛逐步扩建，前后持续 200 多年，至光绪年间（1875 ~ 1908 年）基本建成。村内现存院落 30 余座，窑 250 余孔，房 100 余间，保存完好。2006 年"师家沟古建筑群"被入选为全国重点文物保护单位。[70]

2. 村落选址

（1）地形地貌

师家沟古村落北、东、西三面环山，南面临河，避风向阳，错落有致，布局合理，和自然地形巧妙结合。

（2）气候特征

师家沟一带夏季雨水集中，极易出现大暴雨。村落位于三山环抱之中，东西两侧为冲沟，东、北、西三面均高于村落用地，三面汇水之地被洪水及滑坡侵袭的可能性非常大。因此，师家沟在设计上十分重视排水问题，采用多层次相互承接的排水措施。第一个层次是从屋面到地面，从上层院到下层院。师家沟窑洞屋顶都做大约 2% 的起坡，再由陶质出水管将水排到院子里。第二个层次是院落的排水，每个院子都有约 2% 的起坡，院内的积水集中至排水沟再排向院外，再由排水道排向村内环道。第三个层次是由环道排向村外。环道是村中的主干道，同时兼起排水的作用。环道沿沟谷开挖而成，符合水流趋势。环道的条石铺面以下埋有陶质的排水管，收集各院的排水，将其迅速排下山去。这套排水系统十分完善，从清朝中叶至今二百多年的时间里，从未发生过因黄土湿陷而致房屋倒塌的事件。[71]

3. 村落布局

师家沟村依山而建，匍匐于两块相连的坡地上。村中建筑顺应山势而高低错落，随山势而自由组合。建筑朝向南向，但不拘泥于正南，从而巧妙地顺应地形（图 5-68）。村中建筑主要由两部分组成：一部分是建于村落中央的居住区，由窑洞组成高低错落、变化丰富的院落；另一部分是围绕居住区外围的公共建筑区，有祠堂、庙宇和醋坊、当铺等手工业、商业建筑。居住区和公共建筑区之间用长约 1500 米的环道分隔，既承载村落的主要交通，同时其外侧多是商业建筑，兼起商业街的作用。居住区中间有一开放的广场，基本位于村落的几何中心，朝向为南，地势平坦、阳光充足、视野开阔，四周的民居沿广场呈风车状布局。据说师家沟筹建之初，风水先生确定这里是师家的"福祉"所在，禁止在此建造房屋，只是栽植几株桃树用以镇邪，确保家族兴盛发达。以后各代再修建院落都有意避开这块"福地"，但同时又围绕着这块风水宝地，于是形成了风车状的村落布局形式。事实上，这个"福地"后来成为村内的公共活动空间，给村民休闲和娱乐提供了最佳的场所。

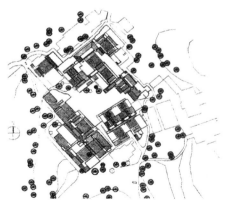

图 5-68（a） 师家沟平面图
（图片来源：侯继尧. 中国窑洞 [M]）

图 5-68（b） 师家沟 1 号院院落
（图片来源：王朕、杨乐 绘）

4. 窑居形式

师家沟的民居绝大部分是窑洞，主要采用合院形式，因地制宜（图 5-69）。在相对平坦的基地上常建对称的合院，而在不规则的基地上则建非对称的院落；地形开阔处建方形院落，狭窄处建扁形院落。合院规模不一、类型丰富，但院落的基本构成要素大致相同，由正房、厢房、倒座等构成。正房多采用锢窑，也有靠崖窑，或二者结合。三孔者居多，也有采用五孔的，外侧一般有单坡檐廊。倒座一般面宽三间，多采用双坡硬山顶，或屋面向内倾斜的单坡硬山顶。厢房在院落左右对称配置，二间、三间到四间不等，主要取决于院落的规模，多为锢窑形式，外墙不开窗，仅在面向院落的一面开门窗。外墙一般厚50厘米，起保温隔热作用。院墙高大封闭厚实，对外不开窗或仅在墙头开漏窗，院内恬静安全。内院多为正方形，长宽比大致为1∶1。不同于晋中、临汾一带的长方形院落。师家沟气候温和，阳光充足，风沙较少，故不采用狭长的院落用以防沙，而采用宽敞的院落接受阳光，同时获得更多的室外活动空间。[72]

图 5-69　师家沟院落
（图片来源：周若祁、刘璇 摄）

（四）豫西康百万庄园

1. 概况

康百万庄园位于巩义市康定镇康店村，距市区4公里，始建于明末清初，是一座规模庞大的窑洞和房屋结合的建筑群（图5-70）。康百万庄园在选址上背依邙山，面临洛水，北凭黄河，南边是著名的黑石关天险，有"金龟探水"的美称，符合我国古代风水理论中的藏风聚气的"福地"标准，它是全国三大庄园（刘文彩庄园、牟二黑庄园）之一，面积比山西乔家大院大19倍。其建筑特点是临街建楼房、靠崖筑窑洞，窑洞与地面房屋组成靠崖式四合院，是典型的黄土高原地区堡垒式庄园，具有豫西窑洞民居的特点。

2. 村落选址

（1）地形地貌

康店村位于洛河冲击河谷状平原区与西北邙岭黄土丘陵区的交界处，避开了河流凹岸的位置，处于洛河的河曲内，海拔120米左右。西靠邙山、东临洛河的地形，限制了庄园的建造不能采用南北轴线的组织方式，但是庄园中的建筑都是坐北朝南的。主宅区为了获得良好的微气候，充分利用地形，使庄园西面和北面靠山，东面和南面敞开。由于康百万山庄西靠邙山，有利于阻挡冬季的主导风向西南风，从而起到了调节庄园宏观环境气候的作用。

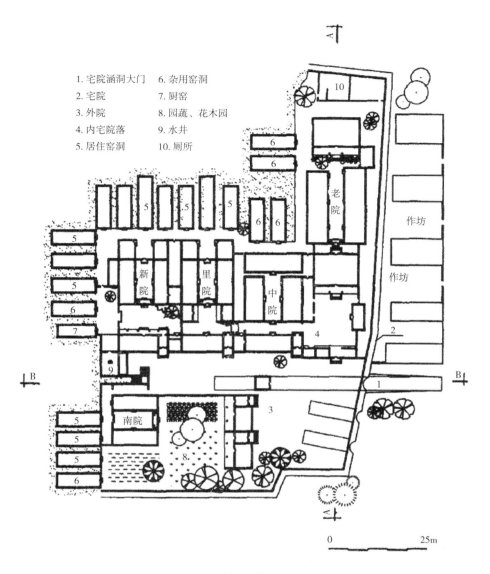

1. 宅院涵洞大门　　6. 杂用窑洞
2. 宅院　　　　　　7. 厨窑
3. 外院　　　　　　8. 园蔬、花木园
4. 内宅院落　　　　9. 水井
5. 居住窑洞　　　　10. 厕所

图 5-70　康百万庄园平面图

（图片来源：巩县志）

（2）气候特征

康百万庄园位于河南省西部黄土丘陵区，属于富水区，地下水位埋深约为 3～5 米。处在温带大陆季风气候区，年平均气温为 15.1℃。冬季天气寒冷、干燥、降水量少；夏季炎热、多雨。因位于河谷，从偏西方向来的气流都转化为西南风，从偏东来的气流都形成东或东北风。

3. 村落布局

庄园总建筑面积 6.4 万平方米，有 33 个院落，53 座楼房，1300 多间房舍和 73 孔窑洞。分为寨上住宅区、寨下住宅区、南大院、祠堂区、作坊区、菜园区、龙窝沟、金谷寨、花园、栈房区等十余部分，寨上主宅区中有六个院落组成。从布局上，寨上主宅区作为庄园的主要居住部分，位于二层台地之上，从而将一层靠近洛河的肥沃的土地留给饲养区、花园、菜园等主要的耕地部分。

4.窑居形式

康百万庄园与其他北方四合院最大的不同之处就是它的窑洞和房屋相结合组成的院落式民居聚落（图 5-71）。康百万庄园院落的主体是封闭性的外墙形式，这是我国北方四合院民居的共同特点，它的西面和北面均靠邙山岭，沿广场的南立面除了各个院落的大门外，其余部分不开窗，东面是老院的山墙。北方由于天气寒冷，为防止冷风的侵袭，建筑物墙体一般很厚而且封闭，通常只对向阳或者内院开窗，其余三面严加封闭，形成了极其厚重封闭的建筑风格。由于巩义地区冬季气候寒冷、干燥、持续时间长，康百万庄园主宅区封闭的外墙，不仅可以节约采暖的能源，而且对抵御风沙也起到了很好的作用。可见康百万庄园院落设计的生态特点。

图 5-71　康百万庄园院落

（图片来源：左图：http://www.tuniu.com/guide/tupian-view/263517/1/；右图：http://blog.sina.com.cn/s/blog_5314b9520100p48a.html）

院落布局适应当地冬冷夏热。例如中院为狭窄形院落，南北长 16 米，东西宽 4 米，长宽比 4：1。院落由两部分组成，第一部分较为开敞，具有北方四合院的统一特点，高宽比大于 1：1，既可以使正房在冬季得到充足的阳光，同时也不影响住房的采光和通风。第二部分具有南方天井的特色，它是由两层高的东西厢房组成，高宽比大于 1：1，给人一种比较封闭的空间感受，这种做法主要是因为两层高的厢房可以使院落在夏季获得更多的阴影，保持院落的凉爽，再者，由于东西厢房对正房的遮挡，避免风沙对正房的吹袭。康百万庄园院落的布局只是将两厢房之间的距离缩短了，其实内部空间组织还是保持着北方四合院的特点，由于气候的原因，建筑保温就很重要，庄园院落的建筑外墙几乎都是封闭的，开窗面积小，没有南方建筑的挑檐和敞廊、敞厅。门洞和窗洞均为半圆形砖拱，在门洞拱上砌一垂花帐帘砖饰，用以区别其他窑洞，突出主窑的地位。窑洞门洞两侧作窑龛，与门洞和窗洞形成一种韵律感，使窑洞立面上的构图更加完美。整个崖面上用砖砌筑护崖墙，在其封顶处采用处采用狗牙式水尖砖层层挑出，压一石板作为挑檐，上面作花饰女儿墙。

5. 主要特点

康百万庄园证明了窑居的迁居性，也说明窑洞并非只是穷苦人的居所。康百万庄园中的窑洞均属于靠崖式窑洞，共有 73 孔洞，主宅区的 16 个孔均分部在西面和北面的崖壁上，与地面的房屋组成多个院落，院落之间通过门洞串联起来组成一个完整的建筑群体。康百万庄园最大的特点是窑洞和地面建筑的结合，它不仅具有原生生态建筑的特点，同时从它的建筑形式、空间布局、构造技术上讲，它是传统窑洞民居的升华。康百万庄园实现了建筑、自然、社会、人之间的和谐统一，对未来人类居住环境的设计与规划有很好的启示作用。[73]

（五）山西吕梁市碛口镇

1. 概况

碛口镇地处山西省西部，吕梁市临县城南 50 公里处，处于黄河和湫水河交汇处。面积 108.16 平方公里。东接晋西吕梁山西麓，北临临县，南临孟门古镇，西临黄河之滨，隔黄河与陕西吴堡县相望。

2. 村落选址

（1）地形地貌

碛口镇地形独特，位置险要，背负卧虎山，面临黄河与湫水河交汇处。卧虎山与两河间形成一条带状的缓坡地带，适宜建房。因其面对黄河大同碛，濒临湫水入黄口而得名。碛口古镇聚落的规划布置以及院落组织等都与山形、河道相互呼应，形成较好的街道排水条件。属于第二带黄土区，主要地形有源、梁、赤、沟，绝大部分的地表被最适宜建造窑洞的"离石黄土"所覆盖，这里黄土厚一般为 100 ~ 150 米，最厚可达 250 米。

（2）气候特征

碛口镇同样地处中纬度地区，受季风影响，一年内四季分明，冬长夏短，境内气候干燥，雨量较少，日照充沛。全年降水量人约 493.5 毫米。自然灾害在碛口境内频频发生，首先是旱灾对农业生产构成了巨大损害，其次是雨季降水量的骤增引发的洪涝灾害。碛口古镇靠近河道，这为本身缺乏水资源的晋西地区提供了丰富、珍贵的水资源以及建筑窑洞所用的沙石等材料，同时也改善了局部的小气候，缓解了当地十分干燥的环境，使得两地环境优美、适宜居住。

3. 村落形式

碛口古镇被划分成二段，面临黄河的一段南北长约 600 米，北部较窄，从山脚到河岸仅为 50 多米，向南至转弯处放宽到大约 3 米；面临湫水河的一段东西长约宽度由西向东从 120 米增大到 200 米，这段西高东低，高差大约 120 米，形成一狭长的三角形（图 5-72），北高南低，两段中间一段长约

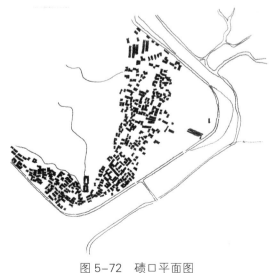

图 5-72　碛口平面图

160 米。这样碛口古镇的主街自然就沿河岸被划分成三部分，主街的格局基本在乾隆年间形成。沿黄河一段的称为"西市街"，也称"西繁市"、"后街"。中间还有诸多小巷、要冲巷、百川巷、无名巷、匹十眼窑院巷、驴市巷。中市街位于碛口镇中央，自然是很好的商业地段，在其西面又平行建有两条弧形的街——"二道街"和"三道街"，二道街长度有 160 米左右，三道街仅几十米，两条街上都是店铺街面很窄，大约 3 米。后因湫水河泛滥，冲毁了三道街以及二道街外侧。全镇的街巷除了东市街都用石灰石块铺路面。各大街巷之间可以曲折穿通或通过商号连通，使得街巷与商号形成方便又复杂的道路网。

4.窑居形式

碛口院落多为建在平地上的大型院落，前后两进院常用厅房连接，因为碛口镇上的430 多处建筑，从前无一处是民居，全是商号，这是因为碛口古镇就是以商业码头起身的。碛口的商业性院落主要考虑的是货物进出的方便性，所以院落布局方式一目了然，非常清晰，并且出于安全因素的考虑，大型货栈都倚靠山体，并且房基比前一进院落的房基高出很多（图 5-73、图 5-74），如："四十眼窑院"、"天顺店"、"天聚隆"和"荣光店"等。

图 5-73　碛口鸟瞰
（图片来源：明云 摄）

图 5-74　碛口民居
（图片来源：明云 摄）

（1）锢窑

在碛口古镇内，厢房的结构形式基本都是锢窑，有些倒座和厅房也是锢窑的形式，正房多为窑上房的形式。有少数位于地段平缓之处的商号，有些还建成前后两进院，这些院子的正房和厢房都是砖砌锢窑，多为三间、五间、七间开间，最多的如"四十眼窑院"的正房为九开间。

（2）靠崖窑

碛口地区有一种特殊的靠崖窑形式一炷香，一炷香式窑洞是一种非常狭窄低矮的靠崖式土窑洞。窑壁用人工整修的较为平整，为防止雨水冲刷导致坍塌，墙体需向内倾斜一定角度，与地面大约在80度左右，窑洞进深5～6米，宽度最窄的只有一米多一点。窑洞内窑的最深处修筑土炕供居住者晚上休息，火灶供做饭使用。此外屋内的陈设十分的简陋。窑脸部仅用麦秸泥裹一下，靠门的顶部则摆放几块石片，防止雨水流入屋内。窑口的宽度只能容下一扇门，门上方有采光通风的小方格窗，木窗格内以麻纸裱糊。居住一炷香窑洞的人家多为生活极度困难者。

锢窑和靠崖窑都有两种护檐形式：一是檐廊式，另一种是条石托木式。在碛口古镇，檐廊式又被称为"明柱厦檐"，条石托木式又被称为"没根厦檐"。前者中的明柱是指露明的柱子，相对于被厚砖墙包在墙里的暗柱而言。明柱厦檐则是在窑脸前设置明柱支撑屋檐，形成一条木构的前檐廊，上用单坡披檐，下用明柱。出挑大约2米余，最宽达3米，后者中的"没根"是指没有没有明柱支撑披檐，改用条石托檐，挑出约1米左右，仅仅用来防雨水等侵蚀窑脸。碛口民居很多房屋都是几种类型组合在一起，明柱厦檐普遍位于没根厦檐的上一层。[74]

第四节　生物资源性材料的应用

生物资源性材料也是一种天然材料，而且更加具有地域性，如竹材料、茅草材料的广泛运用，甚至是牡蛎与蚝壳等。

一、竹材料

竹建筑在我国有着悠久的历史，古人甚至说："宁可食无肉，不可居无竹"。竹的使用历史可追溯到新石器时代。1973发现浙江余姚河姆渡遗址和海安青墩遗址就有采用榫卯连接技术的竹木构干阑式古建筑遗迹和构件，说明五六千年前长江北岸的青墩古人和浙江河姆渡古人已经掌握了干阑式建筑技术并已经运用竹材料。成都十二桥发现3000多年前殷商时代干阑式木结构建筑遗址，已用木桩基础、木地梁、竹木墙体和竹木绑扎与榫卯相结合的屋顶。汉时，在干式建筑基础上发展出了高脚或架空竹木地板的竹木构架楼居，东汉画像砖上生动地展示了干阑式楼居和栅居的形象。

宋《营造法式》卷十二竹作制度列有造笆及隔截编道作法，文中说"造殿堂等屋宇所用竹笆之制，每间广一尺，用经一道。每经一道用竹四片，纬亦如此。殿阁等至散舍如六椽以上所用竹，并径三寸二分至二寸三分。若四椽以下者，径一寸二分至径四分。其竹不以大小，并劈作四破用之。""造隔解壁捏内竹编道之制，每壁高五尺，分作四格。上下各横用经一道。格内横用经三道，至横经纵纬相交织之。每经一道用竹三片，纬用竹一片。若拱眼壁高二尺以上分作三格。高一尺五寸以下者，分作两格。其壁高五尺以上者，所用竹径三寸二分至径二寸五分。"

竹作为我国传统的建筑材料，被广泛地运用于传统民居建筑当中。广西、云贵、四川等地的少数民族多以竹与木为主要建筑材料的干阑式建筑为居，竹亭、竹桥等更是南方地区极其常见。如贵州的侗寨风雨桥和程阳风雨桥，便是采用竹子作为主要的结构构件。除此之外，竹材料也广泛地应用于家具、生活道具等各个方面，1958年发掘的浙江吴兴县钱山漾村新石器时代晚期遗址（属良渚文化类型）的出土文物中就有竹箩、竹篮、簸箕等竹编器。商代人们就开始利用竹子制作书简用以记录，也用竹子制作各种日常生活用品和工艺品。竹子更是中国园林建设中不可或缺的营造意境的重要元素，在魏晋、南北朝时期便融入了造园艺术中。竹子闻风而动、摇曳悠扬的形象充分发挥了文人雅士寓情于景的雅致情趣，展现了我国造园艺术中将自然人格化的基本审美理念。由此可见竹自古以来就与我国的传统文化有着密不可分的关系，在中华民族的物质文明与精神文化中有着重要的地位和深远的影响。

（一）竹在国内的地区分布

中国竹类资源十分丰富，竹林总面积约454.26万平方公里，居世界第二。由于各地气候、土壤、地形的变化和竹种本身种属特性的差异，中国竹子分布具有明显的地带性和区域性。竹林资源集中分布于浙江、江西、安徽、湖南、湖北、福建、广东，以及西部地区的广西、贵州、四川、重庆、云南等省、市、自治区的山区，其中以福建、浙江、江西、湖南四省最多。

竹在建筑、生活用具中应用最广泛的是毛竹、刚竹、淡竹、慈竹、苦竹和桂竹等。竹子生长得比树木快得多，仅需三五年时间便可加工利用，因而从供应上来看，竹子可谓是"取之不尽，用之不竭"的天然资源。在竹林资源丰富的地方，竹子的开发利用非常广泛，从生产用具到手工艺品再到饮食起居，几乎无处不用到竹。英国学者李约瑟在著作《中国科技史》里把中国誉为"竹子文明的国家"。人们爱竹、种竹、食竹、敬竹、赏竹，人们的衣、食、住、行与竹密不可分。[75]

（二）竹在传统民居中的使用方式

我国传统民居中形成了"北土南木"的特点，由于木构架建筑长期在民居及官式建筑中的应用中形成了悠久的历史和发达的工艺，竹材料的应用受到了制约。尽管如此，竹材料的应用在我国传统建筑中也有其独特的价值，留下了浓墨重彩的一笔。

1.以竹为主体的民居

（1）云南傣族竹楼

云南得具有天独厚的气候条件，竹资源十分丰富。据相关研究资料数据表明，云南拥有竹类植物27属，200余种，约占世界总数的1/5，占全中国的1/2，主要竹林类型达30余种。因此竹子作为建筑材料在云南民居中的广泛使用也是自然的选择，且对云南民居的居住文化产生过深刻影响。"家家竹楼临广陌，户户干阑居山坡"，这种干阑竹楼便是这种影响的物态反映和历史见证。

　　以竹为主要建材的"干阑式"民居建筑——竹楼（图5–75），长期以来一直是云南众多少数民族居住的主要建筑形式。不同民族对这种竹楼有不同的称谓，如傈僳族的"千脚落地"，拉祜族、佤族的"木掌楼"，瑶族的"权权房"（图5–76）、景颇族的"矮脚竹楼"、壮族的"吊脚楼"（图5–77），等等。不管名称如何不一，但它们在使用功能上保持了基本的一致性，都是采用架空干阑式的建筑形式，房屋离开地面建筑在桩柱之上，上层住人，下层关养家畜和放置杂物。这种干阑竹楼具有防潮、通风散热、卫生舒适等优点，还可防御一般性水害、地震和虫蛇侵害，是一种简单有效的居住形式。不但满足了湿热的气候和山地农耕生活的需要、还契合了人们对自然的理解，使之成为云南傣族、景颇族、德昂族、布朗族、基若族、傈僳族、独龙族、拉祜族、佤族等许多少数民族的主要居住形式。

图 5–75　云南傣族竹楼

（图片来源：云南勐海县人民政府旅游局）

图 5–76　云南的勐腊瑶区权权房

（图片来源：左图：http://www.e56.com.cn/system_file/jianzu/jz-yaozu.htm；中图：贵州省建设厅 . 图像人类学视野中的贵州乡土建筑 [M]；右图：http://gx.sina.com.cn/lz/liuliuzhou/2015-04-07/10473843.html ）

（a）　　　　　　　　　　　（b）　　　　　　　　　　　（c）

图 5–77　云南的景颇族吊脚楼

（图片来源：左图：http://www.zjwh.net/bbs/read.php?tid=178369&fpage=1&toread=；中图：http://minsu.aqioo.com/19244-view.html；右图：http://www.zjwh.net/bbs/read.php?tid=178369&fpage=1&toread= ）

（2）四川竹楼

四川有一种所谓"捆绑式结构"的房屋几乎全部是用竹材建成的（图5-78）。它采用竹结构或竹木混合的结构，尤其是经济条件较差的简易民居或吊脚楼民居采用较多。所谓捆绑式，主要是指构件的连接方式不是榫卯技术，而是用绑扎方式。即构件组合交叉搭接用竹篾条或棕绳等系紧扎牢，成为排架。因此其维护结构必须用轻质材料以减轻负荷，如竹编泥墙或芦席竹芭墙等。[76]

（a）四川竹木吊脚楼　　　　　（b）江津区中山镇吊脚楼1　　　　（c）江津区中山镇吊脚楼2
（图片来源：李先奎.四川民　　　 （图片来源：程海达 摄）　　　　　（图片来源：程海达 摄）
居[M]）

图5-78　竹木捆绑式吊脚楼

（3）海南竹屋

海南岛地处热带，气候湿润、雨量充沛，竹木茂盛。海南黎族民居的营造就地取材，因材施用，充分利用当地丰富的竹木资源作为竹屋的主要构件。黎族竹屋的承重体系大多属于较早期的形式，以竹结构和竹木结构的承重构架将屋顶结构与柱梁结构合二为一，结点采用捆扎式构成一个整体。竹屋对技术、工具要求不高，非常适合黎族社会的生产力水平。船形屋是黎族所特有的一种住宅外形，构筑技术较为原始，竹木结构，柱子是天然原木，树杈部位正好用作纵向结构构件的支点，梁上搁置弧形拱券木，木上放置竹编方格网（图5-79），网上再铺茅草以形成船篷屋盖。

（a）谷仓　　　　　　　　　（b）室内　　　　　　　　　（c）顶棚

图5-79　海南黎族船形屋
（图片来源：张引.海南黎族民居"传型屋"结构特征[J]）

正是由于材料易得，构筑容易，所以才能适应当地流动的游耕生活。另外，以竹木为材建设居室，并用藤条把所有构件连成一整体，搭建为流线形外形（图5-80、图5-81），积小体量为大体量，既美观，又可提高抗风和防震能力。这些适应性使得黎族民居的建筑材料和形式很长时间都没有改变。

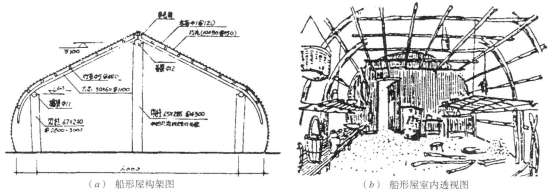

<table>
<tr><td>（a）船形屋构架图</td><td>（b）船形屋室内透视图</td></tr>
</table>

图 5-80　船形屋结构
（图片来源：王辉山．海南黎族传统民居文化 [J]）

图 5-81　黎族的干阑式船形屋
（图片来源：左图：王辉山．海南黎族传统民居文化 [J]；右图：http://dp.pconline.com.cn/dphoto/2298858.html）

（4）台湾"竹厝"

台湾地区的"竹厝"是利用竹子和泥土所搭建的房屋。厝顶可用竹子覆盖，或用茅草、甘蔗叶或铅板。墙壁则用竹竿分格，竹编抹灰土、石灰等。房屋的主梁通常采用多年生的孟宗竹、刺竹、麻竹或桂竹，不用铁钉而只用竹钉作为榫头。通常墙壁用竹片编织成，再敷上泥土，外表抹上石灰，门窗皆用竹片编成。柱脚的空间填土或石头，以保坚固。经济实用、夏天凉爽且不惧地震。

2. 以竹为辅助材料的应用

竹材料除作为建筑主体外，还作为辅助材料被广泛地应用于墙体、隔断、桥等。作为墙体，竹主要分为竹筋墙和竹篾墙。竹筋墙主要分布在江西、浙江、四川、重庆等地，叫法和做法略有不同，在江西称为"竹筋织壁粉灰墙"，浙江称"竹笆网墙"，四川重庆称"竹编夹泥墙"或"竹编夹壁墙"。竹篾墙主要分布在云南，为少数民族广泛使用。

（1）竹筋墙

竹筋墙是指以竹为骨，编制墙体骨架，上刷以粉灰或泥而成的墙体。具有，轻薄透气美观，又不易开裂的特点。因竹片坚硬又会响动，既可防鼠又可防贼，常见于南方农村。

图 5-82　编壁粉灰间隔墙
（图片来源：黄浩. 江西民居 [M]）

江西的竹筋织壁粉灰墙常用于房内间隔（图 5-82），偶尔也有用于堂面柱间的。同时，又用于梁枋、童柱之间和变形装饰构件间的填充部分，显示了它编制粉刷的灵活性。织壁粉灰墙的施工也很简便。外边为合角的木框料，四周贴边，每隔 50 厘米左右加一木中挺，横向每隔 40 厘米插入双肢竹档，然后用细竹筋穿插其间编织成底子，在两面粉以草泥灰，再用石灰浆刮面刷白。织壁用于堂面间隔墙时，为了使表面细腻平整，多做石灰桐油刮面。如作浅灰色框边，则在石灰水中掺入乌烟，粉平后割缝划出图案纹样，倒也别有一番风味。这种竹筋织壁粉灰墙材料来源方便，施工简单且经济耐用，现存许多明代民居，有经三四百年而非常完好者。织壁白灰墙还有一个可装饰的优点，作柱间隔墙多画上框边墨线和压角纹样，显得高雅明快。[77]

在浙江的温岭、黄岩、嵊县、温州永嘉一带的民居中有一种竹笆网墙面大量使用竹材，但是各地的做法稍有不同。温岭、黄岩一带的民居山墙及外侧面窗下用石板墙，窗间全部用竹笆遮盖，竹箦的边用竹片压边，凸出石墙以外，不抹灰。嵊县民居中是在柱间加水平木条，木条间穿插竹箦，柱子外露，竹笆抹灰。温州永嘉一带的竹笆网墙当地叫竹片灰墙，一般用于房屋的上层，尤其是多用于山墙。做法是：竹片编成笆片，固定在梁、柱和龙骨枋上，两面抹泥，外涂白泥。[78] 楠溪江传统民居上部以竹编骨架隔断，外抹白色泥灰，下部为门窗隔扇（图 5-83）。

图 5-83　楠溪江传统民居
（图片来源：李秋香等. 浙江民居 [M]）

四川的竹编夹泥墙是在普通人家特别在乡间最常用的墙壁，有很多优越性，价廉物美。一般做法是将墙壁的柱枋分隔成二三尺见方的格框，在里面用竹条编织嵌固，然后以泥灰双面粉平套白（图 5-84）。[79]

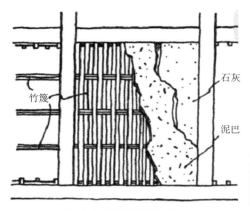

（a）竹笆夹泥墙构造做法　　　　　　　　　　（b）竹笆夹泥墙局部
（图片来源：李先奎．四川民居[M]）　　　　　　（图片来源：程海达 摄）

图 5-84　竹笆夹泥墙

重庆传统民居的竹编夹壁墙，热功性能良好，表面贯通的微孔多，吸湿性大，能够及时排出水蒸气而使表面保持干燥，被称为"可呼吸的墙体"（图 5-85）。重庆夏季湿热，这种墙体利于室内的通风除湿。白天外墙面白色抹灰对太阳辐射有较强的反射作用，室内温度受辐射影响小，夜间由于墙面的蓄热性较差，墙体向室内传递热量较小；冬季潮湿但不太寒冷，墙体在通风除湿的同时也可兼顾保温的功效。[80]

图 5-85　重庆中山镇传统民居竹编夹壁墙
（图片来源：张楠 摄）

（2）竹篾墙

建造竹篾墙的建筑技术在云南的少数民族中也早有悠久历史，并且现在人们还在广泛使用这种传统的手工技艺来营造民居（图 5-86）。从竹篾墙的建造工艺来说，竹材取材方便，加工简单，安装灵活，拆卸方便，技术含量较低；从其使用的物理性能上讲，竹篾墙透气透光、通风散热，比较适合温暖湿润的气候（当然，在寒冷的滇西北和高寒山区，竹墙也作为辅助性的墙体材料，如常被使用在频繁活动的民居门窗上、木楞房的内壁或一些仓库、牲畜用房等地方）。最后，从建筑艺术的角度说，竹篾墙轻盈别致、质朴美丽、形式多样，与环境融为一体，在质感和肌理上充分体现了干阑式建筑的艺术魅力，其表现力是其他建筑材料所无法比拟的。

 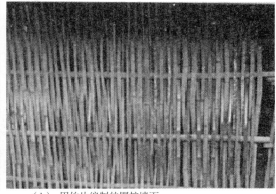

（a）用竹片编制的围护墙面　　　　　　　　（b）用竹片编制的围护墙面

图 5-86　云南竹篾墙

（图片来源：杨大禹，朱良文.云南民居 [M]）

（3）生产生活用品

除此以外，在云南的少数民族中竹更是作为一种文化存在的。这种竹文化更加真实地反映出了他们的现实生活，包括物质生活与精神生活。特别对于聚居于边远山区的云南众多少数民族来说，竹的实用价值更大。从饮食、医药到生活器皿，从生产工具到交通运输，从服饰装点到民居建筑，总之，人们的衣食住行，无不与竹子密切相关，并在其漫长的社会历史发展进程中，形成许多与竹有关的民风民俗和民族审美意识。各种各样的竹制品，小至简陋的竹篓、渔具，大至竹桥、竹楼，它们既是少数民族人民生活的必需品，又是他们选择自然资源的智慧与创造表现。既是竹文化的物质构件，又是民族文化的精神产品，它体现了云南少数民族人民对生活的理想追求和利用自然的创造精神（图 5-87）。[81]

图 5-87　用竹编制的竹席地板面

（图片来源：杨大禹，朱良文.云南民居 [M]）

在我国的北方地区，由于气候较为寒冷干燥，竹林的分布很少，资源也相当有限，因此用竹材做为建筑材料的地方很有限。河南、陕西、山东等地区的民居中除土、木、石、之外，也会有限的使用一些竹、柳条、芦苇、草等材料。河南洛阳至焦作一带产竹，《营造法式·竹作制度》也有明确记载，虽为官式制度，但其来自民间，又必影响到民间。用竹搜编制竹笆、柳条编织的条笆用于屋顶以替代望板。竹和柳条的地域性强，应用不普遍。芦苇产地范围广，苇箔代替望板，应用比较普遍。

总之，竹作为生物资源性材料，在我国民间被长期而广泛的应用。竹楼、竹墙经久不衰，并且从中总结形成了选择运用的经验和方法。各民族从最初把竹器制作作为一种物质生产劳动，主要满足人们基本生活生产需要，然后逐渐发展到在竹制作工艺中不断强化和显化精神性因素和审美意识，在注重竹制器物的实用功能的同时，开始按照美的规律来建构居住功能空间和竹制产品，最终形成"用美结合"、"材艺一体"的用材之道。[82]

（三）竹材料在当代建筑中的应用发展

竹的生长周期短，循环快，是名副其实的生态材料；且竹材具有良好的韧性、对于瞬间的强烈冲击荷载和周期性的疲劳破坏具有很强的抗性，加之竹结构建筑自重轻的特点，使竹结构建筑具有良好的抗震性能[83]；竹材是质轻而高比强度的材料，具有良好的绝热、吸声和绝缘性能。同时，竹材与钢铁、水泥和石材相比具有一定的弹性，可以缓和冲击力，提高人们居住和行走的安全。

在新技术的推动下，现代竹建筑在世界范围内逐渐广受欢迎。竹材在土建工程中应用相当广泛，现代原竹结构建筑采用原始形态的竹子为主要建筑材料，在建造过程中结合钢、铁等连接构件，对传统竹结构建筑的构造节点进行改良。南美洲国家哥伦比亚建筑师西蒙·维列（SimonVelez）为2000年汉诺威博览会设计了"零排放研究与创新机构"展馆，提出了一种"螺栓和水泥"的新型构造方式，使竹结构建筑可以达到更大跨度与规模（图5-88a）。西蒙的另一代表作品是位于我国南部的南昆山十字水生态度假村的竹桥与巨大的竹屋顶。十字水度假村是我国国内乃至世界上最大的竹构建筑项目（图5-88b）。竹子作为具有巨大的开发潜力的材料，也同时被广泛地应用于建筑的室内装饰，如无锡大剧院当中大量的运用竹材料做吸音墙面、座椅和地板等（图5-90）。

在亚洲国家，如日本、中国、印尼、菲律宾等，竹子也被大量用于建筑领域。2010年上海世博会，印度展馆建筑师奈度用40吨6.2米长竹子，建造了一个竹结构穹顶。建筑师将经过处理的竹弓，横向以螺栓相连接，纵向用螺丝和混凝土固定，形成了比钢铁还坚固的竹构穹顶（图5-91）。另外一栋竹结构展馆——越南馆，以竹材作为结构材料的同时还将其应用于建筑外表皮，使建筑具有浓厚的东南亚气息，更加展现了越南绿色、环保的可持续发展精神。

图5-88（a） 汉诺威博览会"零排放馆"
（图片来源：http://blog.sina.com.cn/s/blog_c14a285b0101cz2v.html）

图5-88（b） 十字水度假村竹桥
（图片来源：http://news.zhulong.com/read/detail183955.html）

图 5-89 "以竹代木"国际竹建筑双年展
（图片来源：http://blog.sina.com.cn/s/blog_c14a285b0101cz2v.html）

（a）竹吸音墙面　　　　　　　（b）竹座椅　　　　　　　（c）竹地面

图 5-90 无锡大剧院
（图片来源：http://www.uedmagazine.net/Activities_Notice3.aspx?one=2&two=417&three=417&pid=7022）

图 5-91 世博会越南馆
（图片来源：http://ykjlh-369.blog.163.com/blog/static/53781618201121710412753/）

受到 2008 年汶川地震的触动，很多建筑师投入到如何建造廉价的、易于建造的、环境友好的灾后临时建筑研究当中。受中国儿童少年基金会（CCTF）和 KPMG 委托，IntegerChina 为四川灾区设计可持续发展的 KPMG 安康家园项目采用了大跨度复合竹框架结构。2010 年，由 Integer 设计、位于四川彭州的毕马威社区中心落成，是世界上首座采用复合竹材的大跨度竹结构公共建筑（图 5-92）。该项目采用复合竹材的梁柱框架结构体系，长弧形主梁最大跨度达 12 米，结构体系暴露，结构的位置、形式、构件造型和连接方式等一目了然，增强了竹结构的透明度和艺术表现力。[84]

虽然竹子在欧洲地区分布较少，但作为一种新型的生态建筑材料，竹材依然引起了很多建筑师的关注，并在其材料与技术的研究上取得了一定成绩。欧盟已经连续资助德国、比利时、荷兰、法国、意大利、西班牙等国进行"竹子可持续经营和竹材质量改进"及"欧洲竹子行动计划"等重大项目。其中，德国更是制定了完善的竹结构标准体系。

图 5-92　四川彭州毕马威社区中心

（图片来源：http://www.archcy.com/focus/communitycenter/34a11c092995f87d）

在中国，竹资源丰富，有着鲜明的地域性，"南竹北移"工程也让北方的竹林面积不断扩大，竹子资源的优势是不容忽视的。如何合理地在建筑中应用竹材，继承我国延续几千年的竹构建筑文化将是意义深远的事。在未来建筑实践中大规模应用的生态型材料的进程中，竹材料具备着广阔的开发潜能和运用前景。

二、茅草材料

自古人类走出洞穴就开始采用茅草、原木等自然资材营造自己的住屋，从半穴居到地面居室的漫长时期，从圆形人字屋架的小房子到方形四阿屋顶的大房子，其屋顶和墙壁的建造都离不开茅草。茅草是新石器早期以前人类使用的最主要建材之一。新石器中晚期，由于原始农业的发展，粟、谷和小麦的种植，农作物的秸秆也渐渐被采用，替换了茅草来建造屋顶、围护墙壁，但茅草仍然是古代建筑最普遍使用的、主要的建筑材料。2004 年在二里头遗址，发现了中国最早的宫殿建筑基址群遗址，距今 4000 ~ 3600 年，被学者们称为华夏第一王都。其中，宏伟的 1 号宫殿建筑基址平面略呈正方形，东西长 108 米，南北宽 100 米，面积达 1 万多平方米。1 号宫殿建筑基址的主殿即为茅草顶"四阿重屋"式的殿堂（图 5-93）。其宫殿建筑的形制和结构都已经比较完善，建筑格局被后世所沿用，开创了中国古代宫殿建筑的先河。根据出土的遗迹现象，当时的生产力水平已经达到了相当高的程度。中原地区已跨入文明时代。距今约 3000 年小屯村殷墟宫殿宗庙遗址亦是茅草屋宫殿的典型，集中体现了殷商时期的宫殿建设格局和古代建筑的先进水平（图 5-94）。

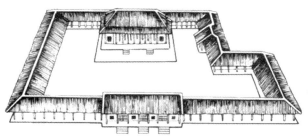

图 5-93（a）　二里头遗址 1 号宫殿——"四阿重屋"式　　　图 5-93（b）　一号遗址复原图模型
的茅草顶殿堂　　　　　　　　　　　　　　　（图片来源：中国网 china.com.cn）

（图片来源：中国网 china.com.cn）

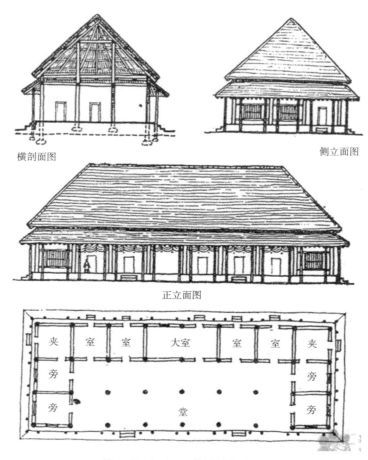

横剖面图　　　　　　　　　　　　　　　　侧立面图

正立面图

图 5-93（c） 一号遗址复原图

（图片来源：http://www.jgzj.net/bbs/thread-250791-2-1.html）

图 5-94　复原的商殷宫殿——安阳殷墟

（图片来源：http://blog.sina.com.cn/s/blog_8f54cd010101ma1t.html）

1976 年考古发掘的岐山西周建筑遗址，约建于公元前 11 世纪，其屋顶是以草绳捆扎苇束，顺屋面坡度斜搭在檩上而成，仅有屋脊、搪头滴水和天沟等局部盖了瓦面（图 5-95）。陶瓦在周代还是很奢华的建筑材料。及至"秦砖汉瓦"的时期，宫室府邸等大型建筑所用的陶瓦都是由专设的窑坊烧造的，非寻常人家随便能使用的。

图 5-95（a）　岐山宫殿甲组遗址复原图

（图片来源：http://blog.sina.com.cn/s/blog_5eb3d5550100d8w0.html）

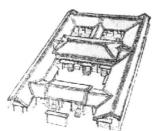

图 5-95（b）　岐山宫殿甲组遗址复原图

（来源 http://www.lsfyw.net/thread-126153-1-1.html）

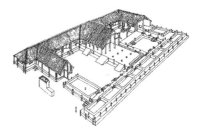

图 5-95（c）（周）岐山宫殿甲组遗址复原图

（图片来源：中国古建网）

1981 年，傅熹年先生在周原西周建筑遗址研究论文《陕西岐山凤雏西周建筑遗址初探》中，详细考证了遗址各部分建筑构造特点"遗址房基全部高出地面，除门道处断开外，屋顶是连成一片的。因此，在房子连接处屋顶就会出现高下迭压和 450 斜天沟"，"在遗址堆积中已发现屋顶做法的线索。出土物中有大量草泥红烧土块，表面抹平，背面有芦苇束的印痕，每束宽 15 厘米左右，弧面矢高残高 2.5 ~ 3 厘米，每隔 12 ~ 14 厘米有一道草绳捆扎的印痕。这说明屋面是用芦苇束紧密排列，在上下两面都抹草泥做成的。草泥表面再抹一层白灰砂浆，厚约 1 厘米。有的灰浆面白而细，是向室内的一面，有的污暗粗糙，是向上露天的一面，因受风雨侵蚀所致。灰浆面上无椽痕，表明苇束是顺屋面坡度斜搭在檩上的，不用椽子，由排紧的苇束兼起椽子和笆、箔、望板的作用。遗址中有瓦，数量不多，估计只用为脊的盖瓦、搪头滴水和天沟，而不是满铺，大部分屋面是白灰砂浆抹面。"

据已有的大量文献可知，由周代向上追溯，至少在仰韶文化、龙山文化的晚期，中国建筑已进入"茅茨土阶"的时代。这个时期可以称之为古代"生土建筑"的全盛时期。而后的"秦砖汉瓦"则开始了草、土、木自然资材与砖瓦人工制品的混用时期。即便如此，茅草屋在漫长的农耕社会中仍然占据着绝对的数量，既是天下庶民百姓安身立命之所，亦是古代文人雅士追逐的桃源乡和田园生活的象征。

茅草屋作为人类使用最悠久的建筑材料，一直延续到 20 世纪中叶，当工业化浪潮卷来迅速改变了各国的城乡面貌，作为农耕时代象征茅草屋也迅速退出历史舞台。茅草屋不仅在中国，在亚洲广大的地区都是最普及、最常用的建筑材料和技术。日本在战后经济高度增长的同时，茅草屋迅速地开始败落下去，韩国在 1970 年代大规模的建设时期，草屋建筑也大量消失，我国华南、华北地区在 1970 年以后就开始拆除茅草屋，盖起大瓦房，东北则在 1990 年之后的新农村建设兴起，草屋作为贫穷的象征被列入拆除改建的对象，现在基本消失了。时至今日，东北亚地区除了深山老林的地区以外，能够看到完整草屋顶的地方已所剩无几。西南少数民族地区的侗寨、苗寨、瑶寨，云南地区的傣族寨子、阿佤山寨过去普遍都是以茅草敷设屋顶，到 20 世纪末期基本都已换成瓦房了。

毋庸质疑，已经历了数千年历史的茅草屋在建造技术和经验方面曾经取得很高的成就，一些国家和地区如瑞典、英国、北欧及东北亚的日韩等，对茅草屋的保护工作也做得卓有成效，至今还保存了大量的茅草屋，许多都成为历史文化遗产或当地的重要文化景观。反观身边的现实，草屋、窑洞、土坯房、地窝子等生土建筑被认为是贫穷和落后的象征，草屋是穷人住的房子。曾存在几千年的建筑样式和其身附着的古老技艺、文化痕迹就这样被"消失"了。

（一）概述

草材在建筑中的应用已经有很长的历史，最常见的就是茅草屋顶。在国外，人们为了让自己的房屋御热保温，在砖瓦或水泥屋面外面铺上一层厚厚的茅草。编制这种屋顶的匠人被人们称为"茅草屋匠"。常见的草屋顶有厚铺式草顶、草排式草顶、草皮式草顶三种。厚铺式草顶屋面的木屋架主要为人字形屋架。按由下往上的顺序铺放茅草，一层压一层，用铁丝或尼龙绳将茅草绑扎在檩条上并用木刷梳理整齐，尤其是茅草根部。为了提高室内屋顶的整体性和美观性，茅草的搭接处尽量落在檩条处被檩条遮住；草排式草顶是草屋面中较为进步的形式，可称为"装配式"草顶。把茅草段或棕榈叶段整理规整后绑扎在竹木条上预制成草排，并晾之风干。草排沿建筑檐口向上层层铺盖至建筑屋脊处，竹木条的两端绑扎于屋架上以使草排固定，最后用瓦片或石片压制封口；草皮式草顶是一种草、泥合用的屋顶建筑方式，覆草屋面相似，将厚约 5～6 厘米带草皮土壤覆盖于屋顶之上。[85]

通常我们将这种采用茅草、秸秆或麦草的原生态的民居形式称为草屋。目前，我国现存的草屋主要分布在西南少数民族居住地段，以及东北、中西部等地区。居住民族一般以少数民族为主，如回族、满族、彝族、朝鲜族、侗族等。其中较为典型有傣族民居、黎族民居、德昂族民居等。

1. 草材建筑中的传统运用——草泥

草泥是最古老、最简单的泥土建筑材料。把晾干的农作物纤维、砂子、黄黏土作为基本材料，加水搅拌，使砂被黏土均匀围裹。草泥屋顶保温隔热性能很好，且取材范围广、施工便捷。首先，把小树枝简易加工成椽子，在椽子上面铺芦苇席垫层，不仅起到隔热的作用还能防止上面材料脱落；其次，在芦苇席垫层上铺农作物秸秆等乡土材料，也达到保温隔热、透气功效；最后，铺草泥层。草泥压顶一般不会太厚，在 15～25cm 厚度之间。草泥屋顶保温隔热且透气性好，利于营造舒适的室内环境。

2. 草屋的防水防腐构造措施保障

茅草屋面的寿命平均为 28 年，因材料不同又略有差异。小麦和水稻秸秆的使用寿命约 20～30 年，棕榈的使用寿命约 30～40 年。实时的屋面维护可以使茅草屋面的使用寿命延长 10 年左右。草屋的防水防腐构造措施十分重要，合理妥善地选择草屋的防水防腐措施，可以延长草屋的使用寿命，减少维修成本。

（1）草顶排水与防水

草顶用草一般选择草叶部位，草叶平行的纹理对草顶排水非常有帮助。屋顶草自然垂挂于屋架上，在保证草料顺齐、草段内部打结较少的情况下，雨水可以顺着草的纹理顺畅排走。厚铺式和草排式屋面坡度一般控制在 35°～40°之间，既利于排水，又可以防止草料腐烂，也便于草料的铺盖，还可以为室内提供更大空间；草皮式屋面覆有草皮植土，不需排水而需保水，因此屋顶坡度较缓，一般为平顶。

草屋脊十分重要，不仅铺设时要选取柔韧性较好的茅草，铺放完毕后还需要做适当的防水处理。可以用添加防水剂的水泥砂浆掩盖在屋脊的茅草上，或在草顶内层加铺油毡防水。除此之外，由日常烧火做饭聚集在草屋顶上的油烟日积月累形成的油膜，也是一层很好的天然防水涂料。

（2）草屋防腐

未经防腐处理的草材使用寿命很短暂，防腐处理相当重要。干燥的环境可以杜绝寄生虫的寄生与成长，防止草材腐烂与虫害。烟熏法、干烤法、干蒸等对草屋的防虫防腐十分有帮助。除此之外，在草材外面涂上抹灰能够将害虫阻挡在外，同时也能杜绝空气与潮气的侵入，最终达到防潮防腐作用。[86]

3. 草屋的材料与建造方式

草屋在建造的过程中，材料一般采用石头座基、泥墙、草顶，也有以石头、砖头砌墙。屋顶材料多用麦秸腿、稻草、谷草或黄草、瓦与草的结合等。因此，按照使用材料的不同，茅草屋的类型又可以划分为：泥墙草屋、石墙草屋、砖墙草屋、砖墙草瓦屋等。这些材料的普遍使用体现出了茅草屋经济、实用、方便等特征。[87]

茅草屋的建造方式可分为墙体与屋顶的建造两大部分：

（1）土坯墙的砌筑方法

土坯即未入窑烧的日晒砖，其材料为黏土（可酌加柴草防止开裂）。土坯墙的砌筑方法为土坯立放，一般是一层立坯，一层平坯，而且侧面不用泥，只是平面接缝用泥。

（2）屋顶做法

首先在夯土山墙上搁檩条，然后，在檩条上密排高粱秸把子，再在上面抹上带筋大泥找平后，铺设稻草或者谷草，最后在正脊两侧用压杆木压住草尾或以厚泥压住。整个屋顶檐部铺草薄，脊部厚。

（二）茅草材料在各地区的运用

1. 东北地区的运用

因北方大部分地区气候干燥，多平原、少林区，适合种植的农作物多为小麦、玉米、高粱等，智慧的劳动人民用农作物的秸秆建造房屋，充分利用了当地的材料，用石块、土坯或夯土直接作承重墙体，木骨架上铺以厚厚的秸秆或茅草，屋檐比较低矮，房顶上用稻草绳编扎固定，既可以防止房顶的稻草被大风吹走，又可以起到引导、收集雨水的作用，避免雨水对草屋墙体的侵蚀，在中国东北地区，草屋广泛存在（图 5-96），比如有东北的达斡尔族的草屋单体建筑。草屋常在南墙上开小窗以防寒冷空气入侵，采光和通风条件稍差，但草屋冬暖夏凉，适宜居住。

(a) (b) (c)

图 5-96 东北的草屋
（图片来源：周巍．东北地区传统民居营造技术研究 [D]）

东北地区传统民居使用的茅草类材料有很多种。常用的有高粱秆、玉米秆、水稻秆、谷草、羊草、乌拉草等。

高粱秆是一种体轻而较坚硬的材料，当地人称为秫秸。将秫秸绑成小捆可以当作屋面板用，农民造房时，在椽子上直接铺上很厚的高粱秆，可以省去屋面板，同时又可以防寒；谷草本身细而柔软，如果加厚可以作为一种保暖材料，在没有羊草的地带都用谷草来苫房。但是谷草经潮湿后，内部容易发热腐烂，所以需要每年更换一次，也有的人家用谷草铺炕取其松软，近则多以稻草代替；羊草是水甸子中野生植物，其状纤细柔软，和乌拉草极相似。它的特点是本身保暖不怕水的侵蚀，经水不腐。因此，多用来做苫房的材料，遂叫做苫房草；乌拉草是东北地区特产。原是用来傲鞋（轨鞭），在建筑上用途极广，草房用它做苫房草，仅次于羊草。

此外，东北还有一种被称为拉合辫的材料，它其实就是草辫子，可以制成墙体材料。目前农村还可以见到这种墙体的住宅，称为泥草房。做法是：外墙先立起木框架，两面编织草绳或柳条做筋，外抹泥浆，中间充填沙土。[88]

2. 华北地区的运用

在华北地区，传统乡土民居中用植物类作为建筑的构筑物有非常广泛的应用，它们主要是茅草、芦苇、稻草和麦秸等，主要用途是做屋面材料。庄稼秸秆主要作为填充材料，把秸秆掺入泥土中可以加强生土的延展性，泥巴墙体主要靠秸秆来实现。利用植物类作为建筑材料其优势在于容易获得，经济性好，重量轻，容易加工和建造，容易分解循环，是一种特别廉价的建筑材料。

山东聊城地区由于地处黄河冲积平原，土层深厚，传统农业发达，因此各种植物稻秆也成为建筑的主要材料。传统的建筑用稻草：一为芦萍，挺直、坚硬、耐腐、经编色、打箔、覆盖房顶底层；二是秫秸，即高粱稻；三为麦稻，麦稻坚韧、光滑抗腐烛，多用于套墙、泥房。土草房这样的建筑，是以木框架系统配以生土材料、植物稻秆建造的房屋，其建筑材料均为聊城地区的盛产的材料，因此土草房成为农村居民住房的主流。[89] 还有鲁南台儿庄地区古运河遗产村落——兴隆村的茅草屋近几年被列入遗产保护。兴隆村茅草屋外墙都在 45厘米以上，并且都仅向庭院开窗、窗子多相对较小，内院相对宽阔而开放，具有冬暖夏凉的效果（图 5-97）。朱家峪古村落中很多依然居住的民居建筑使用的是茅草屋面。它的茅草屋面主要是当地出产的黄草和白草，黄草的使用年限比较短而白草的品质较好，据说可以60余年不腐烂（图5-98）。

图5-97 兴隆村现存茅草屋

（图片来源：张杰．古运河遗产村落茅草屋内在价值的探析—基于鲁南台儿庄地区兴隆村茅草屋的调研[J]）

图5-98 朱家峪茅草屋面民居

（图片来源：齐鹏鹏．济南朱家峪古村落民居建造技术与保护利用研究[D]）

另外，河南、陕西等小麦主产区，历史上房屋的草顶以麦秸为主，因方便易得，经济实用，成为普通平民建房的屋顶首选材料。

3.南方地区的运用

（1）四川地区的运用

在四川民居中有不少乡村的草顶农房采用稻草或芭茅草扎结作为屋顶覆盖材料。这些地方性材料也是随处即有，来源甚广。成都平原盛产水稻，稻草取之不竭。所盖的稻草屋顶工整且十分考究，既美观简朴，经久耐用，而且居住舒适，冬暖夏凉（图5-99）。

图5-99（a） 四川地区茅草材料使用

图5-99（b） 四川地区茅草屋顶

（图片来源：张楠 摄）

（2）云南地区的运用

以茅草作为建筑材料，在云南各少数民族民居中也较为常见，最主要是大量用于各种形式的民居屋顶覆盖，比如双坡顶、歇山顶、攒尖顶等等。它以轻便、经济、容易更换、吸热少、保温、透气等特点，深受各少数民族所喜爱。其最简单也最常用的方法，就是先将茅草预制成草筏、草排，建盖时由檐口至屋脊顺序叠加覆盖，每盖一层都用竹篾或藤条牢牢绑扎固定在椽子檩条上，或是固定在椽子上面编制的方格网竹片垫层上，过三五年甚至更长时间后重新更换一次，或者根据实际的要求作局部的更换（图5-100）。

图 5-100（a） 草排屋顶
（图片来源：杨大禹，朱良文.云南民居[M]）

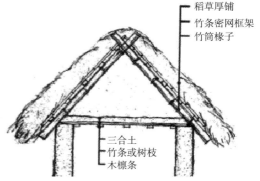

图 5-100（b） 厚铺稻草屋顶
（图片来源：杨大禹，朱良文.云南民居[M]）

图 5-100（c） 厚铺式草顶示意图
（图片来源：杨大禹，朱良文.云南民居[M]）

1）草材墙体

草在墙体等围护体上几乎是无法采用的，但智慧的云南人们会利用其中特殊的草类，或是用特殊的方法充分的将其利用，草泥挂墙房就是其中最为巧妙的一种。

①挂墙房

在澜沧江地区居住的拉祜族，针对当地地震多发的情况和复杂的地形，利用随处可取的竹、木、草等资源，建起了独特的挂墙房，便是以草为墙体材料之一。挂墙房先以木为房屋框架，作主体承重结构；用竹木细条按纵横双向固定成方格，作为围护墙的底层网格；墙体主体是用拌合好的草泥，自下而上挂于墙体的方格基底上，边挂边将墙体内外抹平。其中草和泥的比例约为 3∶7，草应选用能粘附土泥的、坚韧的整长条草带（图 5-101）。

这种建造方法既保证了房屋主体构架的整体性，又使围护结构质量轻巧，是对当地环境的一个适应之举。

②特殊草类杆茎

大量的草都是取长条形的叶作为建筑材料，比如在挂墙房中的使用，但是很多较大型草本植物的根茎也具有一定的力学强度，向日葵、玉米的杆茎，也同竹材一样，可以打出横向的穿孔，做上下或上中下三层横向连接；也可用草绳或细藤绑扎在横向连杆上，密排成墙板。稻麦、芦苇类的杆茎更是纤细，常常被细线穿系成帘，挂于房屋主体构架上，作为隔断，或类似于竹篾，固定于主框架上（图5-102）。

图 5-101　挂墙房施工
（图片来源：肖蓉.地方原生物材料在云南传统民居中的应用解析[D]）

图 5-102　藤条墙体
（图片来源：肖蓉.地方原生物材料在云南传统民居中的应用解析[D]）

2）草屋面

作为屋面的草，一般都是选用草段的叶部分，平行的叶脉纹理，对于排水非常有利。用作屋面时都是自然垂挂于屋架上，让雨水顺草而上。其中，厚铺式和草排式屋面坡度一般大于30°，既利于排水，防止草料腐烂，也便于草料的铺盖；草皮式的屋面则因为草皮植土的重量以及不需排水反而需要保水的原因，而坡度较缓，一般为平顶。

①厚铺式

在较为原始的"天幕"系住屋中，屋顶一般是人字形屋顶或锥形屋架，都采用茅草厚铺屋面；茅草自檐口开始由下而上层层覆盖，每铺好一层，都在头部加一根竹条，与草内的屋架相固定，于其上继续铺盖茅草，按如此程序铺加到屋脊处。

②草排式

厚铺式草屋顶经分工细化后，草排式可称其为"装配式"草顶。草排式将草顶分为了草排组件制作和铺盖组装两部分：草排式屋顶将茅草或棕叶梳理成整齐的草段，绑扎于竹木条之上，预制成草排。晾置风干后，将草排沿檐口向上铺加，草排的固定靠竹木压条的两端绑扎于屋架上。层层盖至屋脊处，以石片或瓦片压制封口。草排式屋面是草屋顶的一种较为进步的方式，是一草料装配式的建造方式（图5-103）。

③草皮式

草皮式屋面与今天的覆草屋面如出一辙，都是从地面将带草皮的土壤铲起，厚约

5 ～ 6cm，覆盖于墙顶之上。多见于滇西北地区的院墙墙顶，是一种草、泥合用的屋顶建筑方式[90]（图 5-104）。

图 5-103　西双版纳草排屋面　　　　图 5-104　小中甸乡草皮墙顶
（图片来源：肖蓉 . 地方原生物材料在云南传统民居中的应用解析 [D]）

（3）江苏地区的运用

从屋顶建造材料来讲，南通民居主要有草屋和瓦房两大类，起初尤以草屋居多。顾名思义，草屋都是土墙草顶，四面墙用泥垒起来，上面用草做屋顶，比较讲究的草屋称为"扑屋"，这得名于它的建造过程，工匠在给草屋盖顶的时候，要把事先整理好的草均匀地一层层地粘在屋面上，然后手持扑屋板对草的外端进行有规律地仔细扑打，以使屋面整齐如刷，在扑打的过程中会有一种"扑、扑、扑"的声音，扑屋因此而得名。

草屋按屋顶材料可分为麦秸秆顶、稻草顶、茅草顶、竹叶枝顶等，按压草的施工方式分，有罩网式（用编织好的草绳网压住草顶）、压把式（用竹篾将小把芦苇秆等扎成长把子压在草屋顶上）和泥粘式等，按墙体材料分，有高沙土、黄土、水稻土、青沙土等。但墙体的坚固程度决定了房屋的耐久性，所以，虽然同是草屋，寿命就大为不同，草屋扑屋曾遍布广大的乡村地区，在江海大地上存在了千百年。南通地区严重缺乏高大的木材，星散分布的乔木多为杂木，树干曲折而不挺拔，不宜用作建房的大料，若从外地长途运来木材，则成本太高，非一般人所能承受，智慧的当地人民就取材，以天然材料修建住宅，这样建屋的材料容易获得，且价格低廉，南通地区在夏季容易遭遇暴雨台风，即使房屋遭到破坏倒塌，也损失较小，就算需要重建，所费成本也很低；若只是简单的自然风化有了损坏的话，修缮起来也容易，只需换一些草料，糊糊墙面就可以了。[91]

4. 少数民族的应用

（1）彝族草房的应用

山色村雨量较大，且雨季多暴雨，为了便于排水，彝族草房将屋顶建造成坡屋顶，而在当时的社会环境下建造房屋的建筑材料有限，选用茅草作为建筑屋顶的材料具有一定的合理性。据当地村民描述，当时耕地面积较小，山上大部分为荒地，茅草生长茂盛、尺寸也较大，可以在椽子上绑横向的木棍，再将茅草铺在其上覆盖屋顶。由于茅草具有一定的渗水性且质量较轻，为了固定和防止屋面漏水，而在茅草层之上再抹一层泥巴。这样，厚厚的茅草其实成为建筑屋顶的保温层，起到很好的保温隔热的作用。经年之后，屋面长满青苔，使屋面更加平滑，更加利于排水，同时屋顶的青苔与现在的屋面种植同理，可以减少屋面的热辐射，提高建筑的室内舒适度。这种做法适应当地的气候条件，对于当地四季气候变化明显、昼夜温差较大的气候是一个有力的"回应"[92]（图5–105）。

图 5–105　彝族草屋
（图片来源：www.ynszxc.gov.cn）

（2）黎族船形屋的应用

　　海南黎族的船形屋，从建筑体量上说既有一人多高的小型民居，也有两层以上的干阑式船形屋，总体特征上在屋顶都有着显著的相同点，类似一艘倒扣的船体，且屋顶的茅草两侧下垂较长，与地面的垂直高度在 1.5 米左右（图 5–106）。船形屋建筑屋顶材料上选择的是海南当地的长条形厚厚的芭草或葵叶，再结合筛选过的红藤、白藤扎架，经过有序的编织后形成一个兼具实用性与美学特征的独特造型装饰样式。具有很好的防潮、隔热功能，十分便于就地取材，对日常的拆卸、修补来说较为便捷。茅草的排列形式也有着明确的规律，即从屋顶主梁起，分别向两侧逐层降低茅草覆盖厚度，最顶端的茅草边缘一定要外压于下一排茅草之上，依此类推。这种处理方法可以在增强附着密度的同时增加雨水流淌的平滑度，最大化地降低雨水在屋顶的停留时间。但由于在屋顶茅草覆盖前先需干燥处理，因此更换屋顶茅草成为一项常备工作。在黎族村口，一般会有一处茅草堆放点，用以存放干燥后的茅草。

图 5–106（a）　黎族船形屋整体
（图片来源：http://www.hinews.cn/news/system/2007/09/19/010150053.shtml）

图 5-106（*b*） 黎族船形屋材料　　　　　　图 5-106（*c*） 黎族船形屋外观

（图片来源：http://www.hinews.cn/news/system/2007/09/19/010150053.shtml）

　　船形屋在建造时也充分考虑到了力学原理，对建筑结构起主体支撑作用的材料均为直径 20 厘米以上的木桩，其分布则严格跟随屋顶弧度的走势进行排列，并且高度上也与屋顶茅草的覆盖坡度对应。屋顶则最少由一根主梁、两根副梁构成，分别定位在屋顶最高点以及与立面墙体交接的两侧。为了更好地起到固定作用，立面墙体与屋顶结构均采用了经纬相交的树枝承力面，在起到连接、加固主结构的同时，也为墙面泥土的附着和屋顶茅草的覆盖提供了绝佳的载体。建成后的船形屋空间内部更可以清晰地看出建造时的结构特征，屋顶中央的主梁成为室内空间最鲜明的结构造型，两侧副梁的体积也更多地在室内空间中出现。这样处理的目的是辅助室内屋顶对器物悬挂的功能需要，对悬挂的承力需要起到了主体支撑作用。[93]

　　（3）傣族草屋的应用

　　在滨水而居的河谷坝区，因受炎热、潮湿、多雨、竹木繁茂等生态环境的影响，傣族的居民建筑以"干阑"（俗称竹楼）为主。上下两层，以木、竹做桩、楼板、墙壁，房顶覆以茅草、瓦块，上层栖人，下养家畜、堆放农具什物。整座建筑空间间架高大，且以竹或木做墙壁和楼板，利于保持居室干燥凉爽（图 5-107）。

图 5-107　傣族草屋

（图片来源：http://shsl008.blog.sohu.com/132522621.html）

干阑式草顶竹楼是孟定迄今为止存在的最古老的傣族民居建筑形式，全部以竹子为建筑材料，屋顶铺盖茅草。孟定镇为历代孟定土司治所，司署衙门、市政设施均为竹木结构的茅屋建造。

（4）德昂族草屋的应用

德昂族民居多为干阑式竹楼。这种竹楼多用木料做主要的框架，其他部分，例如：椽子、楼板、晒台、围壁、门、楼梯等均用竹子为原料，房顶则覆盖茅草。德昂族的竹楼依山而建，坐西向东。主要有正方形和长方形两种形式。比较典型的是以德宏地区为代表的一户一院式的正方形竹楼。这种竹楼分主楼和附房两部分。主楼呈正方形，楼上住人，分为卧室和客厅，供全家人起居、会客和存放粮食、杂物之用；楼下圈养牲畜（图5-108）。附房多建在主楼的一侧，用做堆放柴草及安置舂米的脚碓。这种楼外形别致，美观大方。

图5-108　德昂族茅草的运用

（图片来源：http://www.mzb.com.cn/html/Home/report/146835-2.htm）

草屋是勤劳智慧的当地人民因地制宜、就地取材建造的适合当地情况的土著民居，住在这种草屋里，冬暖夏凉，好的草屋，其选料之科学、工艺之精湛、造型之完美，令人叹为观止。草屋都出自于当地匠人甚至农人之手，融入了当地人民朴素的生活理念，折射出了当时的社会形态和经济状况；并且作为载体，还汇聚了乡人生产和生活的各式用具及方方面面，蕴含了很强的地方特色文化，但是草屋开窗受到限制，采光通风条件都比较差，有时只是在朝南的墙上挖个小洞，让一丝丝亮光透进来，且地面潮湿，使用年限短，避风雨能力差，需要经常修缮。

第五节　石材的应用

一、中国传统建筑石材应用的类型

石头是大自然赐予人类最古老的天然建筑材料之一，它具有坚固、耐久、厚重、干爽、地域化、色彩纹理丰富等特点。尤其它坚固、耐久的材料特性与人类追求永恒存在的愿望有着相通之处，因而在建筑领域得到了广泛的运用。石头和木材是人类早期使用的主要建筑材料，东西方的建筑主流在历史的长河中逐渐形成了自己的特色。在历史上，以我国为中心的东方建筑选择了木构建筑作为建筑的主要发展方向，石构和砖构为辅；以欧洲为中心的西方建筑选择了以石建筑为主的发展方向，辅以木头建筑和砖建筑。[94]

虽说我国古代建筑选择了木构建筑作为建筑的主要发展方向，但石构建筑作为我国古代建筑的一个组成部分，石材应用的历史同样悠久，且取得了伟大的艺术成就和应运经验，是我国劳动人民智慧和勤劳血汗的结晶，值得后人总结、继承和发扬。

早在辽宁盖平县、复县所发现的原始石棚中，就已经使用打磨过的细花岗石，前壁高16.5 米，盖板宽 4.5 米，建造得平直方正。商早期宫殿遗址，在木构建筑的柱下使用了石础。《礼记·曲礼》记载："天子之六工，曰：土工、金工、石工、木工、兽工、草工"。说明石工是六工之一。春秋战国之交，我国进入封建社会。铁工具的普遍使用，为石材的开采和加工创造了有利条件。秦汉以后，石材较普遍应用于各类建筑上。[95]

我国古代建筑运用石材主要可归纳为四种：开凿山岩的洞窟工程、石构建筑物、石建筑小品、木构建筑中的石构件。

（一）山岩洞窟

开凿山岩的洞窟工程是石结构建筑的一种特殊类型。我国开凿山岩的洞窟工程主要是指石窟寺。石窟寺是一种依山开凿的佛教寺院，自佛教传入我国后就陆续地兴建起来。主要成就体现在佛教雕塑艺术上。著名实例如我国佛教四大石窟——莫高窟、龙门石窟、云冈石窟、麦积山石窟。

石窟寺在我国西北地区和黄河流域最为著名，在新疆、甘肃、河南、山西、山东、河北以及陕西、辽宁等省都有。至于南方，如四川、江苏、浙江、云南等省也有。开凿的时间，以南北朝、隋、唐为高峰，五代以后逐渐衰落。全国各地现存大小石窟群在 200 处以上。其中又以克孜尔、敦煌、云岗、龙门、麦积山、炳灵寺、天龙山等处最为著名。

1. 敦煌莫高窟

在现存石窟中，有确切纪年而又具有高度艺术价值的当首推敦煌莫高窟。莫高窟在敦煌县城东南 45 公里的鸣沙山下。根据文献记载，在前秦建元二年（366 年）僧乐傅开始凿窟造像。其后，历经北魏、西魏、隋、唐至宋、元，均有修造。在它的盛期，有窟 1000 多个。现存洞窟 492 个，南北长 2 公里，上下层叠相接，密如蜂窝。敦煌地质为玉门系砾岩，是卵石与砂土的混合物，不宜于雕刻，所以也以泥塑与壁画为主。莫高窟现存塑像 2415 尊，最高的达 33 米，壁画达 45 万平方米，是伟大的文化艺术宝库（图 5-109）。

图 5-109　敦煌莫高石窟

（图片来源：http://blog.sina.com.cn/s/blog_62e441ab0100kzjo.html）

2. 云冈石窟

云冈石窟（图 5-110）位于山西省大同市西郊武周山北岸，石窟依山开凿，东西绵延
1000 米，现存主要洞窟 45 个，大小窟龛 252 个，石雕造像 51000 余躯，是我国规模最大
的古代石窟群之一。现存云冈第 16 窟至 20 窟，是北魏和平年间开凿最早的所谓"昙耀五窟"。
其他主要洞窟，也大多完成于北魏太和十八年（494 年）孝文帝迁都洛阳之前，距今已有
1500 多年的历史。云冈石窟以气势宏伟、内容丰富、雕刻精细著称于世。古代地理学家
郦道元这样描述它："凿石开山，因岩结构，真容巨壮，世法所稀，山堂水殿，烟寺相望"。
云冈石窟雕刻在吸收和借鉴印度犍陀罗佛教艺术的同时，有机地融合了中国传统艺术风格，
在世界雕塑艺术史上有十分重要的地位。云冈石窟是中国四大石窟群之一，也是世界闻名
的艺术宝库。

图 5-110　云冈石窟

（图片来源：http://baike.baidu.com/view/7398.html）

3. 龙门石窟

龙门石窟（图 5-111）位于河南省洛阳市南 12 公里处，它同甘肃敦煌的莫高石窟、
麦积山石窟、山西大同的云冈石窟并称中国古代佛教石窟艺术的四大宝库。龙门石窟凿于
北魏孝文帝迁都洛阳（494 年），直至北宋，现存佛像 10 万余尊，窟皇 2300 多个。

图 5-111　龙门石窟

（http://you.ctrip.com/travels/kaifeng165/1634062.html）

　　魏窟：公元 495 年，魏宗室丘慧成开始在龙门山开凿古阳洞，500 ~ 523 年魏宣武帝、魏孝明帝连续开凿宾阳洞的北中南三个大石窟，还开凿了药方洞和莲花洞等石窟。北朝石窟都在龙门山，古阳洞自慧成至东魏末 50 多年的营造，表现出很多的中国艺术形式，大佛姿态也由云冈石窟的雄健可畏转变为龙门石窟的温和可亲。

　　唐窟：龙门石窟最盛期是唐朝，所凿石窟占石窟总数的 60% 以上，武则天执政时期开凿的石窟占唐代石窟的多数。泰先寺是最具有代表性的唐窟，规模之大，在龙门石窟中堪称第一，先后用了四年时间。[96]

　　4. 麦积山石窟

　　麦积山石窟在工程技术方面有其特点，主要反映在窟形和栈道上（图 5-112）。麦积山在甘肃省天水县东南，山高 142 米。现存洞窟 194 个。已知最早的纪年墨迹是北魏景明三年（502 年），其后历经各代增修，成了壁画与雕塑艺术的宝库。

图 5-112　麦积山石窟
（图片来源：http://www.mafengwo.cn/photo/13295/scenery_1113564/13231626.html）

　　（二）石构建筑

　　石构建筑可分为地下工程——墓室，地面建筑——塔、房屋、桥梁等。

　　1. 石墓室

　　我国古代出于"视死如生"的厚葬思想，对墓室建筑的耐久性一向很重视。在发展过程中，砖石墓逐渐取代了木椁墓。最早遗物如东汉辽阳石墓是用石灰质板岩建造的，为板式结构；山东沂南石室墓采用梁柱结构。东汉中期以后，石室墓很盛行，其平面以长方形单室为最多，壁体用石块叠砌，上下用石板铺盖。直到隋唐以后，石室墓仍多用石梁、石板盖成平顶。

　　2. 石塔

　　北魏时出现了石塔，这是石构建筑的新类型。

　　塔是一种高层建筑。《魏书·释老志》载皇兴中（467 ~ 471 年）构三级石佛图"榱栋媚楹，上下重结，大小皆石，高十丈，镇固巧密，为京华壮观"。现存石塔以山东济南神通寺四门塔为最早，建于隋大业七年（611 年），是一座单层方塔。从全国来看，石塔以福建地区最为集中，保留了不少五代至宋的遗构，而形式上都属于仿木构楼阁式。除个别为实心砌体的石雕小塔外，一般都能攀登。其规模和建筑技术在古代石塔中具有代表性。

石塔的类型可分为三种。第一种是没有塔室的小型塔，塔心部分仅设阶梯踏道，直通上层平座。这种塔仅比实心砌体的石雕小塔大些。建于五代后晋天福六年（941 年）的福州崇妙保圣寺坚牢塔（乌塔）就是这种类型（图 5-113），七层八角，全高 35 米，实心塔体中置石梯级折角上升。外以叠涩出檐，檐上为外走道及栏杆。

第二种为空筒型石塔，外围用石块砌出八角形塔壁，一般用叠涩出檐。塔室各层用石梁、石板分隔，这是福建地区比较普通的一种类型。如福清水南塔、莆田东山寺塔和广化寺释迎文佛塔、晋江关镇塔等。

第三种为带有塔心柱的石塔。这种塔仿木构的特点最为显著。以著名的泉州开元寺双石塔和晋江六胜塔为代表。

泉州开元寺双塔，东塔称镇国塔，西塔名仁寿塔（图 5-114）。东塔始建于宋嘉熙二年（1238 年），高 48.24 米，竣工于淳祐十年（1250 年），前后 12 年完成。西塔建于宋绍定元年（1228 年），竣工于嘉熙元年（1237 年），高 44.06 米，10 年完成。两塔平面八角形，五层，各层塔身八隅列圆柱，上施阑额；柱之间为门或窗及梯柱等；阑额之上出双抄斗栱以承檐；各层斗栱以上为勾阑无平座。内廊出华栱两跳承仿，用以联系塔中心柱与塔壁。此二塔形制几完全相同，在结构上亦都完全模仿木结构。西塔内部之石梁枋，皆作月梁形，较东塔更为形似木构。

图 5-113 福州崇妙保圣坚牢塔
（图片来源：http://www.lvmama.com/trip/show/60029）

图 5-114 泉州开元寺塔
（图片来源：http://www.quanjing.com/share/PC070-05.html）

此两塔虽高大为国内石塔第一，然就其结构而论，用石料并不大。倚柱用数段拼接，塔壁以横条石与丁石互砌。因此该塔之塔心柱与塔壁，就今日泉州石工砌石墙技法推测，似应为"双轨"造，类似空斗砖墙，而非实砌。这样不但减轻塔身自重，在砌垒时亦平整妥贴。在转角处皆用搭角交接以增强联系，使成为整体。此时之石面加工，已能用水磨光，表面平洁，砌缝严密。

3. 石桥

桥梁是重要的交通工程，它不仅要承受很大的荷载，而且跨度大，且处露天环境，所以石材是建造桥梁的适当材料。

最早的石桥并不是全部为石所造，只是石柱或石墩台驾木桥梁，如秦汉渭桥。后来在此基础上发展为石柱石梁桥，如汉代长安灞桥、洛阳建春门石桥。东汉画像砖上所反映的裸拱桥可能是石拱桥的最早资料（图5-115）。隋大业年间出现了赵州安济桥，它是我国至隋代为止石桥工程技术的总结，其影响直至金、元时期。宋代出现了我国历史上的造桥热潮，特别是南宋的福建泉州出现了大规模的民间造（石）桥活动，极大地推动了桥梁施工技术的发展与成熟。其中以北宋的洛阳桥和"天下无桥长此桥"的安平桥（图5-116）

图 5-115　东汉墓砖上的拱桥
（图片来源：中国科学院自然科学史研究所，中国古代建筑技术史 [M]）

图 5-116　安平桥
（图片来源：http://roll.sohu.com/20151008/n422735066.shtml）

为杰出代表。南宋（在北方是金朝）时期以后，石桥也有很大发展，著名的卢沟桥、宝带桥就是其中的代表。在明清时期，石桥的修建继续发展，各地出现了一批质量高、规模大的石拱桥和石梁桥。它们适应不同地形和河川情况，适应通航和陆上交通的要求，有许多新的创造。江西南城万年桥、抚州文昌桥、分宜万年桥等是其中的代表。

总体来看，宋代以后，石桥逐渐取代浮桥和木梁桥，成为桥的主流。梁式桥在福建有较大规模发展，但更为普遍的则是石拱桥。造石桥的技术经验不断丰富改进，桥型艺术处理高超，在 13 ~ 16 世纪之间，确已达到当时世界上的先进水平。

石桥主要分为梁式桥和拱式桥，拱式桥又分为单拱石桥和连拱石桥。

梁式石桥在各省均有建造。一般用于小河道（跨距不大）情况下。长安灞桥、洛阳建春门石桥都是梁式石桥。著名的绍兴八字桥，建于南宋宝祐四年（1256 年），也是一座梁式桥，其特点是引桥与桥身垂直，沿河岸延伸，不致截断沿河道路。类似八字桥的布置方式，浙江还有不少。梁式桥也有用于内河航道上，用成排的石柱式桥墩，逐跨提高，各梁相接，成为弧拱形。这一类桥在建造技术上比较简单。

石拱桥的创建是我国石桥创始阶段中一项突出的成就。史籍中有关石拱桥的最早记载，是在晋太康三年（282 年）于洛阳所建的旅人桥。

连拱石桥：多跨石墩桥早见于记载。唐东都洛阳跨洛河的天津桥，就是多跨石墩桥。以实物而言，现存最早的连拱石桥为卢沟桥。

单拱桥：这种单跨石拱桥，矢高很大，其用处有二：一是用于跨越内河航道，来往船只多、船的体积甚大的情况下；二是用于跨越山区涧谷，无法设置桥墩，并常有山洪，短期流量可以骤增几十倍以上，必须有足够的跨空截面宣泄山洪。这种拱桥桥面坡度往往很大，不利于行人通过，但为考虑上述的原因，不得已必须采取较大矢高和跨距。这种桥拱身很薄，形体非常轻巧优美，苏、浙、皖等省的山区河流上常可看见（图 5-117）。颐和园的玉带桥，就是受到南方影响而建造的。但是平静的水面上，建造坡度如此陡峻不便行走的桥，则主要出于观赏的要求，而非实用的目的。

图 5-117　西塘环秀桥
（图片来源：http://roll.sohu.com/20151008/n422735066.shtml）

（1）秦汉渭水桥

秦始皇征服六国，结束了各诸侯国割据局面，政治经济实现大统一，工艺技术得到大交流。在营建帝都咸阳时，集中了各地工匠技师，大兴土木，修筑宫室、道路、园林。在咸阳，出现了一座横跨渭水的大桥，这是我国古代桥梁中第一座有详细文字记载的名桥，桥的一部分据传是用石头构筑的（图 5-118）。

图 5-118　渭水桥图
（图片来源：中国科学院自然科学史研究所，中国古代建筑技术史 [M]）

（2）赵县安济桥

久经战乱以后，隋统一全国。在开皇至大业年间(公元 600 年前后)，河北赵县造安济桥。该桥跨度之大、施工之精、桥形之美、桥龄之长，在古桥史中可称首屈一指，是石拱桥发展的一个顶峰。

安济桥（图 5-119 ），位于河北赵县城南五里的洨河上，是一座敞肩式（即空腹式）单孔圆弧形石拱桥，净跨 37.02 米，拱矢高 7.23 米，桥身连同南北桥坡，共长 50.82 米；在大拱的两肩对称地踞伏着 4 个小拱。外侧的两个拱较大，平均净跨约 4 米，里边两个小拱平均净跨 2.72 米。桥宽约 10 米。桥侧 42 块栏板上刻有"龙兽之状"的浮雕，形态逼真，若飞若动。桥上有 44 根望柱，大多数形似竹节，中间数根顶上雕有狮首，精致秀丽。在帽石和锁口石上，分别装饰着栩栩如生的莲花和龙头。整个桥形稳重又轻盈，雄伟又秀丽，是一座高度科学性和完美艺术性相结合的作品。

（3）福建泉州洛阳桥

北宋福建泉州建成的洛阳桥（图 5-120 ），是桥梁史上一次突破，在此之前，还没有造成过像洛阳桥这样长的永久性大桥，更没有在江海交汇处建造过多孔式的跨空梁桥。近千年前建成的洛阳桥达到了一个新的长度纪录，开创了在江河入海口上建桥的先例。

图 5-119　安济桥
（图片来源：http://mingku.ovwin.com/entry/Details/3883 ）

图 5-120　洛阳桥
（图片来源：中国科学院自然科学史研究所，中国古代建筑技术史 [M]）

洛阳桥工程的最大困难是桥基的建造。桥址位于江海汇合处，潮浪夹击，流急水深。在这种困难条件下，千余年前的桥工，首先创建了现代称为"筏形基础"的新型桥基。所谓"筏形基础"，是在江底沿着桥梁中线满抛大石块，并向两侧展开相当的宽度，成一横跨江底的矮石堤，作为桥墩的基址。洛阳桥的筏形桥基，宽约 25 米，长约 500 余米。

堤刚筑成时石块与石块间仅靠自重互相叠压，联结很差，加以堆垒零乱，石块间的孔隙大小不一，经过一段时间风浪潮汐的摇撼冲击，石堤的各部分必定会发生陷落、坍塌、漂动等情况；在这样的基础上砌筑桥墩，显然很不稳固，因此需要采取加固措施。当时又发明了"种蛎固基"的方法。

牡蛎是一种生活在浅海区域、长有贝壳的软体动物，它的背附在岩礁上，与附生物相互胶结成一体，繁殖力很强。成片成丛的牡蛎无孔不入地在海边岩礁间密集繁殖，可以把分散的石块胶结成很牢固的整体，形成一堆堆"壕山"。"种蛎固基"，就是利用这种牡蛎的大量迅速繁殖，把原来比较松散的石堤胶结成牢固的整体。繁殖牡蛎用以固基的过程，大约只需 2 ~ 3 年时间，这段时间里，一方面是牡蛎在石堤上大量繁殖，同时石堤经受浪潮的往复冲击撼动，乱石孔隙调整密实，使整条石堤达到相当稳定坚固的程度。用牡蛎加固桥基的作法，后来应用于加固桥墩。

关于洛阳桥的筑墩和架梁工程，周亮工《闽小记》中有"激浪以涨舟，悬机以弦牵"的简略描述。周亮工，明朝人，他的记述究竟是根据明代桥梁施工情况所作的推测，还是从北宋建桥时的历史资料转引得来，还待考查。据分析，"激浪以涨舟"就是利用潮汐的涨落，控制运石船只的高低位置，以便于石料的浮运、下卸、就位，和现代的浮运架桥法基本相同。"悬机以弦牵"，大约是指一种当时的吊装设备。以上两种施工方法，仅用人工、简单设备和借用自然力就可以办到。用这样的方法，将每块重达 20 ~30 吨，共计 300 余块的大石梁和几万块桥墩石条（重的达 10 吨左右）起架于洛阳江上，可以想见古代桥工所付出的艰辛劳动！[97]

（4）卢沟桥

卢沟桥（图 5-121），在北京西南 10 余公里，跨永定河，金明昌三年（1192 年）建成。全桥 11 孔，每孔跨距约 16 米，桥身连桥瑰全长 265 米，宽约 8 米。后世经元、明、清历

图 5-121　卢沟桥

（图片来源：中国科学院自然科学史研究所，中国古代建筑技术史 [M]）

代修理，但基本形式未变。卢沟桥位于金、元、明、清的都城近郊，为交通要道，车马行人频繁；桥的结构坚密，尺度宏伟，早已闻名中外，成为北京近郊名胜。卢沟桥所采取的砌拱方法不同于赵县安济桥的并列拱，而是券石横向成列的横联拱，这种拱券的整体性显然比并列拱为好，荷载的传达分布更为均匀，没有向外分离崩裂的可能。由于各跨距离相近，各拱矢高约略相同，在拱背填平之后，桥面坡度平缓，可以行车。永定河河床宽阔而水浅，所以卢沟桥主要考虑陆行交通而不考虑通航。

　　4. 石头房屋

　　（1）布达拉宫殿

　　在我国以木构为房屋主要结构体系的背景下，纯以石头建房的其实并不是很多，但在盛产石材的地区（如福建、广东、广西、云南、四川、西藏、河北和河南等省、自治区）石头房还是有大量分布，主要为民居建筑，而在非民居建筑中西藏的布达拉宫堪称我国石头建筑中的典范。

　　布达拉宫（图 5-122）整座宫殿为典型的藏式风格，外观 13 层，高 110 米，自山脚向上，直至山顶。整座宫殿由东部的白宫和中部的红宫组成。宫殿整体为石木结构，宫殿外墙厚达 2～5 米，基础直接埋入岩层。墙身全部用花岗岩砌筑，高达数十米，每隔一段距离，中间灌注铁汁，进行加固，提高了墙体抗震能力，更加坚固稳定。

图 5-122　布达拉宫

（图片来源：http://you.big5.ctrip.com/travels/lhasa36/2126157.html）

　　布达拉宫建造第一座宫殿时，人们就看中了石头。到了重建布达拉宫时，打凿石料的工艺已有了较大的提高，奠定了建筑布达拉宫的技术基础。布达拉宫的主墙都是用打凿后的巨石砌筑而成，坚固耐用，美观大方，造价低廉且不易受自然因素腐蚀。至今墙体上 1000 多年前的石块依然坚硬如初，如果是用土烧制的砖瓦，也许早已酥碱。这也充分显示了石材的优越性。[98]

（2）传统民居中石材运用

在我国传统民居建筑中，根据石材种类与加工程度的不同,石材主要有块状、片状、规则、不规则几种，它们主要用于建筑中的墙身、基础、石柱、石梁、石板屋面等处，部分地区有纯石头建造的石屋。

常见的石砌墙体主要有以下几种:虎皮石墙、条石、卵石砌筑等。虎皮石墙是由不规则的毛石砌筑成的，一般常用黄褐色的花岗岩毛石砌筑，毛石之间以灰勾缝，由于灰缝与石块轮廓相吻合，最终形成的图案犹如虎皮上的斑纹，其名由此而来（图5-123）。虎皮石墙因其外观质朴，在园林、寺庙与民居中多有使用。

在福建、江西、安徽等地民居中，条石常用来做基础（图5-124）。条石顾名思义，是指加工成一定规格尺寸的条状石材，其表面大体平整但不磨光。具体砌筑时可以在底层铺灰处理，也可以采用不铺灰，而是用石片垫稳的干背山砌法。由于条石的这种特点，重要建筑的台基、地下墓葬等建筑中也常用条石。

图5-123　虎皮墙

（图片来源：http://www.yaoyouke.com/
scene/120605/2197/photos55768.html）

图5-124　条石做墙体基础

（图片来源：http://mn.sina.com.cn/travel/destin
ation/2013-08-08/090752430_2.html）

图5-125　卵石墙体

（图片来源：http://m.oyly.net/
scenicdetail_12551.html）

卵石因其形状大小自由灵活，多用于园林当中，在一些多卵石地区，当地人也有用卵石砌筑自家房屋的，卵石墙面有强烈的肌理质感（图5-125）。在福建民居中，有将石材与砖混合砌筑的，即"出砖入石"的做法，这种砌法所用石材尺寸一般都较大，在形状大小上与砖形成鲜明对比，此外在颜色与质地上，粗犷坚实的浅色石块与平整细腻的深色砖块也形成明显对比，这样一明一暗的色调变化，在墙面上形成了一定的韵律，增加了石材的表现力（图5-126）[99]。

图5-126　福建民居的出砖入石

（图片来源：戴志坚，福建民居[M]）

523

（三）石构小品

石构中建筑小品占有一定比重，而且种类繁多。它介于建筑工程与雕刻艺术之间，就工程技术来说比较简单。例如石阙、经幢等。

古代在宫殿、祠庙、陵墓前往往建有阙，以标志入口。东汉时的石阙至今尚存20余处。汉阙的造型有两种：一种是单阙，形状类似石碑；另外一种是子母阙，在主网的外侧连有小阙。阙的构造一般为石砌体，顶部雕刻成屋盖，如河南登封少室阙。有的阙身雕凿了不少木构建筑形象，如雅安高颐阙（图5-127）。石柱和华表也是出入口的重要标志。遗物以六朝陵墓前的石柱为最早，而且造型奇特，柱身刻出垂直的凹槽。河北定兴北齐的义慈惠石柱是纪念性建筑（图5-128）。华表原为木构，晋崔豹《古今注》卷下云："以横木交柱头，状若花也，形似桔槔，大路交衡悉施焉。"后改为石料，以北京天安门前的一对为最有名（图5-129）。明清封建地主阶级为了在思想上加强统治，大力宣扬封建礼教和族表忠贞，除了石碑外，大量建造牌坊。石牌坊分布很广，著名的如北京明十三陵石牌坊、安徽款县明大学士纪功坊等。

图5-127 四川雅安高颐阙
（图片来源：http://ww.agri.com.cn/photo/51/21899.htm）

图5-128 河北定兴北齐的义慈惠石柱
（图片来源：http://www.yibanglv.com/ShowImage.aspx?sid=7787）

图5-129 天安门华表
（图片来源：http://www.quanjing.com/share/72-1352.html）

经幢是佛教特有的一个类型。也是佛教寺院中的建筑小品。原来是在一根木杆上饰以彩帛，立于佛殿前，后来改为石构，具有宗教上的意义。经幢的基座多雕刻成"须弥座"，幢身为八角形，上刻陀罗尼经，幢顶饰以莲花火焰。唐代的经幢造型简朴，有很高的艺术价值。此外实心的小石塔，也是佛教寺院中的建筑小品，由石块叠砌，或加以丰富的雕刻。如杭州闸口宋白塔、灵隐寺五代双石塔，南京栖霞山五代舍利塔等。

（四）木构建筑中的石构件

在木构建筑需要重点防潮、防腐的部位，一般都采用石材。河南堰师二里头商代宫殿遗址中，就出现了石柱础。石柱础可以使上部的荷载均匀地传给地基，而且对木柱有防潮作用。一般木构建筑的台基外沿包砖上有阶条石，转角处有角柱石，正中设有石踏跺。大型建筑，采用须弥座台基，周围有石栏杆，在踏跺的正中雕有云龙阶石。如故宫三大殿、天坛祈年殿、圆丘等都使用三层汉白玉须弥座，是台基中最华贵的（图5-130）。此外，一些木构建筑的外檐柱，也有使用石柱的。宋太平兴国七年（982年）建造的苏州寿宁万岁禅院大殿，尚存有青石加工的石檐柱、石础等，在这些石构件上均有精美的雕刻。山东曲阜孔庙大成殿的前檐柱，是明代雕刻的盘龙石柱，形象生动雄健；福州孔庙大成殿内外也全为石柱。在我国南方产石地区，石柱、石墙以及石屋面的使用相当普遍。[100]

建筑中石件不仅用在房屋本身和群体组合庭院的地面、周围的雨水排泄沟道、附属于建筑物室外的陈设的底座，加之蟠杆座、夹杆石、灯座、水井石栏等也经常使用石材制作。石件大多是宫殿建筑作为美化环境观瞻的一些设施，不是一般建筑所能应用。

石材在建筑材料中，具有抗压、耐腐蚀、不易磨损变质的特点，古代劳动人民很早就掌握了石材这种优点，应用在各种石作上，形成建筑工程一种专业技术，在石结构建筑的结构与施工方面积累了丰富经验。如上文所述各种石构石例，反映了不同历史时期的成就。《营造法式》石作制度，就是吸取了前人的优秀传统经验，对于后世的石工制作起了规范的作用。

图 5-130（a）　北京故宫三大殿石基正面　　　图 5-130（b）　北京故宫三大殿石基座侧面
（图片来源：http://m.poco.cn/vision/detail.php?photo_id=2193086）

纵观我国古代的石结构建筑体系，同样是一脉相承，有着一贯的传统。由于岩石一般都暴露在地层的表面，具有较大的硬度，容易为人们所认识和利用，所以，在人类认识自然和改造自然的过程中，石料是最先被利用的材料之一。但在我国建筑发展史中，石结构建筑与木结构建筑相比，又始终处于从属地位。石料的硬度大，耐久性好，但开采与加工都不如木材方便，同时自重大，运输不便，所以石材仅在带有纪念性的建筑和在露天需要经过长久岁月的建筑，以及木构建筑的台基、拉杆、踏跺上才被采用。我国古代石砌体承重结构（如泉州开元寺双塔）可高至48米，拱券结构（如赵县安济桥）跨度达23米多，梁石构建筑上，构造与形式又往往受木构建筑的影响，暴露了仿木结构的痕迹，但在结构上都能符合石材的性能与力学原理。此外，石料的加工与石雕刻也都表现了古代匠师的高超技巧和艺术才能，成为古代劳动人民留给我们的优秀遗产。[101]

二、各地传统民居石材运用经验

除布达拉宫之外，我国石材建筑类型主要是民居，各地民居在运用石材方面积累了丰富的经验。

（一）北方地区的石材应用经验

石材在河南民居中应用也比较广泛（图5-131）。豫西北有太行山，豫西有伏牛山，豫南有大别山、桐柏山等，石材取之不竭，用之不尽。青石储量更加丰富，因其色泽深灰、灰黑，与传统砖瓦颜色基本一致，加之易于开采、抗压性能和耐久性都很好，因而广泛用于建筑的基础、墙身、台基、阶石、路面等等。此外，它还是生产石灰和水泥的主要原料。当然，河南山区也有较多石头房屋，如太行山深山区，个别地方建房就以石材为主，石墙石瓦，甚至石桌石凳等家具，至今仍有留存。位于伏牛山与黄淮平原过渡区的工匠，对于石头的应用更为娴熟。神垕镇的民居墙体有用卵石砌筑的，大小石块搭配得当，显示出了工匠精湛的技艺。[102]

（a）河南南阳市内乡县吴垭石头村　　　　　　　　（b）河南新乡卫辉市小河店村石头房

图5-131　石头房民居

（图片来源：左图：王朕 摄；右图：刘璇 摄）

东北地区多用不规则块材和板材作为围护结构，具有良好的保温隔热性能，但是重量大，不宜太高，且施工费时费力。石墙作为承重墙在东北传统民居中也是经常使用的，但多用于山区或盛石材地区。

图5-132　山东栖霞牟氏庄园墙体

（图片来源：http://travel.qunar.com/p-oi706697-moushizhuangyuan）

胶东沿海地区多丘陵，石质资源丰富，民居建筑墙体多采用石材或砖石混合结构，也有部分民居使用石材与夯土建造。民居建筑外立面因为各部分材料组合不同而有不同的立面效果，常见的民居建筑是全部以不规则块石砌筑到顶，也有民居主体墙身采用加工过的规则尺寸的方条石材砌筑，墙角采用青砖砌筑，青砖与方石的结合非常巧妙，暖灰色与青色交相辉映（图5-132），还有部分民居建筑窗台以下采用方整料石砌筑，窗台以上部分则用青砖砌起。在沿海地区也有少量住宅，使用砖石与生土结合建房的手法，即墙角及门窗套用青砖砌筑，其余墙面用土坯或夯土砌筑。[103]

石材在太行山南部地区的应用也比较广泛。因青石与传统砖瓦颜色基本一致，易于开采、抗压性能和耐久性都很好，广泛地用于建筑的基础、墙身、台基、阶石、路面等。将来随着现代加工技术的不断改进，石材将凭借其坚固、耐用、美观等优点，在传统砌筑技术、构造基础上不断推广、发展，其作为地方可持续发展的建筑材料是毋庸置疑的。[104]

华北地区多山区，石材可以说遍地都是，但在传统建筑中依然是有选择地使用，多被用在建筑基础、铺地、台阶等需要承受大量荷载，耐磨、防潮防水性能要求高的地方。华北民居根据材料的特点和建筑构造的要求，有选择地使用，充分发挥石材的特点。[105]

在陕西的陕北部分地区以及山西省太原市（古称晋阳）晋源区的店头村分布有数量较多的石头窑洞，它们跟土窑洞一样具有冬暖夏凉的舒适效果（图5-133）。

图5-133（a） 陕北石窑洞　　　　图5-133（b） 店头村高大的石窑洞群
（图片来源：左图：孙娜.陕北地区村镇住宅居住热环境及节能技术分析[D]；
右图：王崇恩，朱向东.山西店头村古代石窑洞群营造技术探析[J]）

青藏地区以山地居多，取石材十分便捷，故而产生了以石材为主的民居。碉房是藏族最具代表性的民居。碉房在青海主要分布在青海南部长树、果洛以及黄南州的一些盛产石材的山峦河谷地带，西藏各地都有分布。

藏式建筑石头墙的石料有很多种类，可以归纳为两种大的类型，一种是不规格的自然形状的石头，包括大小不一的块石和各种片石（一般行业上称为毛石）；另一种是粗加工的规格基本相同的石头，主要是花岗岩石材。

1. 石砌墙体

拉萨地区民居采用花刚岩石砌体，这是西藏最好的墙体材料。早期没有专门的采石工，到了20世纪初才开始培养采石工，有了较为规整的砌筑石块。改革开放以来，西藏的采石技术有了蓬勃发展，随着此项技术的提高，块石墙体得到全面推广。块石墙体比较坚固，尤其是表面坚硬，不需要做额外的表面处理。与夯土墙一样石砌房屋具有冬暖夏凉的特点，缺点是造价高，需要较高的砌筑技术，材料运输费时、费财、费力（图5-134）。

2. 片石墙体

片石墙体出现在甘孜藏族自治州康定、雅江丹巴县、阿坝州黑水县、大小金川地区。当地花岗石缺乏，但有青石片，青石片砌筑要求高且费时，但砌筑后表面十分美观。著名的康定和丹巴等地九层高的古代碉堡就完全是由这种青石片砌筑而成。它的最大优点是墙体联结好，造型美观，砌筑中灵活性强（图5-135）。

图5-134　块石砌筑的民居

（图片来源：http://dp.pconline.com.cn/photo/2006533_1.html）

图5-135　片石砌筑的民居

（图片来源：http://you.ctrip.com/sight/jingdezhen405/20403-dianping57789679.html）

3. 卵石墙体

卵石墙比较罕见，传统工匠认为卵石是不能拿来砌墙的。但是石材较缺乏的昌都地区察雅香雅镇和芒康县的有些地方就是利用河边的大卵石来砌房，砌筑得相当规整，且能砌两层。大卵石有自己独特的砌筑方式，耗费的泥料较多，此外还需要一些块石或片石砌筑墙角。卵石墙砌好后不仅外观美而且建筑相当牢固。现在由于交通工具的便利，老百姓可以到很远的地方采集好的石材，长此以来，这种卵石墙的砌筑技术也将慢慢走向失传的边缘。[106]

（二）南方地区的石材应用经验

1. 江西地区的运用

（1）使用红砂岩（红石）砌筑墙体

江西因盛产红砂岩，所以素有"红土地"之称。卜饶、弋阳、鹰潭一带的建筑，使用红砂岩（红石）砌筑墙体非常普遍（图5-136）。红石属湖相沉积岩类，地质学称红砂岩，它的层理主要为水平层理和倾斜层理，所以易于开采和加工。和砖比较，密度较大（2340千克／平方米），导热系数较高，吸水率较小，软化系数较低。所以当地非常乐于使用这种价格低廉而且唾手可得的建筑材料。红石除

图5-136　上饶地区红石外墙

（图片来源：http://www.nc.gov.cn/ljnc/rwys/wbdw/jxswwbhdw/200809/t20080925_108015.htm）

砌筑墙体，还可制作门仪、门罩、雕刻漏窗和磉磴（柱础）以及其他建筑构件和装饰部件。硬度较高的红石还可以加工和雕刻得非常精细，而且不容易风化。红石墙还可以在上面进行粉刷，所以用途很广。

（2）石材铺地

江西河网发达，大多数村落都有河流依傍，河滩卵石就成为当地百姓取之不尽的廉价建筑材料。除了大量用作铺地（包括巷道）材料外，许多地方还用河滩卵石砌筑外墙墙裙或者勒脚，而上清镇更广为用作砌筑外墙，极富于乡村野里特色。江西也是青石石材蕴藏量极大的省份，除了普遍用于铺设地面与路面、制作门仪、刻制柱础和其他饰件等外，星子县还利用其易于解理的特性，把青石裁成薄片盖瓦和贴饰墙面，富有浓郁的地方风格。江西就地使用建筑材料营建房屋，不加掩饰，尽可能发挥材料自身特性，表现其独特的质感和材质美，使这些民居给人以强烈的感染力和深刻的印象。[107]

2. 浙江地区的运用

浙江传统民居的石墙分：毛石墙，即未经加工的、形状不规则的石块料石墙，和人工斩凿、形状比较规则的六面体块石。按加工平整度分为毛料石、粗料石、半细料石、细料石四种。石板，是用致密的岩石凿平或锯成一定厚度的岩石板材，饰面用，这类墙浙东较多。卵石墙，即采集自山涧溪滩中自然形成的卵石，主要分布于山区，以浙南为多。另外，有些地方还利用废材砌筑瓦片墙，如浙江宁波、绍兴均有。

以上墙体用的各种天然石材，按质地分类，火成岩类有花岗岩、正花岩、闪长岩、辉长岩，沉积岩类有砂岩、页岩、砾岩。[108]

（1）石板墙

天台一带用石板砌筑墙体下部，石板尺寸一般为板长 200 ~ 240 厘米，宽 60 ~ 90 厘米，厚 6 ~ 9 厘米，石板竖向排列，做法是：下层平铺一层石板作墙基，墙基上竖立石板，板下凸出榫头插入基墙，板顶开燕尾榫，用木杆和梁柱系统联结成一个整体（图 5-137）。

宁波、绍兴、萧山一带通行横向排列的石板墙。做法是在基石上立断面为"T"字形的石柱，两柱间嵌入横向石板，石板横高 40 厘米左右，一般叠垒 2 ~ 3 块，最多叠到 5 块，板上架横梁。

（2）利用卵石砌筑各种各样的石墙

青田、缙云、温州一带山区有大量石墙，石头各式各样，砌法也不同，主要有以下四种。①卵石墙，也是最常用的墙，式样多样，如乱石墙，即大小不等的乱石随意砌成，墙的断面一般为渐变墙，即墙体石块下大上小逐渐收分。②人字墙，石块大小相

图 5-137　天台张家桐石头
（图片来源：http://www.317200.net/forum.php?mod=viewthread&ordertype=1&tid=143925）

对均匀，呈狭长形，倾斜砌筑，块与块互相紧扣，呈人字形，砌得比较考究点的人字墙看上去像玉米棒子，所以有叫"玉米墙"的。③自由组合墙，石块大小作均匀的渐变，也不求规整，人字组合自由，也有上部用人字，下部自由的，叫自由人字组合。④席纹组合墙，上为小卵石垒成席纹状，下为一般卵石组合的墙；或突变式墙，下部用大小均匀、高1.2米左右的卵石，上部全部用均等的小卵石，没有过渡段。

特别应该提到的是浙江绍兴地区的石销墙，最具特色。石销墙是绍兴人对当地的一种石板墙裙的称呼，绍兴产板状石材，将长约3米、宽近2米、厚约10厘米的板材插入两端开槽的石柱内销住。这种墙具有很牢固的防盗功能，在于窄巷两侧，又经得住板车撞击。绍兴地区，从萧山到上虞，南起诸暨、嵊州市，北到钱塘江，很多民居墙面下部都做这种墙。宁波地区也有很多石墙、石地面，但材质不一样。宁波用的是沙质黄色的梅雨石，绍兴为灰色石材，而且做法不一样，梅雨石横向嵌在石条框内的，边框凸出，立体感很强（图5-138）。[109]

（a）东浦徐锡麟故居水埠头　　　　　（b）东浦徐锡麟故居石销墙小巷　　　　　（c）绍兴市区某船坞

图5-138　绍兴石材运用

（图片来源：丁俊清，杨新平. 浙江民居 [M]）

（3）以砖或片石或乱石糙砌墙基础

浙江民居基础、台基、地面材料常使用夯土、石头、砖、瓦砾、松（木桩）、卵石、灰土、石板、石灰、砂、黄泥。

浙江民居由于都是由梁柱结构，且边缝都为立贴式，普遍为空斗墙，所以墙基深度一般较浅，仅30～40厘米左右，先把素土夯实，再以砖或片石或乱石糙砌成台帮形式，台明部分用砖二至三皮，或卧砖三至四皮（高约为檐柱高的1/7～1/8），考究一点的用陡板石。柱基开挖较墙基深，具体尺寸根据承受荷载大小而定，砌砖或放柱顶石，地基差的地方可打松木桩、柏木桩、石木桩。桩长根据建筑的重要程度和地质情况而定，一般四尺（1.28米）至一丈五尺（4.8米）之间。

（4）石材铺地

浙江民居的中、大型住宅常用砖墁地，主要建筑内用方砖十字缝墁或方砖斜墁，次要空间内用条砖，常见形式有条砖十字缝、拐子锦、条砖斜墁、人字纹、柳叶人字纹、八锦方等。有些宗祠中也用石板墁地。室外地面除上述一些做法外，还有卵石地面、石子地面等，图案更丰富多样。[110]

3. 海南地区的运用

（1）块石墙

海南岛盛产石材，故砌石墙很普遍。砌法有干砌、湿砌两种。干砌不用砂浆，靠石块的平整和高超的施工技术来垒砌，湿砌则用砂浆。海南的石料规格较小而规整，有9厘米×11厘米×28厘米和11厘米×15厘米×30厘米两种。有的石块腰部缩小，当砌筑时，缝中有砂浆，故易固定。砌筑时把大块的、平整的面向外，小块的、凹凸不平的面向内，缝要错开，并保持墙体的稳定，同时，还要求外观整齐。此外，也有非整石砌墙者。

（2）乱砖石墙

这是利用废料如断砖、灰土块、残石块、石片、瓦片等砌结而成者，一般用较好的石灰砂浆加黄泥砌结。墙厚25～30厘米，可承重两层楼房。但砌结时要求有熟练的施工技术，保持墙体的稳定性能，才能保证质量。[111]

4. 两湖地区的运用

（1）石块砌筑的墙

石块砌筑的墙应预先准备好石块，然后用泥浆等粘结材料或者不用粘结材料进行砌筑，前者为湿砌，后者为干砌。干垒的石块大多不规则，经验丰富的匠师几乎可以不用灰浆，充分利用石块的形体堆叠拼合得严丝合缝。干砌对石材的要求较高，一般选用加工较为细致的条石，砌之前先将表面的泥沙、污垢等清除干净。干砌法石墙现较多应用于墙的勒脚部位（图5-139）。

图 5-139　湖北黄陂王家河镇红十月村汪西湾石墙
（图片来源：李晓峰 . 两湖民居 [M]）

（2）石板墙

石板墙就是预先把石材加工成石板，然后将整块石板立置，几块石板相互拼接作为建筑的墙体。此种墙体都不会太高，也有应用于天井周边窗的下槛部位，用于防水防潮。

（3）利用石材砌筑墙体及其他部位

石材因坚硬耐磨、耐水、抗压强度高，所以常用在天井、院落或门庭的铺砌。两湖地区的天井院落一般采用花岗石（青条石）平铺，有的在天井的四周还立有望柱（石）和栏板。

石材一般较难开采、加工和运输，但老百姓也能因材施用，如屋面使用石板作瓦的一般采用页岩。而像湖北通山闯王镇的宝石村，村里的宝石河中盛产鹅卵石，当地老百姓就利用鹅卵石来修筑挡土墙、铺路、砌筑墙体的勒脚等，使整个村落和环境充分融合，而椭圆形的鹅卵石也使村落充满了个性和趣味，宝石村的名称就由此而来。

峡江地区常见的石材与两湖其他地区相似，主要有青条石、红砂岩和页岩。石材利用的部位主要有墙面、柱和墙的底部、墙的转角部位，屋顶、地面、台阶以及入口等重要装饰部位。根据加工程度的不同，峡江地区的石料主要有以下几种：片石、毛料石和粗料石、条石。片石就是石料加工成一片一片的薄片石板，可以用来砌筑窗下槛或是用作石瓦片；毛料石和粗料石就是石料不加工或稍微进行加工，外形大致是方形，一般用来砌筑非重要部位的墙体、台基外圈的护壁、挡土墙等；条石是加工较为细致的石料，外形为规则的长方体，因为加工时间长，耗费人力物力也多，所以一般用于建筑的重要部位，例如木柱下面的磉墩、墙体的转角和下槛、门窗过梁、台阶等。[112]

（4）建造"石屋"

纯粹用石头建造的民居"石屋"在建造时是颇为讲究的。石屋依山而建，相地后就地开采石料。石屋屋基很高，一般都在2米以上。块石砌两边石墙，中间架木柱，房架立好后，砌石墙四面"封山"。有的用薄石板隔房间，有的用石块垒砌，有的还要用石柱支撑。[113]

5. 福建地区的运用

（1）石材多用于民居的入口门廊和建筑的主要部位

福建盛产石材，特别是东南沿海的花岗石，材质均匀，强度高，在古代就大量用于桥梁建筑。十几厘米厚的石楼板跨度可达4米多，建造桥梁用的巨型条石跨度可以达到十几米。在福建民居建筑中，尤其在泉州、惠安一带，石材得到了充分的利用。不仅建筑的梁柱用石材，楼梯、门窗框也用石材；不仅外墙用石头，室内隔墙也用石头，而且不加任何饰面。在长期的建筑实践中，人们创造出多种石头墙体砌法，如青石与白石相间砌筑形成色彩对比，封包石与规整石并用形成质感对比，都是相当成功的做法（图5-140）。

图5-140　泉州樟脚村石头民居

（图片来源：http://bbs.zol.com.cn/dcbbs/d232_163714.html#picIndex1）

石材在建筑上多用于民居的入口门廊和建筑的主要部位，如台基、柱础、墙身、槛墙、门枕石、门窗、石桂、台阶，每一部分都由工匠雕刻图案。有些建筑的正门、墙壁上全嵌上石雕，连窗子也由整块石材透空雕成。花岗石良好的质地，加上精细的加工工艺，确实比任何墙体抹灰更为美观和经久耐用。这种石材应用中表现出来的结构技术与艺术的统一，值得今人好好总结和继承。[114]

（2）石材加工方法多样

石料加工形式上要有：四线直，外墙壁的石料正面弹两线，侧面分别又弹两线来修正，使石坯平直；凿平，用一种名为石錾的工具将石料正而均匀凿平，分一遍凿（一遍齐）和两遍凿（两遍齐）；崩平，石料凿平后，面层仍留有錾点，到时再用特制的工具均匀崩平，也分一遍崩和两遍崩；水磨，这是石料的一种高级加工形式，过去采用人工水磨，现在采用机械水磨。一般民居普遍做法是正墙和门窗一凿加工，房屋两边和后面用毛坯石"四线直"，较讲究的民居石料加工才用崩和磨。[115]

6. 四川地区的运用

四川山区石材来源十分丰富，因山上多属砂岩和页岩，硬度不高，开凿较为容易，川人多称为"泡砂石"。粗加工的条石，一般多为断面1尺见方，长约2尺（1尺约为33厘米），常俗称为"连二石"，又叫"小连二"，稍长者叫"大连二"。一般用条石砌筑的墙表面，经过加工的有美观的纹路，未经加工的叫毛石墙，用不规则石块砌筑的叫乱石墙。这种砂页岩色呈紫红，在有的地方如邛崃、乐山、宜宾一带，其紫红色鲜艳深沉，砌筑石墙堡坎、台基等，十分自然生动，成为地方一大特色。硬度稍大的青石分布也极广泛，多制成片材，以青石板铺筑地面。山区基岩较稳定的地区，常稍加平整基地，木构房屋柱基只需略加热石便可建造起来，完全不用另造基础，地基处理十分简便。四川石灰岩资源丰富，烧制生石灰质量很高，在建筑上用途更是广泛。有些红黏土和风化的细页岩形成的土质适宜烧制青砖和小青瓦，在各地都有生产。夹杂风化砂页岩的黏土也多用于山区的版筑土墙。至于河砂、鹅卵石等材料更是遍地皆是，用之不尽。[116]

7. 贵州地区的运用

山多石头多，贵州岩石比比皆是。这里的岩石分布以水成岩（石灰岩、白云质灰岩）为主，属可溶性碳酸盐类岩石。贵州岩石具有三个特点：一是岩层外露，二是材质硬度适中，三是节理裂隙分层。这为石材的开发利用提供了极为有利的条件，因此民间广泛建造石构建筑。

（1）岩石材料的做法

贵州岩石，有1.5 ~ 5厘米厚的片石，也有50 ~ 60厘米厚的块石（图5-141）。片石人们又称"合棚石"，它可以切割成不同形状和规格，大者3米×1.2米，作隔板使用，小者也有50厘米见方，铺地使用。在民间更多的是用于屋面。合棚石屋面一般为1.5 ~ 3厘米的片石。片石加工成50厘米左右见方的规整方形，呈菱形排列（图5-142），也有的采用未加工的自然石片。屋脊构造常采用半坡突出的人字形方式，简单易行。

图 5-141 自然片石屋面
（图片来源：罗德启 . 贵州民居 [M]）

合棚石岩层每层厚度极薄，因此，按规格划线凿槽以后，用㧟口（俗称撬棒）一次同时可以取出，数量取决于凿槽深度。合棚石的开采程序是：去浮土——清场地——划灰线——凿槽门——取石板——修边角——叠齐待运。采石场一般选择成材并较高的岩层，由于合棚石薄而轻，运输比较方便（图 5-143）。[117]

图 5-142　片石呈菱形排列
（图片来源：罗德启.贵州民居 [M]）

图 5-143　四坡顶"合棚石"屋面
（图片来源：罗德启.贵州民居 [M]）

（2）石头建筑构造体系

构架采用木材制作，采用立贴式步架体系。常用八步七挂做法，在底层抽出中间两旁两柱，以便于在平面中灵活设置隔堵位置及适应开门需要。立帖式步架承受屋面及阁楼传来的荷载。立柱用料不大，柱径均在 20 厘米以上，立于石块上（石块与地面标高一致）可以防潮（图 5-144、图 5-145）。

图 5-144　立柱置于石块上
（图片来源：罗德启.贵州民居 [M]）

图 5-145　立柱置于柱础上
（图片来源：罗德启.贵州民居 [M]）

石头房的屋面均以石片作瓦，这是石头房的一大特色。屋面广泛使用合棚石屋面，一般将 1.5 ～ 3 厘米厚的片石，搁置于绕有草绳的木椽子上，上下片石彼此搭接长度为 5 厘米左右，片石规格有加工成 50 厘米左右见方的规整方形，呈菱形排列，也有的采用未加工的自然石片。屋脊构造常采用半坡突出的方式，因陋就简，简单易行。

石墙有的采用普通石块砌筑，也有的采用较薄的片石砌筑。石块在平面上一般采取三角形错位咬接的构造片式，咬接缝内灌石灰砂浆，使整体性加强，在力学和使用功能方面均极有特点。对质量要求高的建筑，也采用扁钻铰口法（石块交接面均凿平）砌筑，建成后的石缝间隙小且平整。

片石墙的用料厚薄不等，一般在 2 ～ 10 厘米左右，也有更厚的。当片石的上下面平整时，墙体砌筑的水平缝很细。不用砂浆而直接叠砌的片石墙具有凸凹不平的较密的缝隙，外形朴素轻巧，给人自然、旷野的感觉。在某些地区也有将大块的合棚石嵌入木构架内作墙壁镶板使用。

过去由于山区缺少玻璃和出于考虑安全，窗洞多偏小，洞顶可做成尖拱、网拱、平拱等不同形式，洞口有单个的也有并列设置的。在岩石产区多采用片石地坪，其特点是不起灰，且使用年限越久越光滑。[118]

8. 广东地区的应用

（1）以块石、灰土和四合土作为基础

广东地区会用当地较好取材的块石做基础。基础用石有麻石、花岗石、红砂石等，以当地容易取材为准，石质要求坚硬即可。民居基础种类常有毛石基础、条石基础等。

还有一种块石四合土基础。成分是水泥、石灰、砂和碎砖，四合土中加入大块石，俗称酿豆腐。这种基础内，块石占总体积的 30% 左右，多在近代民居和侨乡民居中采用。[119]

（2）石材铺地

广东地区民居的室外地坪、天井、巷道多用麻石砌筑，为石板形。因石质坚硬耐磨，易干而不吸收阳光,故多采用。富者厅堂前的天井石板铺地还有制度规定:大厅前五路排开，后厅前三路排开，石板条横砌，石板数要成单数。一般普通人家的室外地坪多用素土。[120]

注　释

[1] 刘敦桢 . 中国古代建筑史 [M]. 北京：中国建筑工业出版社，1984：1-3

[2] 罗哲文，王振复 . 中国建筑文化大观 [M]. 北京：北京大学出版社，2001：24-25

[3] 侯幼彬，李婉贞 . 中国古代建筑历史图说 [M]. 北京：中国建筑工业出版社，2002：1

[4] 喻维国，王鲁民 . 中国木构建筑营造技术 [M]. 北京：中国建筑工业出版社 .1993

[5] 杨国忠等 . 中国古代土木结构建筑的科技内涵 [J]. 河南大学学报（自然科学版），2009，4：436-440

[6] 梁思成 . 中国建筑史 [M]. 天津：百花文艺出版社，2007

[7] 潘谷西 . 中国建筑史 [M]. 北京：中国建筑工业出版社，2009：1-2

[8] 中国科学院自然科学史研究所 . 中国古代建筑技术史 [M]. 北京：科学出版社，1985：57-58

[9] 侯幼彬，马炳坚 . 中国古建筑木作营造技术 [M]. 北京：科学出版社，1991

[10] 刘敦桢 . 中国建筑史（第二版）[M]. 北京：中国建筑工业出版社，1984

[11] 刘致平 . 中国建筑类型及结构 [M]. 北京：中国建筑工业出版社，1987：551

[12] 潘谷西 . 中国建筑史 [M]. 北京：中国建筑工业出版社，2009：3

[13] 范超 . 闽东穿斗式大木结构分类与选型 [D]. 2013：12

[14] 李长虹，舒平，张敏 . 浅谈干栏式建筑在民居中的传承与发展 [J]. 天津城市建设学院学报，2007：83-87

[15] 中国科学院自然科学史研究所 . 中国古代建筑技术史 [M]. 北京：科学出版社，1985：58-59

[16] 马贻 . 传统木结构建筑构架解析 [J]. 价值工程，2012，31：118-120

[17] 潘谷西 . 中国建筑史 [M]. 北京：中国建筑工业出版社 2009：257

[18] 李允鉌 . 华夏意匠 [M]. 北京：中国建筑工业出版社重印，1985：230

[19] 潘谷西 . 中国建筑史 [M]. 北京：中国建筑工业出版社，2009

[20] 潘谷西 . 中国建筑史 [M]. 北京：中国建筑工业出版社，2009：259

[21] 李允鉌 . 华夏意匠 [M]. 广角镜出版社出版，中国建筑工业出版社重印，1985：239

[22] 罗哲文，王振复 . 中国建筑文化大观 [M]. 北京：北京大学出版社，2001：397

[23] 罗哲文，王振复 . 中国建筑文化大观 [M]. 北京：北京大学出版社，2001：393

[24] 张虎元，赵天宇，王旭东 . 中国古代土工建造方法 [J]. 敦煌研究，2008，05：81

[25] 张虎元，赵天宇，王旭东 . 中国古代土工建造方法 [J]. 敦煌研究，2008，05：81

[26] 葛承雍 . "胡墼"语源与西域建筑 [J]. 寻根 2000，5：100-106

[27] 中国社会科学院考古研究所河南第二工作队：1983 年秋季河南偃师商城发掘简报，考古，1984：10

[28] 张错生 . 郑州商城城墙结构及筑法探析 [J]. 中原文物，1988，03：35-38

[29] 李秀珍 . 从秦代夯土建筑看中国古代夯土版筑技术的发展 . 秦文化论丛（十三），三秦出版社，2006：10

[30] 戴宁 . 高昌故城土遗址保护理论研究 [D]. 西安建筑科技大学，2011

[31] 刘致平 . 中国建筑类型及结构 [M]. 中国建筑工业出版社，1957

[32] 徐舜华 等 . 甘肃省土坯房空间分布特征与多因素分类方法研究 [J]. 赈灾防御技术，2013，03：

125 ～ 136

[33]　王军 . 西北民居 [M]. 中国建筑工业出版社，2010：222

[34]　王军 . 西北民居 [M]. 中国建筑工业出版社，2010：166-167

[35]　王军 . 西北民居 [M]. 中国建筑工业出版社，2010

[36]　罗强 . 西北地区生土民居设计与营造技术研究 [D]. 重庆大学，2006

[37]　左满常，白宪臣 . 河南民居 [M]. 中国建筑工业出版社，2007：183

[38]　罗强 . 西北地区生土民居设计与营造技术研究 [D]. 重庆大学，2006

[39]　戴志坚 . 福建民居 [M]. 中国建筑工业出版社，2010：161

[40]　杨大禹，朱良文 . 云南民居 [M]. 中国建筑工业出版社，2009：163

[41]　丁俊清，杨新平 . 浙江民居 [M]. 中国建筑工业出版社，2010：246

[42]　李晓峰，谭刚毅 . 两湖民居 [M]. 中国建筑工业出版社，2008：308-310

[43]　戴志坚 . 福建民居 [M]. 中国建筑工业出版社，2010：205

[44]　陆琦 . 广东民居 [M]. 中国建筑工业出版社，2008：269

[45]　李晓峰，谭刚毅 . 两湖民居 [M]. 中国建筑工业出版社，2008

[46]　戴志坚 . 福建民居 [M]. 中国建筑工业出版社，2010：180

[47]　陆琦 . 广东民居 [M]. 中国建筑工业出版社，2008：269

[48]　黄浩 . 江西民居 [M]. 中国建筑工业出版社，2008：103

[49]　丁俊清，杨新平 . 浙江民居 [M]. 中国建筑工业出版社，2010：246

[50]　戴志坚 . 福建民居 [M]. 中国建筑工业出版社，2010：180

[51]　秦婧 . 中原窑洞文化生态研究 [D]. 郑州：郑州大学，2011

[52]　杨志威 . 浅议我国窑洞建筑的现状与未来 [J]. 长安大学学报，1990：133

[53]　颜艳 . 河南省巩义窑洞建筑研究 [D]. 武汉：华中科技大学，2013：51

[54]　孟龙 . 黄土窑洞灾害形成机理数值模拟研究 [D]. 西安：长安大学，2011：28-30

[55]　侯继尧 . 中国窑洞 [M]. 郑州：河南科学技术出版社，1999：20

[56]　王军 . 西北民居 [M]]. 北京：中国建筑工业出版社，1999：52.

[57]　任芳 . 晋西、陕北窑洞民居比较研究 [D]. 太原理工大学，2011：22

[58]　王军 . 西北民居 [M]. 中国建筑工业出版社，1999：52

[59]　张驭寰 . 中国风土建筑——陇东窑洞 [J]. 建筑学报，1981：48

[60]　侯佳 . 冀北窑洞建筑文化研究 [D]. 石家庄：河北科技大学，2011：13

[61]　赵云 . 内蒙古中部地区传统村落空间形态更新策略研究 [D]. 西安：西安建筑科技大学，2013：26

[62]　宗晓萌，汪永平 . 阿里地区的窑洞 [J]. 华中建筑，2011：26

[63]　侯继尧 . 中国窑洞 [M]. 郑州：河南科学技术出版社，1999：34

[64]　侯继尧 . 中国窑洞 [M]. 郑州：河南科学技术出版社，1999：38

[65]　赵占雄 . 黄土窑洞适宜性——分析以庆阳地区为例 [J]. 建筑科学，2010：80

[66]　任芳 . 晋西、陕北窑洞民居比较研究 [D]. 太原：太原理工大学，2011：52

[67]　侯佳 . 冀北窑洞建筑文化研究 [D]. 石家庄：河北科技大学，2011：34

[68] 侯继尧 . 中国窑洞 [M]. 郑州：河南科学技术出版社，1999：38

[69] 周若祁 . 绿色建筑体系与黄土高原基本聚居模式 [M]. 中国建筑工业出版社 .2007：189

[70] 胡媛媛 . 山西传统民居形式与文化初探 [D]. 合肥：合肥工业大学，2007：36

[71] 李晓丽 . 黄土高原沟壑地区山村聚落的空间形态研究 [D]. 西安：西安建筑科技大学，2009：30

[72] 胡媛媛 . 山西传统民居形式与文化初探 [D]. 合肥：合肥工业大学，2007：22

[73] 赵恩彪 . 原生态视野下的豫西窑洞传统民居研究 [D]. 上海：上海交通大学，2010

[74] 任芳 . 晋西、陕北窑洞民居比较研究 [D]. 太原：太原理工大学，2011：36

[75] 李世和 . 竹在中国传统民居中的生态价值与在当今的生态应用研究 [D]. 福建：福建师范大学，2007：5

[76] 李先奎 . 四川民居 [M]. 北京：中国建筑工业出版社，2009：259

[77] 黄浩 . 江西民居 [M]. 北京：中国建筑工业出版社，2008：154-155

[78] 丁俊清，杨新平 . 浙江民居 [M]. 北京：中国建筑工业出版社，2009：246

[79] 李先奎 . 四川民居 [M]. 北京：中国建筑工业出版社，2009：261

[80] 蒋佳 . 汲取传统民居营养的居住建筑设计节能初探——以重庆地区为例 [D]. 重庆：重庆大学，2010：36-37

[81] 杨大禹，朱良文 . 云南民居 [M]. 北京：中国建筑工业出版社，2009：164

[82] 杨大禹，朱良文 . 云南民居 [M]. 北京：中国建筑工业出版社，2009：176

[83] 肖岩，陈国，杨瑞珍 . 现代竹结构住宅抗震性能研究 . 第 18 届全国结构工程学术会议论文集，2009：448-449

[84] 郝琳 .INTEGER 现代复合竹结构建筑 [J]. 世界建筑，2010：63-64

[85] 于端端 . 乡土材料建筑营造技术研究 [D]. 北京：北京建筑大学，2013

[86] 于端端 . 乡土材料建筑营造技术研究 [D]. 北京：北京建筑大学，2013

[87] 张杰 . 古运河遗产村落茅草屋内在价值的探析——基于鲁南台儿庄地区兴隆村茅草屋的调研 [J]. 武汉：华中建筑，2009，08：166-169

[88] 周立军，陈伯超，张成龙，孙清军，金虹 . 东北民居 [M]. 北京：中国建筑工业出版社，2010，12：222

[89] 李丽明 . 聊城地区传统民居文化研究 [D]. 哈尔滨：东北林业大学，2012

[90] 肖蓉 . 地方原生物材料在云南传统民居中的应用解析 [D]. 昆明理工大学，2009

[91] 李红云 . 南通地区传统民居研究 [D]. 西安建筑科技大学，2010

[92] 高文月 . 云南彝族传统民居生成系统研究 [D]. 昆明理工大学，2012

[93] 张引 . 海南黎族民居"船型屋"结构特征 [J]. 民俗文艺，2014，11：83

[94] 汤顶华 . 石建筑初探 [D]. 南京：东南大学，2006

[95] 中国科学院自然科学史研究所，中国古代建筑技术史 [M]. 北京：科学出版社，1985：214

[96] 汤顶华 . 石建筑初探 [D]. 南京：东南大学，2006

[97] 中国科学院自然科学史研究所 . 中国古代建筑技术史 [M]. 北京：科学出版社，1985：214

[98] 索朗白姆，邓传力，孙岩 . 凝固的交响乐——西藏拉萨布达拉宫 [J]. 拉萨：2006（9）：70

[99] 王祥生 . 传统建筑材料表睛的当代表达 [D]. 西安：西安建筑科技大学，2012

[100]　中国科学院自然科学史研究所 . 中国古代建筑技术史 [M]. 北京：科学出版社，1985：214

[101]　中国科学院自然科学史研究所 . 中国古代建筑技术史 [M]. 北京：科学出版社，1985：215

[102]　左满常，渠滔，王放 . 河南民居 [M]. 北京：中国建筑工业出版社，2007：182

[103]　金月梅 . 胶东沿海乡村聚落海洋文化初探 [D]. 青岛：青岛理工大学，2009

[104]　李久君 . 太行山南部地区民居建筑研究 [D]　邯郸：河北工程大学，2009

[105]　武丽霞 . 华北地区传统建筑的生态性研究 [D]. 天津：河北工业大学，2011

[106]　木雅·曲吉建材 . 西藏民居 [M]. 北京：中国建筑工业出版社，2009：74

[107]　黄浩 . 江西民居 [M]. 北京：中国建筑工业出版社，2008：116–117

[108]　丁俊清，杨新平 . 浙江民居 [M]. 北京：中国建筑工业出版社，2009：245

[109]　丁俊清，杨新平 . 浙江民居 [M]. 北京：中国建筑工业出版社，2009：158–159

[110]　丁俊清，杨新平 . 浙江民居 [M]. 北京：中国建筑工业出版社，2009：248

[111]　陆琦 . 广东民居 [M]. 北京：中国建筑工业出版社，2008：270

[112]　李晓峰 . 两湖民居 [M]. 北京：中国建筑工业出版社，2009：307

[113]　李晓峰 . 两湖民居 [M]. 北京：中国建筑工业出版社，2009：306

[114]　戴志坚 . 福建民居 [M]. 北京：中国建筑工业出版社，2008：27–28

[115]　戴志坚 . 福建民居 [M]. 北京：中国建筑工业出版社，2008：28

[116]　李先奎 . 四川民居 [M]. 北京：中国建筑工业出版社，2009：27–28

[117]　罗德启 . 贵州民居 [M]. 北京：中国建筑工业出版社，2008：177

[118]　罗德启 . 贵州民居 [M]. 北京：中国建筑工业出版社，2008：179–184

[119]　陆琦 . 广东民居 [M]. 北京：中国建筑工业出版社，2008：268

[120]　陆琦 . 广东民居 [M]. 北京：中国建筑工业出版社，2008：268